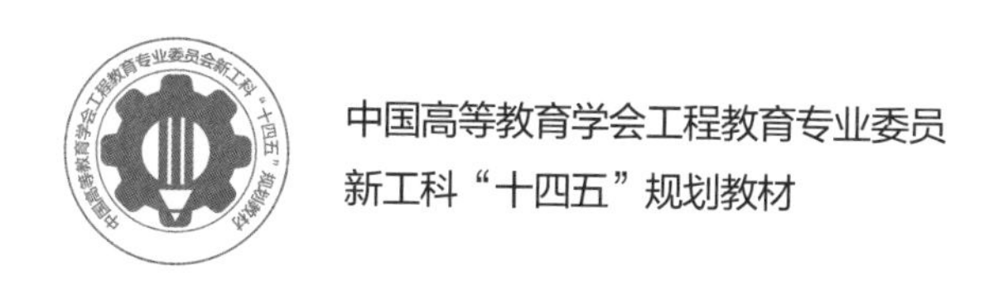

中国高等教育学会工程教育专业委员
新工科“十四五”规划教材

智能机器人技术与产业系列规划丛书

AR新形态立方书教材

Robot Technology and Applications

机器人技术及其应用

（第二版）

朱世强　王宣银　主编

陈正　刘昊　王滔　叶绍干　王志　副主编

ZHEJIANG UNIVERSITY PRESS
浙江大学出版社
·杭州·

图书在版编目(CIP)数据

机器人技术及其应用/ 朱世强，王宣银主编. —2版. —杭州：浙江大学出版社，2019.6（2024.7 重印）

ISBN 978-7-308-18608-7

Ⅰ.①机… Ⅱ.①朱… ②王… Ⅲ.①机器人技术—高等学校—教材 Ⅳ.①TP24

中国版本图书馆 CIP 数据核字（2018）第 207996 号

机器人技术及其应用(第二版)

朱世强　王宣银　主编

责任编辑　吴昌雷
责任校对　王　波
封面设计　程　晨
出版发行　浙江大学出版社
（杭州市天目山路 148 号　邮政编码 310007）
（网址：http:// www.zjupress.com）
排　　版　杭州林智广告有限公司
印　　刷　杭州钱江彩色印务有限公司
开　　本　787mm×1092mm　1/16
印　　张　24.5
字　　数　616 千
版 印 次　2019 年 6 月第 2 版　2024 年 7 月第 2 次印刷
书　　号　ISBN 978-7-308-18608-7
定　　价　78.00 元

序　言

机器人、人工智能和生物工程是当前最热门的技术，也是即将到来的产业化风口。机器人既是核心技术，又是核心技术的载体，它的身份和作用不言而喻，已经成为世界各国战略布局的焦点，党的二十大报告指出，要“推进新型工业化，加快建设制造强国”。国家先后出台《“十四五”智能制造发展规划》《“十四五”机器人产业发展规划》等一系列相关规划，将机器人产业作为战略性新兴产业给予重点支持。加快推动机器人发展已成为共识和国家战略。机器人技术是一门多学科综合交叉的学科，它涉及机械、电子、力学、控制理论、传感检测、人工智能、计算机和互联网技术。已大量应用于毛坯制造、机械加工、焊接、装配、检测、采摘等作业中。比尔·盖茨曾预言，机器人将重复个人电脑崛起的道路，成为下一个改变世界的技术。近年来机器人在我国迅猛发展，“机器换人”势不可挡，已成为潮流。

但是，机器人热潮的背后是一个巨大而急切的人才缺口。机器人人才的培育是一项重要工程。除了机器人研发高端人才外，还需要大批机器人使用、维护保养、二次开发等人才。人才的培育首先需要好的教材和参考书籍。

《机器人技术及应用》第一版至今快20年了，该书得到很多高等院校和职业院校及相关从业技术人员的青睐。随着机器人技术的长足进步和飞速发展，第一版在很多方面显得不足。本书是在第一版基础上，更新了原有的一些过时的内容，并增加了机器人智能控制、机器人示教与机器人编程语言以及机器人关键部件等三章内容。本书第1章由朱世强、王志编写，第2、10章由叶绍干编写，第3、7、8、11章由陈正编写，第5章由刘昊编写，第4、6、9章由王滔编写，第12章由王宣银编写，第13章由王志、刘昊编写。

通过对《机器人技术及其应用》的学习，使学生掌握机器人结构设计、运动学、动力学、规划、传感检测、控制和使用的基础理论等技术要点。通过这门课的学习，使学生对机器人有一个全面、深入的认识。培养学生对机器人的综合理解和创新设计能力。

本书再版仍然是在许多前辈工作基础上，大量参考了国内外有关专家的著作书籍编写而成的，在此表示衷心感谢！同时，书中依然会有一些错误和不足，敬请各位学者批评指正。

作者
于求是园2023年岁末

目录

第 1 章　概述

第 2 章　机器人的总体和机械结构设计

第 7 章 机器人运动与力控制

第 8 章 机器人智能控制

第 9 章 机器人示教与机器人编程语言

第 11 章 机器人传感器

第 12 章 机器人视觉技术

第13章　机器人的应用

第1章 概述

1.1 引言

一般人对于机器人的印象主要停留在科幻片中，机器人不但与人外表一样，还能与人正常沟通交流，同时还比人在某些方面具有更加突出的能力，比如计算、分析等。甚至在某些电影中，机器人已经超越了人类，并且企图控制人类，由于机器人本身具有了思维能力，人类难以与机器人进行对抗。因此，在一般人眼中机器人是无所不能的，它聪明、能够替代人类工作，但是也存在着超越人类的风险。但电影所描述的终究只是人类的想象以及憧憬。经过几十年的发展，机器人技术得到了空前的发展和广泛的应用。以前停留在人类想象中的机器人目前正逐步进入我们的生活。工业领域，自动化生产线已经部分替换人类的重复性劳动，提高生产效率，降低成本；家庭领域，自动清洁机器人、家庭陪伴机器人等已经开始为人们的生活带来了方便；公共服务领域，引导机器人、送餐机器人等已经开始进入人们的视野，为人类提供友好的服务；军事领域，无人作战车、无人机等已经开始在战场上发挥重要的作用。尤其是在产业领域，机器人的应用已经有几十年的历史了。也许我们身边的很多产品就出自机器人之手。

机器人技术及应用涉及很多专业的知识领域，如机械、控制、软件、传感、液压、材料等，需要各个专业知识的深度融合，才能造就好的机器人。因此，任何个人都无法单独完成所有的研究工作。本书实际上也是总结了前人包括当前机器人领域的研究成果，并参照了国内外专家大量的公开资料。但为避免烦琐，书中并不一一指出资料的出处，在此向在机器人研究领域做出成就的所有科学家致敬，向给我们启发和帮助的所有专家学者表示衷心的感谢。

1.2 机器人的概念

我们一直试图为自己的研究对象下一个明确的定义——就像其他所有的技术领域一样——但始终未能如愿。关于机器人的概念，真有点像盲人摸象，仁者见仁，智者见智，甚至连科幻作家也要凑凑热闹。在此，摘录一些有代表性的关于机器人的定义。

牛津字典：

automation with human appearance or functioning like human.

科幻作家阿西莫夫提出的(机器人三原则):

第一,机器人不能伤害人类,也不能眼见人类受到伤害而袖手旁观;

第二,机器人必须绝对服从人类,除非人类的命令与第一条相违背;

第三,机器人必须保护自身不受伤害,除非这与上述两条相违背。

日本著名学者加藤一郎提出的(机器人三要件):

1. 具有脑、手、脚等要素的个体;

2. 具有非接触传感器(眼、耳等)和接触传感器;

3. 具有用于平衡和定位的传感器。

美国机器人协会(RIA, Robot Institute of America):

A reprogrammable multifunctional manipulator designed to move materials, parts, tools or specialized devices through variable programmed motions for the performance of a variety of tasks.

日本工业机器人协会(JIRA, Japanese Indrustrial Robot Association):

An all-purpose machine equipped with a memory device and an end-effector, and capable of rotation and of replacing human labor by automatic performance of movements.

世界标准化组织(ISO):

A robot is a machine which can be programmed to perform some tasks which involve manipulative or locomotive actions under automatic control.

中国:

工业机器人是一种能自动定位控制,可重复编程的,多功能多自由度的操作机,它能搬运材料零件或夹持工具,用以完成各种作业。

细细分析以上定义,可以看出,针对同一对象所做的定义,其内涵有很大的区别,有的注重其功能,有的则偏重于结构,这也就难怪对同一国家关于机器人数量的统计,不同资料的数据会有很大的差别。

虽然现在还没有一个严格而准确的普遍被接受的机器人定义,但我们还是希望能对机器人做某些本质性的把握:

第一,机器人是机器而不是人,它是人类制造的替代人类从事某种作业的工具,它只能是人的某些功能的延伸,在某些方面,机器人可具有超越人类的能力,但本质上说机器人永远不可能超越人类。

第二,机器人在结构上具有一定的仿生性。很多工业机器人模仿人的手臂或躯体结构,以求动作灵活。海洋机器人则在一定程度上模仿了鱼类结构,以期得到最小的海水阻力。

第三,现代机器人是一种机电一体化的自动装置,其典型特征之一是机器人受微机控制,具有(重复)编程控制的功能。

1.3 机器人发展历史

1.3.1 机器人发展历程

关于机器人这一思想的渊源，可以追溯到遥远的古代。在古希腊、中国和日本的历史文献中都有自动玩偶和自动作业机的记载，记录了古人设计自动机械替代人工劳动或从事娱乐的实践活动。据先秦时期《考工记》中的一则寓言记载，中国的偃师(古代一种职业)用动物皮、木头、树脂制出了能歌善舞的伶人，不仅外貌完全像一个真人，而且还有思想感情，甚至有了情欲。这虽然是寓言中的幻想，但其利用了当时的科技成果，是中国最早记载的木头机器人雏形。它们在不同程度上体现了人类拓展自身能力、甚至是自我复制的原始思想。500 多年前，达·芬奇在人体解剖学的知识基础上利用木头、皮革和金属外壳设计出了初级机器人，如图 1－1 所示。根据记载，这个机器人以齿轮作为驱动装置，肌体间连接传动杆，还配置了自动鼓装置，不仅可以完成一些简单的动作，还能发声。当然，现代人并不能完全确定达·芬奇是否真的造出了这个机器人，但根据其设计倒是可以还原出堪称世界上第一个人性机械的"铁甲骑士"。

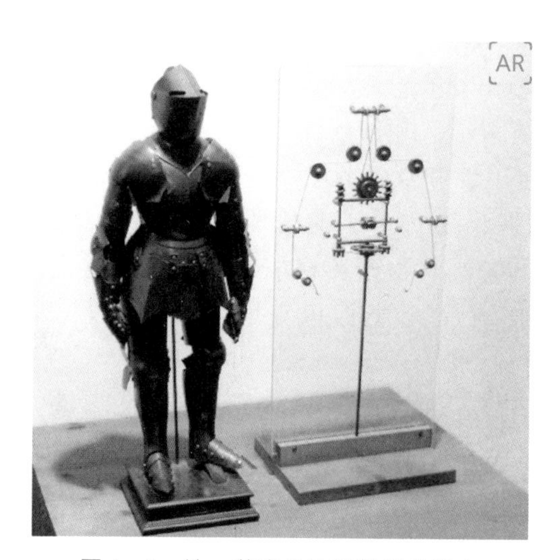

图 1－1 达·芬奇设计的初级机器人

"机器人"这个词最早出现在捷克斯洛伐克作家卡雷尔·恰佩克的科幻小说中，他根据 Robota(捷克文，原意为"劳役、苦工")和 Robotnik(波兰文，原意为"工人")，创造出"机器人"(Robot)这个词。

1939 年，美国纽约世博会上展出了西屋电气公司制造的家用机器人 Elektro。它由电缆控制，可以行走，会说 77 个字，甚至可以抽烟，不过离真正干家务活还差得远，但它让人们对家用机器人的憧憬变得更加具体。

现代机器人的出现是20世纪中期的事情。当时，数字计算机已经出现，电子技术也有了长足的发展，在产业领域出现了受计算机控制的可编程的数控机床，使得与机器人技术相关的控制技术和零部件加工有了扎实的基础；另一方面，人类需要开发自动机械替代人去从事一些恶劣环境下的作业，比如在原子能的研究过程中，由于存在大量辐射，要求用某种操作机械代替人处理放射性物质。正是在这一需求背景下，美国原子能委员会的阿尔贡研究所于1947年开发了遥控机械手，1948年又开发了机械式的主从机械手(图1-2)；它由两个结构相似的机械手组成，主机械手在控制室，从机械手在有辐射的作业现场，两者之间有透明的防辐射墙相隔，操作者用手操纵主机械手，控制系统会自动检测主机械手的运动状态，并控制从机械手跟随主机械手运动。这种被称为主从控制的机器人控制方式，至今仍在很多场合得到应用。

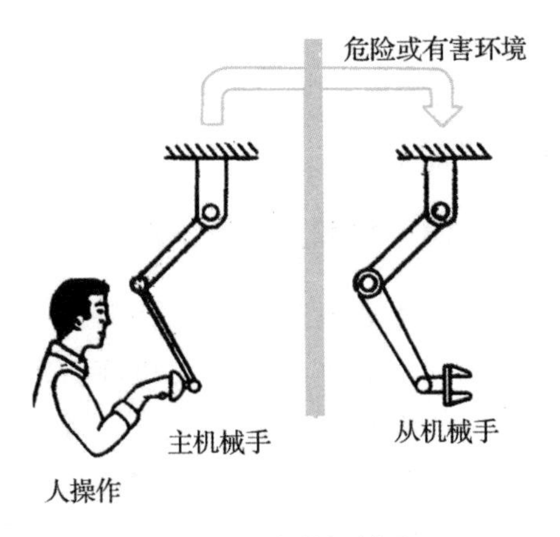

图1-2　主从机械手

1954年，美国的德沃尔(G. C. Devol)提出了一种“通用重复操作机器人”的方案，并申请了专利。其要点是用伺服技术控制机器人的关节，借助人手对机器人进行示教，机器人能够记录相关的动作过程并能自动重复这一过程。这就是后来被广泛使用的称之为示教再现(teach and playback)的机器人控制方式。1956年德沃尔制造出世界上第一台可编程的机器人，并注册了专利。这种机械手能按照不同的程序从事不同的工作，因此具有通用性和灵活性。后来，在此基础上，1959年德沃尔与英格伯格(Engerlberge)联手制造出第一台工业机器人。随后，成立了世界上第一家机器人制造工厂——Unimation公司。由于英格伯格对工业机器人的研发和宣传，他也被称为“工业机器人之父”。这个外形类似坦克炮塔的机器人可实现回转、伸缩、俯仰等动作。

1962年，美国AMF公司生产出“VERSTRAN”(意思是万能搬运)，它与Unimation公司生产的Unimate一样成为真正商业化的工业机器人，并出口到世界各国，掀起了全世界对机器人和机器人研究的热潮。从这开始，传感器便在机器人上得到了广泛的应用。1962年托莫维奇和博尼成功地将压力传感器用于机器人上，1963年麦卡锡在机器人上加入视觉系统，并于1964年推出世界上第一款具有视觉定位功能的机器人系统。1965年约翰·霍普金斯大学应用物理实验室研制出带有声呐系统以及光电管等装置的Beast机器人，可以感知周边环境并进行定位。1968年，美国斯坦福研究所公布他们研发成功的机器人Shakey，它带有视觉传感器，能根据人的指令发现并抓取积木。Shakey可以算是世界第一台智能机器人。

从20世纪70年代开始，机器人技术的研究重点被放在对外部传感器和控制方法的研究上，1973年，博尔斯大林保罗在斯坦福大学的研究中，给机器人设计了视觉和力反馈系统，并用 PDP－10 计算机进行控制，这种被称为“斯坦福”的机械手被用在水泵的装配线上，并且取得了成功。1975 年，IBM 公司研制成功一种带有触觉和力觉传感器的机械手，用于打字机的装配作业。1974 年，德雷珀实验室的内文斯等人研究了基于依从性的传感技术，这项研究发展成为后来的 RCC，即被动柔顺或叫间接中心柔顺，它被安装在机器人的最后一个关节上。在 20 世纪 70 年代后期，Unimation 公司推出了 PUMA 型系列机器人，这是一种各关节由伺服电机驱动的多关节型两级 CPU 控制，使用专用的机器人语言（VAL）的机器人系列，其中的部分产品上配有机器人视觉和力觉系统。

20 世纪 80 年代和 20 世纪 90 年代，在着重解决机器人感觉的同时，人机接口和机器人与环境的交互接口方面也有了较大进步。更为重要的是，随着计算机技术和人工智能技术的发展，让机器人模仿人进行逻辑推理的研究也如火如荼地开展起来，出现了所谓的第三代机器人，即智能机器人。它应用人工智能、模糊控制、神经网络等先进控制方法，使机器人具有自主判断和自主决策等初等智能。另一方面，随着机器人相关支撑技术的不断完善，如新型传感器、新材料和新的通信方法等技术的应用，机器人应用领域不断扩展。比如，深海探测机器人，在无缆操作的情况下能下潜数千米进行作业，又比如，1997 年登上火星的太空机器人，在忍受极端恶劣的太空环境的情况下，还要克服地面控制命令严重滞后的困难，在火星表面从事科考活动……所有这些表明，机器人技术是一门与很多学科相关的综合技术，正因为如此，机器人技术的发展，尤其是本质性的技术突破（如从第二代机器人发展到第三代机器人），都明显地带有相关学科发展的烙印。

同时期人工智能发展呈壮大之势。美国人工智能协会的第一次年会在 20 世纪 80 年代初召开，几年后人们见证了艺术机器人 AARON 的诞生。AARON 能够创作抽象派画作，其作品还在泰特画廊和旧金山现代艺术博物馆进行了展出。1989 年，卡内基·梅隆大学教授迪恩·波美勒（Dean Pomerleau）打造了“ALVINN”，使用神经网络技术实现了初级的自动驾驶功能。

从 20 世纪 90 年代开始，机器人开始走向普通消费者。日本人在 1996 年推出数码宠物 Tamagotchi，虽然该产品没有被冠以机器人之名，不过其交互却是相似的。Tamagotchi 是一个手持大小的数码宠物，需要用户提供数字化的照料，比如“喂食”“游戏”和“洗澡”等。20 世纪 90 年代的机器人甚至能达到互相之间举行机器人运动会的程度，其中最著名的例子便是 1997 年第一届官方 RoboCup 仿人机器人足球赛，40 支机器人组成的参赛队伍彼此之间展开桌面足球的较量。1998 年，丹麦乐高公司推出了机器人套件，让机器人的制造变得像搭积木一样简单，而且能任意组合，激发儿童的创意。

进入 21 世纪后，机器人的应用领域越来越宽，由 95％的工业应用扩展到更多领域的非工业应用，像做手术、采摘水果、排雷、潜海机器人、空间机器人等。美国“发现号”航天飞机于 2012 年成功将首台人形机器人“R2”送入国际空间站。R2 可以像宇航员一样执行一些比较危险的任务。随着大数据时代的到来，以数据为依托的人工智能和深度学习技术已经取得突破性的发展，比如语音识别、图像识别、人机交互等。人工智能机器人的典型代表，有 IBM 的“沃森”、Pepper，谷歌的“AlphaGo”，苹果的“Siri”等。

从技术上说，机器人的发展可以分为三代。第一代机器人是示教再现型机器人，通过人工示教和编程从事简单的重复劳动；第二代是感知型机器人，包括力觉、触觉、视觉、接近觉等，能够根据不同的作业任务适应作业需要。第三代是智能机器人，是具有逻辑判断和局部自主功能的机器人。目前第一代和第二代机器人已经在工业及服务业中得到了广泛应用。第三代机器人还有很多技术问题有待解决，尤其在非结构性环境下机器人的自主作业能力还十分有限，而这种能力正是人类高于其他生物体的重要表现。尽管技术还存在很多难题，但是很多国家已经把智能机器人的相关研究作为国家重点战略，我国也将智能机器人研究列入国家重点研发计划。

现代机器人的技术最早可以追溯到二战结束以后。当时各国都面临着战后重建和发展，重点发展工业。但是由于当时劳动力短缺，同时自动化程度低，导致生产效率低，劳动成本高。产业界对于自动化有着较高的需求，在这个社会背景下，自动化及机器人相关技术开始出现，用来从事简单重复的劳动。表 1－1 罗列了与机器人发展相关的一些重要事件和当时的社会背景。

表 1－1　与机器人发展相关的一些重要事件和当时的社会背景

年份	主要事件	当时的社会技术背景
1947 1948	阿贡实验室遥控机械手 阿贡实验室主从机械手	二战时期电子技术和控制技术有大发展，出现了核技术； 冯·诺依曼提出计算机设计思想（1945 年）并实现（1946 年）； Wiener 发表《控制论》； Shannon 提出“信息论”。
1950 1951	Asimov，*I*，*Robot* 手冢治虫，《铁臂阿童木》	科幻活跃
1954	Dovel 申请机器人专利	
1959	东京大学机械手指	
1961	MIT 的机械手	
1962	AMF 的 VERSATRAN Unimation 公司的 Unimate	
1967	丰田引进 VERSATRAN 川崎引进 Unimate	日本汽车工业领域的技术改造
1968 1969	斯坦福的“手眼系统” 早稻田的“人工脚”	阿波罗登月
1970	第一届国际机器人会议	

续表

年份	主要事件	当时的社会技术背景
1973	日本产业用机器人工业会成立 世界第一个人形机器人，早稻田大学 WABOT-1 问世	
1975	北京自动化设备展览	邓小平恢复工作
1986	“863 计划”提出	中国开始改革开放深化
1995	中国研制成功 6000 m 无绳自治水下机器人	90 年代初苏联解体
1996	首届世界杯足球赛举行	智能机器人的研究处于高潮
1997	首钢莫托曼机器人有限公司成立	中国产业界应用机器人增多
1997	行走机器人登陆火星	
1998	达·芬奇(Da Vinci)手术机器人问世	达·芬奇手术机器人变革了手术的方式
2000	本田 ASIMO 诞生 我国第一台人形机器人“先行者”问世	
2001	第一款量产扫地机器人面世	
2003	第一台娱乐机器人 Robocoaster 面世	
2005	波士顿 Big Dog 发布	
2011	第一台仿人型机器人进入太空	
2013	波士顿动力机器人 Atlas 问世	
2015	类人机器人 Sophia 诞生	
2016	波士顿动力 SpotMini 亮相	
2017	仓库机器人抓手 Handle 问世	

1.3.2 机器人发展现状

机器人技术是21世纪具有创新活力、可持续发展的、对国民经济和国家安全具有战略性意义的高技术。机器人的应用越来越广泛，特别是工业机器人的应用呈现出一种普及化趋势，其他机器人如服务机器人、医疗机器人、特种机器人等，也已逐步走向实用化。

1. 全球机器人发展现状

(1) 工业机器人成为制造业核心。目前全球面临制造模式变革，中国尤其紧迫和关键。美国提出的“再工业化”、欧盟提出的“新工业革命”等制造业发展战略，都是通过快速发展人工智能、机器人和数字制造技术，重构制造业竞争格局，实现制造模式变革。对于中国而言，制造业正面临着巨大的困难和挑战：人口红利的消失、劳动力短缺、劳动力成本的急剧上升、对资源和环境的掠夺性使用等，导致中国制造模式和发展模式已不可持续，亟须转型和升级；同时高端制造向欧美回流和低端制造向劳动力成本更低的国家转移，也倒逼中国制造模式需要快速变革。机器人制造模式，不仅能解决低端劳动力短缺的问题，缩小与高端制造业的差距，同时还可以降低企业运行成本，提升企业运营效率。

工业机器人技术日趋成熟，已经成为一种标准设备而在工业界得到广泛应用，工业机器人自动化生产线成套装备已成为自动化装备的主流及未来的发展方向。在工业机器人产业的发展过程中，形成了 ABB、FANUC、安川、KUKA、新松等一批在国际上较有影响力的机器人公司。

经历了 60 多年的发展，工业机器人的技术水平迅速提升，应用领域不断拓宽。到目前为止，工业机器人已广泛应用于汽车制造行业、机械加工行业、电子电气行业、食品工业与材料工业等行业。在上述行业中，又数汽车制造业的应用最为广泛。自 2009 年以来，全球工业机器人年销量逐年增长。2016 年全球工业机器人的销量为 29.4 万台，相对于 2015 年增长了 16%。国际机器人联合会预测，未来三年内全球工业机器人年销量将保持近 15%的增长率，到 2020 年总销量将超过 50 万台，新增量将达到 170 万台。由于工业机器人作业稳定性好及精度高的优点，还可以应用到航天、核能等高端制造业领域中。工业机器人在应用过程中不仅节约人工成本和劳动成本，还可以促进企业自身的技术创新和转型升级，推进相关行业发展。同时工业机器人的应用领域还能进一步拓展。2014—2016 年，工业机器人在汽车、3C 电子行业中销量保持稳定增长(见图 1-3)。以汽车行业为例，2016 年工业机器人销量接近 10 万台。在 3C 电子行业中，工业机器人的增长率最高，从 2015 年的 6.5 万台上涨到 2016 年的 9.1 万台，增长率达 41%。但是，在食品、金属、化工/橡胶和塑料方面的销量增幅不大。

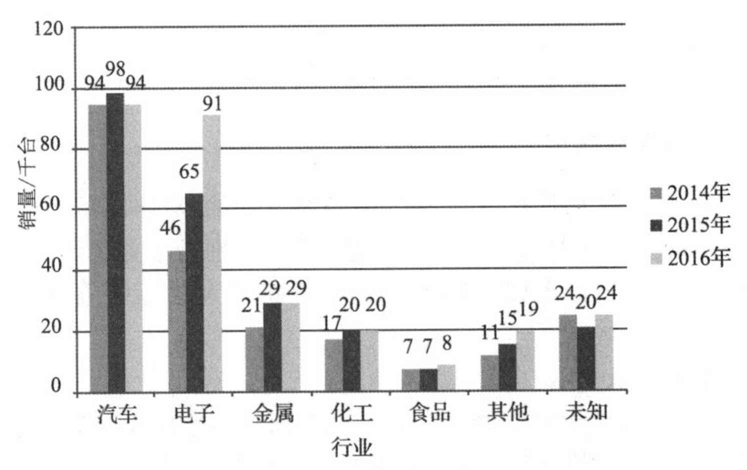

图 1-3　2014—2016 年不同行业全球工业机器人年销量

(2) 军用机器人成为未来战争利器。军用机器人是一种用于军事目的的、具有某些拟人功能的机械电子装置。军用机器人形态各异，但是它们有一个共同的特征：具有部分拟人的功能。军用机器人可以极大地改善士兵的作战条件，提高作战效率，因此，军用机器人技术受到各国军政要人的高度重视。一方面，介于其优秀的侦查探测性能，军事机器人被广泛应用于未知空间探索、深海打捞与排雷防爆等诸多方面；另一方面，由于军用机器人在实地作战中具有突出的智能优势和全天候的作战能力，其在作战中也具有相当大的战略意义。军事机器人按照其军事用途可以划分为：地面军用机器人、水下机器人及空间机器人。目前，空间机器人主要应用于航天宇宙探测，而水下机器人则主要应用于深海生物探测和文物打捞等方面。近些年来，军事机器人的发展空间不断拓宽，尤其在军事作战方面。同时，机器人的功能也趋向于人性化、细致化。例如波士顿公司研发的 BigDog 机器人，在实际作战中可以起到迅速便捷地携带或运输武器的作用，而且具有相当的稳定性，在远距离作战与复杂地形作战中，BigDog 能够极大地减轻士兵的负担。

美国国防部 2009 年公布了《2009—2034 年无人系统发展路线图》，开发满足未来无人化战争的战术机器人系统。美国国防部甚至宣布，在 2015 年实现 1/3 的陆军部队机器人化，并在 2020 年让“机器人士兵”的数量多于真实士兵的数量。此外，其他国家也根据本国的特长制订开发计划。如俄罗斯正在研发机器人士兵，并将其列为未来三年改变国家竞争力的三大核心技术领域之一；韩国已研发出能够进行边境巡哨的无人地面机器人系统，即将代替士兵实现韩国国境线的站岗巡哨功能。同时，以色列、加拿大、英国、法国、德国都研制出各种军用机器人，以应对未来的无人化战争。

(3) 服务机器人走进千家万户。服务机器人是智能无人化工作的机器人，包括特种服务机器人和家用服务机器人，其中特种服务机器人是指在特殊环境下作业的机器人，而家用服务机器人是服务于家庭环境的机器人，如康复机器人、助老助残机器人、扫地机器人、陪护机器人及教育娱乐机器人等。

在日本，由于人口老龄化趋势严重，需要机器人来承担劳力的工作，因此将服务机器人作为一个战略产业进行培养。韩国将服务机器人技术列为未来国家发展的十大“发动机”产业，把服务型机器人作为国家的一个新的经济增长点进行重点发展。2007 年，比尔·盖茨在《科学美国人》杂志上撰文《家家都有机器人》，预计机器人将像电脑一样，走入千家万户。目前，全球各种服务机器人的年销量已达数百万台(套)，远远超出全球工业机器人的保有量。其中，吸尘器机器人已经进入寻常百姓家庭生活。

人工智能技术的不断进步极大地促进了机器人行业的飞速发展。人工智能(artificial intelligence，简称 AI)，其本质是对人的意识、思维的信息过程的模拟。近 30 年来，随着核心算法的不断改进，人工智能获得了飞速的发展，基于人工智能技术的各种产品如雨后春笋般出现。

由于服务机器人需要在复杂多变、不确定或不受控制的环境下自主运行，必须具备对周遭环境和事物高效的识别、感知、理解、判断及行动能力；而且，随着服务机器人应用领域日益扩展，与人类的互动将更为频繁，服务机器人的发展依赖于控制系统、计算机视觉、语音识别以及语义理解等技术的发展。当前控制系统、计算机视觉以及语音识别技术逐渐成熟，语义理解在专业领域的准确率也有较大保证，使得单一领域的服务机器人具备了商用条件。随着深度学习算法以及计算机视觉、机器学习、智能语音等多种智能算法的应用，服务机器人的机器视觉、人机交互能力以及基于大数据的机器学习能力等方面的人工智能水平也将呈现质的飞跃，甚至具有“人格化”的特征。

当前服务机器人的关键技术主要包括：定位与导航技术、路径规划、运动控制技术、人机交互、能源技术等。不同技术在不同应用领域的要求不同。比如在日常的餐饮或者导引中，需要人机交互功能非常完善，而在导游机器人上，定位导航技术又占据着主导地位。

据统计，2014 年全球服务机器人市场规模约为 59.7 亿美元，2010—2014 年年均复合增长率为 10.8%。据统计，2015 年度全球服务机器人销售额已达 68 亿美元(见图 1-4)，2015—2018 年全球服务机器人市场总规模约 393 亿美元，四年年均复合增

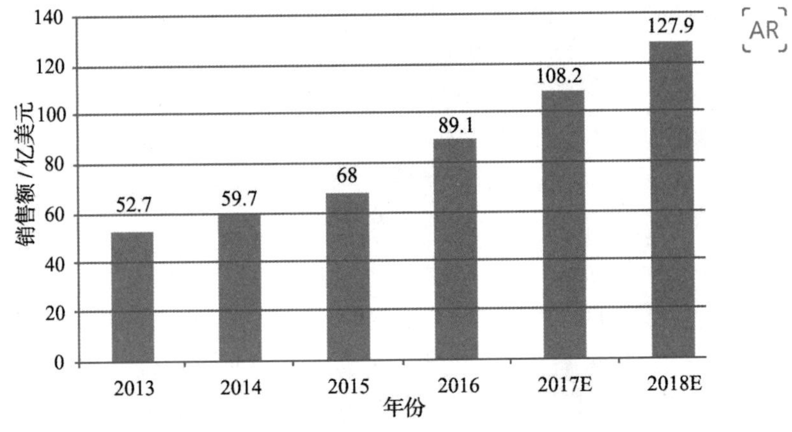

图 1-4　2013—2018 年全球服务机器人销售额

长率为 21.07%。其中，家庭服务机器人是服务机器人行业中发展最为迅速的领域之一。2015 年全球家庭服务机器人总销售额为 22 亿美元(见图 1-5)，同比增长 16%。2015—2018 年全球家庭服务机器人四年年均复合增长率为 35.24%，显著高于服务机器人的预期复合增长率。

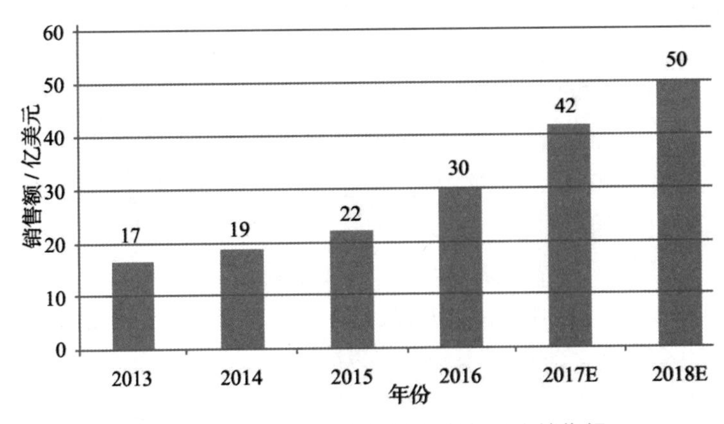

图 1-5　2013—2018 年家庭服务机器人销售额

(4) 机器人的万亿产业盛宴。麦肯锡咨询公司将机器人技术列为影响未来的12项颠覆性技术,并预测到2025年,先进机器人在制造业、医疗和服务等产业领域的应用可创造1.7万亿~4.5万亿美元的产值。其中,应用于人体功能增强的机器人领域,将创造6000亿~2万亿美元的产值;在工业机器人领域,将创造6000亿~1.2万亿美元的产值;在外科手术机器人领域,将创造2000亿~6000亿美元的产值;在家庭服务机器人领域,将创造2000亿~5000亿美元的产值;在商用服务机器人领域,将创造1000亿~2000亿美元的产值。

随着机器人市场的不断扩大,行业巨头也开始进行布局。日本软银收购Aldebaran公司,推出Pepper机器人,而谷歌2013年就收购了8家机器人公司。

2. 国内机器人发展现状

20世纪70年代初期我国才开始机器人技术研究。20世纪80年代初一些机器人技术学术组织和相关研究机构相继成立,并实施国家“863计划”。20世纪90年代,基本实现了国产机器人的商品化,一批具有自主知识产权的点焊、弧焊、装配等产品相继问世。进入21世纪后,我国机器人技术及产业得到迅猛发展。“十五”期间国家从单纯的机器人技术研发向机器技术与自动化工业装备扩展。“十一五”期间,重点开展了机器人共性技术的研究。“十二五”期间,重点放在促进机器人产业链的逐步形成上。“十三五”期间,主要是加强顶层设计。《中国制造2025》把机器人作为重点发展领域,并专门出台《机器人产业发展规划(2016—2020年)》,机器人的发展成为实现《中国制造2025》的关键。

随着机器人技术的不断成熟,中国机器人市场高速增长。自2013年开始,中国连续五年成为全球第一大工业机器人应用市场,同时服务机器人需求潜力巨大,特种机器人应用场景不断延伸。2017年,我国机器人市场规模将达到62.8亿美元,2012—2017年的年均增长率达到28%,其中,工业机器人42.2亿美元,服务机器人13.2亿美元,特种机器人7.4亿美元。

(1) 工业机器人:国产化进程提速,应用领域快速拓展,投资与研发双轮驱动。国产工业机器人正逐步获得市场认可,在市场总销量中的比重稳步提高。国产控制器、减速器、电机等核心零部件市场份额进一步增加,智能控制和软件系统的自主研发水平不断进步,制造工艺的自主设计能力不断提升,并快速拓展至塑料、橡胶、食品等细分行业。同时,随着近年来国家对环保和民生问题的高度重视,作为实现自动化、绿色化生产的重要工具,机器人在塑料、橡胶等高污染行业,以及与民生相关的食品、饮料和制药等行业的应用范围也不断扩大,应用规模显著提升,这对进一步降低环境污染,保障食品药品安全发挥了重大作用。

当前,传统制造企业在提高企业自动化、智能化水平的过程中,已形成以资本为纽带快速布局和以创新为核心自主研发两种模式。例如,美的集团通过收购库卡公司迅速布局机器人领域的中游总装环节,并积累下游应用经验,建立起明显的竞争优势;格力集团将机器人定位为未来转型重要方向,已在工业机器人、智能AGV、注塑机械手等10多个领域进行投入,并投资建设了集团智能机器人武汉生产基地。

(2) 服务机器人:智能技术领跑,初创企业及革新产品加速。我国在人工智能领域技术不断创新,中国专利申请数量特别是在人工智能相关领域,催生出一批创新创业型企业。与此同时,我国在人机交互技术、仿生材料与结构、模块化技术等方面也取得了一定的进展,进一步提升了我国在机器人领域的技术水平。

人工智能技术的发展和突破使服务机器人的使用体验进一步提升,语音交互、人脸识别、自动定位导航等人工智能技术与传统产品的融合不断深化,创新型产品不断推出,如阿里巴巴相继推出智能音箱,酷哇机器人发布智能行李箱等。目前,智能服务机器人正快速向家庭、社区等场景渗透,为服务机器人产业的发展注入了新的活力。

(3) 特种机器人:核心技术突破,行业应用领先。国家扶持带动特种机器人技术水平不断进步。我国政府高度重视特种机器人技术研究与开发,并通过"863计划"、特殊服役环境下作业机器人关键技术主题项目及深海关键技术与装备等重点专项予以支持。目前,在反恐排爆、深海探测、海洋救援领域部分关键核心技术已取得突破,例如室内定位技术、高精度定位导航与避障技术,汽车底盘危险物品快速识别技术已初步应用于反恐排爆机器人。与此同时,我国先后攻克了钛合金载人舱球壳、浮力材料、深海推进器等多项核心技术,使我国在深海核心装备国产化方面取得了显著进步。

特种无人机、水下机器人等研制水平全球领先。目前,在特种机器人领域,我国已初步形成了特种无人机、水下机器人、搜救/排爆机器人等系列产品。例如,中国电子科技集团公司研究开发了固定翼无人机智能集群系统,成功完成119架固定翼无人机集群飞行试验。我国中车时代电气公司研制出世界上最大吨位深水挖沟犁,填补了我国深海机器人装备制造领域空白;新一代远洋综合科考船"科学"号搭载的缆控式遥控无人潜水器"发现"号与自治式水下机器人"探索"号在南海北部实现首次深海交会拍摄。

中国目前已经有一百多个从事机器人技术研发及生产配套的机器人产业集群,机器人相关的概念股已经超过40家,同时全国还有超过40个机器人产业园在建设。机器人应用遍及汽车制造、工程机械、食品等行业。中国制造业特点是能耗高、污染大、技术含量低的劳动密集型产业。因此随着中国人工红利的消失,"机器换人"势在必行。但是,我们也要认识到,当前我国机器人核心技术仍受制于人,相关产品质量、性能、可靠性等方面也与国外产品有较大差距,总体的技术水平仍处于前沿跟踪阶段,只在部分特种机器人领域实现并跑。

1.3.3 机器人发展方向

1. 机器人技术发展方向

(1) 工业机器人:智能技术快速发展,助力人机共融走向深入。人机共融技术不断走向深入。由于无法感知周围情况的变化，传统的工业机器人通常被安装在与外界隔离的区域当中，以确保人的安全。随着标准化结构、集成一体化关节、灵活人机交互等技术的完善，工业机器人的易用性与稳定性不断提升，与人协同工作愈发受到重视，成为重点研发和突破的领域，人机融合成为工业机器人研发过程中的核心理念。目前推出的部分人机互动机器人的智能化水平在某些方面接近于人，能够感知环境，同时适应环境的变化

竞争力大幅提升助力应用领域快速拓展。工业机器人技术和工艺日趋成熟，成本将快速下降，具备更高的经济效率，可在个性化程度高、工艺和流程烦琐的产品制造中替代传统专用设备。与此同时，随着双臂灵巧机器人、智能仓储机器人等产品快速发展，工业机器人的应用正由汽车、电子等领域向家具家电、五金卫浴等一般工业领域发展，并进一步延伸至塑料、橡胶、食品等细分行业。

（2）服务机器人：认知智能取得一定进展，产业化进程持续加速。认知智能将支撑服务机器人实现创新突破。人工智能技术是服务机器人在下一阶段获得实质性发展的重要引擎，目前正在从感知智能向认知智能加速迈进，并已经在深度学习、抗干扰感知识别、听觉视觉语义理解与认知推理、自然语言理解、情感识别与聊天等方面取得了明显的进步。

智能服务机器人进一步向各应用场景渗透。随着机器人技术的不断进步，服务机器人的种类和功能会不断完善，智能化会进一步提升，服务领域会延伸到各个领域，从家庭延伸到商业应用，特种应用，服务人群从老人延伸到小孩，以及普通人群。

（3）特种机器人：结合感知技术与仿生材料，智能性和适应性不断增强。技术进步促进智能水平大幅提升。当前特种机器人应用领域的不断拓展，所处的环境变得更为复杂与极端，传统的编程式、遥控式机器人由于程序固定、响应时间长等问题，难以在环境迅速改变时做出有效的应对。随着传感技术、仿生与生物模型技术、生机电信息处理与识别技术不断进步，特种机器人已逐步实现“感知－决策－行为－反馈”的闭环工作流程，具备了初步的自主智能，与此同时，仿生新材料与刚柔耦合结构也进一步打破了传统的机械模式，提升了特种机器人的环境适应性。

替代人类在更多特殊环境中从事危险劳动。目前特种机器人通过机器视觉、压力、距离等传感器结合深度学习算法，已能完成定位、导航、物体识别跟踪、行为预测等。例如，波士顿动力公司 Handle 机器人，实现了在快速滑行的同时进行跳跃的稳定控制。随着特种机器人的智能性和对环境的适应性不断增强，其在安防监测、防暴、军事、消防、采掘、交通运输、建筑、空间探索、防爆、管道建设等众多领域都具有十分广阔的应用前景。

2. 机器人产业发展趋势

（1）机器人与工业 4.0。“工业 4.0”利用网络化和数字化技术，将机器人进行互联，实现机器之间的信息共享、协同工作。“工业 4.0”其本质上是通过信息化将底层的执行设备和机器人与上层的企业管理系统进行连接，实现整体智能化和柔性生产。

这是一次技术革命，同时促进企业的转型升级。在生产过程中，机器人代替人工完成搬运、上下料、出入库、装配、打磨、喷涂等，同时实现无人化自动仓储，实现数字化工厂。

（2）智能制造势在必行。随着国内劳动力人口占总人口的比例逐渐下滑，中国人口红利将消失，未来将面临劳动力短缺的状况。目前最有效的方法就是进行“机器换人”帮助制造业升级改造。由于中国是制造业大国，整体制造业的转型升级将持续提高机器人的热度和市场参与度。

（3）机器人研发投入持续增加。国内工业机器人起步较晚，虽然国产机器人公司目前已经初具规模，也有一些标杆性的企业，但是总体技术水平和创新能力仍然与世界先进水平有一定差距。要想突破技术壁垒，占领更多的市场，需要投入更多的人力物力到研发中去，加强人才队伍建设，突破重点产品和重点行业，占领高端市场。

（4）服务机器人市场不可限量。服务机器人与“互联网＋”的融合，将会深刻改变人类社会生活方式。未来，基于“互联网＋”的健康服务平台和养老机器人的结合，能够解决家庭环境下的养老难题；基于“互联网＋”的教育服务平台，可以实现校园、家庭远程教育系统；基于“互联网＋”的智慧交通系统，可以实现智能车辆的辅助驾驶甚至无人驾驶……

服务机器人，作为一个智能终端和操作载体，本身具备感知、决策、移动与操作功能，完成有益于人类的服务工作；而“互联网＋”的支撑平台则借助物联网、云计算、大数据等技术，为服务机器人提供了一个巨大的信息采集、处理和智能决策平台，延伸了服务机器人自身的感知、计算和操作能力。

当下人口老龄化加剧和劳动力成本飙升，其他社会刚性需求增多，在这样的背景驱动下，服务机器人的普及成为必然。另外，在此新兴行业，中国发展程度与外国差距较小，结合本土文化开发特色需求场景，可获取竞争优势。因此，服务机器人产业具有更大的机遇与空间，或将成为未来机器人制造业的主力军，市场份额不可估量。

（5）扶持政策将趋于规范。国内机器人产业因政府利好政策和极具潜力的市场空间引来大量跟风资本，存在过热隐患，为缓解机器人行业盲目扩张和“高端产业低端化”的趋势，政府将进一步规范完善鼓励扶持体系，助力市场有序化形成，促进机器人行业良性稳健发展。

1.4 机器人分类

按不同的分类方式，机器人可以分为不同的类型，下面给出几种常用的分类方法：

1. 按技术特征来划分

按技术特征来划分，机器人可以分为第一代机器人、第二代机器人和第三代机器人。第一代机器人是以顺序控制和示教再现为基本控制方式的机器人。即机器人按照预先设定的信息，或根据操作人员示范的动作，完成规定的作业。第二代机器人是有感觉的机器人。第三代机器人是智能机器人。

2. **按控制类型来划分**

按控制类型来划分，可以分为以下几种：

(1) 伺服控制机器人，即采用伺服手段，包括位置、力等伺服方法进行控制的机器人。

(2) 非伺服控制机器人，即采用伺服以外的手段，如顺序控制、定位开关控制等进行控制的机器人。

(3) PTP 控制机器人，只对手部末端的起点和终点位置有要求，而对起点和终点的中间过程无要求的控制方式，如点焊机器人就是典型的 PTP 控制机器人。

(4) CP 控制机器人，除了对起点和终点的要求以外，还对运动轨迹的中间各点有要求的控制方式，如弧焊机器人就是典型的 CP 控制机器人。

3. **按机械结构来划分**

按机械结构来划分，可以分为直角坐标型机器人、极坐标型机器人、圆柱坐标型机器人、关节型机器人、SCARA 型机器人、并联机器人以及移动机器人，详细内容将在第 2 章中叙述。

4. **按用途来划分**

按用途来划分，可以分为工业机器人、服务机器人、娱乐机器人、农业机器人、医疗机器人 、海洋机器人、军用机器人等。

在结构类型方面，根据机器人工作时机座的可动性又可以将机器人分为机座固定式机器人和机座移动式机器人两大类，分别简称为固定式机器人和移动机器人。

1.4.1 固定式机器人

固定式机器人从机械结构来看，主要有直角坐标型机器人、圆柱坐标型机器人、球坐标型机器人、关节型机器人、SCARA 型机器人和并联机器人等类型。

1. **直角坐标型机器人**

这种机器人由对应直角坐标系中 X 轴、Y 轴和 Z 轴的三个线性驱动单元组成，具有三个彼此垂直的线性自由度，可以完成在驱动范围内 XYZ 三维坐标系中任意一点的到达和遵循可控的运动轨迹，如图 1－6 所示。大型的直角坐标型机器人也称桁架机器人或龙门式机器人。

直角坐标型机器人以伺服电机、步进电机为驱动的线性运动单轴机械臂作为基本工作单元，以滚珠丝杆、同步皮带、齿轮齿条为常用的传动方式。这种结构类型的机器人具有较大的刚性，通常可以提供良好的精度和可重复性，容易编程和控制。作为一种成本低廉、系统结构简单的自动化机器人系统解决方案，在码垛、分拣、包装、金属加工、焊接、搬运、装配、印刷等常见的工业生产领域得到了大量应用。但其占地面积较大，动作范围较小，工件的装卸、夹具的安装等受到立柱、横梁等构件的限制，移动部件的惯量比较大，操作灵活性较差。

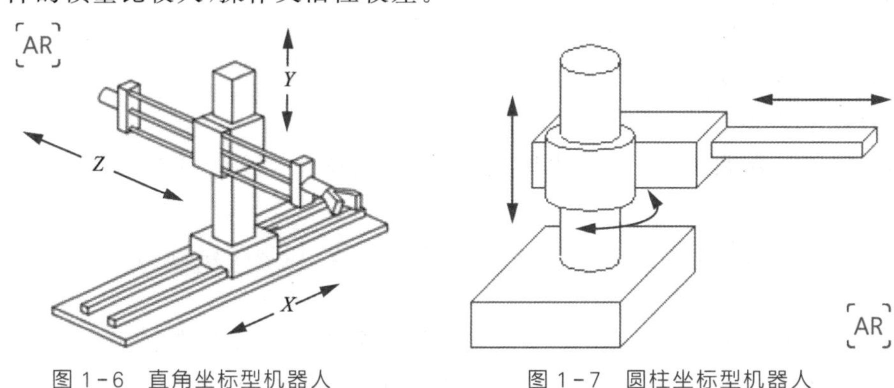

图 1-6　直角坐标型机器人　　　　图 1-7　圆柱坐标型机器人

2. **圆柱坐标型机器人**

圆柱坐标型机器人由三个运动轴构成，其中两个是线性的，一个是旋转的。所以通常这种类型的机器人可以沿着 Z 轴和 Y 轴移动并沿着 Z 轴旋转，这基本上构成了一个圆柱坐标系统，因此它有一个圆柱形的工作范围，如图 1-7 所示。

圆柱坐标型机器人的空间定位比较直观，最常见的应用是需要圆柱形工作包络与水平工具定向结合的应用类型，例如特定的组装任务或点焊工序。这类机器人的位置精度仅次于直角坐标型机器人，控制简单，编程容易，但水平线性运动轴后端易与工作空间内的其他物体相碰，较难与其他机器人协调工作。

3. **球坐标型机器人**

球坐标型机器人由两个转动轴和一个线性运动轴组成，它可以实现绕 Z 轴的回转，绕 Y 轴的俯仰和沿手臂 X 方向的伸缩，腕部参考点运动所形成的工作范围是球体的一部分，可以方便地以极坐标系描述，因此也常常被称为极坐标机器人，如图 1-8 所示。

这类机器人占地面积小，工作空间大，结构紧凑，位置精度尚可，方便与其他机器人协同工作，但避障性较差。

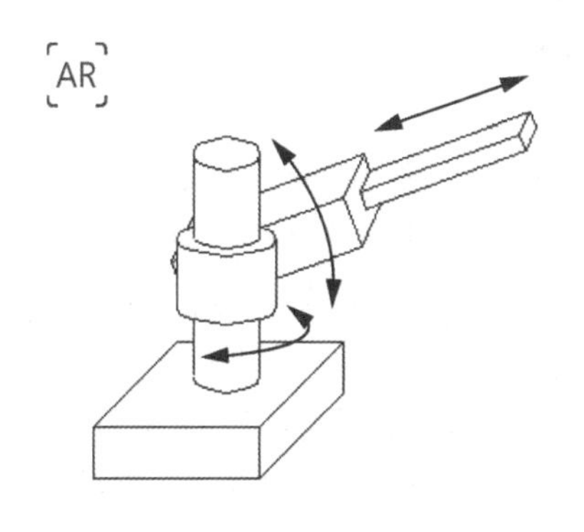

图 1-8　球坐标型机器人

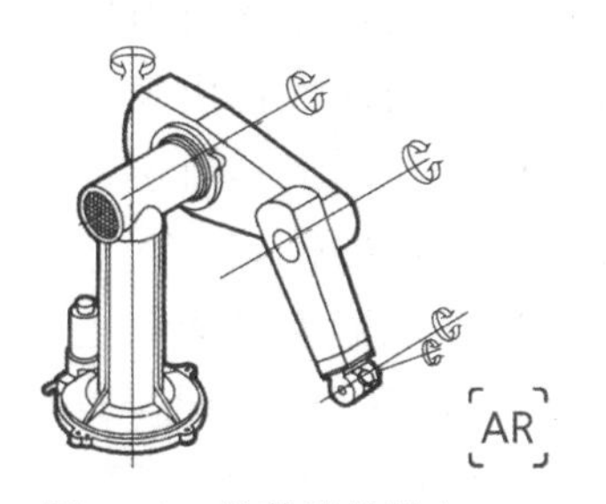

图 1-9　关节型机器人

4. 关节型机器人

关节型机器人是由多个转动关节串联起相应数量的连杆组成的开链式结构，主要由立柱、前臂、后臂组成，接近人类由腰部到手臂的结构，如图 1-9 所示。机器人的运动由立柱的回转、前臂和后臂的俯仰构成，腕部参考点运动所形成的工作范围也是球体的一部分。

关节型机器人结构最紧凑、动作灵活、占地面积小、工作范围广、避障性好，易于与其他机器人协同工作，是目前使用最广泛的工业机器人。这类机器人运动学较复杂，控制存在耦合问题，进行控制时计算量比较大。

5. SCARA 型机器人

SCARA(selective compliance assembly robot arm)型机器人是一种圆柱坐标型的特殊类型的工业机器人。这类机器人一般有 4 个关节，其中 3 个为旋转关节，其轴线相互平行，在平面内进行定位和定向，另一个关节是移动关节，用于完成末端件在垂直于平面的运动，因此也叫水平关节机器人。手腕参考点的位置是由两旋转关节的角位移，及移动关节的直线位移决定的，如图 1-10 所示。

SCARA 型机器人的结构轻便、响应快，手腕部运动速度可达 10m/s 以上，比一般关节型机器人快数倍。它最适用于平面定位、垂直方向进行装配的作业。

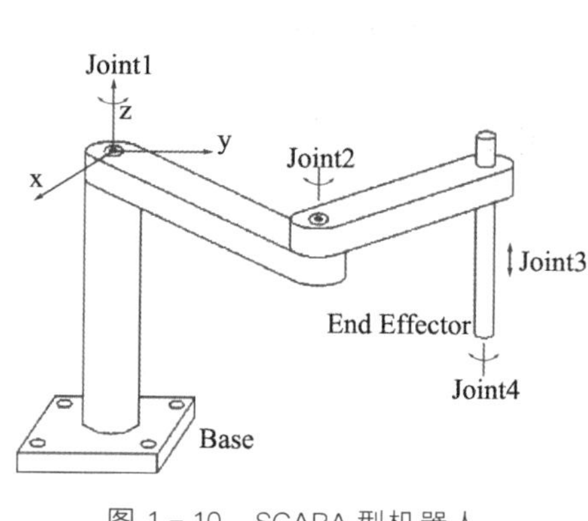

图 1-10 SCARA 型机器人

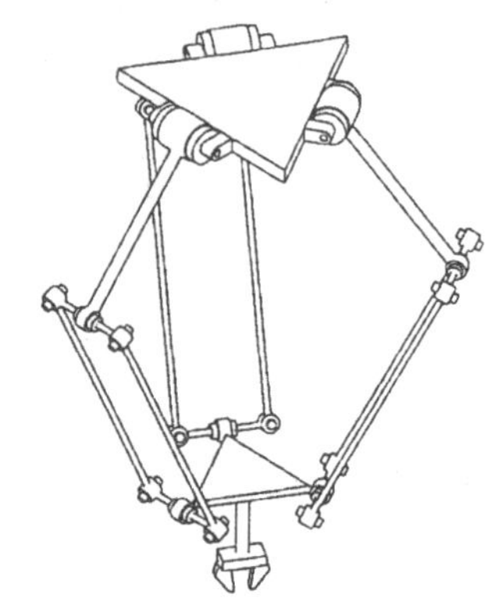

图 1-11 Delta 型并联机器人

6. 并联型机器人

并联型机器人的运动机构是由动平台和定平台通过至少两个独立的运动链相连接组成，具有两个或两个以上的自由度，且以并联方式驱动的一种闭环机构。图 1-11 为 Delta 型并联型机器人。并联型机器人和传统工业用串联型机器人呈对立统一的关系。与串联型机器人相比较，并联型机器人具有以下特点：

(1) 无累积误差，精度较高；

(2) 驱动装置可置于定平台上，运动部分重量轻、速度高、动态响应好；

(3) 结构紧凑、刚度高、承载能力大、自重负荷比小；

(4) 完全对称的并联机构具有较好的各向同性；

（5）占地空间较小，维护成本低；

（6）工作范围比较有限；

（7）在位置求解上，串联机构正解容易，但反解十分困难，而并联机构正解困难、反解却非常容易。

1.4.2 移动式机器人

移动式机器人根据机座移动实现的方式不同，主要有仿人机器人、多足式机器人、轮式机器人、履带式移动机器人、飞行机器人和水下机器人等类型。

1. 仿人机器人

美国是世界上最早研制机器人的国家，日本在20世纪六七十年代末从美国引进机器人并大力吸收、消化、改进和提高，很快就跃升为机器人王国。

日本本田公司研制的仿人机器人ASIMO，是目前世界上最先进的仿人行走机器人，如图1－12所示。ASIMO身高1.3m，体重54kg，行走速度是0～6km/h。最新版ASIMO除具备了行走功能与各种人类肢体动作之外，更具备了人工智慧，可以预先设定动作，还能依据人类的声音、手势等指令来从事相应动作，此外，它还具备了基本的记忆与辨识能力。同时，它综合了视觉和触觉的物体识别技术，可进行精细作业，如拿起瓶子拧开瓶盖、将瓶中液体注入柔软纸杯等。

图1－12　本田公司研制的仿人机器人ASIMO

与此同时，日本仿人机器人已用于太空领域。太空机器人KIROBO高约34cm，重量约1kg，如图1－13所示，外形设计灵感来源于日本著名漫画家手冢治虫笔下的经典动画人物“铁臂阿童木”。KIROBO具有面部识别功能，并可与人类对话，用于在太空中陪伴宇航员。图为当地时间2014年5月13日，日本宇航员Koichi Wakata和“机器航天员”KIROBO在国际空间站交流。

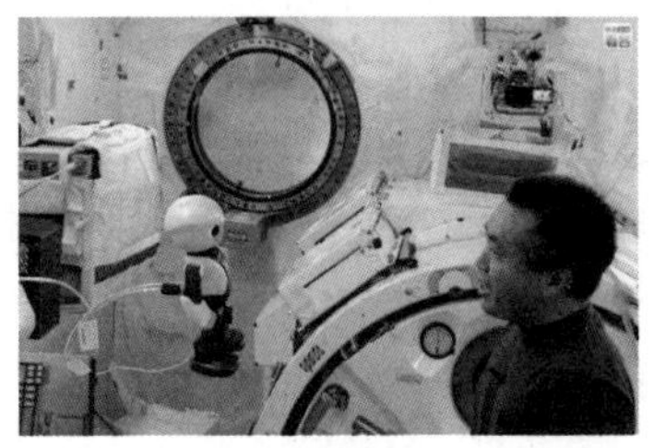

图1－13　太空仿人机器人KIROBO

图1－14　婴儿机器人

2015年1月，“婴儿机器人”Smiby上市，如图1－14所示。Smiby是由日本中京大学的机器人系和Togo Seisakusyo Corporation共同开发，面向老年人。它类似一个人类婴儿，需要人去照顾它。如果长时间没有人理睬它，它会开始啼哭。它内置的感应器能够识别主人的动作。当它感觉高兴的时候，它会像个真的婴儿一样笑起来，并且脸上的LED灯发出粉色的光；而当它不高兴的时候，脸上的LED灯则会发出蓝色的光，代表眼泪。

2015年2月23日，位于日本理化学研究所和住友公司的科学家研发出一款新的实验护理机器人“ROBEAR”，如图1-15所示，它可以将病人从床上搬到轮椅上，或帮助病人站起来。

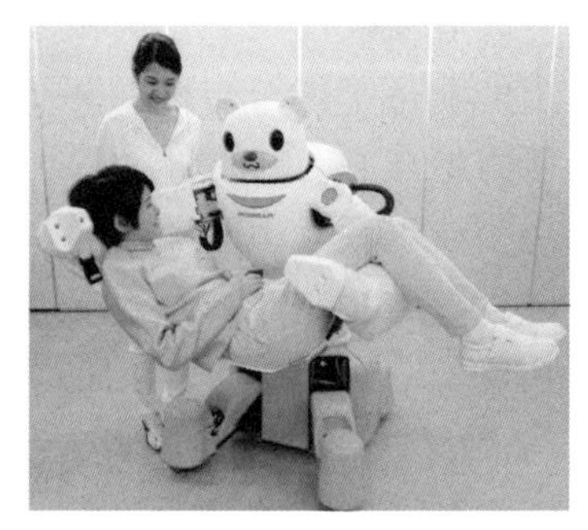

图1-15 仿人护理机器人

在军事领域，美国武器合约商波士顿动力公司为美军研制的世界上最先进的人形机器人“阿特拉斯”（Atlas，希腊神话中的大力神）正式亮相，如图1-16所示，“阿特拉斯”被称为世界上最先进的机器人，将来或许能像人一样在危险环境下进行救援工作。“阿特拉斯”身高1.9m，体重150kg，身躯由头部、躯干和四肢组成，“双眼”是两个立体感应器，有两只灵巧的手，能在实时遥控下穿越比较复杂的地形，能力超强，单腿站立，被从侧面飞来的球撞而不倒。

与国外相比，我国从20世纪80年代中期才开始研究仿人机器人，国内仿人机器人的研究在国家“863”计划和自然科学基金的支持下持续开展了多年。

北京理工大学于2002年12月研制成功仿人机器人BHR-1。BHR-1高1.58m，重76kg，有33个自由度(每条腿有6个，每条胳膊有7个，每只手3个，手指各有2个)，其步幅为0.33m，速度为1km/h，机器人的手、脚可以实现360°的旋转。在BHR-1基础上改进的BHR-2高1.6m，重63kg，共有32个自由度，分配情况为：每条腿有6个(髋关节3个、膝关节1个、踝关节2个)，每条手臂有6个(肩关节3个、肘关节1个、腕关节2个)，头部有2个，每只手有3个。2011年，BHR已经研制到第3代“汇童”，如图1-17所示，“汇童”高1.6m，重63kg，它是具有视觉、语音对话、力觉、平衡觉等功能的仿人机器人，突破了仿人机器人的复杂动作设计。“汇童”的研制成功标志着我国已经掌握了集机构、控制、传感器、电源于一体的高度集成技术。

图1-16 Atlas机器人

图1-17 “汇童”机器人

2. 多足式机器人

大狗机器人由波士顿动力公司专门为美国军队研究设计，如图 1－18 所示。这是一个四脚机器人，能够穿越泥地和雪地，以 5 英里/小时（8.04672km/h）的速度慢跑。它的体型与一只大狗或小驴差不多大。它的主要用途是在复杂地形中载重。大狗体内装有由发动机驱动的液压传动系统，四肢上装有特殊材料制成的减震器，每迈出一步的能量都能被有效循环至下一步，保证能源动力在长途跋涉中利用效率最高，其平衡力绝佳，能负载约 180kg 武器装备翻山越岭，还能解读语言和视觉命令。

波士顿动力公司为美国海军陆战队开发了一只机器狗 SpotMini，用一个连在笔记本电脑上的游戏手柄来控制，操控半径可达 500m。SpotMini 机器狗以电力驱动，相对安静。在此之前，波士顿动力发布的 Spot 机器狗也展现了出色的平衡能力，它重约 72.5kg，由电和液压装置驱动，能够行走、小跑、上楼梯，甚至被踢之后还能恢复姿势。

SpotMini 机器狗比前作 Spot 体型更小，重量也只有 55 磅，加上机械臂也不过 65 磅，如图 1－19 所示。为进一步缩小体积，驱动装置也由之前的液压式改为电动式，内置的电池每次充满电后最长可运行 90min，并配备摄像头、陀螺仪以及各种传感器去判断位置及各种动作。凭借接在顶部的机械臂，SpotMini 可以完成拿碗碟、丢垃圾、递汽水等动作，摔倒后还可以通过机械臂重新站起来，就跟家养的宠物狗一样。

图 1－18　大狗机器人

图 1－19　SpotMini 机器狗

2015 年，中国兵器装备集团公司首次展示了国产“大狗机器人”，如图 1－20 所示。这款机器人总重 250kg，负重能力为 160kg，垂直越障能力为 20cm，爬坡角度为 30°，最快行走速度为 1.4m/s，续航时间为 2h。这款机器人主要由足式机械系统、动力单元、感知系统及控制系统组成。作为通用平台，可应用于陆军班组作战、抢险救灾、战场侦察、矿山运输、地质勘探等复杂崎岖路面的物资搬运。另外，这款由中国自行研制的“大狗机器人”，

图 1－20　国产“大狗机器人”

其总体指标已经达到美国同类产品水平。

3. 轮式机器人

轮式移动机器人是使用机动轮子自行移动的机器人,如图 1-21 所示。轮式移动机器人的设计比使用履带或腿更简单,消耗更少的能量并且移动得更快。通过使用轮子,它们更容易被设计、构建和编程在平坦的、不那么崎岖的地形中移动。它们也比其他类型的机器人更好控制,具有低成本和简单性的优点,因此占据了移动机器人的主导地位。轮式移动机器人的缺点是:它们无法在障碍物(如岩石地形或低摩擦区域)上行驶。轮式移动机器人可以有任何数量的车轮,独轮或两轮的轮式移动机器人非常灵活和紧凑,非常适合在与人类交互的拥挤环境中使用。

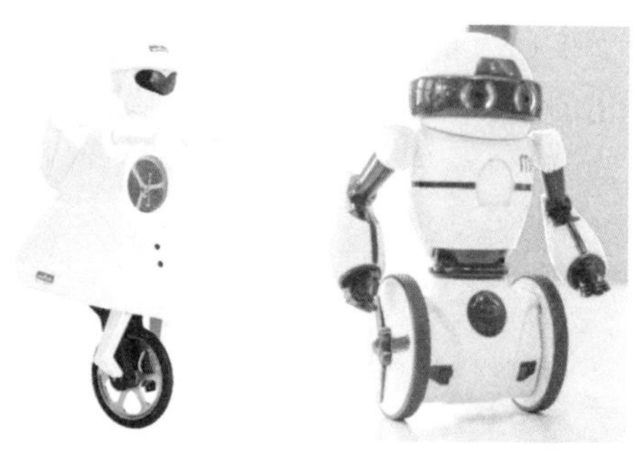

图 1-21　独轮机器人和两轮机器人

4. 送餐机器人

送餐机器人自动扫描餐厅中所有空余位置,并根据客户的要求(比如靠窗,或者靠空调等)自动筛选最优座位,并且自主带领客人到所选座位用餐,精准定位,准确无误地将菜品送到指定位置,同时行驶的稳定性确保菜品不会抖动洒出,在人多复杂的环境下前方遇到客人阻碍行驶路线时,自动避开客人,语音推荐特色菜,根据客人需求点餐,并直接传输到后厨显示器,智能优先筛选并优化客人喜欢的菜谱,例如客人不喜欢吃辣,系统自动排除辣的菜名。自动提示客人将餐具放到机器人的托盘内,传感器自动感知盘子的存在,并自动进入下一站点进行回收,回收过程中语音提示客人进行操作,温馨而愉悦,同时还可以打赏挣工钱。送餐机器人的基本结构如图 1-22 所示。

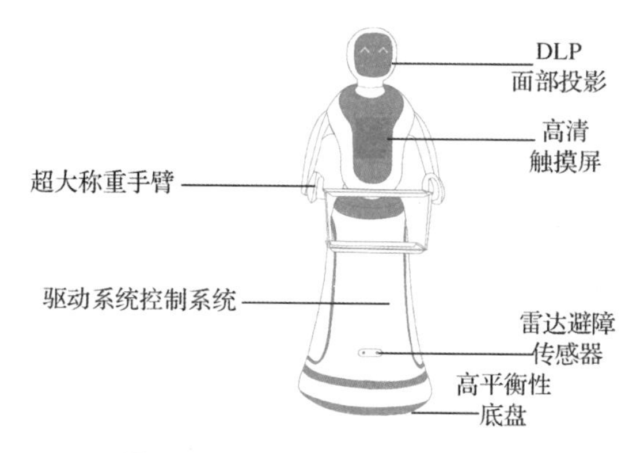

图 1-22　送餐机器人结构示意图

5. 助老助残机器人

助老助残机器人的主要功能是辅助老年人和残疾人的日常生活,其中典型的产品有辅助腿脚不便的老年人和残疾人出行的轮椅产品，为患慢性病的老年人、空巢家庭中的老年人、住院后退养的体弱者、瘫痪和半瘫痪等失去自理能力的病人、心脑血管疾病人群，以及骨伤疗养者等进行护理的护理床产品，帮助残障人士与肢体功能退化的老年人进行肢体康复训练的康复机器人产品。如图 1－23 所示。

图 1－23　邦邦机器人

6. 履带式移动机器人

履带式移动机器人是使用履带式机构在地面进行移动的机器人，如图 1－24 所示。履带式机构与轮式移动机构相比具有如下特点：

（1）支承面积大，接地比压小、能够在松软或泥泞等复杂路面情况下工作；

（2）越野机动性能好，爬坡、越沟能力强、转弯半径小；

（3）牵引力大，重心低、稳定性好、不易打滑；

（4）结构复杂，重量大、能耗高、减振性能差。

因此，履带式移动机器人经常被使用在一些未知的或人类不宜接近的场所，如战场、火灾、地震现场等危险而路面情况复杂多变的环境，替代人类进入现场进行军事、勘察、调研或抢险活动。近年来出现的带有摆臂的履带式移动机器人，如图1－25所示，进一步提高了这类机器人的越障能力，拓展了其应用范围。

AR

图 1－24　履带式排爆机器人

图 1－25　带有摆臂的履带式移动机器人

7. 飞行机器人

飞行机器人即具有自主导航和自主飞行控制能力的无人驾驶飞行器。这类机器人在空中活动，运动速度快，居高临下不受地形限制，在勘察、搜救和军事方面具有广阔的应用前景。飞行机器人根据飞行原理的不同主要可以分为固定翼飞行机器人、旋翼飞行机器人和仿生扑翼飞行机器人。

固定翼飞行机器人具有速度快、载重大、航程长等特点，适应高速、大航程的飞行需求，在电力巡线、森林监控和军事方面得到了大量使用，其中美国 X-47B 无人机具有高度智能化的特点，已能完成自主空中加油和在航母上的自主起降，如图 1-26 所示。固定翼飞行机器人的缺点主要在于飞行控制难度较大，成本较高，起降需要较大场地。

图 1-26 固定翼飞行机器人（X-47B）

旋翼飞行机器人有单旋翼（直升机）和多旋翼两大类，因多旋翼机的飞行方向和高度均只需改变各轴螺旋桨速度即可控制，机动灵活，活动部件少，机械可靠性高，飞行控制简单，成本低，目前成了旋翼飞行机器人的主流，在航拍、农业、植保和勘测等民用领域得到了快速的应用。图 1-27 所示为四轴旋翼飞行机器人。多旋翼飞行机器人受限于桨叶的承载能力，负载能力较小、能耗较大、航程较短。

图 1-27 四轴旋翼飞行机器人

扑翼飞行机器人的飞行机理仿生鸟类和昆虫扑翼动作，飞行效率高，机动灵活，但由于完全借助翅膀向后向下扇动空气来获得动力，存在着速度、高度和起飞重量的限制，而且空气动力学问题复杂，飞行控制困难，因此目前多为处于研究阶段的微小型飞行器，其中德国 FESTO 公司的仿生鸟 SmartBird（见图 1-28）和蜻蜓机器人 Robot Dragonfly（见图 1-29）已可模仿鸟类和昆虫在空中自由飞行并自行避障。

图 1-28 德国 FESTO 公司的仿生鸟

图 1-29 德国 FESTO 公司的蜻蜓机器人

8. **水下机器人**

水下机器人也称水下无人潜水器，是一种可在水下移动、具有视觉和感知系统、通过遥控或自主操作方式、使用机械手或其他工具代替或辅助人去完成水下作业任务的装置，可分为有缆遥控水下机器人（简称 ROV）和无缆自主水下机器人（简称 AUV）两大类。水下环境恶劣危险，人的潜水深度有限，所以水下机器人已成为开发海洋的重要工具，已广泛应用于水产养殖、海洋油气勘探、水电站大坝反应堆检测、安全检查水下搜救、水下工程项目验收等诸多领域。

有缆遥控水下机器人(ROV)是通过脐带电缆拴在宿主舰船上，从水面进行控制，并由水面提供能源，带有推进器、水下电视、水下机械手和其他作业工具，能够在三维水域运动的水下机器人，如图 1－30 所示。ROV 的特点主要有通过与水面相连的电缆向无人遥控潜器提供能源，作业时间不受能源的限制；操作者直接在水面控制和操作 ROV，人机协同作业使得许多复杂的控制问题变得简单。同样由于脐带电缆的存在，约束了 ROV 所能达到的活动范围，在复杂环境，尤其进入复杂结构内部容易缠绕，严重危害 ROV 的安全。

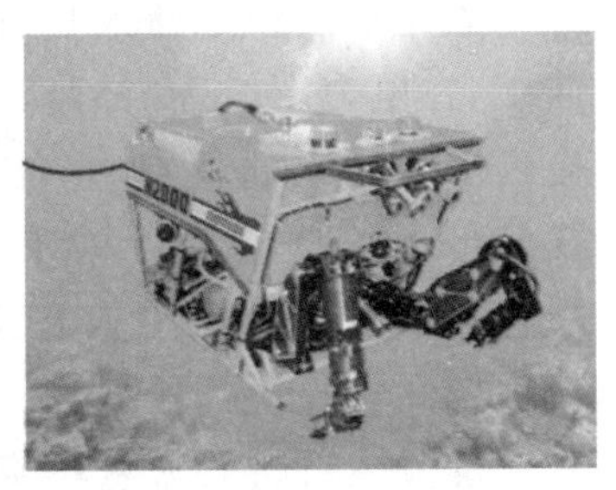

图 1－30　有缆遥控水下机器人(ROV)

无缆自主水下机器人(AUV)的能源完全依靠自身提高，在水下自主进行机动航行，独立完成各种操作，是更智能化的水下机器人系统，如图 1－31 所示。AUV 有活动范围大、潜水深度深、隐蔽性好、不怕电缆缠绕、不需要庞大水面支持、占用甲板面积小和智能化程度高等优点，但打捞、采样等作业能力较弱、回收比较困难，目前主要用于观测、勘探和搜救等民用、军事领域。

图 1－31　无缆自主水下机器人(AUV)

思考题

1. 如何把握机器人的概念。机器人的技术本质是什么？
2. 机器人分类方法有哪些？
3. 请比较美国、日本、欧洲等国家和地区机器人的热点。
4. 开放性话题：今后的机器人将会是什么样子，会给我们的生活带来怎样的变化？
5. 请查阅有关文献，就我国机器人技术的发展历程和现状作一综述。

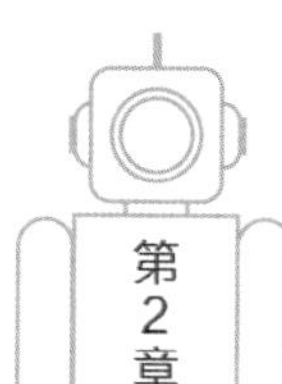

机器人的总体和机械结构设计

机器人设计包括机械结构设计、传感检测系统设计和控制系统设计等，是集机械、电子、检测、控制和计算机等技术于一身的综合应用体。为了明确机器人的设计任务和过程，有必要对机器人的组成和技术参数进行介绍。

2.1 机器人的基本组成及技术参数

机器人的种类繁多、结构各异、用途多样，不同结构和用途的机器人具有不同的组成。本节以工业机器人为例介绍机器人的组成和技术参数。

2.1.1 机器人的基本组成

如图 2－1 所示，机器人一般由机械部分、传感部分、控制部分三大部分组成，这三大部分又可分为机械结构系统、驱动系统、感受系统、机器人—环境交互系统、人机交互系统和控制系统六个子系统。

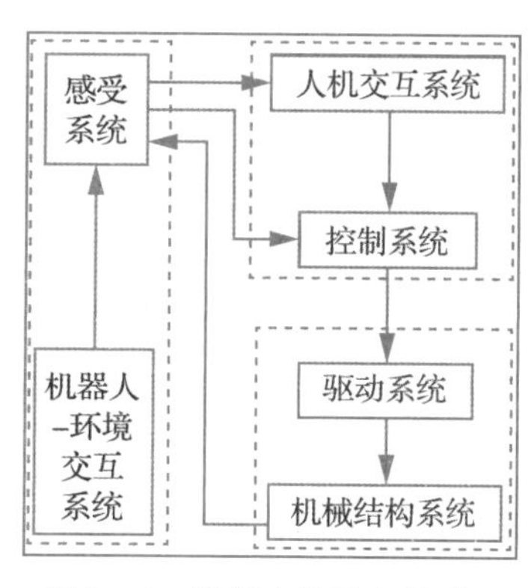

图 2－1 机器人的基本组成

1. 机械结构系统

机械结构系统由机身、手臂、末端操作器三大部分构成。每一部分具有若干自由度，构成一个多自由度的机械系统。若机身具备行走机构便构成行走机器人，若机身不具备行走及腰转机构，则构成单机器人臂。手臂一般由上臂、下臂和手腕组成。末端操作器是直接装在手腕上的一个重要部件，它可以是两手指或多手指的手爪，也可以是喷漆枪、焊枪等作业工具。

2. 驱动系统

驱动系统是驱动机器人各个关节运转的传动装置，现有的驱动方式包括液压、气动和电动，其中又以电动为主。

3. 感受系统

感受系统由内部传感器模块和外部传感器模块组成，以获取内部和外部环境状态中有意义的信息。智能传感器的使用提高了机器人的机动性、适应性和智能化的水平。虽然人类的感受系统对外部世界信息的感知已经非常灵巧，但是对于一些特殊信息的感知，传感器比人类的感受系统更有效。

4. 机器人—环境交互系统

机器人—环境交互系统是实现机器人与外部环境中的设备相互联系和协调的系统。机器人与外部设备集成为一个功能单元，如：加工制造单元、焊接单元、装配单元等。当然，也可以是多台机器人、多台机床或设备、多个零件存储装置等集成为一个执行复杂任务的功能单元。

5. 人机交互系统

人机交互系统是人与机器人进行联系和参与机器人控制的装置，主要可分为指令给定装置和信息显示装置两类，如：计算机的标准终端、指令控制台、信息显示板和危险信号报警器等。

6. 控制系统

控制系统的任务是根据机器人的作业指令程序以及从传感器反馈回来的信号支配机器人的执行机构完成规定的运动和功能。根据是否具备信息反馈系统，可将控制系统分为开环控制系统和闭环控制系统。如果机器人不具备信息反馈特征，则为开环控制系统，如果具备信息反馈特征，则为闭环控制系统。根据控制原理可分为程序控制系统、适应性控制系统和人工智能控制系统。根据控制运动的形式可分为点位控制和轨迹控制。

2.1.2 机器人的技术参数

技术参数是机器人制造商在产品供货时所提供的技术数据。不同的机器人其技术参数不一样，而且各厂商所提供的技术参数项目和用户的要求也不完全一样。但是，工业机器人的主要技术参数一般都应有：自由度、定位精度和重复定位精度、工作范围、最大工作速度、承载能力等。

1. 自由度

自由度是指机器人所具有的独立坐标轴运动的数目，不包括手爪（末端操作器）的开合自由度。在三维空间中描述一个物体的位置和姿态（简称位姿）需要 6 个自由度。但是，机器人的自由度是根据其用途而设计的，可能少于 6 个自由度，也可能多于 6 个自由度。例如，A4020—装配机器人具有 4 个自由度，可以在印刷电路板上接插电子器件；PUMA 562 机器人具有 6 个自由度，如图 2－2 所示，可以进行复杂空间曲面的弧焊作业。从运动学的观点看，在完成某一特定作业时具有多余自由度的机器人，就叫作冗余自由度机器人，亦可简称冗余度机器人。例如 PUMA 562 机器人去执行印刷电路板上接插电子器件的作业时就成为冗余度机器人。利用冗余的自由度可以增加机器人的灵活性，躲避障碍物和改善动力性能。人的手臂（大臂，小臂，手腕）共有 7 个自由度，所以工作起来很灵巧，手部可回避障碍物从不同方向到达同一个目的点。

大多数机器人从总体上看是个开链机构，但其中可能包含有局部闭环结构。闭环机构可提高刚性，但限制了关节的活动范围，因而会使工作空间减小。

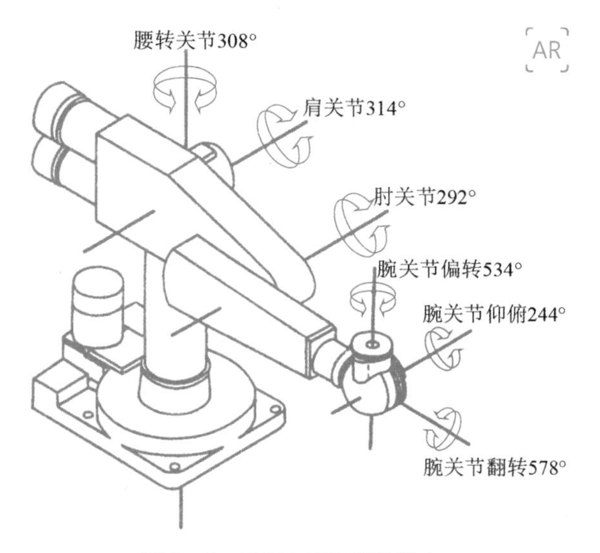

图 2-2 PUMA 562 型机器人

Stewart 机构是典型的并联机器人，如图 2-3 所示，末端执行器的位置和姿态可由 6 个直线油缸的行程长度所决定，油缸的一端与基座通过 2 自由度的万向连轴节（铰链）相连，另一端（连杆）由 3 自由度的球一套关节（球面副）与末端执行器相连。这种机器人将手臂 3 个自由度和手腕的 3 个自由度集成在一起，具有闭环机构的共同特点：刚度高，但连杆的运动范围十分有限。特别有趣的是，Stewart 机构运动学反解特别简单，而运动方程的建立十分复杂，有时还不具备封闭的形式。

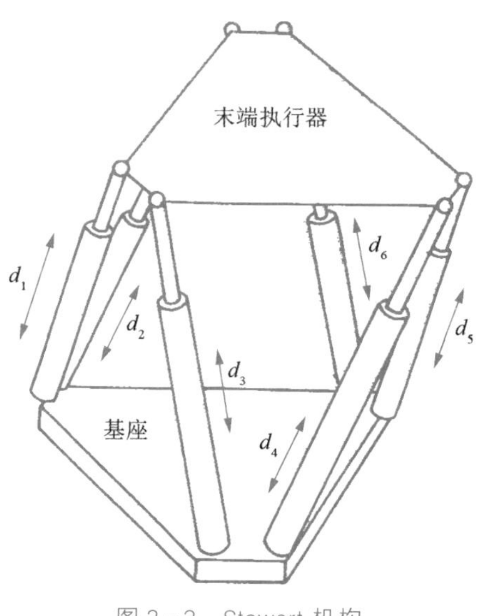

图 2-3 Stewart 机构

闭环机构的自由度不如开链机构的明显，机构的自由度可按照下述 Grübler 公式计算。

$$F=6(l-n-1)+\sum_{i=1}^{n}f_i \tag{2-1}$$

式中，l 为连杆数，包括基座；n 为关节总数；f_i 为第 i 个关节的自由度数。对于平面机构（自由物体是 3 个自由度），Grübler 公式中等号右边第一项的 6 改为 3。Stewart 机构有 18 个关节（6 个万向接头（铰链），6 个球一套关节，6 个移动关节），14 个连杆（每个油缸为两连杆，一个末端执行器，一个基座），18 个关节共有 36 个自由度。根据 Grübler 公式，可知 Stewart 机构共有 6 个自由度。

2. 定位精度和重复定位精度

机器人精度是指定位精度和重复定位精度。定位精度是指机器人手部实际到达位置与目标位置之间的差异，重复定位精度是指机器人重复定位其手部于同一目标位置的能力，可以用标准偏差这个统计量来表示，它是衡量一列误差值的密集度，即重复度，如图 2－4 所示。

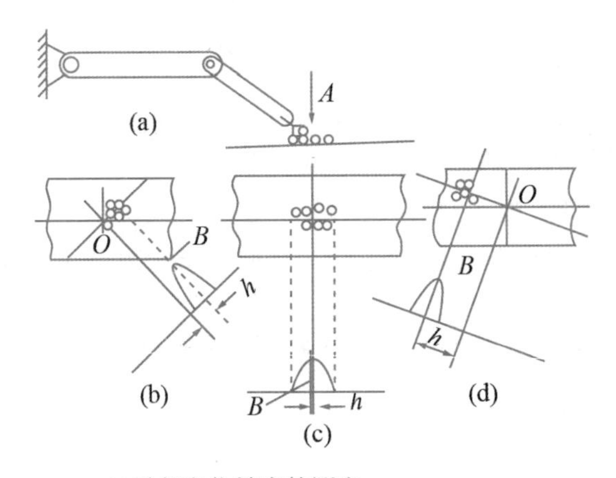

(a)重复定位精度的测定；
(b)合理定位精度，良好重复定位精度；
(c)良好定位精度，很差重复定位精度；
(d)很差定位精度，良好重复定位精度。

图 2－4　机器人精度和重复精度的典型情况

3. 工作范围

工作范围是指机器人手臂末端或手腕中心所能到达的所有点的集合，也叫作工作区域。因为末端操作器的形状和尺寸是多种多样的，为了真实反映机器人的特征参数，所以是指不安装末端操作器时的工作区域。工作范围的形状和大小是十分重要的，机器人在执行某一作业时，可能会因为存在手部不能到达的作业死区（dead zone）而不能完成任务。如图 2－5、图 2－6 和图 2－7 所示分别为 PUMA 机器人、A4020 型 SCARA 机器人和 Fanuc P－100 机器人的工作范围。

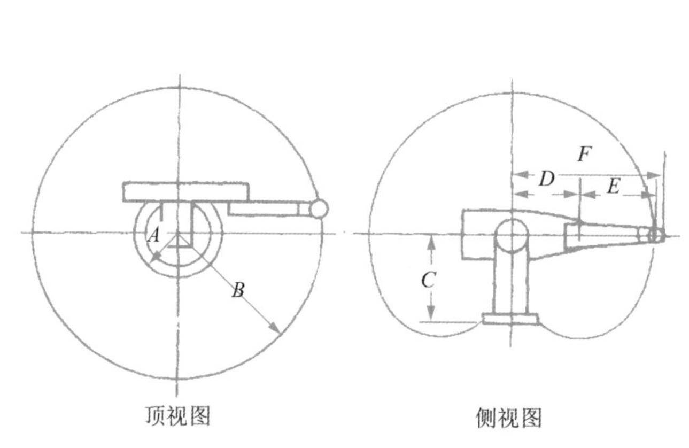

图 2-5　PUMA 机器人工作范围

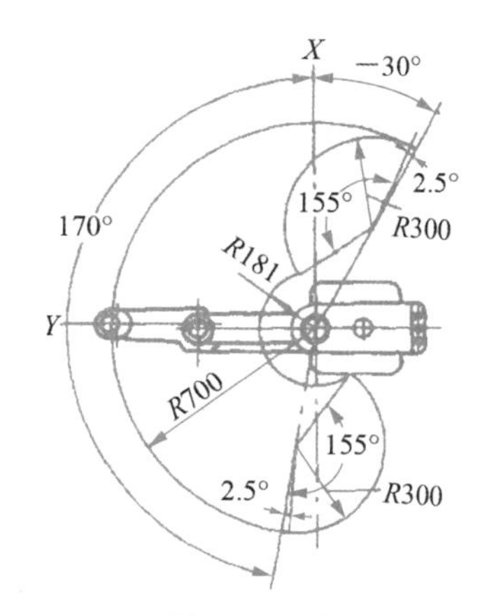

图 2-6　A4020 型 SCARA 机器人工作范围

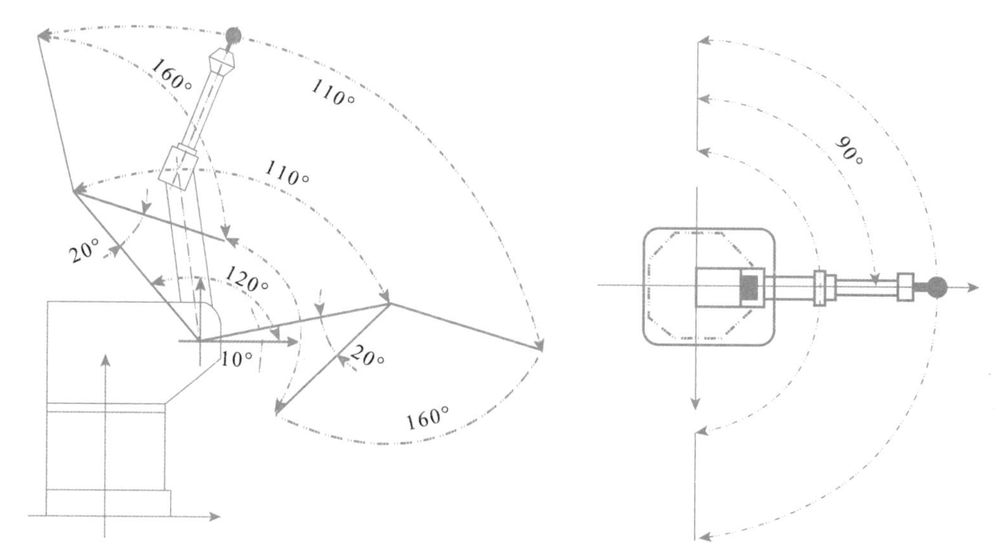

图 2-7　Fanuc P-100 机器人工作范围

4. 最大工作速度

通常指机器人手臂末端的最大速度。提高速度可提高工作效率,因此提高机器人的加、减速能力,保证机器人加、减速过程的平稳性是非常重要的。

5. 承载能力

承载能力是指机器人在工作范围内的任何位姿上所能承受的最大质量。机器人的载荷不仅取决于负载的质量,而且还与机器人运行的速度和加速度的大小和方向有关。为了安全起见,承载能力是指高速运行时的承载能力。通常,承载能力不仅要考虑负载,而且还要考虑机器人末端操作器的质量。

2.2 机器人总体设计

机器人总体设计的主要内容有：确定基本参数，选择运动方式，手臂配置形式，位置检测，驱动和控制方式等。在结构设计的同时，对各部件的强度、刚度做必要的验算。机器人总体设计步骤分以下几个部分。

2.2.1 系统分析

机器人是实现生产过程自动化、提高劳动生产率的有力工具。为了实现生产过程的自动化，需要对机械化、自动化装置进行综合的技术和经济分析，确定是否适合使用机器人或机械手。当确定使用机器人或机械手之后，设计人员一般要先做如下工作：

(1) 根据机器人的使用场合，明确机器人的目的和任务。

(2) 分析机器人所在系统的工作环境，包括机器人与已有设备的兼容性。

(3) 认真分析系统的工作要求，确定机器人的基本功能和方案，如机器人的自由度数、信息的存储容量、计算机功能、动作速度、定位精度、抓取重量、容许的空间结构尺寸以及温度、振动等环境条件的适用性等。进一步对被抓取、搬运物体的重量、形状、尺寸及生产批量等情况进行分析，确定手部形式及抓取工件的部位和握力。

(4) 进行必要的调查研究，搜集国内外的有关技术资料，进行综合分析，找出借鉴、选用之处和需要注意的问题。

2.2.2 技术设计

1. 机器人基本参数的确定

机器人技术设计包括确定基本参数、选择运动方式、手臂配置形式、位置检测、驱动和控制方式等。在结构设计的同时，对其各部件的强度、刚度做必要的验算。

机器人技术设计在系统分析的基础上，具体确定臂力、工作节拍、工作范围、运动速度和定位精度等基本参数。

(1) 臂力的确定。目前使用的机器人与机械手的臂力范围较大。对专用机械手来说，臂力主要根据被抓取物体的重量来定，其安全系数 K 一般可在 1.5～3 范围内选取。对于工业机器人来说，要根据被抓取、搬运物体的重量变化范围来确定臂力。

(2) 工作范围的确定。根据工艺要求和操作运动的轨迹确定机器人或机械手的工作范围。一个操作运动的轨迹由若干动作合成，在确定工作范围时，可将运动轨迹分解成单个动作，由单个动作的行程确定机器人或机械手的最大行程。为便于调整，可适当加大行程的数值。各个动作的最大行程确定之后，机器人或机械手的工作范围也就确定。

(3) 运动速度的确定。机器人或机械手各动作的最大行程确定之后,可根据生产需要的工作节拍分配每个动作的时间,进而确定各动作的运动速度。如一个机器人或机械手要完成某一工件的上料过程,需完成夹紧工件、手臂升降、伸缩、回转等一系列动作,上述动作都应该在工作节拍所规定的时间内完成。各动作的时间分配取决于很多因素,不能通过简单的计算确定,要根据各种因素反复考虑,对比各动作的分配方案,综合考虑后进行确定。节拍较短时,更需仔细考虑。

机器人或机械手的总动作时间应小于或等于工作节拍。如果两个动作同时进行,要按时间较长的计算。当确定了最大行程和动作时间后,运动速度也就随之确定。

分配各动作时间应考虑以下要求:

①给定的运动时间应大于电气、液(气)压元件的执行时间。

②伸缩运动的速度要大于回转运动的速度,因为回转运动的惯性一般大于伸缩运动的惯性。机器人或机械手升降、回转及伸缩运动的时间要根据实际情况进行分配。如果工作节拍短,上述运动所分配的时间就短,运动速度就一定要提高,但速度不宜太高,否则会给设计、制造带来困难。在满足工作节拍要求的条件下,应尽量选取较低的运动速度。机器人或机械手的运动速度与臂力、行程、驱动方式、缓冲方式、定位方式都有很大关系,应根据具体情况加以确定。

③在工作节拍短、动作多的情况下,常使几个动作同时进行。因此,要对驱动系统采取相应的措施,以保证动作的同步。

④定位精度的确定。机器人或机械手的定位精度根据使用要求确定。机器人或机械手本身所能达到的定位精度取决于定位方式、运动速度、控制方式、臂部刚度、驱动方式、缓冲方法等因素。

工艺过程的不同,对机器人或机械手重复定位精度的要求也不同,不同工艺过程所要求的定位精度一般如表 2-1 所示。

表 2-1 不同工艺过程对机器人或机械手的重复定位精度要求

工艺过程	重复定位精度要求	工艺过程	重复定位精度要求
冲床上下料	±1(mm)	喷涂	±3(mm)
模锻	±0.1～2(mm)	装配、测量	±0.01～0.5(mm)
点焊	1(mm)	金属切削机床上下料	±0.05～1(mm)

当机器人或机械手达到所要求的定位精度有困难时,可采用辅助夹具协助定位的方法。即机器人或机械手把被抓取物体送到工、夹具进行粗定位,然后利用夹具的夹紧动作实现工件的最后定位。这种方法既能保证工艺要求、又可降低机器人或机械手的定位要求。

2. 机器人运动形式的选择

根据主要的运动参数选择运动形式是结构设计的基础。常见的机器人运动形式有五种：直角坐标型、圆柱坐标型、极坐标型、SCARA 型和关节型。同一种运动形式为适应不同生产工艺的需要可采用不同的结构，必须根据工艺要求、工作现场、位置以及搬运前后工件中心线方向的变化等情况，在分析、比较的基础上，择优选取具体的运动形式。为了满足特定工艺的要求，专用机械手一般只要求有 2～3 个自由度，而通用机器人必须具有 4～6 个自由度才能满足不同产品的工艺要求。在满足需求的情况下，运动形式的选择应以自由度最少、结构最简单为准。

(1) 直角坐标型机器人。直角坐标型机器人的外形轮廓与数控镗铣床或三坐标测量机相似，3 个关节都是移动关节，关节轴线相互垂直，相当于笛卡尔坐标系的 x，y 和 z 轴，主要用于生产设备的上下料，也可用于高精度的装卸和检测作业。此种形式的主要特点是：

①结构简单、直观，刚度高，多做成大型龙门式或框架式机器人。

②3 个关节的运动相互独立，没有耦合，不影响手爪的姿态，运动学求解简单，不产生奇异状态，采用直线滚动导轨后，速度和定位精度高。

③工件的装卸、夹具的安装等受到立柱、横梁等构件的限制。

④占地面积大，动作范围小。

⑤容易编程和控制，控制方式与数控机床类似。

⑥导轨面防护比较困难；移动部件的惯量比较大，增加了驱动装置的尺寸和能量消耗，操作灵活性较差。

(2) 圆柱坐标型机器人。圆柱坐标型机器人是以 θ，z 和 r 为参数构成坐标系。机器人手臂参考点 P 的位置可表示为 $P=f(\theta,z,r)$，其中，r 是手臂的径向长度，θ 是手臂绕水平轴的角位移，z 是垂直轴上的高度。如果 r 不变，手臂的运动将形成一个圆柱表面，空间定位比较直观。手臂收回后，其后端可能与工作空间内的其他物体相碰，移动关节不易防护。

(3) 极坐标型机器人。极坐标型机器人腕部参考点运动所形成的最大轨迹表面是半径为 r_m 的球面的一部分，以 θ，φ 和 r 为坐标，任意点 P 可表示为 $P=f(\theta,\varphi,r_m)$。这类机器人占地面积小，工作空间较大，移动关节不易防护。

(4) SCARA 型机器人。SCARA 型机器人有 3 个旋转关节，其轴线相互平行，在平面内进行定位和定向。另一个关节是移动关节，用于完成末端件在垂直平面内的运动。手腕参考点的位置是由两旋转关节的角位移 φ_1 和 φ_2 和移动关节的位移 z 决定的，即 $P=f(\varphi_1,\varphi_2,z)$。此类机器人结构轻、响应快，例如 Adept1 型 SCARA 机器人运动速度可达 10 m/s，比一般关节型机器人快数倍。此类机器人最适用于平面定位，垂直方向进行装配的作业。

(5) 关节型机器人。关节型机器人由 2 个肩关节和 1 个肘关节进行定位，由 2 个或 3 个腕关节进行定向。一个肩关节绕铅直轴旋转，另一个肩关节实现俯仰，两肩关节的轴线互相垂直。肘关节平行于第二个肩关节轴线。此种构形动作灵活，工作空间大，在作业空间内手臂的干涉最小，结构紧凑，占地面积小，关节上相对运动部位容易密封防尘。此类机器人运动学较复杂，运动学反解困难，确定末端件的位姿不直观，进行控制时，计算量比较大。

2.2.3 仿真分析

（1）运动学计算。分析是否能达到要求的速度、加速度、位置。

（2）动力学计算。计算关节驱动力的大小，分析驱动装置是否满足要求。

（3）运动的动态仿真。将每一位姿用三维图形连续显示出来，实现机器人的运动仿真。

（4）性能分析。建立机器人数学模型，对机器人动态性能进行仿真计算。

（5）方案和参数修改。运用仿真分析的结果对所设计的方案、结构、尺寸和参数进行修改、完善。

2.3 机器人机械系统设计

机器人机械系统设计是机器人设计的重要部分，虽然其他系统的设计有各自的独立性，但都必须与机械系统相匹配，相辅相成，构成一个完整的机器人系统。

机器人机械系统设计在确定机器人运动形式的基础上，还需要确定机器人驱动方式、关节驱动方式、材料选择等。下面对这些问题进行分析。

2.3.1 机器人驱动方式

驱动为机器人提供动力。大多数机器人的驱动元件均可直接采购，也可以根据特定功能机器人的需要进行定制。机器人的驱动方式主要有电动、液压和气动三种，可以只用一种驱动方式，也可以采用几种方式联合驱动。选择驱动方式时主要需要考虑负载、效率、精度和环境等因素。由于液压系统具有较大的功重比，因此大负载的场合通常选用液压驱动。气动系统简单、成本低，适合节拍快、负载小、精度要求不高的场合，常用于点位控制、抓取、弹性握持和真空吸附等。电动系统适合于中等负载，特别适合动作复杂，运动轨迹要求严格的工业机器人和各种微型机器人。

1. 电动

目前，电动是机器人中应用最多的驱动方式，主要的驱动元件有伺服电机、步进电机、永磁直流电机等。

（1）伺服电机。伺服电机是大多数机器人执行器的动力源。伺服电机可以在频繁运动和瞬时运动变化过程中精确控制位置、速度和扭矩，结构与普通电机类似，但具有惯性低和转矩大的特点，能够用于高加速度的场合。应用于机器人的伺服电机主要是永磁直流电机和无刷直流电机。

由于永磁直流电机具有转矩大、大范围的速度可控性、良好的转矩—速度特性以及对各种控制方法的适应性，因此被广泛应用于驱动机器人。直流电机将电能转换为旋转或线性机械能，具有许多不同的类型和配置。成本最低的永磁电机使用陶瓷磁铁，玩具机器人和机器人爱好者通常使用此类型的电机。带有稀土元素的永磁电机，磁体定子可以提供大的扭矩和功率。

无刷直流电机广泛应用于工业机器人。采用磁性或光学传感器和电子开关电路代替有刷直流电机使用的石墨电刷和铜排换向器，从而消除换向部件的摩擦、火花和磨损。由于降低了电机的复杂性，因此无刷直流电机成本很低。但是，此类电机的控制器比有刷电机要复杂、昂贵。无源多极钕磁铁转子和无刷电机绕线铁定子具有良好的散热性和可靠性。线性无刷电机工作原理与展开式旋转电机相同，具有多个磁体定子和绕线式电子换向推杆或滑块。

用于小型机器人的无铁芯转子电机通常采用外包环氧树脂复合杯或盘型结构的铜芯导体。这类电机的优点包括电感低、摩擦小和无齿槽转矩。盘型电机总长度较短，由于转子有许多换向段，因此具有输出平滑且转矩波动小的优点。但是由于体积小，散热路径有限，所以无铁芯转子电机的热容量很小。因此，当驱动功率高时，具有严格的占空比限制或需要外部空气的加速冷却。

(2) 步进电机。步进电机多用于简单的小型机器人，如图 2－8(a)所示为使用步进电机的台式黏合剂点胶机器人。步进电机的功重比低于其他类型的电机。此类机器人使用位置和速度的开环控制，易与驱动电路连接使用，成本相对较低。微步控制可以满足对 10000 个甚至更多离散机器人关节位置的精度要求。在开环步进模式下，电机和机器人的运动通过机械方式或控制算法进行校准。步进电机也可以采用闭环控制，此类步进电机与直流电机或交流伺服电机类似，如图 2－8(b)所示为使用闭环步进电机的 Adept 机器人。

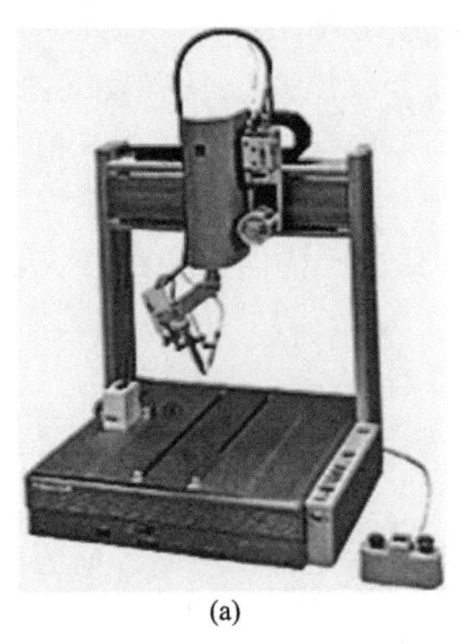

(a)

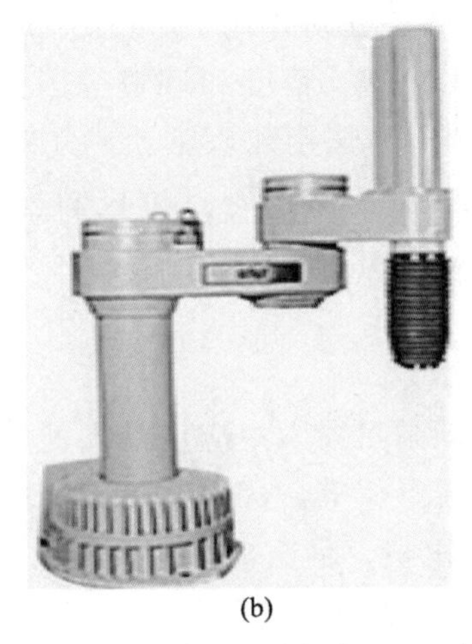

(b)

图 2－8　使用开环永磁步进电机的索尼机器人和使用可变磁阻电机的 Adept 机器人

2. 液压驱动

液压驱动具有非常大的驱动力和功重比，将液压能转化为机械能。液压驱动系统一般由油箱、液压泵、单向阀、安全阀、方向控制阀和液压执行机构等组成。由液压泵将高压油输送到执行机构来完成指定动作。液体的压力、流量和方向分别由压力控制阀、流量控制阀和方向控制阀进行控制。流量控制阀通过改变液体的流量，改变液压驱动器的速度。出于安全考虑，使用安全阀限制系统的最高压力。

由于使用高压流体，液压驱动可以提供很大的驱动力或扭矩以及高功重比，因此可以在运动部件惯性很小的情况下实现线性和旋转运动。但是，液压站体积庞大，快速响应的伺服阀成本高，泄漏和维护等问题限制了液压动力机器人的使用和推广。

液压驱动主要应用在力或扭矩要求较大的情况，如图 2-9 所示是液压驱动在机器人的典型应用，如波士顿动力公司的 BigDog 四足机器人，Sarcos 公司的外骨骼机器人和助力机械手等。

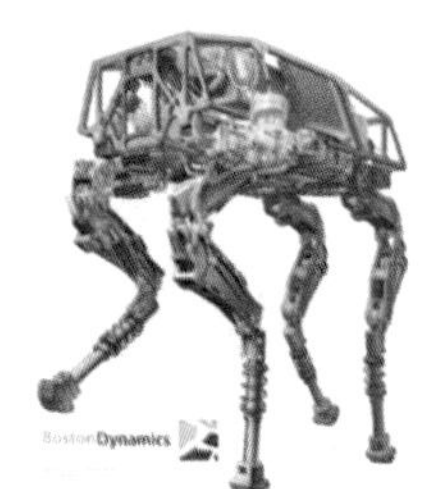

(a)BigDog四足机器人

(b)Sarcos外骨骼机器人

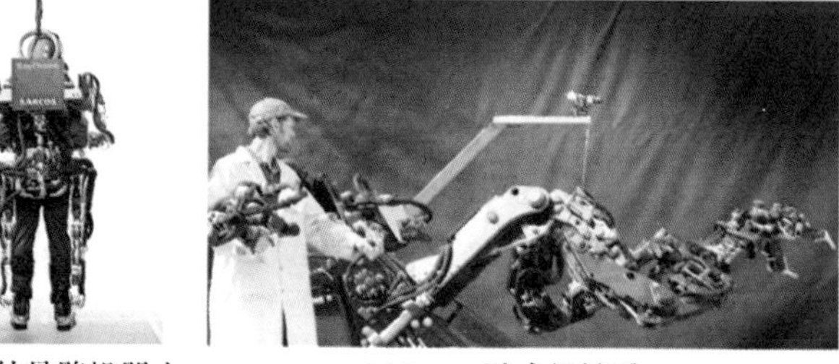
(c)Sarcos助力机械手

图 2-9　液压驱动在机器人的典型应用

3. 气动

气动与液压驱动的原理相似，将能量以压缩空气的形式转换成线性或旋转运动，易于控制，成本低廉，主要应用在简单的机械。气动在机械限位挡块之间的运动通常是不受控制的，因此在点对点运动中具备良好的性能。较电磁驱动而言，气动在爆炸性环境中相对安全，受环境温度和湿度的影响较小，但能量利用率较低。一些小型的执行机构可以使用工厂气源，但若需大量使用气动，则需购买和安装昂贵的专用压缩空气源。

气动系统由气体压缩组件、阀门、气动执行机构和管道组成，使用空气压缩机压缩空气，阀门控制气体压力、流量和方向，使用气缸或气动马达实现线性或旋转运动。

由于气动的功率比液压驱动或电磁驱动的小，因此气动一般不应用于驱动力较大或扭矩大的场合。但是在某些要求高功重比的机器人手或人造肌肉上应用较多，如图 2-10 所示。气动的人造肌肉通过收缩气囊或伸展气囊来改变内部气压，实现肌肉收缩或延伸。此外，由于不受磁场影响，不会产生类似于电磁驱动中的电弧，因此可以应用于在易爆环境中工作和医疗用的机器人。

4. 其他驱动

机器人还可以采用其他类型的驱动，包括形状记忆合金、双金属、化学、压电、磁致伸缩、电活性聚合物和微机电系统等驱动，如图 2－11 所示。此类驱动大多应用于研究和特殊应用的机器人，不适用于批量生产。

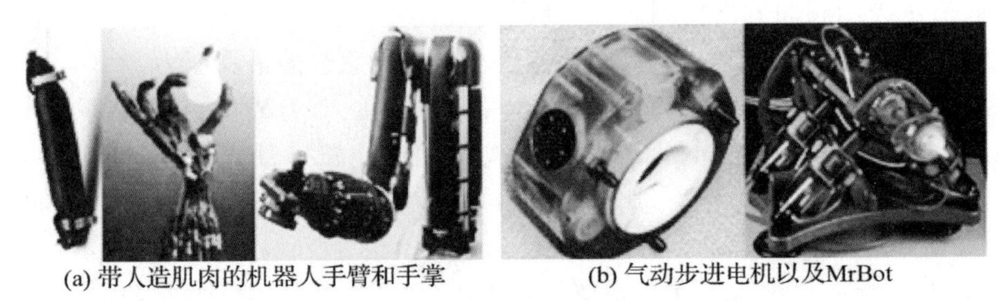

(a) 带人造肌肉的机器人手臂和手掌　(b) 气动步进电机以及MrBot

图 2－10　气动在机器人的典型应用

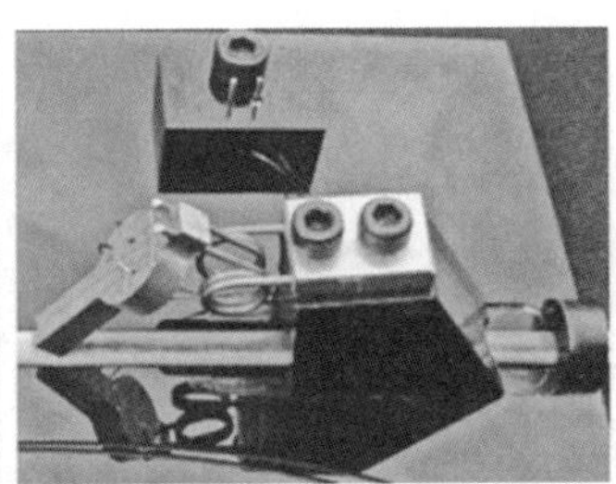

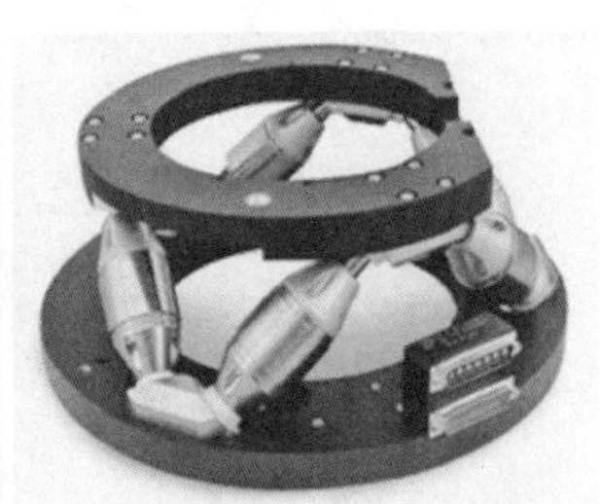

(a) 人造肌肉中的EAP电机　(b) 椭圆形压电马达　(c) 具有亚纳米分辨率的压电六角架

图 2－11　机器人用到的其他驱动方式

2.3.2　关节驱动方式

关节的驱动方式有直接驱动和间接驱动两种方式，直接驱动方式是指驱动器的输出轴和机器人的关节轴直接相连，间接驱动方式是指驱动器经过减速机、钢丝绳、皮带、平行连杆等装置后与关节轴相连。

1. 直接驱动方式

直接驱动机器人也叫作 DD 机器人（direct drive robot，DDR）。DD 机器人一般指驱动电机通过机械接口直接与关节连接。DD 机器人的驱动电机和关节之间没有速度和转矩的转换。目前，中小型机器人一般采用普通的直流伺服电机、交流伺服电机或步进电机作为执行电机。由于速度较高，因此需配以大速比减速装置，进行间接传动。但是，间接驱动带来了机械传动中不可避免的误差，引起冲击振动，影响机器人系统的可靠性，增加关节重量和尺寸。DD 机器人与间接驱动机器人相比，有如下优点：

（1）机械传动精度高；

（2）振动小，结构刚度好；

（3）机械传动损耗小；

(4) 结构紧凑,可靠性高;

(5) 电机峰值转矩大,电气时间常数小,短时间内可以产生大转矩,响应速度快,调速范围宽;

(6) 控制性能较好。

DD机器人是一种极有发展前途的机器人,许多国家为实现机器人的高精度、高速度和高智能,对DD机器人投入了大量的研发费用。日本、美国等工业发达国家已经开发出性能优异的DD机器人。美国Adept公司研制了带视觉功能的四自由度平面关节型DD机器人。日本大日机工公司研制了五自由度关节型DD-600V机器人,最大工作范围1.2m,可搬运物体最大重量5kg,最大运动速度8.2m/s,重复定位精度±0.05mm。

但是,DD机器人还存在以下几个问题:

(1) 载荷变化、耦合转矩、非线性转矩对驱动及控制影响显著,控制系统复杂、设计困难;

(2) 位置、速度的传感元件要求高,传感器精度为带减速装置(速比为K)间接驱动的K倍以上;

(3) 电机的转矩/重量比和转矩/体积比较小;

(4) 电机成本高;

(5) 将电机直接安装在关节上,增加了臂的总质量,对下一个关节产生干扰,负载能力和效率下降。

2. ***间接驱动方式***

大部分机器人的关节采用间接驱动。由于间接驱动的驱动器输出力矩远小于驱动关节所需的力矩,因此需要使用减速机。另外,由于手臂通常采用悬臂梁结构,因此驱动多自由度机器人关节的大多数驱动器的安装将使手臂根部关节驱动器的负荷增大。通常可用下列形式的间接驱动机构解决此问题:

(1) 钢丝绳。将驱动器和关节分开安装,使用钢丝绳传递动力的方式。此种方式又可分为钢丝绳—软管方式和钢丝绳—滑轮方式两种。

钢丝绳—软管方式的动力传递机构如图2-12所示,因为钢丝绳的路径可以任意决定,所以能够较容易地构成多自由度的驱动系统。但钢丝绳和软管之间存在不可忽略的摩擦,控制比较困难。虽然钢丝绳—滑轮方式动力传递机构的非线性因素少,但是滑轮的装配方式、钢丝绳的路径构成等较为困难。

(2) 链条、钢带。此种方式将驱动器安装在离关节较远之处,是远程驱动的手段之一。链条、钢带与钢丝绳相比,刚性高,传递输出较大,但在设计上限制较大。SCARA型关节机器人多采用此法。

(3) 平行四边形连杆机构。平行四边形连杆机构如图2-13所示。该机构的特点是将驱动器安装在手臂的根部,而且该结构能够简化坐标变换的运算过程。

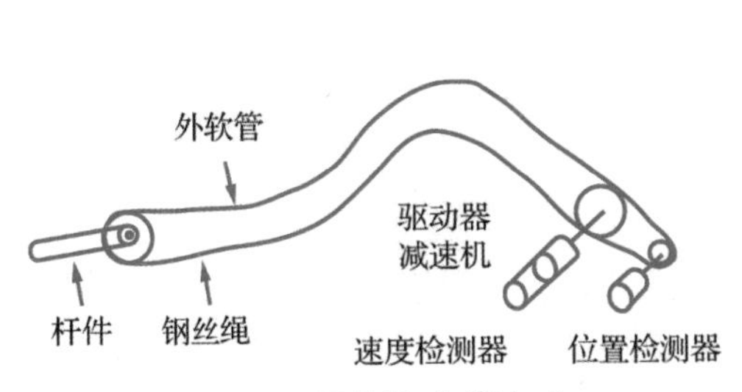

图 2-12　钢丝绳-软管方式

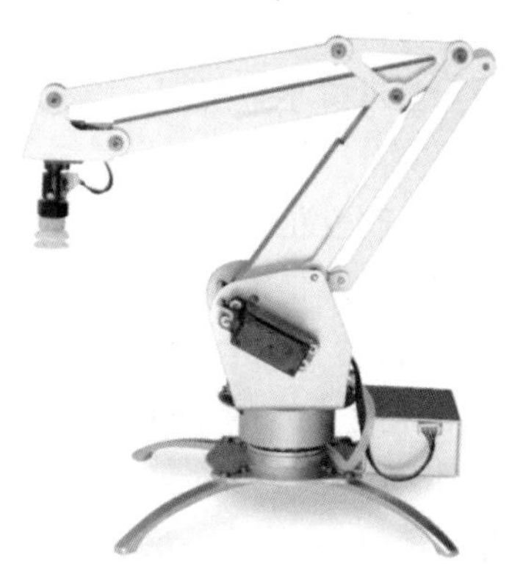
图 2-13　平行四边形连杆机构

2.3.3　材料的选择

机器人本体材料的选择应从机器人的性能要求出发，满足机器人的设计和制作要求。机器人材料并不是简单工业材料的组合，而应是在充分掌握机器人的特性和各组成部分的基础上，从设计思想出发，确定所用材料的特性。即必须事先充分理解机器人的概念和各组成部分的作用。机器人本体材料既起着支承、联结、固定机器人各部分的作用，同时它本身又是运动部件，因此机器人运动部分的材料质量要轻。精密机器人对机器人材料的刚性有要求。刚度设计时要考虑静刚度和动刚度多个要素。从材料角度看，控制振动涉及减轻重量和抑制振动两个方面，本质上就是材料内部的能量损耗和刚度问题，它与材料的抗震性紧密相关。传统的工业材料或机械材料与机器人材料之间的差别在于机器人是伺服机构，其运动是可控的，这即是传统材料中所没有的“被控性”。材料的“被控性”与材料的“结构性”“轻质性”和“可加工性”同样重要。材料的被控性取决于材料的轻质性、抗震性和弹性。材料的“可加工性”是指加工成发挥材料特性的形状时的难易程度，是一个很重要的指标。机器人本体材料必须与材料的结构性、轻质性、刚性、抗震性和机器人整体性能同时考虑。机器人与人类共存，尤其是家用和招待机器人的外观将与传统机械大有不同。这样一来，将会出现比传统工业材料更富有美感的机器人本体材料，从这一点看，机器人材料又应具备柔软和外观美等特点。总之，选择机器人的材料时要综合考虑强度、刚度、重量、弹性、抗震性、外观以及价格等因素。下面简要介绍机器人常用的材料。

(1) 碳素结构钢、合金结构钢：强度好，特别是合金结构钢强度比一般钢增大了4～5倍，弹性模量 E 大，抗变形能力强，是应用最广泛的材料。

(2) 铝、铝合金及其他轻合金材料：这类材料的共同特点是重量轻，弹性模量 E 虽然不大，但是材料密度小，故 E/ρ 仍可与钢材相比。有些稀贵铝合金的品质得到了更明显的改善，例如添加了 3.2%重量锂的铝合金弹性模量增加了 14%，E/ρ 比增加 16%。

(3) 纤维增强合金：如硼纤维增强铝合金(boron-fiber-reinforced aluminum)、石

墨纤维增强镁合金(graphite-fiber-reinforced magnesium),其 E/ρ 比分别达到 $1.1\times10^8\ m^2/s^2$ 和 $8.9\times10^7\ m^2/s^2$。这种纤维增强金属材料具有非常高的 E/ρ 比,但价格昂贵。

(4) 陶瓷:这类材料具有良好的品质,但是脆性大,不易加工成具有长孔的连杆,与金属零件连接的接合部需特殊设计。然而,日本已经试制了在小型高精度机器人上使用的陶瓷机器人臂的样品。

(5) 纤维增强复合材料:这类材料具有极好的 E/ρ 比,其阻尼系数之大,是传统金属不可能具备的。但存在老化、蠕变、高温热膨胀、与金属件连接困难等问题。不但重量轻、刚度大,而且还具有十分突出的阻尼大的优点。所以在高速机器人上应用复合材料的实例越来越多。叠层复合材料的制造工艺还允许用户进行优化,改进叠层厚度、纤维倾斜角、最佳横断面尺寸等,使其具有最大阻尼值。

(6) 黏弹性大阻尼材料:增大机器人连杆件的阻尼是改善机器人动态特性的有效方法。目前有许多方法来增加结构件材料的阻尼,其中最适合机器人结构采用的一种方法是用黏弹性大阻尼材料对原构件进行约束层阻尼处理(constrained layer damping treatment)。吉林工业大学和西安交通大学进行了黏弹性大阻尼材料在柔性机械臂振动控制中的应用的实验,结果表明:机械臂的重复定位精度在阻尼处理前为±0.30mm,处理后为±0.16mm,残余振动时间在阻尼处理前、后分别为 0.9s 和 0.5s。

2.4 传动部件设计

机器人的运动不仅需要能源,而且需要运动传动装置,传动部件设计的优劣影响机器人的性能。传动部件设计包括关节形式的确定、传动方式以及传动部件的定位和消隙等多个方面。

2.4.1 关节

机器人中连接运动部分的机构称关节(joint)。关节有转动型和移动型,分别称之为转动关节和移动关节。

1. 转动关节

转动关节(rotary joint)就是关节型机器人中被简称为"关节"的连接部分,它既连接各机构又传递各机构间的回转运动(或摆动),用于基座与臂部、臂部之间、臂部和手等连接部位上。关节由回转轴、轴承和驱动机构组成。

(1)转动关节的形式:与驱动机构的连接方式有多种,因此转动关节也有多种形式,如图 2-14 所示。

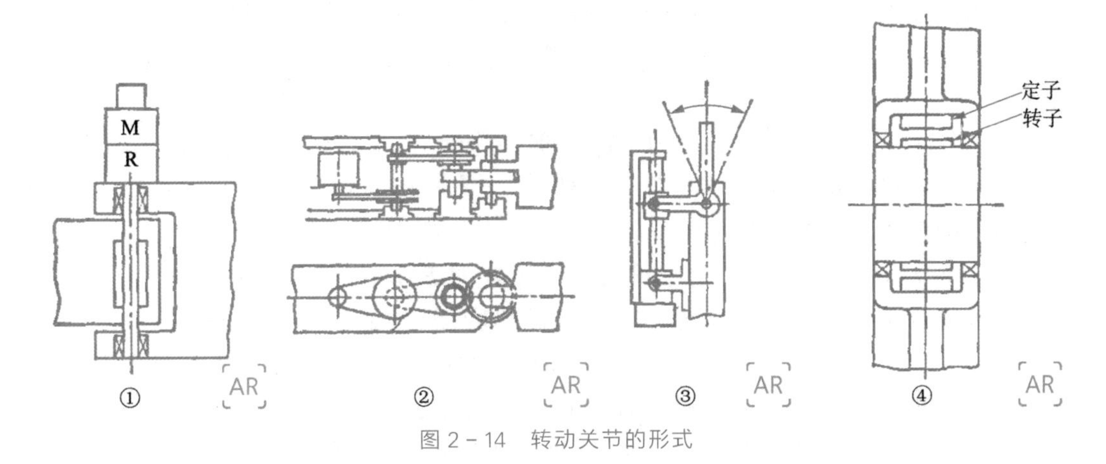

图 2-14　转动关节的形式

①驱动机构和回转轴同轴式，这种形式直接驱动回转轴，有较高的定位精度；但是，为减轻重量，要选择小型减速器并增加臂部的刚性。它适用于水平多关节型机器人。

②驱动机构与回转轴正交式。它要求重量大的减速机构安放在基座上，通过臂部内的齿轮、链条来传递运动。这种形式适用于要求臂部结构紧凑的场合。

③外部驱动机构驱动臂部的形式。它适合于传递大扭矩的回转运动，采用的传动机构有滚珠丝杠、液压缸和气缸。

④驱动电机安装在关节内部的形式。这种方式又称为“直接驱动方式”。

（2）轴承。用在转动关节的轴承有多种型式。在机器人中，轴承起着相当重要的作用，主要采用滚动轴承，最常用的有薄壁密封型球轴承。此外，还开发了一种能承受径向载荷、轴向载荷和扭矩的交叉滚子轴承（cross roller bearing）。该轴承承载能力大，常用在摆动或转动关节上，如图 2-15 所示。

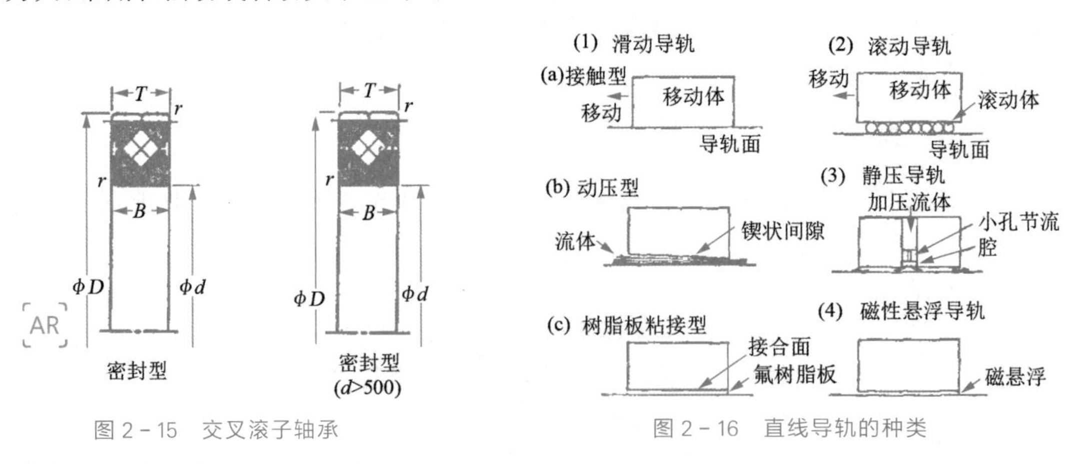

图 2-15　交叉滚子轴承

图 2-16　直线导轨的种类

2. 移动关节

移动关节（slide joint）由直线运动机构和在整个运动范围内起直线导向作用的直线导轨部分（liner motion guide）组成。导轨部分分为滑动导轨、滚动导轨、静压导轨和磁性悬浮导轨等型式，如图 2-16 所示，它们各有特点。

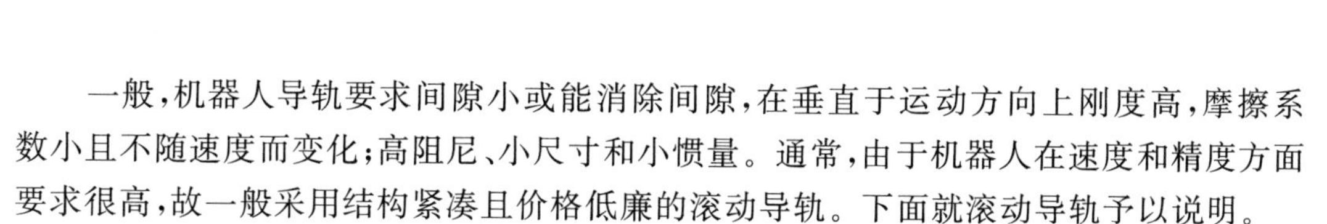

一般，机器人导轨要求间隙小或能消除间隙，在垂直于运动方向上刚度高，摩擦系数小且不随速度而变化；高阻尼、小尺寸和小惯量。通常，由于机器人在速度和精度方面要求很高，故一般采用结构紧凑且价格低廉的滚动导轨。下面就滚动导轨予以说明。

(1)滚动导轨(linear rolling guide)，可以按轨道形状和滚动体分为下述种类。

按轨道分类——圆轴式、平面式和滚道式；

按滚动体分类——球、滚柱和滚针；

按滚动体是否循环分类——循环式、非循环式。

这些滚动导轨各有各的特点，应按不同的使用要求选用相应的类型。装入滚珠的滚动导轨适用于中小载荷和摩擦小的场合，装入滚柱的滚动导轨适用于重载和高刚性的场合。受轻载的滚柱特性接近于线性弹簧，呈硬弹簧特性；滚珠的特性接近于非线性弹簧，刚性要求高时应施加一定的预紧力。

下面就几种主要的滚动导轨予以说明。

①圆轴循环式球滚动导轨。在ISO标准中，已对这种滚动导轨的尺寸和精度等指标标准化了，其结构如图2-17所示，保持器固定在外圆筒上，钢球在保持器的循环槽内非常自如地循环。它的轴向运动轻快，摩擦力小，进给精度高。可做成间隙可调型导轨，其外圆柱的轴向有切口，用内径可调的轴承座就能调整径向间隙。这种轴承价格便宜，精度高，适合于承受轻载的场合。

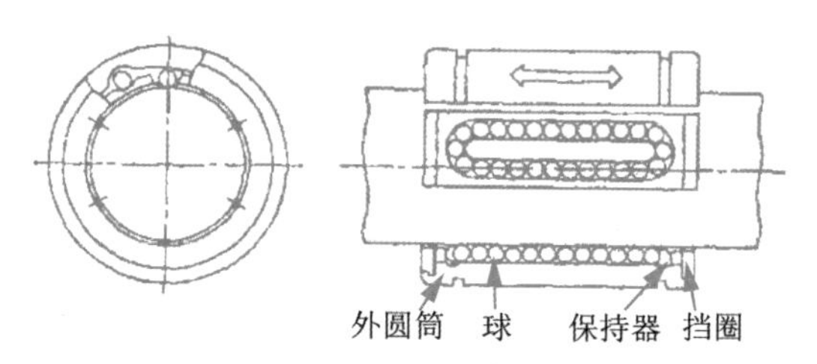

图2-17 圆轴循环式球滚动导轨

②滚道循环式球滚动导轨。这种导轨由长轨和移动体组成。按钢球和导轨接触方式不同可分为角接触型和双圆弧接触型，分别如图2-18和图2-19所示。在这种导轨的移动体(轴承室)中加工出4条半径比钢球半径稍大的滚道，内嵌入钢球，使得导轨能承受上下左右的载荷和周向载荷。这种滚动导轨用螺栓把轨道、移动体与机械装置相连，能承受较大的载荷。当用在有振动和冲击场合时，要加适当的预紧力。

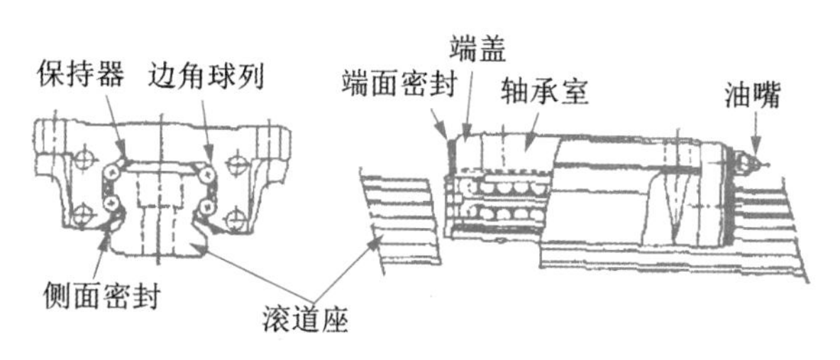

图2-18 滚道循环式球滚动导轨(角接触型)

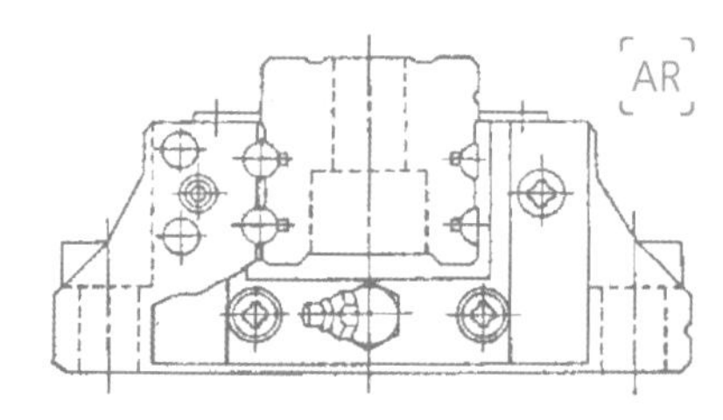

图2-19 滚道循环式球滚动导轨(双圆弧接触型)

③滚道循环式滚子滚动导轨。这种导轨由长导轨和移动体组成，导轨和移动体相对的面内开有两个90°V形滚道，在其内交叉地嵌入了直径与长度大致相同的滚子（交叉滚子）。该方式上下左右可承受的额定载荷相同，且能承受回转扭矩，是一种额定载荷大，刚性好的滚动导轨。如图2-20所示。

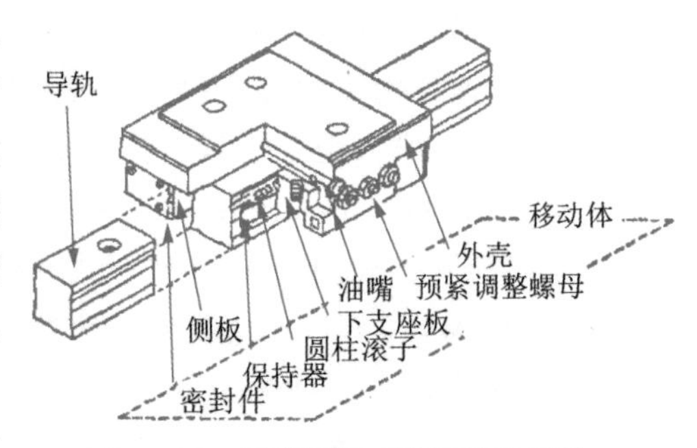

图2-20　滚道循环式滚子滚动导轨

④滚针导轨。引导不同形状和尺寸的工件的滚针导轨有多种型式。例如，凸轮推杆和滚子推杆，它们工作时，都以外圈转动，滚针嵌入外圈与轴之间起导向作用，外圈的外表面有球面型和圆柱面型，后者用于承受大载荷的场合。

(2)直线电机导轨。这是为了消除传动机构间隙等机械误差而开发的导轨。移动体内有直线电机，可在轨道上直线驱动。它将滚动导轨和直线电机组合成一体以实现直线运动，而不再需要滚珠丝杠、齿轮和皮带等进给机构。直线电机运动时，自身产生一定的阻力，故即使没有制动器也能保持在原来的停止位置。如图2-21所示。

图2-21　直线电机导轨(带电磁制动器)

2.4.2　传动件的定位和消隙

1. 传动件的定位

机器人的重复定位精度要求较高，设计时应根据具体要求选择适当的定位方法。目前常用的定位方法有电气开关定位、机械挡块定位和伺服定位。

(1) 电气开关定位。电气开关定位是利用电气开关(有触点或无触点)作行程检测元件，当机械手运行到定位点时，行程开关发出信号，切断动力源或接通制动器，从而使机械手获得定位。液压驱动的机械手运行至定位点时，行程开关发出信号，电控系统使电磁换向阀关闭油路而实现定位。电动机驱动的机械手需要定位时，行程开关发出信号，电气系统激励电磁制动器进行制动而定位。使用电气开关定位的机械手，其结构简单、工作可靠、维修方便，但由于受惯性力、油温波动和电控系统误差等因素的影响，重复定位精度比较低，一般为±3～5mm。

(2) 机械挡块定位。机械挡块定位是在行程终点设置机械挡块，当机械手减速运动到终点时，紧靠挡块而定位。若定位前缓冲较好，定位时驱动压力未撤除，在驱动压力下将运动件压在机械挡块上，或驱动压力将活塞压靠在缸盖上，从而实现较高的定位精度，最高可达±0.02mm。若定位时关闭驱动油路、消除驱动压力，使得机械手运动件不能紧靠在机械挡块上时，定位精度就会减低，其减低的程度与定位前的缓冲效果和机械手的结构刚性等因素有关。如图2-22所示是利用机械插销定位的结构。机械手运行到定位点前，由行程节流阀实现减速，达到定位点时，定位油缸将插销推入圆盘的定位孔中实现定位。这种定位方法精度相当高。

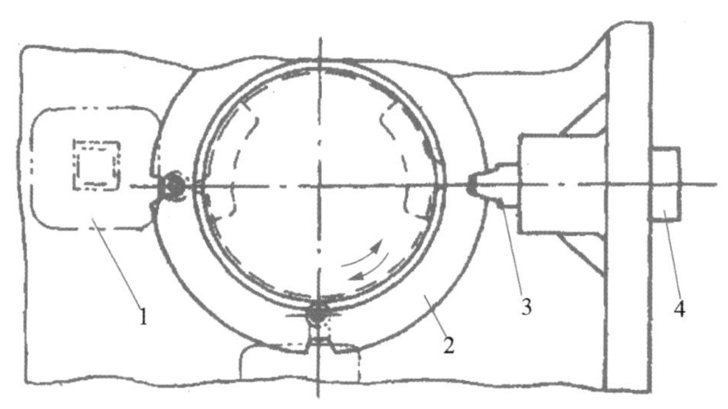

1 -行程节流阀；2 -定位圆盘；3 -插销；4 -定位油缸

图 2 - 22　利用插销定位的结构

(3) 伺服定位系统。电气开关定位与机械挡块定位这两种定位方法只适用于两点或多点定位。而在任意点定位时，就要使用伺服定位系统。伺服系统可以输入指令控制位移的变化，从而获得良好的运动特性。它不仅适用于点位控制，而且也适用于连续轨迹控制。伺服定位系统可分为开环伺服定位系统与闭环伺服定位系统。

开环伺服定位系统没有行程检测及反馈，是一种直接用脉冲频率变化和脉冲数控制机器人速度和位移的定位方式。这种定位方式抗干扰能力差，定位精度较低，故如果需要较高的定位精度(如±0.2mm)，则一定要降低机器人关节轴的平均速度。

闭环伺服定位系统具有反馈环节，其抗干扰能力强，反应速度快，容易实现任意点定位。

2. 传动件的消隙

传动机构存在间隙，也叫侧隙。就齿轮传动而言，齿轮传动的侧隙是指一对齿轮中一个齿轮固定不动，另一个齿轮能够做出最大的角位移。传动的间隙，影响了机器人的重复定位精度和平稳性。对机器人控制系统来说，传动间隙导致显著的非线性变化、振动和不稳定。可是，传动间隙是不可避免的，其产生的主要原因有多个，一是由于制造及装配误差所产生的间隙，二是为适应热膨胀而特意留出的间隙。消除传动间隙的主要途径有：提高制造和装配精度，设计可调整传动间隙的机构，设置弹性补偿零件。

下面介绍适合机器人采用的几种常用的传动消隙方法。

(1) 消隙齿轮。图 2 - 23(a)所示的消隙齿轮由具有相同齿轮参数并只有一半齿宽的两个薄齿轮组成，利用弹簧的压力使它们与配对的齿轮两侧齿廓相接触，完全消除了齿侧间隙。如图 2 - 23(b)所示为用螺钉 3 将两个薄齿轮 1 和 2 连接在一起。代替图(a)中的弹簧。其最大好处是侧隙可以调整。

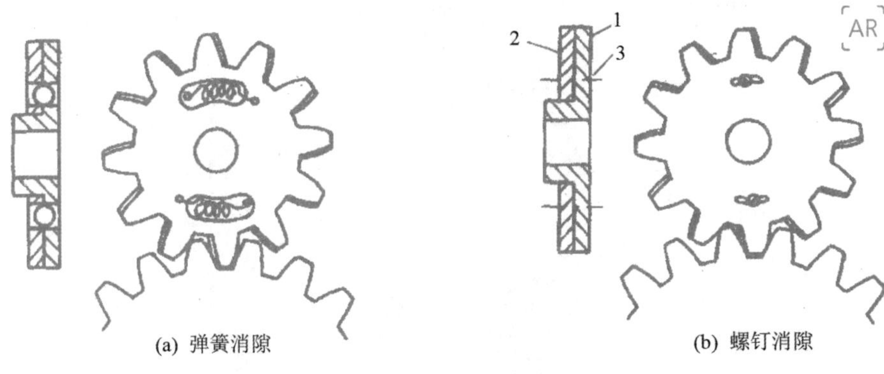

(a) 弹簧消隙　　(b) 螺钉消隙

图 2－23　消隙齿轮

（2）柔性齿轮消隙。图 2－24(a)所示为一种钟罩形状的具有弹性的柔性齿轮，在装配时对它稍许增加预载引起轮壳的变形，从而使得每个轮齿的双侧齿廓都能啮合，达到消除侧隙的目的。图 2－24(b)所示是采用了上述同样的原理却用不同设计形式的径向柔性齿轮，在这里轮壳和齿圈是刚性的，但与齿轮圈连接处则具有弹性。对于给定同样的扭矩载荷，为保证无侧隙啮合，径向柔性齿轮所需要的预载力比钟罩状柔性齿轮要小得多。

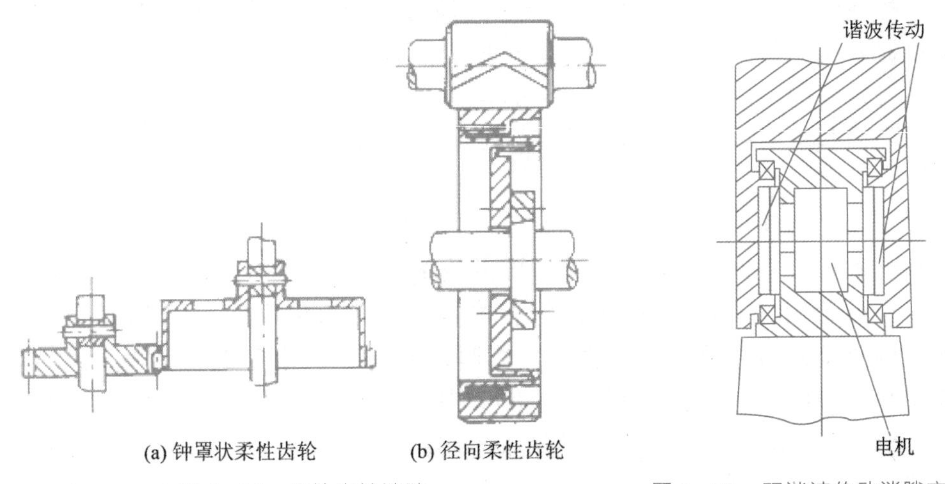

(a) 钟罩状柔性齿轮　　(b) 径向柔性齿轮

图 2－24　柔性齿轮消隙

图 2－25　双谐波传动消隙方法

（3）对称传动消隙。一个传动系统设置两个对称的分支传动，并且其中必有一个是具有“回弹”能力的。图 2－25 所示的是使用了两个谐波传动的消隙方法。电机置于关节中间，电机双向输出轴传动完全相同的两个谐波减速器，驱动一个手臂的运动。谐波传动中的柔轮弹性很好。图 2－26 所示介绍了两种消隙啮合传动。图 2－26(a)中是 PUMA 机器人的腰转关节驱动装置。电机 1 的输出轴上装有小齿轮 2，减速传动齿轮 3′和 3″分别装在空转的轴 4′和 4″上，通过 5′和 5″两个齿轮传动，由齿轮 6 作驱动输出。这种消隙装置的关键设计是有一个空转轴的直径比另一个的小些(容易产生扭转变形)，并加以扭矩预载产生弹性状态，其结果是消除了传动侧隙。但是，附加的传动件增加了负载和结构尺寸。因此，它仅应用在像腰转这样大惯量的关节上，在这种场合中消除传动间隙是十分重要的。图 2－26(b)是 Cincinnati 646 机器人采用的另一种类似的消隙装置，所不同之处是采用了两个完全相同的齿轮箱 1 和 2。电机 6 驱动齿轮箱 1 和 2，然后通过齿轮 3 和 4 驱动齿轮 5，带动机器人腰转。压紧轮 8 使齿形皮带 7 张紧，并在 1→3→5→4→2→7 这样一个传动链中产生必要的弹性变形状态，达到消隙的目的。9 是用于调整 1 和 2 之间相位角的。

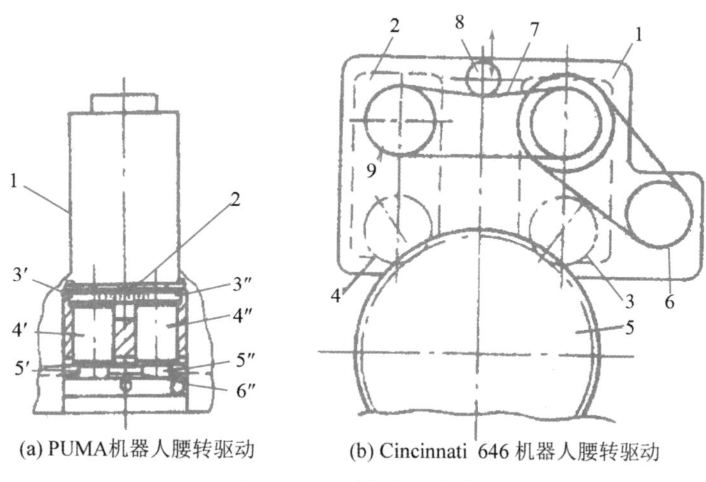

图 2－26　对称传动消隙

(4) 偏心机构消隙。如图 2－27 所示的偏心机构实际上是中心距调整机构。特别是齿轮磨损等原因造成传动间隙增加时，最简单的方法是调整中心距。这是在 PUMA 机器人腰转关节上应用的又一实例。OO'中心距是固定的。一对齿轮中的一个装在 O' 轴上，另一个装在 A 轴上。A 轴的轴承是偏心地装在可调的支架 1 上。运用调整螺钉转动支架 1 时，就可以改变一对齿轮啮合的中心距 AO'的大小，达到消隙目的。

(5) 齿廓弹性覆层消隙。齿廓表面覆有薄薄一层弹性很好的橡胶层或层压材料，相啮合的一对齿轮加以预载，可以完全消除啮合侧隙，如图 2－28 所示。齿轮几何学上的齿面相对滑动橡胶层内部发生剪切弹性流动时被吸收，因此，像铝合金，甚至石墨纤维增强塑料这种非常轻而又具备良好接触和滑动品质的材料可用来作传动齿轮的材料，可以大大地减少其重量和转动惯量。

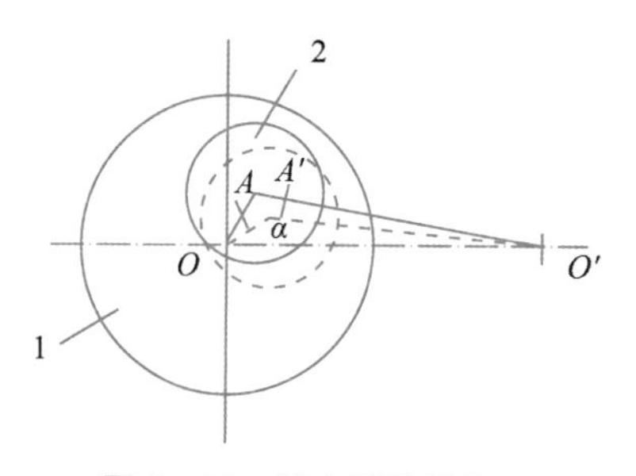

图 2－27　偏心消隙机构

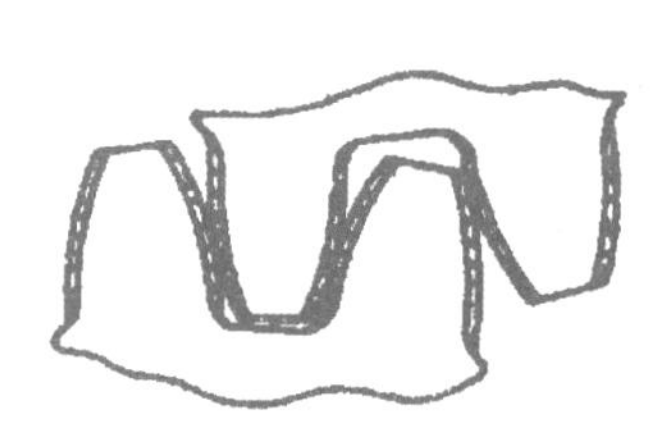

图 2－28　齿廓弹性层消隙

2.4.3 机器人传动机构

传动机构将驱动器的运动传递到关节和动作部位，从而将机械动力传递给负载。设计和选择机器人传动机构需要综合考虑运动、负载和功率要求以及驱动器位置。设计传动机构必须兼顾刚度、效率和成本，特别是对于正反向运动频繁、负载变化大的工况，传动间隙和交变应力会影响传动刚度。高传动刚度和低(或无)传动间隙会增大摩擦损失。大多数机器人在额定功率水平或接近其额定功率水平运行时，传动机构具有良好的效率。过重的传动机构会带来惯性和摩擦损失。安全系数不足的传动机构刚度较低，在连续或重载工况下易磨损或易因意外过载而失效。

机器人通常通过传动机构来驱动关节，以高效的能量传递方式将驱动力传递至机器人关节。在实际应用中，机器人中联合使用各种传动机构，其传动比与驱动器的转矩、转速和惯量有关。传动机构的设计、尺寸和安装位置决定了机器人的刚度、质量和整体操作性能。由于采用了传动机构，因此现代机器人基本上都具有高效、超负荷的抗损坏性能。

1. **直驱传动**

直驱机构是运动学上最简单的传动机构。对于气动或液压驱动的机器人，驱动器直接连接在连杆上。电动直驱机器人直接将大扭矩低转速的直流电机连接到连杆上，可以完全消除自由游隙，且扭矩输出平稳。通常，由于驱动器与连杆之间的动量比(惯性比)较小，因此驱动器的功率较大、效率较低。

2. **齿轮传动**

直齿或斜齿传动可以为机器人提供可靠、密封且维护简单的动力传输，适用于需要紧凑传动且多轴相交的机器手。由于大型机器人的基座需要承受高刚度、高扭矩，故常用大直径齿轮传动。通常使用多级齿轮传动和较长的传动轴，增大驱动器与从动件之间的物理空间。如图 2－29 所示，某航天飞机机器手的驱动器和一级减速器位于基座附近，通过空心轴驱动下一级齿轮或差速器。

行星齿轮传动机构通常集成在紧凑型减速电机中。需要巧妙的设计，高精度和刚性的支撑，才能使传动机构在实现低间隙的同时，保证刚度、效率和精度。机器人中的传动间隙可用多种方法进行控制，如：选择性装配、调整齿轮中心距和专用消隙设计等。

由于电机是高转速、小力矩的驱动器，而机器人通常要求低转速、大力矩，因此常用行星齿轮机构和谐波传动机构完成速度和力矩的变换与调节。

输出力矩有限的原动机要在短时间内加速负载，要求其齿轮传动机构的速比 n 为最优，可以由下式表示：

$$n=\sqrt{\frac{I_a}{I_m}} \tag{2-2}$$

式中，I_a 是工作臂的惯性矩，I_m 是电机的惯性矩。

图 2-29 采用行星齿轮传动的航天飞机机器手

3. **谐波传动**

谐波传动机构在机器人中已得到广泛应用,美国送到月球上的机器人,苏联送入月球的移动式机器人"登月者",德国大众汽车公司研制的 Rohren,Gerot R30 型机器人和法国雷诺公司研制的 Vertical 80 型等机器人都采用了谐波传动机构。

谐波减速机由刚轮、谐波发生器和柔轮等三个基本部分组成。谐波发生器通常采用凸轮或偏心安装的轴承构成,刚轮为刚性齿轮,柔轮为能产生弹性变形的齿轮。工作时,固定刚轮,由电机带动谐波发生器转动,柔轮作为从动轮,输出转动,带动负载运动。

谐波传动结构简单、体积小、重量轻、传动精度高、承载能力大、传动比大,具有高阻尼特性,但柔轮易疲劳、扭转刚度低、易产生振动。

4. **蜗轮蜗杆传动**

蜗轮蜗杆传动可以直角和偏置的形式布置,传动比高,结构紧凑,有良好的刚度和承载力,常用于低速机器手。蜗轮蜗杆传动效率较低,可以在高传动比下自锁,在机器手关节无动力时保持其位置,但在手动复位机器手时,容易造成损坏。

5. **丝杠传动**

滚珠丝杠通过循环滚珠螺母与钢制滚珠螺钉配合,高效平稳地将旋转运动转换为直线运动。由于易将滚珠丝杠集成到螺杆上,故可以封装成紧凑型驱动器或减速器,以及定制集成的减速传动组件。中短行程中滚珠丝杆传动刚度较好,但用于长行程时,由于螺钉只在螺杆两端支撑,因此刚度较低,采用高精度滚珠螺钉可以使间隙很小甚至为零。螺杆转速受限于螺杆动态稳定性,螺母难以达到高转速。对于低成本机器人,可以选择使用由热塑性螺母和热轧螺纹丝杠组成的滑动丝杠减速器。

丝杠传动有滑动式、滚珠式和静压式等。机器人传动用的丝杠应具备结构紧凑、间隙小和传动效率高等特点。

（1）滚珠丝杠。滚珠丝杠的丝杠和螺母之间装了很多钢球，丝杠或螺母运动时钢球不断循环，从而实现运动的传递，即使丝杠的导程角很小也能得到90%以上的传动效率。滚珠丝杠可以把直线运动转换成回转运动，也可以把回转运动转换成直线运动。滚珠丝杠按钢球的循环方式分为钢球管外循环方式、靠螺母内部S状槽实现钢球循环的内循环方式和靠螺母上部导引板实现钢球循环的导引板方式，如图2－30所示。

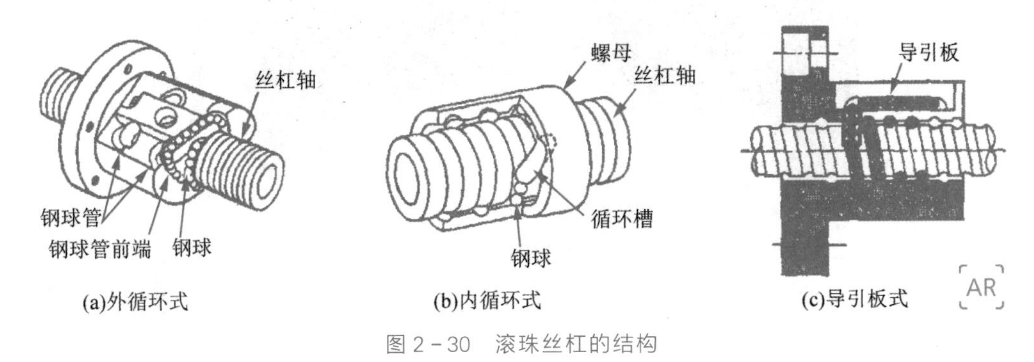

图2－30　滚珠丝杠的结构

由丝杠转数和导程得到直线进给速度：

$$v = 60 \cdot l \cdot n \tag{2-3}$$

式中，v为直线运动速度（m/s），l为丝杠的导程（m），n为丝杠的转数（r/min）。

驱动力矩表示为：

$$T_a = \frac{F_a \cdot l}{2\pi \cdot \eta_1} \tag{2-4}$$

$$T_b = \frac{F_a \cdot l \cdot \eta_2}{2\pi} \tag{2-5}$$

式中，T_a为回转运动变换到直线运动（正运动）时的驱动力矩（N·m），η_1为正运动时的传动效率（0.9～0.95），T_b为直线运动变换到回转运动（逆运动）时的驱动力矩（N·m），η_2为逆运动时的传动效率（0.9～0.95），F_a为轴向载荷（N），l为丝杠的导程（m）。

（2）行星轮式丝杠。行星轮式丝杠多用于精密机床的高速进给，从高速性和高可靠性来看也可用在大型机器人传动上，如图2－31所示。螺母与丝杠轴之间有与丝杠

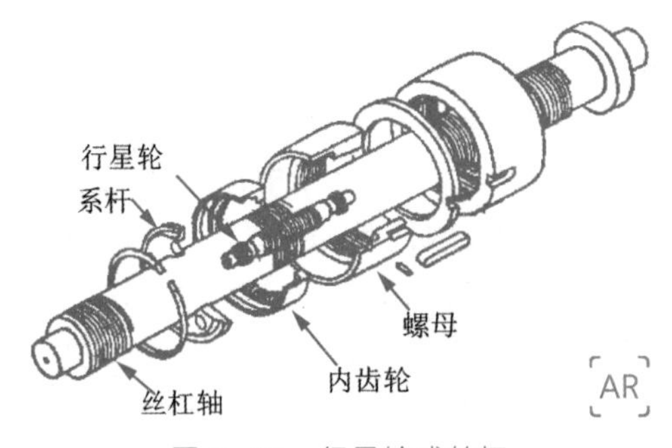

图2－31　行星轮式丝杠

轴啮合的行星轮，装有7～8套行星轮的杆系可在螺母内自由回转，行星轮的中部有与丝杠轴啮合的螺纹，其两侧有与内齿轮啮合的齿。将螺母固定，驱动丝杠轴，行星轮边自转边相对于内齿轮公转，使丝杠轴沿轴向移动。行星轮式丝杠具有承载能力大、刚度高和回转精度高等优点，由于采用的螺距小，因此丝杠定位精度高。

6. 齿轮—齿条传动

齿轮—齿条传动方式适用于直线甚至弯曲轨道的大行程传动。传动刚度由齿轮—齿条连接和行程长度决定。由于齿间游隙难以控制，因此要保证全行程中齿轮—齿条的中心距公差。双齿轮传动有时会采用预加载的方式来减小齿间游隙。较丝杆传动，由于齿轮—齿条传动比较小，因此传动能力较弱。小直径(低齿数)齿轮接触状态较差，易产生振动，而渐开线齿轮传动则需要润滑以减少磨损。齿轮—齿条传动通常用于大型龙门式机器人和履带式机器人。

7. 皮带传动与链传动

皮带传动和链传动用于传递平行轴之间的回转运动，或把回转运动转换成直线运动。机器人中的皮带和链传动分别通过皮带轮或链轮传递回转运动，有时也用于驱动平行轴之间的小齿轮。

(1) 齿形带传动。如图2-32所示，齿形带的传动面上有与带轮啮合的梯形齿。传动时无滑动，初始张力小，被动轴的轴承不易过载。由于齿形带不会产生滑动，因此除了用做动力传动外还用于定位。齿形带采用氯丁橡胶为基材，加入玻璃纤维等伸缩刚性大的材料，齿面上覆盖耐磨性好的尼龙布。用于传递轻载荷的齿形带用聚氨基甲酸酯制造。齿的节距用包络带轮的圆节距 p 表示，表示方法有模数法和英寸法。各种节距的齿形带有不同规格的宽度和长度。设主动轮和被动轮的转数分别为 n_a 和 n_b，齿数为 z_a 和 z_b，齿形带传动的传动比为：

$$i=\frac{n_b}{n_a}=\frac{z_a}{z_b} \tag{2-6}$$

设圆节距为 p，则齿形带的平均速度为：

$$v=z_a \cdot p \cdot n_a=z_b \cdot p \cdot n_b \tag{2-7}$$

齿形带的传动功率为：

$$P=F \cdot v \tag{2-8}$$

式中，P 为传动功率(W)，F 为紧边张力(N)，v 为皮带速度(m/s)。

齿形带传动属于低惯性传动，适合于马达和高速比减速机之间使用。若在皮带上安装滑座则可完成与齿轮齿条机构同样的功能。由于齿形带传动惯性小且有一定的刚度，因此适合于高速运动的轻型滑座。

(2) 滚子链传动。滚子链传动属于比较完善的传动机构，噪音小，效率高，得到了广泛的应用。但是，高速运动时滚子与链轮之间的碰撞产生较大的噪音和振动，只有在低速时才能得到满意的效果，即适合于低惯性载荷的关节传动。链轮齿数少摩擦力会增加，要得到平稳运动，链轮的齿数应大于17，并尽量采用奇数个齿。

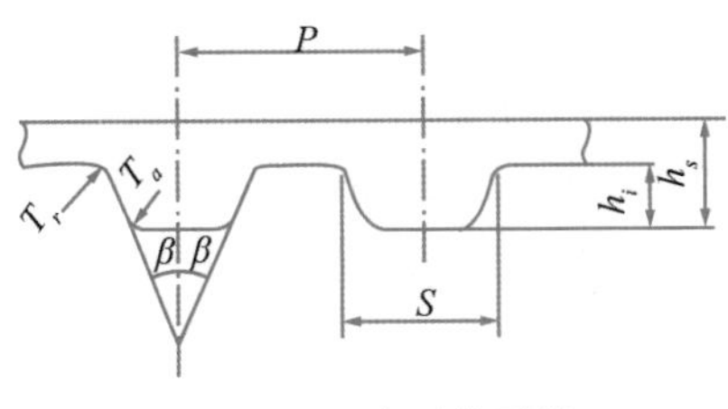

图 2－32　齿形带形状

8. **绳传动与钢带传动**

(1) 绳传动。绳传动广泛应用于机器人手爪的开合传动，特别适合有限行程的运动传递。绳传动的主要优点是：钢丝绳强度大，各方向上的柔软性好，尺寸小，预载后有可能消除传动间隙。

绳传动的主要缺点是：不加预载时存在传动间隙，绳索的蠕变和索夹的松弛带来传动的不稳定，多层缠绕绳传动在内层绳索、支承等处损耗能量，效率低，易积尘垢。

(2) 钢带传动。如图 2－33 所示为钢带传动，它把钢带末端紧固于驱动轮和被驱动轮，受摩擦的影响较小，适合有限行程的传动。图 2－33(a)适合于等传动比，图 2－33(c)

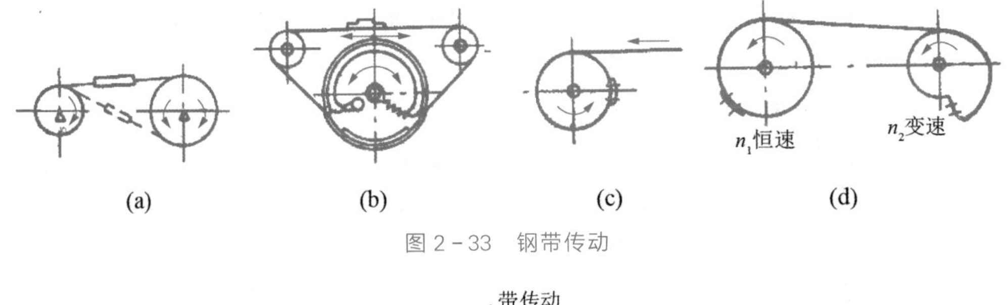

图 2－33　钢带传动

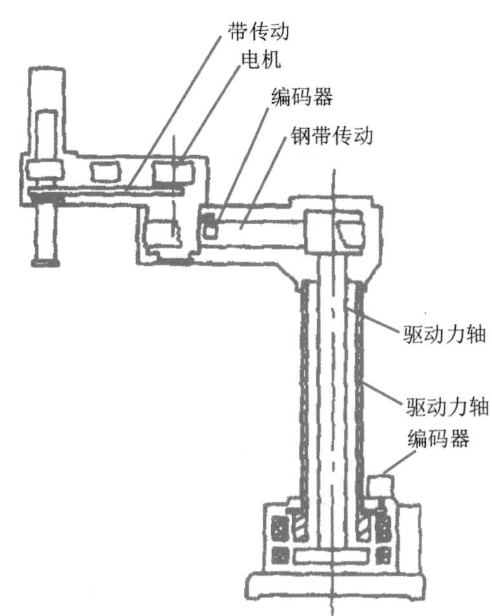

图 2－34　采用钢带传动的 Adept 机器人

适合于变化的传动比。图 2-33(b)和图 2-33(d)是一种直线传动,而图 2-33(a)和图 2-33(c)是一种回转传动。钢带传动已成功应用在 Adept 机器人上,进行1∶1速比的直接驱动,在立轴和小臂关节轴之间远距离传动,如图 2-34 所示。钢带传动的优点:是传动比精确,传动件质量小,惯量小,传动参数稳定,柔性好,不需润滑,强度高。

9. 杆、连杆与凸轮传动

重复完成简单动作的搬运机器人等固定程序机器人广泛采用杆、连杆与凸轮机构,例如,从某位置抓取物体放在另一位置等作业。连杆机构的特点是用简单的机构得到较大的位移,而凸轮机构具有设计灵活、可靠性高和形式多样等特点。外凸轮机构是最常见的机构,它借助于弹簧即可得到较好的高速性能。内凸轮驱动轴时要求有一定的间隙,其高速性能劣于前者。圆柱凸轮用于驱动摆杆,而摆杆在与凸轮回转方向平行的面内摆动。设计凸轮机构时,应选用适应大载荷的凸轮曲线(修正梯形和修正正弦曲线等),如图 2-35 和图 2-36 所示。

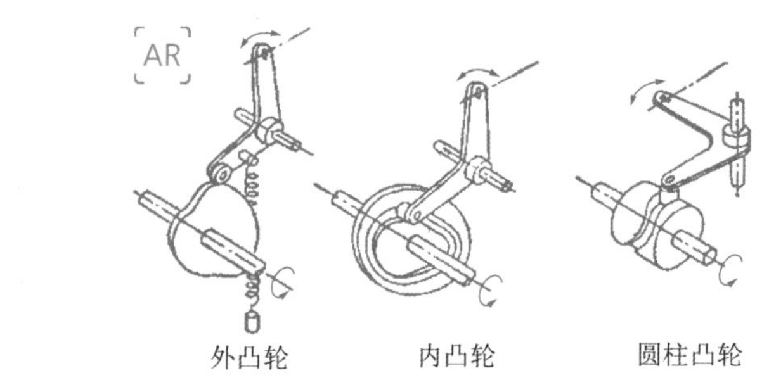

图 2-35　凸轮机构

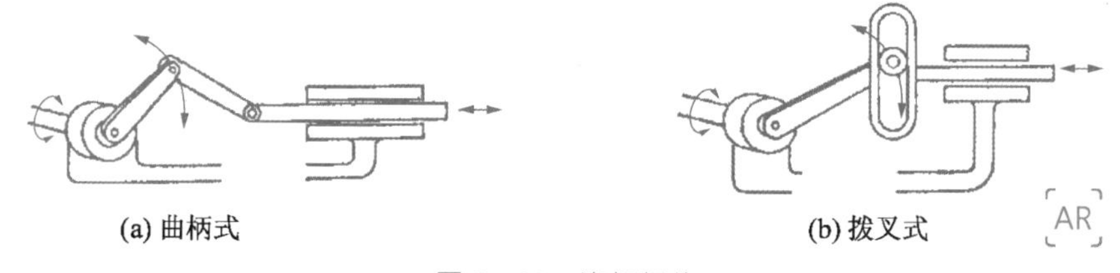

图 2-36　连杆机构

10. 流体传动

流体传动分为液压传动和气压传动。液压传动可得到高扭矩—惯性比。气压传动比其他传动运动精度较低,但由于容易达到高速,多数用在完成简易作业的搬运机器人上。液压、气压传动易设计成模块化和小型化的机构。例如,驱动机器人端部手爪的由多个伸缩动作气缸集成的内装式"移动模块",气缸与基座或滑台一体化设计并由滚动导轨引导移动支承在转动部分的基座和台子内的"后置式模块"等。

图 2-37 所示为手臂作回转运动的结构。活塞油缸两腔分别进压力油推动齿条活塞作往复移动,与齿条啮合的齿轮即作往复回转。由于齿轮与手臂固联,从而实现手臂的回转运动。在手臂的伸缩运动中,为了使手臂移动的距离和速度有定值的增加,可以采用齿轮齿条传动的增倍机构。图 2-38所示为气压传动的齿轮齿条式增倍机构的手

臂结构。活塞杆3左移时，与活塞杆3相联接的齿轮2也左移，并使运动齿条1一起左移。由于齿轮2与固定齿条相啮合，因而齿轮2在移动的同时，又迫使其在固定齿条上滚动，并将此运动传给运动齿条1，从而使运动齿条1又向左移动一距离。因手臂固联于齿条1上，所以手臂的行程和速度均为活塞杆3的行程和速度的两倍。

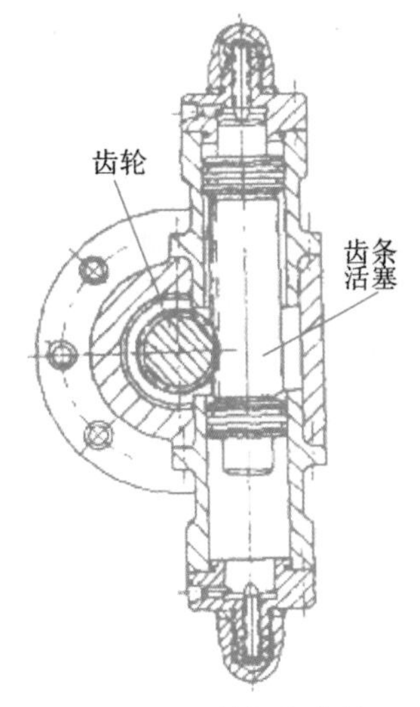

图2－37 油缸和齿轮齿条手臂机构

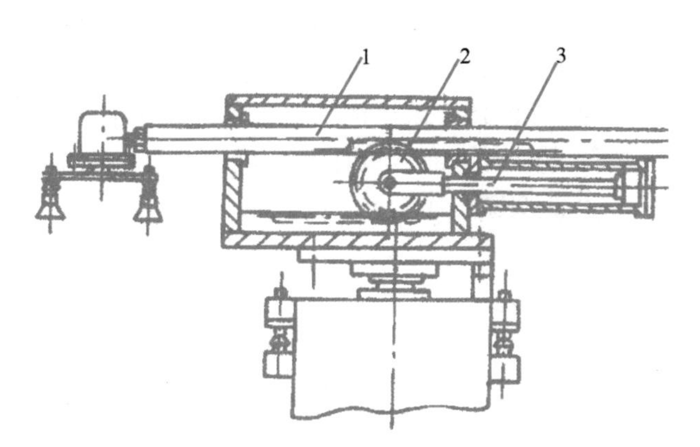

图2－38 气缸和齿轮齿条增倍手臂机构

11. 柔性传动

对于机器人而言，减速器的柔性既有利也有弊。传统意义上的机器人需要整体保持高刚度，便于快速响应、高精度定位和简化控制。然而，由于零件、工具、工作场所可能会出现意外的错误，因此产生额外的作用力会对机器人自身、周围环境和人员造成伤害。通过对传动机构添加可控、定量的柔性传动，可以有效提高机器人的灵活性。

柔性驱动机构通过将安装有位移传感器的弹性输出部件（弹簧），与高刚度的驱动器和传动机构串联，可降低自身结构刚度，提高整体传动柔性。通过选用合适的控

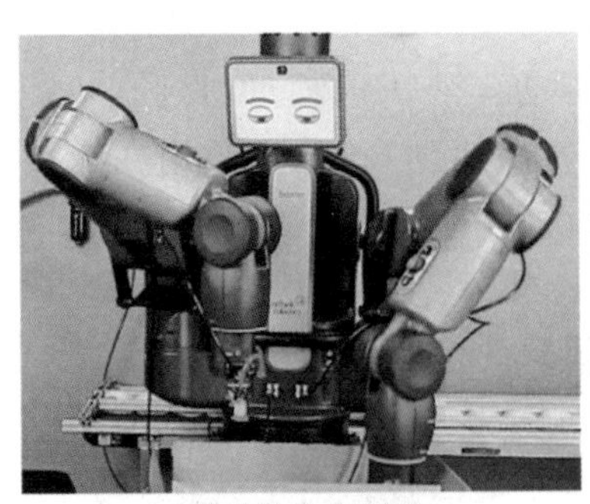

(a)带柔性执行器的双臂协作机器人

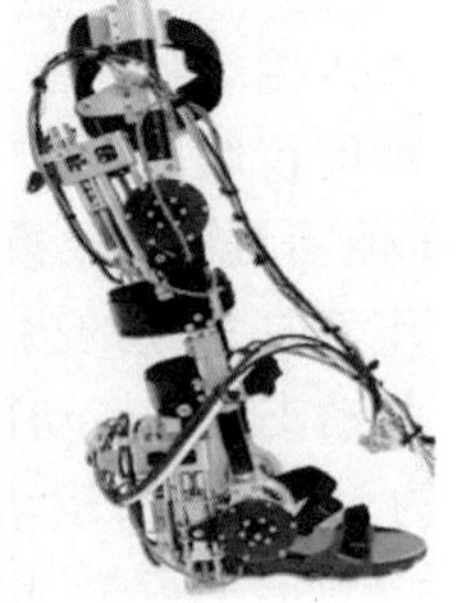

(b)带柔性执行器的外骨骼步态康复机器人

图2－39 带柔性驱动器的机器人

制器，原有的传统位置控制驱动器可作为动力驱动器，有效隔离传动机构和负载所带来的惯量，消除机器人在非正常工作环境或周围有人员工作时常见的冲击或强制停止所产生的力。如图 2-39(a)所示为带柔性执行器的双臂协作机器人，如图 2-39(b)所示为带柔性执行器的外骨骼步态康复机器人。

2.5 行走机构设计

机器人可分为固定式和行走式两种。一般的机器人多为固定式。但随着海洋科学、原子能工业及宇宙空间事业的发展，移动机器人、自主行走机器人的应用也越来越多。

行走机构是行走机器人的重要执行部件，它由行走的驱动装置、传动机构、位置检测元件、传感器、电缆及管路等组成。行走机构一方面支承机器人的机身、手臂，另一方面根据工作任务的要求，带动机器人在广阔的空间内运动。行走机构按其行走运动轨迹可分为固定轨迹式和无固定轨迹式。固定轨迹式行走机构主要用于工业机器人。无固定轨迹行走方式，按其行走机构的结构接点可分为轮式、履带式和步行式。在行走过程中，前两者与地面为连续接触，后者为间断接触。前两者的形态为运行车式，后者为类人或动物的腿足式。运行车式行走机构比较成熟，使用较多。

固定轨道移动机器人将机身底座安装在可移动的拖板座上，靠丝杠螺母驱动，带动整个机器人沿丝杠纵向移动。除了这种直线驱动方式外，还有类似起重机梁行走方式等。这种可移动机器人主要用在作业区域大的场合，如：大型设备装配、立体化仓库中材料搬运、材料堆垛和储运、大面积喷涂等。

行走机构按其结构分类如下：

(1) 车轮式：两轮、三轮、四轮、特殊车轮。

(2) 足式：双足、三足、四足、五足、六足、八足。

(3) 履带式。

(4) 其他方式。

以下分别论述各行走机构的特点。

2.5.1 轮式机器人

轮式机器人动作稳定，自动操纵简单，在无人工厂中，用于搬运零部件或做其他工作，得到使用。轮式机器人适合平地行走，通过特殊设计也可以跨越高度，攀爬楼梯。普通的有三轮、四轮或六轮，或有驱动轮和自位轮，或有驱动轮和转向机构实现转弯。图 2-40 所示为三轮行走机构，图 2-40(a)所示是使用驱动轮和转向机构实现转弯，图 2-40(b)所示是使用两驱动轮的速度差和自位轮实现转弯。

图 2-41 所示为四轮行走机构，图 2-41(a)、(b)所示为两驱动轮、两自位轮，图 2-41(c)所示为和汽车类型相同的移动机构，回转中心大致在后轮车轴的延长线上，

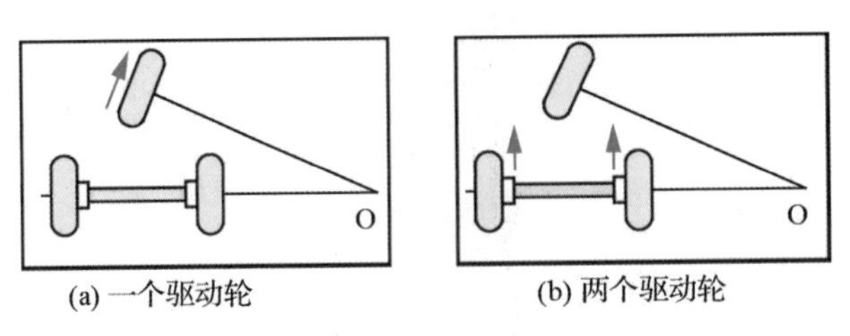

(a) 一个驱动轮　(b) 两个驱动轮

图 2-40　三个轮的行走和转弯机构

使用四节连杆机构进行转向。图 2-41(d)所示机构可以独立进行左右转向，回转精度较高。图 2-41(e)所示机构全部轮子都可进行转向，减小了转弯半径。

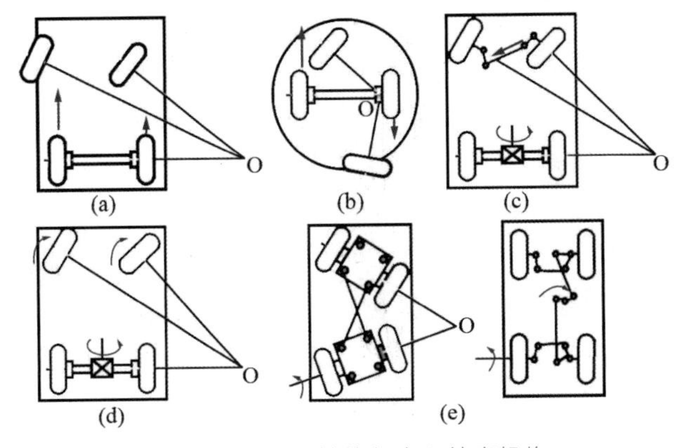

(a)　(b)　(c)　(d)　(e)

图 2-41　四个轮的行走和转弯机构

图 2-42(a)所示的四个轮子都装有转向机构，各方向都能行走、转弯，是全方位的移动机器人。由于把车轮的接地点设在锥齿轮圆锥面的延长线上，因此转弯和行走相互独立，转弯时能高精度地控制移动的距离。人们也提出了各种各样的特殊结构。图 2-42(b)所示是将两驱动轮倾斜安装的行走和转弯机构，机器人本体向前倾倒时，车轮的接地点将在重心前面，实现稳定站立。图 2-42(c)所示是能上、下台阶的机器人，行走时车轮旋转，上、下台阶时臂回转，与足式移动机构相比，该机构行走、上下台阶的控制较易。

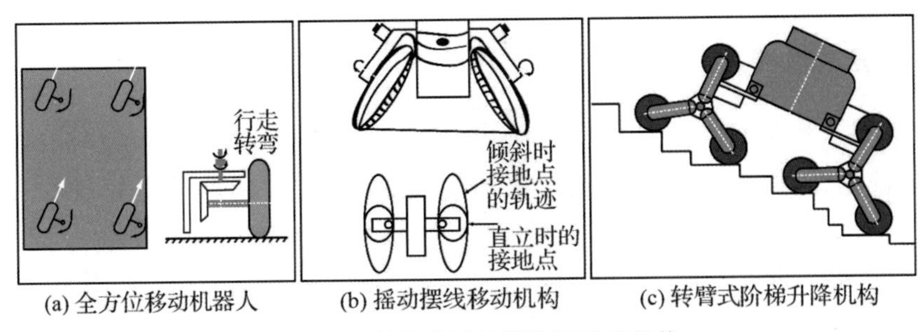

(a) 全方位移动机器人　(b) 摇动摆线移动机构　(c) 转臂式阶梯升降机构

图 2-42　其他典型的移动和升降机构

2.5.2 足式机器人

足式机器人不仅能在平地上，而且可在凹凸不平的地上步行，跨越沟豁、上下台阶，具有广泛的适应性。

1.足式机器人的类型

足式机器人可按脚的数量分为双足、三足、四足、五足、六足和八足等。图 2-43 是模拟人类脚的步行机器人机构图。实现对它的控制，使身体的重心经常在接地的脚掌上，一边不断取得准静态的平衡一边稳定地步行。也有人试验过用自由度较少的其他的两只脚的步行机器人，但是为了能变换方向、上下台阶，被认为这种机构一定要有那样多的自由度。图 2-43 (a)为靠第一股关节转向的 WL-5 型机器人，图 2-43(b)为可以按平均梯形直线步行的 WL-9RD 机器人，图 2-43(c)为人形机器人 ASIMO。为了使双足步行机器人实现直线行走、静态转弯及上下楼梯，髋关节需配置 2 个自由度，包括俯仰和偏转自由度，膝关节配置 1 个俯仰自由度，踝关节配置俯仰和偏转 2 个自由度，每条腿配置 5 个自由度，两条腿共 10 个自由度。髋关节、膝关节和踝关节的俯仰自由度共同协调动作可使机器人在径向平面内直线行走；髋关节和踝关节的偏转自由度协调动作可使机器人在侧向平面内转移重心；上述关节的自由度共同协调可使机器人实现静态转弯功能。

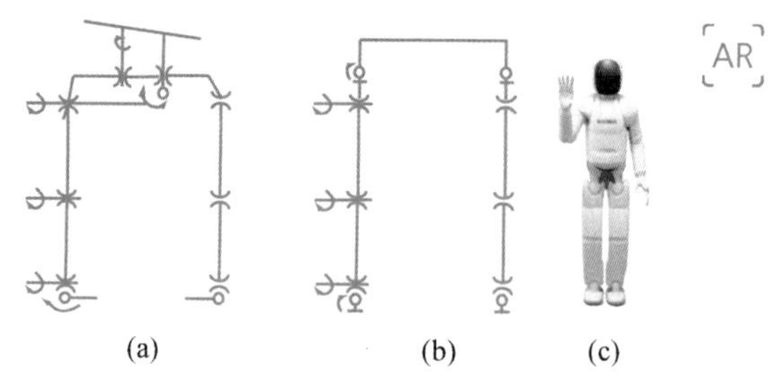

(a) (b) (c)

图 2-43 两种双足机器人

四足机器人静止状态下是稳定的，具有一切步行机器人的优点，有很高的实用性，图 2-44(a)为 8 自由度加利福尼亚马，图 2-44(b)是平移-平移变换，由于是缩放机构，脚尖的位置容易计算。步行方向的改变和上、下台阶各脚只要有 3 个自由度就足够了。

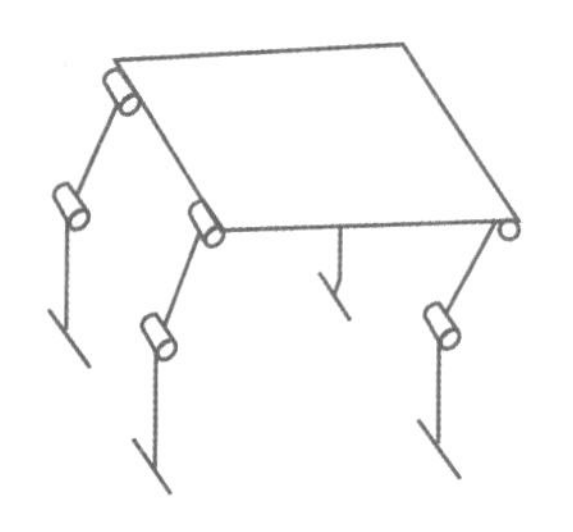

(a) 8自由度加利福尼亚马

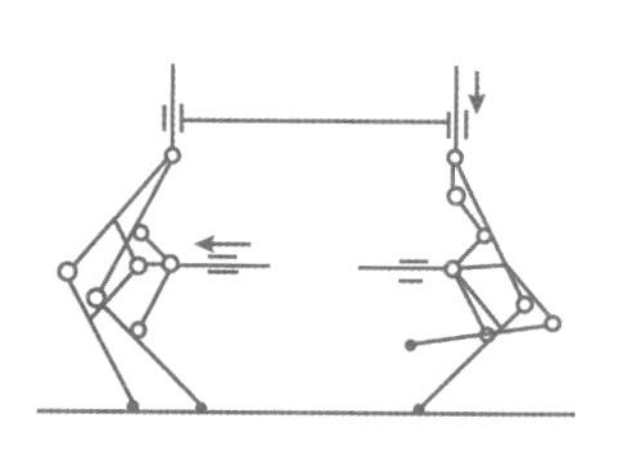

(b) 利用缩放机构的脚机构

图 2-44 四足机器人

如图 2－45 所示为三款典型的四足机器人，美国的 Bigdog 四足机器人和中国的赤兔机器人、莱卡狗四足机器人。

(a) BigDog四足机器人

(b) 赤兔四足机器人

(c) 莱卡狗四足机器人

图 2－45　三款典型四足机器人

四足机器人在步行中，当一只脚抬起、三只脚支撑自重时，需要移动身体，让重心落在三只脚接地点所组成的三角形内，如图 2－46 所示。各脚相应于其支点提起、向前伸出、接地、水平向后返回，像这样的一联串动作均由连杆机构进行，不要特别控制就能实现。然而，为了适应凹凸不平的地面，每只脚必须有 3 个自由度。图 2－47 所示是有 3 个自由度的缩放机构，实现了上、下台阶的步行机器人的一个例子。

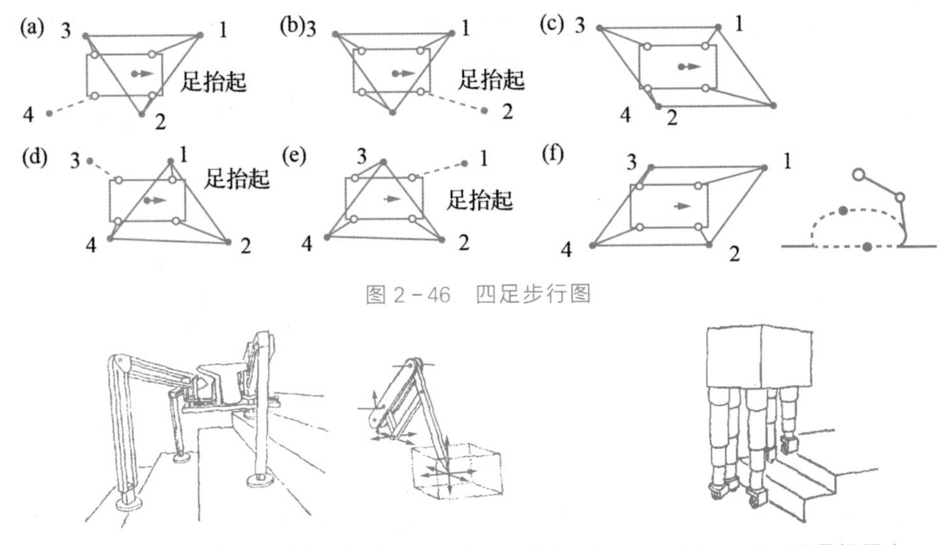

图 2－46　四足步行图

图 2－47　能上下台阶的四足步行机器人 PV－2（12 个自由度）

图 2－48　五足机器人

五足机器人的例子如图 2－48 所示。在平地上是靠脚尖上的轮子行走的，所以不是“步行”机器人，但腿可以伸缩，使脚踏上台阶，能升能降，是它具有的特征。

六足步行机器人的步行控制比四足机器人更容易。也就是说，如果开始用右脚 1 左脚 2 支撑向前移动，然后用左脚 1 右脚 2 支撑向前移动的话（三脚步态），能得到稳定的重心位置，脚的接地的范围宽，所以能顺利地前进。六足的情况和四足的情况一样，如果各脚有 2 个自由度的话，就可以在凹凸不平的地上步行。图 2－49 所示是空气压力驱动的步行机器人的例子。为了能转变方向，如果各脚有 3 个自由度的话，就足够了。图 2－50 所示就是其中的一例，不仅可能有三脚步态，而且可得到相当自由的步容，但共计有 18 个自由度，因此，包含力传感器、接触传感器、倾斜传感器在内的稳定的步行控制是相当复杂的。

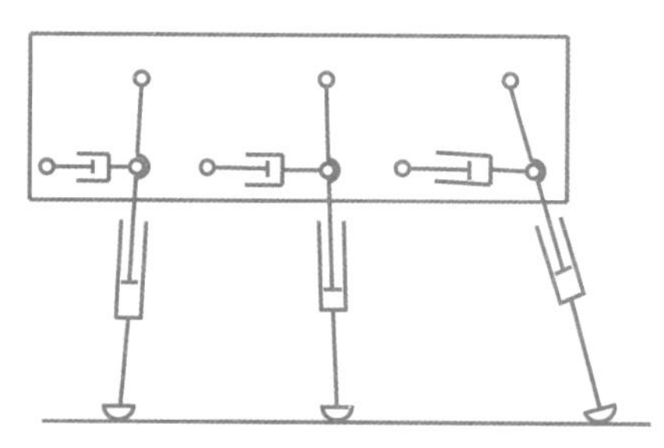

图 2-49　12 个自由度的六足步行机器人

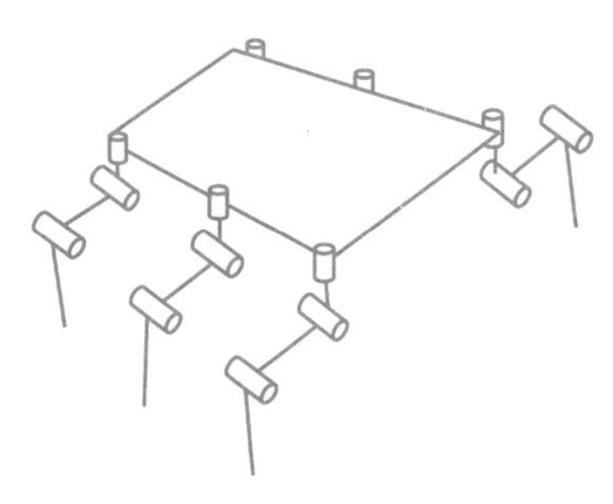

图 2-50　18 个自由度的六足步行机器人

步行机器人虽然可望有较广的环境适应性，但是也存在着控制的复杂性和步行速度低的缺点。

2. 腿部结构设计

在开发多足仿生机器人的过程中，因研究目标、控制算法的不同，对机器人本体结构、驱动方式等有不同的考虑。而单腿系统不仅是决定机器人运动能力的关键因素，也是整机开发过程中重要的前期研究基础，国内外学者对机器人单腿的结构设计和控制方法给予了充分关注。本处以液压四足机器人腿部结构设计为例，阐述足式机器人腿部结构设计流程。

(1) 腿部驱动设计。为了减小腿部摆动对机身位姿的影响，需要尽量减轻腿部的质量和转动惯量。因此选用功重比大的双作用液压缸作为腿部驱动器，并采用如图2-51所示的曲柄摇块机构实现关节之间的相对旋转。图中 a 为液压缸头部连接轴至关节连接轴间距，b 为液压缸尾部连接轴至关节连接轴间距，c 为液压缸长度，h 为液压缸输出力相对关节连接轴的力臂，T 为关节输出扭矩，φ 为关节在液压缸作用下的摆动角度。

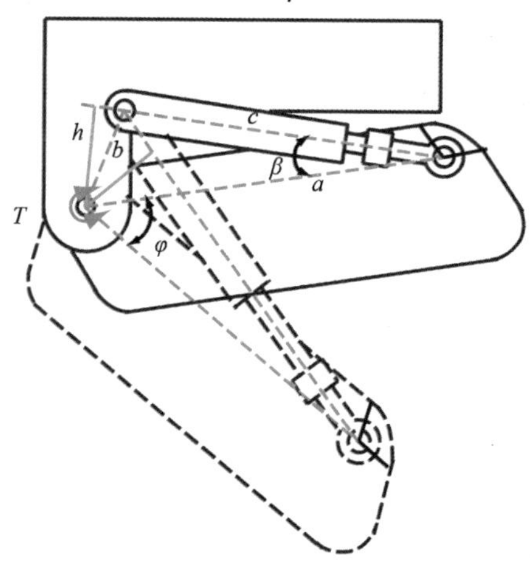

图 2-51　仿生机器人典型腿部结构

该机构的力矩输出特性可由以下公式给出：

$$F=\frac{\pi}{4}(D_p^2-D_r^2)\cdot P \tag{2-9}$$

$$h=\arcsin\left(\arccos\frac{a^2+c^2-b^2}{2ac}\right) \tag{2-10}$$

$$T = F \cdot h \tag{2-11}$$

式中，F 为液压缸输出力(N)，P 为液压缸两端的压力差(MPa)，D_p 为液压缸活塞直径(mm)，D_r 为液压缸杆直径(mm)。假设液压缸原长为 c_0，伸长后为 c_1，则关节相对摆动角度 φ 可由下式计算获得：

$$\varphi = \arccos\frac{a^2+b^2-c_1^2}{2ab} - \arccos\frac{a^2+b^2-c_0^2}{2ab} \tag{2-12}$$

一般需要先通过仿真分析得到机器人在不同步态下的关节最大转速、最大输出力矩以及最大功率。在机构设计的过程中，综合考虑这些因素，通过配置旋转关节和液压缸连接点的相对位置，优化液压缸相对于腿部关节的作用力臂，保证在极端条件下液压伺服阀的流量和液压缸的输出力在合理的范围之内。此外，为了方便维护和调试，机器人各个关节均选用相同尺寸液压缸。除了考虑各个关节的输出特性之外，还需考虑机器人液压动力系统与液压缸所需的总流量和压力之间的匹配关系。

(2) 机器人单腿结构设计。如图 2-52 所示，机器人的腿部由 4 个节段组成，机体和腿部以及腿部节段之间通过旋转关节连接，其中踝关节与足端之间为弹性被动关节，其余关节为主动关节。每个主动关节都配置一个一体化液压伺服驱动单元。

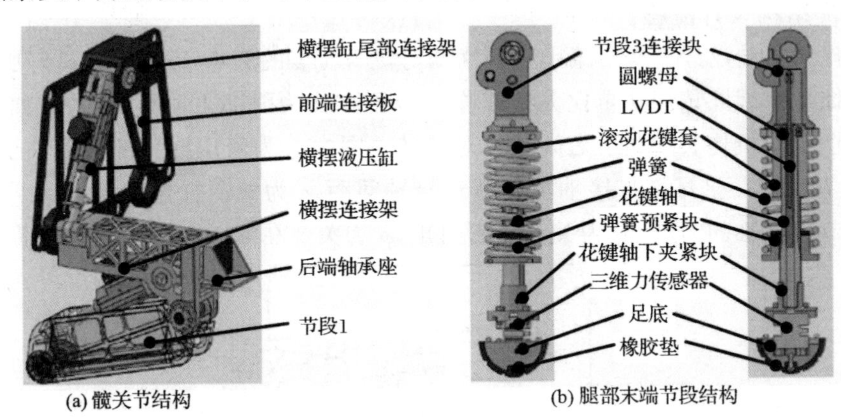

图 2-52　髋关节及腿部末端节段结构

髋部关节机械结构设计如图 2-52(a)所示。髋关节包括前摆和横摆两个自由度，此处配置了 2 个液压缸。其中横摆液压缸头尾分别连接到横摆连接架(即节段 0)和机体框架，实现腿部横摆动作。横摆连接架采用镂空式的类桁架结构，在减轻自重的同时，保证结构件强度和刚度。连接架前后各安装一段钢轴，通过一对圆锥滚子轴承连接到机体。为了给机器人机身上平台中安装的控制系统和液压动力系统预留空间，将横摆液压缸布置在靠近机器人机体的两端。髋关节前摆液压缸头尾分别连接到节段 1 和横摆连接架，实现髋关节前摆运动。膝、踝前摆关节设计与髋前摆关节设计基本相同，在此不再赘述。

腿部末端节段结构如图 2-52(b)所示，节段 3 上端连接踝腕关节，末端为机器人足端。在设计中，节段 3 安装直线线性弹簧以减少足端与地面的冲击并实现动步态下能量的循环利用。足端被动弹簧与凹槽式滚动花键副并联，保证弹簧的变形方向，花键套和花键轴分别通过上下两端的夹紧块连接，并在轴上加工螺纹安装弹簧预紧力调节器。足底为外表面挂胶的半圆柱体，橡胶表面加横向和纵向沟槽提高缓冲能力和摩擦力。足底内部安装三维力传感器，测量足端接触力。

此外由于机器人腿部安装有多个液压驱动单元和传感器，因此在结构设计中充分考虑了液压系统油管的布置和传感、控制系统的走线，为管路、驱动器和传感器预留空间和安装接口。为减小腿部质量和惯量，选用高强度铝合金 7075－T651 作为腿部结构本体材料，并利用有限元分析方法优化结构设计，在降低结构件重量的同时保证机器人腿部结构的强度和刚度。

2.5.3 履带式机器人

履带式机器人可以在有些凹凸的地面上行走，可以跨越障碍物，能爬梯度不太高的台阶。但是由于履带式机器人通常没有自位轮，没有转向机构，只靠左右两个履带的速度差实现转弯，因此不仅在横向，而且在前进方向也会产生滑动，转弯阻力大，不能准确地确定回转半径。如图 2 - 53 所示为装有转向机构的履带式机器人，它没有上述缺点，可以上、下台阶。如图 2 - 54(a)所示的主体前后装有转向器，并装有使转向器旋转提起的机构，上、下台阶非常顺利，能得到诸如用折叠方式向高处伸臂、在斜面上保持主体水平等各种各样的姿势。如图 2 - 54(b)所示机器人的履带形状可以适应台阶而改变，也比一般的履带式机器人动作自如。

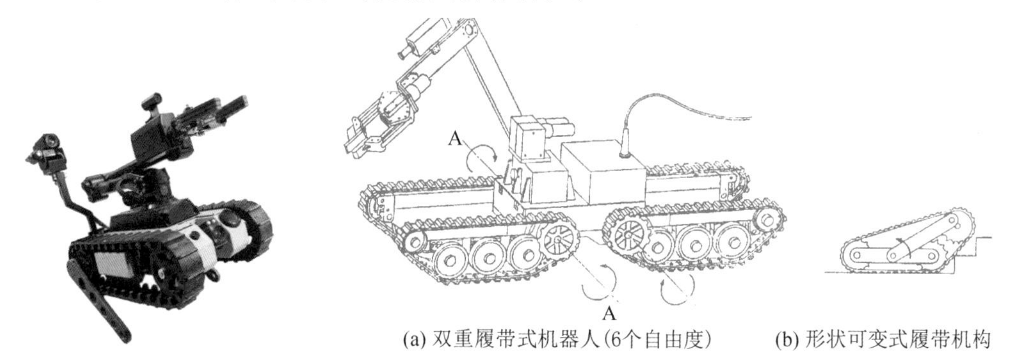

(a) 双重履带式机器人(6个自由度)　(b) 形状可变式履带机构

图 2 - 53　带转向机构的履带式机器人

图 2 - 54　容易上、下台阶的履带式移动机器人

履带式机器人主体的行走系统结构都非常紧凑。目前最常见的结构有以下 3 种。

(1) 图 2 - 55(a)所示的是形如履带式坦克车的结构，由后轮驱动，前导轮的高度决定了机器人的越障能力，一般认为前导轮中心线的高度也是机器人能越过障碍物的高度。

(2) 图 2 - 55(b)所示是带摆臂的结构，摆臂轴位于内、外支撑轮之间，由电机单独驱动，摆臂的内、外支撑轮的外径与行走轮相同，既可起到支撑作用，同时与行走轮保持同步。摆臂的内支撑轮与行走轮相连，以使摆臂的履带产生驱动力。

(3) 图 2 - 55(c)所示是前后轮都带摆臂的结构。如果两套摆臂都回收在车体侧，那么整个车体的长度比图 2 - 55(b)所示的结构要长，质量自然增大。目前能见到的履带式机器人的结构基本上是上述 3 种，即使有所变化，也是它们的变型，严格地说，图 2－55(b)和图 2－55(c)所示的结构也可看作是图 2－55(a)所示结构的变型。

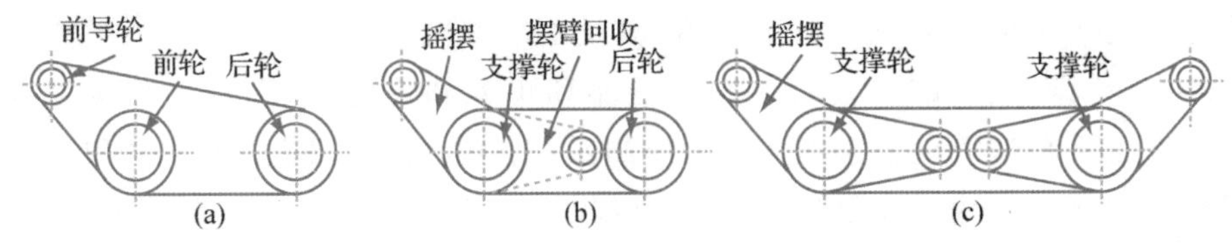

图 2－55　履带式机器人的典型结构

以上 3 种结构各有其特点。图 2－55(a)所示结构只需要左右两套电机驱动，比较简单，但其越障能力取决于前导轮的高度，如果要求机器人能攀爬较高的障碍物，则要提高前导轮距地面的高度，从而整个结构的高度增大，不利于穿过涵洞等类似障碍物。一般重型的机器人采用这种结构，如防爆、消防机器人等。图 2－55(b)所示结构以摆臂取代图2－55(a)中的前导轮，可以克服上述缺点。这种结构的驱动方式比较多，车体的行走既可采用前轮驱动，也可采用后轮驱动。左右摆臂的驱动既可由两个电机分别控制，也可只用一个电机通过传动结构带动。这种结构的优点是车体可以做得比较小，用摆臂来提高越障能力，只要车体空间允许，摆臂可以做得比较长，不需要时可以回收在车体侧，减少整个车体的体积。同时摆臂的履带具有驱动力，相当于增加了车体的长度。在跨越壕沟、泥泞路面等障碍时，具有较大的优势。但由于使用驱动电机较多，其经济性不具有优势，车体内部有较多的空间用来布置驱动系统。在考虑行走轮采用前轮驱动还是后轮驱动时，一个重要因素是车体重心的位置。如果采用前轮驱动，摆臂的驱动轴和左右行走轮的驱动轴位于相同的位置，布置时须采用嵌套设计，结构较复杂，车体的重心比较靠前；如果采用后轮驱动，效果相反，车体的重心比较靠后。车体重心的位置对于机器人攀爬类似楼梯的障碍物时影响较大。如果车体质心的作用线不能落在支撑线的左边，那么车体将后翻，无法越过障碍物。

无论是哪种形式的履带式机器人，行走轮的驱动都是左、右两套电机分别驱动，这样可以通过左、右电机的不同速实现转弯。摆臂的驱动有的采用一个电机驱动贯穿左、右两摆臂的长轴实现，有的使用两个电机分别驱动左、右摆臂，通过软件控制其动作并实现同步。

2.5.4　其他行走机器人

为了特殊的目的，还研究了各种各样的移动机器人机构。图 2－56 所示是能在壁上爬行的机器人的例子。图 2－56(a)所示是用吸盘交互地吸附在壁面上来移动的，图 2－56(b)所示的滚子是磁铁，当然里面一定是磁性体才行。图 2－57 所示是车轮和脚并用的机器人，脚端装有球形转动体。除了普通行走之外，可以在管内把脚向上方伸，用管断面上的 3 个点支持移动，也可以骑在管子上沿轴向或圆周方向移动。其他还有，次摆线机构推进移动车，用辐条突出的三轮车登台阶的轮椅，用压电晶体、形状记忆合金驱动的移动机构等。

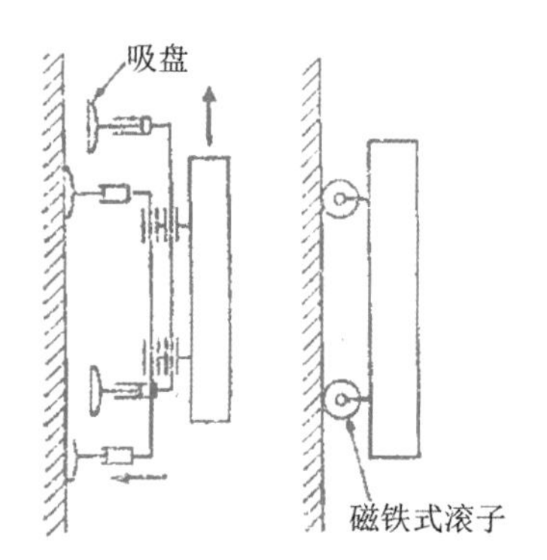

图 2-56 能在臂面上爬壁的机器人

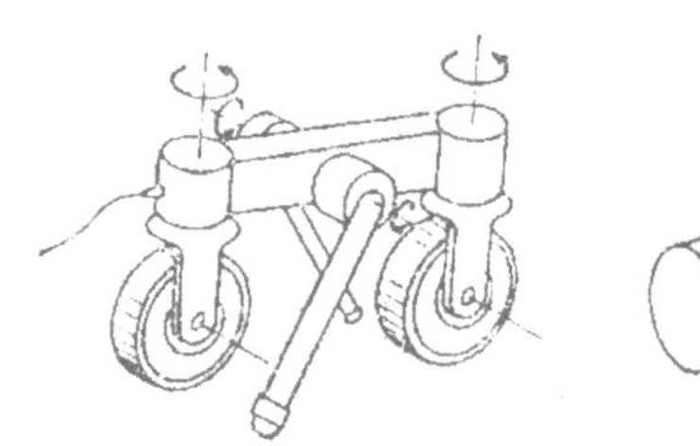
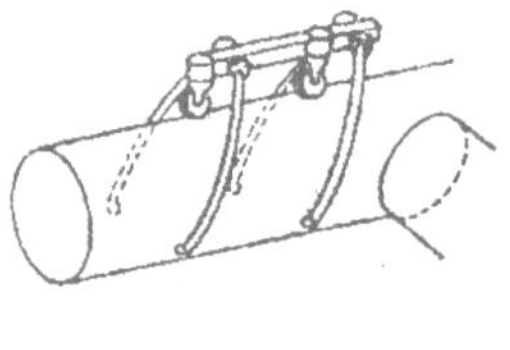

图 2-57 车轮和脚混合式的移动机器人

2.5.5 行走机构设计应注意的问题

(1) 平稳性。平稳性是行走机构设计首先要考虑的问题，不但要求在行走时保持平衡，而且在静止时也要保持平衡。

(2) 灵活性、转向、越障、爬坡。行走机构要求具有人的一些智能，比如辨向，转向、越障、爬坡等智能。

2.6 机身设计

机器人机械结构有三大部分：机身、手臂（包括手腕）、手部。机身，又称为立柱，是支撑臂部的部件，并能实现手臂的升降、回转或俯仰运动。机器人必须有一个便于安装的基础件，这就是机器人的机座，机座经常与机身做成一体。

2.6.1 机身的典型结构

采用哪一种自由度形式由机器人的总体设计来定。比如，圆柱坐标式机器人把回转与升降 2 个自由度归属于机身；球坐标式机器人把回转与俯仰 2 个自由度归属机身；关节坐标式机器人把回转自由度归属于机身；直角坐标式机器人有时把升降 Z 轴或水平移动 X 轴的自由度归属于机身。下面介绍几种典型的机身：

1. 回转与升降机身

(1) 齿条活塞油缸驱动的回转型机身。图 2-58 所示结构中，活塞杆 4 是空心的，内装油管。当齿条工作时，回转齿轮 6 带动升降缸体 2，升降回转台 1 及手臂一起回转。手臂的升降是由升降缸控制的。

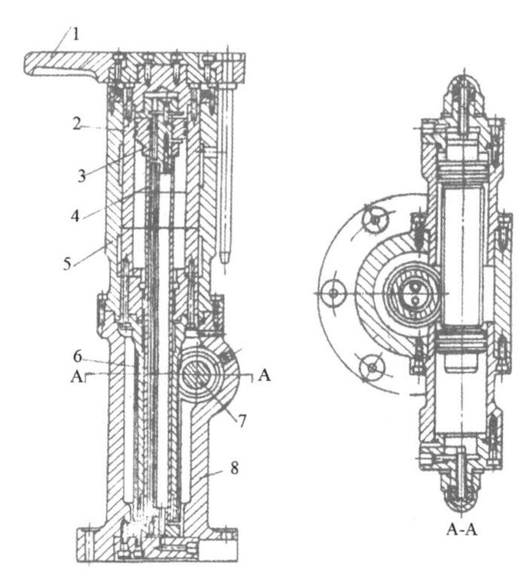

1-升降回转台；2-升降缸体；3-活塞；4-活塞杆；5-固定导套；6-齿轮套筒；7-齿条缸；8-固定立柱

图 2-58 齿条活塞油缸驱动的回转型机身

（2）回转缸与升降缸单独驱动的回转型机身，如图 2－59 所示。升降油缸在下，回转油缸在上。升降运动由活塞 1 驱动，靠升降活塞杆内花键套 2 导向。回转运动靠摆动油缸 5 驱动。因摆动缸安置在升降活塞杆的上方，故活塞杆尺寸要加大。

（3）链轮传动机构。链条链轮传动是将链条的直线运动变为链轮的回转运动，它的回转角度可大于 360°。图 2－60(a)所示为气动机器人采用活塞气缸和链条链轮传动机构，以实现机身的回转运动(见 K 向视图)。此外，也有用双杆活塞气缸驱动链轮回转的方式，如图 2－60(b)所示。

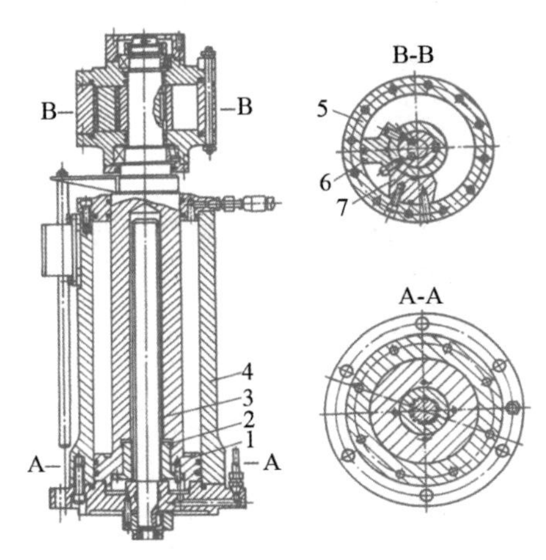

1－活塞；2－花键套；3－花键轴；4－升降油缸；5－摆动油缸；6－摆动缸定片；7－摆动缸动片

图 2－59　回转缸与升降缸单独驱动的回转型机身

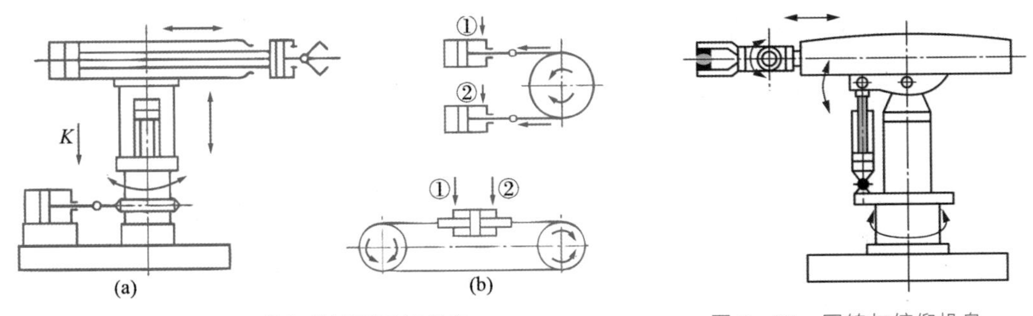

图 2－60　链条链轮型回转机身

图 2－61　回转与俯仰机身

2. 回转与俯仰机身

机器人手臂的俯仰运动：一般采用活塞油(气)缸与连杆机构来实现。手臂俯仰运动用的活塞缸位于手臂的下方，其活塞杆和手臂用铰链连接较好；缸体采用尾部耳环或中部销轴等方式与立柱连接，如图 2－61 所示。此外还有采用无杆活塞缸驱动齿条齿轮或四连杆机构实现手臂的俯仰运动。

2.6.2　机身驱动力(力矩)计算

1. 垂直升降运动驱动力的计算

机身作垂直运动时，除克服摩擦力之外，还要克服机身自身运动部件的重力和其承受的手臂、手腕、手部、工件等总重力以及升降运动的全部部件惯性力，故驱动力 P_q 可按下式计算：

$$P_q = F_m + F_g \pm W \tag{2-13}$$

式中，F_m 为各支承处的摩擦力(N)，F_g 为启动时的总惯性力(N)，W 为运动部件的总重力(N)，其前面的符号在运动部件上升时为正，下降时为负。

2. 回转运动驱动力矩的计算

回转运动驱动力矩只包括两项：回转部件的摩擦总力矩；机身自身运动部件和其携带的手臂、手腕、手部、工件等总惯性力矩，故驱动力矩 M_q 可按下式计算：

$$M_q = M_m + M_g \tag{2-14}$$

式中，M_m 为总摩擦阻力矩(N·m)，M_g 为各回转运动部件总惯性力矩(N·m)，可表示为：

$$M_g = J_0 \frac{\Delta\omega}{\Delta t} \tag{2-15}$$

式中，$\Delta\omega$ 为在升速或制动过程中角速度增量(1/s)，Δt 为回转运动升速或制动过程的时间(s)，J_0 为全部回转零部件对机身回转轴的转动惯量($kg \cdot m^2$)，当零件外廓尺寸不大，重心到回转轴线距离又远时，可按质点计算回转零部件对回转轴的转动惯量。

3. 升降立柱下降不卡死(不自锁)的条件

偏重力矩是指臂部全部零部件与工件的总重量对机身回转轴的静力矩，如图2-62所示。当手臂悬伸最大行程时，偏重力矩最大。偏置力矩应按悬伸最大行程、最大抓重时进行计算。

各零部件的重量可根据其结构形状、材料密度进行粗略计算。由于大多数零件采用对称形状的结构，中心位置在几何截面的几何中心，因此，根据静力学原理可求出手臂总重量的重心位置距机身回转轴的距离 L，亦称作偏重力臂，可以表示为：

$$L = \frac{\sum G_i L_i}{\sum G_i} \tag{2-16}$$

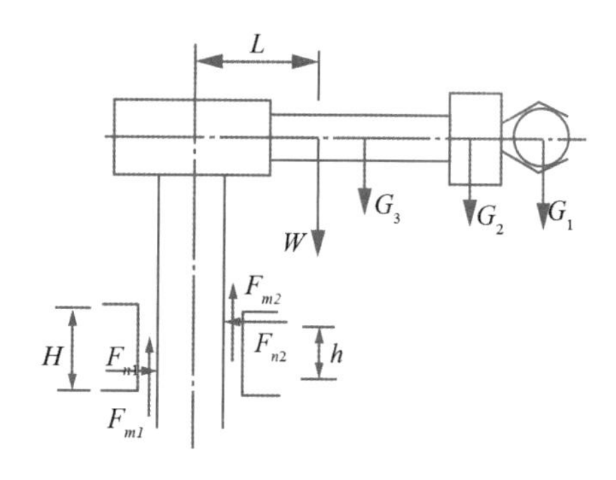

图2-62 机器人手臂的偏重力矩

式中，G_i 为零部件及工件的重量(N)，L_i 为零部件及工件等的重心到机身回转轴的距离(m)。偏重力矩为：

$$M = W \cdot L \tag{2-17}$$

式中，W 为零部件及工件等的总重量(N)。

偏重力矩是手臂在总重量 W 的作用下，立柱支承导套产生的阻止手臂倾斜的力矩，对升降运动的灵活性有很大影响。如果偏重力矩过大，支承导套与立柱之间摩擦力过大，有“卡住”现象，需增大升降驱动力和相应驱动及传动装置结构。如果依靠自重下降，立柱可能被卡死在导套内，产生自锁现象。因此必须根据偏重力矩的大小决定立柱导套的长短。根据升降立柱的平衡条件可知：

$$N_1 h = W \cdot L \tag{2-18}$$

所以，有：

$$N_1 = N_2 = \frac{L}{h} W \tag{2-19}$$

为了升降立柱在导套内自由下降，必须使臂部总重量 W 大于导套与立柱之间的摩擦力 F_{m1} 及 F_{m2}，升降立柱靠自重下降而不卡死的条件为：

$$W > F_{m1} + F_{m2} = 2N_1 f = 2\frac{L}{h} W f \tag{2-20}$$

即：

$$h > 2fL \tag{2-21}$$

式中，h 为导套的长度(m)，f 为导套与立柱之间的摩擦系数，$f = 0.015 \sim 0.1$，一般取较大值，L 为偏重力臂(m)。

假如立柱升降都是依靠驱动力，则不存在立柱自锁(卡死)条件，升降驱动力计算中摩擦阻力按上面有关计算进行。

2.6.3 机身平衡系统

工业机器人中，平衡系统大致可分成附加配重式、弹簧式、气缸式、弹簧一凸轮式以及液压一气动式。

1. 机器人平衡系统的作用

机器人是一个多刚体耦合系统，系统的平衡性极其重要，在机器人设计中采用平衡系统的理由是：

(1) 平衡系统可防止机器人因动力源中断而失稳，引起“倒塌”现象。根据机器人动力学方程可知，关节驱动力矩包括重力矩，即各连杆质量对关节产生的重力矩。重力矩一直存在，当机器人完成作业，切断电源后，机器人机构会因重力而失去稳定。

(2) 平衡系统能降低机器人构形变化而引起关节驱动力矩变化的峰值。

(3) 平衡系统能降低机器人运动而引起关节驱动力矩变化的峰值。

(4) 平衡系统能减少动力学方程中内部耦合项和非线性项，改善机器人动力特性。

(5) 平衡系统能减小机械臂结构柔性所引起的不良影响。

(6) 平衡系统能使机器人运行稳定，降低地面安装要求。

2. 平衡系统的设计

虽然可采用不可逆转机构或制动闸防止机器人因动力源中断产生向地面“倒塌”的趋势，但是，机器人高速化对机器人平衡系统的设计提出了更高要求。一般，可以通过以下三种技术设计平衡机构：(1)质量平衡技术；(2)弹簧力平衡技术；(3)可控力平衡技术。

如图 2-63 所示是质量平衡技术中最经常使用的平行四边形平衡机构。图中 L_2、

L_3 和 G_2、G_3 分别代表下臂和上臂的长度与质心，m_2、m_3 和 θ_2、θ_3 分别代表它们的质量与转角，m 为用来平衡下臂和上臂质量的可移动平衡质量。杆 SA、AB 与上臂、下臂铰接构成平行四边形平衡系统。可以证明只要满足：

$$SV=\frac{m_3O_3G_3}{m} \tag{2-22}$$

$$O_2V=\frac{m_2O_2G_2+m_3O_3G_3}{m} \tag{2-23}$$

即可保证平行四边形机构处于平衡状态，即：

$$\sum mO_2=0 \tag{2-24}$$

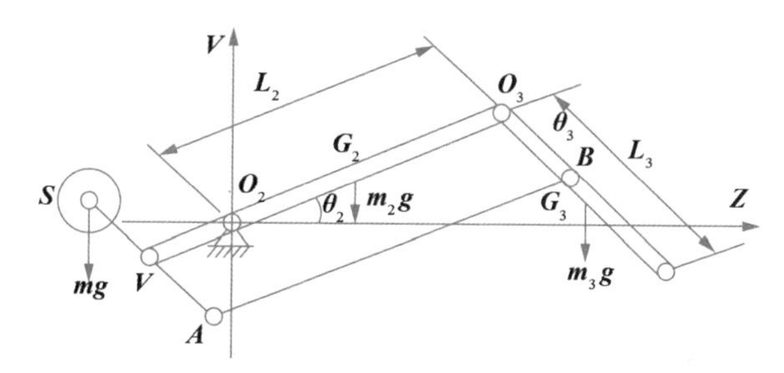

图 2-63　机器人用平行四边形平衡机构

式中，O_3G_3为关节 O_3与质心 G_3的距离，O_2G_2为关节 O_2与质心 G_2的距离，O_2O_3为关节 O_2与 O_3的距离，SV 为平衡质量 m 与关节 V 的距离，O_2V 为关节 O_2与关节 V 的距离。上述公式表明，平衡状态只与可移动平衡质量 m 的大小和位置有关，与 θ_2、θ_3 无关，说明该平衡系统在机械臂的任何构形下都可保持平衡。

2.6.4 机身设计要注意的问题

(1) 刚度和强度大、稳定性要好；
(2) 运动灵活，导套不宜过短，避免卡死；
(3) 驱动方式适宜；
(4) 结构布置合理。

2.7 臂部设计

臂部是支撑腕部和手部，用于改变手部在空间中的位置的部件。臂部的主要运动有伸缩、回转或横移、升降或俯仰。

2.7.1 臂部设计的基本要求

臂部的结构形式必须根据机器人的运动形式、抓取重量、动作自由度、运动精度等因素来确定。同时，设计时必须考虑到手臂的受力情况、油(气)缸及导向装置的布置、内部管路与手腕的连接形式等因素。因此设计臂部时一般要注意下述问题：

（1）承载能力足。手臂是支撑手腕的部件，设计时不仅考虑要抓取物体的重量，还要考虑运动时的动载荷。

（2）刚度高。为防止臂部在运动过程中产生过大的变形，手臂的截面形状要合理选择。由于工字形截面的弯曲刚度比圆截面大，空心管的弯曲刚度和扭转刚度比实心轴大，因此，常用钢管作臂杆及导向杆，用工字钢和槽钢作支承板。

（3）导向性能好、动作迅速、灵活、平稳、定位精度高。由于臂部运动速度越高，惯性力引起定位前的冲击越大，运动不平稳，定位精度不高，因此除了要求臂部结构紧凑、重量轻外，还要采用一定形式的缓冲措施。

（4）重量轻、转动惯量小。为提高机器人的运动速度，要尽量减少臂部运动部分的重量，以减少整个手臂对回转轴的转动惯量。

（5）设计合理的与腕和机身的连接部位。安装形式和位置不仅关系到机器人的强度、刚度和承载能力，而且还直接关系到机器人的外观。

2.7.2 臂部的典型机构

1. 臂部伸缩机构

当行程较小时，采用油（气）缸直接驱动；当行程较大时，可采用油（气）缸驱动齿条传动的倍增机构或采用步进电机或伺服电机驱动，丝杠螺母或滚珠丝杠传动。为了增加手臂的刚性，防止手臂在伸缩运动时绕轴线转动或产生变形，手臂的伸缩机构需设置导向装置，或设计方形、花键等形式的臂杆。常用的导向装置有单导向杆和双导向杆等，可根据手臂的结构、抓重等因素选取。

图 2-64 所示为采用四根导向柱的臂部伸缩结构。手臂的垂直伸缩运动由油缸 3 驱动，其特点是行程长，抓重大。工件形状不规则时，采用四根导向柱，以减小偏重力矩。这种结构多用于箱体加工线上。

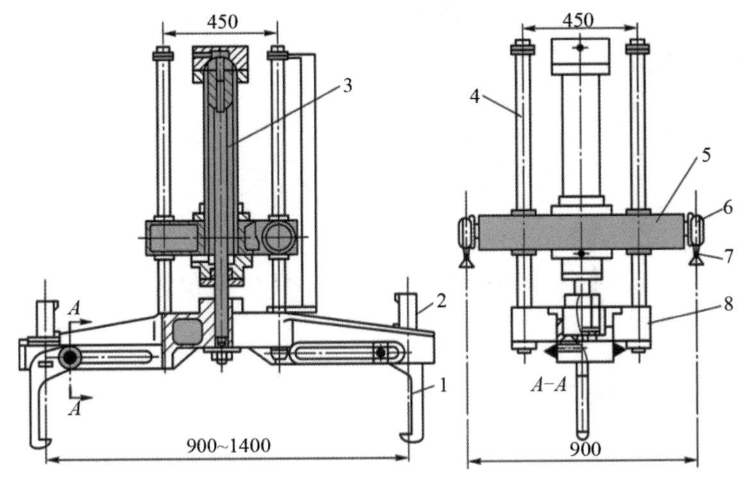

1-手部；2-夹紧缸；3-油缸；4-导柱；5-运行架；6-车轮；7-轨道；8-支座

图 2-64　伸缩臂机械结构

2. 手臂俯仰运动机构

手臂的俯仰通常采用摆臂油(气)缸驱动,铰链连杆机构传动,如图 2-65 所示。

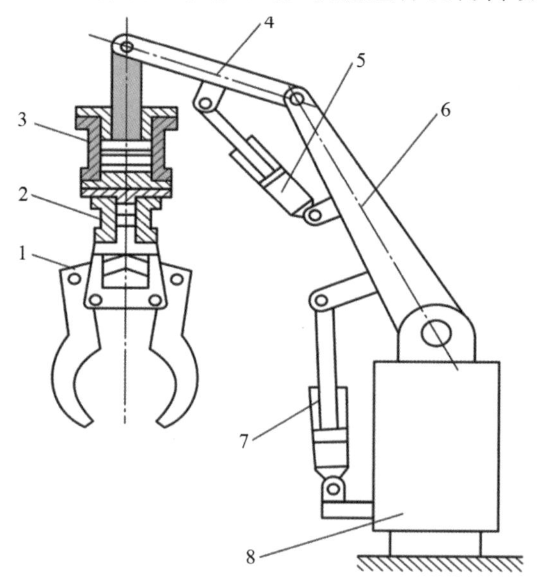

1-手部; 2-夹紧缸; 3-升降缸; 4-小臂; 5、7-摆动油缸; 6-大臂; 8-立柱

图 2-65 摆动缸俯仰手臂结构

3. 手臂回转与升降机构

手臂回转与升降机构通常通过臂部相对于立柱的运动机构来实现。常采用回转缸与升降缸单独驱动,适用于升降行程短而回转角度小于 360°的情况。也有采用升降缸与气马达—锥齿轮传动的结构。

2.7.3 臂部运动驱动力计算

计算臂部运动驱动力和力矩时,要把臂部所受的全部负荷考虑进去。机器人工作时,臂部所受的负荷主要有惯性力、摩擦力和重力等。

1. 臂部水平伸缩运动驱动力的计算

臂部作水平伸缩运动时,不仅要克服摩擦阻力,包括油(气)缸与活塞之间的摩擦阻力及导向杆与支承滑套之间的摩擦阻力等,还要克服启动过程中的惯性力。其驱动力 P_q 可按下式计算:

$$P_q = F_m + F_g \tag{2-25}$$

式中,F_m 为各支承处的摩擦阻力(N),F_g 为启动过程中的惯性力(N),其大小可按下式估算:

$$F_g = Ma \tag{2-26}$$

式中,M 为手臂伸缩部件的总质量(kg),a 为启动过程中的平均加速度(m/s^2)。

平均加速度可按下式计算:

$$a=\frac{\Delta v}{\Delta t} \tag{2-27}$$

式中，Δv 为速度增量(m/s)。当臂部从静止状态加速到工作速度 v 时，这个过程的速度变化量就等于臂部的工作速度，Δt 为升降速过程所用时间(s)，一般为 0.01～0.5s。

2. **臂部回转运动驱动力矩的计算**

臂部回转运动驱动力矩应根据启动时产生的惯性力矩与回转部件支承处的摩擦力矩来计算。由于升速过程一般不是等加速运动，因此最大驱动力矩比理论平均值略大些，一般取平均值的 1.3 倍。驱动力矩 M_q 可按下式计算：

$$M_q=1.3(M_m+M_g) \tag{2-28}$$

式中，M_m 为各支承处的总摩擦力矩(N·m)，M_g 为启动时的惯性力矩(N·m)，可按下式计算：

$$M_g=J\frac{\omega}{\Delta t} \tag{2-29}$$

式中，J 为手臂部件对其回转轴线的总惯量(kg·m^2)，ω 为回转臂的角速度(rad/s)。

因为活塞、导向套筒和油(气)缸等做零件的重量较大或回转半径较大，影响计算结果，因此需要详细计算这些零件的转动惯量。对于小零件则可作为质点计算其转动惯量，对其质心转动惯量则忽略不计。对于形状复杂的零件，可划分为几个简单的零件分别进行计算，有的部分可当作质点计算。各种几何截面和几何形体的转动惯量可查阅力学手册或其他有关手册。

2.8 腕部设计

2.8.1 腕部的自由度和设计时应注意的问题

腕部是臂部与手部的连接部件，起支承手部和改变手部姿态的作用。为了使手部能处于空间任意方向，要求腕部能实现对空间三个坐标轴 X、Y、Z 的转动，即具有偏转、俯仰和回转三个自由度，三款机器人的手腕结构如图 2-66 所示。通常也把手腕的偏转叫作 Yaw，用 Y 表示；把手腕的俯仰叫作 Pitch，用 P 表示；把手腕的回转叫作 Roll，用 R 表示。

手腕按自由度的数量可分为单自由度手腕、二自由度手腕和三自由度手腕。手腕自由度的数量应根据机器人的工作性能要求来确定。在有些情况下，腕部具有两个自由度：回转和俯仰或回转和偏转。一些专用机械手甚至没有腕部，但有的腕部还有横向移动自由度以满足特殊要求。设计腕部时一般要注意以下问题：

(1) 结构紧凑、重量轻；

(2) 动作灵活、平稳、定位精度高；

(3) 强度、刚度高；

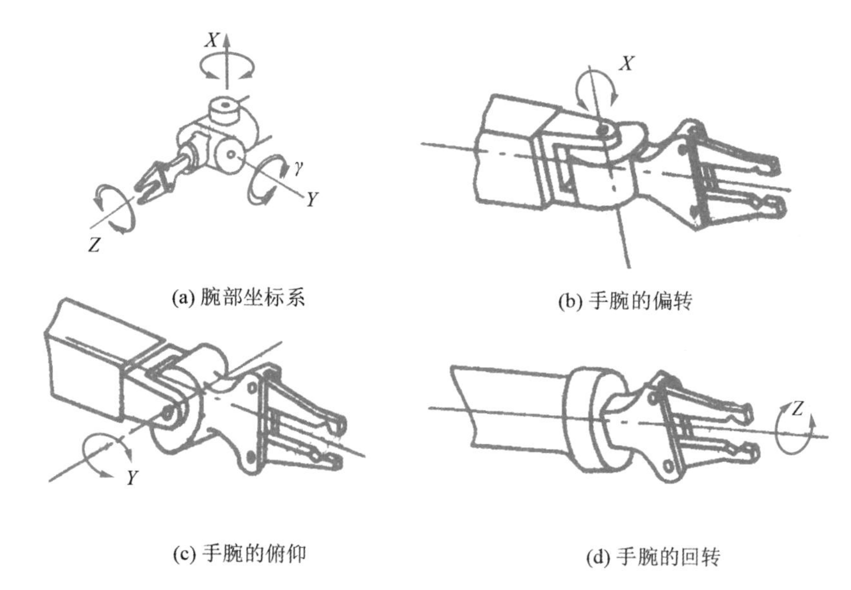

图 2-66 手腕的坐标系和自由度

(4) 设计合理的与臂和手部的连接部位和传感器及动力管道布局。

2.8.2 腕部的典型结构

1. 单自由度回转运动手腕

用回转油缸、气缸直接驱动实现腕部回转运动。如图 2-67 所示是采用回转油缸直接驱动的单自由度腕部结构。这种手腕具有结构紧凑、体积小、运动灵活、响应快、精度高等特点，但回转角度受限制，一般小于 270°。

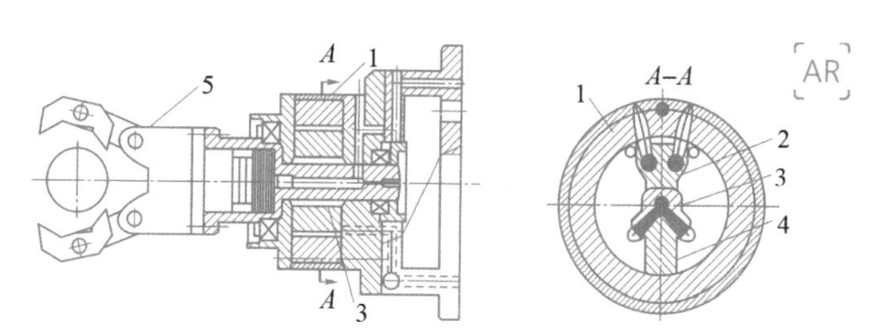

1-回转缸；2-定片；3-腕回转轴；4-动片；5-手部

图 2-67 采用回转油缸直接驱动的单自由度腕部结构

2. 二自由度手腕

(1) 双回转油缸驱动的腕部。图 2-68 是采用两个轴线互相垂直的回转油缸的腕部结构。$V-V$ 剖面为腕部摆动回转油缸，工作时，动片 6 带动摆动回转油缸 5，使整个腕部绕固定中心轴 3 摆动，$L-L$ 剖面为腕部回转油缸，工作时，回转轴 7 带动回转中心轴 2，实现腕部的回转运动。

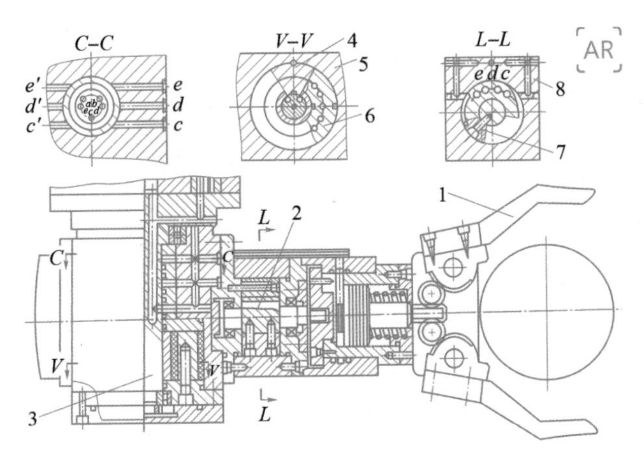

1-手部；2-中心轴；3-固定中心轴；4-定片；5-摆动回转缸；6-动片；7-回转轴；8-回转缸

图2-68　具有回转与摆动的二自由度腕部结构

（2）齿轮传动二自由度腕部。图2-69所示为采用齿轮传动机构实现手腕回转和俯仰的二自由度手腕。手腕的回转运动由传动轴S传递，轴S驱动锥齿轮1回转；并带动锥齿轮2、3、4转动，因手腕与锥齿轮4为一体，从而实现手部绕C轴的回转运动。手腕的俯仰由传动轴B传递，轴B驱动锥齿轮5回转，并带动锥齿轮6绕A轴回转，因手腕的壳体7与传动轴A用销子连接为一体，从而实现手腕的俯仰运动。

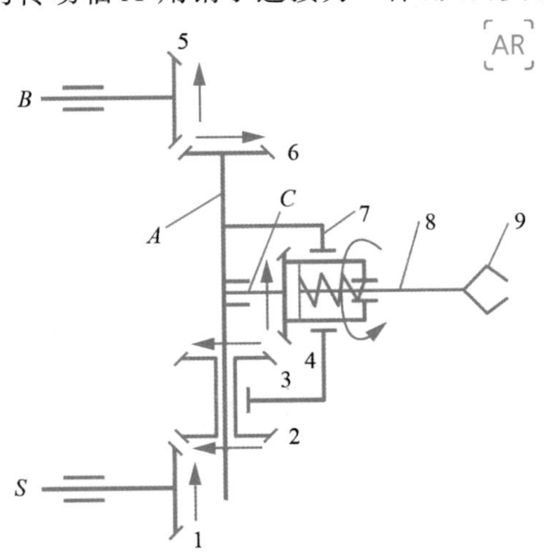

1，2，3，4，5，6-锥齿轮；7-壳体；8-手腕；9-手爪

图2-69　具有回转与摆动的二自由度腕部结构

由图2-69可知，当S轴不转而B轴回转时，B轴除带动手腕绕A轴上下摆动外，还带动锥齿轮4也绕A轴作转动，由于S轴不转、故锥齿轮3不转，但锥齿轮4与3相啮合，因此，迫使锥齿轮4绕C轴线有一个附加的自转，即为手腕的附加回转运动。因手腕的俯仰运动而引起手腕的附加回转运动被称为“诱导运动”，这在考虑手腕的回转运动时应予以注意。各传动轴之间的关系如下：

当传动轴 B 不转而传动轴 S 回转时，手腕产生回转运动 φ_4，由齿轮传动原理可知：

$$\varphi_4 = \frac{Z_1 Z_3}{Z_2 Z_4}\varphi_1 \tag{2-30}$$

式中，φ_1 为传动轴 S 的转角(rad)，φ_4 为回转轴 C 的转角(rad)。

当 $Z_1 = Z_2 = Z_3 = Z_4$，则 $\varphi_4 = \varphi_1$，其回转方向用箭头表示。当传动轴 S 不转，仅传动轴 B 回转时，则该传动机构有一对锥齿轮 5 和 6 的定轴传动及锥齿轮 4、3 和手腕壳体 7 所组成的行星轮系。由于 B 轴的转动，经过轮 5 和轮 6 使壳体 7 带动手腕产生绕 A 轴中心线产生俯仰运动 φ_{12}，当 $Z_5 = Z_6$ 时有：

$$\varphi_{12} = \varphi_6 = \varphi_5 \tag{2-31}$$

当壳体 7 带动手腕产生俯仰运动时，诱导轮 4 在轮 3 上公转，使轮 4 产生附加自转 φ_{43}，称为诱导运动，其自转角度可表示为：

$$\varphi_{43} = \varphi_{12} \tag{2-32}$$

这种传动机构结构紧凑、轻巧、传动扭矩大，能提高机器人的工作性能。这类传动机构用于在示教型机器人手腕结构的较多，缺点是手腕有诱导运动，设计时要注意采取补偿措施以消除诱导运动的影响。

3. 三自由度手腕

(1) 液压直接驱动三自由度手腕。液压马达直接驱动的具有偏转、俯仰和回转三个自由度的手腕结构示意图如图2-70所示。这种直接驱动手腕的关键是能否设计和加工出尺寸小、重量轻而驱动力矩大、驱动特性好的驱动电机或液压驱动马达。

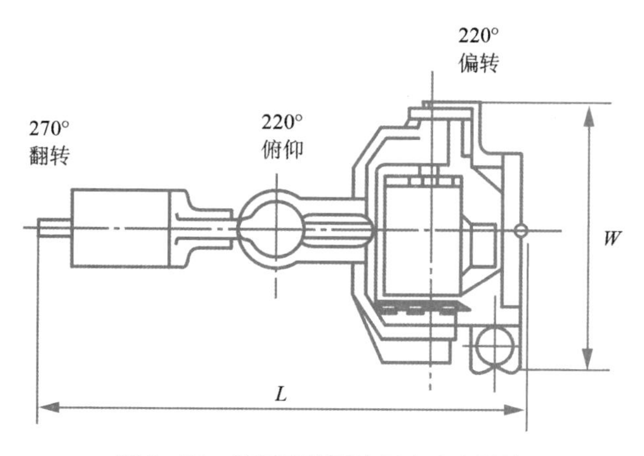

图 2-70　液压直接驱动三自由度手腕

(2) 齿轮链轮传动三自由度腕部。图 2-71 所示为齿轮、链轮传动实现偏转、俯仰和回转三个自由度运动的手腕结构。其工作原理如下：当油缸 1 中的活塞作左右移动时，通过链条、链轮 2、锥齿轮 3 和 4 带动花键轴 5 和 6 转动，而花键轴 6 与行星架 9 连成一体，因而也就带动行星架作偏转运动，即为手腕所增加的作 360°的偏转运动。由于增加了 T 轴(即花键轴 6)的偏转运动，将诱使手腕产生附加俯仰和附加回转运动。这两个诱导运动产生的原因是当 B 轴和 S 轴不动时，齿轮 21、23 是相对不动的，由于行星架 9 的回转运动，势必带动齿轮 22 绕齿轮 21、齿轮 11 绕齿轮 23 转动，齿轮 22 的自转通过锥齿轮 20、16、17、18 传递到摆动轴 19，引起手腕的诱导俯仰运动，而齿轮 11 的自转通过锥齿轮 12、13、14、15 传递到手部夹紧缸的壳体，使手腕作诱导回转运动。同样当 S、T 轴不动时，B 轴的转动也会诱使手部夹紧缸的壳体作附加回转运动。设计时要注意采取补偿措施，消除诱导运动的影响。

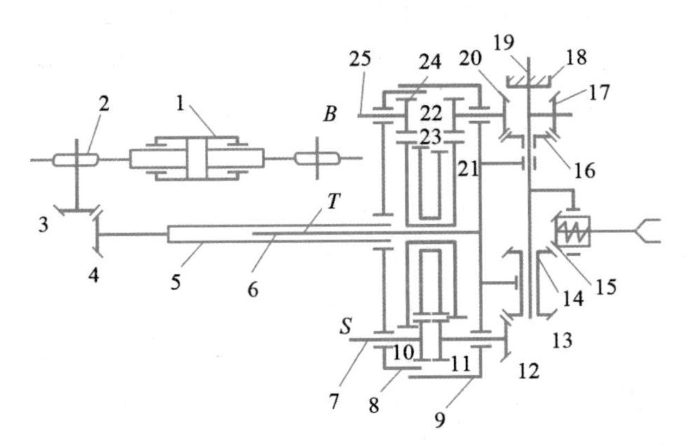

1 -油缸；2 -链轮；3，4 -锥齿轮；5，6 -花键轴 T；7 -传动轴 S；8 -腕架；9 -行星架；10，11，22，24 -圆柱齿轮；12，13，14，15，16，17，18，20 -锥齿轮；19 -摆动轴；21，23 -双联圆柱齿轮；25 -传动轴 B

图 2 - 71　齿轮链轮传动三自由度腕部

这种机构当轴线重合时，会出现奇异状态，即自由度退化。图 2 - 65 所处的位置即为奇异状态。

2.8.3　腕部驱动力矩的计算

腕部回转时的受力分析如图 2 - 72 所示，驱动力矩需要克服腕部摩擦力矩、工件重心偏移力矩和惯性力矩，驱动力矩可按以下几式计算：

$$M_q = K_f(M_m + M_p + M_g) \tag{2-33}$$

$$M_m = \frac{f}{2}(N_1D_1 + N_2D_2) \tag{2-34}$$

$$M_p = G_1 e \tag{2-35}$$

$$M_g = J\ \frac{\omega}{t} \tag{2-36}$$

式中，K_f 为考虑驱动缸密封摩擦损失的系数，通常 K_f 取 1.1～1.2，M_p 为工件重心偏置引起的偏置力矩(N · m)，M_m 为腕部转动支承处的摩擦阻力矩(N · m)，f 为轴承的摩擦系数，滚动轴承 $f=0.02$，滑动轴承 $f=0.1$，N_1、N_2 为轴承处支承反力(N)，D_1、D_2 为轴承直径(m)，e 为偏心距(m)，J 为腕部回转部件和工件对回转轴心的转动惯量(kg · m^2)，ω 为腕部回转角速度(rad/s)，t 为启动过程所需的时间(s)，此处假定启动过程为匀加速运动。

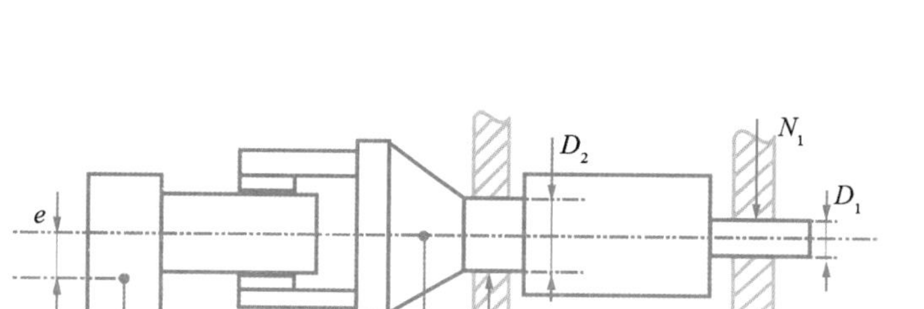

图 2-72 腕部受力示意图

2.9 手部设计

2.9.1 机器人手部的功能

机器人手也叫末端操作器,主要作用是夹持工件或工具,按照规定的程序完成指定的工作。

手爪用于抓取物体,并进行精细操作。人的五指有 20 个自由度,通过手指关节的伸屈,可以完成各种复杂的动作,如使用剪刀、筷子之类的灵巧动作。人类抓取物体的动作大致可分为捏、握和夹三大类。不同的抓取方式取决于手爪的结构和自由度。

手爪亦称抓取机构,通常是由手指、传动机构和驱动机构组成,根据抓取对象和工作条件进行设计。除了具有足够的夹持力外,还要保持适当的精度,手指应能顺应被抓对象的形状。手爪自身的大小、形状、结构和自由度是机械结构设计的要点,要根据作业对象的大小、形状和位姿等几何条件,以及重量、硬度、表面质量等物理条件综合考虑。同时还要考虑手爪与被抓物体接触后产生的约束和自由度等问题。智能手爪还装有相应的传感器(触觉或力传感器等),以感知手爪与物体的接触状态、物体表面状况和夹持力大小等。因此,手部的主要研究方向是柔性化、标准化、智能化。

2.9.2 手部的分类及工作原理

手部按夹持原理分为手指式和吸盘式,手指式和吸盘式按不同的方式又可进行分类,如图 2-73 所示。

1. 手指式手爪

手指式手爪按夹持方式分外夹式、内撑式和内外夹持式,如图 2-74 所示。按手指的运动形式可分为回转型(图 2-75)、平动型和平移型。

(1) 回转型。当手爪夹紧和松开物体时,手指做回转运动。当被抓物体的直径大小变化时,需要调整手爪的位置才能保持物体的中心位置不变。

(2) 平动型。手指由平行四杆机构传动,当手爪夹紧和松开物体时,手指姿态不变,作平动。和回转型手爪一样,夹持中心随被夹物体直径的大小而变。

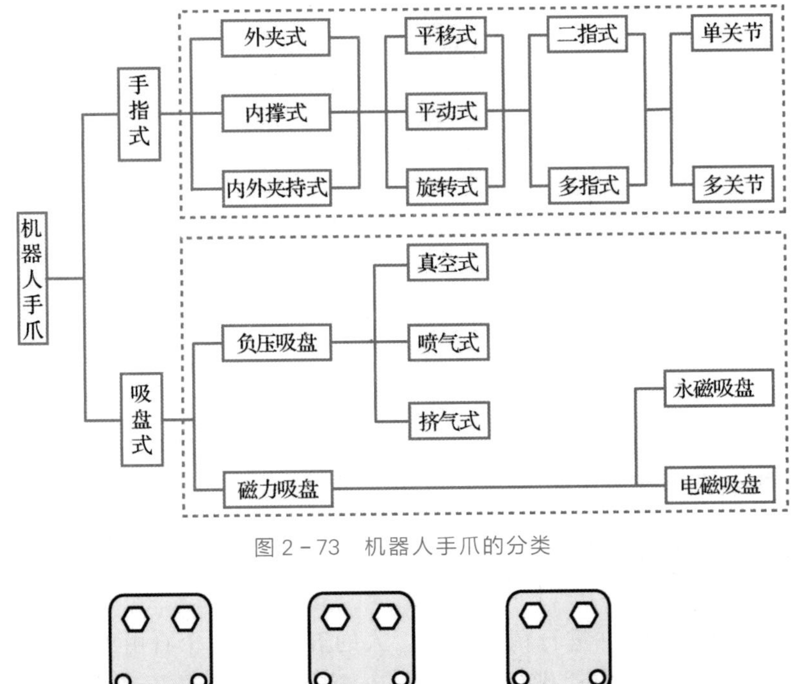

图 2-73　机器人手爪的分类

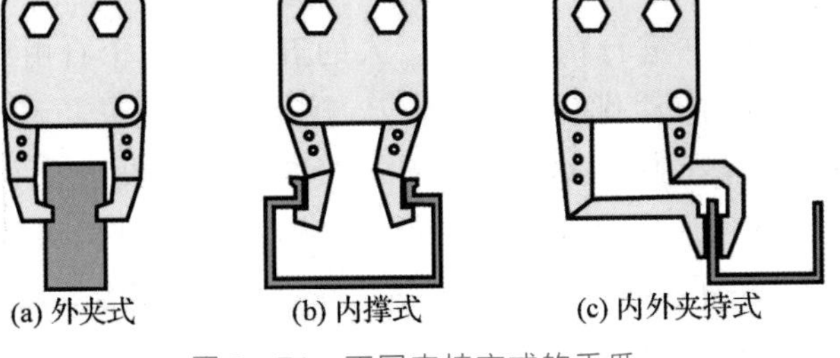

图 2-74　不同夹持方式的手爪

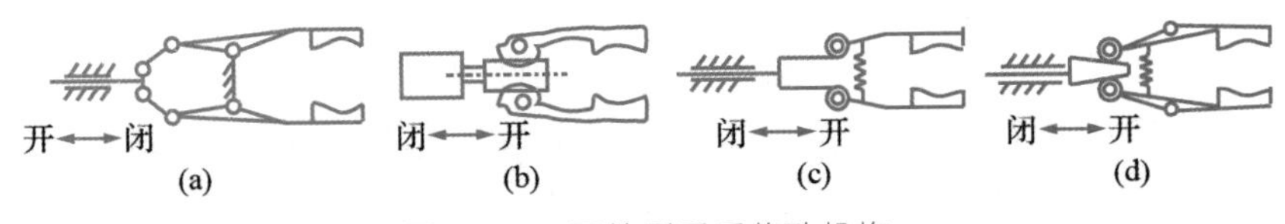

图 2-75　回转型手爪传动机构

(3) 平移型。当手爪夹紧和松开工件时，手指作平移运动，并保持夹持中心固定不变，不受工件直径变化的影响。

手爪按手指数目可分为两指手爪和多指手爪，按手指的关节数量又可分为单关节和多关节手爪。图 2-76 是多关节多指手爪，各关节分别用直流电动机驱动，经钢丝绳和绳轮实现远距离传动，以缩小体积，减轻手爪的重量。手指的控制，随自由度的增加而趋于复杂，其技术关键是手指之间的协调控制，并根据作业要求实现位姿和力之间的转换。这类手爪一般由三个或四个手指构成，每个手指有三个或四个关节，与人的手十分相似，也称拟人手，用于抓取复杂形状的物体，实现细微操作。在装配机器人中，为了使销轴能准确地插入孔内，美国 Unimation 公司研制出一种 RCC (Remote Center Compliance)顺应对中装配手腕机构，如图 2-77 所示。

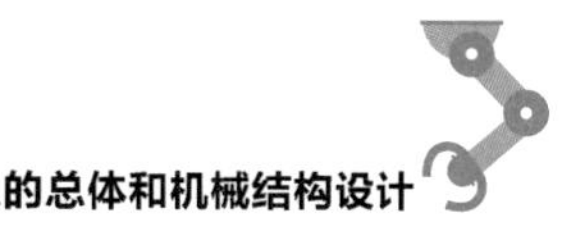

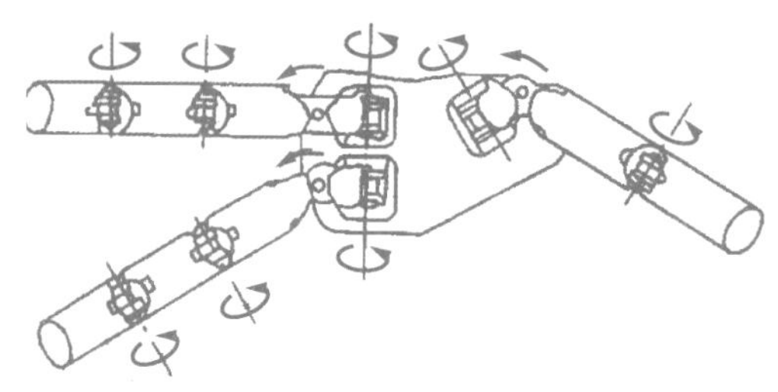

图 2-76　多关节多指手爪

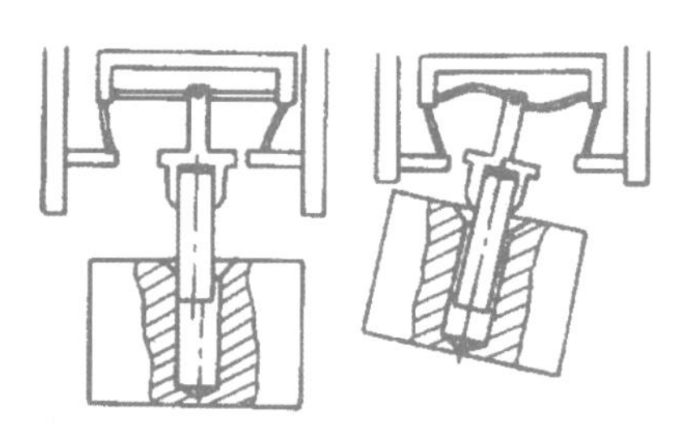

图 2-77　RCC 手腕机构

其原理是：装配时，手爪夹持轴件一边探索，一边往孔里插，如果轴件碰到孔的倒角部分，就要接受从倒角部分来的反力，在这个力的作用下，轴件会产生水平移动，自动消除水平误差，当产生倾角误差时，弹性手腕的恢复力能自动消除误差。RCC 机构可以消除的水平误差为 1～2mm，倾角误差为 1°～2°。

手指式手部是靠手指的张开与闭合来松开和夹持工件。它由手指、传动机构和驱动装置三部分组成，适用于抓取轴、盘、套类零件。采用两个手指，少数用三指或多指。传动机构常通过滑槽、斜齿轮齿条、连杆等推动杠杆机构实现对零件的夹紧和松开。

设计手指式手部应注意的问题：

- 设计合适的开闭距离或角度，以便抓取和松开工件；
- 足够的夹紧力，保证可靠、安全地抓持和运送工件；
- 能保证工件在手指内准确定位；
- 尽可能使结构紧凑、重量轻；
- 考虑其通用性和可调整性；
- 考虑对环境的适应性，如耐高温、耐腐蚀、耐冲击等。

2. **吸盘式手部**

吸盘式手部是靠吸盘所产生的吸力夹持工件的，适用于吸持板状工件及曲形壳体类工件。可分为磁力吸盘和空气负压吸盘。

(1) 磁力吸盘。磁力吸盘有电磁吸盘和永磁吸盘。磁力吸盘是在手部装上电磁铁；通过磁场吸力把工件吸住。如图 2-78 所示为电磁吸盘的结构。当线圈通电的瞬时，由于空气间隙的存在，磁阻很大；线圈的电感和启动电流很大，这时产生磁性吸力将工件吸住；断电后磁吸力消失，将工件松开；若采用永久磁铁作为吸盘，则必须是强迫性取下工件。电磁吸盘只能吸住铁磁材料做成的工件(如钢铁件)，吸不住有色金属和非金属材料的工件；磁力吸盘的缺点是被吸取工件剩磁，吸盘上常会吸附一些铁屑，致使不能可靠地吸住工件，而且只适用于工件要求不高或剩磁也无妨的场合。对于不准有剩磁的工件，如钟表零件及仪表零

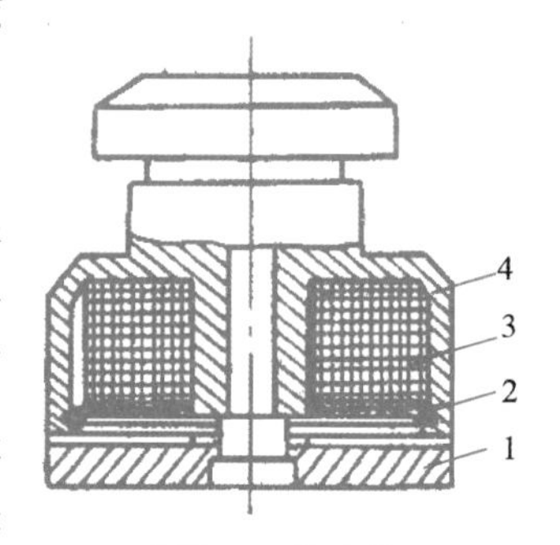

1-磁盘；2-防尘盖；
3-线圈；4-外壳体
图 2-78　电磁吸盘结构示意

件，不能选用磁力吸盘，可用真空吸盘。另外，钢、铁等磁性物质在温度为 723 ℃以上时磁性就会消失，故高温条件下不宜使用磁力吸盘。

磁力吸盘要求工件表面清洁、平整、干燥，以保证可靠地吸附。磁力吸盘的计算主要是电磁吸盘中电磁铁吸力的计算，铁芯截面积、线圈导线直径、线圈匝数等参数设计。要根据实际应用环境选择工作情况系数和安全系数。

还有一种电磁吸盘通过利用磁粉的柔顺性，能自由吸附有曲面的异形工件，如图 2－79 所示。其工作原理是：这种吸盘的磁性吸附部分为内装磁粉的口袋，通电前，将口袋压紧在异形工件表面，然后通电，电磁铁励磁，磁粉就变成固定形状的块状物。这种手部能搬运不同形状的工件，具有很好的适应性。

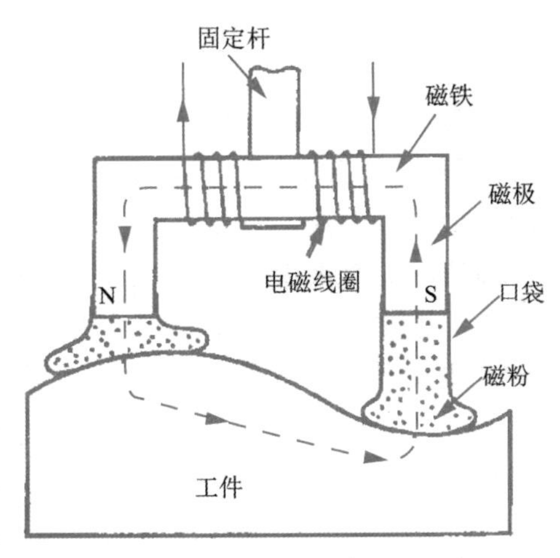

图 2－79　磁粉异形吸盘原理示意

(2) 空气负压吸盘。空气负压式吸盘主要用在搬运体积大、重量轻的如像冰箱壳体、汽车壳体等零件；也广泛用在需要小心搬运的如显像管、平板玻璃等物件。空气负压吸盘按产生负压的方法不同有真空式、喷气式和挤气式。

①真空式吸盘。真空式吸盘由真空泵、电磁阀、电机和吸盘等部分组成，如图 2－80所示。图中，1－电机、2－真空泵、3、4－电磁阀、5－吸盘，6－通大气。这种吸盘吸力大、可靠而且结构简单，但成本高。图 2－81 是自适应性吸盘，该吸盘具有一个球关节，使吸盘能倾斜自如，适应工件表面倾角的变化。图 2－82 是异形吸盘，该异形吸盘可用来吸附鸡蛋、锥颈瓶等这样的物件，扩大了真空吸盘在机器人上的应用。

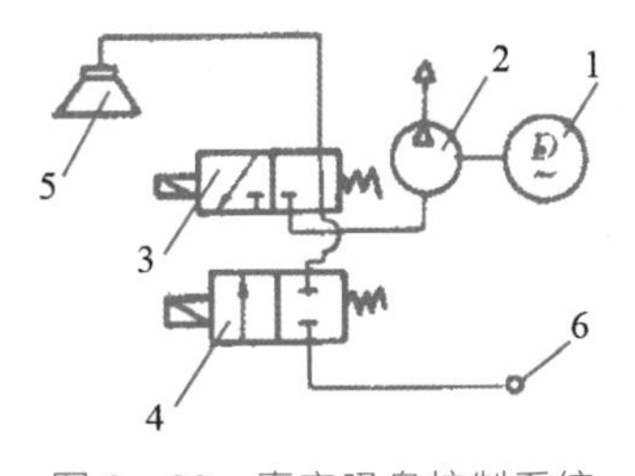

图 2－80　真空吸盘控制系统

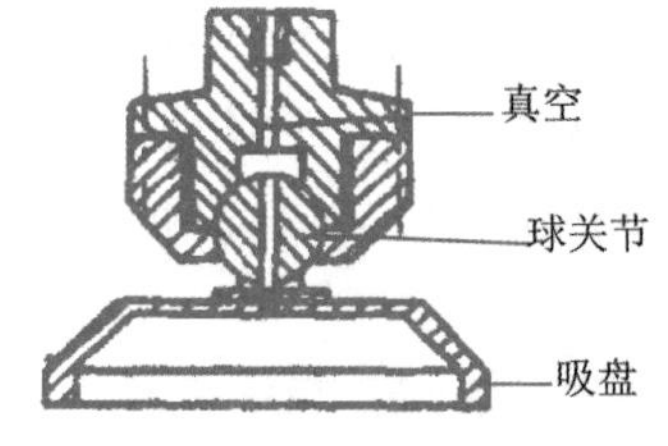

图 2－81　自适应性吸盘

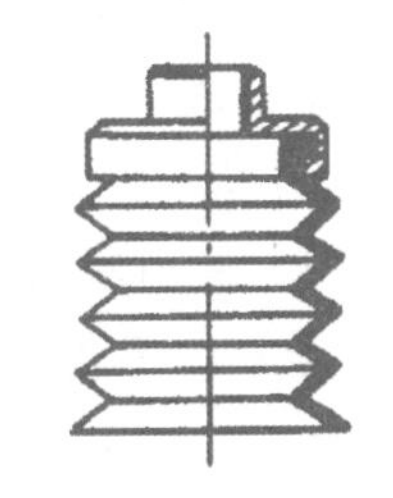
图 2－82　异形吸盘

②喷气式吸盘。喷气式吸盘的工作原理如图 2－83 所示。压缩空气进入喷嘴后，利用伯努利效应，当压缩空气刚进入时，由于喷嘴口逐渐缩小，致使气流速度逐渐增加，当管路截面收缩到最小处时，气流速度达到临界速度，然后喷嘴管路的截面逐渐增加，使与橡胶皮腕相连的吸气口处，造成很高的气流速度而形成负压，使橡胶皮腕内产生负压。因为工厂一般都有空压机站或空压机，气源比较容易解决，不需专为机器人配置真空泵，所以喷气式吸盘在工厂使用方便。

③挤气负压吸盘。图 2－84 所示为挤气负压吸盘的结构。图中，1－吸盘架、2－压

盖、3 -密封垫、4 -吸盘、5 -工件。挤气式负压吸盘的工作原理参见图 2 - 85。图 2 - 85(a)是未挤气状态，此时，吸盘内腔体积最大。当吸盘压向工件表面时，将吸盘内空气挤出(图 2 - 85(b))，松开时，去除压力，吸盘恢复弹性变形使吸盘内腔形成负压，将工件牢牢吸住。图 2 - 85(c)是提起重物时的状态，图 2 - 85(d)是提起最大重物时的状态。释放工件可用碰撞力 P 或用电磁力使压盖动作，破坏吸盘腔内的负压。这种挤气式吸盘不需真空泵系统也不需压缩空气气源，比较简单、经济方便，但吸力不大，仅适用于吸附轻、小片状。

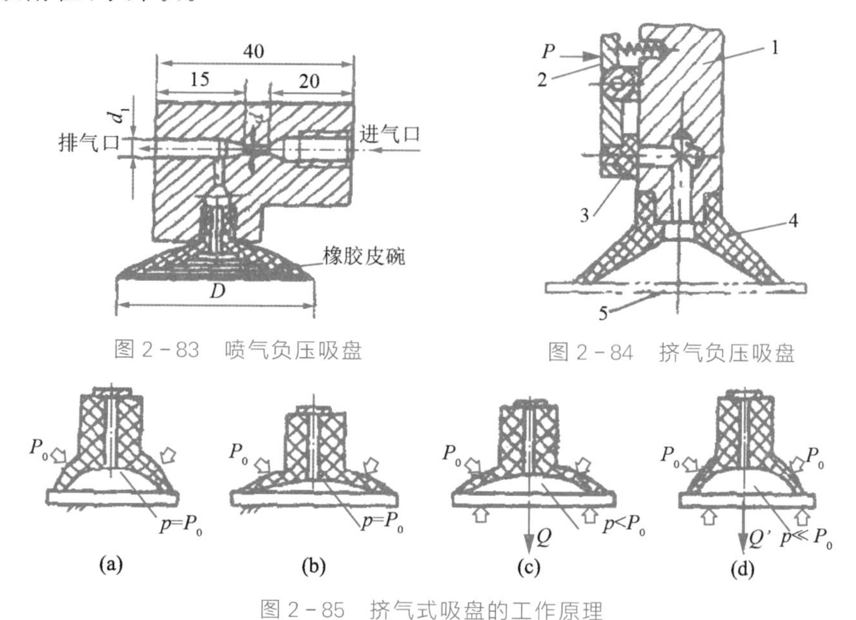

图 2 - 83　喷气负压吸盘

图 2 - 84　挤气负压吸盘

图 2 - 85　挤气式吸盘的工作原理

2.9.3　空气负压式吸盘吸力的计算

吸盘吸力的大小主要取决于真空度(或负压度)与吸附面积的大小。喷气式的气流压力与流量、挤气式吸盘内腔的大小等对吸盘吸力均有影响。在计算吸盘吸力时，一定要根据实际的工作状态，对计算吸力作必要的修正。

对于真空式吸盘来说，其吸力 N 可用下式近似计算：

$$N=\frac{n\pi D^2 P}{4K_1K_2K_3} \tag{2-37}$$

式中，N 为吸盘吸力(N)，P 为真空表读数(真空度)($\mathrm{N/m^2}$)，n 为吸盘数量，D 为吸盘直径(m)，K_1为安全系数，一般取 $K_1=1.2\sim2$，K_2为工作情况系数，板料间有油膜时，所需吸力就大。从模具中取出工件时，要克服工件与模具间的摩擦力，所需吸力也大。在运动中有惯性力时，吸力的大小要考虑克服惯性力的影响。因此工作情况系数要根据实际情况而定，一般可在 1.1～2.5 范围内选取，K_3为方位系数，吸盘吸附垂直放置的工件时，$K_3=1/\mu$(μ 为摩擦系数)，吸盘材料为橡胶，工件材料为金属时，取 $\mu=0.5\sim0.8$。吸盘吸附水平放置的工件时，取 $K_3=1$。

对于喷气式吸盘来说，其吸力 N 随喷嘴结构的不同而不同。小孔直径 d 在如下范围内选取：$d=1$、1.5、1.8(mm)；$d'=3$、3.5(mm)。

从实验得知：在气压为 4.9×10^5(Pa)情况下，当吸盘直径 $D=40$(mm)时，其吸盘吸力 $N=(4.9\sim6.86)\times10^5$(N)；当吸盘直径 $D=60$(mm)时，其吸盘吸力 $N=(1.27\sim1.57)\times10^7$(N)。

2.9.4 典型的机器人手爪

1. 腱传动的机器人手爪

1974 年，日本成功研制了 Okada 多指灵巧手，如图 2-86(a)所示。Okada 手爪是第一个真正意义上的多指灵巧手。该手具有三个手指，有一个手掌，拇指有 3 个自由度，另两个手指各有 4 个自由度。各自由度都有电机驱动，并由钢丝和滑轮完成运动和动力的传递。这种手爪的灵巧性比较好，自身重量也比较小。但是，各个手指在结构上细长而单薄，难以实现较大的抓取力和操作力。

美国麻省理工学院和犹他大学于 1980 年联合研制成功了 Utah/MIT 手爪，如图 2-86(b)所示。手爪采用模块化结构设计，手指的配置方式类似于人手，有四个手指：拇指、食指、中指和无名指，四个手指结构完全相同，每个手指有 4 个自由度。手指关节采用伺服气动缸作为驱动元件，由腱和滑轮传动。为了实现最大的可操作度，采用了 2N 型腱驱动系统，每个关节通过一对运动相反的腱进行驱动，由气动操作的“膜”及其所驱动的 16 个活动连杆、184 个低摩擦滑轮拉动手指产生动作。此外，手上装有 16 个传感器、32 个张力传感器，大体上能够像人手一样对物体进行抓持和操作，通过手指表面安装的触觉传感器对物体进行初步的特征获取，以实现控制握力的大小。

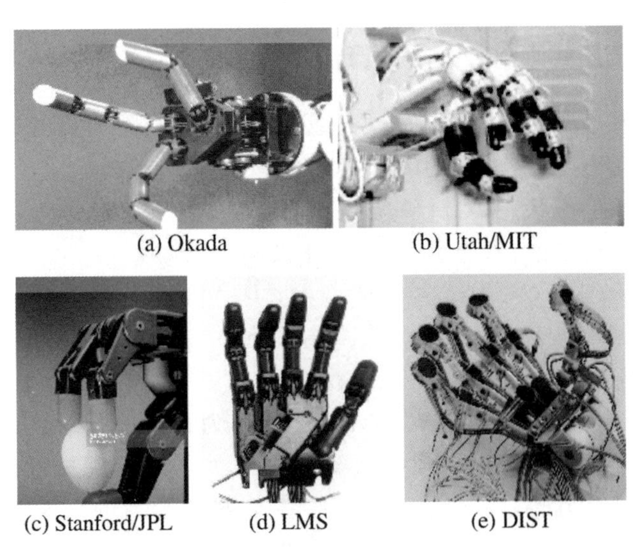
(a) Okada (b) Utah/MIT
(c) Stanford/JPL (d) LMS (e) DIST

图 2-86 国外典型的腱传动机器人手爪

美国斯坦福大学 1983 年研制成功 Stanford/JPL 多指灵巧手，如图 2-86(c)所

示。该手爪采用模块化设计，没有手掌，有三个手指，每个手指有3个自由度，拇指和其他两个手指相对放置，体积和重量较大。关节一和二有90°的运动范围，末关节有135°的运动范围。手指由12个直流伺服电机作为关节驱动元件，采用腱和滑轮的传动方法，采用2N型和N型折中的N+1型的腱驱动系统传递运动和力。手指关节和滑轮由钢衬套铝管制成。

1998年Université de Poitiers大学研制成功了LMS多指灵巧手，如图2-86(d)所示。该手有四个手指，由16个连杆组成，具有16个可控自由度，能够包络抓取和用指间捏取同样采用腱和滑轮传输的方式，尺寸接近于人手，该手的特点是传动设计的布局比较合理，结构相对紧凑。不足之处是虽然具有冗余的自由度，但实现的抓取功能不理想。

意大利研究人员1998年研制成功DIST机器人手，如图2-86(e)所示。它由17个连杆组成，具有16个自由度的四指灵巧手，为了减轻重量，手指的关节采用连杆组合，关节中部是中空的，因此，抓取物体时不适合采用关节指面的接触方式，每个手指有4个自由度，通过5个直流电机驱动6根腱和滑轮的方式进行驱动，具有体积小、重量轻等优点。

在国内，通用手爪的研究最早是在张启先院士的主持下，由北京航空航天大学机器人研究所于20世纪80年代末开始的灵巧手研究与开发。最初研究出来的BH-1灵巧手是一种仿Stanford/JPL的灵巧手，功能相对简单，但填补了当时国内空白。在随后的几年中又不断改进，研制出BH-3型灵巧手。该手爪有三个手指，每个手指有三个关节，共9个自由度。微电机放在灵巧手的内部，各关节装有关节角度传感器，指端配有三维力传感器，采用两级分布式计算机实时控制系统。BH-3手爪能灵巧地抓取和操作不同材质、不同形状的物体，它能够完成装配、搬运等操作，可以用来抓取鸡蛋，既不会使鸡蛋掉下，也不会捏碎鸡蛋。

哈尔滨工业大学和德国宇航中心合作，2003年研制成功HIT/DLR多指灵巧手，促进了我国在灵巧手技术方面的发展。该手爪有四个相同结构的手指，共有13个自由度，手的尺寸略大于人手，手的每个手指能提起1kg的重物，整体重量1.6kg。灵巧手涵盖数量众多的传感器，该手能够实现基于数据手套的远程遥控作业。由于沿用了德国宇航中心DLR四指灵巧手的设计思路，因此，HIT/DLR的优缺点基本上和DLR手爪相同。

2. 连杆传动的机器人手爪

前南斯拉夫贝尔格莱德大学与美国南加州大学在1984年联合研制成功了Belgrade/USC手爪。该手爪是由直流电机通过蜗轮、蜗杆带动驱动杠杆来驱动。相应地，其结构比较复杂，体积较大，能够操作处理较精细的物体，每个手指在同一个平面运动。

美国宇航局(NASA)科学家们也在致力于空间机器人用多指灵巧手的研究，在1999年研制出具有多种抓取功能的NASA多指灵巧手，如图2-87(a)所示。该手爪包括两个部分：一是用于操作的灵巧部分，另一部分用于在操作中保持抓取的稳定。

手爪形状和人手相似，共有五个手指和一个手腕，具有14个自由度，手腕2个自由度，拇指、食指和中指各有3个自由度，末端的两个关节通过连杆传递运动。共有12个无刷电机来驱动整个手爪，具有冗余关节。除了触觉传感器以外，共有43个传感器。整个手爪非常灵巧，可以拿着镊子夹住小金属垫圈，还可以通过改变用力的大小来调节电钻的转速。

加拿大Toronto大学在2001年研制成功了被动自适应多指灵巧手TBM，如图2-87(b)所示。该手爪驱动器通过螺纹将旋转变成直线运动，拉动驱动器和手指之间的弹簧来驱动手指产生动作，手指部分采用杠杆连接，各个手指动作相互独立，具有多种的抓取构形，和别的多指灵巧手相比，驱动更加灵活，但是手指的闭合时间较长，手指抓取的力量仍然较小。

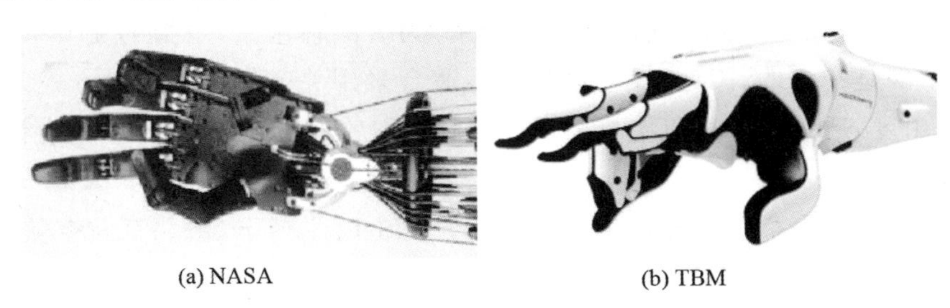

(a) NASA　　(b) TBM

图2-87　国外两款连杆传动机器人手

3. 欠驱动的机器人手爪

加拿大MD ROBOTICS公司与Laval大学合作研制了非拟人手通用欠驱动手爪SARAH(self-adapting robotic auxiliary hand)，并且作为一种自适应辅助空间换出工具，被放置在称为特殊作用的灵巧操作手臂上，手指的开合和换向由强力和可控的力矩电机控制，可以用来执行多种空间抓取任务，如图2-88(a)所示。该手爪共10个自由度，3个手指，每个手指有3个关节，另外附加1个转动自由度，整个手爪只用两个电机驱动，一个电机负责手爪的开合，另一个负责手指的转向。采用平面直齿轮差动方式，形成一路输入三路输出，分别去驱动三个手指开合。通过槽轮机构对三个手指中的两个进行位置调整，进行转向，以适合不同形状物体的抓取。

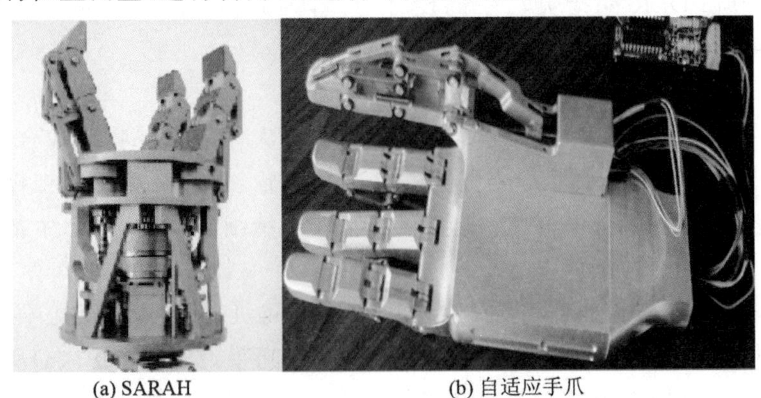

(a) SARAH　　(b) 自适应手爪

图2-88　两款欠驱动机器人手爪

中国科学院合肥智能机械研究所在2004年研制出舱内服务机器人形状自适应手爪,手爪的结构如图2-88(b)所示。依靠欠驱动的手指,只需要1个电机或4个电机就可以控制9个关节,手爪在舱内完成多种抓取任务。

2.9.5 关节式机械手设计

关节式机械手的机械结构设计可以根据许多可能的设计方案进行。由于空间和维度的约束,因此设计适当的驱动和传动系统非常重要。一般来说,需要采用拟人化的方式,确定正确的设计目标。此外,还需要考虑采用柔性结构来代替传统的机械连接。由于可供选择的解决方案很多,因此此处只介绍一般的解决方案。

1. 执行器放置和运动传输

有两种基本的执行器布置方法可以驱动机械手的关节。

(1) 原位驱动。原位驱动可以定义为驱动器位于驱动关节的连杆内或者直接放置在关节内,包括:①直接驱动,执行器直接安装在关节上,无须传动元件;②连杆主动驱动,执行器放置在构成驱动运动链的连杆内。

原位驱动简化了关节的机械结构,减少了传动链的复杂性。原位驱动具有的一个最大优点是关节运动互相独立。通常手指的尺寸是由驱动器的尺寸决定的,并且由于技术原因,机械手很难同时获得类似于人手的尺寸和握力。此外,马达在手指结构内部占据较大的空间,难以继续加装诸如传感器或柔性皮层等其他元件。另外,由于驱动器的质量集中在手指内部,所以系统的动力学行为及其响应频宽减小。

尽管如此,最新驱动器技术的进步使我们能够在每个关节中直接配置具有合理尺寸、功能强大的驱动器。该内置驱动已应用于机械手,例如DLR手、ETL手、卡尔斯鲁厄手、安川手、巴雷特手、岐阜手、U-东京手和广岛手。由于此类驱动不包括像肌腱那样的柔性元件,所以可以保持刚性传动系统,即使在高增益下也能形成稳定的控制系统。但是电源线和信号线的布线比较困难,在远端关节处比在基部关节处更困难,由于远端关节中的缆线对第一关节产生较大的转矩干扰,因此难以对该关节实现精确的转矩控制。

(2) 远程驱动。远程驱动是原位驱动的替代方案。在远程驱动中,关节由关节本身连接的连杆外的驱动器驱动。远程驱动需要一个传动系统,该系统必须通过电机和被驱动关节之间的关节传动。远程驱动必须考虑被驱动关节和之前一个关节之间的运动学耦合问题。远程驱动在生物结构(例如人手)中普遍存在,其中手指关节由手掌或前臂上的肌肉控制运动。此类类似人类的方法已被UB手、美国国家航空航天局(NASA) Robonaut手等机械手采用。远程驱动系统可根据采用的传动元件的类型进行分类,如:柔性或刚性连杆传动装置。

①柔性连杆传动:基于柔性或旋转等可变形连接,通过改变传动路径来实现结构的变化。线性柔性传动装置基于可平移、易受拉力、拉伸或压缩的柔性元件,柔性元件可进一步分为两类:皮带轮柔性元件(肌腱、链条、皮带)和腱鞘柔性元件(主要是肌

腱元素）。旋转柔性传动装置基于柔性旋转轴，旋转轴可以将手指结构内的旋转运动传递至关节，并可以使用转换机构（锥齿轮或蜗轮）来驱动关节。

②刚性连杆传动：主要是基于铰链机构或滚动共轭机构（主要是齿轮传动）。滚动共轭机构可以进一步细分为平行和非平行轴齿轮系，如：锥齿轮、蜗轮等。

2. 驱动架构

可以根据系统的不同类型同时选择原位和远程驱动，如可以对每个关节使用一个或多个驱动器并使这些驱动器以不同的方式工作。一般，可以假设机械手（不考虑腕关节）总关节数为 N，用于直接或间接驱动关节的驱动器数为 M。根据驱动和传动的不同概念，可以分为三种主要类型的驱动方案。

(1) $M<N$：一些关节是被动的、耦合的或欠驱动的。

(2) $M=N$：每个关节都有自己的执行器，没有被动的、耦合的或欠驱动的关节。

(3) $M>N$：单个关节上有多个驱动器。

这些架构强烈依赖于电机的类型。据此可以分为以下两种主要的驱动模式。

(1) 单作用执行器：每个电机只能在一个方向上产生受控运动，相反方向的复位运动必须通过外部作用获得，该外部作用可以是被动（如：弹簧）或主动系统（如：对抗驱动器）。

(2) 双作用执行器：每个电机都可以产生两个方向的受控运动，可单独使用以驱动关节或与其他执行器配合使用，在这种情况下，复杂功能可以通过先进的驱动技术实现（如：推拉式合作）。

每个类别还可以进一步细分。以下简要介绍最常用的方案。

(1) 被动复位的单作用执行器。如图 2－89(a)所示，像弹簧一样的被动元件，可以在驱动阶段储存能量，在回程中释放能量。该机制可简化驱动方案，但需要机械反向驱动器。还有一些可能存在的缺点，如：抓取时可用功率的损失以及弹簧刚度低时有限的响应带宽。

(2) 主动复位的单作用执行器。如图 2－89(b)所示，两个执行器驱动相同的关节，在不同的方向作用相反。此情况下，由于执行器数是关节数的两倍，执行器数明显增多，而且两个执行器可以以不同的强度同时拉动，因此需要精密的控制程序，以产生关节上的驱动扭矩和关节本身的预加载。此驱动方式的优缺点如下。

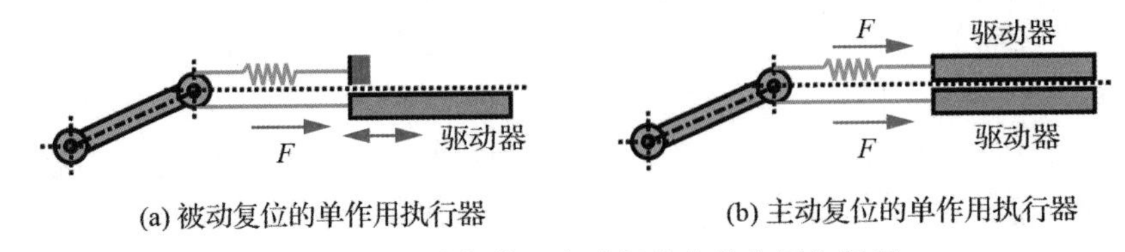

图 2－89　被动复位和主动复位的单作用执行器

优点：协同收缩策略，可根据抓取的不同阶段改变关节的刚度，从而降低快速接近时的摩擦影响；每个执行器的独立位置/张力控制可以在远程传动的情况下补偿不同的路径长度；驱动关节最灵活的解决方案。

缺点：需要执行器的反向驱动能力；无论原位还是远程，为每个关节配置两个执行器都很困难；控制更复杂、成本更高。

(3) 根据驱动网络概念构建的单作用执行器。此方案通过模仿生物系统，除了一些初步的研究，尚未在机械手中应用。N 个关节由 M 个执行机构驱动，满足：$N<M<2N$。根据正确的网络传动，每个执行器都可以移动多个关节，此驱动方式的优缺点如下。

优点：协同收缩策略，可根据抓取的阶段改变关节的刚度，从而降低快速接近时的摩擦影响；相对于 $2N$ 执行器方案，减少了执行器的数量。

缺点：需要执行器的反向驱动能力；运动学的高度复杂性以及由此带来的控制方面的高度复杂性。

驱动网络最简单的情况就是所谓的 $N+1$ 驱动，如图 2-90 所示，此方案在实际中经常采用。在此情况下，所有的执行器都连接在一起，因此任何执行器的损坏都会造成整体的失效。

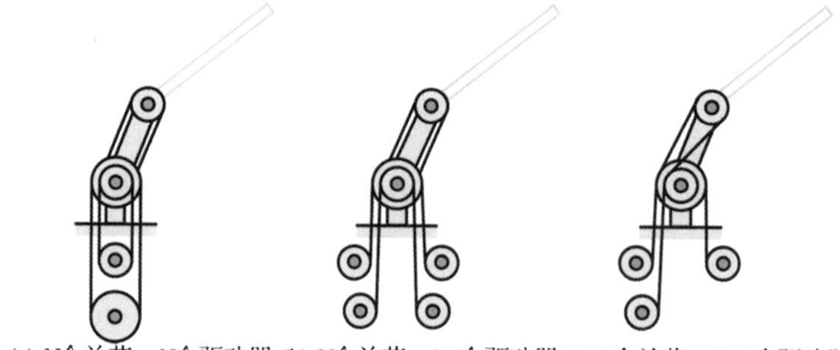
(a) N个关节，N个驱动器 (b) N个关节，$2N$个驱动器 (c) N个关节，N+1个驱动器

图 2-90 远程驱动的三种方式

(4) $M<N$ 的双作用执行器。此情况下，执行器数少于关节数。按照单个电机和多个关节，可以定义以下两种情况：①关节以固定或可动的方式运动耦合，使子系统的自由度数量减少到 1。②根据所选子系统的主动或被动，电机选择性驱动关节。

第一种情况可以进一步细分。

①以固定运动方式耦合的关节：在此运动学机构中，每个电机可以通过刚性机构以固定的传动比驱动更多的关节。典型的应用可以通过使用齿轮系实现，如图 2-91(a)所示，第一连杆直接由电动机驱动，而固定在框架上的轮子与连接到关节上的末端轮子之间的齿轮传动可以使第二连杆产生相对运动。如果需要两个平行手指的运动，可以简单地将两个齿轮安装在同一根轴上。另一种获得这种运动联动的常见方法是使用肌腱驱动装置，如图 2-91(b)所示。在人工手动设计中，使用由固定机构驱动关节的主要优点是可以得知并控制第二连杆的位置。缺点是这种机制不适应被抓物体的形状，可能会导致抓握不稳定。

②以非固定方式耦合的关节：此情况包含欠驱动的机构和可变形的被动驱动关节。当驱动器的数量小于自由度数时，机构被认为是欠驱动的。当应用于机械手指

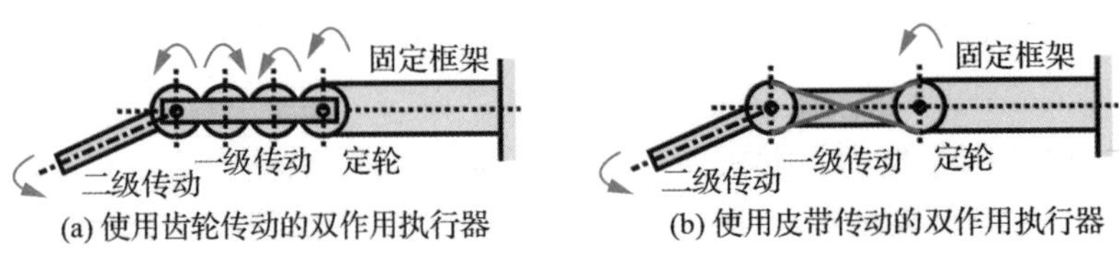

图 2-91　基于齿轮和皮带传动的 $N=M$ 双作用驱动器

时，此概念可以实现形状适应。欠驱动的手指也可以抓取到目标物体，即使减少了驱动器的数量，也能适应物体的形状。为了获得静态确定的系统，必须在欠驱动系统中引入弹性元件和机械限制。如：在手指攥住一个物体的情况下，手指的动作由与物体相关的外部约束条件决定。如图 2-91(b)所示为一个欠驱动的两自由度手指，手指通过下方连杆来驱动，并且通过使用弹簧来保持完全伸出。当没有外力施加在指骨上时，使用机械极限在弹簧的作用下保持指节伸直。由于关节不能独立控制，手指的行为由设计参数确定。因此，此设计参数的选择是一个关键问题。

另一种方法是通过可变形的连杆来耦合两个相邻关节的运动。该方案在运动链中引入了柔顺性以适应被抓握物体的形状。如图 2-92 所示为此类方案中一个简单的例子。从结构上来说，它与基于固定耦合的机构相似，唯一重要的区别是增加了弹簧以赋予肌腱延展性。该弹簧可以在外力施加到远端的连杆时解耦第一和第二连杆之间的运动。此方案已被广泛使用，如：DLR 手。此方案的主要好处是可以适应物体的形状。设计中存在的问题是如何合理选择可变形元件的刚度以便同时获得强大的握力和良好的形状适应性。

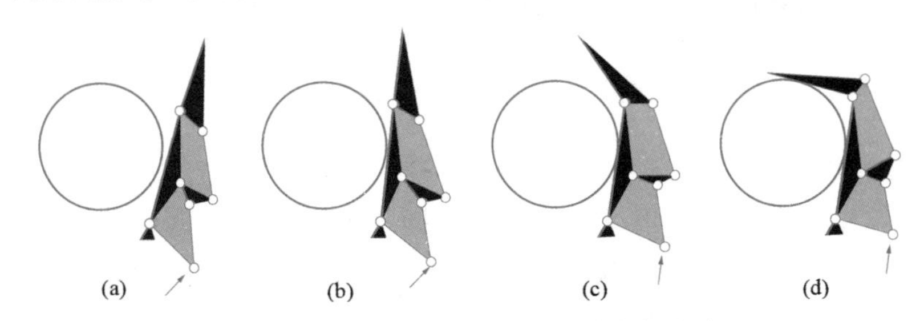

图 2-92　基于欠驱动原理的手指抓握顺序

③一个电机选择性驱动关节：此方案只有一个大电机，电机产生的运动被传输并分配到多个关节。每个关节的驱动和控制通过插入—脱离装置（如：自动或受控离合器）来实现。

（5）$M=N$ 的双作用执行器。此情况经常可见，由于每个关节都由同一个驱动器在两个方向上驱动，因此可达到的性能在两个方向都相似（相等），但必须特别注意反冲，并且系统通常需要进行预加载。如图 2-93

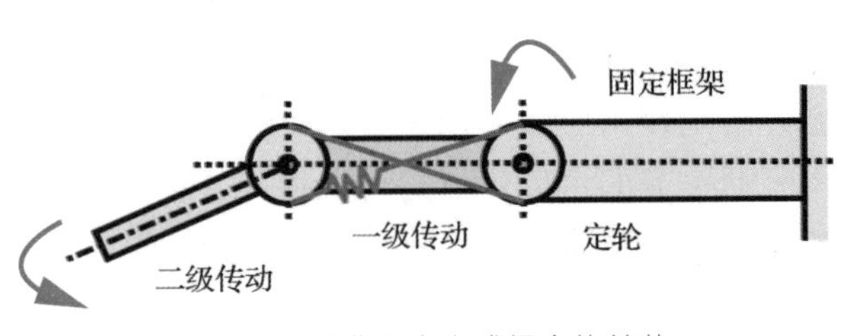

图 2-93　以非固定方式耦合的关节

所示，如果通过皮带等柔性元件进行传输时，必须强制进行预加载。此外，根据电机滑轮上腱的卷绕和松卷部分具有相同长度的原则，采用闭环腱传动要求腱索的总长度必须保持不变。当手指几何形状的变化引起肌腱差动位移时，就需要长度补偿机构，如：滑轮组、凸轮等。虽然十分复杂，但此驱动方案已被广泛使用，其中简单的滑轮布线，如：UB 手、冈田手等，或腱鞘布线，如：Salisbury 手、DIST 手等，腱鞘布线具有更简单的机械结构，但必须面对鞘—腱摩擦的问题。

思考题

1. 简述下面几个术语的含义：机器人自由度、定位精度和重复定位精度、工作范围、最大工作速度、承载能力。

2. 什么叫冗余自由度机器人？

3. 画出图 2-94 所示二自由度平面机器人的工作范围图，已知 $0° \leqslant \theta_1 \leqslant 180°$，$-90° \leqslant \theta_2 \leqslant 180°$。

4. 在 Stewart 机构中，若用 2 自由度的万向铰链代替 3 自由度的球—套关节，试求其自由度的个数。

5. 至少具有多少个自由度的激光切割机械手，才能使激光束焦点定位，并可切割任意曲面？

6. 图 2-95 所示的具有三个手指的手，抓住物体时，手指与物体为点接触，即位置固定，方向可变，相当于 3 自由度的球套关节。每个手指有 3 个单自由度关节，试计算整个系统的自由度数。

7. 将 Stewart 机构改成 3 个直线油缸驱动，如图 2-96 所示，试求其自由度数。

8. 试述机器人的基本组成。

9. 机器人的运动形式有哪些，各有什么特点？

10. 机器人的总体设计包括哪些内容？

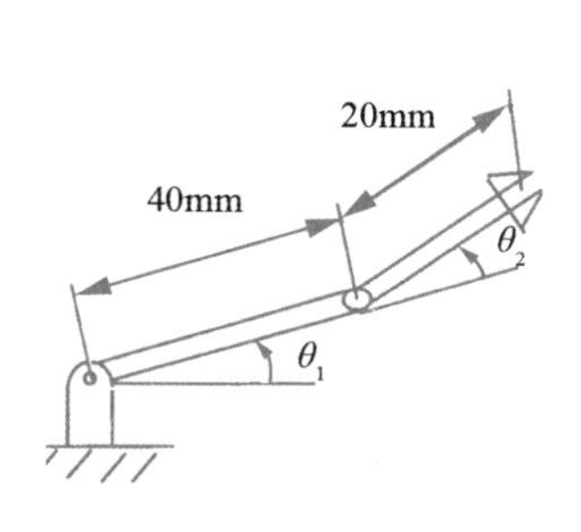

图 2-94　平面二自由度机器

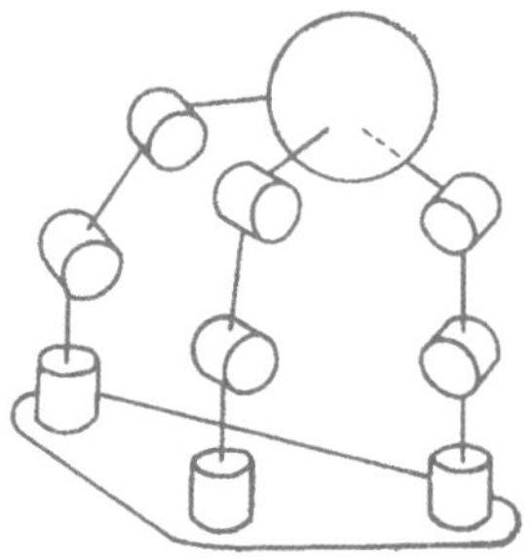

图 2-95　三指手的点接触抓取

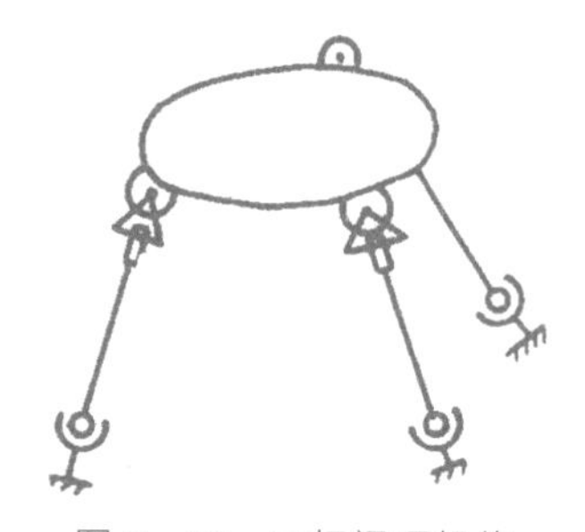

图 2-96　三杆闭环机构

11. 如何选择机器人用材料，常用的材料有哪些？

12. 机器人手爪有哪些种类，各有什么特点？

13. 试述磁力吸盘和真空吸盘的工作原理。

14. 试述足球机器人的行走机构需具有哪些功能。

15. 试述为设计一个可以完成空间曲线焊缝焊接的机器人需要考虑哪些因素。

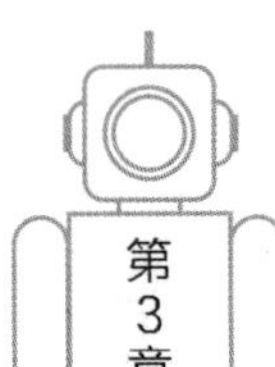

第3章 机器人运动学

机器人运动的控制就是控制机器人各连杆、各关节等彼此之间的相对位置和各连杆、各关节的运动速度以及输出力的大小，这就涉及各连杆、各关节、作业工具、作业对象、工作台及参考基准等彼此之间的相对位置的关系。因此，本章对机器人位姿描述和坐标变换进行分析，设置机器人各连杆坐标系，确定各连杆的齐次坐标变换矩阵，建立机器人的运动学方程。

3.1 刚体的位姿描述

为了描述机器人本身各连杆之间、机器人和环境之间的运动关系，通常将它们当成刚体，研究各刚体之间的运动关系。刚体参考点的位置和刚体的姿态统称为刚体的位姿。描述刚体位姿的方法有齐次变换法、矢量法、旋量法和四元素法等。由于齐次变换将运动、变换和映射与矩阵运算联系起来，利用它研究空间机构运动学和动力学、机器人控制算法、计算机图学和视觉信息处理非常方便，具有很大优势，因此本书详细介绍齐次变换法。

3.1.1 位置的描述

在坐标系$\{A\}$中，空间任一点P的位置可用列矢量${}^{A}\boldsymbol{p}$来表示：

$$
{}^{A}\boldsymbol{p}=\begin{bmatrix} p_x \\ p_y \\ p_z \end{bmatrix} \tag{3-1}
$$

${}^{A}\boldsymbol{p}$称为位置矢量。式中，p_x，p_y，p_z为点P在坐标系$\{A\}$中的三个坐标分量（见图3-1）。${}^{A}\boldsymbol{p}$的上标A代表参考系$\{A\}$。

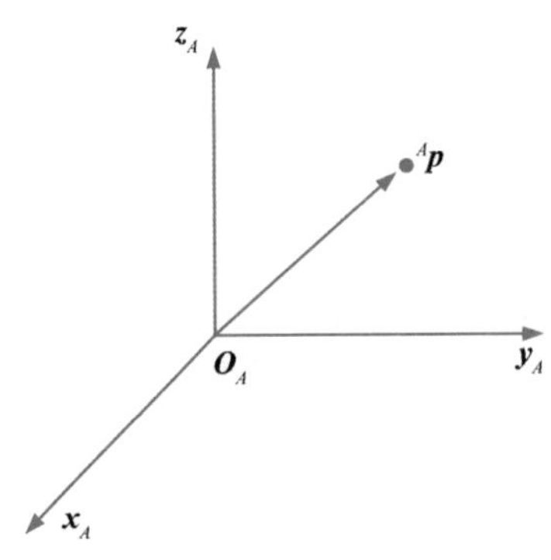

图3-1 空间点的位置

3.1.2 方位的描述

方位也叫位姿。将直角坐标系$\{B\}$与刚体固接，用$\{B\}$的三个单位主矢量$\boldsymbol{x}_B$、$\boldsymbol{y}_B$、$\boldsymbol{z}_B$ 相对于$\{A\}$的方向余弦组成的 3×3 矩阵

$$ {}_B^A\boldsymbol{R}=[{}^A\boldsymbol{x}_B \quad {}^A\boldsymbol{y}_B \quad {}^A\boldsymbol{z}_B] \tag{3-2}$$

表示刚体 B 相对于坐标系$\{A\}$的方位（见图 3-2）。${}_B^A\boldsymbol{R}$ 称为旋转矩阵，上标 A 代表参考系$\{A\}$，下标 B 代表被描述的坐标系$\{B\}$。因为${}_B^A\boldsymbol{R}$ 的三个列矢量${}^A\boldsymbol{x}_B$、${}^A\boldsymbol{y}_B$、${}^A\boldsymbol{z}_B$都是单位主矢量，且两两垂直，所以${}_B^A\boldsymbol{R}$ 是正交矩阵，且有：

$$ {}_B^A\boldsymbol{R}^{-1}={}_B^A\boldsymbol{R}^{\mathrm{T}},\ |{}_B^A\boldsymbol{R}|=1$$

3.1.3 位姿的描述

刚体的位姿即位置和姿态。取一坐标系$\{B\}$与物体相固接，坐标原点一般取物体的特征点（质心或对称中心）。物体 B 相对参考系$\{A\}$的位姿用坐标系$\{B\}$的原点在坐标系$\{A\}$中的位置矢量${}^A\boldsymbol{p}_{BO}$和旋转矩阵${}_B^A\boldsymbol{R}$ 组成的矩阵 $\boldsymbol{P}$ 描述如下：

$$\boldsymbol{P}=[{}_B^A\boldsymbol{R} \quad {}^A\boldsymbol{p}_{BO}] \tag{3-3}$$

表示位置时，${}_B^A\boldsymbol{R}=\boldsymbol{I}$；表示方位时，${}^A\boldsymbol{p}_{BO}=0$（见图 3-3）。

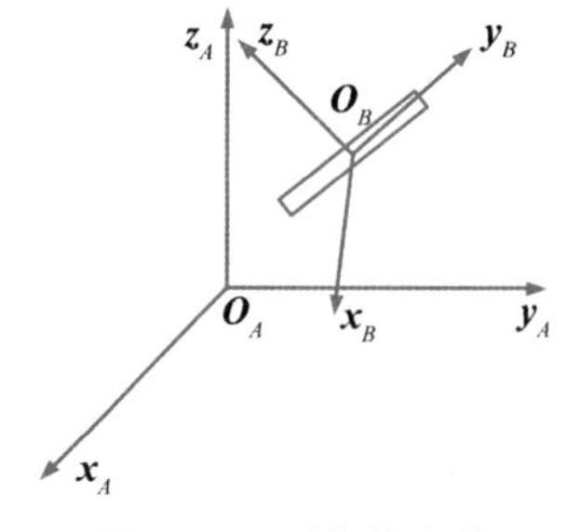

图 3-2 刚体的方位

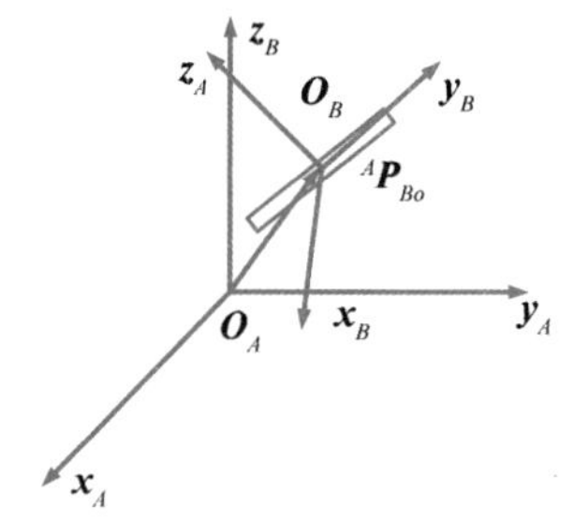

图 3-3 刚体的位姿

3.1.4 手爪坐标系

与手爪固接的坐标系叫手爪坐标系，如图 3-4 所示。其 z 轴为手指接近物体的方向，称接近矢量 $\boldsymbol{a}$（approach）；$\boldsymbol{y}$ 轴为两手指的联线方向，称方位矢量 $\boldsymbol{o}$（orientation）；x 轴称法向矢量 $\boldsymbol{n}$（normal），由右手法则确定，$\boldsymbol{n}=\boldsymbol{o}\times\boldsymbol{a}$。手爪的位姿：

$$\boldsymbol{T}=[\boldsymbol{n} \quad \boldsymbol{o} \quad \boldsymbol{a} \quad \boldsymbol{p}] \tag{3-4}$$

式中，$\boldsymbol{p}$ 为手爪坐标系坐标原点在$\{\boldsymbol{0}\}$坐标系中的位置矢量。

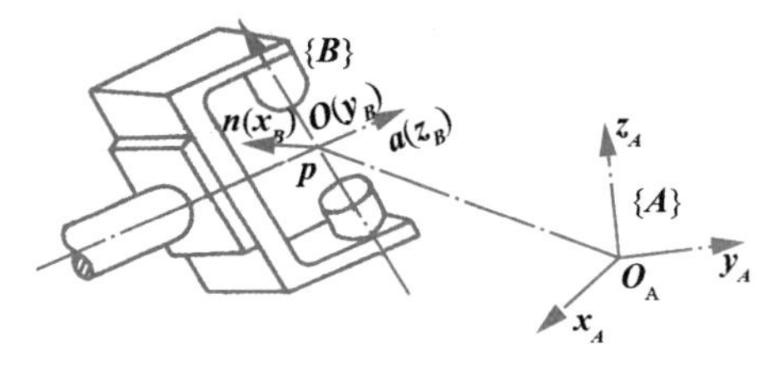

图 3-4 机器人手爪坐标系

3.2 坐标变换

3.2.1 坐标平移

坐标系{B}是坐标系{A}经过平移得到的，如图 3-5 所示，其特点是方位相同，原点不同。空间某一点 P 在两个坐标系中的坐标具有下列关系：

$$^{A}\boldsymbol{P}={}^{B}\boldsymbol{P}+{}^{A}\boldsymbol{P}_{BO} \tag{3-5}$$

式中，$^{A}\boldsymbol{P}_{BO}$ 为坐标系{B}相对坐标系{A}的平移矢量。

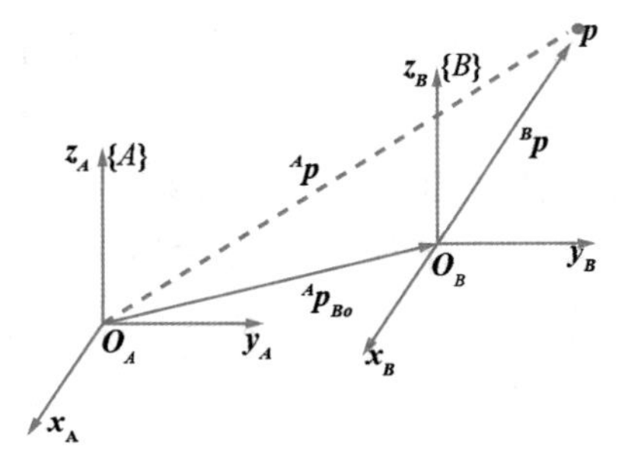

图 3-5 坐标平移

3.2.2 坐标旋转

坐标系{B}是坐标系{A}绕原点旋转得到的，如图 3-6 所示。其特点是方位不同，原点相同。空间某一点 P 在两个坐标系中的坐标具有下列关系：

$$^{A}\boldsymbol{P}={}^{A}_{B}\boldsymbol{R}\,{}^{B}\boldsymbol{P} \tag{3-6}$$

上式称为坐标旋转方程，式中，$^{A}_{B}\boldsymbol{R}$ 称为旋转矩阵，表示坐标系{B}相对坐标系{A}的方位。

在坐标系的旋转变换中，有一些特殊情况，即绕单个轴的旋转，相应的旋转矩阵称为基本旋转矩阵。当 $ox_Ay_Az_A$ 仅绕 x 轴旋转 θ 角时，基本旋转矩阵记为 $\boldsymbol{R}(x,\theta)$，当 $ox_Ay_Az_A$ 仅绕 y 轴旋转 θ 角时，基本旋转矩阵记为 $\boldsymbol{R}(y,\theta)$，当 $ox_Ay_Az_A$ 仅绕 z 轴旋转 θ 角时，基本旋转矩阵记为 $\boldsymbol{R}(z,\theta)$。基本旋转矩阵可由下面公式求得：

$$\boldsymbol{R}(x,\theta)=\begin{bmatrix}1 & 0 & 0\\ 0 & \cos\theta & -\sin\theta\\ 0 & \sin\theta & \cos\theta\end{bmatrix} \tag{3-7}$$

$$\boldsymbol{R}(y,\theta)=\begin{bmatrix}\cos\theta & 0 & \sin\theta\\ 0 & 1 & 0\\ -\sin\theta & 0 & \cos\theta\end{bmatrix} \tag{3-8}$$

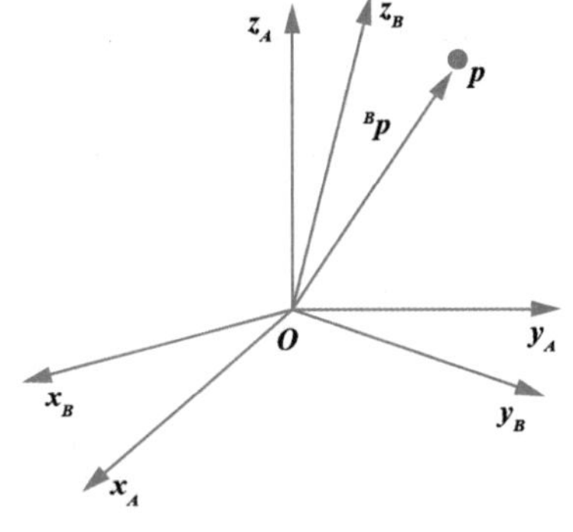

图 3-6 坐标旋转

$$\boldsymbol{R}(z,\theta)=\begin{bmatrix}\cos\theta & -\sin\theta & 0\\ \sin\theta & \cos\theta & 0\\ 0 & 0 & 1\end{bmatrix} \tag{3-9}$$

3.2.3 一般变换

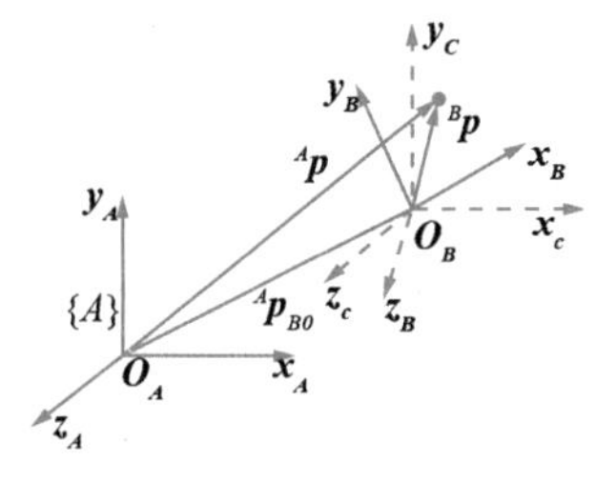

图 3-7 一般变换

坐标系{B}是坐标系{A}经过旋转和平移得到的，如图3-7所示。其特点是方位不同，原点不同。两者之间的关系可由下式表示：

$$^A\boldsymbol{P}={}^A_B\boldsymbol{R}\,{}^B\boldsymbol{P}+{}^A\boldsymbol{P}_{BO} \tag{3-10}$$

上式可看成是坐标旋转和坐标平移的复合变换。

3.3 齐次坐标和齐次变换

3.3.1 齐次坐标

用四维向量表示三维空间一点的位置 $\boldsymbol{P}$，即：

$$\boldsymbol{P}=\begin{bmatrix}\omega p_x\\ \omega p_y\\ \omega p_z\\ \omega\end{bmatrix} \tag{3-11}$$

称为点的齐次坐标，ω 为非零常数。

当 n 维位置向量用 $n+1$ 维位置向量表示时，统称为齐次坐标表示式。该 $n+1$ 维空间可视为用一种特殊的立体投影改造了的 n 维空间。位于原点的零向量的齐次坐标为 $[0\quad 0\quad 0\quad \omega]^{\mathrm{T}}$，而 $[0\quad 0\quad 0\quad 0]^{\mathrm{T}}$ 无意义，$[a\quad b\quad c\quad 0]^{\mathrm{T}}$ 表示幅值为无穷大的向量，方向由 $[a\quad b\quad c]^{\mathrm{T}}$ 决定。

用齐次坐标表示位置向量后，坐标转换关系的描述需用齐次变换阵 $\boldsymbol{T}$ 来表示，齐次变换阵 $\boldsymbol{T}$ 是 4×4 维矩阵：

$$\boldsymbol{T}=\begin{bmatrix}\boldsymbol{R} & \boldsymbol{P}\\ \boldsymbol{f} & \omega\end{bmatrix} \tag{3-12}$$

式中：

$\boldsymbol{R}$：3×3 维旋转矩阵。

$\boldsymbol{P}$：3×1 维位置向量，表示活动系原点相对参考系的位置。

$\boldsymbol{f}$：1×3 维透视变换向量，用于计算机图解学及立体投影，在机器人学中，恒取零透视变换，即：$\boldsymbol{f}=[0\quad 0\quad 0]$。

ω：齐次坐标表示式的比例系数，机器人学中，$\omega\equiv1$。

3.3.2 齐次变换

式(3-10)用齐次变换矩阵表示如下：

$$^{A}\boldsymbol{P}={}_{B}^{A}\boldsymbol{T}\,^{B}\boldsymbol{P}=\begin{bmatrix} & {}_{B}^{A}\boldsymbol{R} & & {}^{A}\boldsymbol{P}_{BO} \\ 0 & 0 & 0 & 1 \end{bmatrix}\begin{bmatrix} {}^{B}\boldsymbol{P} \\ 1 \end{bmatrix} \tag{3-13}$$

齐次变换矩阵既含有旋转变换，又含有平移变换，可分解如下：

$${}_{B}^{A}\boldsymbol{T}=\mathrm{Trans}({}^{A}\boldsymbol{P}_{BO})\cdot\mathrm{Rot}(\boldsymbol{k},\theta) \tag{3-14}$$

$$\mathrm{Trans}({}^{A}\boldsymbol{P}_{BO})=\begin{bmatrix} & \boldsymbol{I}_{3\times3} & & {}^{A}\boldsymbol{P}_{BO} \\ 0 & 0 & 0 & 1 \end{bmatrix} \tag{3-15}$$

$$\mathrm{Rot}(\boldsymbol{k},\theta)=\begin{bmatrix} {}_{B}^{A}\boldsymbol{R}(\boldsymbol{k},\theta) & & & 0 \\ 0 & 0 & 0 & 1 \end{bmatrix} \tag{3-16}$$

式中，$\mathrm{Trans}({}^{A}\boldsymbol{P}_{BO})$为平移变换矩阵，$\mathrm{Rot}(\boldsymbol{k},\theta)$为绕过原点的 K 轴转动 θ 角的旋转变换矩阵。下面讨论旋转变换矩阵以及等效转轴和等效转角的计算。

1. **旋转变换矩阵**

若用 $\boldsymbol{k}=k_x i+k_y j+k_z k$ 表示过原点的单位矢量，则可通过下式求出旋转变换矩阵：

$$\mathrm{Rot}(\boldsymbol{k},\theta)=\begin{bmatrix} k_x k_x \mathrm{vers}\theta+c\theta & k_y k_x \mathrm{vers}\theta-k_z s\theta & k_z k_x \mathrm{vers}\theta+k_y s\theta & 0 \\ k_x k_y \mathrm{vers}\theta+k_z s\theta & k_y k_y \mathrm{vers}\theta+c\theta & k_z k_y \mathrm{vers}\theta-k_x s\theta & 0 \\ k_x k_z \mathrm{vers}\theta-k_y s\theta & k_y k_z \mathrm{vers}\theta+k_x s\theta & k_z k_z \mathrm{vers}\theta+c\theta & 0 \\ 0 & 0 & 0 & 1 \end{bmatrix} \tag{3-17}$$

式中：$s\theta=\sin\theta$；$c\theta=\cos\theta$；$\mathrm{vers}\theta=1-\cos\theta$。

当 K 轴为 x 轴时，$k_x=1$，$k_y=k_z=0$；

当 K 轴为 y 轴时，$k_y=1$，$k_x=k_z=0$；

当 K 轴为 z 轴时，$k_z=1$，$k_x=k_y=0$。

2. **等效转轴和等效转角**

已知旋转变换矩阵：

$$\mathrm{Rot}(\boldsymbol{k},\theta)=\begin{bmatrix} n_x & o_x & a_x & 0 \\ n_y & o_y & a_y & 0 \\ n_z & o_z & a_z & 0 \\ 0 & 0 & 0 & 1 \end{bmatrix} \tag{3-18}$$

求等效转轴 K 和等效转角 θ 值。

将式(3-17)和式(3-18)右边矩阵主对角元数分别相加，得：

$$n_x+o_y+a_z=1+2\cos\theta$$

于是有：

$$\cos\theta = \frac{1}{2}(n_x + o_y + a_z - 1) \tag{3-19}$$

非对角元素相减，得：

$$\left.\begin{aligned} o_z - a_y &= 2k_x \sin\theta \\ a_x - n_z &= 2k_y \sin\theta \\ n_y - o_x &= 2k_z \sin\theta \end{aligned}\right\} \tag{3-20}$$

将上式两边平方后再相加，得：

$$(o_z - a_y)^2 + (a_x - n_z)^2 + (n_y - o_x)^2 = 4\sin^2\theta$$

因此可得到：

$$\sin\theta = \pm\frac{1}{2}\sqrt{(o_z - a_y)^2 + (a_x - n_z)^2 + (n_y - o_x)^2} \tag{3-21}$$

$$\tan\theta = \pm\frac{\sqrt{(o_z - a_y)^2 + (a_x - n_z)^2 + (n_y - o_x)^2}}{n_x + o_y + a_z - 1} \tag{3-22}$$

$$k_x = \frac{o_z - a_y}{2\sin\theta} \tag{3-23}$$

$$k_y = \frac{a_x - n_z}{2\sin\theta} \tag{3-24}$$

$$k_z = \frac{n_y - o_x}{2\sin\theta} \tag{3-25}$$

求等效转轴 K 和等效转角 θ 值要注意两个问题：

(1) 多值性：(k,θ)，$(-k,-\theta)$，$(k,\theta+2n\pi)$ 和 $(-k,-\theta+2n\pi)$ 都是等效转角和等效转轴的解，一般取 $\theta\in(0,\pi)$。

(2) 病态情况：当转角很小时，公式很难确定转轴，当 θ 接近 0 或 π 时，转轴完全不确定。

3.4 齐次变换矩阵的运算

1. 变换矩阵相乘

对于给定的坐标系$\{A\}$，$\{B\}$和$\{C\}$，已知$\{B\}$相对$\{A\}$的变换矩阵${}^A_B\boldsymbol{T}$，$\{C\}$相对$\{B\}$为${}^B_C\boldsymbol{T}$，设有一点 P 在$\{A\}$中表示为${}^A\boldsymbol{P}$，在$\{B\}$中表示为${}^B\boldsymbol{P}$，在$\{C\}$中表示为${}^C\boldsymbol{P}$，求${}^A_C\boldsymbol{T}$。因为：

$$\begin{aligned} {}^B\boldsymbol{P} &= {}^B_C\boldsymbol{T}\,{}^C\boldsymbol{P} \\ {}^A\boldsymbol{P} &= {}^A_B\boldsymbol{T}\,{}^B\boldsymbol{P} \\ &= {}^A_B\boldsymbol{T}\,{}^B_C\boldsymbol{T}\,{}^C\boldsymbol{P} = {}^A_C\boldsymbol{T}\,{}^C\boldsymbol{P} \end{aligned}$$

所以，

$${}^A_C\boldsymbol{T} = {}^A_B\boldsymbol{T}\,{}^B_C\boldsymbol{T} \tag{3-26}$$

${}^A_B\boldsymbol{T}$ 表示坐标系$\{C\}$从${}^B_C\boldsymbol{T}$ 映射为${}^A_C\boldsymbol{T}$ 的变换。

除特殊情况外，变换矩阵相乘不满足交换率，变换矩阵左乘表示坐标变换是相对固定坐标系，右乘表示坐标变换是相对动坐标系。即变换顺序“从右向左”，表明运动是相对固定坐标系；变换顺序“从左向右”，表明运动是相对运动坐标系。

2. 变换矩阵求逆

已知${}_B^A\boldsymbol{T}$，求${}_A^B\boldsymbol{T}$，即求${}_B^A\boldsymbol{T}^{-1}$。

方法一：利用线性代数理论直接求变换矩阵的逆。

方法二：利用齐次变换矩阵的特点求变换矩阵的逆，下面用这种方法求矩阵的逆。

给定${}_B^A\boldsymbol{T}$，求${}_A^B\boldsymbol{T}$ 等价于给定${}_B^A\boldsymbol{R}$，${}^A\boldsymbol{P}_{BO}$，求${}_A^B\boldsymbol{R}$ 和${}^B\boldsymbol{P}_{AO}$。

由于旋转矩阵是单位正交矩阵，利用单位正交矩阵的特性得：

$$ {}_A^B\boldsymbol{R} = {}_B^A\boldsymbol{R}^{-1} = {}_B^A\boldsymbol{R}^{\mathrm{T}} \tag{3-27} $$

利用${}^A\boldsymbol{P}_{BO}$在坐标系$\{B\}$中的描述：

$$ {}^B({}^A\boldsymbol{P}_{BO}) = {}_A^B\boldsymbol{R}\,{}^A\boldsymbol{P}_{BO} + {}^B\boldsymbol{P}_{AO} = 0 $$

得：

$$ {}^B\boldsymbol{P}_{AO} = -{}_A^B\boldsymbol{R}\,{}^A\boldsymbol{P}_{BO} = -{}_B^A\boldsymbol{R}^{\mathrm{T}}\,{}^A\boldsymbol{P}_{BO} \tag{3-28} $$

所以

$$ {}_A^B\boldsymbol{T} = \begin{bmatrix} {}_B^A\boldsymbol{R}^{\mathrm{T}} & -{}_B^A\boldsymbol{R}^{\mathrm{T}}\,{}^A\boldsymbol{P}_{BO} \\ \boldsymbol{0} & 1 \end{bmatrix} \tag{3-29} $$

【例 3-1】 在坐标系$\{A\}$中，点 P 的原始位置${}^A\boldsymbol{P}_1=[3,10,1]^{\mathrm{T}}$，其运动轨迹是首先绕 x 轴旋转 45°，然后绕 z 轴旋转 30°，再沿 x 轴平移 10，沿 y 轴平移 3，沿 z 轴平移 2，求运动后的位置${}^A\boldsymbol{P}_2$。

解法一：用坐标变换法求。

利用公式(3-10)得：

$$ {}^A\boldsymbol{P}_2 = \boldsymbol{R}(z,30^\circ)\boldsymbol{R}(x,45^\circ)\,{}^A\boldsymbol{P}_1 + {}^A\boldsymbol{P}_{2O} $$

式中，

$$ \boldsymbol{R}(z,30^\circ) = \begin{bmatrix} 0.866 & -0.5 & 0 \\ 0.5 & 0.866 & 0 \\ 0 & 0 & 1 \end{bmatrix}, $$

$$ \boldsymbol{R}(x,45^\circ) = \begin{bmatrix} 1 & 0 & 0 \\ 0 & 0.707 & -0.707 \\ 0 & 0.707 & 0.707 \end{bmatrix}, $$

$$ {}^A\boldsymbol{P}_{2O} = \begin{bmatrix} 10 \\ 3 \\ 2 \end{bmatrix} $$

将数值代入上式得：

$$
{}^{A}\boldsymbol{P}_{2}=\begin{bmatrix}9.42\\10.01\\9.78\end{bmatrix}
$$

解法二：用齐次坐标变换法求。

由于运动是相对固定坐标系，因此变换矩阵相乘的顺序为“从右到左”，可得复合变换矩阵：

$$
\boldsymbol{T}=\mathrm{Trans}(10,3,2)\mathrm{Rot}(z,30^{\circ})\mathrm{Rot}(x,45^{\circ})
$$

$$
=\begin{bmatrix}1&0&0&10\\0&1&0&3\\0&0&1&2\\0&0&0&1\end{bmatrix}\begin{bmatrix}\frac{\sqrt{3}}{2}&-\frac{1}{2}&0&0\\\frac{1}{2}&\frac{\sqrt{3}}{2}&0&0\\0&0&1&0\\0&0&0&1\end{bmatrix}\begin{bmatrix}1&0&0&0\\0&\frac{\sqrt{2}}{2}&-\frac{\sqrt{2}}{2}&0\\0&\frac{\sqrt{2}}{2}&\frac{\sqrt{2}}{2}&0\\0&0&0&1\end{bmatrix}
$$

所以：

$$
{}^{A}\boldsymbol{P}_{2}=\boldsymbol{T}\,{}^{A}\boldsymbol{P}_{1}=\begin{bmatrix}9.42\\10.01\\9.78\\1\end{bmatrix}
$$

【例 3-2】 已知${}_{B}^{A}\boldsymbol{T}$表示$\{B\}$相对于$\{A\}$绕坐标系$\{A\}$的z_A轴转30°，再沿x_A平移4，沿y_A平移3的变换矩阵，求${}_{A}^{B}\boldsymbol{T}$。

解：由题意可知

$$
{}_{B}^{A}\boldsymbol{T}=\mathrm{Trans}(4,3,0)\mathrm{Rot}(z,30^{\circ})
$$

$$
=\begin{bmatrix}0.866&-0.5&0&4\\0.5&0.866&0&3\\0&0&1&0\\0&0&0&1\end{bmatrix}
$$

根据公式(3-29)可求得：

$$
{}_{A}^{B}\boldsymbol{T}={}_{B}^{A}\boldsymbol{T}^{-1}=\begin{bmatrix}0.866&0.5&0&-4.964\\-0.5&0.866&0&-0.598\\0&0&1&0\\0&0&0&1\end{bmatrix}
$$

3.5 机器人常用坐标系及变换方程

为了描述和分析机器人的运动，必须建立机器人本身各连杆之间、机器人与周围环境之间的运动关系。为此，规定用各种坐标系来描述机器人与环境的相对位姿关系。机器人中常用的坐标系有基坐标系$\{B\}$、工作台坐标系$\{S\}$、腕坐标系$\{W\}$、工具坐标系$\{T\}$、目标坐标系$\{G\}$，它们之间的关系如图 3－8 所示。

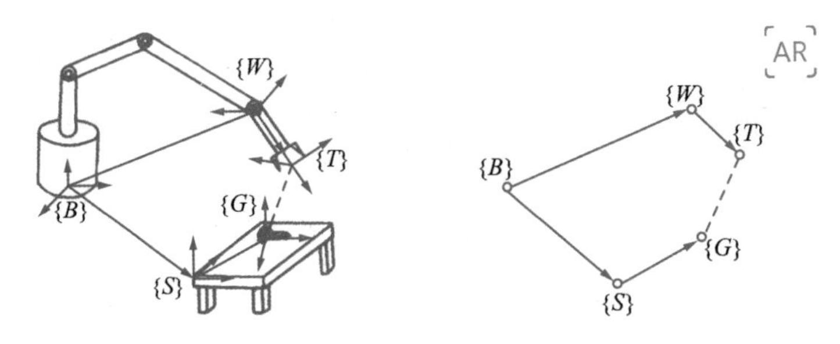

图 3－8　机器人常用坐标系及空间尺寸链

对物体进行操作时，工具坐标系$\{T\}$相对目标坐标系$\{G\}$的位姿${}^{G}_{T}\boldsymbol{T}$ 直接影响操作效果，是机器人控制和规划的目标。实际上，它与其他变换（位姿）之间的关系类似于空间尺寸链，根据尺寸链，有：

$$ {}^{B}_{T}\boldsymbol{T}={}^{B}_{W}\boldsymbol{T}{}^{W}_{T}\boldsymbol{T} \tag{3-30}$$

$$ {}^{B}_{T}\boldsymbol{T}={}^{B}_{S}\boldsymbol{T}{}^{S}_{G}\boldsymbol{T}{}^{G}_{T}\boldsymbol{T} \tag{3-31}$$

两式相等则得变换方程：

$$ {}^{B}_{W}\boldsymbol{T}{}^{W}_{T}\boldsymbol{T}={}^{B}_{S}\boldsymbol{T}{}^{S}_{G}\boldsymbol{T}{}^{G}_{T}\boldsymbol{T} \tag{3-32}$$

变换方程中任一变换矩阵都可用其余的变换矩阵表示，例如，${}^{G}_{T}\boldsymbol{T}$ 预先规定，现改变${}^{B}_{W}\boldsymbol{T}$ 实现目的，则：

$$ {}^{B}_{W}\boldsymbol{T}={}^{B}_{S}\boldsymbol{T}{}^{S}_{G}\boldsymbol{T}{}^{G}_{T}\boldsymbol{T}{}^{W}_{T}\boldsymbol{T}^{-1} \tag{3-33}$$

【例 3－3】　设工件相对参考系$\{U\}$的描述为${}^{U}_{P}\boldsymbol{T}$，机器人基座相对参考系的描述为${}^{U}_{B}\boldsymbol{T}$，并已知

$$ {}^{U}_{P}\boldsymbol{T}=\begin{bmatrix} 0 & 1 & 0 & -1 \\ 0 & 0 & -1 & 2 \\ -1 & 0 & 0 & 0 \\ 0 & 0 & 0 & 1 \end{bmatrix},\ {}^{U}_{B}\boldsymbol{T}=\begin{bmatrix} 1 & 0 & 0 & 1 \\ 0 & 1 & 0 & 5 \\ 0 & 0 & 1 & 9 \\ 0 & 0 & 0 & 1 \end{bmatrix} $$

希望机器人手爪坐标系$\{H\}$与工件坐标系$\{P\}$重合，求基坐相对于手部的变换矩阵${}^{H}_{B}\boldsymbol{T}$。

解：因为手爪坐标系$\{H\}$与工件坐标系$\{P\}$重合，所以：

$$ {}^{P}_{H}\boldsymbol{T}=\boldsymbol{I} $$

由尺寸链可得：

$$ {}^{U}_{B}\boldsymbol{T}={}^{U}_{P}\boldsymbol{T}{}^{P}_{H}\boldsymbol{T}{}^{H}_{B}\boldsymbol{T} $$

因此：

$$ {}^{H}_{B}\boldsymbol{T}={}^{U}_{P}\boldsymbol{T}^{-1}{}^{U}_{B}\boldsymbol{T} $$

又因为${}^{U}_{P}\boldsymbol{T}$ 为已知，利用式(3－29)，可求得：

$$
{}^{U}_{P}\boldsymbol{T}^{-1}=\begin{bmatrix}0&0&-1&0\\1&0&0&1\\0&-1&0&2\\0&0&0&1\end{bmatrix}
$$

所以

$$
{}^{H}_{B}\boldsymbol{T}=\begin{bmatrix}0&0&-1&0\\1&0&0&1\\0&-1&0&2\\0&0&0&1\end{bmatrix}\begin{bmatrix}1&0&0&1\\0&1&0&5\\0&0&1&9\\0&0&0&1\end{bmatrix}=\begin{bmatrix}0&0&-1&-2\\1&0&0&2\\0&-1&0&-3\\0&0&0&1\end{bmatrix}
$$

3.6 欧拉变换与 RPY 变换

旋转矩阵 $\boldsymbol{R}$ 的 9 个元素中，只有 3 个独立元素，用它来作矩阵运算算子或矩阵变换时，十分方便，但用来表示方位时不方便。欧拉角和 RPY 角是常用于航海和天文学中描述刚体的方法。

3.6.1 欧拉角与欧拉变换

设最初坐标系$\{B\}$与参考系$\{A\}$重合，首先使$\{B\}$绕 z_B 转 α 角，继而绕 y_B 转 β 角，最后绕 z_B 转 γ 角，α、β、γ 称为 $z-y-z$ 欧拉角，这种描述刚体相对坐标系$\{A\}$的方位的方法称为欧拉法，参见图 3-9。

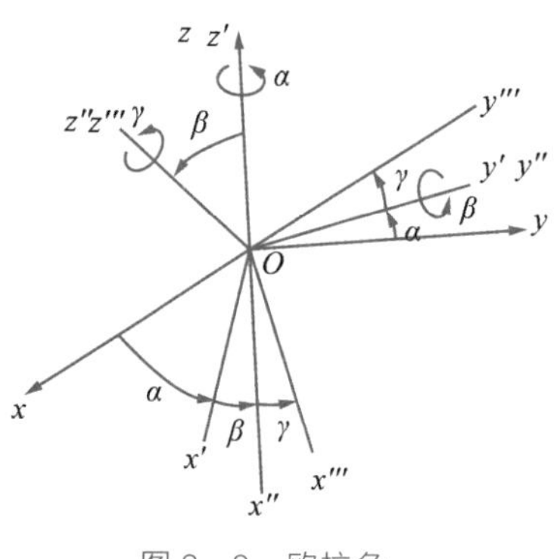

图 3-9 欧拉角

1. 已知欧拉角求欧拉变换矩阵

由于运动是相对运动坐标系的，按“从左至右”的变换顺序得变换矩阵：

$$
{}^{A}_{B}\boldsymbol{T}=\mathrm{Rot}(z,\alpha)\mathrm{Rot}(y,\beta)\mathrm{Rot}(z,\gamma)
$$

$$
=\begin{bmatrix}\cos\alpha\cos\beta\cos\gamma-\sin\alpha\sin\gamma & -\cos\alpha\cos\beta\sin\gamma-\sin\alpha\cos\gamma & \cos\alpha\sin\beta & 0\\ \sin\alpha\cos\beta\cos\gamma+\cos\alpha\sin\gamma & -\sin\alpha\cos\beta\sin\gamma+\cos\alpha\cos\gamma & \sin\alpha\sin\beta & 0\\ -\sin\beta\cos\gamma & \sin\beta\sin\gamma & \cos\beta & 0\\ 0&0&0&1\end{bmatrix} \tag{3-34}
$$

2. 已知欧拉变换矩阵求等价欧拉角

令：

$$
{}^{A}_{B}\boldsymbol{T}=\begin{bmatrix}r_{11}&r_{12}&r_{13}&r_{14}\\r_{21}&r_{22}&r_{23}&r_{24}\\r_{31}&r_{32}&r_{33}&r_{34}\\r_{41}&r_{42}&r_{43}&r_{44}\end{bmatrix} \tag{3-35}
$$

当 $0<\beta<\pi$ 时：

$$\beta=A\tan2(\sqrt{r_{31}^2+r_{32}^2},r_{33}) \tag{3-36a}$$

$$\alpha=A\tan2(r_{23},r_{13}) \tag{3-36b}$$

$$\gamma=A\tan2(r_{32},-r_{31}) \tag{3-36c}$$

当 $\beta=0$ 时：

$$\alpha=0 \tag{3-37a}$$

$$\gamma=A\tan2(-r_{12},r_{11}) \tag{3-37b}$$

当 $\beta=\pi$ 时：

$$\alpha=0 \tag{3-38a}$$

$$\gamma=A\tan2(r_{12},-r_{11}) \tag{3-38b}$$

3.6.2 RPY 角与 RPY 变换

RPY 角是描述船舶在海中航行姿态的一种方法，船的行驶方向为 Z 轴，绕 Z 轴的旋转角(α)称为回转(Roll)，绕 Y 轴的旋转角(β)称为俯仰(Pitch)，绕 X 轴的旋转角(γ)称为偏转(Yaw)。

设最初坐标系$\{B\}$与参考系$\{A\}$重合，首先使$\{B\}$绕 x_A 转 γ 角，继而绕 y_A 转 β 角，最后绕 z_A 转 α 角，α、β、γ 称为 RPY 角，这种描述刚体相对坐标系$\{A\}$的方位的方法称为 RPY 法，参见图 3-10。

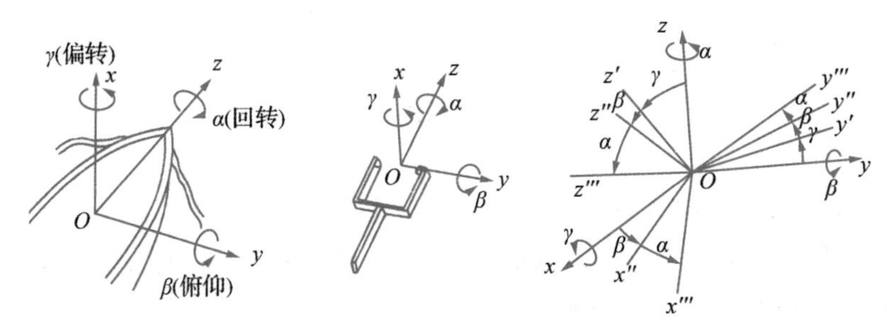

图 3-10 RPY 角

1. 已知 RPY 角求欧拉变换矩阵

由于运动是相对固定坐标系的，按“从右至左”的变换顺序，得：

$$
\begin{aligned}
{}_B^A\boldsymbol{T}&=\mathrm{Rot}(z,\alpha)\mathrm{Rot}(y,\beta)\mathrm{Rot}(x,\gamma)\\
&=\begin{bmatrix}
\cos\alpha\cos\beta & \cos\alpha\sin\beta\sin\gamma-\sin\alpha\cos\gamma & \cos\alpha\sin\beta\cos\gamma+\sin\alpha\sin\gamma & 0\\
\sin\alpha\cos\beta & \sin\alpha\sin\beta\sin\gamma+\cos\alpha\cos\gamma & \sin\alpha\sin\beta\cos\gamma-\cos\alpha\sin\gamma & 0\\
-\sin\beta & \cos\beta\sin\gamma & \cos\beta\cos\gamma & 0\\
0 & 0 & 0 & 1
\end{bmatrix}
\end{aligned}
\tag{3-39}
$$

2. 已知 RPY 变换矩阵求等价 RPY 角

令：

$$
{}_{B}^{A}\boldsymbol{T}=\begin{bmatrix} r_{11} & r_{12} & r_{13} & r_{14} \\ r_{21} & r_{22} & r_{23} & r_{24} \\ r_{31} & r_{32} & r_{33} & r_{34} \\ r_{41} & r_{42} & r_{43} & r_{44} \end{bmatrix}
$$

当$-\frac{\pi}{2}<\beta<\frac{\pi}{2}$时：

$$\beta=A\tan2(-r_{31},\sqrt{r_{11}^2+r_{21}^2}) \tag{3-40a}$$

$$\alpha=A\tan2(r_{21},r_{11}) \tag{3-40b}$$

$$\gamma=A\tan2(r_{32},-r_{33}) \tag{3-40c}$$

如果$\beta=\pm\frac{\pi}{2}$，则反解退化，只可解出α与γ的和或差，通常取$\alpha=0$。

当$\beta=\frac{\pi}{2}$时：

$$\alpha=0 \tag{3-41a}$$

$$\gamma=A\tan2(r_{12},r_{22}) \tag{3-41b}$$

当$\beta=-\frac{\pi}{2}$时：

$$\alpha=0 \tag{3-42a}$$

$$\gamma=-A\tan2(r_{12},-r_{22}) \tag{3-42b}$$

式中，$A\tan2(y,x)=\arctan(y/x)$，是双变量函数。

3.6.3 机械手欧拉腕和 RPY 腕

通常，在研究机器人的运动学和动力学中，主要是讨论机械手。机械手由手臂和手腕组成，机械手的位置主要由手腕（手臂的终端）的位置决定，方位主要由手腕的方位决定。腕的方位经常借助绕腕的参考系（位于臂的终端）的连续地有顺序地旋转运动来确定，可采用欧拉角和 RPY 角的方法来描述腕的方位。

对于 6 个自由度的机械手，$\theta_1,\theta_2,\theta_3$ 反映腕的位置，$\theta_4,\theta_5,\theta_6$ 反映腕的方位，因此机械手运动学方程可表示为：

$${}_{6}^{0}\boldsymbol{T}={}_{3}^{0}\boldsymbol{T}{}_{6}^{3}\boldsymbol{T} \tag{3-43}$$

式中，${}_{3}^{0}\boldsymbol{T}$ 规定腕部参考点的位置，${}_{6}^{3}\boldsymbol{T}$ 规定腕部的方位。下面来求机械手腕的运动学逆解。

1. 欧拉腕

欧拉腕的特点：手腕三轴交于一点，采用 $z-y-z$ 欧拉角方法描述手腕的方位。用 $\theta_4,\theta_5,\theta_6$ 代替欧拉角的 α,β,γ 则：

$${}_{6}^{3}\boldsymbol{T}=\mathrm{Rot}(z,\theta_4)\mathrm{Rot}(y,\theta_5)\mathrm{Rot}(z,\theta_6) \tag{3-44}$$

具体表达式参见式(3-34)。若给定${}_{6}^{3}\boldsymbol{T}$，令：

$$ {}_6^3\boldsymbol{T}=\begin{bmatrix} n_x & o_x & a_x & p_x \\ n_y & o_y & a_y & p_y \\ n_z & o_z & a_z & p_z \\ 0 & 0 & 0 & 1 \end{bmatrix} \tag{3-45} $$

参考 3.6.1 小节，可求出 $\theta_4,\theta_5,\theta_6$，结果见表 3－1。

2. RPY 腕

RPY 腕的特点：手腕三轴交于一点，用 RPY 角方法描述手腕的方位，用 $\theta_4,\theta_5,\theta_6$ 代替 RPY 角的 α,β,γ 则：

$$ {}_6^3\boldsymbol{T}=\mathrm{Rot}(z,\theta_4)\mathrm{Rot}(y,\theta_5)\mathrm{Rot}(x,\theta_6) \tag{3-46} $$

具体表达式参见式(3－39)。若给定 ${}_6^3\boldsymbol{T}$，令：

$$ {}_6^3\boldsymbol{T}=\begin{bmatrix} n_x & o_x & a_x & p_x \\ n_y & o_y & a_y & p_y \\ n_z & o_z & a_z & p_z \\ 0 & 0 & 0 & 1 \end{bmatrix} \tag{3-47} $$

参考 3.6.2 小节，可求出 $\theta_4,\theta_5,\theta_6$，结果也见表 3－1。

表 3－1　给定腕方位时，腕关节角的解

	欧拉腕	RPY 腕
情况一	$\theta_4=A\tan2(a_y,a_x)$ $\theta_5=A\tan2(\sqrt{n_z^2+o_z^2},a_z)$ $\theta_6=A\tan2(o_z,-n_z)$	$\theta_4=A\tan2(n_y,n_x)$ $\theta_5=A\tan2(-n_z,\sqrt{n_x^2+n_y^2})$ $\theta_6=A\tan2(o_z,a_z)$
情况二	$\theta_4=0$ $\theta_5=0$ $\theta_6=A\tan2(-o_x,n_x)$	$\theta_4=0$ $\theta_5=\dfrac{\pi}{2}$ $\theta_6=A\tan2(o_x,o_y)$
情况三	$\theta_4=0$ $\theta_5=\pi$ $\theta_6=A\tan2(o_x,-n_x)$	$\theta_4=0$ $\theta_5=-\dfrac{\pi}{2}$ $\theta_6=-A\tan2(o_x,o_y)$

3.7　机器人连杆参数及 D-H 坐标变换

机器人实际上是一系列由关节(转动关节 rotary joint 或移动关节 prismatic joint)连接着的连杆所组成，连杆的功能是保持其两端的关节轴线具有固定的几何关系。如图 3－11 所示，连杆 $i(i=1,2,\cdots,n;n$ 为机器人含有的关节数目，即机器人的自由度数)两端有关节 i 和 $i+1$。在驱动装置带动下，连杆将绕或沿关节轴线，相对于前一临近连杆转动或移动。下面讨论描述连杆的参数和建立连杆坐标系的方法。

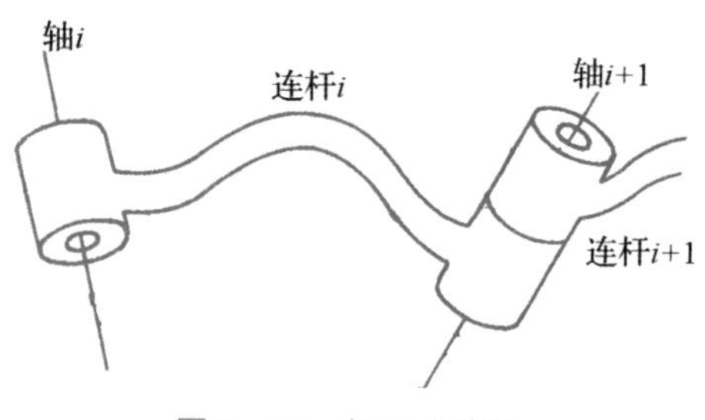

图 3-11　机器人连杆

3.7.1　连杆参数

1. 连杆的尺寸参数

连杆的尺寸参数有连杆的长度和扭角，参见图 3-12。

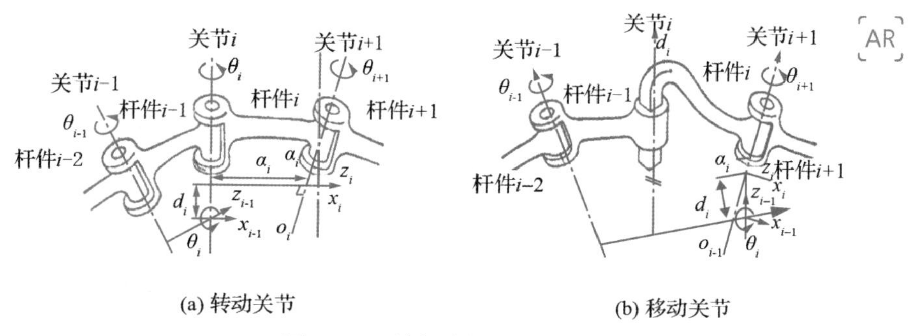

图 3-12　连杆坐标系和连杆参数

连杆长度 a_i：两个关节轴线$(i)z_{i-1}$和$(i+1)z_i$，沿公垂线的距离。a_i 总为正。

连杆扭角 α_i：两个轴线的夹角，即 z_{i-1}绕 x_i 轴转至 z_i 轴的转角。符号根据右手定则确定。

2. 相邻连杆的关系参数

相邻连杆的关系参数有偏置和关节角，参见图 3-12。

偏置 d_i：沿关节 i 轴线方向，两个公垂线之间的距离，即沿 z_{i-1}轴的 o_{i-1}至 z_{i-1}与 z_i 的公垂线的距离。沿 z_{i-1}轴正向时为正，反之为负。

关节角 θ_i：垂直于关节轴线的平面内，两个公垂线的夹角。在与 z_{i-1}轴垂直的平面内度量，符号根据右手定则确定。

由以上可知，机器人中每个连杆由四个参数 a_i、α_i、d_i、θ_i 来描述。对于旋转关节，关节角 θ_i 是关节变量，连杆长度 a_i、连杆扭角 α_i 和偏置 d_i 是固定不变的。对于移动关节，偏置 d_i 是关节变量，连杆长度 a_i、连杆扭角 α_i 和关节角 θ_i 是固定不变的。

上述描述机构运动的方法由 Denavit 和 Hartenberg 于 1955 年提出，称为 D-H 方法。

3.7.2 连杆坐标系及连杆的 D-H 坐标变换

1. 转动连杆坐标系的建立及连杆的 D-H 坐标变换

(1) 坐标系的建立。

①中间连杆。如图 3-12(a)所示，连杆 i 坐标系 $o_ix_iy_iz_i$ 建立如表 3-2 所示。

表 3-2 转动连杆坐标系

原点 o_i	z_i 轴	x_i 轴	y_i 轴
1. 当 z_{i-1} 轴与 z_i 轴相交时，取交点。 2. 当 z_{i-1} 轴与 z_i 轴异面时，取两轴线的公垂线与 z_i 轴的交点。 3. 当 z_{i-1} 轴与 z_i 轴平行时，取 z_i 轴与 z_{i+1} 的公垂线与 z_i 轴的交点。	与关节 $i+1$ 的轴线重合	沿连杆 i 两关节轴线之公垂线，并指向 $i+1$ 关节	按右手定则确定

②首、末连杆。机器人基座称为首连杆，以连杆 0 表示。基坐标系即连杆 0 坐标系 $o_0x_0y_0z_0$ 是固定不动的，常作为参考系。z_0 轴取关节 1 的轴线，o_0 设置有任意性，通常 o_0 与 o_1 重合，若 o_0 与 o_1 不重合，则用一个固定的齐次变换矩阵将坐标系{1}和{0}联系起来。

在 n 自由度机器人的终端，固接连杆 n 的坐标系 $o_nx_ny_nz_n$，原点 o_n 通常取夹手所夹持的工具的终点，或夹手顶端的正中点（或物体中心），统称工具坐标系。由于连杆 n 的终端不再有关节，故终端坐标系{n}的位移 d_n 和转角 θ_n 都是相对 z_{n-1} 轴出现的。通常 $d_n \neq 0$，坐标系{n}与{$n-1$}是两个平行的坐标系；$d_n=0$ 时，两坐标系重合。需要指出的是，此处的终端坐标系与 3.1 节中的手爪坐标系不一定重合，若不重合，则用一个固定的齐次变换矩阵将终端坐标系和手爪坐标系联系起来。

(2) 转动连杆坐标系 D-H 坐标变换。转动连杆的 D-H 参数为 a_i、α_i、d_i、θ_i，其中关节变量为 θ_i。这四个参数确定了连杆 i 相对于连杆 $i-1$ 的位姿，即 D-H 坐标变换矩阵 ${}^{i-1}_{i}\boldsymbol{T}$。由图 3-12 可知，坐标系{$i-1$}经下面四次有顺序的相对变换可得到坐标系{$i$}：

①绕 z_{i-1} 轴转 θ_i；

②沿 z_{i-1} 轴移动 d_i；

③沿 x_i 轴移动 a_i；

④绕 x_i 轴转 α_i。

因为以上变换都是相对于动坐标系的，按照“从左向右”的原则可求出变换矩阵：

$$
\begin{aligned}
{}^{i-1}_{i}\boldsymbol{T} &= \mathrm{Rot}(z_{i-1},\theta_i)\mathrm{Trans}(z_{i-1},d_i)\mathrm{Trans}(x_i,a_i)\mathrm{Rot}(x_i,\alpha_i) \\
&= \begin{bmatrix} \cos\theta_i & -\sin\theta_i\cos\alpha_i & \sin\theta_i\sin\alpha_i & a_i\cos\theta_i \\ \sin\theta_i & \cos\theta_i\cos\alpha_i & -\cos\theta_i\sin\alpha_i & a_i\sin\theta_i \\ 0 & \sin\alpha_i & \cos\alpha_i & d_i \\ 0 & 0 & 0 & 1 \end{bmatrix}
\end{aligned}
\tag{3-48}
$$

2. 移动连杆坐标系的建立及连杆的 D-H 坐标变换

如图 3-12(b)所示，为了建立连杆 i 的坐标系，首先建立连杆 $i-1$ 的坐标系 $o_{i-1}x_{i-1}y_{i-1}z_{i-1}$，然后根据 $i-1$ 坐标系来建立 i 坐标系。$i-1$ 的坐标系各坐标的设置见表 3-3。

表 3-3　移动连杆前一相邻连杆坐标系

原点 o_{i-1}	z_{i-1} 轴	x_{i-1} 轴	y_{i-1} 轴
1. 当关节 i 轴线与关节 $i+1$ 轴线相交时，取交点。 2. 当关节 i 轴线与关节 $i+1$ 轴线异面时，取两轴线的公垂线与关节 $i+1$ 轴线的交点。 3. 当关节 i 轴线与关节 $i+1$ 轴线平行时，取关节 $i+1$ 轴线与关节 $i+2$ 轴线的公垂线与关节 $i+1$ 轴线的交点。	过原点 o_{i-1} 且平行于移动关节 i 轴线。	沿关节 $i-1$ 轴线与 z_{i-1} 轴线之公垂线，并指向 z_{i-1} 轴线。	按右手法则确定

由于移动连杆的 o_iz_i 的轴线平行于移动关节轴线移动，o_iz_i 在空间的位置是变化的，因而 a_i 参数无意义，连杆 i 的长度已在坐标系$\{i-1\}$中考虑了，故参数 $a_i=0$。原点 o_i 的零位与 o_{i-1} 重合，此时移动连杆的变量 $d_i=0$，有关坐标轴的取法见表 3-4。

表 3-4　移动连杆坐标系

原点 o_i	z_i 轴	x_i 轴	y_i 轴
点 o_i 的零位与 o_{i-1} 重合，此时移动连杆的变量 $d_i=0$。	与关节 $i+1$ 的轴线重合	沿连杆 i 两关节轴线之公垂线，并指向 $i+1$ 关节	按右手法则确定

移动连杆的 D-H 参数只有 α_i、d_i、θ_i 三个，d_i 为关节变量。用求转动关节变换矩阵相同的方法可求出移动关节的 D-H 坐标变换矩阵：

$$
\begin{aligned}
{}^{i-1}_{\ \ i}\boldsymbol{T} &= \mathrm{Rot}(z_{i-1},\theta_i)\mathrm{Trans}(z_{i-1},d_i)\mathrm{Rot}(x_i,\alpha_i) \\
&= \begin{bmatrix} \cos\theta_i & -\sin\theta_i\cos\alpha_i & \sin\theta_i\sin\alpha_i & 0 \\ \sin\theta_i & \cos\theta_i\cos\alpha_i & -\cos\theta_i\sin\alpha_i & 0 \\ 0 & \sin\alpha_i & \cos\alpha_i & d_i \\ 0 & 0 & 0 & 1 \end{bmatrix}
\end{aligned}
\tag{3-49}
$$

3.8　机器人运动学方程

3.8.1　运动学方程

上一节建立了各连杆的坐标系，根据所建立的坐标系，列出 D-H 参数见表 3-5。于是可求出一个连杆相对于上一个连杆的位姿，即变换矩阵${}^{i-1}_{\ \ i}\boldsymbol{T}(i=1,2,\cdots,n)$。根据前面的分析可知，所有的变换都是相对于动坐标系的，根据“从左到右”的原则，可

求出机器人最后一个连杆(手爪坐标系)相对于参考坐标系的位姿,即变换矩阵${}^0_n\boldsymbol{T}$:

$$ {}^0_n\boldsymbol{T}={}^0_1\boldsymbol{T}\,{}^1_2\boldsymbol{T}\cdots{}^{n-2}_{n-1}\boldsymbol{T}\,{}^{n-1}_n\boldsymbol{T} \tag{3-50}$$

表 3-5　连杆 D-H 参数

连杆 i ＼ 参数	θ_i	d_i	a_i	α_i
1				
⋮				
n				

变换矩阵${}^0_n\boldsymbol{T}$是n个关节变量的函数,式(3-50)称为机器人的运动学方程,它把机器人的位姿从关节空间变换为直角坐标空间描述。给定关节变量,求机器人末端操作装置的位姿叫机器人运动学正解。下面建立几种典型机器人的运动学方程。

3.8.2　典型机器人运动学方程

1. **典型臂的运动学方程**

(1) 圆柱坐标臂(PRP)。圆柱坐标臂的结构如图 3-13 所示,该机械臂有移动-转动-移动三个连杆,它的工作范围是一个空心圆柱体。按前面所述的方法建立 D-H 坐标系如图 3-13 所示,D-H 参数见表 3-6。关节变量为d_1、θ_2、d_3。连杆的 D-H 坐标变换矩阵为:

$$ {}^0_1\boldsymbol{T}=\text{Trans}(z_0,d_1)=\begin{bmatrix}1&0&0&0\\0&1&0&0\\0&0&1&d_1\\0&0&0&1\end{bmatrix} \tag{3-51}$$

$$ \begin{aligned}{}^1_2\boldsymbol{T}&=\text{Rot}(z_1,\theta_2)\text{Trans}(x_1,a_2)\text{Rot}\left(x_1,-\frac{\pi}{2}\right)\\&=\begin{bmatrix}c_2&0&-s_2&a_2c_2\\s_2&0&c_2&a_2s_2\\0&-1&0&0\\0&0&0&1\end{bmatrix}\end{aligned} \tag{3-52}$$

$$ {}^2_3\boldsymbol{T}=\text{Trans}(z_2,d_3)=\begin{bmatrix}1&0&0&0\\0&1&0&0\\0&0&1&d_3\\0&0&0&1\end{bmatrix} \tag{3-53}$$

$$ {}^0_2\boldsymbol{T}={}^0_1\boldsymbol{T}\,{}^1_2\boldsymbol{T}=\begin{bmatrix}c_2&0&-s_2&a_2c_2\\s_2&0&c_2&a_2s_2\\0&-1&0&d_1\\0&0&0&1\end{bmatrix} \tag{3-54}$$

$$ {}^{1}_{3}\boldsymbol{T}={}^{1}_{2}\boldsymbol{T}{}^{2}_{3}\boldsymbol{T}=\begin{bmatrix} c_2 & 0 & -s_2 & -d_3s_2+a_2c_2 \\ s_2 & 0 & c_2 & d_3c_2+a_2s_2 \\ 0 & -1 & 0 & 0 \\ 0 & 0 & 0 & 1 \end{bmatrix} \tag{3-55} $$

运动学方程为：

$$ {}^{0}_{3}\boldsymbol{T}={}^{0}_{1}\boldsymbol{T}{}^{1}_{2}\boldsymbol{T}{}^{2}_{3}\boldsymbol{T}=\begin{bmatrix} c_2 & 0 & -s_2 & -d_3s_2+a_2c_2 \\ s_2 & 0 & c_2 & d_3c_2+a_2s_2 \\ 0 & -1 & 0 & d_1 \\ 0 & 0 & 0 & 1 \end{bmatrix} \tag{3-56} $$

表 3-6　圆柱坐标臂 D-H 参数

连杆＼参数	θ_i	d_i	a_i	α_i
1	0	d_1	0	0
2	θ_2	0	a_2	$-\frac{\pi}{2}$
3	0	d_3	0	0

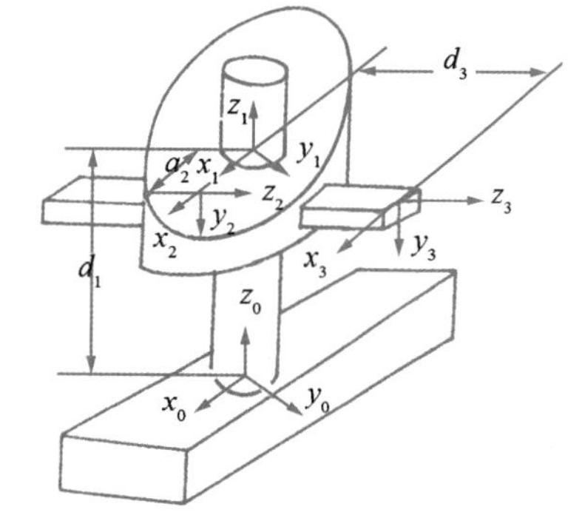

图 3-13　圆柱坐标臂结构示意

(2) 球面(极)坐标臂(RRP)。球坐标臂的结构如图 3-14 所示，该机械臂有转动-转动-移动三个连杆，工作范围是一个空心球体。按前面所述的方法建立 D-H 坐标系如图 3-14 所示，D-H 参数见表 3-7。关节变量为 θ_1、θ_2、d_3。连杆的 D-H 坐标变换矩阵为：

$$ {}^{0}_{1}\boldsymbol{T}=\mathrm{Rot}(z_0,\theta_1)\mathrm{Rot}\left(x_1,-\frac{\pi}{2}\right)=\begin{bmatrix} c_1 & 0 & -s_1 & 0 \\ s_1 & 0 & c_1 & 0 \\ 0 & -1 & 0 & 0 \\ 0 & 0 & 0 & 1 \end{bmatrix} \tag{3-57} $$

$$ {}^{1}_{2}\boldsymbol{T}=\mathrm{Rot}(z_1,\theta_1)\mathrm{Rot}\left(x_2,\frac{\pi}{2}\right)=\begin{bmatrix} c_2 & 0 & s_2 & 0 \\ s_2 & 0 & -c_2 & 0 \\ 0 & 1 & 0 & 0 \\ 0 & 0 & 0 & 1 \end{bmatrix} \tag{3-58} $$

$$ {}^{2}_{3}\boldsymbol{T}=\mathrm{Trans}(z_2,d_3)=\begin{bmatrix} 1 & 0 & 0 & 0 \\ 0 & 1 & 0 & 0 \\ 0 & 0 & 1 & d_3 \\ 0 & 0 & 0 & 1 \end{bmatrix} \tag{3-59} $$

$$
{}_2^0\boldsymbol{T}={}_1^0\boldsymbol{T}{}_2^1\boldsymbol{T}=\begin{bmatrix} c_1c_2 & -s_1 & c_1s_2 & 0 \\ s_1c_2 & c_1 & s_1s_2 & 0 \\ -s_2 & 0 & c_2 & 0 \\ 0 & 0 & 0 & 1 \end{bmatrix} \tag{3-60}
$$

$$
{}_3^1\boldsymbol{T}={}_2^1\boldsymbol{T}{}_3^2\boldsymbol{T}=\begin{bmatrix} c_2 & 0 & s_2 & d_3s_2 \\ s_2 & 0 & -c_2 & -d_3c_2 \\ 0 & 1 & 0 & 0 \\ 0 & 0 & 0 & 1 \end{bmatrix} \tag{3-61}
$$

运动学方程为：

$$
{}_3^0\boldsymbol{T}={}_1^0\boldsymbol{T}{}_2^1\boldsymbol{T}{}_3^2\boldsymbol{T}=\begin{bmatrix} c_1c_2 & -s_1 & c_1s_2 & d_3c_1s_2 \\ s_1c_2 & c_1 & s_1s_2 & d_3s_1s_2 \\ -s_2 & 0 & c_2 & d_3c_2 \\ 0 & 0 & 0 & 1 \end{bmatrix} \tag{3-62}
$$

表 3-7　球坐标臂 D-H 参数

连杆 \ 参数	θ_i	d_i	a_i	α_i
1	θ_1	0	0	$-\frac{\pi}{2}$
2	θ_2	0	0	$\frac{\pi}{2}$
3	0	d_3	0	0

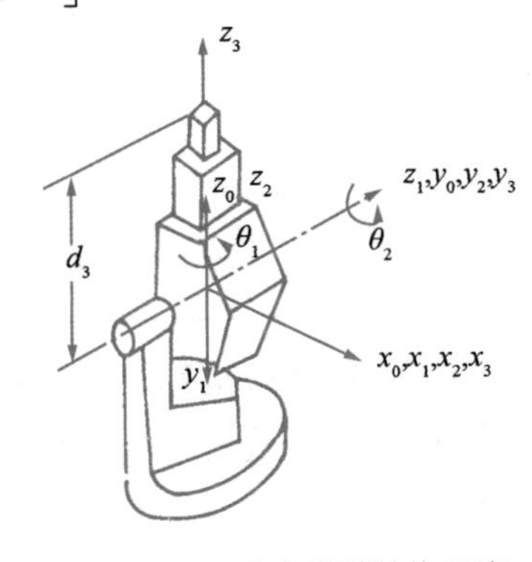

图 3-14　球坐标臂结构示意

（3）转动坐标臂（RRR）。转动臂的结构如图 3-15 所示，该机械臂有三个转动连杆，类似人的腰、肩、肘。按前面所述的方法建立 D-H 坐标系如图 3-15 所示，D-H 参数见表 3-8。关节变量为 θ_1、θ_2、θ_3。连杆的 D-H 坐标变换矩阵为：

$$
{}_1^0\boldsymbol{T}=\mathrm{Rot}(z_0,\theta_1)\mathrm{Rot}\left(x_1,\frac{\pi}{2}\right)=\begin{bmatrix} c_1 & 0 & s_1 & 0 \\ s_1 & 0 & -c_1 & 0 \\ 0 & 1 & 0 & 0 \\ 0 & 0 & 0 & 1 \end{bmatrix} \tag{3-63}
$$

$$
{}_2^1\boldsymbol{T}=\mathrm{Rot}(z_1,\theta_2)\mathrm{Trans}(x_2,a_2)=\begin{bmatrix} c_2 & -s_2 & 0 & a_2c_2 \\ s_2 & c_2 & 0 & a_2s_2 \\ 0 & 0 & 1 & 0 \\ 0 & 0 & 0 & 1 \end{bmatrix} \tag{3-64}
$$

$$
{}_3^2\boldsymbol{T}=\mathrm{Rot}(z_2,\theta_3)\mathrm{Trans}(x_2,a_3)=\begin{bmatrix} c_3 & -s_3 & 0 & a_3c_3 \\ s_3 & c_3 & 0 & a_3s_3 \\ 0 & 0 & 1 & 0 \\ 0 & 0 & 0 & 1 \end{bmatrix} \tag{3-65}
$$

$$
{}_2^0\boldsymbol{T}={}_1^0\boldsymbol{T}{}_2^1\boldsymbol{T}=\begin{bmatrix} c_1c_2 & -c_1s_2 & s_1 & a_2c_1c_2 \\ s_1c_2 & -s_1s_2 & -c_1 & a_2s_1c_2 \\ s_2 & c_2 & 0 & a_2s_2 \\ 0 & 0 & 0 & 1 \end{bmatrix} \tag{3-66}
$$

$$
{}_3^1\boldsymbol{T}={}_2^1\boldsymbol{T}{}_3^2\boldsymbol{T}=\begin{bmatrix} c_{23} & -s_{23} & 0 & a_3c_{23}+a_2c_2 \\ s_{23} & c_{23} & 0 & a_3s_{23}+a_2s_2 \\ 0 & 0 & 1 & 0 \\ 0 & 0 & 0 & 1 \end{bmatrix} \tag{3-67}
$$

运动学方程为：

$$
{}_3^0\boldsymbol{T}={}_1^0\boldsymbol{T}{}_2^1\boldsymbol{T}{}_3^2\boldsymbol{T}=\begin{bmatrix} c_1c_{23} & -c_1s_{23} & s_1 & c_1(a_3c_{23}+a_2c_2) \\ s_1c_{23} & -s_1s_{23} & -c_1 & s_1(a_3c_{23}+a_2c_2) \\ s_{23} & c_{23} & 0 & a_3s_{23}+a_2s_2 \\ 0 & 0 & 0 & 1 \end{bmatrix} \tag{3-68}
$$

表 3-8 转动坐标臂 D-H 参数

参数 / 连杆	θ_i	d_i	a_i	α_i
1	θ_1	0	0	$\frac{\pi}{2}$
2	θ_2	0	a_2	0
3	θ_3	0	a_3	0

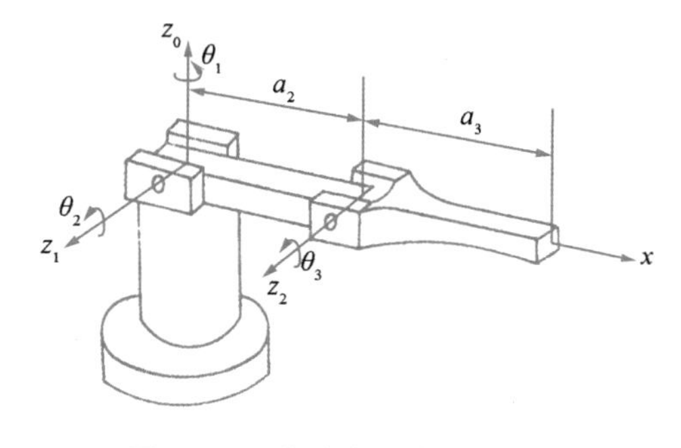

图 3-15 转动坐标臂结构示意

2. 斯坦福六自由度机器人(Scheinman)

斯坦福机器人结构如图 3-16 所示。该机器人由球坐标臂(RRP)和欧拉腕组成，其连杆坐标系的设置如图 3-16 所示，关节变量为 $\theta_1,\theta_2,d_3,\theta_4,\theta_5,\theta_6$。图中 z_0 轴沿关节 1 的轴，z_i 轴沿关节 $i+1$ 的轴，令所有 x_i 轴与 x_0 轴平行，y 轴按右手法则确定。原点 o_0,o_1 重合，原点 o_3,o_4,o_5,o_6 重合，此处未考虑终端操作装置的位移 d_6。连杆 D-H 参数见表3-9。

连杆的 D-H 坐标变换矩阵为：

$$
{}_1^0\boldsymbol{T}=\begin{bmatrix} c_1 & 0 & -s_1 & 0 \\ s_1 & 0 & c_1 & 0 \\ 0 & -1 & 0 & 0 \\ 0 & 0 & 0 & 1 \end{bmatrix},{}_2^1\boldsymbol{T}=\begin{bmatrix} c_2 & 0 & s_2 & 0 \\ s_2 & 0 & -c_2 & 0 \\ 0 & 1 & 0 & d_2 \\ 0 & 0 & 0 & 1 \end{bmatrix},{}_3^2\boldsymbol{T}=\begin{bmatrix} 1 & 0 & 0 & 0 \\ 0 & 1 & 0 & 0 \\ 0 & 0 & 1 & d_3 \\ 0 & 0 & 0 & 1 \end{bmatrix},
$$

$$ {}^{3}_{4}\boldsymbol{T}=\begin{bmatrix} c_4 & 0 & -s_4 & 0 \\ s_4 & 0 & c_4 & 0 \\ 0 & -1 & 0 & 0 \\ 0 & 0 & 0 & 1 \end{bmatrix},\ {}^{4}_{5}\boldsymbol{T}=\begin{bmatrix} c_5 & 0 & s_5 & 0 \\ s_5 & 0 & -c_5 & 0 \\ 0 & 1 & 0 & 0 \\ 0 & 0 & 0 & 1 \end{bmatrix},\ {}^{5}_{6}\boldsymbol{T}=\begin{bmatrix} c_6 & -s_6 & 0 & 0 \\ s_6 & c_6 & 0 & 0 \\ 0 & 0 & 1 & 0 \\ 0 & 0 & 0 & 1 \end{bmatrix} \tag{3-69} $$

$$ {}^{4}_{6}\boldsymbol{T}={}^{4}_{5}\boldsymbol{T}{}^{5}_{6}\boldsymbol{T}=\begin{bmatrix} c_5c_6 & -c_5s_6 & s_5 & 0 \\ s_5c_6 & -s_5s_6 & -c_5 & 0 \\ s_6 & c_6 & 0 & 0 \\ 0 & 0 & 0 & 1 \end{bmatrix} \tag{3-70} $$

$$ {}^{3}_{6}\boldsymbol{T}={}^{3}_{4}\boldsymbol{T}{}^{4}_{6}\boldsymbol{T}=\begin{bmatrix} c_4c_5c_6-s_4s_6 & -c_4c_5s_6-s_4c_6 & c_4s_5 & 0 \\ s_4c_5c_6+c_4s_6 & -s_4c_5s_6+c_4c_6 & s_4s_5 & 0 \\ -s_5c_6 & s_5s_6 & c_5 & 0 \\ 0 & 0 & 0 & 1 \end{bmatrix} \tag{3-71} $$

$$ {}^{2}_{6}\boldsymbol{T}={}^{2}_{3}\boldsymbol{T}{}^{3}_{6}\boldsymbol{T}=\begin{bmatrix} c_4c_5c_6-s_4s_6 & -c_4c_5s_6-s_4c_6 & c_4s_5 & 0 \\ s_4c_5c_6+c_4s_6 & -s_4c_5s_6+c_4c_6 & s_4s_5 & 0 \\ -s_5c_6 & s_5s_6 & c_5 & d_3 \\ 0 & 0 & 0 & 1 \end{bmatrix} \tag{3-72} $$

$$ {}^{1}_{6}\boldsymbol{T}={}^{1}_{2}\boldsymbol{T}{}^{2}_{6}\boldsymbol{T}=\begin{bmatrix} c_2(c_4c_5c_6-s_4s_6)-s_2s_5c_6 & -c_2(c_4c_5s_6+s_4c_6)+s_2s_5s_6 & c_2c_4s_5+s_2c_5 & s_2d_3 \\ s_2(c_4c_5c_6-s_4s_6)+c_2s_5c_6 & s_2(c_4c_5s_6+s_4c_6)-c_2s_5s_6 & s_2c_4s_5-c_2c_5 & -c_2d_3 \\ s_4c_5c_6+c_4s_6 & -s_4c_5s_6+c_4c_6 & s_4s_5 & d_2 \\ 0 & 0 & 0 & 1 \end{bmatrix} \tag{3-73} $$

表 3-9　斯坦福机器人 D-H 参数

连杆 \ 参数	θ_i	d_i	a_i	α_i
1	θ_1	0	0	$-\frac{\pi}{2}$
2	θ_2	d_2	0	$\frac{\pi}{2}$
3	0	d_3	0	0
4	θ_4	0	0	$-\frac{\pi}{2}$
5	θ_5	0	0	$\frac{\pi}{2}$
6	θ_6	0	0	0

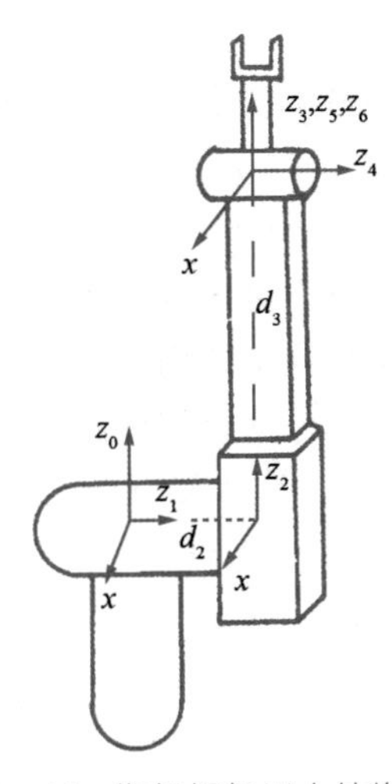

图 3-16　斯坦福机器人结构示意

运动学方程为：

$$
{}^{0}_{6}\boldsymbol{T}={}^{0}_{1}\boldsymbol{T}{}^{1}_{2}\boldsymbol{T}{}^{2}_{3}\boldsymbol{T}{}^{3}_{4}\boldsymbol{T}{}^{4}_{5}\boldsymbol{T}{}^{5}_{6}\boldsymbol{T}=\begin{bmatrix} n_x & o_x & a_x & p_x \\ n_y & o_y & a_y & p_y \\ n_z & o_z & a_z & p_z \\ 0 & 0 & 0 & 1 \end{bmatrix} \tag{3-74}
$$

$$n_x=c_1[c_{23}(c_4c_5c_6-s_4s_6)-s_{23}s_5c_6]-s_1(s_4c_5c_6+c_4s_6)$$

$$n_y=s_1[c_{23}(c_4c_5c_6-s_4s_6)-s_{23}s_5c_6]+c_1(s_4c_5c_6+c_4s_6)$$

$$n_z=-s_{23}(c_4c_5c_6-s_4s_6)-c_{23}s_5c_6$$

$$o_x=c_1[-c_{23}(c_4c_5s_6+s_4c_6)+s_{23}s_5s_6]-s_1(-s_4c_5s_6+c_4c_6)$$

$$o_y=s_1[-c_{23}(c_4c_5s_6+s_4c_6)+s_{23}s_5s_6]+c_1(-s_4c_5s_6+c_4c_6)$$

$$o_z=s_{23}(c_4c_5c_6+s_4s_6)+c_{23}s_5s_6$$

$$a_x=c_1(c_{23}c_4s_5+s_{23}c_5)-s_1s_4s_5$$

$$a_y=s_1(c_{23}c_4s_5+s_{23}c_5)+c_1s_4s_5$$

$$a_z=-s_{23}c_4s_5+c_{23}c_5$$

$$p_x=c_1s_2d_3-s_1d_2$$

$$p_y=s_1s_2d_3+c_1d_2$$

$$p_z=c_2d_3$$

3. PUMA560 六自由度机器人

PUMA560 机器人结构如图 3-17 所示。该机器人由转动坐标臂(RRR)和欧拉腕组成,其连杆坐标系的设置见图 3-17,关节变量为 θ_1、θ_2、θ_3、θ_4、θ_5、θ_6。图中 z_0 轴沿关节 1 的轴,z_i 轴沿关节 $i+1$ 的轴,o_0 与 o_1 重合,z_3 与 z_2 轴的交点为 o_3,o_2 与 o_3 重合,坐标系 $o_3x_3y_3z_3$ 不在臂的终端,o_3z_3 是腕的第一个转轴。z_4 与 z_3 轴的交点 o_4 为臂的终端,是腕的中心,o_4z_4 是腕的第二个转轴。z_5 与 z_4 轴的交点为 o_5,o_4 与 o_5 重合,o_5z_5 是腕的第三个转轴。$o_6x_6y_6z_6$ 是手爪坐标系,x_6、y_6、z_6 分别记为 n、o、a,表示手爪的法向、开合方向、接近物体方向。此处考虑工具长度 d_6。连杆 D-H 参数见表 3-10。

表 3-10 PUMA 机器人 D-H 参数

连杆 \ 参数	θ_i	d_i	a_i	α_i
1	θ_1	0	0	$-\frac{\pi}{2}$
2	θ_2	d_2	a_2	0
3	θ_3	0	0	$\frac{\pi}{2}$
4	θ_4	d_4	0	$-\frac{\pi}{2}$
5	θ_5	0	0	$\frac{\pi}{2}$
6	θ_6	d_6	0	0

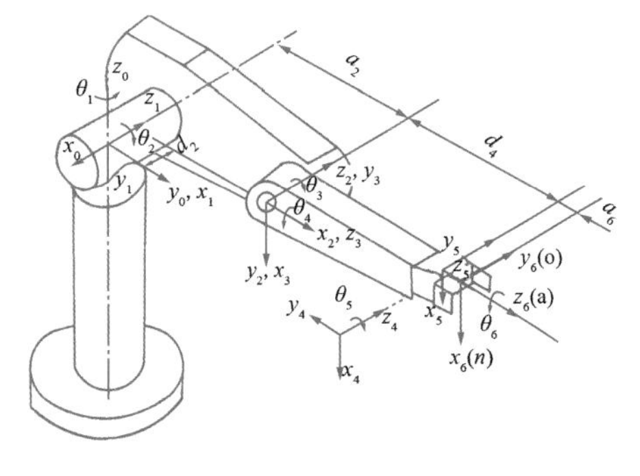

图 3-17 PUMA560 机器人结构示意

连杆的 D-H 坐标变换矩阵为：

$$
{}_1^0\boldsymbol{T}=\begin{bmatrix} c_1 & 0 & -s_1 & 0 \\ s_1 & 0 & c_1 & 0 \\ 0 & -1 & 0 & 0 \\ 0 & 0 & 0 & 1 \end{bmatrix},\qquad
{}_2^1\boldsymbol{T}=\begin{bmatrix} c_2 & -s_2 & 0 & a_2c_2 \\ s_2 & c_2 & 0 & a_2s_2 \\ 0 & 0 & 1 & d_2 \\ 0 & 0 & 0 & 1 \end{bmatrix},
$$

$$
{}_3^2\boldsymbol{T}=\begin{bmatrix} c_3 & 0 & s_3 & 0 \\ s_3 & 0 & -c_3 & 0 \\ 0 & 1 & 0 & 0 \\ 0 & 0 & 0 & 1 \end{bmatrix},\qquad
{}_4^3\boldsymbol{T}=\begin{bmatrix} c_4 & 0 & -s_4 & 0 \\ s_4 & 0 & c_4 & 0 \\ 0 & -1 & 0 & d_4 \\ 0 & 0 & 0 & 1 \end{bmatrix},
$$

$$
{}_5^4\boldsymbol{T}=\begin{bmatrix} c_5 & 0 & s_5 & 0 \\ s_5 & 0 & -c_5 & 0 \\ 0 & 1 & 0 & 0 \\ 0 & 0 & 0 & 1 \end{bmatrix},\qquad
{}_6^5\boldsymbol{T}=\begin{bmatrix} c_6 & -s_6 & 0 & 0 \\ s_6 & c_6 & 0 & 0 \\ 0 & 0 & 1 & d_6 \\ 0 & 0 & 0 & 1 \end{bmatrix} \tag{3-75}
$$

$$
{}_6^4\boldsymbol{T}={}_5^4\boldsymbol{T}{}_6^5\boldsymbol{T}=\begin{bmatrix} c_5c_6 & -c_5s_6 & s_5 & d_6s_5 \\ s_5c_6 & -s_5s_6 & -c_5 & -d_6c_5 \\ s_6 & c_6 & 0 & 0 \\ 0 & 0 & 0 & 1 \end{bmatrix} \tag{3-76}
$$

$$
{}_6^3\boldsymbol{T}={}_4^3\boldsymbol{T}{}_5^4\boldsymbol{T}{}_6^5\boldsymbol{T}=\begin{bmatrix} c_4c_5c_6-s_4s_6 & -c_4c_5s_6-s_4c_6 & c_4s_5 & d_6c_4s_5 \\ s_4c_5c_6+c_4s_6 & -s_4c_5s_6+c_4s_6 & s_4s_5 & d_6s_4s_5 \\ -s_5c_6 & s_5s_6 & c_5 & d_6c_5+d_4 \\ 0 & 0 & 0 & 1 \end{bmatrix} \tag{3-77}
$$

$$
{}_6^2\boldsymbol{T}={}_3^2\boldsymbol{T}{}_6^3\boldsymbol{T}=\begin{bmatrix} n_{x1} & o_{x1} & a_{x1} & p_{x1} \\ n_{y1} & o_{y1} & a_{y1} & p_{y1} \\ n_{z1} & o_{z1} & a_{z1} & p_{z1} \\ 0 & 0 & 0 & 1 \end{bmatrix} \tag{3-78}
$$

$n_{x1}=c_3(c_4c_5c_6-s_4s_6)-s_3s_5c_6$

$n_{y1}=s_3(c_4c_5c_6-s_4s_6)+c_3s_5c_6$

$n_{z1}=s_4c_5c_6+c_4s_6$

$o_{x1}=c_3(-c_4c_5c_6-s_4c_6)+s_3s_5c_6$

$o_{y1}=s_3(-c_4c_5c_6-s_4c_6)-c_3s_5s_6$

$o_{z1}=-s_4c_5c_6+c_4c_6$

$a_{x1}=c_3c_4s_5+s_3c_5$

$a_{y1}=s_3c_4s_5-c_3c_5$

$a_{z1}=s_4s_5$

$p_{x1}=c_3c_4s_5d_6+s_3(c_5d_6+d_4)$

$p_{y1}=s_3c_4s_5d_6-c_3(c_5d_6+d_4)$

$$p_{z1}=s_4 s_5 d_3$$

$$ {}_6^1\boldsymbol{T}={}_2^1\boldsymbol{T}{}_6^2\boldsymbol{T}=\begin{bmatrix} n_{x2} & o_{x2} & a_{x2} & p_{x2} \\ n_{y2} & o_{y2} & a_{y2} & p_{y2} \\ n_{z2} & o_{z2} & a_{z2} & p_{z2} \\ 0 & 0 & 0 & 1 \end{bmatrix} \tag{3-79}$$

$$n_{x2}=c_{23}(c_4 c_5 c_6-s_4 s_6)-s_{23} s_5 c_6$$
$$n_{y2}=s_{23}(c_4 c_5 c_6-s_4 s_6)+c_{23} s_5 c_6$$
$$n_{z2}=s_4 c_5 c_6+c_4 s_6$$
$$o_{x2}=c_{23}(-c_4 c_5 c_6-s_4 c_6)+s_{23} s_5 s_6$$
$$o_{y2}=s_{23}(-c_4 c_5 c_6-s_4 c_6)-c_{23} s_5 s_6$$
$$o_{z2}=s_4 c_5 s_6+c_4 c_6$$
$$a_{x2}=c_{23} c_4 s_5+s_{23} c_5$$
$$a_{y2}=s_{23} c_4 s_5-c_3 c_5$$
$$a_{z2}=s_4 s_5$$
$$p_{x2}=c_{23} c_4 s_5 d_6+s_{23}(c_5 d_6+d_4)+a_2 c_2$$
$$p_{y2}=s_{23} c_4 s_5 d_6-c_{23}(c_5 d_6+d_4)+a_2 s_2$$
$$p_{z2}=s_4 s_5 d_6+d_2$$

$$ {}_2^0\boldsymbol{T}={}_1^0\boldsymbol{T}{}_2^1\boldsymbol{T}=\begin{bmatrix} c_1 c_2 & -c_1 s_2 & -s_1 & a_2 c_1 c_2-d_2 s_1 \\ s_1 c_2 & -s_1 s_2 & c_1 & a_2 s_1 c_2+d_2 c_1 \\ -s_2 & -c_2 & 0 & -a_2 s_2 \\ 0 & 0 & 0 & 1 \end{bmatrix} \tag{3-80}$$

$$ {}_3^0\boldsymbol{T}={}_2^0\boldsymbol{T}{}_3^2\boldsymbol{T}=\begin{bmatrix} c_1 c_{23} & -s_1 & c_1 s_{23} & a_2 c_1 c_2-d_2 s_1 \\ s_1 c_{23} & c_1 & s_1 s_{23} & a_2 s_1 c_2+d_2 c_1 \\ -s_{23} & 0 & c_{23} & -a_2 s_2 \\ 0 & 0 & 0 & 1 \end{bmatrix} \tag{3-81}$$

$$ {}_4^0\boldsymbol{T}={}_3^0\boldsymbol{T}{}_4^3\boldsymbol{T}=\begin{bmatrix} c_1 c_{23} c_4-s_1 s_4 & -c_1 s_{23} & -c_1 c_{23} s_4-s_1 c_4 & c_1 s_{23} d_4+a_2 c_1 c_2-d_2 s_1 \\ s_1 c_{23} c_4+c_1 s_4 & -s_1 s_{23} & -s_1 c_{23} s_4+c_1 c_4 & s_1 s_{23} d_4+a_2 s_1 c_2+d_2 c_1 \\ -s_{23} c_4 & -c_{23} & s_{23} s_4 & c_{23} d_4-a_2 s_2 \\ 0 & 0 & 0 & 1 \end{bmatrix} \tag{3-82}$$

$$ {}_5^0\boldsymbol{T}={}_4^0\boldsymbol{T}{}_5^4\boldsymbol{T}=\begin{bmatrix} n_{x3} & o_{x3} & a_{x3} & p_{x3} \\ n_{y3} & o_{y3} & a_{y3} & p_{y3} \\ n_{z3} & o_{z3} & a_{z3} & p_{z3} \\ 0 & 0 & 0 & 1 \end{bmatrix} \tag{3-83}$$

$$n_{x3}=c_1 c_{23} c_4 c_5-s_1 s_4 s_5-c_1 s_{23} s_5$$
$$n_{y3}=s_1 c_{23} c_4 c_5+c_1 s_4 c_5-s_1 s_{23} s_5$$

$n_{z3}=-s_{23}c_4c_5-c_{23}s_5$

$o_{x3}=-c_1c_{23}s_4-s_1c_4$

$o_{y3}=-s_1c_{23}s_4+c_1c_4$

$o_{z3}=s_{23}s_4$

$a_{x3}=c_1c_{23}c_4c_5-s_1s_4s_5+c_1s_{23}c_5$

$a_{y3}=s_1c_{23}c_4s_5+c_1s_4s_5+s_1s_{23}c_5$

$a_{z3}=-s_{23}c_4s_5+c_{23}c_5$

$p_{x3}=a_2c_1c_2-d_2s_1$

$p_{y3}=a_2s_1c_2+d_2c_1$

$p_{z3}=-a_2s_2$

运动学方程为：

$$ {}_6^0\boldsymbol{T}={}_1^0\boldsymbol{T}{}_2^1\boldsymbol{T}{}_3^2\boldsymbol{T}{}_4^3\boldsymbol{T}{}_5^4\boldsymbol{T}{}_6^5\boldsymbol{T}=\begin{bmatrix} n_x & o_x & a_x & p_x \\ n_y & o_y & a_y & p_y \\ n_z & o_z & a_z & p_z \\ 0 & 0 & 0 & 1 \end{bmatrix} \tag{3-84} $$

$n_x=c_1[c_{23}(c_4c_5c_6-s_4s_6)-s_{23}s_5c_6]-s_1(s_4c_5c_6+c_4s_6)$

$n_y=s_1[c_{23}(c_4c_5c_6-s_4s_6)-s_{23}s_5c_6]+c_1(s_4c_5c_6+c_4s_6)$

$n_z=-s_{23}(c_4c_5c_6-s_4s_6)-c_{23}s_5c_6$

$o_x=c_1[-c_{23}(c_4c_5s_6+s_4c_6)+s_{23}s_5s_6]-s_1(-s_4c_5s_6+c_4c_6)$

$o_y=s_1[-c_{23}(c_4c_5s_6+s_4c_6)+s_{23}s_5s_6]+c_1(-s_4c_5s_6+c_4c_6)$

$o_z=s_{23}(c_4c_5s_6+s_4c_6)+c_{23}s_5s_6$

$a_x=c_1(c_{23}c_4s_5+s_{23}c_5)-s_1s_4s_5$

$a_y=s_1(c_{23}c_4s_5+s_{23}c_5)+c_1s_4s_5$

$a_z=-s_{23}c_4s_5+c_{23}c_5$

$p_x=c_1[d_6(c_{23}c_4s_5+s_{23}c_5)+d_4s_{23}+a_2c_2]-s_1(d_6s_4s_5+d_2)$

$p_y=s_1[d_6(c_{23}c_4s_5+s_{23}c_5)+d_4s_{23}+a_2c_2]+c_1(d_6s_4s_5+d_2)$

$p_z=d_6(c_{23}c_5-s_{23}c_4s_5)+d_4c_{23}-a_2s_2$

3.9 机器人逆运动学

3.9.1 机器人运动学逆解有关问题

给定机器人终端位姿，求各关节变量，称求机器人运动学逆解，这也就是机器人逆运动学问题。逆运动学包括存在性、唯一性及解法三个问题。

存在性：对于给定的位姿，至少存在一组关节变量来产生希望的机器人位姿。如果给定机械手位置在工作空间外，则解不存在。

唯一性：对于给定的位姿，仅有一组关节变量来产生希望的机器人位姿。对于机器人，可能出现多解。机器人运动学逆解的数目决定于关节数目、连杆参数(旋转关节指 a_i、α_i、d_i)和关节变量的活动范围。例如 PUMA560 最多有 8 组解，其中手臂(θ_1、θ_2、θ_3)有 4 组解，腕部(θ_4、θ_5、θ_6)有 2 组解。一般，非零连杆参数越多，运动学逆解数目越多，最多可达 16 个。如何从多重解中选择其中的一组？应根据具体情况而定，在避免碰撞的前提下，通常按最短行程的准则来择优，使每个关节的移动量为最小。由于工业机器人前面三个连杆的尺寸较大，后面三个较小，故应加权处理，遵循多移动小关节、少移动大关节的原则。

解法：逆运动学问题的解法有封闭解法和数值解法两种。在终端位姿已知的条件下，封闭解法可给出每个关节变量的数学函数表达式。数值法则是一种递推算法给出关节变量的具体数值。在求逆解时，总是力求得到封闭解。因为封闭解法计算速度快，效率高，便于实时控制。数值解法不具备这些特点。封闭解法有代数解法和几何解法。目前已建立的一种系统化的代数解法为：运用左乘逆矩阵的变换来求解腕的运动学逆解，运用臂终端位置来求臂的运动学逆解，运用臂腕分离法求整个机器人的逆解，腕运动学逆解见 3.6 节。

3.9.2 典型臂运动学逆解

已知臂终端的位置，求臂的关节变量。

1. **圆柱坐标臂**(PRP)

已知臂终端位置$[p_x, p_y, p_z]^T$，求$[d_1, \theta_2, d_3]^T$。

由式(3-56)可知：

$$
{}_3^0\boldsymbol{T}=\begin{bmatrix} c_2 & 0 & -s_2 & -d_3s_2+a_2c_2 \\ s_2 & 0 & c_2 & d_3c_2+a_2s_2 \\ 0 & -1 & 0 & d_1 \\ 0 & 0 & 0 & 1 \end{bmatrix}
$$

上式中变换矩阵第 4 列为臂终端的位置矢量，因此有：

$$-d_3s_2+a_2c_2=p_x \tag{3-85}$$

$$d_3c_2+a_2s_2=p_y \tag{3-86}$$

$$d_1=p_z \tag{3-87}$$

将式(3-85)与式(3-86)平方求和，可得：

$$d_3=\sqrt{p_x^2+p_y^2-a_2^2} \tag{3-88}$$

由式(3-85)可解得 θ_2：

$$\theta_2=\mathrm{A}\tan 2(a_2,d_3)-\mathrm{A}\tan 2(\pm p_x,\sqrt{d_3^2+a_2^2-p_x^2}) \tag{3-89}$$

当 p_x 为正时，

$$\mathrm{A}\tan 2(a_2,d_3)-\pi<\theta_2<\mathrm{A}\tan 2(a_2,d_3) \tag{3-90}$$

当 p_x 为负时，

$$A\tan2(a_2, d_3) < \theta_2 < \pi + A\tan2(a_2, d_3) \tag{3-91}$$

式(3-90)和式(3-91)是对比度的限制约束条件。

2. **球坐标臂**(RRP)

已知臂终端位置$[p_x, p_y, p_z]^T$，求$[\theta_1, \theta_2, d_3]^T$。

由式(3-62)可知：

$$ {}_3^0\boldsymbol{T} = \begin{bmatrix} c_1c_2 & -s_1 & c_1s_2 & d_3c_1s_2 \\ s_1c_2 & c_1 & s_1s_2 & d_3s_1s_2 \\ -s_2 & 0 & c_2 & d_3c_2 \\ 0 & 0 & 0 & 1 \end{bmatrix} $$

上式中变换矩阵第4列为臂终端的位置矢量，因此有：

$$c_1s_2d_3 = p_x \tag{3-92}$$

$$s_1s_2d_3 = p_y \tag{3-93}$$

$$c_2d_3 = p_z \tag{3-94}$$

将式(3-92)与式(3-93)平方求和，可得：

$$\theta_1 = A\tan2(p_y, p_x) \tag{3-95}$$

$$s_2d_3 = \pm\sqrt{p_x^2 + p_y^2} \tag{3-96}$$

由式(3-94)和式(3-96)得：

$$\theta_2 = A\tan2(\pm\sqrt{p_x^2 + p_y^2}, p_z) \tag{3-97}$$

$$d_3 = \sqrt{p_x^2 + p_y^2 + p_z^2} \tag{3-98}$$

3. **转动坐标臂**(RRR)

已知臂终端位置$[p_x, p_y, p_z]^T$，求$[\theta_1, \theta_2, \theta_3]^T$。

由式(3-68)可知：

$$ {}_3^0\boldsymbol{T} = \begin{bmatrix} c_1c_{23} & -c_1s_{23} & s_1 & c_1(a_3c_{23} + a_2c_2) \\ s_1c_{23} & -s_1s_{23} & -c_1 & s_1(a_3c_{23} + a_2c_2) \\ s_{23} & c_{23} & 0 & a_3s_{23} + a_2s_2 \\ 0 & 0 & 0 & 1 \end{bmatrix} $$

上式中变换矩阵第4列为臂终端的位置矢量，因此有：

$$c_1(a_2c_{23} + a_2c_2) = p_x \tag{3-99}$$

$$s_1(a_2c_{23} + a_2c_2) = p_y \tag{3-100}$$

$$a_3s_{23} + a_2s_2 = p_z \tag{3-101}$$

由式(3-99)和式(3-100)得：

$$\theta_1 = A\tan2(p_y, p_x) \tag{3-102}$$

$$a_2c_{23} + a_2c_2 = \sqrt{p_x^2 + p_y^2} \tag{3-103}$$

令：

$$\alpha=\sqrt{p_x^2+p_y^2} \tag{3-104}$$

则由式(3－103)和式(3－101)得：

$$c_{23}=\frac{\alpha-a_2c_2}{a_3} \tag{3-105}$$

$$s_{23}=\frac{p_z-a_2s_2}{a_3} \tag{3-106}$$

于是：

$$\left(\frac{\alpha-a_2c_2}{a_3}\right)^2+\left(\frac{p_z-a_2s_2}{a_3}\right)^2=1$$

整理得：

$$p_zs_2+\alpha c_2=\frac{1}{2a_2}(\alpha^2+p_z^2+a_2^2-a_3^2) \tag{3-107}$$

令：

$$\beta=\frac{1}{2a_2}(\alpha^2+p_z^2+a_2^2-a_3^2) \tag{3-108}$$

于是得：

$$p_zs_2+\alpha c_2=\beta \tag{3-109}$$

解得：

$$\theta_2=A\tan2(\pm\beta,\sqrt{p_z^2+\alpha^2-\beta^2})-A\tan2(\alpha,p_z) \tag{3-110}$$

若 β 为正，则：

$$-A\tan2(\alpha,p_z)\theta_2<\pi-A\tan2(\alpha,p_z) \tag{3-111}$$

若 β 为负，则：

$$-\pi-A\tan2(\alpha,p_z)<\theta_2<-A\tan2(\alpha,p_z) \tag{3-112}$$

由式(3－105)和式(3－106)得：

$$\theta_2+\theta_3=A\tan2(p_z-a_2s_2,\alpha-a_2c_2)$$

故

$$\theta_3=A\tan2(p_z-a_2s_2,\alpha-a_2c_2)-\theta_2 \tag{3-113}$$

在给定臂的终端位置的情况下，三种臂的关节变量的解总结如表3－11所示。

表3－11 给定臂的终端位置时，臂关节变量的解

臂坐标系	臂关节变量的解
PRP	$d_1=p_z$ $\theta_2=A\tan2(a_2,d_3)-A\tan2(\pm p_x,p_y)$ $d_3=\sqrt{p_x^2+p_y^2-a_2^2}$
RRP	$\theta_1=A\tan2(p_y,p_x)$ $\theta_2=A\tan2(\pm\sqrt{p_x^2+p_y^2},p_z)$ $d_3=\sqrt{p_x^2+p_y^2+p_z^2}$

续表

臂坐标系	臂关节变量的解
RRR	$\theta_1 = A\tan2(p_y, p_x)$ $\theta_2 = A\tan2(\pm\beta, \sqrt{p_z^2+\alpha^2-\beta^2}) - A\tan2(\alpha, p_z)$ $\theta_3 = A\tan2(p_z - a_2 s_2, \alpha - a_2 c_2) - \theta_2$ $\alpha = \sqrt{p_x^2 + p_y^2}$ $\beta = \frac{1}{2a_2}(\alpha^2 + p_z^2 + a_2^2 - a_3^2)$

3.9.3 机器人运动学逆解

1. 一般方法

求机器人运动学逆解常采用臂腕分离的方法，在前面我们已讨论了求机器人臂和腕的逆解的方法，现在此基础上，进一步讨论求整个机器人运动学的逆解。机器人运动学方程包括臂运动及腕运动，即：

$$ {}_n^0\boldsymbol{T} = {}_a^0\boldsymbol{T}\,{}_n^a\boldsymbol{T} \tag{3-114}$$

式中，${}_a^0\boldsymbol{T}$ 为臂终端坐标系相对基坐标的齐次变换阵，${}_n^a\boldsymbol{T}$ 为终端操作装置相对臂终端的齐次变换阵，且有：

$$ {}_n^0\boldsymbol{R} = {}_a^0\boldsymbol{R}\,{}_n^a\boldsymbol{R} \tag{3-115}$$

$$ {}^0\boldsymbol{P}_n = {}_a^0\boldsymbol{R}\,{}^a\boldsymbol{P}_n + {}^0\boldsymbol{P}_a \tag{3-116}$$

式中，${}_a^0\boldsymbol{R}\,{}^a\boldsymbol{P}_n$ 是把$\{a\}$坐标系中一向量${}^a\boldsymbol{P}_n$ 转换成了原点与$\{a\}$坐标系重合，但与基坐标系平行的坐标系中的向量，记以${}^0\boldsymbol{P}_w$，于是有：

$$ {}^0\boldsymbol{P}_n = {}^0\boldsymbol{P}_w + {}^0\boldsymbol{P}_a \tag{3-117}$$

以下分析简记为：

$$ \boldsymbol{P} = \boldsymbol{P}_w + \boldsymbol{P}_a \tag{3-118}$$

机器人总位移为臂终端相对基座的位移加上终端操作装置中心相对臂终端的位移（均在基坐标系），如图 3-18 所示。机器人关节变量也分臂、腕两部分求解。

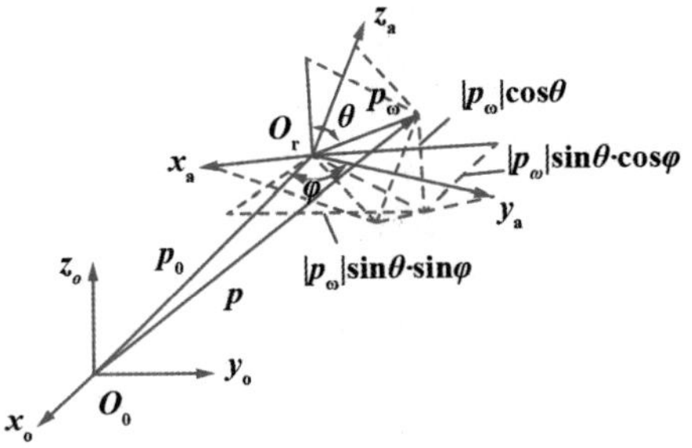

图 3-18　机器人终端位移的分解

（1）臂关节变量 q_1、q_2、q_3 的解。用关节变量 q_i 代表关节变量 θ_i 或 d_i，若由机器人位置向量导出臂的位置向量，则可用求臂运动学逆解的方法求 q_1、q_2、q_3。

将式(3-118)写成列向量形式

$$\begin{bmatrix} p_x \\ p_y \\ p_z \end{bmatrix} = \begin{bmatrix} p_{ax} \\ p_{ay} \\ p_{az} \end{bmatrix} + \begin{bmatrix} p_{wx} \\ p_{wy} \\ p_{wz} \end{bmatrix} \tag{3-119}$$

注意到$\boldsymbol{P}_w$方向与终端操作装置接近方向$\boldsymbol{a}$重合这一事实，而$\boldsymbol{a}$的方位由${}_n^0\boldsymbol{T}$的第三列给出，那么，可求出向量$\boldsymbol{a}$相对基坐标系的方位角φ及极角θ为：

$$\varphi = A\tan2(a_y, a_x) \tag{3-120}$$

$$\theta = A\tan2(\sqrt{a_x^2 + a_y^2}, a_z) \tag{3-121}$$

因此$\boldsymbol{P}$的分量为：

$$\left.\begin{aligned} p_{wx} &= |p_w|\sin\theta\cos\varphi \\ p_{wy} &= |p_w|\sin\theta\sin\varphi \\ p_{wz} &= |p_w|\cos\theta \end{aligned}\right\} \tag{3-122}$$

臂的位置向量为：

$$\begin{bmatrix} p_{ax} \\ p_{ay} \\ p_{az} \end{bmatrix} = \begin{bmatrix} p_x \\ p_y \\ p_z \end{bmatrix} - \begin{bmatrix} |p_w|\sin\theta\cos\varphi \\ |p_w|\sin\theta\sin\varphi \\ |p_w|\cos\theta \end{bmatrix} \tag{3-123}$$

到此便转化为求解臂的运动学逆解。

对于确定的机器人结构形式来说，p_x、p_y、p_z、$|p_w|$、θ 、φ 均是已知的，于是已知臂位置$[p_{ax} \quad p_{ay} \quad p_{az}]^{\mathrm{T}}$，便可求出臂的三个关节变量。

(2) 腕关节变量q_4、q_5、q_6的解。若由机器人方位矩阵${}_n^0\boldsymbol{R}$导出腕的方位矩阵，则可利用腕运动学逆解求关节变量q_4、q_5、q_6。由于：

$${}_n^0\boldsymbol{R} = {}_a^0\boldsymbol{R}\,{}_n^a\boldsymbol{R} \tag{3-124}$$

所以：

$${}_n^a\boldsymbol{R} = {}_a^0\boldsymbol{R}^{-1}\,{}_n^0\boldsymbol{R} \tag{3-125}$$

式中，${}_n^0\boldsymbol{R}$为已知机器人的姿态，${}_a^0\boldsymbol{R}^{-1}$是臂关节变量$q_1$、$q_2$、$q_3$的函数，到此便转化为求腕运动学逆解。用臂腕分离法求解机器人运动学逆解，一般步骤可归纳如下：

①确定终端操作装置接近向量的极角θ和方位角φ；

②利用极角θ和方位角φ求臂向量$\boldsymbol{P}_a$的分量；

③利用$\boldsymbol{P}_a$的分量计算臂关节变量q_1、q_2、q_3；

④利用q_1、q_2、q_3解腕关节变量q_4、q_5、q_6。

上述方法求逆解，能使计算量最小，误差也较小，若给出机器人终端操作装置的位姿，便可求出对应关节变量的值。

2. PUMA560 机器人运动学逆解

PUMA560 机器人结构示意图及 D-H 坐标变换矩阵见图 3-17 和表 3-10。

(1) 臂关节角θ_1、θ_2、θ_3的解。通过机器人终端位姿，利用公式(3-120)～(3-123)求出$[p_{ax} \quad p_{ay} \quad p_{az}]^{\mathrm{T}}$，并令其与${}_a^0\boldsymbol{T}$的位置向量对应相等。

从前面的分析可知：

$${}_a^0\boldsymbol{T} = {}_4^0\boldsymbol{T}$$

故：

$$c_1 s_{23} d_4 + c_1 c_2 a_2 - s_1 d_2 = p_{ax} \tag{3-126}$$

$$s_1 s_{23} d_4 + s_1 c_2 a_2 + c_1 d_2 = p_{ay} \tag{3-127}$$

$$c_{23} d_4 - s_2 a_2 = p_{az} \tag{3-128}$$

式(3-126)×$(-s_1)$+式(3-127)×c_1 得：

$$d_2 = -p_{ax} s_1 + p_{ay} c_1 \tag{3-129}$$

解得：

$$\theta_1 = A\tan2(p_{ay}, p_{ax}) - A\tan2(\pm d_2, \sqrt{p_{ax}^2 + p_{ay}^2 - d_2^2}) \tag{3-130}$$

由于 d_2(是作为正偏移)为正，故 θ_1 的限制条件为：

$$A\tan2(p_{ay}, p_{ax}) - \pi < \theta_1 < A\tan2(p_{ay}, p_{ax}) \tag{3-131}$$

式(3-126)×c_1+式(3-127)×s_1 得：

$$d_4 s_{23} + a_2 c_2 = p_{ax} c_1 + p_{ay} s_1 \tag{3-132}$$

令：

$$\alpha = p_{ax} c_1 + p_{ay} s_1 \tag{3-133}$$

代入式(3-132)，得：

$$s_{23} = \frac{\alpha - a_2 c_2}{d_4} \tag{3-134}$$

由式(3-128)，得：

$$c_{23} = \frac{p_{az} + a_2 s_2}{d_4} \tag{3-135}$$

求两式平方和，得：

$$\left(\frac{\alpha - a_2 c_2}{d_4}\right)^2 + \left(\frac{p_{az} + a_2 s_2}{d_4}\right)^2 = 1 \tag{3-136}$$

化简上式得：

$$\theta_2 = A\tan2(\alpha, p_{az}) - A\tan2(\pm\beta, \sqrt{\alpha^2 + p_{az}^2 - \beta^2}) \tag{3-137a}$$

$$A\tan2(\alpha, p_{az}) - \pi < \theta_2 < A\tan2(\alpha, p_{az}) \tag{3-137b}$$

由式(3-134)和式(3-135)得：

$$\theta_3 = A\tan2(\alpha - a_2 c_2, p_{az} + a_2 s_2) - \theta_2 \tag{3-138}$$

(2) 腕关节角 θ_4、θ_5、θ_6 的解。

PUMA560 的转动矩阵满足：

$${}^0_6\boldsymbol{R} = {}^0_3\boldsymbol{R}\,{}^3_6\boldsymbol{R} \tag{3-139}$$

腕的转动矩阵为：

$${}^3_6\boldsymbol{R} = {}^0_3\boldsymbol{R}^{-1}\,{}^0_6\boldsymbol{R} = {}^0_3\boldsymbol{R}^{\mathrm{T}}\,{}^0_6\boldsymbol{R} \tag{3-140}$$

式中，${}^0_6\boldsymbol{R}$ 是已知的，${}^0_3\boldsymbol{R}^{\mathrm{T}}$ 可利用前面求得的臂关节角 θ_1、θ_2、θ_3 来求得，具体表示如下：

$${}^0_6\boldsymbol{R} = \begin{bmatrix} n_x & o_x & a_x \\ n_y & o_y & a_y \\ n_z & o_z & a_z \end{bmatrix} \tag{3-141}$$

$$ {}^{0}_{3}\boldsymbol{R}^{\mathrm{T}}=\begin{bmatrix} c_1c_{23} & s_1c_{23} & -s_{23} \\ -s_1 & c_1 & 0 \\ c_1s_{23} & s_1s_{23} & c_{23} \end{bmatrix} \tag{3-142} $$

$$ \begin{aligned} {}^{3}_{6}\boldsymbol{R}&=\begin{bmatrix} n_{wx} & o_{wx} & a_{wx} \\ n_{wy} & o_{wy} & a_{wy} \\ n_{wz} & o_{wz} & a_{wz} \end{bmatrix} \\ &=\begin{bmatrix} c_4c_5c_6-s_4s_6 & -c_4c_5s_6-s_4c_6 & c_4s_5 \\ s_4c_5c_6+c_4s_6 & -s_4c_5s_6+c_4c_6 & s_4s_5 \\ -s_5c_6 & s_5s_6 & c_5 \end{bmatrix} \end{aligned} \tag{3-143} $$

利用表 3-1 解方位矩阵,可得欧拉角:

$$ \theta_4=A\tan2(a_{wy},a_{wx}) \tag{3-144} $$

或:

$$ \theta_4=A\tan2(a_{wy},a_{wx})+\pi \tag{3-145} $$

$$ \theta_5=A\tan2(\sqrt{n_{wz}^2+O_{wz}^2},a_{wz}) \tag{3-146} $$

$$ \theta_6=A\tan2(o_{wz},-n_{wz}) \tag{3-147} $$

通过式(3-130),(3-137),(3-138),(3-144),(3-146)和(3-147)六个式子,当已知机器人 PUMA560 终端操作装置的位姿时,便可求出各关节角的值。

思考题

1. 齐次坐标变换矩阵:

$$ \boldsymbol{T}=\begin{bmatrix} ? & 0 & -1 & 0 \\ ? & 0 & 0 & 1 \\ ? & -1 & 0 & 2 \\ ? & 0 & 0 & 1 \end{bmatrix}, $$

试求其中未知的第一列元素值。

2. 点 P 在坐标系$\{A\}$中的位置为${}^{A}\boldsymbol{P}=[10\quad 20\quad 30]^{\mathrm{T}}$,该点相对坐标系$\{A\}$作如下齐次变换:

$$ \boldsymbol{T}=\begin{bmatrix} 0.866 & -0.5 & 0 & 11 \\ 0.5 & 0.866 & 0 & -3 \\ 0 & 0 & 1 & 9 \\ 0 & 0 & 0 & 1 \end{bmatrix}, $$

说明是什么性质的变换,写出 Rot(?,?),Trans(?,?,?),并求变换后 P 点的位置。

3. 求下面齐次变换矩阵

$$ \boldsymbol{T}=\begin{bmatrix} 0 & 1 & 0 & -1 \\ 0 & 0 & -1 & 2 \\ -1 & 0 & 0 & 0 \\ 0 & 0 & 0 & 1 \end{bmatrix} $$

的逆变换阵 $\boldsymbol{T}^{-1}$。

4. 已知旋转矩阵

$$\boldsymbol{R}(k,\theta)=\begin{bmatrix}0&1&0\\0&0&-1\\-1&0&0\end{bmatrix},$$

试求其等效转轴 k 和等效转角 θ。

5. 有一旋转变换，先绕固定坐标系 z_0 轴转 45°，再绕其 x_0 轴转 30°，最后绕其 y_0 轴转 60°，试求该齐次变换矩阵。

6. 坐标系$\{B\}$起初与固定坐标系$\{A\}$相重合，现坐标系$\{B\}$绕 z_B 旋转 30°，然后绕 x_B 轴旋转 45°，试求变换矩阵${}^A_B\boldsymbol{T}$ 的表达式。

7. 写出齐次变换矩阵${}^A_B\boldsymbol{T}$，它表示坐标系$\{B\}$连续相对固定坐标系$\{A\}$作以下换：(1)绕 z_A 轴转 90°；(2) 绕 x_A 轴转$-90°$；(3)移动$[3\quad 7\quad 9]^{\mathrm{T}}$；

8. 写出齐次变换矩阵${}^A_B\boldsymbol{T}$，它表示坐标系$\{B\}$连续相对自身运动坐标系$\{B\}$作以下变换：(1)移动$[3\quad 7\quad 9]^{\mathrm{T}}$；(2)绕 x_B 轴转$-90°$；(3)绕 z_B 轴转 90°；

9. 工件相对参考系$\{U\}$的位姿为${}^U_P\boldsymbol{T}$，机器人基座相对参考系的位姿为${}^U_B\boldsymbol{T}$，已知：

$${}^U_P\boldsymbol{T}=\begin{bmatrix}0&1&0&-1\\0&0&-1&2\\-1&0&0&0\\0&0&0&1\end{bmatrix},\ {}^U_B\boldsymbol{T}=\begin{bmatrix}1&0&0&1\\0&1&0&5\\0&0&1&9\\0&0&0&1\end{bmatrix},$$

希望机器人手爪做标系$\{H\}$与工件坐标系$\{P\}$重合，试划出空间尺寸链图，并求${}^H_B\boldsymbol{T}$。

10. 具有转动关节的三连杆平面机械手如图 3-19 所示，关节变量为 θ_1、θ_2、θ_3，试规定各连杆的坐标系，列出 D-H 参数表并列写运动学方程。

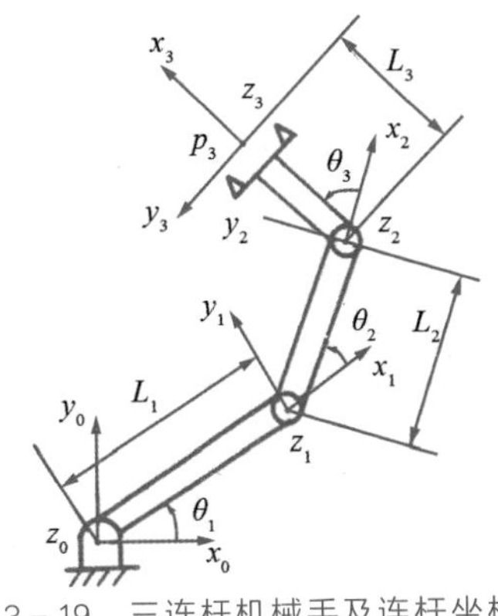

图 3-19　三连杆机械手及连杆坐标系

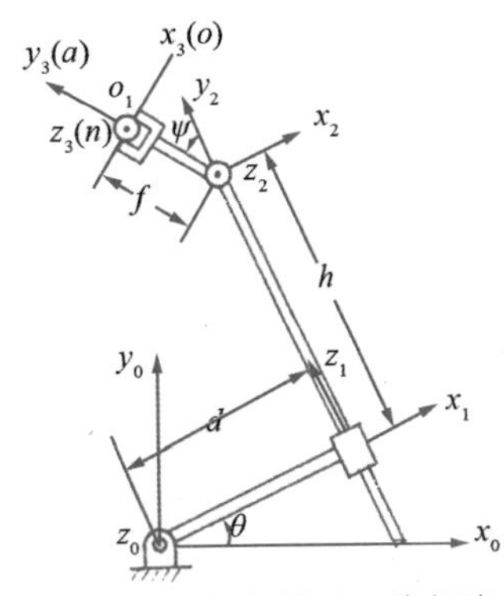

图 3-20　三连杆机械手及连杆坐标系

11. 三自由度平面机械手如图 3-20 所示，试确定连杆坐标系，建立 D-H 参数表，并列写运动学方程和 D-H 参数表。

12. 三自由度空间机械手如图 3-21 所示，臂长 l_1 和 l_2，手部中心离手腕中心的距离为 H，关节变量为 θ_1、θ_2、θ_3，试建立杆件坐标系，写出该机械手的运动学方程和 D-H 参数表，并求其运动学逆解。

13. 如图 3-22 所示 Stanford 机器人具有 6 个自由度，图示位置关节变量 $\boldsymbol{q}=[90°\quad -120°\quad 0.22\mathrm{m}\quad 0°\quad 70°\quad 90°]$，建立各连杆坐标系，列写 D-H 参数表，推导运动方程及其逆解。

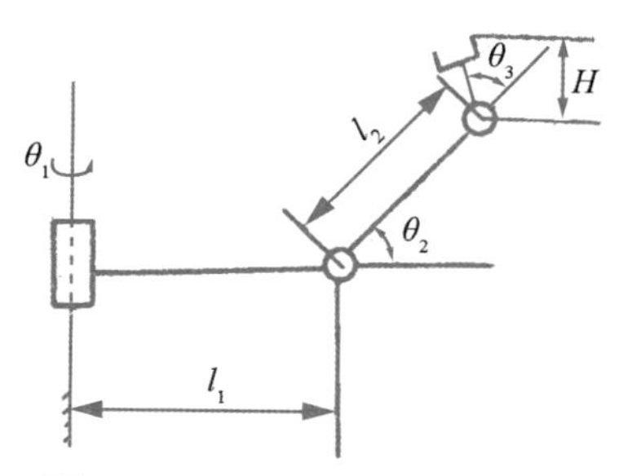

图 3-21　三自由度空间机械手

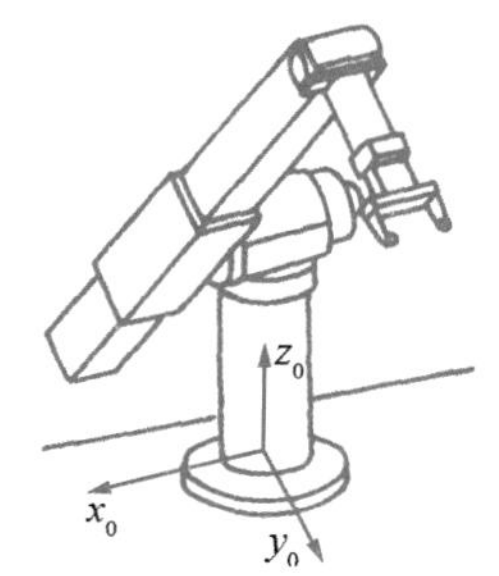

图 3-22　6 自由度 Stanford 机器人

14. 建立 SCARA 机器人(Adept1)(图 3-23)的连杆坐标系,列写 D-H 参数表,写出连杆变换矩阵和运动学方程。

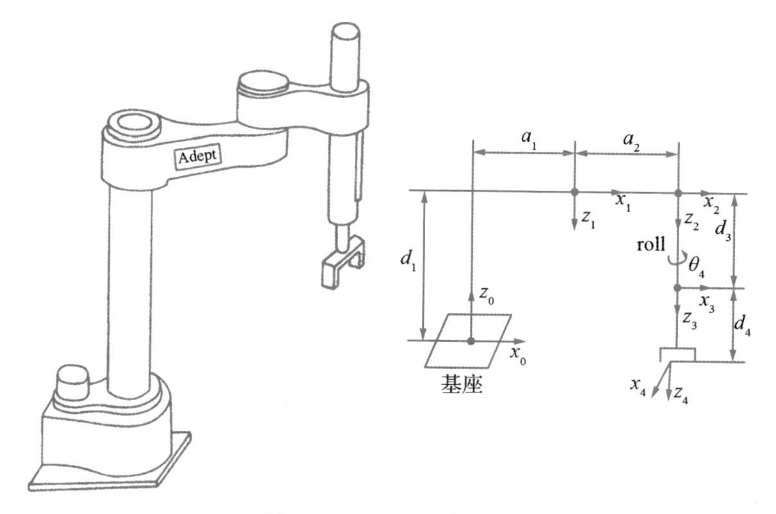

图 3-23　SCARA 机器人

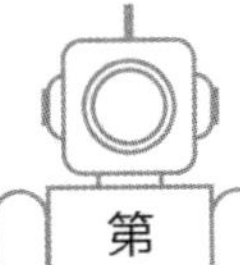

第4章 微分运动和雅可比矩阵

第3章讨论了刚体的位姿描述、齐次变换，机器人各连杆间的位移关系，建立了机器人的运动学方程，研究了运动学逆解，建立了操作空间与关节空间的映射关系。本章将在位移分析的基础上，进行速度分析，研究操作空间速度与关节空间速度之间的线性映射关系——雅可比矩阵(简称"雅可比")。雅可比矩阵不仅用来表示操作空间与关节空间之间的速度线性映射关系，同时也用来表示两空间之间力的传递关系。

4.1 雅可比矩阵的定义

把机器人关节速度向量 $\dot{\boldsymbol{q}}$ 定义为：

$$\dot{\boldsymbol{q}} = [q_1 \quad q_2 \quad \cdots \quad q_n]^{\mathrm{T}} \tag{4-1}$$

式中：$\boldsymbol{q}_i(i=1,2,\cdots,n)$为连杆 i 相对连杆 $i-1$ 的角速度或线速度。手爪在基坐标系中的广义速度向量为：

$$\boldsymbol{V} = \begin{bmatrix} \boldsymbol{v} \\ \boldsymbol{\omega} \end{bmatrix} = [\dot{x} \quad \dot{y} \quad \dot{z} \quad \omega_x \quad \omega_y \quad \omega_z]^{\mathrm{T}} \tag{4-2}$$

式中：$\boldsymbol{v}$ 为线速度，$\boldsymbol{\omega}$ 为角速度分量。从关节空间速度 $\dot{\boldsymbol{q}}$ 向操作空间速度 $\boldsymbol{V}$ 映射的线性关系称为雅可比矩阵，简称 Jacobain，记为 $\boldsymbol{J}$，即：

$$\begin{bmatrix} \dot{x} \\ \dot{y} \\ \dot{z} \\ \omega_x \\ \omega_y \\ \omega_z \end{bmatrix} = \boldsymbol{J} \begin{bmatrix} \dot{q}_1 \\ \dot{q}_2 \\ \vdots \\ \dot{q}_n \end{bmatrix} \tag{4-3}$$

在数学上，机器人终端手爪的广义位置(位姿)矢量 $\boldsymbol{P}$ 可写成：

$$\boldsymbol{P} = \begin{bmatrix} x(q_1,q_2,\cdots,q_n) \\ y(q_1,q_2,\cdots,q_n) \\ z(q_1,q_2,\cdots,q_n) \\ \varphi_x(q_1,q_2,\cdots,q_n) \\ \varphi_y(q_1,q_2,\cdots,q_n) \\ \varphi_z(q_1,q_2,\cdots,q_n) \end{bmatrix} \tag{4-4}$$

上式对时间求导，有：

$$\boldsymbol{V}=\frac{\mathrm{d}}{\mathrm{d}t}\boldsymbol{P}=\frac{\partial \boldsymbol{P}}{\partial \boldsymbol{q}^{\mathrm{T}}}\cdot\dot{\boldsymbol{q}} \tag{4-5}$$

对照式(4-3)和式(4-5)，可知：

$$\boldsymbol{J}=\frac{\partial \boldsymbol{P}}{\partial \dot{\boldsymbol{q}}}=\begin{bmatrix} \frac{\partial x}{\partial q_1} & \frac{\partial x}{\partial q_2} & \cdots & \frac{\partial x}{\partial q_n} \\ \frac{\partial y}{\partial q_1} & \frac{\partial y}{\partial q_2} & \cdots & \frac{\partial y}{\partial q_n} \\ \frac{\partial z}{\partial q_1} & \frac{\partial z}{\partial q_2} & \cdots & \frac{\partial z}{\partial q_n} \\ \frac{\partial \varphi_x}{\partial q_1} & \frac{\partial \varphi_x}{\partial q_2} & \cdots & \frac{\partial \varphi_x}{\partial q_n} \\ \frac{\partial \varphi_y}{\partial q_1} & \frac{\partial \varphi_y}{\partial q_2} & \cdots & \frac{\partial \varphi_y}{\partial q_n} \\ \frac{\partial \varphi_z}{\partial q_1} & \frac{\partial \varphi_z}{\partial q_2} & \cdots & \frac{\partial \varphi_z}{\partial q_n} \end{bmatrix} \tag{4-6}$$

在机器人学中，$\boldsymbol{J}$ 是一个把关节速度向量 $\dot{\boldsymbol{q}}$ 变换为手相对基坐标系中的广义速度向量的变换矩阵。在三维空间运行的机器人，其 $\boldsymbol{J}$ 的行数恒为 6(沿/绕基坐标系的变量共 6 个)；在二维平面运行的机器人，其 $\boldsymbol{J}$ 的行数恒为 3；列数则为机械手含有的关节数目。

对于平面运动的机器人来说，手的广义位置向量$[x,y,\varphi]^{\mathrm{T}}$ 均容易确定，且方位 φ 与角运动的形成顺序无关，故可采用直接微分法求 $\boldsymbol{J}$，并且非常方便。

对于三维空间运行的机器人则不完全适用。从三维空间运行的机器人运动学方程，可以获得直角坐标位置向量$[x,y,z]^{\mathrm{T}}$ 的显式方程，因此，$\boldsymbol{J}$ 的前三行可以直接由微分求得，但不可能找到方位向量$[\varphi_x,\varphi_y,\varphi_z]^{\mathrm{T}}$ 的一般表达式。虽然可以用角度如回转角、俯仰角、偏转角来规定方位，却找不出互相独立的、无顺序的三个转角来描述方位。绕直角坐标轴连续地角运动变换是不可交换的，而对角位移的微分要求与对角位移的形成顺序无关，故一般不能运用直接微分法来获得 $\boldsymbol{J}$ 的后三行。因此，常用构造性方法求 $\boldsymbol{J}$。

4.2 微分运动与广义速度

刚体或坐标系的微分运动包括微分移动矢量 $\boldsymbol{d}$ 和微分转动矢量 $\boldsymbol{\delta}$。前者由沿三个坐标轴的微分移动组成，后者由绕三个坐标轴的微分转动组成，即：

$$\boldsymbol{d}=d_x i+d_y j+d_z k \quad 或 \quad \boldsymbol{d}=[d_x \quad d_y \quad d_z]^{\mathrm{T}} \tag{4-7}$$

$$\boldsymbol{\delta}=\delta_x i+\delta_y j+\delta_z k \quad 或 \quad \boldsymbol{\delta}=[\delta_x \quad \delta_y \quad \delta_z]^{\mathrm{T}} \tag{4-8}$$

刚体或坐标系的微分运动矢量：

$$\boldsymbol{D}=\begin{bmatrix}\boldsymbol{d}\\ \boldsymbol{\delta}\end{bmatrix} \tag{4-9}$$

则刚体或坐标系的广义速度：

$$\boldsymbol{V}=\begin{bmatrix}\boldsymbol{v}\\ \boldsymbol{\omega}\end{bmatrix}=\lim_{\Delta t\to 0}\frac{1}{\Delta t}\begin{bmatrix}\boldsymbol{d}\\ \boldsymbol{\delta}\end{bmatrix} \tag{4-10}$$

微分运动矢量 $\boldsymbol{D}$ 和广义速度 $\boldsymbol{V}$ 也是相对某坐标系而言的，例如相对坐标系$\{T\}$用${}^T\boldsymbol{D}$、${}^T\boldsymbol{V}$、${}^T\boldsymbol{d}$、${}^T\boldsymbol{v}$ 和${}^T\boldsymbol{\omega}$ 表示。在不同的坐标系中表示是不同的，若相对基坐标系（或参考系）的微分运动为 $\boldsymbol{D}$（$\boldsymbol{d}$ 和 $\boldsymbol{\delta}$），则相对坐标系$\{T\}$，

$$\boldsymbol{T}=\begin{bmatrix}n_x & o_x & a_x & p_x\\ n_y & o_y & a_y & p_y\\ n_z & o_z & a_z & p_z\\ 0 & 0 & 0 & 1\end{bmatrix}=\begin{bmatrix}\boldsymbol{n} & \boldsymbol{o} & \boldsymbol{a} & \boldsymbol{p}\\ 0 & 0 & 0 & 1\end{bmatrix}=\begin{bmatrix}\boldsymbol{R} & \boldsymbol{P}\\ 0 & 1\end{bmatrix} \tag{4-11}$$

的微分运动${}^T\boldsymbol{D}$（${}^T\boldsymbol{d}$ 和${}^T\boldsymbol{\delta}$）为：

$$\begin{cases}{}^T\boldsymbol{d}_x=\boldsymbol{d}\cdot\boldsymbol{n}+(\boldsymbol{\delta}\times\boldsymbol{P})\cdot\boldsymbol{n}=\boldsymbol{n}\cdot[(\boldsymbol{\delta}\times\boldsymbol{P})+\boldsymbol{d}]\\ {}^T\boldsymbol{d}_y=\boldsymbol{d}\cdot\boldsymbol{o}+(\boldsymbol{\delta}\times\boldsymbol{P})\cdot\boldsymbol{o}=\boldsymbol{o}\cdot[(\boldsymbol{\delta}\times\boldsymbol{P})+\boldsymbol{d}]\\ {}^T\boldsymbol{d}_z=\boldsymbol{d}\cdot\boldsymbol{a}+(\boldsymbol{\delta}\times\boldsymbol{P})\cdot\boldsymbol{a}=\boldsymbol{a}\cdot[(\boldsymbol{\delta}\times\boldsymbol{P})+\boldsymbol{d}]\end{cases} \tag{4-12}$$

$$\begin{cases}{}^T\boldsymbol{\delta}_x=\boldsymbol{n}\cdot\boldsymbol{\delta}\\ {}^T\boldsymbol{\delta}_y=\boldsymbol{o}\cdot\boldsymbol{\delta}\\ {}^T\boldsymbol{\delta}_z=\boldsymbol{a}\cdot\boldsymbol{\delta}\end{cases} \tag{4-13}$$

利用三重积的性质，$\boldsymbol{a}\cdot(\boldsymbol{b}\times\boldsymbol{c})=-\boldsymbol{b}\cdot(\boldsymbol{a}\times\boldsymbol{c})=\boldsymbol{b}\cdot(\boldsymbol{c}\times\boldsymbol{a})=\boldsymbol{c}\cdot(\boldsymbol{a}\times\boldsymbol{b})$，即每次交换两向量时，符号改变一次，将式(4－13)展开：

$$\begin{aligned}{}^T\boldsymbol{d}_x&=(\delta_x i+\delta_y j+\delta_z k)\cdot[(\boldsymbol{P}\times\boldsymbol{n})_x i+(\boldsymbol{P}\times\boldsymbol{n})_y j+(\boldsymbol{P}\times\boldsymbol{n})_z k]+\\ &\quad (d_x i+d_y j+d_z k)\cdot(n_x i+n_y j+n_z k)\\ &=(\boldsymbol{P}\times\boldsymbol{n})_x\delta_x+(\boldsymbol{P}\times\boldsymbol{n})_y\delta_y+(\boldsymbol{P}\times\boldsymbol{n})_z\delta_z+n_x d_x+n_y d_y+n_z d_z\end{aligned}$$

同理：

$$\begin{aligned}{}^T\boldsymbol{d}_y&=(\boldsymbol{P}\times\boldsymbol{o})_x\delta_x+(\boldsymbol{P}\times\boldsymbol{o})_y\delta_y+(\boldsymbol{P}\times\boldsymbol{o})_z\delta_z+o_x d_x+o_y d_y+o_z d_z\\ {}^T\boldsymbol{d}_z&=(\boldsymbol{P}\times\boldsymbol{a})_x\delta_x+(\boldsymbol{P}\times\boldsymbol{a})_y\delta_y+(\boldsymbol{P}\times\boldsymbol{a})_z\delta_z+a_x d_x+a_y d_y+a_z d_z\\ {}^T\boldsymbol{\delta}_x&=n_x\delta_x+n_y\delta_y+n_z\delta_z\\ {}^T\boldsymbol{\delta}_y&=o_x\delta_x+o_y\delta_y+o_z\delta_z\\ {}^T\boldsymbol{\delta}_z&=a_x\delta_x+a_y\delta_y+a_z\delta_z\end{aligned}$$

写成矩阵形式：

$$\begin{bmatrix}{}^T\boldsymbol{d}_x\\ {}^T\boldsymbol{d}_y\\ {}^T\boldsymbol{d}_z\\ {}^T\boldsymbol{\delta}_x\\ {}^T\boldsymbol{\delta}_y\\ {}^T\boldsymbol{\delta}_z\end{bmatrix}=\begin{bmatrix}n_x & n_y & n_z & (\boldsymbol{P}\times\boldsymbol{n})_x & (\boldsymbol{P}\times\boldsymbol{n})_y & (\boldsymbol{P}\times\boldsymbol{n})_z\\ o_x & o_y & o_z & (\boldsymbol{P}\times\boldsymbol{o})_x & (\boldsymbol{P}\times\boldsymbol{o})_y & (\boldsymbol{P}\times\boldsymbol{o})_z\\ a_x & a_y & a_z & (\boldsymbol{P}\times\boldsymbol{a})_x & (\boldsymbol{P}\times\boldsymbol{a})_y & (\boldsymbol{P}\times\boldsymbol{a})_z\\ 0 & 0 & 0 & n_x & n_y & n_z\\ 0 & 0 & 0 & o_x & o_y & o_z\\ 0 & 0 & 0 & a_x & a_y & a_z\end{bmatrix}\begin{bmatrix}d_x\\ d_y\\ d_z\\ \delta_x\\ \delta_y\\ \delta_z\end{bmatrix} \tag{4-14}$$

简写为：

$$\begin{bmatrix} {}^{T}\boldsymbol{d} \\ {}^{T}\boldsymbol{\delta} \end{bmatrix} = \begin{bmatrix} \boldsymbol{R}^{\mathrm{T}} & -\boldsymbol{R}^{\mathrm{T}}\boldsymbol{S}(\boldsymbol{P}) \\ \boldsymbol{0} & \boldsymbol{R}^{\mathrm{T}} \end{bmatrix} \begin{bmatrix} \boldsymbol{d} \\ \boldsymbol{\delta} \end{bmatrix} \tag{4-15}$$

式中：$\boldsymbol{R}$ 是旋转矩阵：

$$\boldsymbol{R} = \begin{bmatrix} n_x & o_x & a_x \\ n_y & o_y & a_y \\ n_z & o_z & a_z \end{bmatrix} \tag{4-16}$$

$\boldsymbol{S}(\boldsymbol{P})$为矢量 $\boldsymbol{P}=[p_x \quad p_y \quad p_z]^{\mathrm{T}}$ 的反对称矩阵：

$$\boldsymbol{S}(\boldsymbol{P}) = \begin{bmatrix} 0 & -p_z & p_y \\ p_z & 0 & -p_x \\ -p_y & p_x & 0 \end{bmatrix} \tag{4-17}$$

它具有以下性质：

(1) $\boldsymbol{S}(\boldsymbol{P})\boldsymbol{\omega}=\boldsymbol{P}\times\boldsymbol{\omega}$， $\boldsymbol{S}(\boldsymbol{P})\boldsymbol{\delta}=\boldsymbol{P}\times\boldsymbol{\delta}$

(2) $\boldsymbol{\omega}^{\mathrm{T}}\boldsymbol{S}(\boldsymbol{P})=-(\boldsymbol{P}\times\boldsymbol{\omega})^{\mathrm{T}}, \boldsymbol{\delta}^{\mathrm{T}}\boldsymbol{S}(\boldsymbol{P})=-(\boldsymbol{P}\times\boldsymbol{\delta})^{\mathrm{T}}$

(3) $-\boldsymbol{R}^{\mathrm{T}}\boldsymbol{S}(\boldsymbol{P})=\begin{bmatrix} (\boldsymbol{P}\times\boldsymbol{n})_x & (\boldsymbol{P}\times\boldsymbol{n})_y & (\boldsymbol{P}\times\boldsymbol{n})_z \\ (\boldsymbol{P}\times\boldsymbol{o})_x & (\boldsymbol{P}\times\boldsymbol{o})_y & (\boldsymbol{P}\times\boldsymbol{o})_z \\ (\boldsymbol{P}\times\boldsymbol{a})_x & (\boldsymbol{P}\times\boldsymbol{a})_y & (\boldsymbol{P}\times\boldsymbol{a})_z \end{bmatrix}$

相应地，广义速度 $\boldsymbol{V}$ 的坐标变换为：

$$\begin{bmatrix} {}^{T}\boldsymbol{v} \\ {}^{\mathrm{T}}\boldsymbol{\omega} \end{bmatrix} = \begin{bmatrix} \boldsymbol{R}^{T} & -\boldsymbol{R}^{T}\boldsymbol{S}(\boldsymbol{P}) \\ 0 & \boldsymbol{R}^{\mathrm{T}} \end{bmatrix} \begin{bmatrix} \boldsymbol{v} \\ \boldsymbol{\omega} \end{bmatrix} \tag{4-18}$$

任意两坐标系$\{A\}$和$\{B\}$之间广义速度的坐标变换为：

$$\begin{bmatrix} {}^{B}\boldsymbol{v} \\ {}^{B}\boldsymbol{\omega} \end{bmatrix} = \begin{bmatrix} {}^{B}_{A}\boldsymbol{R} & -{}^{B}_{A}\boldsymbol{R}^{\mathrm{T}}\boldsymbol{S}({}^{A}\boldsymbol{P}_{Bo}) \\ 0 & {}^{B}_{A}\boldsymbol{R} \end{bmatrix} \begin{bmatrix} {}^{A}\boldsymbol{v} \\ {}^{A}\boldsymbol{\omega} \end{bmatrix} \tag{4-19}$$

4.3 雅可比矩阵的构造法

构造雅可比矩阵的方法有矢量积法和微分变换法，雅可比矩阵 $\boldsymbol{J}(\boldsymbol{q})$既可当成是从关节空间向操作空间的速度传递的线性关系，也可看成是微分运动转换的线性关系，即：

$$\boldsymbol{V}=\boldsymbol{J}(\boldsymbol{q})\dot{\boldsymbol{q}} \tag{4-20}$$

$$\boldsymbol{D}=\boldsymbol{J}(\boldsymbol{q})\mathrm{d}\boldsymbol{q} \tag{4-21}$$

对于 n 个关节的机器人，其雅可比矩阵 $\boldsymbol{J}(\boldsymbol{q})$是 $6\times n$ 阶矩阵，其前三行称为位置雅可比矩阵，代表对手爪线速度 $\boldsymbol{v}$ 的传递比，后三行称为方位矩阵，代表相应的关节速度$\dot{\boldsymbol{q}}_i$ 对手爪角速度 $\boldsymbol{\omega}$ 的传递比。因此，可将雅可比矩阵 $\boldsymbol{J}(\boldsymbol{q})$分块，即

$$\begin{bmatrix} \boldsymbol{v} \\ \boldsymbol{\omega} \end{bmatrix} = \begin{bmatrix} \boldsymbol{J}_{l1} & \boldsymbol{J}_{l2} & \cdots & \boldsymbol{J}_{ln} \\ \boldsymbol{J}_{a1} & \boldsymbol{J}_{a2} & \cdots & \boldsymbol{J}_{an} \end{bmatrix} \begin{bmatrix} \dot{\boldsymbol{q}}_1 \\ \dot{\boldsymbol{q}}_2 \\ \vdots \\ \dot{\boldsymbol{q}}_n \end{bmatrix} \tag{4-22}$$

式中：$\boldsymbol{J}_{li}$和$\boldsymbol{J}_{ai}$分别表示关节i的单位关节速度引起手爪的线速度和角速度。下面介绍怎样用矢量积法和微分变换法来构造$\boldsymbol{J}_{li}$和$\boldsymbol{J}_{ai}$。

4.3.1 矢量积法

Whitney 基于运动坐标系的概念提出求机器人雅可比矩阵的矢量积法，如图 4－1 所示，末端手爪的线速度 $\boldsymbol{v}$ 和角速度 $\boldsymbol{\omega}$ 与关节速度 $\dot{\boldsymbol{q}}$ 有关。

（1）对于移动关节 i：

$$\begin{bmatrix} \boldsymbol{v} \\ \boldsymbol{\omega} \end{bmatrix} = \begin{bmatrix} \boldsymbol{z}_{i-1} \\ 0 \end{bmatrix} \dot{\boldsymbol{q}}_i, \boldsymbol{J}_i = \begin{bmatrix} \boldsymbol{z}_{i-1} \\ 0 \end{bmatrix} \tag{4-23}$$

（2）对于转动关节 i：

$$\begin{bmatrix} \boldsymbol{v} \\ \boldsymbol{\omega} \end{bmatrix} = \begin{bmatrix} \boldsymbol{z}_{i-1} \times {}^0\boldsymbol{P}_n^{i-1} \\ \boldsymbol{z}_{i-1} \end{bmatrix} \dot{\boldsymbol{q}}_i,$$

$$\boldsymbol{J}_i = \begin{bmatrix} \boldsymbol{z}_{i-1} \times {}^0\boldsymbol{P}_n^{i-1} \\ \boldsymbol{z}_{i-1} \end{bmatrix} \tag{4-24}$$

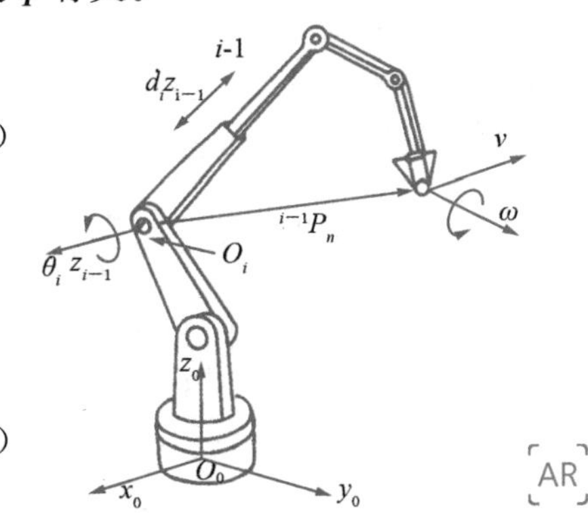

图 4－1 机器人关节速度的传递

式中：${}^0\boldsymbol{P}_n^{i-1}$ 是坐标原点相对坐标系$\{i-1\}$的位置矢量在基坐标系$\{0\}$中的表示，即：

$${}^0\boldsymbol{P}_n^{i-1} = {}^0_{i-1}\boldsymbol{R}\,{}^{i-1}\boldsymbol{P}_n^{i-1} \tag{4-25}$$

$\boldsymbol{z}_{i-1}$是坐标系$\{i-1\}$的 z 轴单位向量（在基坐标系$\{0\}$中的表示）。

矢量积法构造出的雅可比矩阵 $\boldsymbol{J}$ 是联系关节速度向量与终端手爪（相对于基坐标系）广义速度向量之间的变换关系。

4.3.2 微分变换法

对于转动关节 i，连杆 i 相对连杆 $i-1$ 绕坐标系$\{i-1\}$的z_{i-1}轴作微分转动 $\mathrm{d}\theta_i$，相当于微分运动矢量：

$$\boldsymbol{d} = \begin{bmatrix} 0 \\ 0 \\ 0 \end{bmatrix}, \quad \boldsymbol{\delta} = \begin{bmatrix} 0 \\ 0 \\ 1 \end{bmatrix} \mathrm{d}\theta_i$$

利用式（4－14）得出手爪相应的微分运动矢量为：

$$\begin{bmatrix} {}^T d_x \\ {}^T d_y \\ {}^T d_z \\ {}^T \delta_x \\ {}^T \delta_y \\ {}^T \delta_z \end{bmatrix} = \begin{bmatrix} (\boldsymbol{P} \times \boldsymbol{n})_z \\ (\boldsymbol{P} \times \boldsymbol{o})_z \\ (\boldsymbol{P} \times \boldsymbol{a})_z \\ n_z \\ o_z \\ a_z \end{bmatrix} \mathrm{d}\theta_i \tag{4-26}$$

若关节 i 是移动关节，连杆 i 沿 z_{i-1} 轴相对连杆 $i-1$ 作微分移动 $\mathrm{d}d_i$，则相当于微分运动矢量为：

$$\boldsymbol{d} = \begin{bmatrix} 0 \\ 0 \\ 1 \end{bmatrix} \mathrm{d}d_i, \quad \boldsymbol{\delta} = \begin{bmatrix} 0 \\ 0 \\ 0 \end{bmatrix}$$

手爪相应的微分运动矢量为：

$$\begin{bmatrix} {}^T d_x \\ {}^T d_y \\ {}^T d_z \\ {}^T \boldsymbol{\delta}_x \\ {}^T \boldsymbol{\delta}_y \\ {}^T \boldsymbol{\delta}_z \end{bmatrix} = \begin{bmatrix} n_z \\ o_z \\ a_z \\ 0 \\ 0 \\ 0 \end{bmatrix} \mathrm{d}d_i \tag{4-27}$$

由此得出雅可比矩阵 ${}^T\boldsymbol{J}(\boldsymbol{q})$ 的第 i 列：

①对于移动关节 i：

$${}^T\boldsymbol{J}_i = \begin{bmatrix} n_z \\ o_z \\ a_z \\ 0 \\ 0 \\ 0 \end{bmatrix} \tag{4-28a}$$

②对于转动关节 i：

$${}^T\boldsymbol{J}_i = \begin{bmatrix} (\boldsymbol{P} \times \boldsymbol{n})_z \\ (\boldsymbol{P} \times \boldsymbol{o})_z \\ (\boldsymbol{P} \times \boldsymbol{a})_z \\ n_z \\ o_z \\ a_z \end{bmatrix} \tag{4-28b}$$

式中：$\boldsymbol{n}$、$\boldsymbol{o}$、$\boldsymbol{a}$ 和 $\boldsymbol{P}$ 是变换矩阵 ${}^{i-1}_{n}\boldsymbol{T}$ 的四个列矢量。微分变换法构造出的雅可比矩阵 ${}^T\boldsymbol{J}$ 是联系关节速度向量与终端手爪坐标系（不是终端手爪相对于基坐标系）广义速度

向量之间的变换关系。如果知道各连杆变换矩阵${}^{i-1}_{i}\boldsymbol{T}$，则可按下列步骤求雅可比矩阵${}^{T}\boldsymbol{J}$。

①计算末端连杆相对各连杆的变换矩阵${}^{i-1}_{n}\boldsymbol{T}(i=1,2,\cdots,n)$：

$${}^{i-1}_{n}\boldsymbol{T}={}^{i-1}_{n}\boldsymbol{T},{}^{i-2}_{n}\boldsymbol{T}={}^{i-2}_{n-1}\boldsymbol{T}{}^{i-1}_{n}\boldsymbol{T},\cdots,{}^{i-1}_{n}\boldsymbol{T}={}^{i-1}_{i}\boldsymbol{T}{}^{i}_{n}\boldsymbol{T}\cdots,{}^{0}_{n}\boldsymbol{T}={}^{0}_{1}\boldsymbol{T}{}^{1}_{n}\boldsymbol{T}$$

②利用${}^{i-1}_{n}\boldsymbol{T}$，根据公式(4－28)计算${}^{T}\boldsymbol{J}$ 的第 i 列${}^{T}\boldsymbol{J}_{i}$。

上述两种构造方法得出的${}^{T}\boldsymbol{J}$ 和 $\boldsymbol{J}$ 之间的关系如下：

$${}^{T}\boldsymbol{J}=\begin{bmatrix}{}^{0}_{n}\boldsymbol{R}^{\mathrm{T}} & \boldsymbol{0}\\ \boldsymbol{0} & {}^{0}_{n}\boldsymbol{R}^{\mathrm{T}}\end{bmatrix}\boldsymbol{J} \tag{4-29a}$$

$$\boldsymbol{J}=\begin{bmatrix}{}^{0}_{n}\boldsymbol{R} & \boldsymbol{0}\\ \boldsymbol{0} & {}^{0}_{n}\boldsymbol{R}\end{bmatrix}{}^{T}\boldsymbol{J} \tag{4-29b}$$

4.4 PUMA560 机器人的雅可比矩阵

PUMA560 的 6 个关节都是转动关节，其雅可比矩阵有 6 列，此处用矢量积法计算$\boldsymbol{J}(\boldsymbol{q})$。根据式(4－24)知：

$$\boldsymbol{J}(\boldsymbol{q})=[\boldsymbol{J}_1\quad \boldsymbol{J}_2\quad \cdots\quad \boldsymbol{J}_6]=\begin{bmatrix}\boldsymbol{z}_0\times{}^{0}\boldsymbol{P}_6^0 & \boldsymbol{z}_1\times{}^{0}\boldsymbol{P}_6^1 & \cdots & \boldsymbol{z}_5\times{}^{0}\boldsymbol{P}_6^5\\ \boldsymbol{z}_0 & \boldsymbol{z}_1 & \cdots & \boldsymbol{z}_5\end{bmatrix} \tag{4-30}$$

①根据公式(3－75)～(3－84)求得${}^{0}_{0}\boldsymbol{R}$、${}^{0}_{1}\boldsymbol{R}$、${}^{0}_{2}\boldsymbol{R}$、${}^{0}_{3}\boldsymbol{R}$、${}^{0}_{4}\boldsymbol{R}$、${}^{0}_{5}\boldsymbol{R}$。

②求$\boldsymbol{z}_{i-1}$，${}^{0}_{i-1}\boldsymbol{R}$ 的第三列即为$\boldsymbol{z}_{i-1}(i=1,2,\cdots,6)$。

③求${}^{i-1}\boldsymbol{P}_6$，${}^{i-1}_{6}\boldsymbol{T}$ 的第四列即为${}^{i-1}\boldsymbol{P}_6$，可根据公式(3－75)～(3－84)求得。

④求${}^{0}\boldsymbol{P}_6^{i-1}$，根据公式(4－25)可求得。

⑤求 $\boldsymbol{J}(\boldsymbol{q})$的各列，根据式(4－24)可求得$\boldsymbol{J}_i$。

详细结果如下：

$$\boldsymbol{J}_1=\begin{bmatrix}-s_1\left\{c_2(c_3c_4s_5d_6+s_3c_5d_6+s_3d_4+a_2)-s_2[s_3c_4s_5d_6-c_3(c_5d_6+d_4)]\right\}-c_1(s_4s_5d_6+d_2)\\ c_1\left\{c_2(c_3c_4s_5d_6+s_3c_5d_6+s_3d_4+a_2)-s_2[s_3c_4s_5d_6-c_3(c_5d_6+d_4)]\right\}-s_1(s_4s_5d_6+d_2)\\ 0\\ 0\\ 0\\ 1\end{bmatrix} \tag{4-31}$$

$$J_2=\begin{bmatrix} -c_1\{s_2[c_3c_4s_5d_6+s_3(d_6c_5+d_4)+a_2]+c_2[s_3c_4s_5d_6-c_3(c_5d_6+d_4)]\} \\ -s_1\{s_2[c_3c_4s_5d_6+s_3(d_6c_5+d_4)+a_2]+c_2[s_3c_4s_5d_6-c_3(c_5d_6+d_4)]\} \\ -\{c_2[c_3c_4s_5d_6+s_3(d_6c_5+d_4)+a_2]-s_2[s_3c_4s_5d_6-c_3(c_5d_6+d_4)]\} \\ -s_1 \\ c_1 \\ 0 \end{bmatrix} \tag{4-32}$$

$$J_3=\begin{bmatrix} -c_1c_2[s_3c_4s_5d_6-c_3(d_6c_5+d_4)]-c_1s_2[c_3c_4s_5d_6+s_3(c_5d_6+d_4)] \\ -s_1c_2[s_3c_4s_5d_6-c_3(d_6c_5+d_4)]-s_1s_2[c_3c_4s_5d_6+s_3(c_5d_6+d_4)] \\ s_2[s_3c_4s_5d_6-c_3(d_6c_5+d_4)]-c_2[c_3c_4s_5d_6+s_3(c_5d_6+d_4)] \\ -s_1 \\ c_1 \\ 0 \end{bmatrix} \tag{4-33}$$

$$J_4=\begin{bmatrix} -c_1c_{23}s_4s_5d_6-s_1c_4s_5d_6 \\ -s_1c_{23}s_4s_5d_6+c_1c_4s_5d_6 \\ -s_{23}s_4s_5d_6 \\ c_1s_{23} \\ s_1s_{23} \\ c_{23} \end{bmatrix} \tag{4-34}$$

$$J_5=\begin{bmatrix} c_5d_6(c_1c_{23}c_4-s_1s_4)-c_1s_{23}s_5d_6 \\ c_5d_6(s_1c_{23}c_4+c_1s_4)-s_1s_{23}s_5d_6 \\ -s_{23}c_4c_5d_6-c_{23}s_5d_6 \\ -c_1c_{23}s_4-s_1c_4 \\ -s_1c_{23}s_4+c_1c_4 \\ s_{23}s_4 \end{bmatrix} \tag{4-35}$$

$$J_6=\begin{bmatrix} 0 \\ 0 \\ 0 \\ s_5(c_1c_{23}c_4-s_1s_4)+c_1s_{23}c_5 \\ s_5(s_1c_{23}c_4+c_1s_4)+s_1s_{23}c_5 \\ -s_{23}c_4s_5+c_{23}c_5 \end{bmatrix} \tag{4-36}$$

4.5 斯坦福机器人的雅可比矩阵

斯坦福六自由度机器人除第三个关节为移动关节外，其余 5 个关节皆为转动关节，现用微分变换法计算雅可比矩阵${}^{T}\boldsymbol{J}(\boldsymbol{q})$。

(1) 根据公式(3-69)～公式(3-74)求得${}^{i-1}_{6}\boldsymbol{T}(i=1,2,\cdots,6)$；

(2) 根据公式(4-28)和公式(4-29)求${}^{T}\boldsymbol{J}_{i}$。

详细结果如下：

$$
{}^{T}\boldsymbol{J}_{1}=\begin{bmatrix} -d_2[c_2(c_4c_5c_6-s_4s_6)-s_2s_5c_6]+s_2d_3(s_4c_5c_6+c_4s_6) \\ -d_2[-c_2(c_4c_5s_6+s_4c_6)+s_2s_5s_6]+s_2d_3(-s_4c_5s_6+c_4c_6) \\ -d_2(c_2c_4s_5+s_2c_5)+s_2d_3s_4s_5 \\ -s_2(c_4c_5s_6-s_4s_6)-c_2s_5c_6 \\ s_2(c_2c_4s_6+s_4c_6)+c_2s_5s_6 \\ -s_2c_4s_5+c_2c_5 \end{bmatrix} \tag{4-37}
$$

$$
{}^{T}\boldsymbol{J}_{2}=\begin{bmatrix} d_3(c_4c_5c_6-s_4s_6) \\ -d_3(c_4c_5c_6+s_4c_6) \\ d_3c_4s_5 \\ s_4c_5c_6+c_4s_6 \\ -s_4c_5s_6+c_4c_6 \\ s_4s_5 \end{bmatrix} \tag{4-38}
$$

$$
{}^{T}\boldsymbol{J}_{3}=\begin{bmatrix} -s_5c_6 \\ s_5s_6 \\ c_5 \\ 0 \\ 0 \\ 0 \end{bmatrix} \tag{4-39}
$$

$$
{}^{T}\boldsymbol{J}_{4}=\begin{bmatrix} 0 \\ 0 \\ 0 \\ -s_5c_6 \\ s_5s_6 \\ c_5 \end{bmatrix} \tag{4-40}
$$

$$^{T}\boldsymbol{J}_5=\begin{bmatrix}0\\0\\0\\s_6\\c_6\\0\end{bmatrix} \tag{4-41}$$

$$^{T}\boldsymbol{J}_5=\begin{bmatrix}0\\0\\0\\0\\0\\1\end{bmatrix} \tag{4-42}$$

4.6 逆雅可比矩阵及广义逆雅可比矩阵

4.6.1 逆雅可比矩阵

若给定机器人终端手爪的广义速度向量 $\boldsymbol{V}$,则可由式(4-22)解出相应的关节速度:

$$\dot{\boldsymbol{q}}=\boldsymbol{J}^{-1}\boldsymbol{V} \tag{4-43}$$

式中:$\boldsymbol{J}^{-1}$称为逆雅可比矩阵,$\dot{\boldsymbol{q}}_i$ 为加给对应关节伺服系统的速度输入变量。直接求逆雅可比矩阵比较困难。通常利用逆运动学问题的解,直接对其微分来求$\boldsymbol{J}^{-1}$,对于带球面腕的机器人,也可用臂腕分离来求$\boldsymbol{J}^{-1}$。

当 $\boldsymbol{J}$ 不是方阵时,便不存在$\boldsymbol{J}^{-1}$,这时可用广义逆(伪逆)雅可比矩阵来确定关节速度向量。

4.6.2 广义逆(伪逆)雅可比矩阵

当 $n\neq 6$ 时,$\boldsymbol{J}$ 不是方阵,$\boldsymbol{J}^{-1}$不存在,此时可用广义逆雅可比矩阵确定关节速度。

1. 超定情况($n<6$)

当关节数目小于 6 时,$\boldsymbol{V}=\boldsymbol{J}\dot{\boldsymbol{q}}$ 包含的方程个数大于关节数目,称为超定。此时,机器人是欠自由度的,不能保证有确定的 $\dot{\boldsymbol{q}}$ 存在,使 $\boldsymbol{V}=\boldsymbol{J}\dot{\boldsymbol{q}}$ 成立。但可选择一组关节变量$\dot{\boldsymbol{q}}^*$,以最小方差满足该式。

方差 $\boldsymbol{E}$ 定义为:

$$\boldsymbol{E}=(\boldsymbol{J}\dot{\boldsymbol{q}}^*-\boldsymbol{V})^{\mathrm{T}}\cdot(\boldsymbol{J}\dot{\boldsymbol{q}}^*-\boldsymbol{V}) \tag{4-44}$$

展开式(4-44)得:

$$\boldsymbol{E}=(\boldsymbol{J}\dot{\boldsymbol{q}}^*)^{\mathrm{T}}\cdot\boldsymbol{J}\dot{\boldsymbol{q}}^*-2\boldsymbol{V}^{\mathrm{T}}\boldsymbol{J}\dot{\boldsymbol{q}}^*+\boldsymbol{V}^{\mathrm{T}}\boldsymbol{V}$$

当$\frac{\partial \boldsymbol{E}}{\partial \dot{\boldsymbol{q}}^{*}}=0$时，方差最小，此时有：

$$\boldsymbol{J}^{\mathrm{T}}\boldsymbol{J}\dot{\boldsymbol{q}}^{*}=\boldsymbol{J}^{\mathrm{T}}\boldsymbol{V}$$

假定$\boldsymbol{J}^{\mathrm{T}}\boldsymbol{J}$非奇异，则：

$$\dot{\boldsymbol{q}}^{*}=(\boldsymbol{J}^{\mathrm{T}}\boldsymbol{J})^{-1}\boldsymbol{J}^{\mathrm{T}}\boldsymbol{V}$$

定义：

$$\boldsymbol{J}_{1}=(\boldsymbol{J}^{\mathrm{T}}\boldsymbol{J})^{-1}\boldsymbol{J}^{\mathrm{T}} \tag{4-45}$$

为广义逆矩阵，则有：

$$\dot{\boldsymbol{q}}^{*}=\boldsymbol{J}_{1}\boldsymbol{V} \tag{4-46}$$

2. **欠定情况**($n>6$)

当关节数目大于6时，$\boldsymbol{V}=\boldsymbol{J}\dot{\boldsymbol{q}}$包含的方程个数小于关节数目，称为欠定。当$\boldsymbol{J}(\boldsymbol{q})$是满秩时，机器人具有冗余自由度。此时，$\dot{\boldsymbol{q}}$有无穷多组解，可选择一组使欧几里得范数最小的解作为最优解。下面利用拉格朗日乘子法求这个最优解。

设拉格朗日乘子向量为：

$$\boldsymbol{\lambda}=[\lambda_{1}\quad \lambda_{2}\quad \cdots\quad \lambda_{6}]^{\mathrm{T}} \tag{4-47}$$

则拉格朗日函数为：

$$\boldsymbol{\psi}(\dot{\boldsymbol{q}})=\dot{\boldsymbol{q}}^{\mathrm{T}}\dot{\boldsymbol{q}}+\boldsymbol{\lambda}^{\mathrm{T}}(\boldsymbol{J}\dot{\boldsymbol{q}}-\boldsymbol{V}) \tag{4-48}$$

式中：右边第一项为性能指标，即欧几里得范数，第二项是考虑$\dot{\boldsymbol{q}}$应满足的约束方程。

令$\frac{\partial \boldsymbol{\psi}}{\partial \dot{\boldsymbol{q}}}=0$，得最优解：

$$\dot{\boldsymbol{q}}^{*}=-\frac{1}{2}\boldsymbol{J}^{\mathrm{T}}\boldsymbol{\lambda} \tag{4-49}$$

于是：

$$\begin{cases} V=-\frac{1}{2}(\boldsymbol{J}\boldsymbol{J}^{\mathrm{T}})\boldsymbol{\lambda} \\ \boldsymbol{\lambda}=-2(\boldsymbol{J}\boldsymbol{J}^{\mathrm{T}})^{-1}\boldsymbol{V} \end{cases} \tag{4-50}$$

代入式(4-49)，得：

$$\dot{\boldsymbol{q}}^{*}=\boldsymbol{J}^{\mathrm{T}}(\boldsymbol{J}\boldsymbol{J}^{\mathrm{T}})^{-1}\boldsymbol{V} \tag{4-51}$$

定义：

$$\boldsymbol{J}_{2}=\boldsymbol{J}^{\mathrm{T}}(\boldsymbol{J}\boldsymbol{J}^{\mathrm{T}})^{-1} \tag{4-52}$$

为广义逆雅可比矩阵，则：

$$\dot{\boldsymbol{q}}^{*}=\boldsymbol{J}_{2}\boldsymbol{V} \tag{4-53}$$

求广义逆雅可比矩阵计算复杂，通常可转换成解线性方程组，例如求解式(4-51)，可令：

$$(\boldsymbol{J}\boldsymbol{J}^{\mathrm{T}})^{-1}\boldsymbol{V}=\boldsymbol{Y} \tag{4-54}$$

式(4-54)可写成：

$$(\boldsymbol{J}\boldsymbol{J}^{\mathrm{T}})\boldsymbol{Y}=\boldsymbol{V} \tag{4-55}$$

式(4－55)为线性方程组，可用许多方法求解 $\boldsymbol{Y}$，然后用下式求得最优解：

$$\dot{\boldsymbol{q}}^{*}=\boldsymbol{J}^{\mathrm{T}}\boldsymbol{Y} \tag{4-56}$$

4.6.3 雅可比矩阵的奇异性

雅可比矩阵的秩不是满秩的关节矢量 $\boldsymbol{q}$ 称为奇异形位，即：

$$\mathrm{rank}(\boldsymbol{J}(\boldsymbol{q}))<\min(6,n) \tag{4-57}$$

相应的操作空间中的点 $\boldsymbol{x}(\boldsymbol{q})$ 为工作空间的奇异点。此时，机器人至少丧失一个自由度，常称为机器人处于退化位置。机器人奇异形位分两类：

(1) 边界奇异形位。当机器人全部伸展开或全部折回，使手部处于工作空间的边界时，运动受到物理结构的约束。

(2) 内部奇异形位。其通常是由两个关节轴线或多个关节轴线重合造成的。这类机器人各关节运动相抵消，不产生操作运动。

4.7 力雅可比

机器人与外界环境相互作用时，在接触处要产生力 $\boldsymbol{f}$ 和力矩 $\boldsymbol{n}$，统称为末端广义力矢量，记为：

$$\boldsymbol{F}=\begin{bmatrix}\boldsymbol{f}\\ \boldsymbol{n}\end{bmatrix} \tag{4-58}$$

在静止状态下，广义力矢量 $\boldsymbol{F}$ 应与各关节的驱动力(或力矩)相平衡。n 个关节的驱动力(或力矩)组成的 n 维矢量

$$\boldsymbol{\tau}=[\tau_1\quad \tau_2\quad \cdots\quad \tau_n]^{\mathrm{T}} \tag{4-59}$$

称为关节力矢量。利用虚功原理，可以导出关节力矢量 $\boldsymbol{\tau}$ 与相应的广义力矢量 $\boldsymbol{F}$ 之间的关系。

令各关节的虚位移为 $\boldsymbol{\delta q}_i$，末端执行器相应的虚位移为 $\boldsymbol{D}$。所谓虚位移，是指满足机械系统几何约束的无限小位移。各关节所做的虚功之和 $\boldsymbol{W}=\boldsymbol{\tau}^{\mathrm{T}}\boldsymbol{\delta q}=\tau_1\delta q_1+\tau_2\delta q_2+\cdots+\tau_n\delta q_n$ 与末端执行器所做的虚功 $W=\boldsymbol{F}^{\mathrm{T}}\boldsymbol{D}=\boldsymbol{f}^{\mathrm{T}}\boldsymbol{d}+\boldsymbol{n}^{\mathrm{T}}\boldsymbol{\delta}$ 应该相等(总的虚功为零)，即：

$$\boldsymbol{\tau}^{\mathrm{T}}\boldsymbol{\delta q}=\boldsymbol{F}^{\mathrm{T}}\boldsymbol{D}$$

将式(4－21)代入上式，得：

$$\boldsymbol{\tau}=\boldsymbol{J}^{\mathrm{T}}(\boldsymbol{q})\boldsymbol{F} \tag{4-60}$$

式中：$\boldsymbol{J}^{\mathrm{T}}(\boldsymbol{q})$ 称为机器人力雅可比，它表示在静止平衡状态下，末端广义力向关节力映射的线性关系。显然，力雅可比 $\boldsymbol{J}^{\mathrm{T}}(\boldsymbol{q})$ 是机器人(速度)雅可比 $\boldsymbol{J}(\boldsymbol{q})$ 的转置。因此，机器人的静力传递关系与速度传递关系紧密相关。式(4－20)和式(4－60)具有对偶

性，根据式(4－19)可以导出两坐标系$\{A\}$和$\{B\}$之间广义操作力的坐标变换关系：

$$\begin{bmatrix} {}^{B}\boldsymbol{f} \\ {}^{B}\boldsymbol{n} \end{bmatrix} = \begin{bmatrix} {}_{A}^{B}\boldsymbol{R} & 0 \\ \boldsymbol{S}({}^{B}\boldsymbol{P}_{A0}){}_{A}^{B}\boldsymbol{R} & {}_{A}^{B}\boldsymbol{R} \end{bmatrix} \begin{bmatrix} {}^{A}\boldsymbol{f} \\ {}^{A}\boldsymbol{n} \end{bmatrix} \tag{4-61}$$

4.8 加速度关系

设手爪在基坐标系中的广义加速度为：

$$\dot{\mathbf{V}} = \begin{bmatrix} \dot{\boldsymbol{v}} \\ \dot{\boldsymbol{\omega}} \end{bmatrix} = \begin{bmatrix} \ddot{x} & \ddot{y} & \ddot{z} & \dot{\omega}_x & \dot{\omega}_y & \dot{\omega}_z \end{bmatrix}^{\mathrm{T}}$$

现分析广义加速度$\dot{\mathbf{V}}$与$\boldsymbol{q}$之间的关系。对式(4－20)

$$\mathbf{V} = \boldsymbol{J}(\boldsymbol{q})\dot{\boldsymbol{q}}$$

两端求导，得：

$$\dot{\mathbf{V}} = \dot{\boldsymbol{J}}(\boldsymbol{q})\dot{\boldsymbol{q}} + \boldsymbol{J}(\boldsymbol{q})\ddot{\boldsymbol{q}} \tag{4-62}$$

式(4－62)称正向加速度运动学关系，假定$\boldsymbol{J}$非奇异，则：

$$\ddot{\boldsymbol{q}} = \boldsymbol{J}^{-1}(\dot{\mathbf{V}} - \dot{\boldsymbol{J}}\dot{\boldsymbol{q}}) \tag{4-63}$$

式(4－63)称逆向加速度运动学关系。$\dot{\boldsymbol{J}}$可通过直接对$\boldsymbol{J}$求导得到，为了求$\ddot{\boldsymbol{q}}$，还需要先求出$\dot{\boldsymbol{q}}$。

思考题

1. 求圆柱坐标臂(PRP)的雅可比$\boldsymbol{J}(\boldsymbol{q})$和转动坐标臂(RRR)矩阵${}^{T}\boldsymbol{J}(\boldsymbol{q})$。

2. 求图4－2所示极坐标机械手(RRP)的雅可比$\boldsymbol{J}(\boldsymbol{q})$和${}^{T}\boldsymbol{J}(\boldsymbol{q})$。

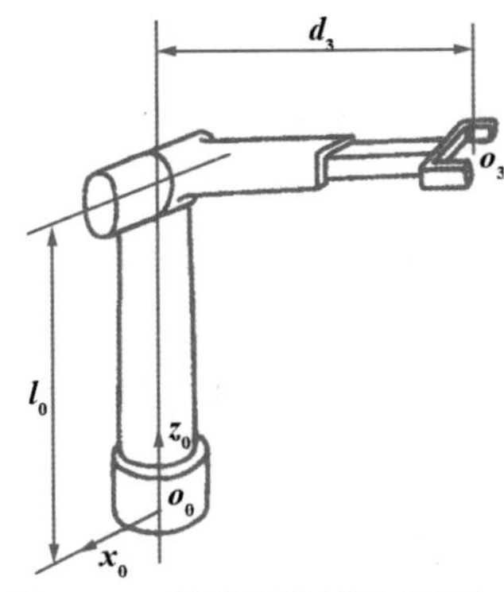

图4－2　极坐标机械手(RRP)

3. 如图4－3所示，机械手的三关节都是旋转关节，坐标系如图，D-H参数见表4－1，试求：

(1) 从关节运动$\boldsymbol{q}=[\theta_1 \quad \theta_2 \quad \theta_3]^{\mathrm{T}}$到末端的运动$\boldsymbol{P}=[x \quad y \quad z]^{\mathrm{T}}$变换的雅可比。

(2) 若每个关节都能转动360°，试问该机械手存在奇异形位吗？若存在，找出奇异形位对应的末端位置，并确定在每个奇异位置上，端点不能移动的方向。

表 4-1 三自由度机械手 D-H 参数

连杆 i \ 参数	θ_i	d_i	a_i	α_i
1	θ_1	l_0	0	$\frac{\pi}{2}$
2	θ_2	0	l_1	0
3	θ_3	0	l_2	0

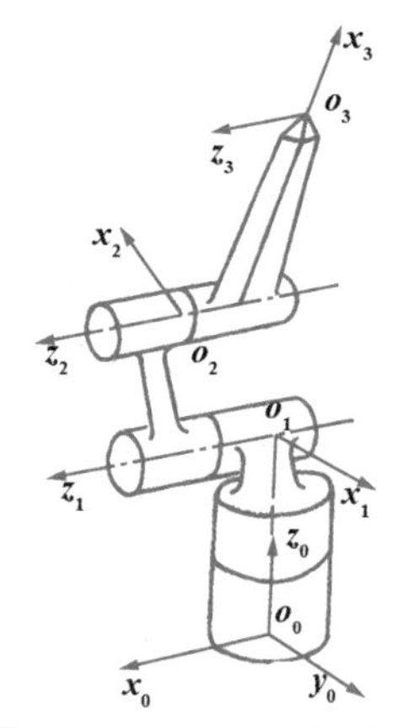

图 4-3 三自由度机械手

4. 如图 4-4 所示平面三自由度机械手，其末端夹持一质量 $m=10$ kg 的重物，$l_1=l_2=0.8\text{m}$，$l_3=0.4\text{m}$，$\theta_1=60°$，$\theta_2=-60°$，$\theta_3=-90°$，若不计机械手的质量，求机械手抓取该物体处于平衡状态时各关节的驱动力矩大小。

5. 如图 4-5 所示平面三自由度机械手，手部握有焊接工具。已知：$\theta_1=30°$，$\dot{\theta}_1=0.04\text{rad/s}$，$\theta_2=45°$，$\dot{\theta}_2=0\text{rad/s}$ $\theta_3=15°$，$\dot{\theta}_3=0.1\text{rad/s}$，求焊接工具末端 A 点的线速度 v_x 及 v_y。

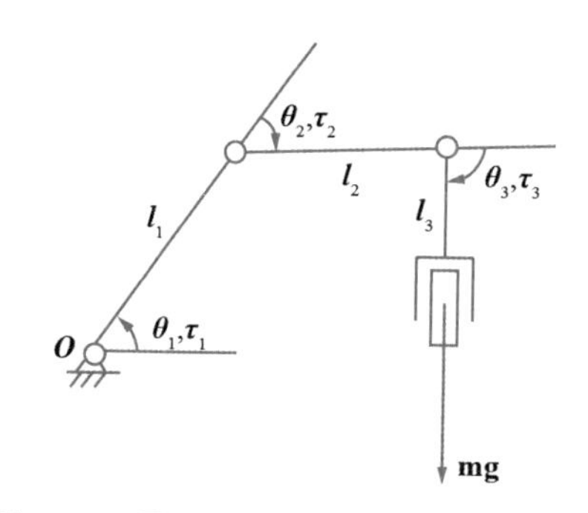

图 4-4 平面三自由度(RRP)机械手(一)

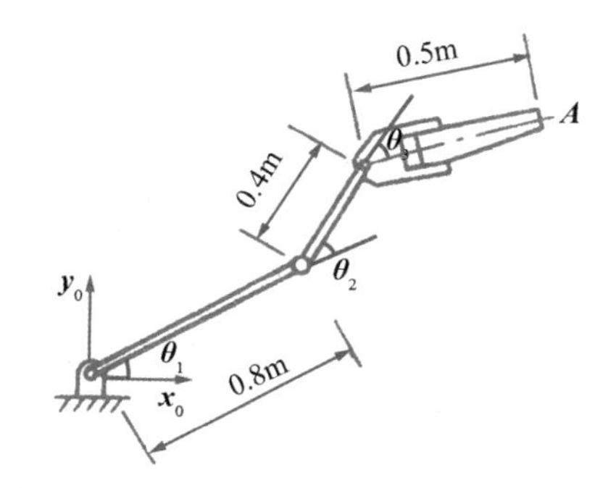

图 4-5 平面三自由度(RRR)机械手(二)

机器人动力学

前面我们所研究的机器人运动学都是在稳态下进行的，没有考虑机器人运动时的动态过程。实际上，机器人的动态性能不仅与运动学相对位置有关，还与机器人的结构形式、质量分布、执行机构的位置、传动装置等因素有关。机器人动态性能由动力学方程描述，动力学是考虑上述因素，研究物体运动和受力之间的关系。机器人动力学要解决两类问题即动力学正问题和逆问题。动力学正问题——根据关节驱动力矩或力，计算机器人的运动(关节位移、速度和加速度)；动力学逆问题——已知轨迹对应的关节位移、速度和加速度，求出所需要的关节力矩或力。不考虑机电控制装置惯性、摩擦、间隙、饱和等因素时，n 自由度机器人动力方程为 n 个二阶耦合非线性微分方程。方程中包括惯性力/力矩、哥氏力/力矩，离心力/力矩及重力/力矩，是一个耦合的非线性多输入多输出系统。因此，对机器人动力学的研究，引起了十分广泛的重视，采用的方法很多，有拉格朗日(Lagrange)、牛顿—欧拉(Newton-Euler)、高斯(Gauss)、凯恩(Kane)、旋量对偶数、逻伯逊一魏登堡(Roberson-Wittenburg)等方法。

研究机器人动力学的目的是多方面的。动力学正问题与机器人的仿真有关；逆问题是为了实时控制的需要，即利用动力学模型，实现最优控制，以期达到良好的动态性能和最优指标。在设计中需根据连杆质量、运动学和动力学参数、传动机构特征和负载大小进行动态仿真，从而决定机器人的结构参数和传动方案，验算设计方案的合理性和可行性，以及结构优化程度。在离线编程时，为了估计机器人高速运动引起的动载荷和路径偏差，要进行路径控制仿真和动态模型仿真。这些都需要以机器人动力学模型为基础。

5.1 牛顿—欧拉动力学方程

我们把组成机器人的连杆都看作是刚体，刚体的运动可以分解为刚体质心的移动和刚体绕质心的转动。在运用牛顿—欧拉方法来建立机器人机构动力学方程过程中，它基于力的动态平衡，研究连杆质心的运动时使用牛顿方程，研究相对连杆质心的转动时使用欧拉方程，所建立的动力学方程也称为牛顿—欧拉动力学方程。

5.1.1 连杆相对基座的运动学

图 5-1 反映了连杆坐标系与基坐标系以及相邻坐标系之间的关系，图中：

$o_0x_0y_0z_0$ 为基坐标系，记为$\{0\}$；

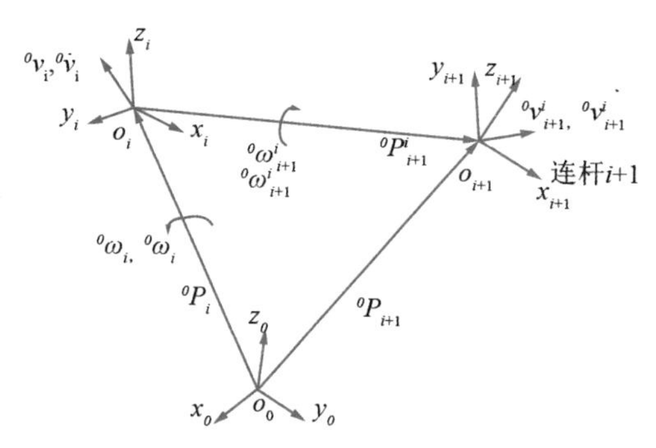

图 5-1 机器人连杆坐标各系之间的关系

$o_i x_i y_i z_i$ 为固于连杆 i 的活动坐标系，记为$\{i\}$；

$o_{i+1} x_{i+1} y_{i+1} z_{i+1}$ 为固于连杆 $i+1$ 的活动坐标系，记为$\{i+1\}$；

$^0\boldsymbol{P}_{i+1}$ 为$\{i+1\}$坐标原点相对$\{0\}$坐标原点的位置向量在基坐标系中的描述；

$^0\boldsymbol{P}_i$ 为$\{i\}$坐标原点相对$\{0\}$坐标原点的位置向量在基坐标系中的描述；

$^0\boldsymbol{P}^i_{i+1}$ 为$\{i+1\}$坐标原点相对$\{i\}$坐标原点的位置向量在基坐标系中的描述；

$^0\boldsymbol{\omega}_i$，$^0\boldsymbol{v}_i$，$^0\dot{\boldsymbol{\omega}}_i$，$^0\dot{\boldsymbol{v}}_i$ 分别为$\{i\}$坐标系相对$\{0\}$坐标系的角速度、线速度、角加速度、线加速度在$\{0\}$坐标系中的描述；

$^0\boldsymbol{\omega}_{i+1}$，$^0\boldsymbol{v}_{i+1}$，$^0\dot{\boldsymbol{\omega}}_{i+1}$，$^0\dot{\boldsymbol{v}}_{i+1}$ 分别为$\{i+1\}$坐标系相对$\{0\}$坐标系的角速度、线速度、角加速度、线加速度在$\{0\}$坐标系中的描述；

$^0\boldsymbol{\omega}^i_{i+1}$，$^0\boldsymbol{v}^i_{i+1}$，$^0\dot{\boldsymbol{\omega}}^i_{i+1}$，$^0\dot{\boldsymbol{v}}^i_{i+1}$ 分别为$\{i+1\}$坐标系相对$\{i\}$坐标系的角速度、线速度、角加速度、线加速度在$\{0\}$坐标系中的描述。

根据位置向量的关系，可得：

$$^0\boldsymbol{P}_{i+1} = {^0\boldsymbol{P}_i} + {^0\boldsymbol{P}^i_{i+1}} \tag{5-1}$$

根据运动学原理，可得：

$$^0\boldsymbol{v}_{i+1} = {^0\boldsymbol{v}^i_{i+1}} + {^0\boldsymbol{\omega}^i_{i+1}} \times {^0\boldsymbol{P}^i_{i+1}} + {^0\boldsymbol{v}_i} \tag{5-2}$$

式中：右边第一项为相对运动，第二、三项为牵连运动。

$$^0\dot{\boldsymbol{v}}_{i+1} = {^0\dot{\boldsymbol{v}}^i_{i+1}} + {^0\boldsymbol{\omega}_i} \times {^0\boldsymbol{v}^i_{i+1}} + {^0\dot{\boldsymbol{\omega}}_i} \times {^0\boldsymbol{P}^i_{i+1}} + {^0\boldsymbol{\omega}_i} \times {^0\boldsymbol{v}^i_{i+1}} + {^0\boldsymbol{\omega}_i} \times ({^0\boldsymbol{\omega}_i} \times {^0\boldsymbol{P}^i_{i+1}}) + {^0\dot{\boldsymbol{v}}_i} \tag{5-3}$$

式中：右边第一、二项为相对运动产生的相对加速度及哥氏加速度，第三、四、五项分别为牵连运动产生的切向加速度、哥氏加速度及离心加速度，第六项为牵连加速度。

整理式(5-3)得：

$$^0\dot{\boldsymbol{v}}_{i+1} = {^0\dot{\boldsymbol{v}}^i_{i+1}} + 2{^0\boldsymbol{\omega}_i} \times {^0\boldsymbol{v}^i_{i+1}} + {^0\dot{\boldsymbol{\omega}}_i} \times {^0\boldsymbol{P}^i_{i+1}} + {^0\dot{\boldsymbol{\omega}}_i} \times ({^0\boldsymbol{\omega}_i} \times {^0\boldsymbol{P}^i_{i+1}}) + {^0\dot{\boldsymbol{v}}_i} \tag{5-4}$$

角速度向量关系有：

$$^0\boldsymbol{\omega}_{i+1} = {^0\boldsymbol{\omega}_i} + {^0\boldsymbol{\omega}^i_{i+1}} \tag{5-5}$$

$$^0\dot{\boldsymbol{\omega}}_{i+1} = {^0\dot{\boldsymbol{\omega}}_i} + {^0\dot{\boldsymbol{\omega}}^i_{i+1}} + {^0\boldsymbol{\omega}_i} \times \boldsymbol{\omega}^i_{i+1} \tag{5-6}$$

式中：右边第一项为牵连角加速度，第二项为相对角加速度，第三项为哥氏角加速度。

5.1.2 连杆运动学的递推关系式

为分析简便，符号左边的 0 都省去，即${}^0\boldsymbol{\omega}_{i+1}$记为$\boldsymbol{\omega}_{i+1}$。当坐标系$\{i+1\}$相对$\{i\}$转动时，只能绕$z_i$轴转动，$\{i+1\}$相对$\{i\}$移动时，只能沿$z_i$轴移动，因此有：

$$\boldsymbol{\omega}_{i+1}^{i}=\begin{cases}\boldsymbol{z}_i\dot{\boldsymbol{q}}_{i+1}, & \text{连杆 } i+1 \text{ 转动}\\ 0, & \text{连杆 } i+1 \text{ 移动}\end{cases} \tag{5-7}$$

式中：$\dot{\boldsymbol{q}}_{i+1}$表示连杆$i+1$绕关节$i+1$的角速度大小，$\boldsymbol{z}_i$是${}^0_i\boldsymbol{R}$的第三列。

$$\dot{\boldsymbol{\omega}}_{i+1}^{i}=\begin{cases}\boldsymbol{z}_i\ddot{\boldsymbol{q}}_{i+1}, & \text{连杆 } i+1 \text{ 转动}\\ 0, & \text{连杆 } i+1 \text{ 移动}\end{cases} \tag{5-8}$$

将式(5-7)和式(5-8)代入式(5-5)、式(5-6)有：

$$\boldsymbol{\omega}_{i+1}=\begin{cases}\boldsymbol{\omega}_i+\boldsymbol{z}_i\dot{\boldsymbol{q}}_{i+1}, & \text{连杆 } i+1 \text{ 转动}\\ \boldsymbol{\omega}_i, & \text{连杆 } i+1 \text{ 移动}\end{cases} \tag{5-9}$$

$$\dot{\boldsymbol{\omega}}_{i+1}=\begin{cases}\dot{\boldsymbol{\omega}}_i+\boldsymbol{z}_i\ddot{\boldsymbol{q}}_{i+1}+\boldsymbol{\omega}_i\times\boldsymbol{z}_i\dot{\boldsymbol{q}}_{i+1}, & \text{连杆 } i+1 \text{ 转动}\\ \dot{\boldsymbol{\omega}}_i, & \text{连杆 } i+1 \text{ 移动}\end{cases} \tag{5-10}$$

连杆$i+1$相对z_i轴以线速度$\dot{\boldsymbol{q}}_{i+1}$移动或以$\boldsymbol{\omega}_{i+1}^{i}$绕$z_i$轴转动时，有相对线加速度：

$$\boldsymbol{v}_{i+1}^{i}=\begin{cases}\boldsymbol{\omega}_{i+1}^{i}\times\boldsymbol{P}_{i+1}^{i}, & \text{连杆 } i+1 \text{ 转动}\\ \boldsymbol{z}_i\dot{\boldsymbol{q}}_{i+1}, & \text{连杆 } i+1 \text{ 移动}\end{cases} \tag{5-11}$$

$$\dot{\boldsymbol{v}}_{i+1}^{i}=\begin{cases}\dot{\boldsymbol{\omega}}_{i+1}^{i}\times\boldsymbol{P}_{i+1}^{i}+\boldsymbol{\omega}_{i+1}^{i}\times(\boldsymbol{\omega}_{i+1}^{i}\times\boldsymbol{P}_{i+1}^{i}), & \text{连杆 } i+1 \text{ 转动}\\ \boldsymbol{z}_i\dot{\boldsymbol{q}}_{i+1}, & \text{连杆 } i+1 \text{ 移动}\end{cases} \tag{5-12}$$

式(5-12)的第一式右边两项分别为切线加速度、离心加速度。

将式(5-11)、式(5-9)和式(5-5)代入式(5-2)，得：

$$\boldsymbol{v}_{i+1}=\begin{cases}\boldsymbol{\omega}_{i+1}\times\boldsymbol{P}_{i+1}^{i}+\boldsymbol{v}_i, & \text{连杆 } i+1 \text{ 转动}\\ \boldsymbol{z}_i\dot{\boldsymbol{q}}_{i+1}+\boldsymbol{\omega}_{i+1}\times\boldsymbol{P}_{i+1}^{i}+\boldsymbol{v}_i, & \text{连杆 } i+1 \text{ 移动}\end{cases} \tag{5-13}$$

将式(5-5)、式(5-11)和式(5-12)代入式(5-4)并化简，得：

$$\dot{\boldsymbol{v}}_{i+1}=\begin{cases}\dot{\boldsymbol{\omega}}_{i+1}\times\boldsymbol{P}_{i+1}^{i}+\boldsymbol{\omega}_{i+1}\times(\boldsymbol{\omega}_{i+1}\times\boldsymbol{P}_{i+1}^{i})+\dot{\boldsymbol{v}}_i, & \text{连杆 } i+1 \text{ 转动}\\ \boldsymbol{z}_i\ddot{\boldsymbol{q}}_{i+1}+2\boldsymbol{\omega}_{i+1}\times(\boldsymbol{z}_i\dot{\boldsymbol{q}}_{i+1})+\dot{\boldsymbol{\omega}}_{i+1}\times\boldsymbol{P}_{i+1}^{i}+\boldsymbol{\omega}_{i+1}\times(\boldsymbol{\omega}_{i+1}\times\boldsymbol{P}_{i+1}^{i})+\dot{\boldsymbol{v}}_i, & \text{连杆 } i+1 \text{ 移动}\end{cases} \tag{5-14}$$

5.1.3 质心的速度和加速度

连杆运动过程中，在作用于连杆i上的力和力矩影响下，连杆的质心C_i与坐标系原点O_i之间的关系如图 5-2 所示。根据图 5-2，由式(5-2)、式(5-4)可得

$$v_{ci}=\boldsymbol{\omega}_i\times\boldsymbol{P}_{ci}^{i}+\boldsymbol{v}_i \tag{5-15a}$$

$$\dot{\boldsymbol{v}}_{ci}=\dot{\boldsymbol{\omega}}_i\times\boldsymbol{P}_{ci}^{i}+\boldsymbol{\omega}_i\times(\boldsymbol{\omega}_i\times\boldsymbol{P}_{ci}^{i})+\dot{\boldsymbol{v}}_i \tag{5-15b}$$

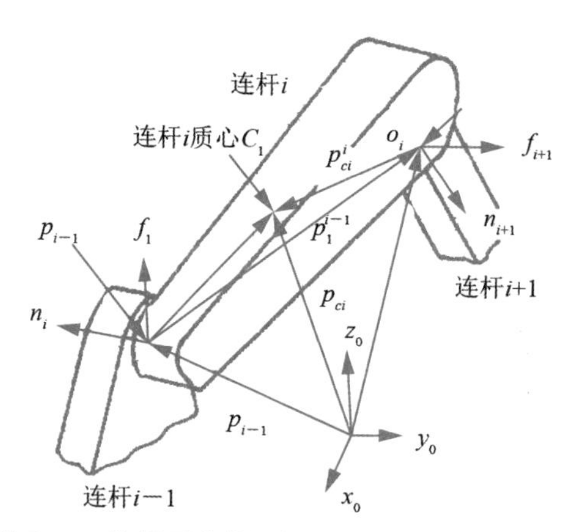

图 5-2 连杆质心位置关系及连杆 i 的受力分析

式中：$\boldsymbol{v}_{ci}$、$\dot{\boldsymbol{v}}_{ci}$ 分别为连杆 i 的质心的角速度、线速度、角加速度和线加速度在{0}坐标系中的描述。$\boldsymbol{P}_{ci}^i$ 为质心 C_i 与原点 o_i 之间的位置向量在{0}坐标系中的描述。

5.1.4 连杆动力学递推关系式

图 5-1 也分析描述了连杆 i 的受力情况，图中，$\boldsymbol{f}_i$、$\boldsymbol{n}_i$ 分别为连杆 $i-1$ 作用于连杆 i 的力和力矩；$\boldsymbol{f}_{i+1}$、$\boldsymbol{n}_{i+1}$ 分别为连杆 $i+1$ 作用于连杆 i 的力和力矩。

根据牛顿第二定律，有：

$$\boldsymbol{F}_i = m_i \dot{\boldsymbol{v}}_{ci} \tag{5-16a}$$

$$\boldsymbol{N}_i = \boldsymbol{I}_i \times \dot{\boldsymbol{\omega}}_i + \boldsymbol{\omega}_i \times (\boldsymbol{I}_i \boldsymbol{\omega}_i) \tag{5-16b}$$

式中：$\boldsymbol{F}_i$——作用于连杆 i 的总外力矢量；

$\boldsymbol{N}_i$——作用于连杆 i 的总外力矩矢量；

$\dot{\boldsymbol{v}}_{ci}$ 包括重力加速度；

$m_i \dot{\boldsymbol{v}}_{ci}$、$I_i \dot{\boldsymbol{\omega}}_i$、$\boldsymbol{\omega}_i \times (\boldsymbol{I}_i \boldsymbol{\omega}_i)$ 分别为惯性力、惯性力矩和陀螺力矩；

$\boldsymbol{I}_i$ 为连杆 i 相对过质心但与基坐标系平行的坐标系的惯量矩阵。

$$\boldsymbol{I}_i = \int \boldsymbol{r}_i \boldsymbol{r}_i^{\mathrm{T}} \mathrm{d}m = \int \begin{bmatrix} x_i \\ y_i \\ z_i \end{bmatrix} \begin{bmatrix} x_i \\ y_i \\ z_i \end{bmatrix}^{\mathrm{T}}, \mathrm{d}m = \begin{bmatrix} I_{xx} & I_{xy} & I_{xz} \\ I_{xy} & I_{yy} & I_{yz} \\ I_{xz} & I_{yz} & I_{zz} \end{bmatrix} \tag{5-17}$$

式中：x_i、y_i、z_i 为原点在质心但与基坐标系平行的坐标系中的坐标值，其他为：

$$\boldsymbol{I}_{xx} = \int (y^2 + z^2) \mathrm{d}m$$

$$\boldsymbol{I}_{yy} = \int (x^2 + z^2) \mathrm{d}m$$

$$\boldsymbol{I}_{zz} = \int (x^2 + y^2) \mathrm{d}m$$

$$\boldsymbol{I}_{xy} = \int xy \mathrm{d}m$$

$$I_{yz}=\int yz\,\mathrm{d}m$$

$$I_{xz}=\int xz\,\mathrm{d}m$$

参看图 5-1，连杆 i 既受到连杆 $i-1$ 的作用力，又受到连杆 $i+1$ 的反作用力，由达朗伯原理，可得：

$$\begin{aligned}
\boldsymbol{F}_i &= \boldsymbol{f}_i - \boldsymbol{f}_{i+1}\\
\boldsymbol{N}_i &= \boldsymbol{n}_i - \boldsymbol{n}_{i+1} + (\boldsymbol{P}^{i-1} - \boldsymbol{P}^{ci}) \times \boldsymbol{f}_i - (\boldsymbol{P}^{i} - \boldsymbol{P}^{ci}) \times \boldsymbol{f}_{i+1}\\
&= \boldsymbol{n}_i - \boldsymbol{n}_{i+1} - (\boldsymbol{P}_i^{i-1} + \boldsymbol{P}_{ci}^{i}) \times \boldsymbol{F}_i - \boldsymbol{P}_i^{i-1} \times \boldsymbol{f}_{i+1}
\end{aligned}$$

整理得：

$$\boldsymbol{f}_i = \boldsymbol{f}_{i+1} + \boldsymbol{F}_i \tag{5-18a}$$

$$\boldsymbol{n}_i = \boldsymbol{n}_{i+1} + (\boldsymbol{P}_i^{i-1} + \boldsymbol{P}_{ci}^{i}) \times \boldsymbol{F}_i + \boldsymbol{P}_i^{i-1} \times \boldsymbol{f}_{i+1} + \boldsymbol{N}_i \tag{5-18b}$$

式中：$\boldsymbol{P}_i^{i-1}$——$\{i\}$坐标原点相对$\{i-1\}$坐标原点的位置向量在基坐标系中的描述；

$\boldsymbol{P}_{ci}^{i}$——连杆 i 的质心相对$\{i\}$坐标原点的位置向量在基坐标系中的描述；

当 $i=n$ 时，$\boldsymbol{f}_{i+1}$，$\boldsymbol{n}_{i+1}$为终端手爪作用于外部物体的力和力矩。

连杆 i 的输入力和力矩 $\boldsymbol{\tau}_i$ 只是$\boldsymbol{f}_i$ 或$\boldsymbol{n}_i$ 在$\boldsymbol{z}_{i-1}$轴上的投影，即：

$$\boldsymbol{\tau}_i=\begin{cases}\boldsymbol{n}_i^{\mathrm{T}}\cdot\boldsymbol{z}_{i-1}, & \text{连杆 } i \text{ 转动}\\ \boldsymbol{f}_i^{\mathrm{T}}\cdot\boldsymbol{z}_{i-1}, & \text{连杆 } i \text{ 移动}\end{cases} \tag{5-19}$$

5.1.5　牛顿—欧拉运动方程

式(5-9)、式(5-10)、式(5-13)至式(5-16)、式(5-18)、式(5-19)这 8 个方程统称为牛顿—欧拉运动方程，它包括运动学和动力学两个方面的计算，完整地描述了各个单连杆($i=0,1\cdots,n$)的运动。当基座静止，且不考虑连杆重力影响时，$\boldsymbol{\omega}=0$、$\dot{\boldsymbol{\omega}}=0$、$\boldsymbol{v}_0=0$、$\dot{\boldsymbol{v}}_0=0$；当基座静止，但要考虑连杆重力影响时，$\boldsymbol{\omega}=0$、$\dot{\boldsymbol{\omega}}=0$、$\boldsymbol{v}_0=0$、$\dot{\boldsymbol{v}}_0=[0\quad 0\quad g]^{\mathrm{T}}$。

运用牛顿—欧拉运动方程计算连杆力矩或力 τ 的递推算法分为两部分，首先，从基座到手爪向外递推($i=1\rightarrow n$)进行运动学计算，即由$\boldsymbol{\omega}_{i-1}$、$\dot{\boldsymbol{\omega}}_{i-1}$、$\boldsymbol{v}_{i-1}$、$\dot{\boldsymbol{v}}_{i-1}$计算$\boldsymbol{\omega}_i$、$\dot{\boldsymbol{\omega}}_i$、$\boldsymbol{v}_i$、$\dot{\boldsymbol{v}}_i$、$\boldsymbol{v}_{ci}$、$\dot{\boldsymbol{v}}_{ci}$，再按从手爪到基座向内递推($i=n\rightarrow 1$)进行动力学计算，即由$\boldsymbol{f}_{i+1}$、$n_{i+1}$计算$\boldsymbol{f}_i$、$\boldsymbol{n}_i$、$\boldsymbol{\tau}_i$。

上述推导和计算都是相对基坐标系进行的，所以惯量矩阵随着连杆的位姿变化而变化，这给计算带来困难。为此，对上述算法进行改进，使之计算都相对连杆坐标系进行，此时，${}^{i}\boldsymbol{I}_i$ 是恒定不变的。

5.1.6　改进牛顿—欧拉算法

因为有：

$${}^{i}\boldsymbol{P}_i = {}^{i}_{0}\boldsymbol{R}\,\boldsymbol{P}_i \tag{5-20a}$$

$$^{i+1}\boldsymbol{P}_i = {}^{i+1}_{0}\boldsymbol{R}\,\boldsymbol{P}_i \tag{5-20b}$$

由式(5－20)得：

$$\boldsymbol{P}_i = {}^{0}_{i}\boldsymbol{R}\,{}^{i}\boldsymbol{P}_i \tag{5-21a}$$

$$^{i+1}\boldsymbol{P}_i = {}^{i+1}_{i}\boldsymbol{R}\,{}^{i}\boldsymbol{P}_i \tag{5-21b}$$

运用上述变换，在牛顿—欧拉运动方程中，以基坐标系表示的下列向量$\boldsymbol{\omega}_{i+1}$、$\dot{\boldsymbol{\omega}}_{i+1}$、$\boldsymbol{v}_{i+1}$、$\dot{\boldsymbol{v}}_{i+1}$、$\boldsymbol{F}_i$、$\boldsymbol{N}_i$、$\boldsymbol{v}_{ci}$、$\dot{\boldsymbol{v}}_{ci}$、$\boldsymbol{f}_i$、$\boldsymbol{n}_i$ 分别经如下变换：

${}^{i+1}_{0}\boldsymbol{R}\,\boldsymbol{\omega}_{i+1}$，${}^{i+1}_{0}\boldsymbol{R}\,\dot{\boldsymbol{\omega}}_{i+1}$，${}^{i+1}_{0}\boldsymbol{R}\,\boldsymbol{v}_{i+1}$，${}^{i+1}_{0}\boldsymbol{R}\,\dot{\boldsymbol{v}}_{i+1}$，${}^{i}_{0}\boldsymbol{R}\,\boldsymbol{F}_i$，${}^{i}_{0}\boldsymbol{R}\,\boldsymbol{N}_i$，${}^{i}_{0}\boldsymbol{R}\,\boldsymbol{v}_{ci}$，${}^{i}_{0}\boldsymbol{R}\,\dot{\boldsymbol{v}}_{ci}$，${}^{i}_{0}\boldsymbol{R}\,\boldsymbol{f}_i$，${}^{i}_{0}\boldsymbol{R}\,\boldsymbol{n}_i$
可得到在$\{i+1\}$及$\{i\}$坐标系中表示的向量。

将式(5－9)方程左右两边各乘${}^{i+1}_{0}\boldsymbol{R}$，得：

$${}^{i+1}_{0}\boldsymbol{R}\,\boldsymbol{\omega}_{i+1} = \begin{cases} {}^{i+1}_{i}\boldsymbol{R}({}^{i}_{0}\boldsymbol{R}\,\boldsymbol{\omega}_i + {}^{i}_{0}\boldsymbol{R}\,\boldsymbol{z}_i\,\dot{q}_{i+1}), & \text{连杆 } i+1 \text{ 转动} \\ {}^{i+1}_{i}\boldsymbol{R}\,{}^{i}_{0}\boldsymbol{R}\,\boldsymbol{\omega}_i, & \text{连杆 } i+1 \text{ 移动} \end{cases}$$

由式(5－20)的变换关系，上式可写成：

$$^{i+1}\boldsymbol{\omega}_{i+1} = \begin{cases} {}^{i+1}_{i}\boldsymbol{R}({}^{i}\boldsymbol{\omega}_i + {}^{i}\boldsymbol{z}_i\,\dot{q}_{i+1}), & \text{连杆 } i+1 \text{ 转动} \\ {}^{i+1}_{i}\boldsymbol{R}\,{}^{i}\boldsymbol{\omega}_i, & \text{连杆 } i+1 \text{ 移动} \end{cases} \tag{5-22}$$

同理，可将式(5－10)、式(5－13)至式(5－16)、式(5－18)、式(5－19)分别写成：

$$\dot{\boldsymbol{\omega}}_{i+1} = \begin{cases} {}^{i+1}_{i}\boldsymbol{R}({}^{i}\dot{\boldsymbol{\omega}}_i + {}^{i}\boldsymbol{z}_i\,\ddot{q}_{i+1} + {}^{i}\dot{\boldsymbol{\omega}}_i \times ({}^{i}\boldsymbol{z}_i\,\dot{q}_{i+1})), & \text{连杆 } i+1 \text{ 转动} \\ {}^{i+1}_{i}\boldsymbol{R}\,{}^{i}\dot{\boldsymbol{\omega}}_i, & \text{连杆 } i+1 \text{ 移动} \end{cases} \tag{5-23}$$

$$^{i+1}\boldsymbol{v}_{i+1} = \begin{cases} {}^{i+1}\boldsymbol{\omega}_{i+1} \times {}^{i+1}\boldsymbol{P}^{i}_{i+1} + {}^{i+1}_{i}\boldsymbol{R}\,{}^{i}\boldsymbol{v}_i, & \text{连杆 } i+1 \text{ 转动} \\ {}^{i+1}_{i}\boldsymbol{R}({}^{i}\boldsymbol{z}_i\,\dot{q}_{i+1} + {}^{i}\boldsymbol{v}_i) + {}^{i+1}\boldsymbol{\omega}_{i+1} \times {}^{i+1}\boldsymbol{P}^{i}_{i+1}, & \text{连杆 } i+1 \text{ 移动} \end{cases} \tag{5-24}$$

$$\dot{\boldsymbol{v}}^{i}_{i+1} = \begin{cases} {}^{i+1}\dot{\boldsymbol{\omega}}_{i+1} \times {}^{i+1}\boldsymbol{P}^{i}_{i+1} + {}^{i+1}\boldsymbol{\omega}_{i+1} \times ({}^{i+1}\boldsymbol{\omega}_{i+1} \times {}^{i+1}\boldsymbol{P}^{i}_{i+1}) + {}^{i+1}_{i}\boldsymbol{R}\,{}^{i}\dot{\boldsymbol{v}}_i, & \text{连杆 } i+1 \text{ 转动} \\ {}^{i+1}_{i}\boldsymbol{R}({}^{i}\boldsymbol{z}_i\,\ddot{q}_{i+1} + {}^{i}\dot{\boldsymbol{v}}_i) + {}^{i+1}\dot{\boldsymbol{\omega}}^{i+1} \times {}^{i+1}\boldsymbol{P}^{i}_{i+1} & \\ \quad + 2\,{}^{i+1}\boldsymbol{\omega}_{i+1} \times ({}^{i+1}_{i}\boldsymbol{R}\,{}^{i}\boldsymbol{z}_i\,\dot{q}_{i+1}) + {}^{i+1}\boldsymbol{\omega}_{i+1} \times ({}^{i+1}\boldsymbol{\omega}_{i+1} \times {}^{i+1}\boldsymbol{P}^{i}_{i+1}), & \text{连杆 } i+1 \text{ 移动} \end{cases} \tag{5-25}$$

$$^{i}\boldsymbol{v}_{ci} = {}^{i}\boldsymbol{\omega}_i \times {}^{i}\boldsymbol{P}^{i}_{ci} + {}^{i}\boldsymbol{v}_i \tag{5-26a}$$

$$^{i}\dot{\boldsymbol{v}}_{ci} = {}^{i}\dot{\boldsymbol{\omega}}_i \times {}^{i}\boldsymbol{P}^{i}_{ci} + {}^{i}\boldsymbol{\omega}_i \times ({}^{i}\boldsymbol{\omega}_i \times {}^{i}\boldsymbol{P}^{i}_{ci}) + {}^{i}\dot{\boldsymbol{v}}_i \tag{5-26b}$$

$$^{i}\boldsymbol{F}_i = m_i\,{}^{i}\dot{\boldsymbol{v}}_{ci} \tag{5-27a}$$

$$^{i}\boldsymbol{N}_i = {}^{i}\boldsymbol{I}_i\,{}^{i}\dot{\boldsymbol{\omega}}_i + {}^{i}\boldsymbol{\omega}_i \times ({}^{i}\boldsymbol{I}_i\,{}^{i}\boldsymbol{\omega}_i) \tag{5-27b}$$

$$^{i}\boldsymbol{f}_i = {}^{i}_{i+1}\boldsymbol{R}\,{}^{i+1}\boldsymbol{f}_{i+1} + {}^{i}\boldsymbol{F}_i \tag{5-28a}$$

$$^{i}\boldsymbol{n}_i = {}^{i}_{i+1}\boldsymbol{R}({}^{i+1}\boldsymbol{n}_{i+1} + {}^{i}P^{i-1}_{i} \times {}^{i+1}\boldsymbol{f}_{i+1}) + ({}^{i}\boldsymbol{P}^{i-1}_{i} + {}^{i}\boldsymbol{P}^{i}_{ci}) \times {}^{i}\boldsymbol{F}_i + {}^{i}\boldsymbol{N}_i \tag{5-28b}$$

$$\boldsymbol{\tau}_i = \begin{cases} {}^{i}\boldsymbol{n}^{T}_{i}({}^{i}_{i-1}\boldsymbol{R}^{i-1}\boldsymbol{z}_{i-1}), & \text{连杆 } i \text{ 转动} \\ {}^{i}\boldsymbol{f}^{T}_{i}({}^{i}_{i-1}\boldsymbol{R}^{i-1}\boldsymbol{z}_{i-1}), & \text{连杆 } i \text{ 移动} \end{cases} \tag{5-29}$$

式(5－22)至(5－29)为牛顿—欧拉方程的改进算法。所作计算都是相对连杆坐标系进行的，因此各连杆惯量矩阵是常数，与位姿无关。

5.1.7 牛顿—欧拉动力学方程举例

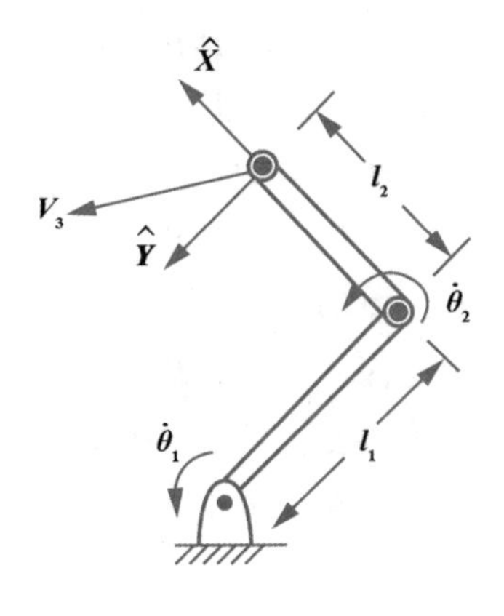

图 5-3 二连杆平面机械手

【例 5-1】 为明晰牛顿—欧拉动力学方程的具体应用，这里以图 5-3 所示的二连杆平面机械手为例进行说明。为简化过程，假定机械手的质量分布较简单：每个连杆的质量都集中在连杆的末端，分别为 m_1 和 m_2。

首先，根据结构参数，试确定牛顿—欧拉递推公式中各参数。每个连杆的质心位置矢量：

$$^{1}\boldsymbol{P}_{C1}=l_1X_1$$

$$^{2}\boldsymbol{P}_{C2}=l_2X_2$$

式中：$^{1}\boldsymbol{P}_{C1}$ 为连杆 1 的质心位置矢量，$^{2}\boldsymbol{P}_{C2}$ 为连杆 2 的质心位置矢量。

由于假定连杆质量集中在连杆末端的质心，因此每个连杆质心的惯性张量为零：

$$^{C1}\boldsymbol{I}_1=0$$

$$^{C2}\boldsymbol{I}_2=0$$

末端执行器上没有作用力，因此有：

$$f_3=0$$

$$n_3=0$$

机器人基座固定，因此有：

$$\boldsymbol{\omega}_0=0$$

$$\dot{\boldsymbol{\omega}}_0=0$$

重力对于机器人的作用：

$$^{0}\dot{\boldsymbol{v}}_0=gY_0$$

相邻连杆运动坐标系之间的变化矩阵如下：

$$^{i}_{i+1}\boldsymbol{R}=\begin{bmatrix} c_{i+1} & -s_{i+1} & 0 \\ s_{i+1} & c_{i+1} & 0 \\ 0 & 0 & 1 \end{bmatrix}$$

$$^{i+1}_{i}\boldsymbol{R}=\begin{bmatrix} c_{i+1} & s_{i+1} & 0 \\ -s_{i+1} & c_{i+1} & 0 \\ 0 & 0 & 1 \end{bmatrix}$$

其次，应用方程式(5-22)至式(5-26b)，从基座开始向外递推，依次计算连杆 1 和连杆 2 的速度、加速度、惯性力和力矩等相关参数。对于连杆 1 有：

$$^{1}\boldsymbol{\omega}_1=\dot{\theta}_1{}^{1}Z_1=\begin{bmatrix} 0 \\ 0 \\ \dot{\theta}_1 \end{bmatrix}$$

$$
{}^{1}\boldsymbol{\omega}_{1}=\ddot{\theta}_{1}{}^{1}Z_{1}=\begin{bmatrix}0\\0\\\ddot{\theta}_{1}\end{bmatrix}
$$

$$
{}^{1}\boldsymbol{v}_{1}=\begin{bmatrix}c_{1}&s_{1}&0\\-s_{1}&c_{1}&0\\0&0&1\end{bmatrix}\begin{bmatrix}0\\g\\0\end{bmatrix}=\begin{bmatrix}gs_{1}\\gc_{1}\\0\end{bmatrix}
$$

$$
{}^{1}\boldsymbol{v}_{C1}=\begin{bmatrix}0\\l_{1}\ddot{\theta}_{1}\\0\end{bmatrix}+\begin{bmatrix}-l_{1}\dot{\theta}_{1}^{2}\\0\\0\end{bmatrix}+\begin{bmatrix}gs_{1}\\gc_{1}\\0\end{bmatrix}=\begin{bmatrix}-l_{1}\dot{\theta}_{1}^{2}+gs_{1}\\l_{1}\ddot{\theta}_{1}+gc_{1}\\0\end{bmatrix}
$$

$$
{}^{1}\boldsymbol{F}_{C1}=\begin{bmatrix}-m_{1}l_{1}\dot{\theta}_{1}^{2}+m_{1}gs_{1}\\m_{1}l_{1}\ddot{\theta}_{1}+m_{1}gc_{1}\\0\end{bmatrix}
$$

$$
{}^{1}\boldsymbol{N}_{C1}=\begin{bmatrix}0\\0\\0\end{bmatrix}
$$

对于连杆 2 有：

$$
{}^{2}\boldsymbol{\omega}_{2}=\begin{bmatrix}0\\0\\\dot{\theta}_{1}+\dot{\theta}_{2}\end{bmatrix}
$$

$$
{}^{2}\dot{\boldsymbol{\omega}}_{2}=\begin{bmatrix}0\\0\\\ddot{\theta}_{1}+\ddot{\theta}_{2}\end{bmatrix}
$$

$$
{}^{2}\dot{\boldsymbol{v}}_{2}=\begin{bmatrix}c_{2}&s_{2}&0\\-s_{2}&c_{2}&0\\0&0&1\end{bmatrix}\begin{bmatrix}-l_{1}\dot{\theta}_{1}^{2}+gs_{1}\\l_{1}\ddot{\theta}_{1}+gc_{1}\\0\end{bmatrix}=\begin{bmatrix}l_{1}\ddot{\theta}_{1}s_{2}-l_{1}\dot{\theta}_{1}^{2}c_{2}+gs_{12}\\l_{1}\ddot{\theta}_{1}c_{2}+l_{1}\dot{\theta}_{1}^{2}s_{2}+gc_{12}\\0\end{bmatrix}
$$

$$
{}^{2}\boldsymbol{v}_{C2}=\begin{bmatrix}0\\l_{2}(\ddot{\theta}_{1}+\ddot{\theta}_{2})\\0\end{bmatrix}+\begin{bmatrix}-l_{1}(\dot{\theta}_{1}+\dot{\theta}_{2})^{2}\\0\\0\end{bmatrix}+\begin{bmatrix}l_{1}\ddot{\theta}_{1}s_{2}-l_{1}\dot{\theta}_{1}^{2}c_{2}+gs_{12}\\l_{1}\ddot{\theta}_{1}c_{2}+l_{1}\dot{\theta}_{1}^{2}s_{2}+gc_{12}\\0\end{bmatrix}
$$

$$
{}^{2}\boldsymbol{F}_{C2}=\begin{bmatrix}m_{2}l_{1}\ddot{\theta}_{1}s_{2}-m_{2}l_{1}\dot{\theta}_{1}{}^{2}c_{2}+m_{2}gs_{12}-m_{2}l_{2}\ (\dot{\theta}_{1}+\dot{\theta}_{2})^{2}\\m_{2}l_{1}\ddot{\theta}_{1}c_{2}-m_{2}l_{1}\dot{\theta}_{1}{}^{2}c_{2}+m_{2}gc_{12}+m_{2}l_{2}(\ddot{\theta}_{1}+\ddot{\theta}_{2})\\0\end{bmatrix}
$$

$$^{2}\boldsymbol{N}_{C2}=\begin{bmatrix}0\\0\\0\end{bmatrix}$$

第三步，应用方程式(5-27a)～式(5-29)，从手臂末端开始向内递推，依次计算连杆 2 和连杆 1 的力和力矩。对于连杆 2 有：

$$^{2}f_{2}={}^{2}F_{C2}$$

$$^{2}\boldsymbol{n}_{2}=\begin{bmatrix}0\\0\\m_{2}l_{1}l_{2}\ddot{\theta}_{1}c_{2}+m_{2}l_{1}l_{2}\dot{\theta}_{1}^{2}s_{2}+m_{2}l_{2}gc_{12}+m_{2}l_{2}^{2}(\ddot{\theta}_{1}+\ddot{\theta}_{2})\end{bmatrix}$$

在此基础上，可递推计算连杆 1：

$$^{1}\boldsymbol{f}_{1}=\begin{bmatrix}c_{2}&-s_{2}&0\\s_{2}&c_{2}&0\\0&0&1\end{bmatrix}\begin{bmatrix}m_{2}l_{2}\ddot{\theta}_{1}s_{2}-m_{2}l_{1}\dot{\theta}_{1}^{2}c_{2}+m_{2}gs_{12}-m_{2}l_{2}\ (\dot{\theta}_{1}+\dot{\theta}_{2})^{2}\\m_{2}l_{1}\ddot{\theta}_{1}c_{2}+m_{2}l_{1}\dot{\theta}_{1}^{2}s_{2}+m_{2}gc_{12}+m_{2}l_{2}\ (\ddot{\theta}_{1}+\ddot{\theta}_{2})^{2}\\0\end{bmatrix}+\begin{bmatrix}-m_{1}l_{1}\dot{\theta}_{1}^{\ 2}+m_{1}gs_{1}\\m_{1}l_{1}\ddot{\theta}_{1}+m_{1}gc_{1}\\0\end{bmatrix}$$

$$^{1}\boldsymbol{n}_{1}=\begin{bmatrix}0\\0\\m_{2}l_{1}l_{2}\ddot{\theta}_{1}c_{2}+m_{2}l_{1}l_{2}\dot{\theta}_{1}^{2}s_{2}+m_{2}l_{2}gc_{12}+m_{2}l_{2}^{2}(\ddot{\theta}_{1}+\ddot{\theta}_{2})\end{bmatrix}+\begin{bmatrix}0\\0\\m_{1}l_{1}^{2}\ddot{\theta}_{1}+m_{1}l_{1}gc_{1}\end{bmatrix}$$
$$+\begin{bmatrix}0\\0\\m_{2}l_{1}^{2}\ddot{\theta}_{1}-m_{2}l_{1}l_{2}\ (\dot{\theta}_{1}+\dot{\theta}_{2})^{2}s_{2}+m_{2}l_{1}gc_{1}+m_{2}l_{1}l_{2}(\ddot{\theta}_{1}+\ddot{\theta}_{2})c_{2}\end{bmatrix}$$

最后，取 $^{i}\boldsymbol{n}_{i}$ 中在 Z 轴方向的分量，即可得关节力矩：

$$\boldsymbol{\tau}_{1}=m_{2}l_{2}^{2}(\ddot{\theta}_{1}+\ddot{\theta}_{2})+m_{2}l_{1}l_{2}(2\ddot{\theta}_{1}+\ddot{\theta}_{2})c_{2}+(m_{1}+m_{2})l_{1}^{2}\ddot{\theta}_{1}-m_{2}l_{1}l_{2}\dot{\theta}_{2}^{2}s_{2}$$
$$-2m_{2}l_{1}l_{2}\dot{\theta}_{1}\dot{\theta}_{2}s_{2}+m_{2}l_{2}gc_{12}+(m_{1}+m_{2})l_{1}gc_{1}$$

$$\boldsymbol{\tau}_{2}=m_{2}l_{1}l_{2}\ddot{\theta}_{1}c_{2}+m_{2}l_{1}l_{2}\dot{\theta}_{1}^{2}s_{2}+m_{2}l_{2}gc_{12}+m_{2}l_{2}^{2}(\ddot{\theta}_{1}+\ddot{\theta}_{2})$$

上式将各关节的驱动力矩用关节位置、速度和加速度表示，即为该两连杆机器人的动力学方程。

5.2 拉格朗日动力学

由上节运用牛顿—欧拉方法求解较简单的两连杆机器人的动力学方程可以看出，其过程已不简单，如果对于更复杂的多自由度机器人系统，此种分析方法将十分复杂与麻烦。替代牛顿—欧拉方法的另一种方法则是拉格朗日动力学方法，它是基于系统能量的概念，可用较简单的形式求得非常复杂的系统动力学方程，并具有显式结构，物理意义比较明确。

5.2.1 拉格朗日函数

拉格朗日动力学方程给出了一种从标量函数推导动力学方程的方法，一般称这个标量函数为拉格朗日函数。对于任何机械系统，拉格朗日函数 L 定义为系统总的动能 E_k 与总的势能 E_p 之差，即：

$$L(\boldsymbol{q},\dot{\boldsymbol{q}})=E_k(\boldsymbol{q},\dot{\boldsymbol{q}})-E_p(\boldsymbol{q}) \tag{5-30}$$

式中：$\boldsymbol{q}=[q_1 \quad q_2 \quad \cdots \quad q_n]$是表示动能和势能的广义坐标，$\dot{\boldsymbol{q}}=[\dot{q}_1 \quad \dot{q}_2 \quad \cdots \quad \dot{q}_n]$是相应的广义速度。

5.2.2 机器人系统动能

在机器人中，连杆是运动部件，连杆 i 的动能 E_{ki} 为连杆质心线速度引起的动能和连杆角速度产生的动能之和，即：

$$E_{ki}=\frac{1}{2}m_i\boldsymbol{v}_{ci}^T\boldsymbol{v}_{ci}+\frac{1}{2}{}_i\boldsymbol{\omega}_i^T{}^i\boldsymbol{I}_i{}^i\boldsymbol{\omega}_i \tag{5-31}$$

式中：右边第一项为连杆质心线速度引起的动能，第二项为连杆角速度产生的动能。

整个机器人系统总的动能为 n 个连杆的动能之和，即：

$$E_k=\sum_{i=1}^{n}E_{ki} \tag{5-32}$$

由于 $\boldsymbol{v}_{ci}$ 和 ${}^i\boldsymbol{\omega}_i$ 是关节变量 $\boldsymbol{q}$ 和关节速度 $\dot{\boldsymbol{q}}$ 的函数，因此，从式(5-32)可知，机器人的动能是关节变量和关节速度的标量函数，记为 $E_k(\boldsymbol{q},\dot{\boldsymbol{q}})$，可表示成：

$$E_k(\boldsymbol{q},\dot{\boldsymbol{q}})=\frac{1}{2}\dot{\boldsymbol{q}}\boldsymbol{D}(\boldsymbol{q})\dot{\boldsymbol{q}} \tag{5-33}$$

式中：$\boldsymbol{D}(\boldsymbol{q})$是 $n\times n$ 阶机器人的惯性矩阵，因为机器人的动能 E_k 是其惯性矩阵的二次型，且动能 E_k 为正，因此 $\boldsymbol{D}(\boldsymbol{q})$是正定矩阵。

5.2.3 机器人系统势能

设连杆 i 的势能为 E_{pi}，若连杆 i 的质心在基座{0}坐标系中的位置矢量为 ${}^0\boldsymbol{P}_{Ci}$，重力加速度矢量在{0}坐标系中为 ${}^0g$，则：

$$E_{pi}=-m_i{}^0g^{T\,0}\boldsymbol{p}_{Ci} \tag{5-34}$$

机器人系统总的势能为各连杆的势能之和，即：

$$E_p=\sum_{i=1}^{n}E_{pi} \tag{5-35}$$

由于位置矢量为 ${}^0\boldsymbol{P}_{Ci}$ 是关节变量 $\boldsymbol{q}$ 的标量函数，因此势能也为 $\boldsymbol{q}$ 的标量函数，记为 $E_p(\boldsymbol{q})$。

5.2.4 拉格朗日方程

利用拉格朗日动力学方法，基于拉格朗日函数可得系统的动力学方程，即拉格朗日方程：

$$\boldsymbol{\tau}=\frac{\mathrm{d}}{\mathrm{d}t}\frac{\partial \boldsymbol{L}}{\partial \dot{\boldsymbol{q}}}-\frac{\partial \boldsymbol{L}}{\partial \boldsymbol{q}} \tag{5-36}$$

式(5－36)又称为拉格朗日—欧拉方程，简称 L—E 方程。其中，$\boldsymbol{\tau}$ 是 n 个关节的驱动力或力矩矢量。考虑式(5－23)中，$E_p(\boldsymbol{q})$不显含 $\dot{\boldsymbol{q}}$，因而式(5－36)可写成：

$$\tau=\frac{\mathrm{d}}{\mathrm{d}t}\frac{\partial E_k}{\partial \dot{\boldsymbol{q}}}-\frac{\partial E_k}{\partial \boldsymbol{q}}+\frac{\partial E_p}{\partial \boldsymbol{q}} \tag{5-37}$$

5.2.5 拉格朗日动力学举例

【例 5－2】 由两个关节组成的平面 RP 机器人如图 5－4 所示，在图中建立连杆 D-H 坐标系，关节变量为 θ_1 和 d_2，关节驱动力矩和力分别为 τ_1 和 τ_2，连杆 1 和连杆 2 的质量分别为 m_1 和 m_2，质心的位置由 l_1 和 d_2 所规定，两个连杆的惯量矩阵为：

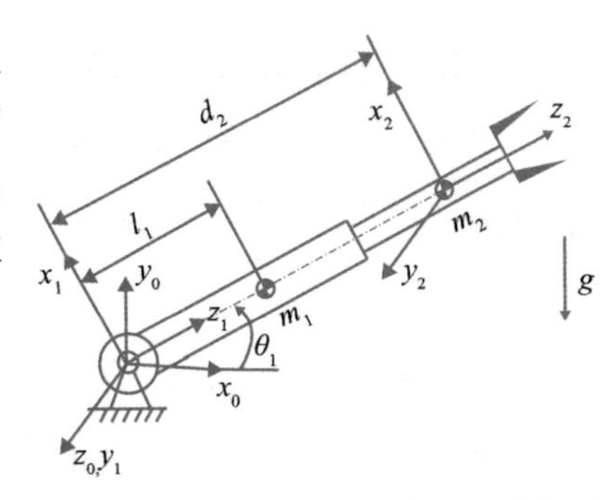

图 5－4 平面 RP 机器人及其连杆坐标系

$${}^1\boldsymbol{I}_1=\begin{bmatrix} I_{xx1} & 0 & 0 \\ 0 & I_{yy1} & 0 \\ 0 & 0 & I_{zz1} \end{bmatrix}$$

$${}^2\boldsymbol{I}_2=\begin{bmatrix} I_{xx2} & 0 & 0 \\ 0 & I_{yy2} & 0 \\ 0 & 0 & I_{zz2} \end{bmatrix}$$

由式(5－31)，可分别写出连杆 1 和连杆 2 的动能为：

$$E_{k1}=\frac{1}{2}m_1 l_1^2\dot{\theta}_1^2+\frac{1}{2}I_{yy1}\dot{\theta}_1^2$$

$$E_{k2}=\frac{1}{2}m_2(d_2^2\dot{\theta}_1^2+\dot{d}_2^2)+\frac{1}{2}I_{yy2}\dot{\theta}_1^2$$

系统的总动能为：

$$E_k=\frac{1}{2}(m_1 l_1^2+I_{yy1}+I_{yy2}+m_2 d_2^2)\dot{\theta}_1^2+\frac{1}{2}m_2\dot{d}_2^2$$

由式(5－34)，可分别写出连杆 1 和连杆 2 的势能：

$$E_{p1}=m_1 g l_1\sin\theta_1$$

$$E_{p2}=m_2 g d_2\sin\theta_1$$

系统的总势能为：

$$E_p=E_{p1}+E_{p2}=g(m_1 l_1+m_2 d_2)\sin\theta_1$$

根据拉格朗日方程式(5－36)，求取其中各项的偏导数：

$$\frac{\partial E_k}{\partial \dot{q}}=\begin{bmatrix}(m_1 l_1^2+I_{yy1}+I_{yy2}+m_2 d_2^2)\dot{\theta}_1 \\ m_2\dot{d}_2\end{bmatrix}$$

$$\frac{\partial E_k}{\partial q}=\begin{bmatrix}0\\m_2d_2\dot{\theta}_1^2\end{bmatrix}$$

$$\frac{\partial E_p}{\partial q}=\begin{bmatrix}g(m_1l_1+m_2d_2)c_1\\gm_2s_1\end{bmatrix}$$

将以上偏导数代入式(5－37)中，可得各关节上作用力矩和力，也即平面RP机器人的动力学方程：

$$\tau=\begin{bmatrix}\tau_1\\\tau_2\end{bmatrix}=\begin{bmatrix}(m_1l_1^2+I_{yy1}+I_{yy2}+m_2d_2^2)\ddot{\theta}_1+2m_2d_2\dot{\theta}_1\dot{d}_2+g(m_1l_1+m_2d_2)\cos\theta_1\\m_2\ddot{d}_2-m_2d_2\dot{\theta}_1^2+m_2g\sin\theta_1\end{bmatrix} \tag{5-38}$$

5.3 关节空间和操作空间动力学

5.3.1 关节空间动力学方程

在上一节例5－2所得的动力学方程式(5－38)中，若记$\boldsymbol{\tau}=(\tau_1\quad\tau_2)^{\mathrm{T}}$，$\boldsymbol{q}=(\theta_1\quad\theta_2)^{\mathrm{T}}$，则式(5－38)可表示为：

$$\boldsymbol{\tau}=\boldsymbol{D}(\boldsymbol{q})\ddot{\boldsymbol{q}}+\boldsymbol{H}(\boldsymbol{q},\dot{\boldsymbol{q}})+\boldsymbol{G}(\boldsymbol{q}) \tag{5-39}$$

式(5－39)是机器人在关节空间中动力学方程封闭形式的一般结构式。它反映了关节力矩与关节变量、速度和加速度之间的函数关系。其中，对于n个关节的机器人，$\boldsymbol{D}(\boldsymbol{q})$为机器人的惯性矩阵，是$n\times n$的正定对称矩阵；$\boldsymbol{H}(\boldsymbol{q},\dot{\boldsymbol{q}})$为$n\times1$的离心力和哥里奥利力(哥氏力)矢量；$\boldsymbol{G}(\boldsymbol{q})$为$n\times1$的重力矢量，与机器人的形位$\boldsymbol{q}$有关。各项的具体表达式为：

$$\boldsymbol{D}(\boldsymbol{q})=\begin{bmatrix}m_1l_1^2+I_{yy1}+I_{yy2}+m_2d_2^2&0\\0&m_2\end{bmatrix}$$

$$\boldsymbol{H}(\boldsymbol{q},\dot{\boldsymbol{q}})=\begin{bmatrix}2m_2d_2\dot{\theta}_1\dot{d}_2\\-m_2d_2\dot{\theta}_1^2\end{bmatrix}$$

$$\boldsymbol{G}(\boldsymbol{q})=\begin{bmatrix}(m_1l_1+m_2d_2)gc_1\\m_2gs_1\end{bmatrix}$$

如果将$\boldsymbol{q}$和$\dot{\boldsymbol{q}}$当作状态变量，则式(5－39)就是状态方程，又因$\dot{\boldsymbol{q}}$和$\ddot{\boldsymbol{q}}$是在关节空间描述的，也被称为关节空间状态方程。

5.3.2 操作空间动力学方程

与关节空间动力学方程式(5－39)相对应，在笛卡尔坐标系操作空间中作用于机器人末端执行器上的操作力和力矩矢量$\boldsymbol{F}$(广义操作力)与表示末端执行器位姿的笛卡尔矢量$\ddot{\boldsymbol{x}}$之间的关系可表示为：

$$\boldsymbol{F}=\boldsymbol{M}_x(\boldsymbol{q})\ddot{\boldsymbol{x}}+\boldsymbol{U}_x(\boldsymbol{q},\dot{\boldsymbol{q}})+\boldsymbol{G}_x(\boldsymbol{q}) \tag{5-40}$$

式中：$\boldsymbol{M}_x(\boldsymbol{q})$、$\boldsymbol{U}_x(\boldsymbol{q},\dot{\boldsymbol{q}})$、$\boldsymbol{G}_x(\boldsymbol{q})$分别为操作空间中的惯性矩阵、离心力和哥氏力矢量、重力矢量，$\boldsymbol{F}$ 是广义操作力矢量，$\boldsymbol{x}$ 表示机器人末端位姿向量。由第 4 章可得广义操作力 $\boldsymbol{F}$ 与关节力 $\boldsymbol{\tau}$ 之间的关系式为：

$$\boldsymbol{\tau}=\boldsymbol{J}^T(\boldsymbol{q})\boldsymbol{F} \tag{5-41}$$

以及操作空间与关节空间之间的速度和加速度的关系：

$$\dot{\boldsymbol{x}}=\boldsymbol{J}(\boldsymbol{q})\dot{\boldsymbol{q}} \tag{5-42}$$

$$\ddot{\boldsymbol{x}}=\boldsymbol{J}(\boldsymbol{q})\ddot{\boldsymbol{q}}+\dot{\boldsymbol{J}}(\boldsymbol{q})\dot{\boldsymbol{q}} \tag{5-43}$$

将式(5-43)代入式(5-40)，并比较关节空间与操作空间动力学方程，可以得出：

$$\boldsymbol{M}_x(\boldsymbol{q})=\boldsymbol{J}^{-T}(\boldsymbol{q})\boldsymbol{D}(\boldsymbol{q})\boldsymbol{J}^{-1}(\boldsymbol{q}) \tag{5-44}$$

$$\boldsymbol{U}_x(\boldsymbol{q},\dot{\boldsymbol{q}})=\boldsymbol{J}^{-T}(\boldsymbol{q})[\boldsymbol{H}(\boldsymbol{q},\dot{\boldsymbol{q}})-\boldsymbol{D}(\boldsymbol{q},\dot{\boldsymbol{q}})\boldsymbol{J}^{-1}(\boldsymbol{q})\dot{\boldsymbol{J}}(\boldsymbol{q})\dot{\boldsymbol{q}}] \tag{5-45}$$

$$\boldsymbol{G}_x(\boldsymbol{q})=\boldsymbol{J}^{-T}(\boldsymbol{q})\boldsymbol{G}(\boldsymbol{q}) \tag{5-46}$$

需要注意的是，式(5-44)至式(5-46)中的雅可比矩阵和式(5-40)中 $\boldsymbol{F}$ 和 $\boldsymbol{x}$ 的坐标系相同，这个坐标系的选择是任意的。当机器人的操作臂达到奇异位置时，操作空间动力学方程的某些量将趋于无穷大。

5.3.3 关节力矩—操作运动方程

机器人动力学最终研究的是其关节输入力矩（力）与其输出的运动之间的关系。因此需要研究操作运动与驱动力矩（力）之间的关系。由式(5-40)和式(5-41)联立，可得操作运动—关节力矩之间的动力学方程：

$$\boldsymbol{\tau}=\boldsymbol{J}^T(\boldsymbol{q})[\boldsymbol{M}_x(\boldsymbol{q})\ddot{\boldsymbol{x}}+\boldsymbol{U}_x(\boldsymbol{q},\dot{\boldsymbol{q}})+\boldsymbol{G}_x(\boldsymbol{q})] \tag{5-47}$$

式(5-47)反映了输入关节力与机器人运动之间的关系。

思考题

1. 简述牛顿—欧拉方法的基本原理。
2. 什么是拉格朗日函数？简述用拉格朗日方法建立机器人动力学方程的步骤。
3. 求均匀密度的圆柱体的惯量矩阵。坐标原点设在质心，轴线取为 x 轴。
4. 空间(RRR)机械手各连杆的质量集中在末端，如图 5-5 所示，分别用牛顿—欧拉方法和拉格朗日方法求其动力学方程（在关节空间和操作空间的封闭形式）。

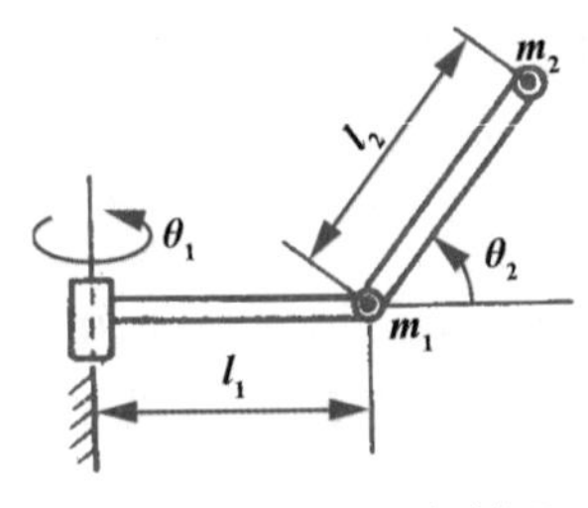

图 5-5　空间(RRR)机械手

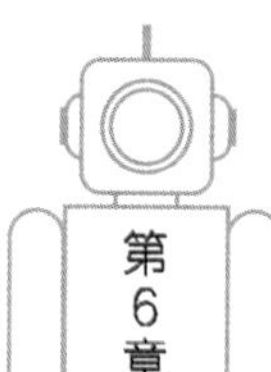

轨迹规划和生成

6.1 机器人规划基本概念

6.1.1 机器人规划

所谓机器人的规划(planning),就是机器人根据自身的任务,求得完成这一任务的解决方案的过程。这里所说的任务,具有广义的概念,既可以指机器人要完成的某一具体任务,也可以是机器人的某个动作,比如手部或关节某个规定的运动等。

为了说明机器人规划的概念,我们先来看下面的例子。

在一些老龄化比较严重的国家,开发了各种各样的机器人专门用于伺候老人,这些机器人有不少是采用声控的方式。比如主人用声音命令机器人"给我倒一杯开水",我们先不考虑机器人是如何识别人的自然语言,而着重分析一下机器人在得到这样一个命令后,如何来完成主人交给的任务。

首先,机器人应该把任务进行分解,把主人交代的任务分解成为"取一个杯子""找到水壶""打开瓶塞""把水倒入杯中""把水送给主人"等一系列子任务,这一层次的规划称为任务规划(task planning),它完成总体任务的分解。然后再针对每一个子任务进行进一步的规划,以"把水倒入杯中"这一子任务为例,可以进一步分解成为"把水壶提到杯口上方""把水壶倾斜倒水入杯""把水壶竖直""把水壶放回原处"等一系列动作,这一层次的规划称为动作规划(motion planning),它把实现每一个子任务的过程分解为一系列具体的动作。为了实现每一个动作,需要对手部的运动轨迹进行必要的规定,就是手部运动规划(hand trajectory planning)。为了使手部实现预定的运动,就要知道各关节的运动规律,这是关节轨迹规划(joint trajectory planning),最后才是关节的运动控制。

从上述例子可以看出,机器人的规划是分层次的,从高层的任务规划,动作规划到低层的手部轨迹规划和关节轨迹规划,最后才是底层的控制(见图 6-1)。在上述例子当中,我们没有讨论力的问题,实际上,对有些机器人来说,力的大小也是要控制的,这时,除了手部或关节的轨迹规划,还要进行手部和关节输出力的规划。智能化程度越高,规划的层次越多,操作就越简单。对一般的工业机器人来说,高层的任务规划和动作规划一般是依赖人来完成的,而且一般的工业机器人也不具备力的反馈,所以,工业机器人通常只具有轨迹规划和底层的控制功能。

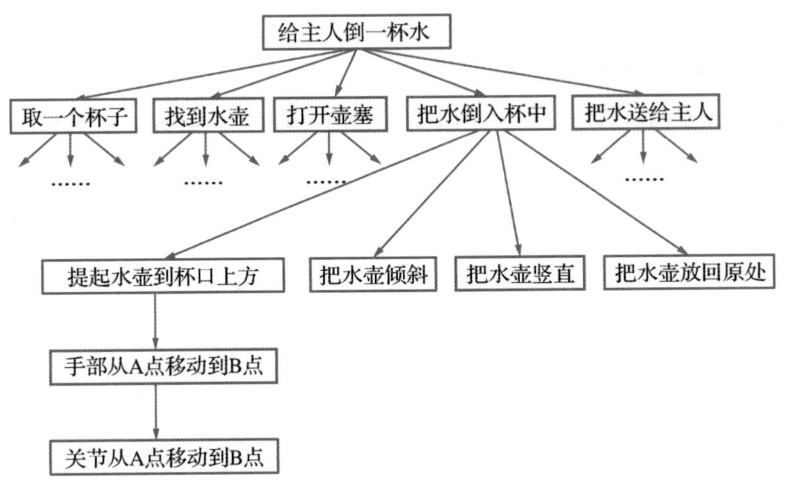

图 6－1　智能机器人的规划层次

6.1.2　机器人轨迹规划

对于一般的工业机器人来说，操作员可能只输入机械手末端的目标位置和姿态（位姿），而规划的任务需要确定出达到目标的轨迹的形状、运动的时间和速度等。这里所说的轨迹（trajectory）是指随时间变化的位置、速度和加速度。应该注意它与“路径（path）”一词有所不同。路径只是指空间的曲线，它不包含时间的概念。

因此，简单地说，机器人的工作过程，就是通过规划，将要求的任务变为期望的运动和力，由控制环节根据期望的运动和力的信号，产生相应的控制作用，使机器人输出实际的运动和力，从而完成要求的任务。这一过程表述如图 6－2 所示。这里，机器人实际运动的情况通常还要反馈给规划级和控制级，以便对规划和控制的结果做出适当的修正。

图 6－2 中期望的运动是进行机器人的控制所必需的输入量。它们是机械手末端在每一时刻的期望的位姿 $\bar{\boldsymbol{s}}_d$ 和速度 $\dot{\boldsymbol{s}}_d$，对于绝大多数情况（取决于所采用的方法），还要求给出每一时刻的期望的关节位移 $\boldsymbol{q}_d$ 和速度 $\dot{\boldsymbol{q}}_d$，对于有些控制方法甚至要求给出期望的加速度 $\ddot{\boldsymbol{s}}_d$ 和 $\ddot{\boldsymbol{q}}_d$。

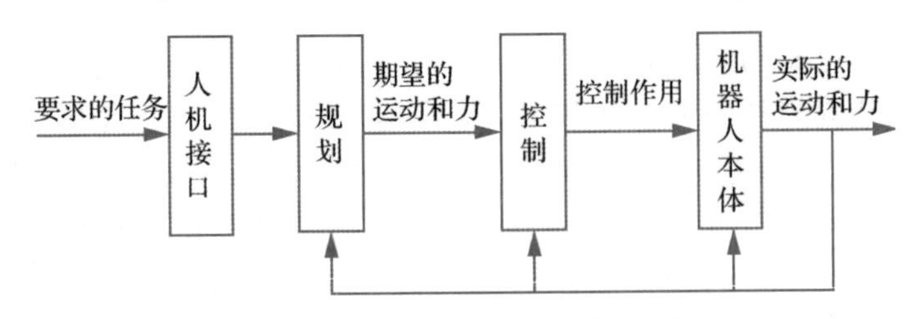

图 6－2　机器人的工作原理示意图

在图 6－2 中，要求的任务由操作人员输入给机器人，因此这里包括人和机器人之间的接口以及如何描述任务的问题。为了使机器人操作方便、使用简单，必须允许操作人员给出尽量简单的描述。

机器人轨迹规划的目的即将操作人员输入的简单任务描述变为详细的运动轨迹描述。例如,图 6-3 所示为机器人将销插入工件孔中的作业,可借助机械手末端的一系列坐标结点的位姿 $P_i(i=1,2,\cdots,n)$来描述。对于简单的上下料作业,需要描述机械手末端的起始点和目标点即可,这类称为点到点(point-to-point,PTP)运动;而对于弧焊和曲面加工等作业,不仅要规定操作臂的起始点和终止点,而且要指明两点之间的若干中间点(路径点),必须沿特定的路径运动,这类称为连续路径(continuous-path,CP)运动或轮廓(contour)运动。

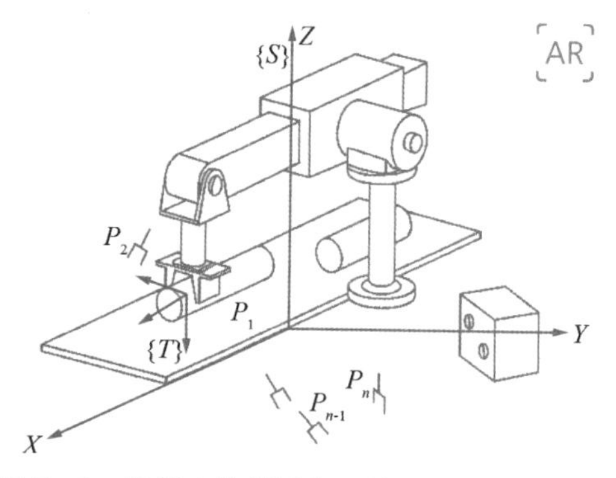

图 6-3 机器人将销插入工件孔的作业描述

值得注意的是,这里所说的"点"的含义比几何学中的"点"要广。它不仅包括机械手末端的位置,而且包括姿态,因此描述一个点通常需要 6 个量。通常希望机械手末端的运动是光滑的,即它具有连续的一阶导数,有时甚至要求具有连续的二阶导数。不平滑的运动容易造成机构的磨损和破坏,甚至可能激发机械手的振动。因此规划的任务便是要根据给定的路径点规划出通过这些点的光滑的运动轨迹。对于 CP 控制,机械手末端的运动轨迹是根据任务的需要给定的,但是它也必须按照一定的采样间隔,通过逆运动学计算将其变换到关节空间,然后在关节空间寻找光滑函数来拟合这些离散点的问题。最后还有一个在机器人的计算机如何表示轨迹,以及如何实时地生成轨迹的问题。本章着重讨论机器人的轨迹规划和轨迹生成,其中轨迹规划问题又可以分为关节空间的轨迹规划和直角空间的轨迹规划。

6.2 关节空间法

关节空间法首先根据工具空间中期望路径点的逆运动学计算,得到期望的各个关节位置,然后在关节空间中,给每个关节找到一个经过中间点到达目标点的光滑函数,同时使得每个关节到达中间点和目标点的时间相同,这样便可保证机械手工具能够到达期望的直角坐标位置。这里只要求各个关节在路径点之间的时间相同,而各个关节的光滑函数的确定则是互相独立的。这种方法确定的轨迹在直角坐标空间(即工具空间)中可以保证经过路径点,但是在路径点之间的轨迹形状则可能是很复杂的。关节空间法的计算比较简单,而且没有机构的奇异点问题。

6.2.1 任务轨迹到关节轨迹的转换

机器位姿的变化要靠各关节的运动来实现,因此,必须将任务空间轨迹转换到关节空间，在关节空间再进行轨迹规划，以得到满足关节驱动器和传动器物理性能的关节轨迹。任务空间的轨迹通常由直线、圆弧和样条轨迹组成，根据直线运动速度和精度、圆弧运动角速度和精度、样条曲线运动速度的要求，可以得到任务空间位姿节点序列 T^i，$i=1,2,\cdots,n$。设定任务空间轨迹上相邻两个定位点的距离不大于 d_a，d_a 根据机器人的定位及作业精度要求确定。例如，钱江Ⅰ号焊接机器人系统中，对于直线和圆弧轨迹，指定 $d_a=1\text{mm}$，对于样条轨迹，指定 $d_a=50\sim500\text{mm}$。则位姿节点序列中两个相邻的机器人位置向量满足：

$$\| p_{i+1}-p_i \| < d_a, i=1,2,\cdots,n-1 \tag{6-1}$$

与两个相邻的末端位置向量对应的时间节点 t_i 和 t_{i+1} 应满足：

$$\bar{\boldsymbol{v}}(t_{i+1}-t_i)=d_a, i=1,2,\cdots,n-1 \tag{6-2}$$

式中：$\bar{\boldsymbol{v}}$ 为任务空间轨迹跟踪的平均速度。

任务空间中与两个相邻的末端位姿矩阵对应的时间节点的间隔一般为毫秒级的，大部分的商用机器人采用 10～20ms，即 $\Delta t=t_{i+1}-t_i=10\sim20\text{ms}$。机器人的关节伺服控制周期一般为微秒级，大部分的商用机器人采用 $50\sim500\mu\text{s}$，典型值为 $200\mu\text{s}$ 左右。理想的轨迹规划方法是，按式(6－1)和式(6－2)的要求得到任务空间的位姿节点序列 T^i 和对应的时间节点序列 t_i，$i=1,2,\cdots,n$，然后采用逆运动学算法得到对应的关节位置序列 θ_i 和时间节点序列 t_i。在关节空间中，采用平滑曲线构造方法插值关节位置－时间序列，得到速度、加速度甚至加加速度均连续的关节轨迹。关节伺服控制器可以采用任意可能的伺服控制周期计算轨迹上的期望位置、速度、加速度和加加速度，并用于伺服控制。这种轨迹规划方法既满足了任务空间定位精度的要求，又满足了关节运动平滑的要求。

6.2.2 三次多项式函数插值

现在考虑机械手末端在一定时间内从初始位置和姿态移动到目标位置和姿态的问题。利用逆运动学计算可以首先求出一组起始点和终止点的关节位置。现在的问题是求出一组通过起点和终点的光滑函数。满足这个条件的光滑函数可以有许多条，如图 6－4 所示。

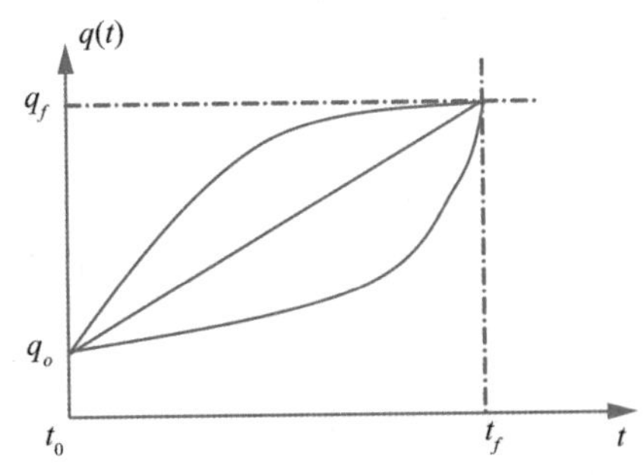

图 6－4　单个关节的几条可能的轨迹

显然，这些光滑函数必须满足(为简化书写，下面将关节变量 $\boldsymbol{q}_i$ 写成 $\boldsymbol{q}$，并设 $t_0=0$)：

$$\boldsymbol{q}(0)=\boldsymbol{q}_0, \quad \boldsymbol{q}(t_f)=\boldsymbol{q}_f \tag{6-3}$$

若同时要求在起点和终点的速度为零，即：

$$\dot{\boldsymbol{q}}(0)=0, \quad \dot{\boldsymbol{q}}(t_f)=0 \tag{6-4}$$

那么可以选择如下的三次多项式：

$$\boldsymbol{q}(t)=a_0+a_1t+a_2t^2+a_3t^3 \tag{6-5}$$

作为所要求的光滑函数。式(6－5)中有 4 个待定系数，而该式需满足式(6－3)和式(6－4)

构成的4个约束条件，因此可以唯一地解出这些系数为：

$$\begin{cases} a_0 = q_0, \quad a_1 = 0 \\ a_2 = \dfrac{3}{t_f^2}(q_f - q_0), \quad a_3 = -\dfrac{2}{t_f^3}(q_f - q_0) \end{cases} \tag{6-6}$$

【例 6-1】 设机械手某个关节的起始关节角 $\theta_0 = 15°$，并且机械手原来是静止的，在3s内平滑地运动到 $\theta_f = 75°$ 时停下来（即要求在终端时速度为零）。要求规划出满足上述条件的平滑运动轨迹，并画出关节角位置、角速度及角加速度随时间变化的曲线。

根据所给约束条件，直接代入式(6-6)，即可求得：

$$a_0 = 15, a_1 = 0, a_2 = 20, a_3 = -4.44 \tag{6-7}$$

即所求关节角的位置函数为：

$$\theta(t) = 15 + 20t^2 - 4.44t^3 \tag{6-8}$$

对式(6-8)求导，可得角速度和角加速度分别为：

$$\dot{\theta}(t) = 40t - 13.33t^2 \tag{6-9}$$

$$\ddot{\theta}(t) = 40 - 26.66t \tag{6-10}$$

根据式(6-8)至式(6-10)可画出它们随时间的变化曲线如图6-5所示。由图看出，速度曲线为一抛物线，加速度则为一直线。

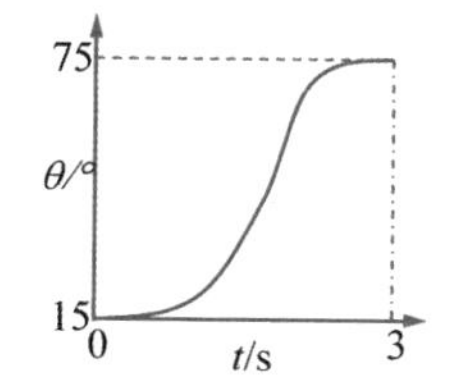

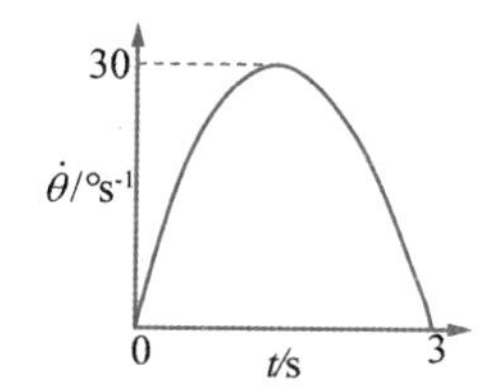

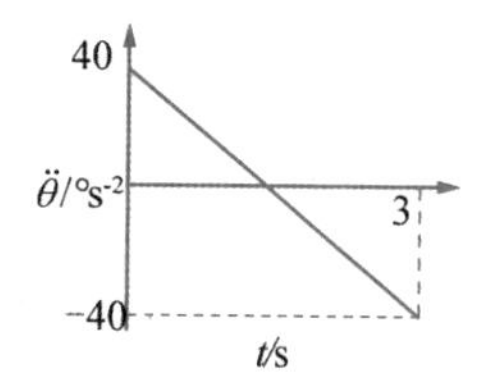

图 6-5 利用三次多项式规划出的关节角的运动轨迹

即使对于PTP控制的机器人，机械手末端的运动也并不是简单地从一个点运动到另一个点，而对中间过程的运动轨迹无任何要求。例如，当机械手将物体从一处搬到另一处时，通常首先执行将物体垂直向上提起的操作。因此操作人员除了给定起始点和终止点外，还将给出几个中间的经过点。在利用关节空间的规划时，也是首先在工具空间规划出光滑的曲线，以使它能通过这些路径点。一个最简单的方法是将整个轨迹分成若干段，每一段直接采用上面介绍的三次多项式方法连接相邻的两个点。但是这个方法规划出的结果可能导致中间点产生停顿，而我们常常不希望在中间点出现停顿。

为了不使中间点产生停顿，我们可以在中间点指定期望的速度，而仍采用前面介绍的三次多项式的规划方法。一般情况下可将式(6-4)的约束条件改为：

$$\dot{q}(0) = \dot{q}_0, \dot{q}(t_f) = \dot{q}_f \tag{6-11}$$

选择的三次多项式仍如式(6-5)所示，这时可得如下方程：

$$\begin{cases} q_0 = a_0, \\ q_f = a_0 + a_1 t_f + a_2 t_f^2 + a_3 t_f{}^3, \\ \dot{q}_0 = a_1, \\ \dot{q}_f = a_1 + 2a_2 t_f + 3a_3 t_f^2 \end{cases} \tag{6-12}$$

通过求解以上方程组，即可求得：

$$\begin{cases} a_0 = q_0, \\ a_1 = \dot{q}_0, \\ a_2 = \dfrac{3}{t_f^2}(q_f - q_0) - \dfrac{2}{t_f}\dot{q}_0 - \dfrac{1}{t_f}\dot{q}_f, \\ a_3 = -\dfrac{3}{t_f^3}(q_f - q_0) + \dfrac{1}{t_f^2}(\dot{q}_f + \dot{q}_0) \end{cases} \tag{6-13}$$

利用式(6－13)即可在具有任意给定速度的两点之间规划出所需要的三次曲线运动轨迹。当规划下一段时，可将该段的终点速度作为下一段的起点速度。

在上面的规划方法中需要事先给定中间点的速度，对于用户来说，这一点是很不方便的。通常有以下几种方法可以给定这个速度。

①在直角坐标空间指定机械手末端的线速度和角速度，然后再将这些速度转换到相应的关节空间。这对用户来说相对容易些，但是如果中间点对于机械手来说是一个奇异点，那么用户便不能在这一点任意地指定速度。因此指定中间点速度的工作最好由系统来完成，以尽量减轻用户的负担。下面的两种方法可做到这一点。

②运用直觉知识，由系统本身来合理地给定中间点的速度。设某个转动关节变量 θ，其起点位置为 θ_1，要求它经过 θ_2，θ_3，θ_4，最后到达终点 θ_5，如图 6－6 所示。

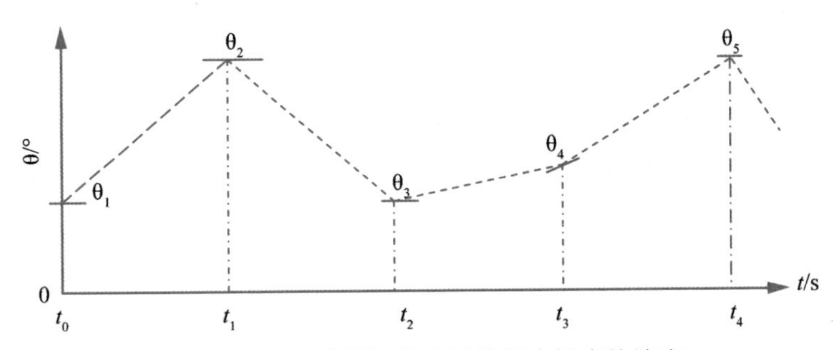

图 6－6　利用直觉知识自动选择中间点的速度

图(6－6)中用实线表示了每个中间点处的曲线的切线，其斜率即为中间点的给定速度。这个选择是基于如下的想法：将中间点首先用直线连接起来，如果这些线段在中间点处改变正负号，则选该点处的速度为零；如果这些线的斜率不改变符号，则选两边斜率的平均值作为该点的速度。显然，按照这样的直觉来给定中间点的速度是合理的。利用这个方法，用户可以不需要输入中间点的速度，而只需输入一系列的路径点以及每两点之间的运动持续时间。

③通过要求在中间点处的加速度连续而自动选择中间点的速度。这种速度给定方法的实现过程相当于求解一个新的样条函数。下面通过一个例子来说明它的求解方法。

设起始关节角为 θ_0，中间经过点为 θ_v，终点关节角为 θ_q。现通过两段三次多项式曲线来连接这三个点。设第一段为：

$$\theta(t)=a_{10}+a_{11}t+a_{12}t^2+a_{13}t^3 \tag{6-14}$$

第二段为：

$$\theta(t)=a_{20}+a_{21}t+a_{22}t+a_{23}t^3 \tag{6-15}$$

对每段三次多项式均假定起始点 $t=0$，终点 $t=t_{fi}(i=1,2)$。

根据给定的起点、中间点和终点的角度，以及在中间点的速度和加速度应连续的要求，同时假定起点和终点的速度为零，则可得到如下的方程：

$$\begin{cases}\theta_0=a_{10},\\ \theta_v=a_{10}+a_{11}t_{f1}+a_{12}t_{f1}^2+a_{13}t_{f1}^3,\\ \theta_v=a_{20},\\ \theta_q=a_{20}+a_{21}t_{f2}+a_{22}t_{f2}^2+a_{23}t_{f2}^3,\\ 0=a_{11},\\ 0=a_{21}+2a_{22}t_{f2}+3a_{23}t_{f2}^2,\\ a_{11}+2a_{12}t_{f1}+3a_{13}t_{f1}^2=a_{21},\\ 2a_{12}+6a_{13}t_{f1}=2a_{22}\end{cases} \tag{6-16}$$

以上有8个方程，从而可解出8个未知系数。若设 $t_f=t_{f1}=t_{f2}$，则可解得如下系数：

$$\begin{cases}a_{10}=\theta_0,\\ a_{11}=0,\\ a_{12}=\dfrac{12\theta_v-3\theta_q-9\theta_0}{4t_f^2},\\ a_{13}=\dfrac{-8\theta_v+3\theta_q+5\theta_0}{4t_f^3},\\ a_{20}=\theta_v,\\ a_{21}=\dfrac{3\theta_q-3\theta_0}{4t_f},\\ a_{22}=\dfrac{-12\theta_v+6\theta_q+6\theta_0}{4t_f^2},\\ a_{23}=\dfrac{8\theta_v-5\theta_q-3\theta_0}{4t_f^3}\end{cases} \tag{6-17}$$

对于有多个中间点的更为一般的情况，也可以仿照上面相类似的方法，规划出经过所有中间点的运动轨迹。

6.2.3 抛物线连接的线性函数插值

前面介绍了利用三次多项式函数插值的轨迹规划方法。另外一种常用方法是选择线性函数插值法，即简单地用一条直线将起点与终点连接起来，如图 6－7 所示。应当指出的是，尽管各个关节的运动是线性的，机械手末端的运动一般说来并不是直线。

然而，简单的线性函数插值将使得关节的运动速度在起点和终点处不连续，它也意味着需要产生无穷大的加速度，这显然是不希望的。因此可以考虑在起点和终点处，用抛物线与直线连接起来，在抛物线段内，使用恒定的加速度来平滑地改变速度，从而使得整个运动轨迹的位置和速度是连续的。其结果如图 6－8 所示。

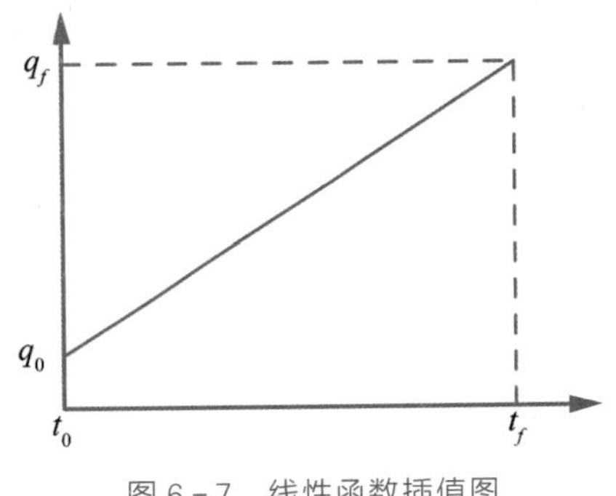

图 6－7 线性函数插值图

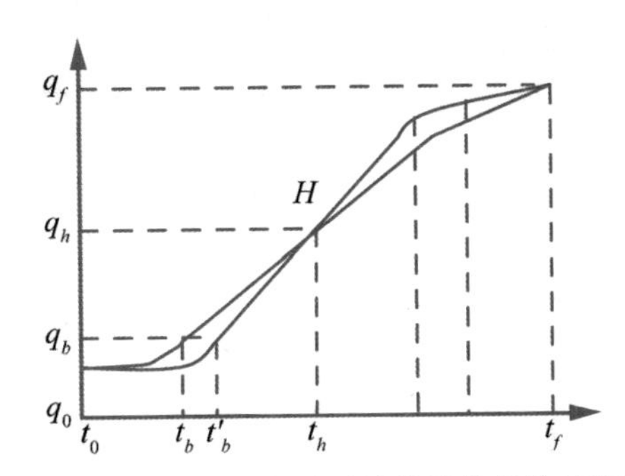

图 6－8 利用抛物线过渡的线性函数插值

假定两个抛物线段所经历的时间相同，也即在这两段内采用同样大小（指绝对值）的等加速度。随着所选择的持续时间以及所采用的加速度的不同，这个问题可以有无穷多组解，图 6－7 表示了其中的两组解。但是它们有一点是共同的，即所有运动轨迹均对称于中点 H。根据在连接处的速度必须连续，可以得到：

$$\ddot{q}t_b = \frac{q_h - q_b}{t_h - t_b} \tag{6-18}$$

其中，q_b 可以求得为（设 $t_0 = 0$）：

$$q_b = q_0 + \frac{1}{2}\ddot{q}t_b^2 \tag{6-19}$$

化简以上两式，并考虑到 $t_f = 2t_h$，则可得到：

$$\ddot{q}t_b^2 - \ddot{q}t_f t_b + (q_f - q_0) = 0 \tag{6-20}$$

其中，q_0 和 q_f 表示起点和终点的位置，t_f 表示从起点运动到终点的时间，这些通常都认为是给定的。进一步需选择合适的 $\ddot{q}$ 和 t_b，以使式（6－20）得以满足。通常是先选择加速度 $\ddot{q}$，然后由式（6－20）来求得 t_b：

$$t_b = \frac{t_f}{2} - \frac{\sqrt{\ddot{q}^2 t_f^2 - 4\ddot{q}(q_f - q_0)}}{2\ddot{q}} \tag{6-21}$$

要使上式有解，必须选择足够大的加速度，以使得：

$$\ddot{q} \geqslant \frac{4(q_f - q_0)}{t_f^2} \tag{6-22}$$

当上式中的等号成立时，线性段的长度缩为零，这时的轨迹由两个对称的抛物线段连接而成。当所用加速度越来越大时，抛物线段越来越短，当加速度趋于无穷大时，抛物线段长度缩为零，从而回到了简单的线性函数插值的情况。

对于前面举过的例子(见例 6-1)，现在采用带抛物线段连接的线性函数插值的规划方法。设给出两种大小的角加速度$\ddot{\theta}$(这里假设加速度分别为 $50°/s^2$ 和 $30°/s^2$)，图 6-9 给出了这两种情况下的运动规划结果。从图中可以看出，当选择较大的加速度时，开始很快加速，然后以等速度滑行，到接近终点时，再以很大的减速度减速；当选择较小的加速度时，中间的线性段很短。

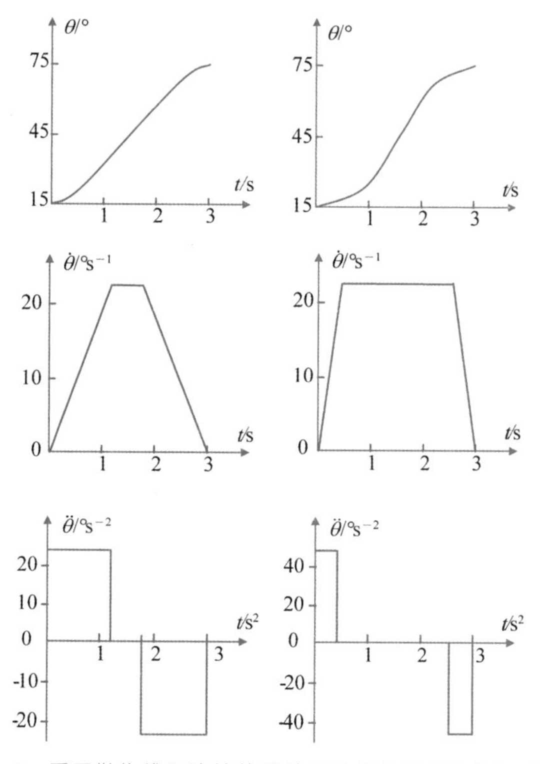

图 6-9 采用抛物线段连接的线性函数插值规划出的运动轨迹

下面考虑存在中间点时，如何推广上述抛物线连接的线性函数插值的规划方法。图 6-10 所示为某个关节 q 的包括中间点的运动轨迹，推广前面的结果，这里仍采用线性函数来连接相邻的路径点，而在路径点附近用抛物线进行平滑过渡。

为了下面说明方便，图中采用了如下的记号：称相邻的三个路径点为 j、k 和 l，在路径点 k 处的抛物线段的持续时间为 t_k，点 j 和 k 之间的线性部分的持续时间为 t_{jk}，连接 j 和 k 的线段的全部持续时间为 t_{djk}，线性部分的速度为 $\dot{q}_{jk}$，在点 k 处的抛物线段的加速度为$\ddot{q}_k$。

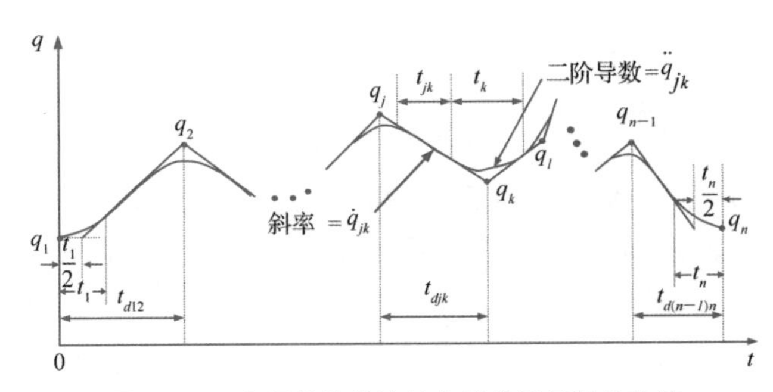

图 6－10　多段抛物线连接的线性插值运动轨迹

如前面的单段情况一样，随着每一抛物线段所给加速度的不同，可以有不同的运动轨迹解。只要给定所有的路径点 q_k，相邻点之间的运动持续时间 t_{djk} 以及每一抛物线段的加速度大小$|\ddot{q}_k|$，那么我们便可计算出抛物线段的持续时间 t_k，线性段的时间 t_{jk} 以及线性段的速度 $\dot{q}_{jk}$。参考图 6－10，对于中间点，可以很容易求得：

$$\begin{cases} \dot{q}_{jk}=\dfrac{q_k-q_j}{t_{djk}}, \\ \ddot{q}_k=\operatorname{sgn}(\dot{q}_{kl}-\dot{q}_{jk})\,|\,\ddot{q}_k\,|, \\ t_k=\dfrac{\dot{q}_{kl}-\dot{q}_{jk}}{\ddot{q}_k}, \\ t_{jk}=t_{djk}-\dfrac{1}{2}t_j-\dfrac{1}{2}t_k \end{cases} \tag{6-23}$$

以上计算得到的是中间各轨迹段的有关各量。从图 6－10 可以看出，用抛物线平滑后的轨迹实际上并不经过中间点，但是对于起点和终点则不一样，它们必须是轨迹的起点和终点。因此对于第一段和最后一段轨迹必须单独计算，它们与中间点的计算略有不同。

参考图 6－10，先计算第一段的有关各量。根据速度连续的条件可以求得：

$$\frac{q_2-q_1}{t_{d12}-\dfrac{1}{2}t_1}=\ddot{q}_1 t_1 \tag{6-24}$$

根据式(6－24)可以求得抛物线段的持续时间 t_1 为：

$$t_1=t_{d12}-\sqrt{t_{d12}^2-\frac{2(q_2-q_1)}{\ddot{q}_1}} \tag{6-25}$$

并容易算得其他有关的参量为：

$$\begin{cases} \ddot{q}_1=\operatorname{sgn}(q_2-q_1)\,|\,\ddot{q}_1\,|, \\ \dot{q}_{12}=\dfrac{q_2-q_1}{t_{d12}-\dfrac{1}{2}t_1}, \\ t_{12}=t_{d12}-t_1-\dfrac{1}{2}t_2 \end{cases} \tag{6-26}$$

类似地，对于最后一段，根据速度连续条件，有：

$$\frac{q_{n-1}-q_n}{t_{d(n-1)n}-\frac{1}{2}t_n}=\ddot{q}_n t_n \tag{6-27}$$

由式(6-27)可解得：

$$t_n=t_{d(n-1)n}-\sqrt{t_{d(n-1)n}^2+\frac{2(q_n-q_{n-1})}{\ddot{q}_n}} \tag{6-28}$$

其他有关各参量可以算得为：

$$\begin{cases}\ddot{q}_n=\text{sgn}(q_{n-1}-q_n)\mid\ddot{q}_n\mid,\\ \dot{q}_{(n-1)n}=\dfrac{q_n-q_{n-1}}{t_{d(n-1)n}-\frac{1}{2}t_n},\\ t_{(n-1)n}=t_{d(n-1)n}-t_n-\dfrac{1}{2}t_{n-1}\end{cases} \tag{6-29}$$

应用式(6-23)至式(6-29)，即可根据给定的 q_i 和 $|\ddot{q}_i|(i=1,2,\cdots,n)$，以及 $\dot{q}_{i(i+1)}(i=1,2,\cdots,n-1)$ 计算出 t_i 和 $\ddot{q}_i(i=1,2,\cdots,n)$ 以及 $\dot{q}_{i(i+1)}$ 和 $t_{i(i+1)}(i=1,2,\cdots,n-1)$。有了以上这些数据即可生成运动轨迹。后面将专门讨论轨迹的生成问题。

通常用户只给出路径点及每一段的持续时间，而每一关节的加速度则采用系统内部给出的默认值。有时为了使用户输入更加方便，可以只输入路径点，每一段的持续时间可根据速度的默认值来算出。对于每一个抛物线段，必须使用足够大的加速度，以使运动能尽快进入线性段。

【例6-2】 设要求某个转动关节路径点为10°，35°，25°和10°。每一段的持续时间分别为2s、1s和3s，设在抛物线段的默认加速度均为50°/s²。要求计算各轨迹段的速度、抛物线段的持续时间以及线性段的时间。

根据式(6-25)和式(6-26)，可以求得第一轨迹段的有关参量为：

$$\ddot{\theta}_1=\text{sgn}(\theta_2-\theta_1)\mid\ddot{\theta}_1\mid=50(°/\text{s}^2) \tag{6-30}$$

$$t_1=t_{d12}-\sqrt{t_{d12}^2-\frac{2(\theta_2-\theta_1)}{\ddot{\theta}_1}}=2-\sqrt{4-\frac{2(35-10)}{50}}=0.27(\text{s}) \tag{6-31}$$

$$\dot{\theta}_{12}=\frac{\theta_2-\theta_1}{t_{d12}-\frac{1}{2}t_1}=\frac{35-10}{2-0.5\times0.27}=13.4(°/\text{s}) \tag{6-32}$$

根据式(6-23)可以算得第二轨迹段的有关参数为：

$$\dot{\theta}_{23}=\frac{\theta_3-\theta_2}{t_{d23}}=\frac{25-35}{1}=-10(°/\text{s}) \tag{6-33}$$

$$\ddot{\theta}_2=\text{sgn}(\dot{\theta}_{23}-\dot{\theta}_2)\mid\ddot{\theta}_2\mid=-50(°/\text{s}^2) \tag{6-34}$$

$$t_2=\frac{\dot{\theta}_{23}-\dot{\theta}_{12}}{\ddot{\theta}_2}=\frac{-10-13.4}{-50}=0.468(\mathrm{s}) \tag{6-35}$$

再根据式(6-26)可以求得第一段中线性部分的时间为：

$$t_{12}=t_{d12}-t_1-\frac{1}{2}t_2=2-0.27-\frac{1}{2}\times 0.468=1.496(\mathrm{s}) \tag{6-36}$$

根据式(6-29)，可以求得：

$$\ddot{\theta}_4=\mathrm{sgn}(\theta_3-\theta_4)\mid\ddot{\theta}_4\mid=50(°/\mathrm{s}^2) \tag{6-37}$$

$$t_4=t_{d34}-\sqrt{t_{d34}^2-\frac{2(\theta_4-\theta_3)}{\ddot{\theta}_4}}=3-\sqrt{9+\frac{2(10-25)}{50}}=0.102(\mathrm{s}) \tag{6-38}$$

$$\dot{\theta}_{34}=\frac{\theta_4-\theta_3}{t_{d34}-\frac{1}{2}t_4}=\frac{10-25}{3-0.5\times 0.102}=-5.1(°/\mathrm{s}) \tag{6-39}$$

根据式(6-23)，可以求得：

$$\ddot{\theta}_3=\mathrm{sgn}(\theta_{34}-\theta_{23})\mid\ddot{\theta}_3\mid=50(°/\mathrm{s}^2) \tag{6-40}$$

$$\dot{\theta}_3=\frac{\dot{\theta}_{34}-\dot{\theta}_{23}}{\ddot{\theta}_3}=\frac{-5.1-(-10)}{50}=0.098(°/\mathrm{s}) \tag{6-41}$$

$$t_{23}=t_{d23}-\frac{1}{2}t_2-\frac{1}{2}t_3=1-\frac{1}{2}\times 0.47-\frac{1}{2}\times 0.098=0.716(\mathrm{s}) \tag{6-42}$$

根据式(6-29)，得：

$$t_{34}=t_{d34}-t_4-\frac{1}{2}t_3=3-0.102-\frac{1}{2}\times 0.098=2.849(\mathrm{s}) \tag{6-43}$$

至此，求出了构造运动轨迹的所有参量。

从前面的讨论可以看出，上述方法规划出的运动轨迹事实上并不通过中间点。当加速度越高时，轨迹便越接近中间点。如果容许轨迹通过某一中间点时可以停顿，则可将整个轨迹分成两部分，将该点作为前一段的终点和下一段的起点。

如果用户希望机械手准确地通过中间点而不要停顿，则可以在该点两边增加两个附加点，如图 6-11 所示。附加的两个点称为伪中间点。这样便可以用与前面完全相同的方法来规划出轨迹。这时原来的中间点便位于连接两个伪中间点的直线上。除了要求机械手准确地通过中间点外，也可要求它以一定的速度通过。如果用户不给出这个速度，则系统可根据直觉来加以选择，例如它可选取为两边直线斜率的平均值。

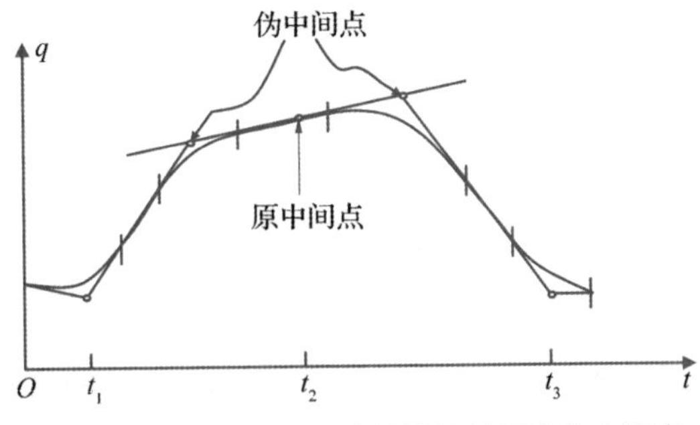

图 6-11　利用伪中间点使轨迹通过要求的中间点

6.2.4 B样条轨迹规划

采用三次样条插值方法得到的轨迹曲线只能保证速度和加速度连续，且轨迹起始和终止位置的速度和加速度不能同时任意配置。为了使关节轨迹的速度、加速度、加加速度保持连续，起始和停止的速度、加速度和加加速度可以任意配置，采用B样条曲线构造关节轨迹。对于关节位置一时间序列$\{p_i, t_i\}, i=0,1,\cdots,n$，可以直接将关节位置点$p_i$作为B样条曲线的控制顶点，得到B样条拟合轨迹。

B样条曲线方程为：

$$p(u)=\sum_{i=0}^{n} d_i N_{i,k}(u) \tag{6-44}$$

式中：$d_i(i=0,1,\cdots,n)$为控制顶点，$N_{i,k}(u)(i=0,1,\cdots,n)$为$k$次规范B样条基函数，且：

$$\begin{cases} N_{i,0}(u)=\begin{cases}1, & u_i \leqslant u < u_{i+1} \\ 0, & 其他\end{cases} \\ N_{i,k}(u)=\dfrac{u-u_i}{u_{i+k}-u_i}N_{i,k-1}(u)+\dfrac{u_{i+k+1}-u}{u_{i+k+1}-u_{i+1}}N_{i+1,k+1}(u) \\ 且：\dfrac{0}{0}=0 \end{cases} \tag{6-45}$$

式中：k表示B样条次数，i表示B样条序号。可见，$N_{i,k}(u)$的支撑区间为$[u_i, u_{i+k+1}]$，B样条基函数$N_{i,k}(u)(i=0,1,\cdots,n)$的节点矢量为$U=[u_0,u_1,\cdots,u_{n+k+1}]$。在参数$u$轴上的任意一点$u\in[u_i,u_{i+1}]$处，至多只有$k+1$个非零的$k$次B样条$N_{j,k}(u)(j=i-k,i-k+1,\cdots,i)$，其他$k$次B样条在该处均为零，因此B样条曲线可表示为：

$$p(u)=\sum_{j=i-k}^{i} d_j N_{j,k}(u), u\in[u_i,u_{i+1}] \tag{6-46}$$

这表明了B样条曲线的局部性质的一个方面，即k次B样条曲线上定义域内参数为$u\in[u_i,u_{i+1}]$的一点$p(u)$至多与$k+1$个顶点$d_j(j=i-k,i-k+1,\cdots,i)$有关，与其他顶点无关。

一般非均匀B样条曲线的节点矢量$U=[u_0,u_1,\cdots,u_{n+k+1}]$任意分布，并且满足节点序列非递减，两端节点重复度$\leqslant k+1$，内节点重复度$\leqslant k$。对于开曲线包括首末端点仅位置连续的闭曲线，取两端节点重复度为$k+1$，且定义域取成规范参数域，即$u\in[u_k,u_{n+1}]=[0,1]$，取$u_0=u_1=\cdots=u_k=0, u_{n+1}=u_{n+2}=\cdots=u_{n+k+1}=1$，剩下只需确定$u_{k+1},u_{k+2},\cdots,u_n$共$n-k$个内节点。采用哈特利一贾德方法计算$n-k$个内节点，对时间序列规范化，即定义域节点区间间隔按下式计算：

$$u_i-u_{i-1}=\frac{\sum_{j=i-k}^{i-1} l_j}{\sum_{i=k+1}^{n+1}\sum_{j=i-k}^{i-1} l_j}, i=k+1,k+2,\cdots,n+1 \tag{6-47}$$

其中，$l_i=|t_i-t_{i-1}|(i=1,2,\cdots,n)$，于是可得节点值：

$$\begin{cases}u_k=0\\ u_i=\sum_{j=k+1}^{i}(u_j-u_{j-1}),i=k+1,k+2,\cdots,n\\ u_{n+1}=1\end{cases}\tag{6-48}$$

给定控制顶点 $d_i(i=0,1,\cdots,n)$，确定次数 k 和节点矢量 $U=[u_0,u_1,\cdots,u_{n+k+1}]$ 后，即可采用德布尔递推公式计算 B 样条曲线上的位置点 $p(u)$。德布尔递推公式为：

$$\begin{aligned}&p(u)=\sum_{j=i-k+1}^{i}d_j^lN_{j,k-1}(u)=\cdots=d_i^k,u_i\leqslant u<u_{i+1}\\&d_j^l=\begin{cases}d_j, & l=0\\(1-\alpha_j^l)d_{j-1}^{l-1}+\alpha_j^ld_j^{l-1}, & l=1,2,\cdots,k,\\ & j=i-k+l,\cdots,i\end{cases}\\&\alpha_j^l=\frac{u-u_j}{u_{j+k+1-l}-u_i}\end{aligned}\tag{6-49}$$

B 样条曲线上一点处的 r 阶导矢 $p^r(u)$ 可按照如下递推公式计算：

$$\begin{aligned}&p^r(u)=\sum_{j=i-k+r}^{i}d_j^rN_{j,k-r}(u),u_i\leqslant u<u_{i+1}\\&d_j^l=\begin{cases}d_j,l=0\\(k+1-l)\dfrac{d_j^{l-1}-d_{j-1}^{l-1}}{u_{j+k+1-l}-u_j},l=1,2,\cdots,r,j=i-k+l,\cdots,i\end{cases}\end{aligned}\tag{6-50}$$

可见，k 次 B 样条曲线的 r 阶导矢可表示成 $k-r$ 次 B 样条曲线，控制顶点可以通过递推得到。由式(6-49)和式(6-50)即可求出 B 样条拟合轨迹任意时刻的关节位置、速度、加速度和加加速度。

6.2.5 时间最优轨迹规划

机器人执行作业任务时，一部分轨迹有严格的任务空间定位和速度要求，如直线和圆弧焊接或者切割等，而在过渡阶段，希望机器人运动越快越好，以提高作业效率。这就涉及时间最优轨迹规划问题。

时间最优轨迹既要求轨迹的执行时间最优，又要求机器人各关节的运动满足运动学约束，使关节驱动器工作在最大驱动力矩以内，且力矩变化平滑。设机器人各关节的速度、加速度和加加速度约束分别为 cv_m，ca_m 和 cj_m，$m=1,2,\cdots,N$，N 为串联机器人关节数目。由 B 样条轨迹曲线的导数公式(6-50)可得各关节的速度、加速度和加加速度曲线方程为：

$$v(t)=p'(u)=\sum_{j=i-k+1}^{i} d_j^1 N_{j,k-1}(u)$$
$$a(t)=p''(u)=\sum_{j=i-k+2}^{i} d_j^2 N_{j,k-2}(u) \tag{6-51}$$
$$j(t)=p'''(u)=\sum_{j=i-k+3}^{i} d_j^3 N_{j,k-3}(u)$$

式中：$d_j^r=[d_{1j}^r, d_{2j}^r, \cdots, d_{Nj}^r]^T$，$r=1,2,3$。B样条曲线具有凸包性质，即曲线上的点处于控制顶点的凸包并集内，且曲线的阶次越高凸包性质越强。因此，使各关节轨迹满足运动学约束$|v_m(t)|\leqslant cv_m$，$|a_m(t)|\leqslant ca_m$，$|j_m(t)|\leqslant cj_m$，仅需各关节的7次B样条轨迹曲线的控制顶点满足：

$$\begin{aligned}&\max\{|d_{mj}^1|\}\leqslant cv_m, j=1,2,\cdots,n+6\\&\max\{|d_{mj}^2|\}\leqslant ca_m, j=2,3,\cdots,n+6\\&\max\{|d_{mj}^3|\}\leqslant cj_m, j=3,4,\cdots,n+6\end{aligned} \tag{6-52}$$

式中：d_{mj}^1、d_{mj}^2和d_{mj}^3分别为第m个关节的B样条速度、加速度和加加速度曲线的第j个控制顶点，可由德布尔递推公式(6-49)求出：

$$d_j^1=7\frac{d_j-d_{j-1}}{u_{j+7}-u_j}$$
$$d_j^2=\frac{42}{u_{j+6}-u_j}\left(\frac{d_j-d_{j-1}}{u_{j+7}-u_j}-\frac{d_{j-1}-d_{j-2}}{u_{j+6}-u_{j-1}}\right)$$
$$d_j^3=\frac{210}{(u_{j+5}-u_j)(u_{j+6}-u_j)}\left(\frac{d_j-d_{j-1}}{u_{j+7}-u_j}-\frac{d_{j-1}-d_{j-2}}{u_{j+6}-u_{j-1}}-\frac{d_{j-1}-d_{j-2}}{u_{j+6}-u_{j-1}}+\frac{d_{j-2}-d_{j-3}}{u_{j+5}-u_{j-2}}\right) \tag{6-53}$$

将关节速度、加速度和加加速度的约束转化为B样条轨迹曲线控制顶点的约束，有效避免了对轨迹曲线采样的半无穷约束问题。

机器人时间最优轨迹规划问题就是在满足运动学约束条件下，求解总时间最小的时间节点序列，这是一个非线性约束优化问题：

$$\begin{aligned}&f(x)=\min\sum_{i=o}^{n-1}x_i\\&s.t.\ c_m(x)=\max_{j=1,2,\cdots,n+6}\{|d_{mj}^1(x)|\}-cv_m\leqslant 0\\&c_{N+m}(x)=\max_{j=2,3,\cdots,n+6}\{|d_{mj}^2(x)|\}-ca_m\leqslant 0\\&c_{2N+m}(x)=\max_{j=3,4,\cdots,n+6}\{|d_{mj}^3(x)|\}-cj_m\leqslant 0\end{aligned} \tag{6-54}$$

式中：

$$x=[x_0, x_1, \cdots, x_{n-1}]^T, x_i=\Delta t_i=t_{i+1}-t_i, i=0,1,\cdots,n-1$$

Δt_i是有下界的，即$T_L=[\Delta t_{l0}, \Delta t_{l1}, \cdots, \Delta t_{l(n-1)}]^T$的每个元素满足：

$$\Delta t_{li}\geqslant\max_{m=1,2,\cdots,N}\left(\frac{p_{m(i+1)}-p_{mi}}{cv_m}\right)$$

令：

$$k_1=\max\left(\frac{d_{mj}^1}{cv_m}\right),_{\substack{j=1,2,\cdots,n+6\\m=1,2,\cdots,N}}$$

$$k_2=\max\left(\frac{d_{mj}^2}{ca_m}\right),_{\substack{j=2,3,\cdots,n+6\\m=1,2,\cdots,N}}$$

$$k_3=\max\left(\frac{d_{mj}^3}{cj_m}\right),_{\substack{j=3,4,\cdots,n+6\\m=1,2,\cdots,N}}$$

根据 k_1、k_2 和 k_3 确定时间节点向量的初始值：

$$x_0=\max\{1,k_1,\sqrt{k_2},\sqrt[3]{k_3}\}\times T_L \tag{6-55}$$

采用式(6－55)确定的初始值可以提高寻优算法的搜索效率。

采用具有超线性收敛性能的序列二次规划方法求解式(6－54)描述的非线性约束优化问题。构造拉格朗日函数，将非线性约束线性化：

$$L(x,\lambda)=f(x)-\lambda^{\mathrm{T}}C(x)$$

式中：$\lambda=[\lambda_1,\lambda_2,\cdots,\lambda_{3N}]^{\mathrm{T}}$ 为拉格朗日乘子，$C(x)=[c_1(x),c_2(x),\cdots,c_{3N}(x)]^{\mathrm{T}}$。当拉格朗日函数的梯度为$\nabla L(x^*,\lambda)=\nabla f(x^*)-\lambda^{\mathrm{T}}\nabla C(x^*)=0$ 时，x^* 为非线性优化问题的 K-T 点，也就是时间最优问题的解。通过模拟牛顿一拉夫森方法，得到序列二次规划方法的第 k 个二次规划子问题：

$$\begin{aligned}&\min_{d\in R^n}\left(g_k{}^{\mathrm{T}}d+\frac{1}{2}d^{\mathrm{T}}B_kd\right)\\&s.t.\ a_i(x_k)^{\mathrm{T}}d+c_i(x_k)\leqslant 0(i=1,2,\cdots,3N)\end{aligned} \tag{6-56}$$

式中：

$$g_k=g(x_k)=\nabla f(x_k)$$

$$A(x_k)=[a_1(x_k),a_2(x_k),\cdots,a_{3N}(x_k)]=\nabla C(x_k)^{\mathrm{T}}$$

$B_k\in R^{m\times n}$是拉格朗日函数的 Hessian 矩阵的近似。记第 k 次二次规划问题的解为 d_k，有如下 K-T 方程成立：

$$\begin{aligned}&g_k+B_kd_k=A(x_k)\lambda_k\\&(\lambda_k)_i\geqslant 0(i=1,2,\cdots,3N)\\&\lambda_k{}^{\mathrm{T}}[C(x_k)+A(x_k)^{\mathrm{T}}d_k]=0\end{aligned} \tag{6-57}$$

因此，采用序列二次规划方法求解时间最优轨迹规划问题的步骤为：

Step1：由式(6－55)求出 x_0，设定 $\sigma>0,\delta>0,\varepsilon\geqslant 1,k=0$；计算 Hessian 矩阵 B_0。

Step2：求解式(6－56)描述的二次规划问题，得到 d_k，若 $\|d_k\|\leqslant\varepsilon$，则算法停止；否则求解 $\alpha_k=\underset{0\leqslant\alpha\leqslant\delta}{\operatorname{argmin}}P(x_k+\alpha d_k,\sigma)+\varepsilon_k$。

Step3：更新 $x_{k+1}=x_k+\alpha_kd_k$，采用 BFGS 方法更新 Hessian 矩阵：

$$B_{k+1}=B_k+\frac{q_kq_k{}^{\mathrm{T}}}{q_k{}^{\mathrm{T}}s_k}-\frac{B_k{}^{\mathrm{T}}B_k}{s_k{}^{\mathrm{T}}B_ks_k}$$

式中：

$$s_k = x_{k+1} - x_k$$

$$q_k = \nabla f(x_{k+1}) + \sum_{i=1}^{3N} \lambda_i \nabla g_i(x_{k+1}) - (\nabla f(x_k) + \sum_{i=1}^{3N} \lambda_i \nabla g_i(x_k))$$

令 $k = k + 1$，重新执行 Step2。

6.3 直角坐标空间法

前面介绍的关节空间法可以保证规划的运动轨迹经过给定的路径点，但是在直角坐标空间，路径点之间的轨迹形状往往是十分复杂的，它取决于机械手的运动学特性。在有些情况下，我们对机械手末端的轨迹形状也有一定要求，例如要求它在两点之间走一条直线或者沿着一个圆弧运动以绕过障碍物等，这时便需要在直角坐标空间内规划机械手的运动轨迹。

在直角坐标空间的路径点指的是机械手末端的工具坐标相对于基坐标的位置和姿态。每一个点由 6 个量组成，其中 3 个量描述位置，另外 3 个量描述姿态。这些量可直接由用户给定，然后根据这些量在直角坐标空间规划出要求的运动轨迹，因此它不需要首先进行逆运动学计算。但是在实际执行时，由于需要将规划好的直角坐标空间的运动轨迹转换到关节空间，导致计算量相当大。因此总的来说，基于直角坐标空间的规划法，其计算量要远远大于关节空间法。

6.3.1 线性函数插值

我们常常希望机械手的末端沿着直线运动。为了实现这一点，我们可以在直线上给定许多路径点，然后采用某种规划方法使产生的光滑曲线通过这些路径点，那么从宏观上看，规划出的曲线便十分接近要求的直线。这种方法有一个缺点，即它需要用户输入很多中间经过点的数据，这对用户来说是很不方便的。实际上，只需要给出起点和终点的数据即可规划出直线运动轨迹。

与前面讨论过的情况一样，对于包括中间点的情况，若相邻点之间的运动只简单地用直线连接，则会出现在中间点处速度不连续的现象，这是我们所不希望的。因此，这里也可采用抛物线来连接拐弯处，以实现平滑过渡。从而所有的计算方法都可以和前面一样，只不过所处理的变量是直角坐标空间中的位置和姿态变量，而不是关节变量。由于位置和姿态变量均以线性同步方式运动，因此机械手末端在直角坐标空间也将沿着直线运动。而前面在关节空间进行规划时则不是这样，尽管各关节作线性运动，但机械手并不沿直线运动。

机械手末端的位置和姿态通常用相对于基坐标的齐次变换矩阵来描述。因此自然可能想到，可以对齐次变换的所有元素在相邻点之间进行线性插值，但是实际上这种做法是错误的。因为齐次变换阵中用于描述姿态的旋转矩阵的各个元素并不独立，它们需要满足一定的关系，而经线性插值计算得到的新矩阵中的各个元素一般不再满足这些关系，它们也不再是任何意义下的齐次坐标变换阵。因此，对于机械手末端的姿态，不能直接用对应的旋转矩阵来简单地进行线性插值。描述位置的三个分量是互相独立的，它们可以直接进行线性插值。

前面第 3 章已经讨论过，对于姿态也可以用三个独立的变量来描述。例如设$\{S\}$为基坐标系，$\{A\}$为描述中间经过点的位姿的变换阵，其中 $\boldsymbol{P}_A^S$ 表示该点在基坐标中的向量，$\boldsymbol{R}_A^S$ 表示该点的姿态变换阵，该姿态变换阵可以看成是由基坐标系开始，绕过原点的一个旋转轴 $\hat{\boldsymbol{k}}_A^S$ 旋转角度θ而得到的，即它可以表示成 $\mathrm{Rot}(\hat{\boldsymbol{k}}_A^S,\theta)$。这样的姿态表示又称为角－轴（Angle-Axis）表示，其中 $\hat{\boldsymbol{k}}_A^S=[\hat{k}_x\hat{k}_y\hat{k}_z]^{\mathrm{T}}$，表示旋转轴的方向，其长度为 1，也就是说这里需用 4 个参数$(\hat{k}_x,\hat{k}_y,\hat{k}_z,\theta)$来表示姿态，而其中前三个参数并不独立（它们的平方和等于 1）。如果我们取另外一个向量 $\boldsymbol{k}_A^S$，使它的方向与 $\hat{\boldsymbol{k}}_A^S$ 相同，而大小和θ相等，那么便可以用 $\boldsymbol{k}_A^S=[k_xk_yk_z]^{\mathrm{T}}$ 来完全描述姿态，从而只需要三个参数。这样在直角坐标空间中的路径点的姿态可以用如下的一个 6 元数组：

$$\bar{\boldsymbol{s}}_A=\begin{bmatrix}\boldsymbol{P}_A^S\\ \boldsymbol{k}_A^S\end{bmatrix}\tag{6-58}$$

来表示。如果每个路径点都表示成这样的 6 元数组，那么对其中的所有元素可以分别采用上节介绍的抛物线连接的线性插值方法来规划出运动轨迹。这样便可使得机械手末端在路径点之间近似走直线运动，而遇到中间点时，机械手末端的线速度和角速度平滑地改变。

这里有一个与在关节空间不同的特殊问题，即姿态的角－轴表示不是唯一的：

$$\mathrm{Rot}(\hat{\boldsymbol{k}}_A^S,\theta)=\mathrm{Rot}(\hat{\boldsymbol{k}}_A^S,\theta+n\times 360^\circ)\tag{6-59}$$

其中 n 可为任意的整数，因此这里 n 究竟应该取值多少仍然是个问题。选择的基本原则应该是这样：当从一个路径点运动到下一路径点时，应适当地选择 n 以使所转过的角度最小。例如当机械手从路径点 A 运动到路径点 B 时（再次说明，这里路径点既包括位置也包括姿态），设已知 A 点的姿态可用$(\hat{\boldsymbol{k}}_A^S,\theta_A)$表示，而 B 点的姿态可用$(\hat{\boldsymbol{k}}_B^S,\theta_B)$表示，其中 $\theta_B=\theta'_B+n\times 360^\circ$。现在的问题是如何选择 n 以使机械手从 A 运动到 B 时所转过的角度最小。前面已经说过，描述一个路径点的姿态可以用一个 3 元数组来表示，例如 A 点相对基坐标系$\{S\}$的姿态用 $\boldsymbol{k}_A^S$ 来表示，B 点相对基坐标系$\{S\}$的姿态用 $\boldsymbol{k}_B^S$ 来表示。在第 3 章讨论过，对于有限角旋转，$\boldsymbol{k}_A^S$ 或 $\boldsymbol{k}_B^S$ 严格地说不是矢量，它们不满足矢量加减法则。但是为了下面的计算方便，我们仍将它们看作矢量。因此当给定 $\boldsymbol{k}_A^S$ 后，针对不同的 n，我们可以画出不同的 $\boldsymbol{k}_{B(n)}^S-\boldsymbol{k}_A^S$。由于 $\boldsymbol{k}_A^S$ 和 $\boldsymbol{k}_B^S$ 不满足矢量加减法则，因此严格地说 $\boldsymbol{k}_B^A$ 并不等于 $\boldsymbol{k}_B^S-\boldsymbol{k}_A^S$，但是从直观上可以认为，当$|\boldsymbol{k}_B^S-\boldsymbol{k}_A^S|$比较小时，满足 $\boldsymbol{k}_B^A\approx\boldsymbol{k}_B^S-\boldsymbol{k}_A^S$。这样可利用矢量相减来选择角－轴表示以使旋转角度最小，如图 6－12 所示，通过选择不同的 n 并计算转过的角度，可得出$|\boldsymbol{k}_{B(-1)}^S-\boldsymbol{k}_A^S|$最小，因此可以认为对 B 点选择 $n=-1$ 时，从 A 点运动到 B 点所转过

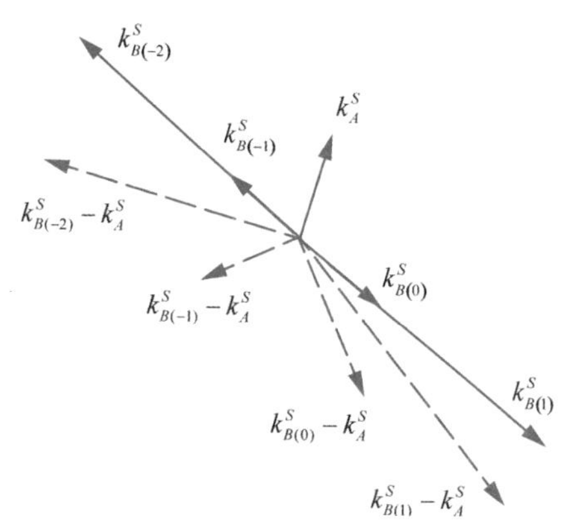

图 6－12 利用矢量相减来选择角－轴表示以使旋转角度最小

的角度最小。

如式(6－58)所示，每一个路径点均可用一个 6 元数组来表示。当每一个路径点所对应的 6 个元素均确定以后，我们便可以利用抛物线连接的线性插值方法来规划出运动轨迹。这里还需附加一个限制条件：在对每个元素单独进行规划时，抛物线段的持续时间及线性段的持续时间均必须相同。由于抛物线段的持续时间相同，因而各元素所对应的加速度便必然不能相等。因此抛物线段持续时间的确定应使得最大的加速度不超过极限值。同样，线性段持续时间的确定应使得最大的速度不超过极限值。

除了用角－轴表示法来描述姿态，也可用第 3 章中介绍的其他方法，如欧拉角或 RPY 角来描述姿态，并用它们来进行运动轨迹规划。当然它们的表示方法也不是唯一的，因而也有一个适当选择轨迹的问题。

6.3.2 圆弧插值

上面介绍了在直角坐标空间中的直线插值运动。原则上在直角坐标空间中可以规划出任意函数形式的运动。但是在实际上用得较多的除直线插值运动外，另一种则是圆弧插值运动。下面来介绍这种插值方法。

1. 位置的圆弧插值

空间中不在一条直线上的三个点可以确定一个圆。若给定空间任意三个点，现要求机械手通过这三个点作圆弧运动。设给定的三个点的位置分别为 $Q_1(x_1,y_1,z_1)$，$Q_2(x_2,y_2,z_2)$和 $Q_3(x_3,y_3,z_3)$。为了求出圆弧上各点的坐标，首先需要求得圆心坐标。

三点可以决定一个平面，则此平面 M 的方程可以求得为：

$$\begin{bmatrix} x & y & z & 1 \\ x_1 & y_1 & z_1 & 1 \\ x_2 & y_2 & z_2 & 1 \\ x_3 & y_3 & z_3 & 1 \end{bmatrix}=0 \tag{6-60}$$

上式可化简为：

$$a_1 + b_1 y + c_1 z = d_1 \tag{6-61}$$

其中，a_1，b_1，c_1和d_1分别为上面行列式中关于x，y，z和1的余子式(冠以相应的正负号)。

过$\overline{Q_1Q_2}$的中点E并垂直于$\overline{Q_1Q_2}$，可以唯一地确定一个平面T，则该平面上的任何直线均垂直于$\overline{Q_1Q_2}$，从而得平面T的方程为：

$$(x_2 - x_1)\left[x - \frac{1}{2}(x_1 + x_2)\right] + (y_2 - y_1)\left[y - \frac{1}{2}(y_1 + y_2)\right] + (z_2 - z_1)\left[z - \frac{1}{2}(z_1 + z_2)\right] = 0 \tag{6-62}$$

上式也可化简为：

$$a_2 x + b_2 y + c_2 z = d_2 \tag{6-63}$$

同理，过$\overline{Q_2Q_3}$中点并垂直于$\overline{Q_2Q_3}$的平面S的方程可写为：

$$a_3 x + b_3 y + c_3 z = d_3 \tag{6-64}$$

显然，平面M、T和S的交点即为所求圆心(参见图6－13)。该圆心的坐标(x_0, y_0, z_0)可通过求解式(6－61)、式(6－63)和式(6－64)组成的线性方程组而得到。求得圆心坐标后可进一步求得圆弧半径为：

$$R = \sqrt{(x_1 - x_0)^2 + (y_1 - y_0)^2 + (z_1 - z_0)^2} \tag{6-65}$$

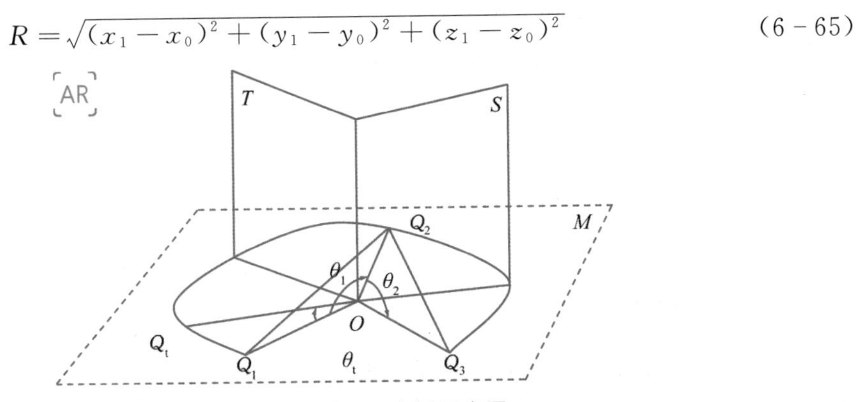

图6－13　位置的圆弧查播示意图

由图可以求得：

$$\sin\frac{\theta_1}{2} = \frac{|Q_1Q_2|}{2R}, \quad \sin\frac{\theta_2}{2} = \frac{|Q_2Q_3|}{2R} \tag{6-66}$$

进而求得：

$$\theta_1 = 2\sin^{-1}\left(\sqrt{(x_2 - x_1)^2 + (y_2 - y_1)^2 + (z_2 - z_1)^2}/2R\right) \tag{6-67}$$

$$\theta_2 = 2\sin^{-1}\left(\sqrt{(x_3 - x_2)^2 + (y_3 - y_2)^2 + (z_3 - z_2)^2}/2R\right) \tag{6-68}$$

若给定走过这段弧$\overparen{Q_1Q_2Q_3}$所需时间为t_f(通常，若给定机械手末端的速度限制，t_f也可由系统计算出来而无须用户给定)，并假定沿圆弧匀速运动，则可求得：

$$\dot{\theta} = \frac{\theta_1 + \theta_2}{t_f} \tag{6-69}$$

设 Q_1 为运动的起点，则对某一时刻 t，有：

$$\theta(t)=\dot{\theta}t \triangleq \theta_t \tag{6-70}$$

相应的点则运动到 Q_t，如图 6－13 所示，下面需要求得 Q_t 的直角坐标表示。

由于$\overline{OQ_1}$、$\overline{OQ_2}$和$\overline{OQ_t}$共面，所以$\overline{OQ_t}$可表示为：

$$\overline{OQ_t}=\lambda_1\overline{OQ_1}+\lambda_2\overline{OQ_2} \tag{6-71}$$

式中：λ_1，λ_2 为待定系数，进一步求矢量点积可得：

$$\overline{OQ_t}\cdot\overline{OQ_1}=R^2\cos\theta_t \tag{6-72}$$

$$\overline{OQ_t}\cdot\overline{OQ_2}=R^2\cos(\theta_1-\theta_t) \tag{6-73}$$

将式(6－71)代入上面两式得：

$$\begin{cases}\lambda_1+\lambda_2\cos\theta_1=\cos\theta_t\\ \lambda_1\cos\theta_1+\lambda_2=\cos(\theta_1-\theta_t)\end{cases} \tag{6-74}$$

求解以上二式得：

$$\lambda_1=\frac{\sin(\theta_1-\theta_t)}{\sin\theta_1},\quad \lambda_2=\frac{\sin\theta_t}{\sin\theta_1} \tag{6-75}$$

根据式(6－71)可求得对任意时刻 t，圆弧上点的位置的直角坐标为：

$$\begin{cases}x(t)=x_0+\lambda_1(x_1-x_0)+\lambda_2(x_2-x_0),\\ y(t)=y_0+\lambda_1(y_1-y_0)+\lambda_2(y_2-y_0),\\ z(t)=z_0+\lambda_1(z_1-z_0)+\lambda_2(z_2-z_0)\end{cases} \tag{6-76}$$

2. 姿态的圆弧插值

以上讨论了位置的圆弧插值，而对于姿态的圆弧插值，它的几何意义则不如位置那样明显，因此也很难严格定义姿态的圆弧插值运动。但是我们可以仿照位置的圆弧插值算法来进行姿态的插值计算。设姿态用角－轴表示，并已知三个路径点 Q_1，Q_2和 Q_3的姿态分别为 $K_1=(k_{x1},k_{y1},k_{z1})$，$K_2=(k_{x2},k_{y2},k_{z2})$和 $K_3=(k_{x3},k_{y3},k_{z3})$（以上均指相对基坐标而言）。则可以将以上位置圆弧插值算法中的 x,y,z 分别代之以 k_x,k_y,k_z，所有的计算方法和步骤均相同。应当注意，这里同样有如何处理姿态表示不唯一的问题，具体处理的方法也同前。

由于姿态的圆弧插值无明显的几何意义，因此也可对姿态采用简单的线性插值。

对于姿态的表示，除用角－轴表示方式外，其他表示方式，如欧拉角表示和旋转矩阵表示等也可采用。

6.3.3 定时插值与定距插值

由上述可知，机器人实现一个空间运动轨迹的过程即是实现轨迹离散的过程，如果这些离散点间隔很大，则机器人运动轨迹与要求轨迹可能有较大误差。只有这些插值得到的离散点彼此距离很近，才有可能使机器人轨迹以足够的精确度逼近要求的轨迹。模拟 CP 控制实际上是多次执行插值点的 PTP 控制，插值点越密集，越能逼近要求的轨迹曲线。

插值点要多么密集才能保证轨迹不失真和运动连续平滑呢？可采用定时插值和定距插值方法来解决，下面来介绍这两种插值方法。

1. **定时插值**

从运动轨迹规划过程可知，每插值出一轨迹点的坐标值，就要转换成相应的关节角度值并加到位置伺服系统以实现这个位置，这个过程每隔一个时间间隔 t_s 完成一次。为保证运动的平稳，显然 t_s 不能太长。

由于关节型机器人的机械结构大多属于开链式，刚度不高，t_s 一般不超过 25ms（40Hz），这样就产生了 t_s 的上限值。当然 t_s 越小越好，但它的下限值受到计算量限制，即对于机器人的控制，计算机要在 t_s 时间里完成一次插值运算和一次逆向运动学计算。对于目前的大多数机器人控制器，完成这样一次计算约需要几毫秒，这样就产生了 t_s 的下限值。应当尽量选择 t_s 接近或等于它的下限值，这样可保证较高的轨迹精度和平滑的运动过程。

以一个 OXY 平面里的直线轨迹为例说明定时插值的方法。

设机器人需要的运动轨迹为直线，运动速度为 v（单位为 mm/s），时间间隔为 t_s（单位为 mm/s），则每个 t_s 间隔内机器人应走过的距离为：

$$P_iP_{i+1} = vt_s \tag{6-77}$$

可见两个插值点之间的距离正比于要求的运动速度，两点之间的轨迹不受控制，只有插值点之间的距离足够小，才能满足一定的轨迹精度要求。

机器人控制系统易于实现定时插值，例如采用定时中断方式每隔 t_s 中断一次进行一次插值，计算一次逆向运动学，输出一次给定值。由于 t_s 仅为几毫秒，机器人沿着要求轨迹的速度一般不会很高，且机器人总的运动精度不如数控机床、加工中心高，故大多数工业机器人采用定时插值方式。

当要求以更高的精度实现运动轨迹时，可采用定距插值。

2. **定距插值**

由式(6-77)可知 v 是要求的运动速度，它不能变化，如果要两插值点的距离 P_iP_{i+1} 恒为一个足够小的值，以保证轨迹精度，t_s 就要变化。也就是在此方式下，插值点距离不变，但 t_s 要随着不同工作速度 v 的变化而变化。

定时插值与定距插值的基本算法相同，只是前者固定 t_s，易于实现，后者保证轨迹精度，但 t_s 要随之变化，实现起来比前者困难。

6.3.4 基于四元数的插值

欧拉角和旋转矩阵描述机械手姿态时存在万向节锁死、插值困难等缺陷，而采用四元数代替旋转矩阵可描述通用的机械手姿态，具有表达式直观、无数据冗余、不存在万向节锁死、可插值得到平滑旋转等优点。

令单位四元数为 $\boldsymbol{q}=[\cos\theta, n\sin\theta]$，$n\in\boldsymbol{R}^{3\times1}$，则三维矢量围绕单位轴 n 旋转 2θ 角

可用单位四元数乘法实现，即：

$$[0,\boldsymbol{r}']=\boldsymbol{q}[0,\boldsymbol{r}]\boldsymbol{q}^{-1}$$

式中：$\boldsymbol{r}'\in\boldsymbol{R}^{3\times1}$和$\boldsymbol{r}\in\boldsymbol{R}^{3\times1}$为三维矢量，对应的四元数分别为$[0,\boldsymbol{r}']$和$[0,\boldsymbol{r}]$，$\boldsymbol{r}$围绕单位轴$n$旋转$2\theta$角的结果为$\boldsymbol{r}'$。设单位四元数：

$\boldsymbol{q}_1=[s,[a,b,c]]$，　$\boldsymbol{q}_r=[w,[x,y,z]]$，

将四元数表示为向量形式，由四元数乘法可得：

$$\boldsymbol{q}_1\boldsymbol{q}_r\triangleq\begin{bmatrix}a\\b\\c\\s\end{bmatrix}\times q\begin{bmatrix}x\\y\\z\\w\end{bmatrix}=\begin{bmatrix}sx-cy+bz+aw\\cs+sy-az+bw\\-bx+ay+sz+cw\\-ax-by-ca+sw\end{bmatrix}\tag{6-78}$$

可见，四元数左乘等效于矩阵右乘，即$\boldsymbol{T}_{q1}q_r\triangleq q_1q_r$，且有：

$$\boldsymbol{T}_{q1}=\begin{bmatrix}s&-c&b&a\\c&s&-a&b\\-b&a&s&c\\-a&-b&-c&s\end{bmatrix}\tag{6-79}$$

同样，四元数右乘等效于矩阵左乘，即$\boldsymbol{T}_{qr}q_1\triangleq q_1q_r$，且有：

$$\boldsymbol{T}_{qr}=\begin{bmatrix}w&z&-y&x\\-z&w&x&y\\y&-x&w&z\\-x&-y&-z&w\end{bmatrix}\tag{6-80}$$

因此，有姿态矩阵和单位四元数对三维矢量旋转的等效性，即$\boldsymbol{T}[\boldsymbol{r}^T,1]^T\triangleq\boldsymbol{q}[0,\boldsymbol{r}]\boldsymbol{q}^{-1}$，可求出与单位四元数对应的姿态矩阵：

$$\boldsymbol{T}=\boldsymbol{T}_{q1}\boldsymbol{T}_{qr}=\begin{bmatrix}1-2(b^2+a^2)&2ab-2sc&2sb+2ac&0\\2ab+2sc&1-2(a^2+c^2)&-2sa+2bc&0\\-2sb+2ac&2sa+2bc&1-2(b^2+a^2)&0\\0&0&0&1\end{bmatrix}\tag{6-81}$$

反之，由机械锁末端姿态矩阵：

$$\boldsymbol{T}=\begin{bmatrix}n_x&o_x&a_x&0\\n_y&o_y&a_y&0\\n_z&o_z&a_z&0\\0&0&0&1\end{bmatrix}\tag{6-82}$$

可求与之对应的两个互补的单位四元数$q_1=[s,[a,b,c]]$，且：

$$\begin{cases}s=\pm\dfrac{n_x+o_y+a_z+1}{2}\\a=(o_z-a_y)/(4s)\\b=(a_x-n_z)/(4s)\\c=(n_y-o_x)/(4s)\end{cases}\tag{6-83}$$

由于 $q[0,r]q^{-1}=(-q)[0,r](-q)^{-1}$，互补的两个单位四元数描述相同的旋转变换。可见单位四元数与姿态矩阵具有明确的对应关系，以单位四元数乘法描述机械手姿态调整可以避免通用旋转变换存在的问题。

设机械手任务空间轨迹上的关键位置矩阵序列为 $\boldsymbol{T}_{\text{var}}$（$\text{var}=0,1,\cdots,m$），采用三次样条曲线或 k 次 B 样条曲线对关节位置矢量 $\boldsymbol{P}_{\text{var}}$ 插值，即可得到 C^2 连续或 C^{k-1} 连续的三维位置轨迹，使得三维速度和加速度联系。对姿态矩阵 $\boldsymbol{R}_{\text{var}}$ 做线性或者样条插值，却无法生成连续的姿态轨迹，甚至破坏旋转矩阵的正交性质。基于通用旋转变换的姿态规划方法同样存在姿态过渡点不连续的问题。

将姿态矩阵序列 $\boldsymbol{R}_{\text{var}}$ 变换为单位四元数序列 q_{var}，并对其进行分段球面立体插值，即：

$$q=\text{Squad}(q_i,q_{i+1},s_i,s_{i+1},h)=\text{Slerp}(\text{Slerp}(q_i,q_{i+1},h)),\text{Slerp}(s_i,s_{i+1},h),2h(1-h)\tag{6-84}$$

式中：$i=0,1,\cdots,m-1,h\in[0,1]$，Slerp 表示单位四元数的球面线性插值。由于互补的两个单位四元数描述相同的旋转变换，为减少多余的旋转，有：

$$\text{Slerp}(q_0,q_1,h)=\begin{cases}q_0\ (q_0{}^{-1}q_1)^h, & q_0q_1\geqslant 0,\\ q_0\ (q_0{}^{-1}(-q_1))^h, & \text{其他}\end{cases}\tag{6-85}$$

由单位四元数的指数函数求导法则可知球面线性插值四元数曲线 C^1 连续的，分段球面立体插值有球面线性插值构成，因此分段球面立体插值四元数曲线在插值区间 (q_i,q_{i+1}) 内是 C^1 连续的。取 $s_i=q_i\exp\left(-\dfrac{\lg(q_i^{-1}q_{i-1})+\lg(q_i^{-1}q_{i+1})}{4}\right)$，则有：

$$\left.\begin{aligned}&\text{Squad}(q_{i-1},q_i,s_{i-1},s_i,1)=\text{Squad}(q_i,q_{i+1},s_i,s_{i+1},0)\\&\frac{\mathrm{d}}{\mathrm{d}h}\text{Squad}(q_{i-1},q_i,s_{i-1},s_i,1)=\frac{\mathrm{d}}{\mathrm{d}h}\text{Squad}(q_i,q_{i+1},s_i,s_{i+1},0)\end{aligned}\right\}\tag{6-86}$$

对于两端节点，可令 $q_{-1}=q_0,q_{n+1}=q_m$。此时，分段球面立体插值四元数曲线在节点处也是 C^1 连续的单位四元数曲线，该曲线对应机械手任务空间 C^1 连续的过关键姿态矩阵 R_{var} 的姿态轨迹。

由单位四元数的逆及其导数可以求出机械手末端坐标系的三维旋转角速度 $\omega(t)$，且有：

$$[0,\omega(t)]=2q'(t)q^{-1}(t)\tag{6-87}$$

式中：$\omega(t)=n(t)\theta(t)$，$n(t)$ 为 $n(t)$ 单位矢量，表示三维旋转轴，$\theta(t)$ 为单位时间内绕 $n(t)$ 旋转的角度。可见，基于四元数的机械手姿态规划方法得到 C^1 连续的姿态轨迹，避免了采用通用旋转变换方法规划姿态轨迹时存在的问题，而且产生连续的三维旋转角速度，是一种平滑姿态规划方法。

6.3.5 与关节空间法的比较

前面分别讨论了在关节空间和在直角坐标空间进行运动轨迹规划的两类方法。

与关节空间法相比较，直角坐标空间法有如下优点：

①在直角坐标空间中所规划的轨迹比较直观，用户容易想象。

②对于需要 CP 控制的作业，任务本身对在直角坐标空间中的轨迹有要求，因而必须首先在直角坐标空间中规划出要求的轨迹。

③在直角坐标空间规划的轨迹易于在其他机器人上复现。

直角坐标空间规划的主要问题是：

①计算工作量远远大于关节空间法。因为在直角坐标空间所规划的轨迹最终仍需要转换到关节空间，因此需要大量的逆运动学计算。

②即使给定的路径点在机械手的工作范围之内，也不能保证轨迹的所有点均在工作范围之内。而关节空间法不存在这个问题。

③在直角坐标空间中规划出的轨迹有可能接近或通过机械手的奇异点，这时它要求某些关节的速度趋于无穷大，这是物理上不能实现的。而关节空间法不存在这个问题。

基于上述考虑，大多数工业机器人都提供了关节空间法和直角坐标空间法两种规划方法，以供用户选用。但由于直角坐标空间法存在的问题，因此，在无特别指定情况下，一般默认采用关节空间法。

6.4 轨迹的实时生成

前面轨迹规划的任务，是根据给定的路径点规划出运动轨迹的所有参数。例如，在用三次多项式函数插值时，通过规划产生出多项式系数 a_0，a_1，a_2 和 a_3；在用抛物线连接的线性函数插值时，通过规划产生出各抛物线段的持续时间 t_i 和加速度 $\ddot{q}_i$（$i=1,2,\cdots,n$），各线性段的持续时间 $t_{i(i+1)}$ 和速度 $\dot{q}_{i(i+1)}$（$i=1,2,\cdots,n-1$）。下面具体讨论如何根据这些参数实时地产生运动轨迹，即产生出各采样点的 q，$\dot{q}$ 和 $\ddot{q}$。

6.4.1 采用关节空间法时的轨迹生成

当采用三次多项式函数插值时，每一段轨迹都是一个如下形式的三次多项式：

$$q(t)=a_{i0}+a_{i1}t+a_{i2}t^2+a_{i3}t^3 \tag{6-88}$$

其中，a_{i0}，a_{i1}，a_{i2}，a_{i3}（$i=1,2,\cdots,n$）是根据规划得到的参数。通过对上式求导，可得到相应的速度和加速度为：

$$\dot{q}(t)=a_{i1}+2a_{i2}t+3a_{i3}t^2 \tag{6-89}$$

$$\ddot{q}(t)=2a_{i2}+6a_{i3}t \tag{6-90}$$

通过式(6-88)、式(6-89)和式(6-90)，即可很容易地在线计算出采样点在不同时刻的 q，$\dot{q}$ 和 $\ddot{q}$。这里应该注意的是，上面各式中的 t 是各段分别计算的。因此，对于每一段计算都是从 $t=0$ 开始。

当采用抛物线连接的线性函数插值时，整个轨迹是由抛物线段和直线段依次串接而成的。参考图 6 - 10,可以写出整个轨迹运动方程为：

$$\begin{cases} q(t)=q_1+\ddot{q}_1 t^2/2, \\ \dot{q}(t)=\ddot{q}_1 t, & 0\leqslant t\leqslant t_1 \\ \ddot{q}(t)=\ddot{q}_1 \end{cases} \tag{6-91}$$

$$\begin{cases} q(t)=q_1+\dot{q}_{12}(t+t_1/2), \\ \dot{q}(t)=\dot{q}_{12}, & 0\leqslant t\leqslant t_{12} \\ \ddot{q}(t)=0 \end{cases} \tag{6-92}$$

$$\begin{cases} q(t)=q_1+\dot{q}_{12}(t+t_1/2+t_{12})+\ddot{q}_2 t^2/2, \\ \dot{q}(t)=\dot{q}_{12}+\ddot{q}_2 t, & 0\leqslant t\leqslant t_2 \\ \ddot{q}(t)=\ddot{q}_2 \end{cases} \tag{6-93}$$

$$\begin{cases} q(t)=q_2+\dot{q}_{23}(t+t_2/2), \\ \dot{q}(t)=\dot{q}_{23}, & 0\leqslant t\leqslant t_{23} \\ \ddot{q}(t)=0 \end{cases} \tag{6-94}$$

$$\begin{cases} q(t)=q_{n-1}+\dot{q}_{(n-1)n}(t+t_{n-1}/2), \\ \dot{q}(t)=\dot{q}_{(n-1)n}, & 0\leqslant t\leqslant t_{(n-1)n} \\ \ddot{q}(t)=0 \end{cases} \tag{6-95}$$

$$\begin{cases} q(t)=q_{n-1}+\dot{q}_{(n-1)n}(t+t_{n-1}/2+t_{(n-1)n})+\ddot{q}_n t^2/2, \\ \dot{q}(t)=\dot{q}_{(n-1)n}+\ddot{q}_n t, & 0\leqslant t\leqslant t_n \\ \ddot{q}(t)=\ddot{q}_n \end{cases} \tag{6-96}$$

写成一般形式则为：

$$\begin{cases} q(t)=q_1+\ddot{q}_1 t^2/2, \\ \dot{q}(t)=\ddot{q}_1 t, & 0\leqslant t\leqslant t_1 \\ \ddot{q}(t)=\ddot{q}_1 \end{cases} \tag{6-97}$$

$$\begin{cases} q(t)=q_i+\dot{q}_{i(i+1)}(t+t_i/2), \\ \dot{q}(t)=\dot{q}_{i(i+1)}, & 0\leqslant t\leqslant t_{i(i+1)} \\ \ddot{q}(t)=0 \end{cases} \tag{6-98}$$

$$i=1,2,\cdots,n-1$$

$$\begin{cases} q(t)=q_{i-1}+\dot{q}_{(i-1)i}(t+t_{i-1}/2+t_{(i-1)i})+\ddot{q}_i t^2/2, \\ \dot{q}(t)=\dot{q}_{(i-1)i}+\ddot{q}_i t, & 0\leqslant t\leqslant t_i \\ \ddot{q}(t)=\ddot{q}_i \end{cases} \tag{6-99}$$

$$i=2,3,\cdots,n$$

在利用上面的公式生成轨迹时，应注意每一段都应从 $t=0$ 开始，同时还应注意段与段之间的依次连接关系。同时，上面的轨迹生成公式只是针对一个关节变量，对于其他关节也是按上面同样的公式进行计算。

6.4.2 采用直角坐标空间法的轨迹生成

这时首先应根据规划得到的轨迹参数，在直角坐标空间实时地产生出运动轨迹。由于生成轨迹的计算是由计算机来完成的，因此实际上是按照一定采样速率实时地计算出离散的轨迹点，然后再将这些轨迹点经逆运动学计算转换到关节空间。

在直角坐标空间中，路径点的位置由 3 个坐标量(x,y,z)来表示；姿态由另外 3 个量来表示，若采用矢量表示，则这 3 个量为(k_x,k_y,k_z)。当采用抛物线连接的线性函数插值时，则分别对上述 6 个量进行如式(6-97)至式(6-99)所示的计算。以其中的一个分量 x 为例，它的计算公式如下：

$$\begin{cases} x(t)=x_1+\ddot{x}_1t^2/2, \\ \dot{x}(t)=\ddot{x}_1t, \qquad 0\leqslant t\leqslant t_1 \\ \ddot{x}(t)=\ddot{x}_1 \end{cases} \tag{6-100}$$

$$\begin{cases} x(t)=x_i+\dot{x}_{i(i+1)}(t+t_i/2), \\ \dot{x}(t)=\dot{x}_{i(i+1)}, \qquad 0\leqslant t\leqslant t_{i(i+1)} \\ \ddot{x}(t)=0 \end{cases} \tag{6-101}$$

$$i=1,2,\cdots,n-1$$

$$\begin{cases} x(t)=x_{i-1}+\dot{x}_{(i-1)i}(t+t_{i-1}/2+t_{(i-1)i})+\ddot{x}_it^2/2, \\ \dot{x}(t)=\dot{x}_{(i-1)i}+\ddot{x}_it, \qquad 0\leqslant t\leqslant t_i \\ \ddot{x}(t)=\ddot{x}_i \end{cases} \tag{6-102}$$

$$i=2,3,\cdots,n$$

其他各个分量也按照上面类似的公式进行计算。但是应该注意，表示姿态的 3 个量的一阶导数和二阶导数并不等于机械手末端的角速度和角加速度，它们之间还需进行一定的换算。在求得直角坐标空间中的轨迹 $\bar{S}$、$\dot{S}$ 和 $\ddot{S}$ 之后，再利用求解逆运动学的算法，最后求得关节空间中的轨迹 q、$\dot{q}$ 和 $\ddot{q}$。由于通过逆运动学计算 $\dot{q}$ 和 $\ddot{q}$ 需要较大的计算工作量，因此实际计算时可根据 $\bar{S}$ 逆解计算出 q，然后用数值微分的方法计算出 $\dot{q}$ 和 $\ddot{q}$：

$$\dot{q}(t)=\frac{q(t)-q(t-\Delta t)}{\Delta t} \tag{6-103}$$

$$\ddot{q}(t)=\frac{\dot{q}(t)-\dot{q}(t-\Delta t)}{\Delta t} \tag{6-104}$$

式中：Δt 表示数值计算的采样周期。当用这种方法计算 $\dot{q}$ 和 $\ddot{q}$ 时，在规划直角坐标空间中的轨迹时，可以不必计算各分量的一阶和二阶导数，因此可进一步减少计算工作量。

当采用圆弧插值时，直接利用式(6-76)计算出 $x(t)$，$y(t)$ 和 $z(t)$，并利用类似的公式计算出三个姿态量，然后由 $\bar{S}$ 逆解计算出 q，最后利用式(6-103)和式(6-104)的数值微分公式计算出 $\dot{q}$ 和 $\ddot{q}$。

6.5 路径的描述

前面讨论了在给定路径点的情况下如何规划出运动轨迹的问题。但是还有一个如何描述路径点并以合适的方式输入给机器人的问题。最常用的方法便是利用机器人语言。

用户将要求实现的动作编成相应的应用程序，其中有相应的语句用来描述轨迹规划并通过相应的控制作用来实现期望的运动。下面以 AL 语言为例加以说明。

假设用符号 A,B,C,D 表示路径点，如前所述，每个路径点包含六个参量。这些路径点的相应量可以通过赋值语句赋给，也可通过示教获得。假定机械手现在位置在 A 点，现要求利用关节空间抛物线连接的线性函数插值运动到 C 点，且要求持续时间为 3 秒，则可用如下的语句来描述：

move ARM to C with duration＝3 * seconds;

当要求在直角坐标空间用 3 秒时间直线运动到 C 点时，则可用如下语句：

move ARM to C linearly with duration = 3 * seconds;

如果用户不给定持续时间，那么机器人则采用默认的速度运动。例如上面第一例可写为：

move ARM to C;

如果要求机械手末端经 B 点运动到 C 点(关节空间插值，采用默认的速度)，则可写成：

move ARM to C via B;

如果中间点有好几个，则可写成：

move ARM to C via B, A, D;

在 PUMA 机器人所采用的 VAL 语言中，也有类似的语句来描述机械手末端的插值运动。例如，语句 move 描述关节空间的插值运动；moves 描述直角坐标空间的直线插值运动；circle 描述直角坐标空间的圆弧插值运动；等等。

6.6 进一步的规划研究

6.6.1 利用动力学模型的轨迹规划

前面讨论了目前几种简单常用的轨迹规划方法。这些规划方法只是用到了机器人的运动学模型，而完全未用到机器人的动力学模型，导致规划出来的结果往往不能充分发挥机器人的潜力。例如，当采用抛物线连接的线性插值时，需要给出各个关节的最大加速度，但是各个关节的最大加速度并不是定值，它随机械手的实际运动情况而改变，因此，为了实现期望的运动，必须选用较小的加速度，从而使机器人潜力不能得到充分发挥。若考虑如下的动力学模型：

$$\boldsymbol{H}(\boldsymbol{q})\ddot{\boldsymbol{q}}+\boldsymbol{h}(\boldsymbol{q},\dot{\boldsymbol{q}})+\boldsymbol{G}(\boldsymbol{q})=\boldsymbol{\tau} \tag{6-105}$$

其中，$\boldsymbol{\tau}$ 是关节的驱动力或力矩。若关节采用电流控制的电机驱动，则最大驱动力矩是一个常数；若采用电压控制，则最大驱动力矩是关节运动速度的函数。从上式可以看出，即使τ_{max}是常数，$\ddot{q}_{max}$也是变化的，它与机械手的运动状态有关。因此，利用式(6-105)的动力学模型，可以实现机械手的最优轨迹规划。根据不同的需要，最优轨迹规划的描述也不一样。例如，最少能量轨迹规划，即 τ_{max}一定的情况下，要求机械手末端从一个路径点运动到另一个路径点时所消耗的能量最少。最优轨迹规划是非线性动态优化问题，其求解比较复杂，通常需要很大的计算量。这是它目前尚不能普遍应用的主要障碍，然而它可以充分发挥机械手的潜力，而且能在一定意义下获得最优的结果。

对于电压控制的电机，则不能假设 τ_{max} 为常数，这时需将电机的模型与式(6-105)结合在一起组成新的模型，然后在新的模型中将电压 u 作为控制量，从而可认为 u_{max} 为常数，剩下的最优轨迹规划问题则与上面讨论的一样。

6.6.2 任务规划

任务规划是比轨迹规划更高层次的规划问题。轨迹规划是根据给定的路径点规划出详细的运动轨迹，这些关键的路径点需要由用户通过示教或离线编程输入给机器人。对用户来说，它有时仍然是比较麻烦的。如果操作人员只告诉机器人要完成的任务，如直接告诉装配机器人“拧螺丝”“插孔”，或告诉服务机器人“倒一杯水”“开电视”“开门”等，完成这些任务的一切细节都由机器人自己规划和安排，那么对于操作人员来说就很方便了。机器人根据任务要求规划进一步的子任务或动作序列，称为机器人的任务规划，具体地说，任务规划主要包括以下三个方面的内容：

①机器人和周围环境的建模。它包括机器人及周围物件的几何学描述；物件的物理描述，如质量、刚性、光洁程度等；所有连杆机构的运动学描述；机器人特性如关节位置、速度和加速度的限制等；传感器特性等。

②任务描述。机器人的任务可由一系列的状态模型来描述，通常采用面向任务的符号化语言来实现。

③根据任务描述产生操作程序。也即规划出能被机器人直接执行的操作级的程序，如用 AL 语言或 VAL 语言编写的程序。这一步是任务规划中的核心部分，它主要包括抓取动作的规划、路径规划和误差的检测等几方面的内容。

抓取是操作程序中的关键动作。抓取规划需要解决的主要问题是规划出从什么方位去抓取物体才不会产生碰撞而且抓得稳当。

路径规划要解决的主要问题是如何规划机械手的运动路径，以使它不与周围物体碰撞，或者有多个机械手协调工作时而不互相碰撞。所以它又称无碰撞路径规划问题，这是机器人规划中最核心也是讨论得最多的一个问题。

误差检测问题是当环境发生变化或出现故障时如何进行决策，并修改计划，以避免造成机器人或周围物体的损坏。这在机器人任务规划中是一个很重要、也是很困难的问题。同时它也较多地体现了机器人的智能，即它具有“随机应变”的能力。

机器人任务规划主要用于智能机器人，规划的方法也更多地用到人工智能问题的求解方法。它现在仍然是正在研究的课题，因此这里不再作进一步讨论。

思考题

1. 对于一个6关节的机器人，若采用关节空间的三次多项式函数插值，要求机器人从起点经过两个中间点运动到终点。问需要规划多少条三次函数？总共需要存储多少个系数？

2. 一个具有旋转关节的单臂机械手，原来静止在 $\theta=-5°$，现要求在4秒钟内平滑地运动到 $\theta=80°$ 停下来。计算三次多项式插值函数的系数，并画出角位置、速度和加速度随时间变化的关系曲线。

3. 问题同上，若采用抛物线连线的线性函数插值，要求计算出有关参数，并画出位置、速度和加速度随时间变化的关系曲线(加速度自己合理设定)。

4. 设某一关节角的起始点为 $\theta_o=5°$，经过点 $\theta_v=15°$，终了点 $\theta g=-10°$，每一段的持续时间为2秒，起点和终点的速度均为零，中间点的加速度连续。要求用三次函数插值法规划运动轨迹，并画出位置、速度和加速度随时间变化的关系曲线。

5. 问题同上。若指定经过中间点的速度为零，要求用三次函数插值法规划出运动轨迹并画出位置、速度和加速度随时间变化的关系曲线。

6. 已知 $\theta_1=5°$，$\theta_2=15°$，$\theta_3=-10°$，现采用抛物线连接的线性函数插值法进行轨迹规划，并给定 $t_{d12}=t_{d23}=2s$，在抛物线段内的加速度为 $60°/s^2$，要求画出位置、速度和加速度曲线。

第7章 机器人运动与力控制

7.1 机器人控制综述

7.1.1 机器人控制系统的特性和基本要求

要对机器人实施良好的控制，了解被控对象的特性是很重要的。在第5章中讨论过机器人的动力学问题，动力力学方程的通式可用下式表示：

$$\boldsymbol{\tau}=\boldsymbol{M}(\boldsymbol{q})\ddot{\boldsymbol{q}}+\boldsymbol{C}(\boldsymbol{q},\dot{\boldsymbol{q}})\dot{\boldsymbol{q}}+\boldsymbol{F}\dot{\boldsymbol{q}}+\boldsymbol{g}(\boldsymbol{q}) \tag{7-1}$$

式中：$\boldsymbol{M}(\boldsymbol{q})\in\boldsymbol{R}^{n\times n}$为惯性矩阵；$\boldsymbol{C}(\boldsymbol{q},\dot{\boldsymbol{q}})\in\boldsymbol{R}^{n\times n}$为表示离心力和哥氏力的矩阵；$\boldsymbol{F}\in\boldsymbol{R}^{n\times n}$为黏性摩擦系数矩阵；$\boldsymbol{G}(\boldsymbol{q})\in\boldsymbol{R}^{n}$为表示重力项的向量；$\boldsymbol{\tau}=[\tau_1,\tau_2,\ldots,\tau_n]$为关节驱动力向量。

机器人从动力学的角度来说，具有以下特性：

①本质上是一个非线性系统，引起机器人非线性的因素很多，结构方面、传动件、驱动元件等都会引起系统的非线性。

②各关节间具有耦合作用，表现为在某一个关节的运动，会对其他关节产生动力效应，故每个关节都要承受其他关节运动产生的扰动。

③是一个时变系统，动力学参数随着关节运动位置的变化而变化。

从使用的角度来看，机器人是一种特殊的自动化设备，对它的控制有如下特点和要求：

①多轴运动协调控制，以产生要求的工作轨迹，因为机器人的手部运动是所有关节运动的合成运动，要使手部按照设定的规律运动，就必须很好地控制各关节协调动作，包括运动轨迹、动作时序等多方面的协调。

②较高的位置精度，很大的调速范围。除直角坐标式机器人以外，机器人关节上的位置检测元件，不能安放在机器人末端执行器上，而是放在各自驱动轴上，因此这是位置半闭环系统。此外，由于存在开式链传动机构的间隙等，使得机器人总的位置精度降低，与数控机床比，约降低一个数量级。一般机器人位置重复精度为±0.1mm。但机器人的调速范围很大，通常超过几千。这是由于工作时，机器人可能以极低的工业要求速度加工工件；而空行程时，为提高效率，以极高的速度运动。

③系统的静差率要小。由于机器人工作时要求运动平稳，不受外力干扰，为此系统应具有较好的刚性，即要求有较小的静差率，否则将造成位置误差。例如，机器人某个关节不动，但由于其他关节运动时形成的耦合力矩作用在这个不动的关节上，使

其在外力作用下产生滑动，形成机器人位置误差。

④各关节的速度误差系数应尽量一致。机器人手臂在空间移动，是各关节联合运动的结果，尤其是当要求沿空间直线或圆弧运动时。即使系统有跟踪误差，应要求各轴关节伺服系统的速度放大系数尽可能一致，而且在不影响稳定性的前提下，尽量取较大的数值。

⑤位置无超调，动态响应尽量快。机器人不允许有位置超调，否则将与工件发生碰撞，加大阻尼可以减少超调，但却牺牲了系统的快速性。所以设计系统时要很好地权衡折中这两者。

⑥需采用加减速控制，大多数机器人具有开链式结构，它的机械刚度很低，过大的加（减）速度都会影响它的运动平稳（抖动），因此在机器人起动或停止时应有加（减）速控制。通常采用匀加（减）速运动指令来实现。

⑦从操作的角度来看，要求控制系统具有良好的人机界面，尽量降低对操作者的要求。因此，在大部分情况下，要求控制器的设计人员完成底层伺服控制器设计的同时，还要完成规划算法，而把任务的描述设计成简单的语言格式则由用户完成。

⑧从系统成本来看，要求尽可能地降低系统的硬件成本，更多地采用软件伺服的方法来完善控制系统的性能。

7.1.2 机器人控制方法的分类

根据不同的分类方法，机器人控制方式可以有不同的分类。图 7－1 表示的是一种常用的分类方法。从总体上，机器人的控制方式可以分为动作控制方式和示教方式。按照被控对象来分，可以分为位置控制、速度控制、加速度控制、力控制、力矩控制、力和位置混合控制。无论是位置控制或速度控制，从伺服反馈信号的形式来看，又可以分为基于关节空间的伺服控制和基于作业空间（手部坐标）的伺服控制。

1. 关节伺服控制

这是以关节位置或关节轨迹为目标值的控制形式，其构成如图 7－2 所示，若关节的目标值为 $\boldsymbol{q}_d=[q_{d1},q_{d2},\dots,q_{dn}]^{\mathrm{T}}$，则如图 7－2 所示，各关节可以独立构成伺服系统。若期望的轨迹被指定为操作空间的位姿 $\boldsymbol{r}_d$，则期望的关节角度 $\boldsymbol{q}_d$ 可以由式（7－2）的逆运动学（inverse kinematics）计算得出（参照运动学部分）。

$$\boldsymbol{q}_d=R^{-1}(\boldsymbol{r}_d) \tag{7-2}$$

此外，工业机器人经常采用示教的方法，示教者实际上都是看着手臂末端的同时进行示教，所以不需要进行式（7－2）的计算就能直接给出 $\boldsymbol{q}_d$。当要想使手臂静止于某一点时，只要将 $\boldsymbol{q}_d$ 取为一定值即可，当欲使手臂从某点向另一点逐点移动或使之沿某一轨迹运动时，则必须按时间变化给出 $\boldsymbol{q}_d$。

现在为简便起见，假设忽略不计驱动器的动态持性，各关节的驱动力 τ_i 可直接给出，这时最简单的一种伺服控制系统如下所示：

$$\tau_i=k_{pi}(q_{di}-q_i)-k_{vi}\dot{q} \tag{7-3}$$

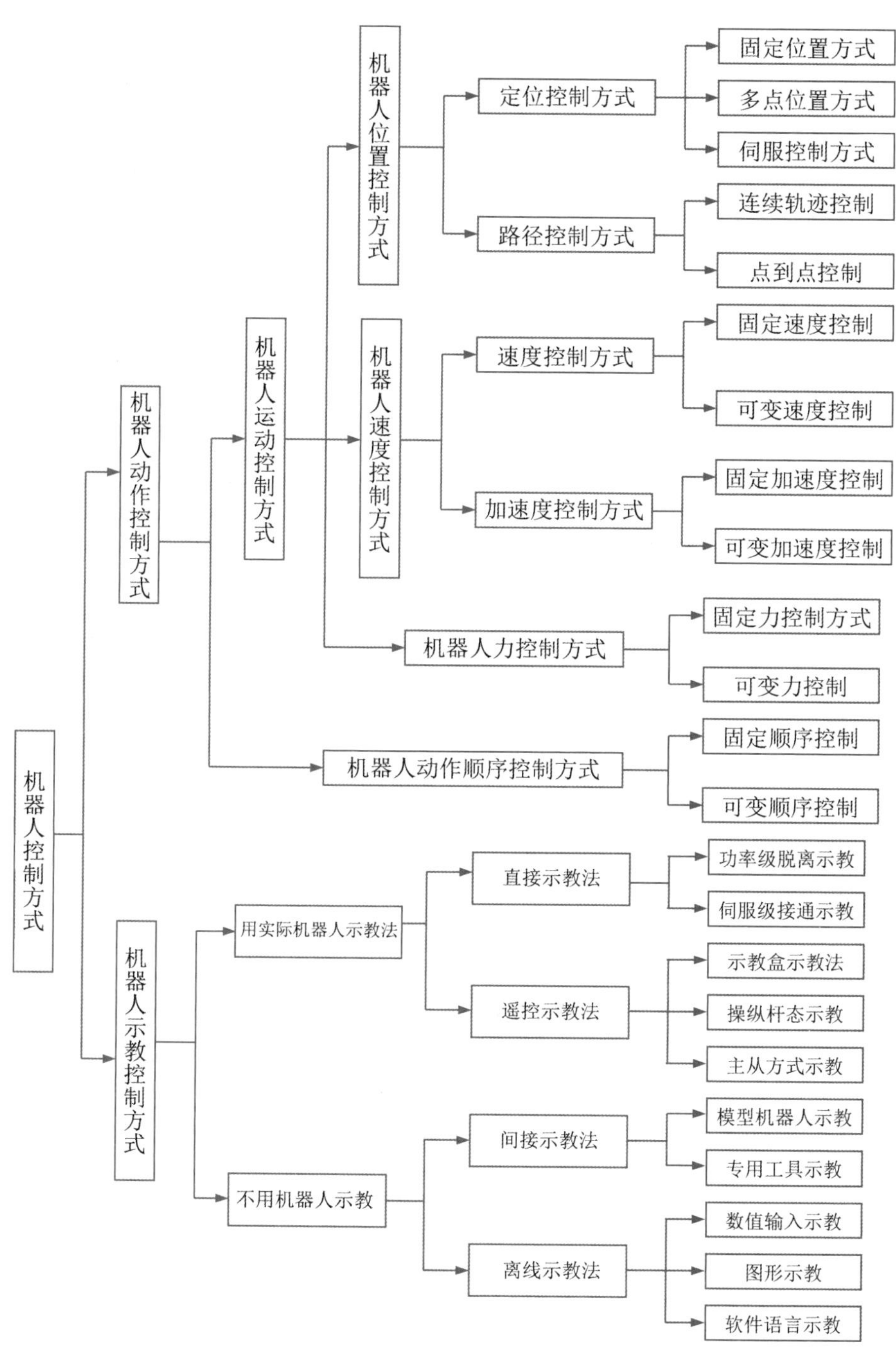

图 7－1　机器人控制方式分类

其中，k_{pi}是比例增益，k_{vi}是速度反馈增益。对于全部关节，可将式(7－3)用矩阵形式表示如下：

$$\boldsymbol{\tau}=\boldsymbol{K}_p(\boldsymbol{q}_d-\boldsymbol{q})-\boldsymbol{K}_v\dot{\boldsymbol{q}} \tag{7-4}$$

式中：$\boldsymbol{K}_p=\mathrm{diag}(k_{pi})$，$\mathrm{K}_v=\mathrm{diag}(k_{vi})$。这种关节伺服系统把每一个关节作为独立的

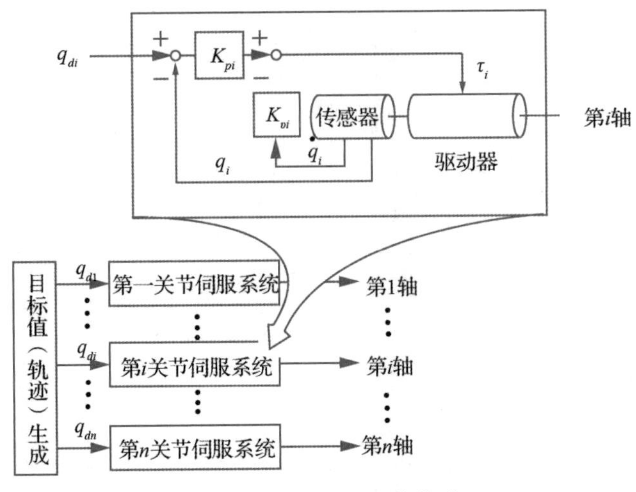

图 7－2　关节伺服系统构成

单输入单输出系统来处理，所以结构简单。但从式(7－1)可知，手臂的动态特性，每个关节都不是单输入单输出的系统，而是存在着关节间惯性项和速度项的动态耦合。在式(7－4)所表示的关节伺服中是把这些耦合当作外部干扰来处理的，为了减少外部干扰的影响，增益 k_{pi}，k_{vi} 将在保持稳定性范围内尽量设置得大一些。但是无论怎样加大增益，手臂在静止状态下，因受重力项的影响，各关节也会产生定常偏差。即在式(7－1)和式(7－4)中，若 $\ddot{q}=\dot{q}=0$，将产生下式所示的定常偏差：

$$\boldsymbol{e}=\boldsymbol{q}_d-\boldsymbol{q}=\boldsymbol{K}_p^{-1}\boldsymbol{G}(\boldsymbol{q}) \tag{7-5}$$

有时为使该定常偏差为零，在式(7－5)中再加上积分项，构成下式：

$$\boldsymbol{\tau}=\boldsymbol{K}_p(\boldsymbol{q}_d-\boldsymbol{q})-\boldsymbol{K}_v\dot{\boldsymbol{q}}+\boldsymbol{K}_i\int(\boldsymbol{q}_d-\boldsymbol{q})\mathrm{d}t \tag{7-6}$$

式中：$\boldsymbol{K}_i$ 为积分环节增益矩阵，和 $\boldsymbol{K}_p$，$\boldsymbol{K}_v$ 一样，也是对角矩阵。

下式与式(7－4)不同的是，它增加了重力项的计算，这样可直接进行重力项补偿。

$$\boldsymbol{\tau}=\boldsymbol{K}_p(\boldsymbol{q}_d-\boldsymbol{q})-\boldsymbol{K}_v\dot{\boldsymbol{q}}+\boldsymbol{G}(\boldsymbol{q}) \tag{7-7}$$

对工业机器人而言，多数情况下用式(7－6)和式(7－7)的控制方法已足够。

2. 操作空间伺服控制

关节伺服控制的结构简单，但因为在关节伺服系统中各个关节是独立进行控制的，所以由各关节实际响应的结果所得到的末端位置姿态的响应就难以预测。此外，为得到适当的末端响应，对各关节伺服系统的增益进行调节也很困难。在自由空间内对手臂进行控制时，很多场合是想直接给定手臂末端位置姿态的运动。例如把手部从某点沿直线运动至另一点。在这种情况下，很自然会取表示末端位置姿态向量 $\boldsymbol{r}$ 的目标值 $\boldsymbol{r}_d$ 作为手臂运动的目标值。如果一旦得到 $\boldsymbol{r}_d$，利用式(7－2)所述的运动学方程即可变换为 $\boldsymbol{q}_d$，也能够应用关节伺服方式。但是，末端目标值 $\boldsymbol{r}_d$ 不但要事前求得，而且在运动中常常需要进行修正，这就必须实时进行式(7－2)的逆运动学计算。

现在来研究不将 $\boldsymbol{r}_d$ 变换为 $\boldsymbol{q}_d$，而把 $\boldsymbol{r}_d$ 本身作为目标值来构成伺服系统。由于

在很多情况下，末端位置姿态向量 $\boldsymbol{r}_d$ 是用固定于空间内的某一个作业坐标系来描述，所以把以 $\boldsymbol{r}_d$ 为目标值的伺服系统称为作业坐标伺服。下面将举一个简单的作业坐标伺服的例子。为此，首先将式(7－1)的两边对时间微分，由此可得下式：

$$\dot{\boldsymbol{r}}=\frac{\partial R}{\partial \boldsymbol{q}}\dot{\boldsymbol{q}}=\boldsymbol{J}(\boldsymbol{q})\dot{\boldsymbol{q}} \tag{7-8}$$

式中：$\boldsymbol{J}(\boldsymbol{q})$为雅可比矩阵。$\boldsymbol{r}$ 和 $\boldsymbol{q}$ 通常是非线性关系，与此相反，由式(7－8)可知，$\dot{\boldsymbol{q}}$ 和 $\dot{\boldsymbol{r}}$ 为线性关系。根据式(7－8)和虚功原理，可得下式(参照动力学部分)：

$$\boldsymbol{\tau}=\boldsymbol{J}^{\mathrm{T}}(\boldsymbol{q})\boldsymbol{F} \tag{7-9}$$

式中：$\boldsymbol{J}^{\mathrm{T}}(\boldsymbol{q})$表示 $\boldsymbol{J}(\boldsymbol{q})$的转置，当 $m=6$ 时，$\boldsymbol{F}=[f_x,f_y,f_z,m_\alpha,m_\beta,m_\gamma]^{\mathrm{T}}$，$F$ 是由以作业坐标系所描述的三维平移力向量和与 $\boldsymbol{r}$ 的姿态相对应的三维旋转力向量组成的向量，式(7－9)表示加在手臂末端的力和旋转力将在各关节形成多大驱动力的关系。若取欧拉角(α,β,γ)作为 $\boldsymbol{r}$ 的姿态分量，则 $m_\alpha,m_\beta,m_\gamma$ 变成绕欧拉角各自旋转轴的力矩，这从直观上难以理解。所以，作为雅可比矩阵，经常不是根据式(7－8)，而是用下式来定义：

$$\boldsymbol{s}=[\boldsymbol{v}^{\mathrm{T}},\boldsymbol{\omega}^{\mathrm{T}}]^{\mathrm{T}}=\boldsymbol{J}_s(\boldsymbol{q})\dot{\boldsymbol{q}} \tag{7-10}$$

式(7－10)并不是表示末端姿态变化速度，即 $\boldsymbol{r}$ 的姿态分量的时间微分与关节速度 $\dot{\boldsymbol{q}}$ 的关系，而是给出当角速度向量为 $\boldsymbol{\omega}$ 时的末端速度 $\boldsymbol{s}$ 和关节速度 $\dot{\boldsymbol{q}}$ 的关系。$\boldsymbol{v}$ 是末端的平移速度，和对 $\boldsymbol{r}$ 的位置分量的时间微分一致。表示式(7－10)关系的矩阵 $\boldsymbol{J}_s(\boldsymbol{q})$ 也称为雅可比矩阵。若采用式(7－10)所定义的雅可比矩阵，则对应于式(7－9)的 $\boldsymbol{F}$ 就变成$[f_x,f_y,f_z,m_x,m_y,m_z]^{\mathrm{T}}$，$\boldsymbol{F}$ 的旋转力分量就变成从直觉容易理解的绕三维空间内某些轴旋转的力矩向量。

有了上面一些预备知识，我们可以用下式给出一个作业坐标伺服的例子：

$$\boldsymbol{\tau}=\boldsymbol{J}^{\mathrm{T}}(\boldsymbol{q})[\boldsymbol{K}_p(\boldsymbol{r}_d-\boldsymbol{r})]-\boldsymbol{K}_v\dot{\boldsymbol{q}}+\boldsymbol{G}(\boldsymbol{q}) \tag{7-11}$$

把这种情况下的控制系统表示成如图7－3所示，也可以再考虑加上积分环节，忽略重力项的影响，即如下式所示：

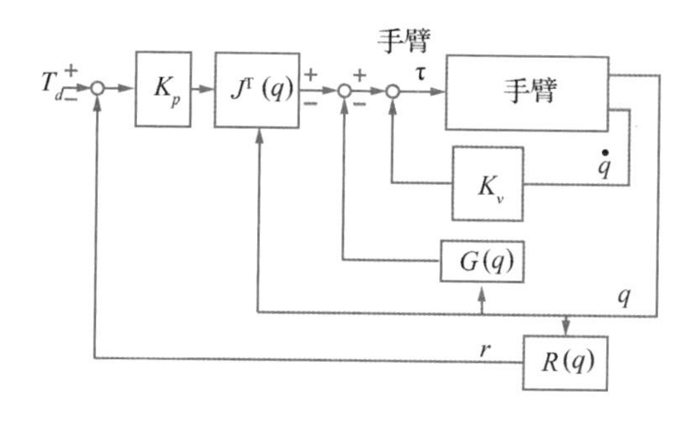

图7－3 作业坐标伺服系统举例

$$\boldsymbol{\tau}=\boldsymbol{J}^{\mathrm{T}}(\boldsymbol{q})[\boldsymbol{K}_p(\boldsymbol{r}_d-\boldsymbol{r})+\boldsymbol{K}_i\int(\boldsymbol{r}_d-\boldsymbol{r})\mathrm{d}t]-\boldsymbol{K}_v\dot{\boldsymbol{q}} \tag{7-12}$$

当末端位置姿态的误差向量 $\boldsymbol{r}_d-\boldsymbol{r}$ 分成位置和姿态分量，即用 $[e_p^{\mathrm{T}},e_0^{\mathrm{T}}]^{\mathrm{T}}$ 表示时，则各分量以 $\boldsymbol{e}_p=\boldsymbol{p}_d-\boldsymbol{p}$，和 $\boldsymbol{e}_0=[\alpha_d-\alpha,\beta_d-\beta,\gamma_d-\gamma]^{\mathrm{T}}$ 表示。$\boldsymbol{P}$ 是末端位置向量，$\boldsymbol{p}_d$ 是其目标值；(α,β,γ) 是欧拉角或叫作横摇、纵格、偏转角，$(\alpha_d,\beta_d,\gamma_d)$ 是其目标值。根据式(7-9)的关系，式(7-11)，式(7-12)右边第一项中的 $\boldsymbol{K}_p$ 项均可看作是使 $\boldsymbol{r}$ 指向目标值 $\boldsymbol{r}_d$ 方向的潜在的力 $\boldsymbol{F}=\boldsymbol{K}_p(\boldsymbol{r}_d-\boldsymbol{r})$，并加在末端上。式(7-11)和式(7-12)中，手臂末端现在的位置姿态 $\boldsymbol{r}$ 可根据当前的关节位移 $\boldsymbol{q}$ 由正运动学(direct kinematics)的计算求得。式(7-11)和式(7-12)的方法，即所谓是把末端拉向目标值方向的方法，从直观上容易理解。另外它还有一个特点，就是不含有逆运动学计算。和式(7-6)或式(7-7)一样，采用式(7-11)或式(7-12)，其闭环系统的平衡点 $\boldsymbol{r}_d$ 达到渐近稳定。

在式(7-11)或式(7-12)中，可用式(7-10)中的雅可比矩阵 $\boldsymbol{J}_s(\boldsymbol{q})$ 代替式(7-8)中的雅可比矩阵。但是，在这种情况下 s 的姿态分量 ω 没有对应的位置量纲来表示(ω 的积分值没有物理意义)，因而必须注意末端的误差，即 $\boldsymbol{r}_d-\boldsymbol{r}$ 的姿态分量的表示方法。现在令末端的姿态由基准作业坐标系的姿态 $\boldsymbol{O}_h$ 给出，即：

$$\boldsymbol{O}_h=[n,o,a] \tag{7-13}$$

n,o,a 表示姿态矩阵的各列元素，它们是用作业坐标系表示末端坐标系的 x,y,z 轴方向的单位向量。姿态目标值也用姿态矩阵的形式表示，即：

$$\boldsymbol{O}_{hd}=[n_d,o_d,a_d] \tag{7-14}$$

在式(7-11)或式(7-12)中，当用雅可比矩阵 $\boldsymbol{J}_s(\boldsymbol{q})$ 时，$\boldsymbol{r}_d-\boldsymbol{r}$ 的姿态分量可用下式给出的 $\hat{e}_0$ 代替 e_0：

$$\hat{\boldsymbol{e}}_0=1/2[n\times n_d+o\times o_d+a\times a_d] \tag{7-15}$$

从而得出如下与式(7-11)对应的式子：

$$\boldsymbol{\tau}=\boldsymbol{J}_s^T(\boldsymbol{q})(\boldsymbol{K}_p[e_p^T,\hat{e}_0^T]^T)-\boldsymbol{K}_v\dot{\boldsymbol{q}}+\boldsymbol{G}(\boldsymbol{q}) \tag{7-16}$$

对式(7-12)也是同样。用式(7-14)所定义的 $\hat{e}_0$ 可变形为下式：

$$\hat{e}_0=k\sin\phi \tag{7-17}$$

式中的 k 如图 7-4 所示，是从 $\boldsymbol{O}_h$ 转向 $\boldsymbol{O}_{hd}$ 的等价旋转轴方向的单位向量，ϕ 表示绕此轴的旋转角。即 $\hat{e}_0$ 可以说是指向 k 方向的、大小为 $\sin\phi$ 的向量。若姿态的误差角 ϕ 超过 $\pi/2$，则 $\hat{e}_0$ 的模反而变小，当 $\phi=\pi$ 时变为 0，这就产生了错误的结果。但是，如果假设姿态误差不太大，如在$[-\pi/2,\pi/2]$的范围内，那就没什么问题了。根据式(7-16)控制策略产生的关节驱动力，若按照式(7-9)，看成为与它等价的末端的力和力矩，则直观上很容易理解，其平移分量是把和末端目标位置误差成正比的平移力加在末端上；而姿态分量则是把和绕向量 k 旋转的与 $\sin\phi$ 成正比的力矩加在末端上。

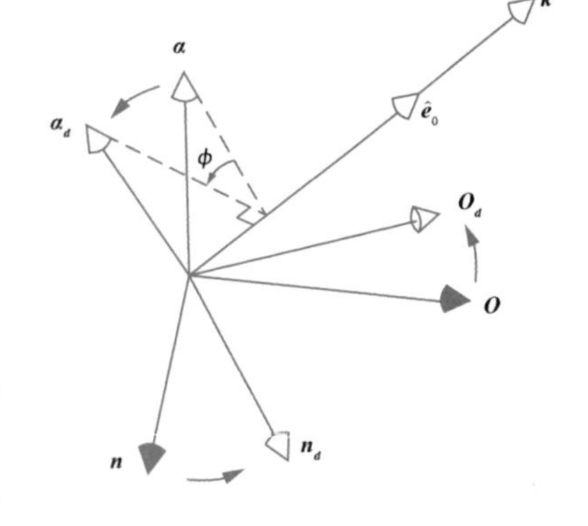

图 7-4　旋转向量

7.1.3 机器人控制系统的硬件构成

最简单的控制器的硬件构成如图 7－5 所示，CPU2 的作用是进行电流控制；CPU1 的作用是进行轨迹计算和伺服控制，以及作为人机接口和与周边装置连接的通信接口。图中所表示的是机器人控制器最基本的硬件构成，如果要求硬件结构具有更高的运算速度，那么必须再增加两个 CPU，如果要增加能进行浮点运算的微处理器，则需要 32 位的 CPU。

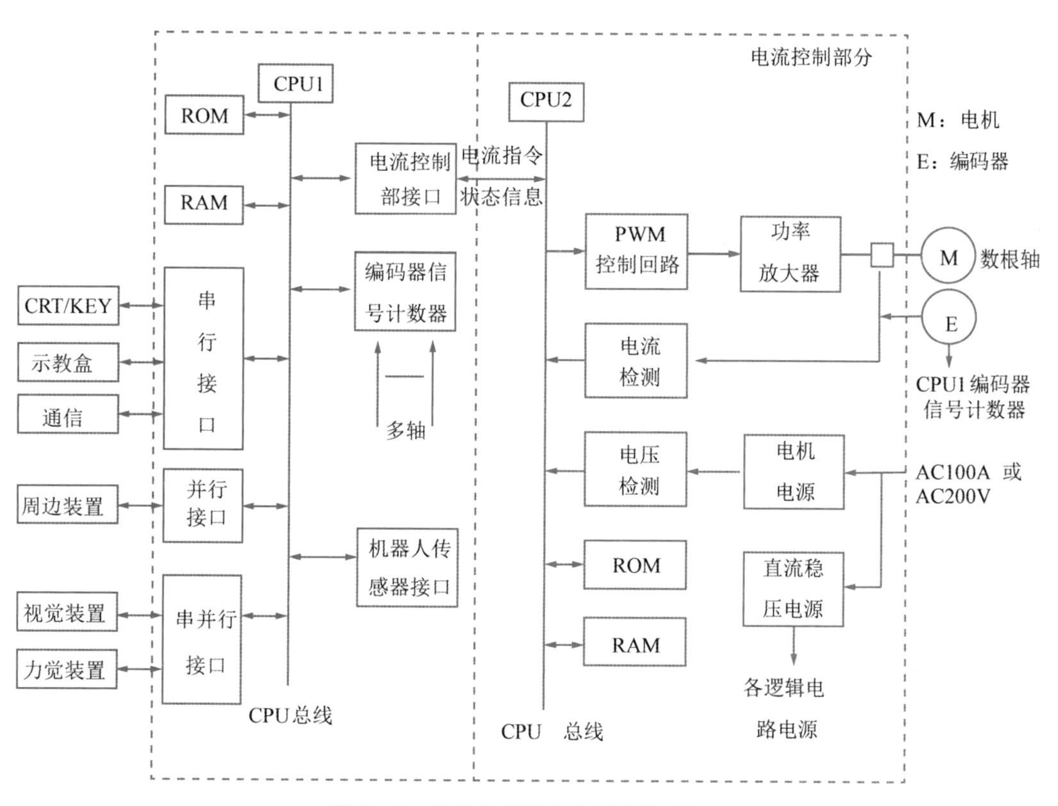

图 7－5 机器人控制器的硬件构成（1）

图 7－6 表示另一种机器人控制器的硬件构成。图中 CPU1A 的作用是对机器人语言进行解释和实施，以及作为与周边装置连接的通信接口。CPU1B 的作用是对轨迹、位置与速度等参数进行软伺服控制。CPU2A 的作用是对电机的电流进行控制，有时 CPU1A 还通过 MAP（制造自动化协议，manufacturing automation protocol）系统进行高速通信。

最后，举一个 PUMA560 机器人控制系统的实例。PUMA560 是美国 Unimation 公司生产的关节型机器人，由 6 个旋转关节组成。图 7－7 是 PUMA560 机器人控制系统的原理图。

PUMA560 机器人的控制系统，是一个两级计算机控制系统。主控计算机采用

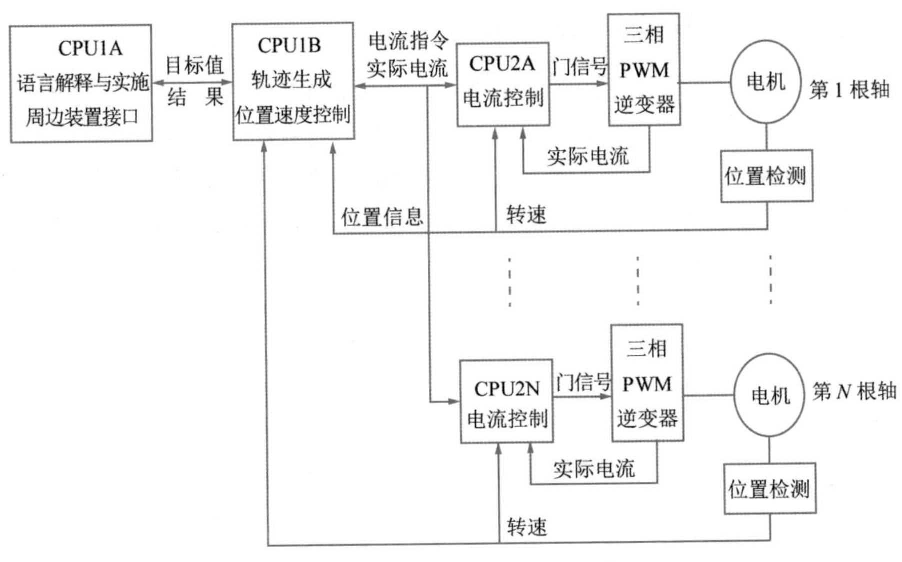

图7-6 机器人控制器的硬件构成(2)

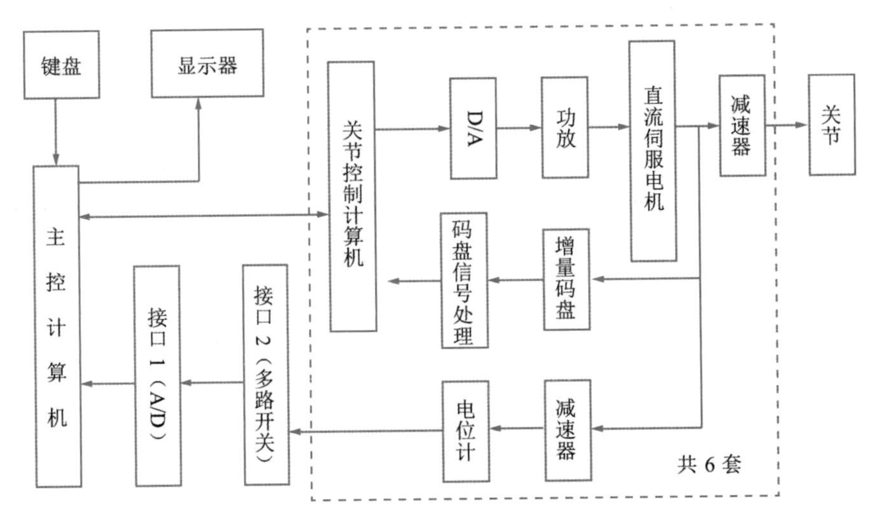

图7-7 PUMA560机器人控制系统

16位的LSI-11/23芯片为CPU，负责接受操作员设定的机器人工作任务和参数，并把有关任务分解为各关节的运动指令（这需要进行运动学的计算），同时对各关节的运动状态进行监测。主计算机通过总线与下层计算机通讯，对各关节的监测则通过多路开关进行扫描。关节伺服控制器采用APPLE公司生产的6503芯片，这是8位的CPU，通过D/A放大后控制直流伺服电机，并用增量式码盘进行反馈控制。由于主计算机只对关节运动进行粗略的监测，因此在主回路上，使用分辨率较低的8位A/D转换器，而在伺服控制回路，为了实现较高的控制精度，采用了分辨率为12位的A/D转换器。在实际控制中，主计算机每隔28ms向关节伺服控制器发送一次控制命令，关节伺服器则把它32等分，进行插补计算，然后进行伺服控制，实现预定作业。

7.1.4 机器人软件伺服控制器

机器人系统由于存在非线性、耦合、时变等特征，完全的硬件控制有时很难使系统达到最佳状态，或者说，为了追求系统的完善性，会使系统硬件十分复杂。而采用软件伺服的办法，往往可以达到较好的效果，而又不增加硬件成本。所谓软件伺服控制，在这里是指利用计算机软件编程的办法，对机器人控制器进行改进。比如设计一个先进的控制算法，或对系统中的非线性进行补偿。

图 7－8 是叠加了各种补偿值的 PID 控制原理。在软件设计时，每隔一个控制周期求出机器人各关节的目标位置值、目标速度值、目标加速度值和力矩补偿值，对这些数值之间再按一定间隔进行一次插补运算，这样配合起来然后对各个关节进行控制。

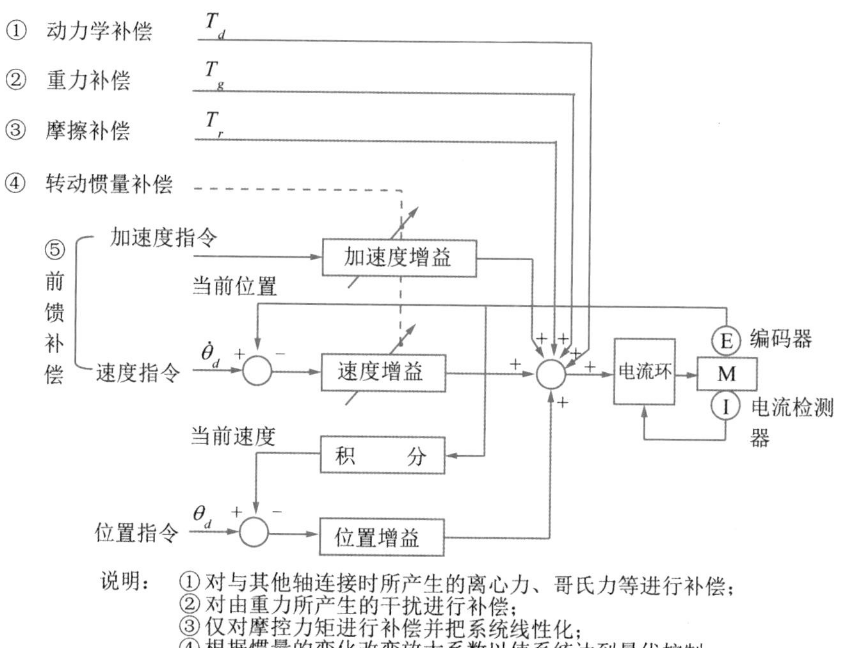

图 7－8 软伺服系统中各参数补偿值的叠加原理

被控对象是伺服电机的情况为例，一般要求伺服电机中的速度控制回路的截止频率在 300 至 600rad/s，阶跃响应在 5 至 10ms。因此，作为辅助回路中的电流控制回路的截止频率起码应高出三倍，即在 1000 至 2000rad/s，阶跃响应在1.5 至3ms，而电流控制的采样周期必须是阶跃响应的 1/5～1/10，即 200 μs 左右。在伺服电机的电流控制回路中，最简单的控制方式是根据流经电机的电流与电流指令值成正比的原理，但必须定时检测电流值的大小，而且必须对电机的电压波动进行补偿，对力矩的变化也要进行补偿，此外，这些处理过程要高速地进行。一般来说，使用一个微处理器对一个电机进行这些运算处理是容易实现的，但为了降低硬件成本，有时也采用一个微处理器对多个轴的各个电机进行控制。这时，CPU 是分时使用的。目前大都使用高速数字信号处理器(DSP)来对 2～3 根轴进行控制。

在控制软件的设计过程中，采样周期的设计十分重要，随着机器人关节构成方式、位置重复精度、轨迹再现精度的不同，或者随着机器人性能的不同，所采用的采样时间间隔也随之不同，并存在不同的最优值。一般来说，越是靠近电机参数的运算，其采样时间间隔允许变化的范围越小，越是远离电机，其采样时间间隔允许变化的范围越大。换言之，越是靠近电机参数的运算，其伺服软件越趋于固定；越是远离电机参数的运算，其伺服软件越具灵活性。

图 7－9 表示对一个关节的运算处理过程，图中的位置和速度回路方框表示目标值、补偿值、插补等运算处理过程。

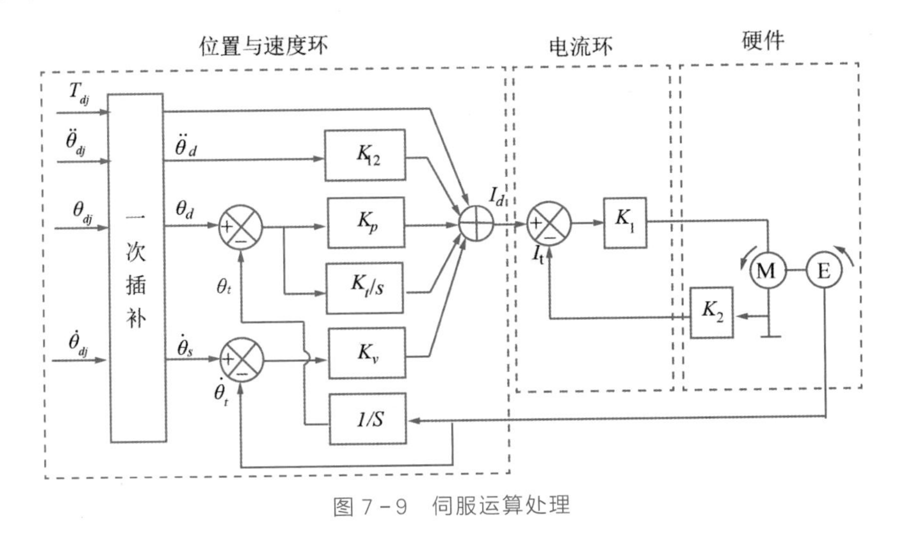

图 7－9　伺服运算处理

图中，θ_{dj}，$\dot{\theta}_{dj}$，$\ddot{\theta}_{dj}$，T_{dj}：插补处理后的目标位置、速度、加速度、力矩等补偿值；θ_d，$\dot{\theta}_d$，$\ddot{\theta}_d$，T_d：一次插补后的值；I_d：目标电流值；K_{12}：加速度增益；K_i：积分增益；θ_t：当前速度；K_1：电流环增益；$\dot{\theta}_t$：当前速度；K_1：电流环增益；I_t：当前电流值；K_2：电流检测增益；K_p：位置增益；M：电机；K_v：速度增益；E：编码器。

实现软伺服的控制原理和补偿的方法很多，例如经典控制理论、现代控制理论、特别是最近盛行的模糊控制理论等，但是不管采用哪一种控制理论，总是追求系统具有高速响应特性和鲁棒性。

7.2　机器人独立关节控制

前面知道，机器人是耦合的非线性动力学系统。严格说，各关节的控制必须考虑关节间的耦合作用，但对于工业机器人而言，通常还是按照独立关节来考虑。这是因为工业机器人运动速度不高(通常小于 1.5m/s),由速度项引起的非线性作用也可以忽略,另外,由于直流伺服电动机(工业机器人常用的关节驱动器)的转矩不大,都无例外地需要加减速器,其速比往往接近 100。这使得负载的变化(例如由于机器人关节角的变化使得转动惯量发生变化)折算到电动机轴上要除以速比的平方,因此电动机轴上负载变化很小,可以看作定常系统处理。各关节之间的耦合作用,也因减速器的存在而极大地削弱。于是工业机器人系统就变成了一个由多关节(多轴)组成的各自独立的线性系统。下面分析以伺服电动机为驱动器的独立关节控制问题。

7.2.1 以直流伺服电动机为驱动器的单关节控制

直流伺服电动机有两种物理结构去实现位置控制,即可采用位置加内部电流反馈的二环结构,或位置速度加电流反馈的三环结构。无论用何种结构,都需要从直流伺服电动机数学模型入手,对系统进行分析。

1. 单关节系统的数学模型

如图 7-10 所示,直流伺服电动机输出转矩 T_m 经速比 $i = n_m / n_s$ 的齿轮箱驱动负载轴。下面研究负载轴转角 θ_s 与电动机的电枢电压 U 之间的传递函数。

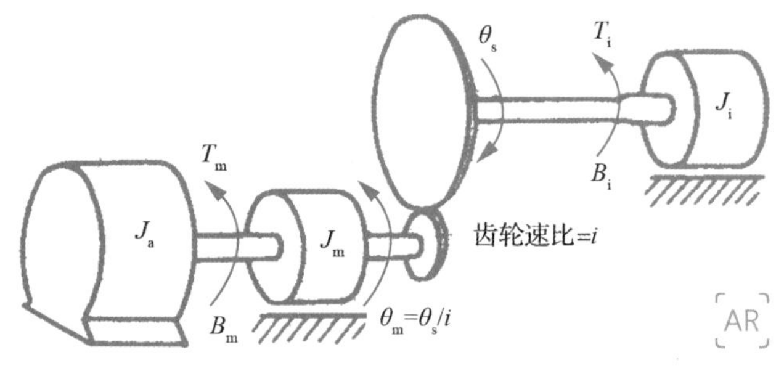

图 7-10 单关节电机负载模型

$$T_m = K_C I (\mathrm{N \cdot m}) \tag{7-18}$$

式中:K_C——电动机的转矩常数(N·m/A);

I——电枢绕组电流(A)。

电枢绕组电压平衡方程为:

$$U - K_b \mathrm{d}\theta_m / \mathrm{d}t = L \mathrm{d}I / \mathrm{d}t + RI \tag{7-19}$$

式中:θ_m——驱动轴角位移(rad);

K_b——电动机反电动势常数[V/(rad/s)];

L——电枢电感(H);

R——电枢电阻(Ω)。

对式(7-16)和式(7-17)作拉氏变换,并整理得:

$$T_m(s) = K_C \frac{U(s) - K_b s \theta_m(s)}{L_S + R} \tag{7-20}$$

写出驱动轴的转矩平衡方程:

$$T_m = (J_a + J_m)\mathrm{d}^2\theta_m/\mathrm{d}t^2 + B_m\mathrm{d}\theta_m/\mathrm{d}t + iT_i \tag{7-21}$$

式中：J_a——电动机转子转动惯量（$\mathrm{kg \cdot m^2}$）；

J_m——关节部分在齿轮箱驱动侧的转动惯量（$\mathrm{kg \cdot m^2}$）；

B_m——驱动侧的阻尼系数[N·m / (rad/s)]；

T_i——负载侧的总转矩（N·m）。

负载轴的转矩平衡方程为：

$$T_i = J_i\mathrm{d}^2\theta_s/\mathrm{d}t^2 + B_i\mathrm{d}\theta_s/\mathrm{d}t \tag{7-22}$$

式中：J_j——负载轴的总转动惯量（$\mathrm{kg \cdot m^2}$）；

θ_s——负载轴的角位移（rad）；

B_i——负载轴的阻尼系数。

将式(7-21)和式(7-22)作拉氏变换，得：

$$T_m(s) = (J_a + J_m)s^2\theta_m(s) + B_m s\theta_m(s) + iT_i(s) \tag{7-23}$$

$$T_i(s) = (J_i s^2 + B_i s)\theta_s(s) \tag{7-24}$$

联合式(7-23)～式(7-24)，并考虑到 $\theta_m(s) = \theta_s(s) / i$，可导出：

$$\frac{\theta_m(s)}{U(s)} = \frac{K_C}{s[J_{eff}s^2Le + (J_{eff}Le + B_{eff}sL + B_{eff} + K_cK_b)]} \tag{7-25}$$

式中：J_{eff}——电动机轴上的等效转动惯量，$J_{eff} = J_a + J_m + i^2J_i$；

B_{eff}——电动机轴上的等效阻尼系数，$B_{eff} = B_m + J + i^2B_i$。

此式描述了输入控制电压 U 与驱动轴转角 θ_m 的关系。分母括号外的 s 表示当施加电压 U 后，θ_m 是对时间 t 的积分。而方括号内的部分，则表示该系统是一个二阶速度控制系统。将其移项后可得：

$$\frac{s\theta_m(s)}{U(s)} = \frac{\omega_m(s)}{U(s)} = \frac{K_c}{[J_{eff}s^2 + (J_{eff}R + B_{eff}L)s + B_{eff}R + K_cK_b]} \tag{7-26}$$

为了构成对负载轴的角位移控制器，必须进行负载轴的角位移反馈，即用某一时刻 t 所需要的角位移 θ_d 与实际角位移 θ_s 之差所产生的电压来控制该系统。

用电位器或光学编码器都可以求取位置误差，误差电压是：

$$U(t) = K_\theta(\theta_d - \theta_s) \tag{7-27}$$

$$U(s) = K_\theta[\theta_d(s) - \theta_s(s)] \tag{7-28}$$

式中：K_θ——转换常数（V/rad）。

此控制器的函数结构框图如图 7-11(a)所示。其开环传递函数为：

$$\frac{\theta_s(s)}{E(s)} = \frac{iK_\theta K_c}{s[LJ_{eff}s^2 + (RJ_{eff} + LB_{eff})s + RB_{eff} + K_cK_b]} \tag{7-29}$$

机器人驱动电动机的电感 L 一般很小（10mH），而电阻约 1Ω，所以可以略去式(7-29)中的电感 L，结果是：

$$\frac{\theta_s(s)}{E(s)} = \frac{iK_\theta K_c}{s(RJ_{eff} + RB_{eff} + K_cK_b)} \tag{7-30}$$

图 7-11(a)的单位反馈位置控制系统的闭环传递函数是：

$$\frac{\theta_s(s)}{\theta_d(s)}=\frac{\theta_s/E}{1+\theta_s/E}=\frac{iK_\theta K_c}{RJ_{eff}s^2+(RB_{eff}+K_cK_b)s+iK_\theta K_c} \tag{7-31}$$

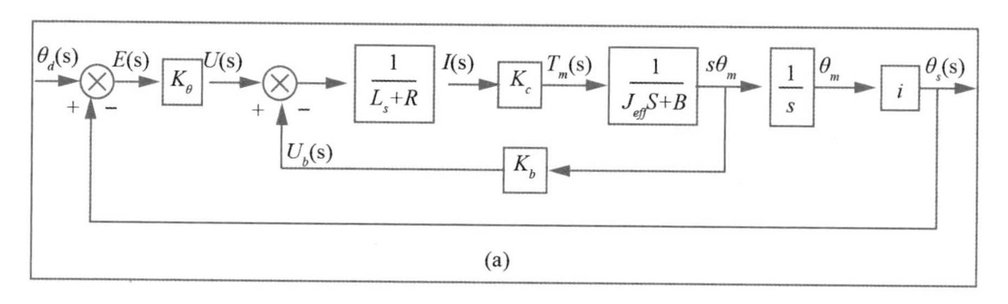

(a)

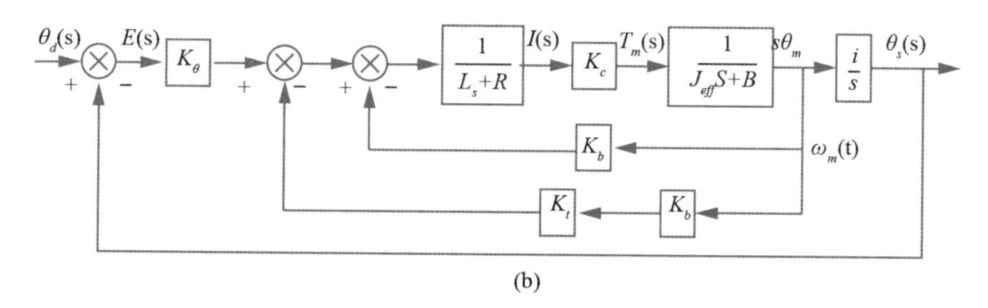

(b)

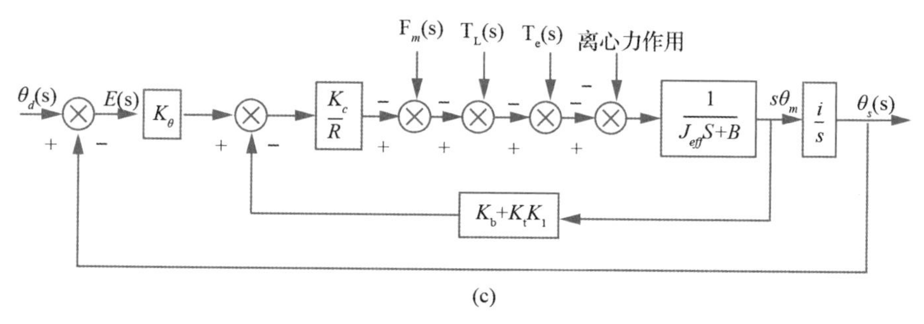

(c)

图 7-11 位置控制系统框图

这是一个二阶系统，对连续时间系统，理论上是稳定的，为改善响应速度，可提高系统增益。利用测速发电机实时测量输出转速来加入电动机轴速度负反馈，对系统引入了一定的阻尼，从而增强了反电动势的效果。

图 7-11(b)是导出的控制器的结构框图。其中 K_t 是测速发电机常数(V·s/rad)，K_i 为测速发电机反馈系数。反馈电压是 $K_b\omega_m(t)+K_iK_t\omega_m(t)$，而不仅仅是 $K_b\omega_m(t)$。

在图 7-11(c)中，考虑了摩擦力矩、外负载力矩、重力矩以及向心力的作用。

表 7-1 中给出了用于驱动 Stanford 臂的关节 1 和关节 2 的电动机参数值。将这些参数值代入式(7-19)可算出系统的响应。关节 1 用了一台 U9M4T 电动机，关节 2 用了一台 U12M4T 电动机，它们都内部装有测速发电机。这些电动机采用扁平转子，转子电感量很低，时间常数很小。

表 7-1　电动机参数

型号	U9M4T	U12M4T
K_c(N·m / A)	0.4312	0.09897
J_a(kg·m^2)	0.056×10^{-4}	0.232×10^{-3}
B_m[N·m / (rad/s)]	8.1×10^{-5}	3.03×10^{-4}
K_v[V·s/rad]	0.04297	0.010123
L（mH）	100	100
R（Ω）	1.025	0.91
K_t[V/(s/rad)]	0.0249	0.05062
T_m(N·m)	0.04242	0.04242
N	0.01	0.01

为计算机器人的响应，还需要有每个关节的有效转动惯量。表 7-2 列出了此值。

表 7-2　关节参数（等效转动惯量）　　单位：kg·m^2

关节号	最小值（无负载）	最大值（无负载）	最大值（有负载）
1	1.417	6.176	9.570
2	3.590	6.590	10.300
3	7.257	7.257	9.057
4	0.108	0.123	0.234
5	0.114	0.114	0.225
6	0.040	0.040	0.040

转动惯量随负载而出现大的变化，使控制问题复杂化，而且在所有状态下要确保系统稳定，也必须考虑这一点。

2. 增益常数的确定

在式(7-31)中已可看到，输出角位移 θ_s 与指令输入角 θ_d 之比值正比于两个常数（一个是转矩常数 K_c，另一个是增益 K_θ）。K_θ 是位置传感器的输出电压与输入输出轴间角度差的比值，它一般作为电子放大器的增益提供。在图 7-11 的结构框图中，它作为一个单独的方框。这个值对控制性能至关重要，必须仔细确定。

在把测速发电机引入图 7-11(b)所示的伺服系统结构框图中之后，输入对输出的传递函数变为：

$$\frac{\theta_s(s)}{\theta_d(s)}=\frac{\theta_s(s)/E}{1+\theta_s(s)/E}=\frac{iK_\theta K_c}{RJ_{eff}s^2+[RB_{eff}+K_c(K_b+K_cK_t)]s+iK_\theta K_c} \tag{7-32}$$

当令式(7-32)的分母为 0 时，此等式就是该函数的特征方程，因为它确定了该系统的阻尼比和无阻尼振荡频率。特征方程为：

$$RJ_{eff}s^2+[RB_{eff}+K_c(K_b+K_cK_t)]s+iK_\theta K_c=0 \tag{7-33}$$

此式可改写成：

$$s^2+2\zeta\omega_{ns}+\omega_{n^2}=0 \tag{7-34}$$

式中，ζ——阻尼比；

ω_n——无阻尼振荡频率

$$\omega_n=[(nK_\theta K_c/RJ_{eff})]^{0.5}>0 \tag{7-35}$$

$$\zeta=\frac{[RB_{eff}+K_c(K_b+K_cK_t)]}{[2(iK_\theta K_cRJ_{eff})^{0.5}]} \tag{7-36}$$

取 5kg · m² 作为关节 1 和关节 2 的转动惯量。根据表 7－2 中的数据分别求得该结构角频率为 25rad/s 和 37rad/s。一般建议取安全系数为 2 的保守设计，即通过调整参数使无阻尼振荡频率不大于结构角频率的 1/2。

3. 关节控制器的静态误差

根据以上的分析，考虑到重力、负载和其他转矩的影响，可导出图 7－11(c)的结构框图。以任一扰动作为干扰输入，可写出干扰对输出的传递函数。利用拉氏变换中的终值定理，即可求得因干扰引起的静态误差。

7.2.2 以交流电机为驱动器的单关节控制

图 7－12 表示了一个三相 Y 联结 AC 无刷电动机的电流控制。

如同直流伺服电动机一样，它的绕组是由电感和电阻构成，所以加到绕组上的电压与电流关系仍为一阶惯性环节，即：

$$U \longrightarrow \boxed{\frac{1}{Ls+R}} \longrightarrow I$$

每相电流乘以相应的转矩常数就是该相产生的转矩。

也如同直流电动机，反电动势项正比于转速，即 $K_{ta}\sin\theta\omega$、$K_{tb}\sin(\theta-2\pi/3)\omega$ 和 $K_{tc}\sin(\theta-2\pi/3)\omega$ 为三相的反电动势。

最后三相转矩之和为电动机总转矩 T。

这样一个三相 Y 联结 AC 无刷电动机模型就如图 7－12 所描述的。

从图 7－12 结构框图，可写出下面方程：

$$\begin{aligned}T&=T_a+T_b+T_c\\&=\left\{[I_d\sin\theta K_{pre}-K_ii_a]K_A-\omega K_{ta}\sin\theta\right\}\left[\frac{K_{ta}\sin\theta}{L_as+R_a}\right]\\&\quad+\left\{[I_d\sin(\theta-2\pi/3)K_{pre}-K_ii_b]K_A-\omega K_{tb}\sin(\theta-2\pi/3)\right\}\\&\quad\times\left[\frac{K_{tb}\sin(\theta-2\pi/3)}{L_bs+R_b}\right]+\left\{[I_d\sin(\theta-4\pi/3)K_{pre}-K_ii_c]K_A\right.\\&\quad\left.-\omega K_{tc}\sin(\theta-4\pi/3)\right\}\left[\frac{K_{tc}\sin(\theta-4\pi/3)}{L_cs+R_c}\right]\end{aligned} \tag{7-37}$$

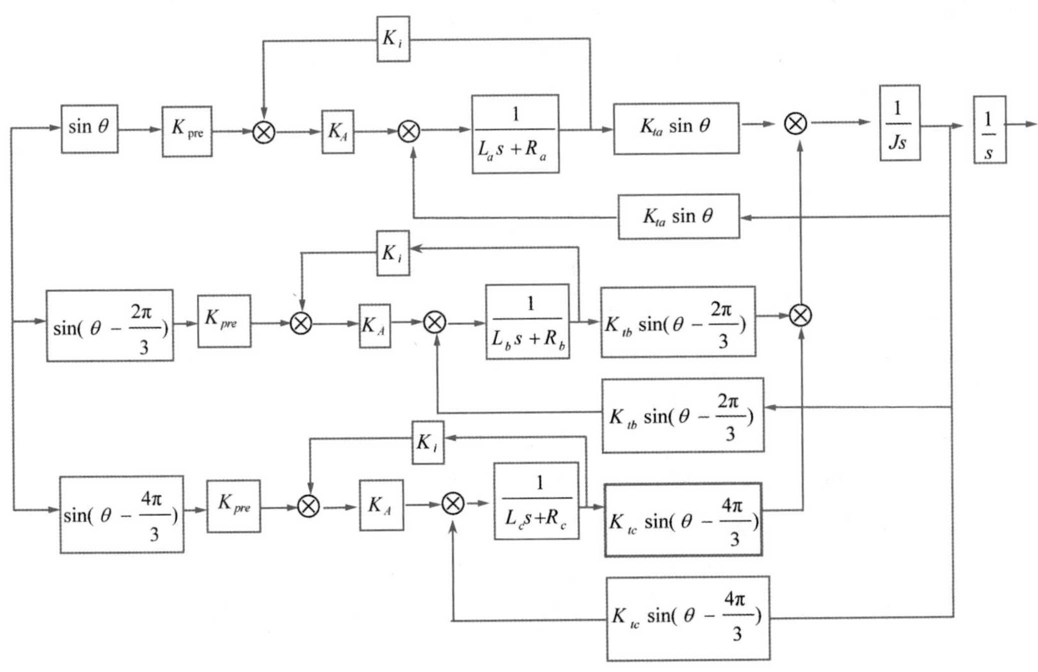

K_{pre}——电流信号前置放大系数；K_i——电流环反馈系数；K_A——电流调节器放大系数；I_d、L_a、L_b、L_c、R_a、R_b、R_c——三相绕组要求的电流、绕组的电感和电阻；T_a、T_b、T_c——三相绕组产生的转矩；$K_{ta}\sin\theta$、$K_{tb}\sin(\theta-2\pi/3)$、$K_{tc}\sin(\theta-2\pi/3)$——三相的转矩常数；$J$——电动机轴上的总转动惯量；$i_a$、$i_b$、$i_c$——三相绕组电流。每相电流应根据转子位置为正弦波，但彼此相位差 120°，即 $I_d\sin\theta$，$I_d\sin\left(\theta-\frac{\pi}{3}\right)$，$I_d\sin(\theta-4\pi/3)$

图 7-12　三相型交流伺服电机的电流控制原理

在电机制造时，总是保证各相参数相等，即：

$$\begin{cases}K_{ta}=K_{tb}=K_{tc}=K_{tp}, \\ L_a=L_b=L_c=L_P, \\ R_a=R_b=R_c=R_P.\end{cases} \tag{7-38}$$

这样，可以把图 7-12 转换成等效的直流伺服电动机电流控制系统结构框图，如图 7-13 所示。可以根据图 7-13 来分析无刷电动机的电流控制系统。但关节角控制系统是位置系统可以在此基础上，外面加上一个位置负反馈环或速度、位置负反馈环，如图7-14 所示。

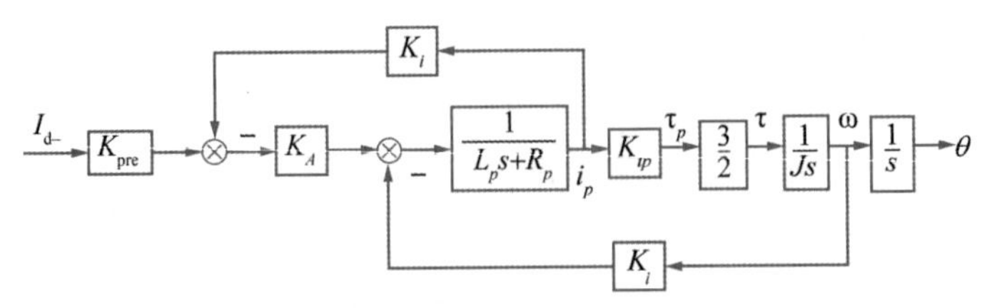

图 7-13　AC 无刷电动机的等效结构框图

电动机最大转矩为 230N·m，其余参数如下：

K_p——位置增益，$K_p=4$；

K_v——速度反馈系数，$K_v=0.54$；

K_{pre}——前置放大器增益，$K_{pre}=88$；

K_i——电流反馈增益，$K_i=2.2$；

K_A——功率放大增益，$K_A=6$；

K_{tp}——转矩常数，$K_{tp}=3.41\text{N}\cdot\text{m/A}$；

L_p——绕组电感，$L_p=0.03837\text{H}$；

R_p——绕组电阻，$R_p=5.09\Omega$；

J——电动机轴上总转动惯量，$J=0.39\text{kg}\cdot\text{m}^2$。

可以将图 7-13 简化为图 7-14。为简单，令 $f = K_v + K_{tp}/(K_{pre}\times K_A)$，表示速度反馈系数，并等效最内环，改变成单位反馈，于是得到图 7-15。

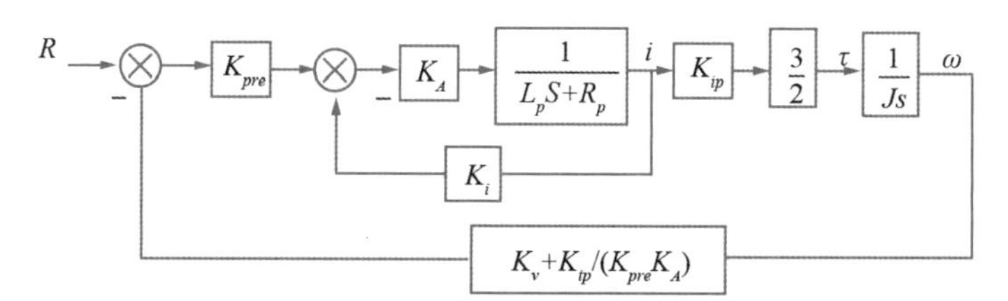

图 7-14　无刷电动机的速度控制环

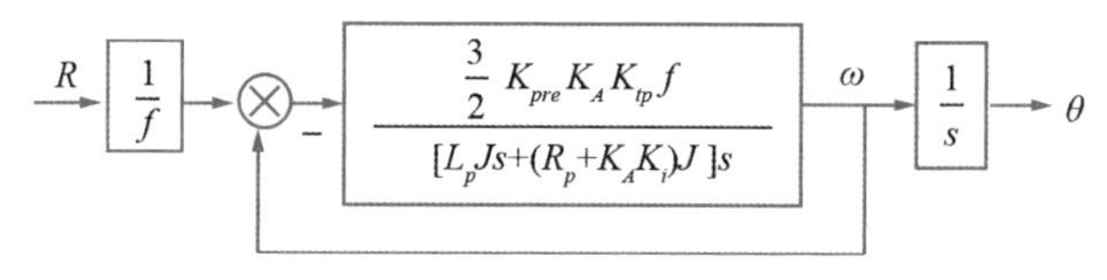

图 7-15　单位反馈速度环控制

从图 7-15 可以得到位置控制系统如图 7-16 所示。

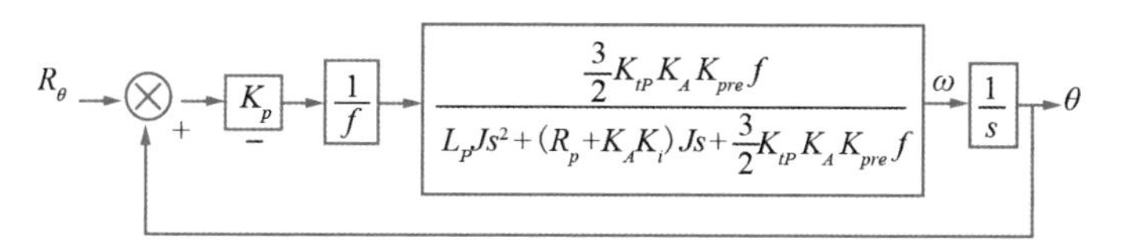

图 7-16　AC 无刷电动机位置控制系统

7.3　基于连杆动力学的运动控制

7.2 节中机器人独立关节的控制，常见的结构是如图 7-17 所示的嵌套级联控制回路。内环使用比例或比例积分控制产生一个力矩，使实际速度紧密跟随要求的速度。外环采用比例或者比例微分控制生成要求的速度，这样实际位置就能紧密跟踪要求的位置。由于重力和其他动态耦合作用而产生的干扰力矩会影响速度环的性能，而这反过来会引起位置跟踪的误差，被控系统中其他参数的变化也会产生这种影响。齿轮箱等减速装置的引入可以将干扰力矩的量值减少为 $1/G$，惯性和摩擦力变化的量值减少为 $1/G^2$，但带来的不足是增加了成本、重量、摩擦和机械噪声。

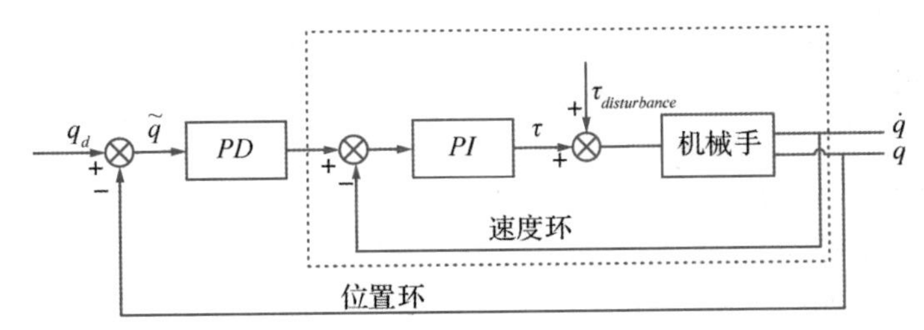

图 7－17　级联速度环与位置环结构的独立关节控制

而当高速运动时，从机械臂的动力学方程可知，关节耦合的惯性力、科氏力都会比较大，即未建模的扰动力矩比较大，独立关节控制的速度环的性能严重下降，控制精度会受到很大的制约。因此，机器人独立关节控制的性能限制于低速、低加速度的运动。

当高速运动时，我们可以不采用速度一位置的嵌套控制策略，而是对于机械臂连杆的动力学分析进行分析，直接控制关节的力矩，此力矩用于关节电机的电流环的参考力矩。由于相对于机械结构，电机电流环的频宽很高，因此可以把关节电机等效作为一个理想的力矩源。

下面我们将从控制器的复杂程度、计算机实时计算的复杂程度和算法实施中的限制和改进等各方面考虑，分析和讨论如下几种常见的力矩控制结构。

7.3.1　重力补偿 PD 控制

此种控制结构应用较为广泛，主要考虑到在特定较为低速的应用场景中，当计算相对复杂的惯性力、科氏力和向心力相对较小时，机械臂各连杆的重力为动力学模型中的主导项，其他忽略的项作为模型误差，前馈的模型补偿中只选用重力项，镇定反馈中选择 PD 控制。

下面对此种控制方法稳定性进行证明，系统在平衡稳态上稳定的系统输入可采用李雅普诺夫直接法确定：

令$[\tilde{\boldsymbol{q}}^T\dot{\boldsymbol{q}}^T]^T$ 为系统状态向量，其中

$$\tilde{\boldsymbol{q}}=\boldsymbol{q}_d-\boldsymbol{q} \tag{7-39}$$

表示期望姿态与实际姿态之间的误差。选择以下正定二次型为李雅普诺夫待选函数：

$$\boldsymbol{V}(\dot{\boldsymbol{q}},\tilde{\boldsymbol{q}})=\frac{1}{2}\dot{\boldsymbol{q}}^T\boldsymbol{M}(\boldsymbol{q})\dot{\boldsymbol{q}}+\frac{1}{2}\tilde{\boldsymbol{q}}^T\boldsymbol{K}_p\tilde{\boldsymbol{q}}>0\ \forall\dot{\boldsymbol{q}},\tilde{\boldsymbol{q}}\neq 0 \tag{7-40}$$

其中，$\boldsymbol{K}_p$ 为$(n\times n)$对称正定矩阵。式(7－40)的能量解释表明，其第一项表示系统的动能，第二项表示存储于系统的势能，等效强度系数 $\boldsymbol{K}_p$ 由 n 个位置反馈回路提供。

式(7－40)对时间求导，且 q_p 为常数，下式成立：

$$\dot{\boldsymbol{V}}=\dot{\boldsymbol{q}}^T\boldsymbol{M}(\boldsymbol{q})\ddot{\boldsymbol{q}}+\frac{1}{2}\dot{\boldsymbol{q}}^T\dot{\boldsymbol{M}}(\boldsymbol{q})\dot{\boldsymbol{q}}-\dot{\boldsymbol{q}}^T\boldsymbol{K}_P\tilde{\boldsymbol{q}} \tag{7-41}$$

用式(7－1)求解 $\boldsymbol{M}\ddot{\boldsymbol{q}}$，并将其代入到式(7－43)中得：

$$\dot{\boldsymbol{V}}=\frac{1}{2}\dot{\boldsymbol{q}}^T(\dot{\boldsymbol{M}}(\boldsymbol{q})-2\boldsymbol{C}(\boldsymbol{q},\dot{\boldsymbol{q}}))\dot{\boldsymbol{q}}-\dot{\boldsymbol{q}}^T\boldsymbol{F}\dot{\boldsymbol{q}}+\dot{\boldsymbol{q}}^T(\boldsymbol{u}-\boldsymbol{G}(\boldsymbol{q})-\boldsymbol{K}_P\tilde{\boldsymbol{q}}) \tag{7-42}$$

因为矩阵 $\boldsymbol{N}=\dot{\boldsymbol{M}}-2\boldsymbol{C}$ 满足机械臂特性 1，上式右侧第一项为零，第二项负定。所以

$$\boldsymbol{u}=\boldsymbol{G}(\boldsymbol{q})+\boldsymbol{K}_p\tilde{\boldsymbol{q}} \tag{7-43}$$

表示补偿重力项和比例作用的控制器。因为：

$$\dot{\boldsymbol{V}}=0 \quad \dot{\boldsymbol{q}}=0,\forall\ \tilde{\boldsymbol{q}} \tag{7-44}$$

结果得到 $\dot{\boldsymbol{V}}$ 半负定。

这个结果也可由以下控制律得到：

$$\boldsymbol{u}=\boldsymbol{G}(\boldsymbol{q})+\boldsymbol{K}_P\tilde{\boldsymbol{q}}-\boldsymbol{K}_D\dot{\boldsymbol{q}} \tag{7-45}$$

其中 $\boldsymbol{K}_D$ 正定，对应的是用线性 PD(比例—微分)控制对重力项产生的非线性补偿作用。将式(7－45)代入式(7－42)得到：

$$\dot{\boldsymbol{V}}=-\dot{\boldsymbol{q}}^T(\boldsymbol{F}+\boldsymbol{K}_D)\dot{\boldsymbol{q}} \tag{7-46}$$

该式表明引入微分项会引起 $\dot{\boldsymbol{V}}$ 的绝对值沿着系统轨迹增加，对系统时间响应起到改善作用。注意以直接驱动的机构手为研究对象时，式(7－46)中控制器中微分作用至关重要。实际上在这种情况下，机械黏滞阻尼几乎为零，在电流控制中无法利用电压控制执行器产生的电气黏滞阻尼。

根据以上分析，只要对所有的系统轨迹有 $\boldsymbol{q}\neq 0$，特选函数 $\boldsymbol{V}$ 就会下降，这表示系统能到达平衡姿态。要找到这个平衡姿态，注意只有 $\dot{\boldsymbol{q}}=0$ 时才有 $\dot{\boldsymbol{V}}=0$，式(7－46)控制下的系统动态由下式描述：

$$\boldsymbol{M}(\boldsymbol{q})\ddot{\boldsymbol{q}}+\boldsymbol{C}(\boldsymbol{q},\dot{\boldsymbol{q}})+\boldsymbol{F}\dot{\boldsymbol{q}}+\boldsymbol{G}(\boldsymbol{q})=\boldsymbol{G}(\boldsymbol{q})+\boldsymbol{K}_P\tilde{\boldsymbol{q}}-\boldsymbol{K}_D\dot{\boldsymbol{q}} \tag{7-47}$$

平衡状态下($\dot{\boldsymbol{q}}\equiv 0,\ddot{\boldsymbol{q}}\equiv 0$)，有：

$$\boldsymbol{K}_P\tilde{\boldsymbol{q}}\equiv 0 \tag{7-48}$$

从而

$$\tilde{\boldsymbol{q}}=\boldsymbol{q}_d-\boldsymbol{q}\equiv 0 \tag{7-49}$$

这就是所求的平衡姿态。以上推导有力地显示了在 PD 线性作用与非线性补偿作用的控制器作用下，任何机械臂平衡姿态都是全局渐进稳定的。只要 $\boldsymbol{K}_D$ 和 $\boldsymbol{K}_P$ 为正定矩阵，$\boldsymbol{K}_D$ 和 $\boldsymbol{K}_P$ 无论选何值都可保证稳定性。所得方框图如图 7－18 所示。

控制律要求 $\boldsymbol{G}(\boldsymbol{q})$ 的在线计算。如果是不完全补偿，以上讨论结果会有所不同；这一点后面会结合实现非线性补偿的控制器鲁棒性问题再次提到。

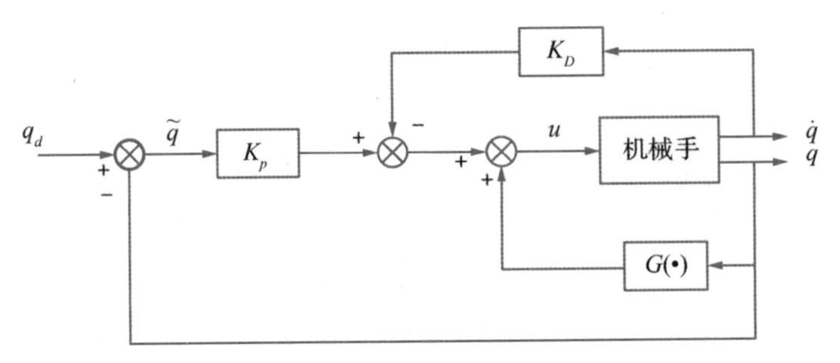

图 7－18　重力补偿的关节空间 PD 控制方框图

7.3.2　计算力矩控制

连杆动力学模型补偿的 PID 控制已经能够满足大多数应用场合，但尽管前馈的模型补偿已经补偿掉机械臂动力学的非线性，但此控制的反馈项并没有实现关节的解耦。各关节的运动实际上仍然会对其他关节产生影响。而且对于机械臂此类强耦合的非线性系统，反馈的 PID 参数的调节也是费时的。因此，计算力矩控制（也叫逆动力学控制），这种从物理模型机理上实现关节解耦的控制体现出优越性。再者，其误差动力学的解耦可以用来配置反馈系数，简化了参数的调节。

现在考虑跟踪关节空间轨迹的问题。参考结构为非线性多变量系统控制。n 个关节的机械臂动力学模型表达式如式（7－1）所示，该式可写为如下形式：

$$\boldsymbol{M}(\boldsymbol{q})\ddot{\boldsymbol{q}}+\boldsymbol{n}(\boldsymbol{q},\dot{\boldsymbol{q}})=\boldsymbol{u} \tag{7-50}$$

为了简化，可令：

$$\boldsymbol{n}(\boldsymbol{q},\dot{\boldsymbol{q}})=\boldsymbol{C}(\boldsymbol{q},\dot{\boldsymbol{q}})\dot{\boldsymbol{q}}+\boldsymbol{F}\dot{\boldsymbol{q}}+\boldsymbol{G}(\boldsymbol{q}) \tag{7-51}$$

以下方法的基本思想是找到控制向量 $\boldsymbol{u}$，该向量是系统状态的函数，可以以此实现线性形式的输入/输出关系，换句话说，可以通过非线性状态反馈实现系统动力学的精确线性化，而非近似线性化。实际上，式（7－50）的方程对控制 $\boldsymbol{u}$ 是线性的，且该方程含有满秩矩阵 $\boldsymbol{M}(\boldsymbol{q})$，对任意机械臂位形，该矩阵都可以进行求逆。

用以下形式，将控制 $\boldsymbol{u}$ 表示为机械臂状态的函数：

$$\boldsymbol{u}=\boldsymbol{M}(\boldsymbol{q})\boldsymbol{y}+\boldsymbol{n}(\boldsymbol{q},\dot{\boldsymbol{q}}) \tag{7-52}$$

这使系统可以由下式描述：

$$\ddot{\boldsymbol{q}}=\boldsymbol{y} \tag{7-53}$$

其中，$\boldsymbol{y}$ 表示新的输入向量，其表达式尚待确定；所得方框图如图 7－19 所示。式（7－52）

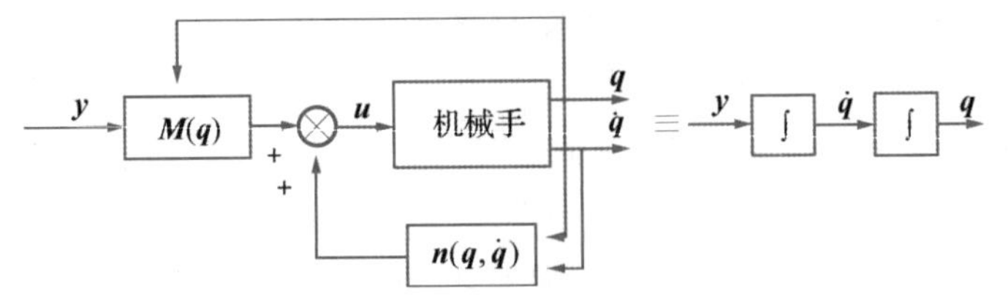

图 7－19　精确线性化的计算力矩控制实现

中的非线性控制律采用逆动力学控制的形式，因为该控制律是基于机械臂动力学逆解计算的。式(7-52)控制的系统相对新输入 y 是线性解耦的，换句话说，在双积分器关系下元素 y_i，只影响关节变量 q_i，与其他关节的运动无关。

根据式(7-52)，机械臂控制问题可简化为找到稳定控制律 $\boldsymbol{y}$。为此选

$$\boldsymbol{y}=-\boldsymbol{K}_P\boldsymbol{q}-\boldsymbol{K}_D\dot{\boldsymbol{q}}+\boldsymbol{r} \tag{7-54}$$

得到二阶系统方程：

$$\ddot{\boldsymbol{q}}+\boldsymbol{K}_D\dot{\boldsymbol{q}}+\boldsymbol{K}_P\boldsymbol{q}=\boldsymbol{r} \tag{7-55}$$

假定矩阵 $\boldsymbol{K}_P$ 和 $\boldsymbol{K}_D$ 正定，上式渐进稳定。令 K_P 和 K_D 为如下对角阵：

$$\boldsymbol{K}_P=\mathrm{diag}\{\omega_{n1}^2,\omega_{n2}^2,\cdots,\omega_{nn}^2\} \tag{7-56}$$

$$\boldsymbol{K}_D=\mathrm{diag}\{2\zeta_1\omega_{n1},2\zeta_1\omega_{n2},\cdots,2\zeta_n\omega_{nn}\} \tag{7-57}$$

得到解耦系统。参考因素 r_i 只影响关节变量 q_i，二者是由自然频率 ω_{ni} 和阻尼比 ζ_i 决定的二阶输入/输出关系。

给定任意期望轨迹 $q_d(t)$，为保证输出 $q(t)$ 跟踪该轨迹，选择

$$\boldsymbol{r}=\ddot{\boldsymbol{q}}_d+\boldsymbol{K}_D\dot{\boldsymbol{q}}_d+\boldsymbol{K}_P\boldsymbol{q}_d \tag{7-58}$$

实际上，将式(7-58)代入式(7-55)可得到相似的二阶微分方程：

$$\ddot{\tilde{\boldsymbol{q}}}+\boldsymbol{K}_d\dot{\tilde{\boldsymbol{q}}}+\boldsymbol{K}_P\tilde{\boldsymbol{q}}=0 \tag{7-59}$$

该式表示跟踪给定轨迹的过程中，式(7-39)位置误差的动态变化。该误差只有当 $\tilde{\boldsymbol{q}}(0)$ 和/或 $\dot{\tilde{\boldsymbol{q}}}(0)$ 不为零时存在，其收敛到零的速度与所选矩阵 $\boldsymbol{K}_P$ 和 $\boldsymbol{K}_D$ 有关。

所求框图如图 7-20 所示，其中再次用到两个反馈回路：基于机械臂动力学模型的内回路和处理跟踪误差的外回路。内回路函数是为了得到线性、解耦的输入输出关系，而外回路是为了稳定整个系统。因为外回路为线性定常系统，控制器设计可以简化。注意这种控制方案的实现需要计算惯性矩阵 $\boldsymbol{M}(\boldsymbol{q})$ 与式(7-51)中哥氏力、离心力、重力、阻尼项向量 $\boldsymbol{n}(\boldsymbol{q},\dot{\boldsymbol{q}})$。与计算转矩控制不同，这些项必须在线计算，因为控制是以当前系统状态的非线性反馈为基础的，因而不能像前面那样预先离线计算。

从控制的角度来看，以上非线性补偿与解耦技术很有意思，因为可以用 n 个线性

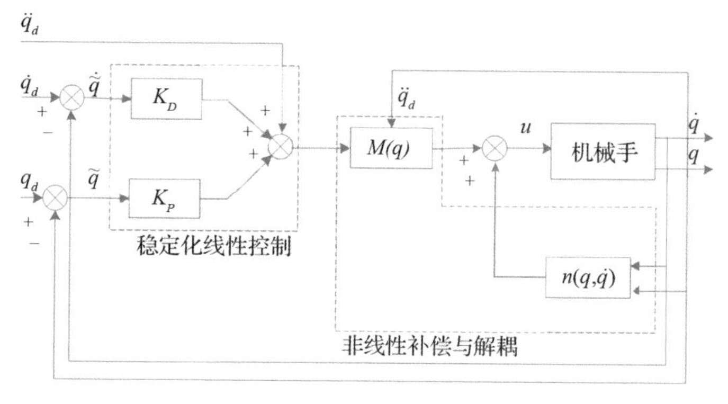

图 7-20 关节空间计算力矩控制方框图

解耦的二阶子系统来代替非线性耦合机械臂。然而这一技术是以完全忽略动态项这一假设为前提的，因此自然会带来由非完全补偿造成的敏感性与鲁棒性问题。

逆动力学控制律的实现实际上需要系统动力学模型的参数准确已知，而且整个运动方程都能实时计算。这些条件实际很难检验。一方面，由于机械臂机械参数并不确切、建模时有些动态过程未被考虑以及末端执行器有效负载对模型的影响不确切知道从而无法完全补偿，所以模型通常都有一定的不确定度。另一方面，逆动力学计算要在毫秒级的采样时间内实现，以保证在连续时间域工作的假设成立。这可能造成对控制系统硬件/软件体系的严格约束。这种情况下，可行的方法是减轻逆动力学计算以及只计算主要项。

在以上讨论的基础上，从实现的观点来看，模型的不确定性和逆动力学在线计算的近似进行补偿都是有缺陷的。下面将介绍两种消除不完全补偿影响的控制技术，第一种引入对逆动力学控制器的附加项，该附加项通过在逆动力学线计算中抵消近似量，提高控制系统的鲁棒性；第二种则是对实现机械臂动力学模型进行逆动力学计算的模型参数具有适应性。

和重力补偿的PD控制存在相同的问题是，缺少积分项时，所有的模型误差都将导致出现稳态误差。因此，类似的在控制律中加入积分项将得到：

$$\boldsymbol{y}=-\boldsymbol{K}_P\boldsymbol{q}-\boldsymbol{K}_D\dot{\boldsymbol{q}}-\boldsymbol{K}_I\int\boldsymbol{q}+\boldsymbol{r} \tag{7-60}$$

将得到三阶的误差动力学为：

$$\dddot{\tilde{\boldsymbol{q}}}+K_D\ddot{\tilde{\boldsymbol{q}}}+K_P\dot{\tilde{\boldsymbol{q}}}+K_I\tilde{\boldsymbol{q}}=0 \tag{7-61}$$

通过合适的选择增益矩阵 K_P, K_I, K_D，能够实现误差的指数收敛。

7.3.3 操作空间直接控制

前述的运动控制都是基于关节的控制，而实际对机器人末端执行器的任务指定，都是基于操作空间的坐标变换。而对于关节空间控制，我们需要先将操作空间的位姿轨迹通过逆运动学转换为关节空间的位置轨迹，然后再进行控制。而当机械臂的末端执行器与环境接触时，为了更加方便控制和环境的交互，我们往往希望在操作空间直接控制。

1. **操作空间动力学模型**

下面考虑非冗余六轴的机械臂的操作空间的控制，由关节空间动力学知：

$$\ddot{\boldsymbol{q}}=-\boldsymbol{M}^{-1}(\boldsymbol{q})\boldsymbol{C}(\boldsymbol{q},\dot{\boldsymbol{q}})\dot{\boldsymbol{q}}-\boldsymbol{M}^{-1}(\boldsymbol{q})\boldsymbol{g}(\boldsymbol{q})+\boldsymbol{M}^{-1}(\boldsymbol{q})\boldsymbol{J}^{\mathrm{T}}(\boldsymbol{q})(\boldsymbol{\gamma}_e-\boldsymbol{h}_e) \tag{7-62}$$

其中，关节力矩 $\boldsymbol{\tau}$ 对应的末端执行器的力用 $\boldsymbol{\gamma}$ 表示，是关节作用在末端执行器上的力分量。而 $\boldsymbol{h}$ 表示与环境接触而引起的末端执行器的力的分量（可由六维力传感器测得）。

由 $\dot{\boldsymbol{x}}_e=\boldsymbol{J}_A(\boldsymbol{q})\dot{\boldsymbol{q}}$（其中 $\boldsymbol{J}_A(\boldsymbol{q})$ 为解析雅可比矩阵）知：

$$\ddot{\boldsymbol{x}}_e=\boldsymbol{J}_A(\boldsymbol{q})\ddot{\boldsymbol{q}}+\dot{\boldsymbol{J}}_A(\boldsymbol{q},\dot{\boldsymbol{q}})\dot{\boldsymbol{q}} \tag{7-63}$$

而式(7－63)的解则描述几何雅可比矩阵(简称雅可比)$\boldsymbol{J}$ 的特征。为了保持符号的一致性，可令：

$$\boldsymbol{T}_A^{\mathrm{T}}(\boldsymbol{x}_e)\boldsymbol{\gamma}_e=\boldsymbol{\gamma}_A \quad \boldsymbol{T}_A^{\mathrm{T}}(\boldsymbol{x}_e)\boldsymbol{h}_e=\boldsymbol{h}_A \tag{7-64}$$

其中，$\boldsymbol{T}_A$ 为两个雅可比矩阵的变换矩阵。将式(7－62)代入式(7－63)，则：

$$\ddot{\boldsymbol{x}}_e=-\boldsymbol{J}_A\boldsymbol{M}^{-1}\boldsymbol{C}\dot{\boldsymbol{q}}-\boldsymbol{J}_A\boldsymbol{M}^{-1}g+\dot{\boldsymbol{J}}_A\dot{\boldsymbol{q}}+\boldsymbol{J}_A\boldsymbol{M}^{-1}\boldsymbol{J}_A^{\mathrm{T}}(\boldsymbol{\gamma}_e-\boldsymbol{h}_e) \tag{7-65}$$

而对于非冗余自由度机械臂，式(7－65)也可表示为：

$$\boldsymbol{M}_A(\boldsymbol{x}_e)\ddot{\boldsymbol{x}}_e+\boldsymbol{C}_A(\boldsymbol{x}_e,\dot{\boldsymbol{x}}_e)\dot{\boldsymbol{x}}_e+\boldsymbol{g}_A(\boldsymbol{x}_e)=\boldsymbol{\gamma}_A-\boldsymbol{h}_A \tag{7-66}$$

$$\boldsymbol{M}_A=\boldsymbol{J}_A^{-\mathrm{T}}\boldsymbol{M}\boldsymbol{J}_A^{-1}$$

其中，$\boldsymbol{C}_A=\boldsymbol{J}_A^{-\mathrm{T}}\boldsymbol{C}\dot{\boldsymbol{q}}-\boldsymbol{M}_A\dot{\boldsymbol{J}}_A\dot{\boldsymbol{q}}$

$$\boldsymbol{g}_A=\boldsymbol{J}_A^{-\mathrm{T}}\boldsymbol{g}$$

2. 操作空间重力补偿 PD 控制

与关节空间渐近稳定性分析类似，给定末端执行器常值姿态 $\boldsymbol{x}_d$，期望找到控制结构使得操作空间误差 $\tilde{\boldsymbol{x}}=\boldsymbol{x}_d-\boldsymbol{x}_e$ 渐进趋于零，选择以下正定二次型作为李雅普诺夫函数：

$$\boldsymbol{V}(\dot{\boldsymbol{q}},\tilde{\boldsymbol{x}})=\frac{1}{2}\dot{\boldsymbol{q}}^T\boldsymbol{M}(\boldsymbol{q})\dot{\boldsymbol{q}}+\frac{1}{2}\tilde{\boldsymbol{x}}^T\boldsymbol{K}_P\tilde{\boldsymbol{x}}>0,\forall\dot{\boldsymbol{q}},\tilde{\boldsymbol{x}}\neq 0 \tag{7-67}$$

其中，$\boldsymbol{K}_P$ 为对称正定矩阵。对式(7－67)求导得：

$$\dot{\boldsymbol{V}}=\dot{\boldsymbol{q}}^{\mathrm{T}}\boldsymbol{M}(\boldsymbol{q})\ddot{\boldsymbol{q}}+\frac{1}{2}\dot{\boldsymbol{q}}^{\mathrm{T}}\dot{\boldsymbol{M}}(\boldsymbol{q})\dot{\boldsymbol{q}}+\dot{\tilde{\boldsymbol{x}}}^{\mathrm{T}}\boldsymbol{K}_P\tilde{\boldsymbol{x}} \tag{7-68}$$

由于 $\dot{\boldsymbol{x}}_d=0$，由解析雅可比矩阵定义式有 $\dot{\tilde{\boldsymbol{x}}}=-\boldsymbol{J}_A(\boldsymbol{q})\dot{\boldsymbol{q}}$，则：

$$\dot{\boldsymbol{V}}=\dot{\boldsymbol{q}}^{\mathrm{T}}\boldsymbol{M}(\boldsymbol{q})\ddot{\boldsymbol{q}}+\frac{1}{2}\dot{\boldsymbol{q}}^{\mathrm{T}}\dot{\boldsymbol{M}}(\boldsymbol{q})\dot{\boldsymbol{q}}-\dot{\boldsymbol{q}}^{\mathrm{T}}\boldsymbol{J}_A^{\mathrm{T}}(\boldsymbol{q})\boldsymbol{K}_P\tilde{\boldsymbol{x}} \tag{7-69}$$

由式(7－1)和反对称矩阵性质：

$$\dot{\boldsymbol{V}}=-\dot{\boldsymbol{q}}^{\mathrm{T}}\boldsymbol{F}\dot{\boldsymbol{q}}+\dot{\boldsymbol{q}}^{\mathrm{T}}(\boldsymbol{u}-\boldsymbol{g}(\boldsymbol{q})-\boldsymbol{J}_A^{\mathrm{T}}(\boldsymbol{q})\boldsymbol{K}_P\tilde{\boldsymbol{x}}) \tag{7-70}$$

因此，选择控制律：

$$\boldsymbol{u}=\boldsymbol{g}(\boldsymbol{q})+\boldsymbol{J}_A^{\mathrm{T}}(\boldsymbol{q})\boldsymbol{K}_P\tilde{\boldsymbol{x}}-\boldsymbol{J}_A^{\mathrm{T}}(\boldsymbol{q})\boldsymbol{K}_D\boldsymbol{J}_A(\boldsymbol{q})\dot{\boldsymbol{q}} \tag{7-71}$$

式(7－70)变为：

$$\dot{\boldsymbol{V}}=-\dot{\boldsymbol{q}}^{\mathrm{T}}\boldsymbol{F}\dot{\boldsymbol{q}}-\dot{\boldsymbol{q}}^{\mathrm{T}}\boldsymbol{J}_A^{\mathrm{T}}(\boldsymbol{q})\boldsymbol{K}_D\boldsymbol{J}_A(\boldsymbol{q})\dot{\boldsymbol{q}} \tag{7-72}$$

因此，对于任意系统轨迹，只要 $\dot{\boldsymbol{q}}\neq 0$，系统都能达到平衡点，其平衡点为：

$$\boldsymbol{J}_A^{\mathrm{T}}(\boldsymbol{q})\boldsymbol{K}_P\tilde{\boldsymbol{x}}=0 \tag{7-73}$$

由式(7－73)知：当雅可比矩阵满秩时，有 $\tilde{\boldsymbol{x}}=\boldsymbol{x}_d-\boldsymbol{x}_e=0$，即跟踪误差渐进收敛。注意 $\boldsymbol{x}_e$ 通常由正运动学计算得到，因此，每个控制周期需要计算一次正运动学。

3. 操作空间计算力矩控制

回顾关节空间计算力矩方法：

$$\boldsymbol{M}(\boldsymbol{q})\ddot{\boldsymbol{q}}+\boldsymbol{n}(\boldsymbol{q},\dot{\boldsymbol{q}})=\boldsymbol{u},\boldsymbol{u}=\boldsymbol{M}(\boldsymbol{q})\boldsymbol{y}+\boldsymbol{n}(\boldsymbol{q},\dot{\boldsymbol{q}})$$

这使系统可以由以下双积分系统描述：

$$\ddot{\boldsymbol{q}} = \boldsymbol{y} \tag{7-74}$$

设计新的控制输入 $\boldsymbol{y}$ 以跟踪由 $\boldsymbol{x}_d(t)$ 描述的轨迹，考虑式(7－60)的操作空间逆动力学，选择

$$\boldsymbol{y} = \boldsymbol{J}_A^{-1}(\boldsymbol{q})(\ddot{\boldsymbol{x}}_d + \boldsymbol{K}_D\dot{\tilde{\boldsymbol{x}}} + \boldsymbol{K}_P\tilde{\boldsymbol{x}} - \dot{\boldsymbol{J}}_A(\boldsymbol{q},\dot{\boldsymbol{q}})\dot{\boldsymbol{q}}) \tag{7-75}$$

其中，$\boldsymbol{K}_P$ 和 $\boldsymbol{K}_D$ 为正定(对角)矩阵。实际上将式(7－75)代入式(7－60)得：

$$\ddot{\tilde{\boldsymbol{x}}} + \boldsymbol{K}_D\dot{\tilde{\boldsymbol{x}}} + \boldsymbol{K}_P\tilde{\boldsymbol{x}} = 0 \tag{7-76}$$

其中，$\boldsymbol{K}_P$ 和 $\boldsymbol{K}_D$ 决定了误差收敛到零的速度。

7.3.4 运动控制方法总结

本小节总结了多种机械臂的运动控制算法，并讨论了它们各自的优点和缺点以及算法的实施方法，其中包括独立关节控制、重力补偿的 PD 控制、计算力矩控制以及操作直接控制等方法，各种方法的具体实现如下：

对于关节空间动力学：

$$\boldsymbol{M}(\boldsymbol{q})\ddot{\boldsymbol{q}} + \boldsymbol{C}(\boldsymbol{q},\dot{\boldsymbol{q}})\dot{\boldsymbol{q}} + \boldsymbol{F}\dot{\boldsymbol{q}} + \boldsymbol{g}(\boldsymbol{q}) = \boldsymbol{u} \tag{7-77}$$

1. 独立关节控制

忽略闭环频宽较高的电流环的动力学，每个关节采用位置环和速度环的级联控制，由于重力和其他动态耦合作用而产生的干扰力矩会影响速度内环的性能，而这反过来会引起位置跟踪的误差。

2. 重力补偿的 PD 控制

当有重力作用时，重力补偿的 PD 控制可以得到对刚体模型的全局渐进跟踪。

$$\boldsymbol{u} = -\boldsymbol{K}_P\tilde{\boldsymbol{q}} - \boldsymbol{K}_D\dot{\boldsymbol{q}} + \boldsymbol{g}(\boldsymbol{q}) \tag{7-78}$$

3. 计算力矩控制

计算力矩控制包含下面两个表达式：第一个是内环控制，第二个是外环控制。

$$\boldsymbol{u} = \boldsymbol{M}(\boldsymbol{q})\boldsymbol{a}_q + \boldsymbol{C}(\boldsymbol{q},\dot{\boldsymbol{q}})\dot{\boldsymbol{q}} + \boldsymbol{F}\dot{\boldsymbol{q}} + \boldsymbol{g}(\boldsymbol{q}) \tag{7-79}$$

$$\boldsymbol{a}_q = -\boldsymbol{K}_P\tilde{\boldsymbol{q}} - \boldsymbol{K}_D\dot{\tilde{\boldsymbol{q}}} + \dot{\boldsymbol{q}}_d \tag{7-80}$$

4. 操作控制直接控制

选定 $\boldsymbol{K}_P$ 和 $\boldsymbol{K}_D$ 为对称正定矩阵，$\boldsymbol{J}_A$ 为解析雅可比：

$$\boldsymbol{u} = \boldsymbol{g}(\boldsymbol{q}) + \boldsymbol{J}_A^T(\boldsymbol{q})\boldsymbol{K}_P\tilde{\boldsymbol{x}} - \boldsymbol{J}_A^T(\boldsymbol{q})\boldsymbol{K}_D\boldsymbol{J}_A(\boldsymbol{q})\dot{\boldsymbol{q}} \tag{7-81}$$

7.4 机器人的力控制

在 7.2 与 7.3 节中，我们考虑了使用各种基础和先进的控制方法来跟踪运动轨迹的问题。这些运动控制的方法足够胜任物料传输、喷漆和点焊等任务，其中机械臂与工作空间(以下称为环境)之间的相互作用并不显著。然而，诸如装配、研磨和去毛刺

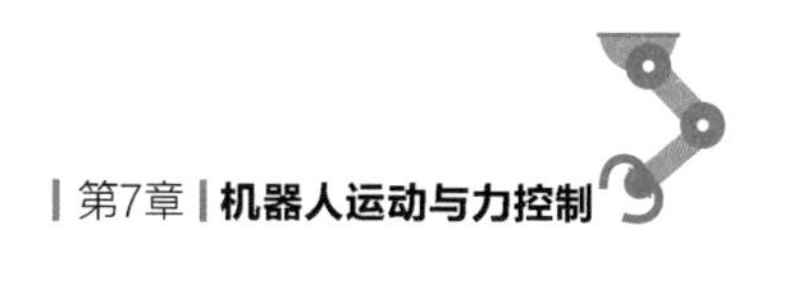

等任务涉及机械臂与环境之间广泛的接触。在这些情况下，控制机械臂与环境之间的相互作用力，而非简单地控制末端执行器的位置，往往能够实现更好的效果。例如，考虑需要使用机械臂清洗窗户和使用笔书写的应用，在这两种情况下，纯位置控制并不可行。末端执行器与规划轨迹之间微小偏差就能够导致机械臂与物体表面脱离或者在接触面上施加过大的压力。对于机器人的高刚性结构，微小的位置误差可能会导致非常大的压力以及灾难性的后果（窗户破碎、笔受损、末端执行器受损等）。上述应用非常典型，它们同时涉及力控制和轨迹控制。例如，在清理窗户这一应用中，需要同时控制垂直于窗户表面的力以及在窗户表面中的位置。

本节研究机械臂与外部环境交互过程中的力控制方案，交互控制策略可分为间接力控制（indirect force control）与直接力控制（direct force control）两类。这两类主要的区别在于前者通过运动控制完成力控制，而无须力闭环（柔顺控制和阻抗控制）；而后者能通过力闭环实现将接触力与力矩控制到一个期望值（位置/力混合控制），本节主要讲解直接力控制。

直接力控制根据机械臂的特定任务，通过对空间的分解，实现机械臂末端执行器在运动约束和力约束下，进行速度子空间的运动控制和力子空间的力控制，所以叫作运动/力混合控制。为了实现子空间的分解，首先我们需要了解末端执行器在受约束下的运动模型。

1. 约束运动

只要适当地考虑环境的几何特征，并选择与这些几何特征相容的力与位置参考量，就可以采用力控制方案来实现约束运动（constrained motion）。实际机械臂的任务可通过复杂接触情况来表示，其中某些方向受到末端执行器位姿的约束，而另一些方向则受到相互作用力的约束。

要处理复杂接触情况，要求具有对末端执行器姿态与接触力进行指定和实现控制的能力，但是需要考虑的基本问题是，不可能沿着每个方向同时施加任意数值的位姿和力。而且还应保证在任务执行过程中，赋予控制系统的参考轨迹和由环境造成的约束是相容的。

因此，对相互作用力的解析描述会很有用。通常在简化假设条件下进行相互作用控制设计。考虑以下两种简化假设情况：

机器人和环境是完全刚性的，由环境施加纯运动学约束；

机器人是完全刚性的，系统的所有柔性局限于环境中，接触力和力矩由线性弹性模型近似计算。

以上两种情况均假设为无摩擦接触，显然这些情况都是理想化的。不过，控制的鲁棒性能够解决部分理想假设不严格的状况，在此情况下控制律对非理想特性具有适应性。

（1）刚性环境下的约束运动。环境造成的运动学约束可用一组代数方程表达，其中的变量描述末端执行器位置和方向必须满足的量。因为根据正运动学方程，这些变量取决于关节变量，所以约束方程可以在关节空间表达为：

$$\boldsymbol{\varphi}(\boldsymbol{q})=0 \tag{7-82}$$

向量 $\boldsymbol{\varphi}$ 为$(m\times1)$函数，且 $m<n$，其中 n 为机械臂关节数目，并假设机械臂是非冗余的。不失一般性，考虑 $n=6$ 的情形。在系统的广义坐标系中，式(7－82)形式的约束为完整约束(holonomic constraints)。计算式(7－82)的时间导数，有：

$$\boldsymbol{J}_{\varphi}(\boldsymbol{q})\dot{\boldsymbol{q}}=0 \tag{7-83}$$

其中，$\boldsymbol{J}_{\varphi}(\boldsymbol{q})=\partial\boldsymbol{\varphi}/\partial\boldsymbol{q}$ 为 $\boldsymbol{\varphi}(\boldsymbol{q})$的$(m\times6)$雅可比矩阵，称为约束雅可比矩阵(constraint Jacobian)。假设在操作点的极小局部领域内 $\boldsymbol{J}_{\varphi}$ 的秩为m，等价地可以假设式(7－82)的 m 个约束方程是局部独立的。

在无摩擦情况下，在末端执行器违反约束时，相互作用力将作为反作用力出现。末端执行器力在关节上产生反力矩，由虚功原理得：

$$\boldsymbol{\tau}=\boldsymbol{J}_{\varphi}^{T}(\boldsymbol{q})\boldsymbol{\lambda} \tag{7-84}$$

其中，$\boldsymbol{\lambda}$ 为适当的$(m\times1)$向量。相应地施加于末端执行器的力为：

$$\boldsymbol{h}_{e}=\boldsymbol{J}^{-T}(\boldsymbol{q})\boldsymbol{\tau}=\boldsymbol{S}_{f}(\boldsymbol{q})\boldsymbol{\lambda} \tag{7-85}$$

其中，假设 $\boldsymbol{J}$ 为非奇异阵，且：

$$\boldsymbol{S}_{f}=\boldsymbol{J}^{-T}(\boldsymbol{q})\boldsymbol{J}_{\varphi}^{T}(\boldsymbol{q}) \tag{7-86}$$

注意式(7－82)与一组双边约束(bilateral constraints)相对应。这意味着在运动过程中，反作用力(7－85)的作用使得末端执行器总能保持与环境接触。夹具转动曲柄的情形与此相同。但在一些应用场合，与环境的相互作用满足的是单边约束(unilateral constraints)。例如，工具在平面滑动时，反作用力只在工具推向平面时出现，而工具离向平面时则不会出现。不过，在运动过程中，假设末端执行器并不脱离与环境的接触，则仍然可以应用式(7－85)。

由式(7－85)，$\boldsymbol{h}_{e}$ 属于 m 维子空间 $\boldsymbol{R}(\boldsymbol{S}_{f})$。线性变换式(7－85)的逆可由下式计算：

$$\boldsymbol{\lambda}=\boldsymbol{S}_{f}^{+}(\boldsymbol{q})\boldsymbol{h}_{e} \tag{7-87}$$

其中，$\boldsymbol{S}_{f}^{+}$ 表示矩阵 $\boldsymbol{S}_{f}$ 的加权广义逆矩阵，即：

$$\boldsymbol{S}_{f}^{+}=(\boldsymbol{S}_{f}^{T}\boldsymbol{W}\boldsymbol{S}_{f})^{-1}\boldsymbol{S}_{f}^{T}\boldsymbol{W} \tag{7-88}$$

其中，$\boldsymbol{W}$ 为对称正定加权矩阵。

注意，虽然 $\boldsymbol{R}(\boldsymbol{S}_{f})$是由接触的几何关系唯一定义的，但由于约束方程(7－82)并不是唯一定义的，因此式(7－86)中矩阵 $\boldsymbol{S}_{f}$ 是不唯一的。而且一般情况下，向量 $\boldsymbol{\lambda}$ 中元素的物理维数并不相同，因此矩阵 $\boldsymbol{S}_{f}$ 以及 $\boldsymbol{S}_{f}^{+}$ 的列不一定表示相同维数。若 $\boldsymbol{h}_{e}$ 表示受干扰约束的物理量，会在变换式(7－87)中产生不变性问题，其结果是出现 $\boldsymbol{R}(\boldsymbol{S}_{f})$以外的分量。特别是在物理单位或参考坐标系发生改变，矩阵 $\boldsymbol{S}_{f}$ 要进行变换的情况下。但是含有广义逆矩阵变换的式(7－87)的结果一般都会取决于所采用的物理单位或参考坐标系！原因在于若 $\boldsymbol{h}_{e}\notin\boldsymbol{R}(\boldsymbol{S}_{f})$，根据式(7－85)的 $\boldsymbol{\lambda}$ 计算问题是无解的。这种情况下，式(7－87)仅表示向量 $\boldsymbol{h}_{e}-\boldsymbol{S}_{f}(\boldsymbol{q})\boldsymbol{\lambda}$ 给矩阵 $\boldsymbol{W}$ 加权的最小范数近似解。可以证明，在物理单位或参考坐标系发生改变的情况下，只有加权矩阵也相应变化，才能保证解的不变性。在 $\boldsymbol{h}_e \in \boldsymbol{R}(\boldsymbol{S}_f)$ 的理想情况下，由式(7－87)的定义，不考虑权值矩阵，式(7－85)的逆阵计算有唯一解。这样将不会出现不变形问题。

为保证不变性，可选取矩阵 $\boldsymbol{S}_f$，使其列表示线性独立的力。这意味着式(7－85)给出的 $\boldsymbol{h}_e$ 是力的线性结合，$\boldsymbol{\lambda}$ 为无量纲向量。而且可以在二次型 $\boldsymbol{h}_e^T\boldsymbol{C}\boldsymbol{h}_e$。基础上定义受力空间中的物理相容指标，若 $\boldsymbol{C}$ 为正定柔顺矩阵，则二次型 $\boldsymbol{h}_e^T\boldsymbol{C}\boldsymbol{h}_e$ 具有弹性能量的意义。因此，选择权值矩阵为 $\boldsymbol{W}=\boldsymbol{C}$，若物理单位或参考坐标系发生改变，可对矩阵 $\boldsymbol{S}_f$ 进行变换，$\boldsymbol{W}$ 可根据其物理意义容易得到。

注意对给定的 $\boldsymbol{S}_f$，约束雅可比矩阵可由式(7－86)计算为 $\boldsymbol{J}_\varphi(\boldsymbol{q})=\boldsymbol{S}_f^T\boldsymbol{J}(\boldsymbol{q})$；而且若有必要，约束方程可由对式(7－83)求积分得到。

应用式(7－86)，可用以下形式重新列写式(7－83)：

$$\boldsymbol{J}_\varphi(\boldsymbol{q})\boldsymbol{J}^{-1}(\boldsymbol{q})\boldsymbol{J}(\boldsymbol{q})\dot{\boldsymbol{q}}=\boldsymbol{S}_f^T\boldsymbol{\upsilon}_e=0 \tag{7-89}$$

由式(7－85)的性质，上式等价于：

$$\boldsymbol{h}_e^T\boldsymbol{\upsilon}_e=0 \tag{7-90}$$

式(7－90)表明，相互作用力和力矩 $\boldsymbol{h}_e$ 与末端执行器线速度与角速度 $\boldsymbol{\upsilon}_e$ 属于所谓被控制速度子空间。互易性概念表示的物理意义是，在刚性和无摩擦接触的假设条件下，对所有满足约束的末端执行器位移，力都不会产生任何功。这个概念常常与正交概念混淆。因为速度和力是属于不同向量空间的非同类物理量，所以正交在这种情况下是没有意义的。

式(7－89)、(7－90)意味着被控速度子空间的维数是 $6-m$，而被控力子空间的维数是 m；而且可定义$(6\times(6-m))$维矩阵 $\boldsymbol{S}_v$，使其满足方程：

$$\boldsymbol{S}_f^T(\boldsymbol{q})\boldsymbol{S}_v(\boldsymbol{q})=0 \tag{7-91}$$

这样 $\boldsymbol{R}(\boldsymbol{S}_v)$ 表示被控速度子空间。所以

$$\boldsymbol{\upsilon}_e=\boldsymbol{S}_v(\boldsymbol{q})\boldsymbol{v} \tag{7-92}$$

其中，$\boldsymbol{v}$ 表示适当的$((6-m)\times 1)$向量。

线性变换式(7－92)的逆运算为：

$$\boldsymbol{v}=\boldsymbol{S}_v^{+}(\boldsymbol{q})\upsilon_e \tag{7-93}$$

其中 $\boldsymbol{S}_v^+$ 表示矩阵$\boldsymbol{S}_v$ 经适当加权的广义逆矩阵，根据式(7－88)对其计算。注意对 $\boldsymbol{S}_f$ 的情况，尽管子空间 $\boldsymbol{R}(\boldsymbol{S}_v)$是唯一定义的，但矩阵 $\boldsymbol{S}_v$ 本身的选择并不唯一。而且，对式(7－93)可以看到和式(7－87)相类似的不变性问题。这种情况下，可以方便地选择矩形 $\boldsymbol{S}_v$，使其列表示一组独立的速度；而且在计算广义逆矩阵时，可以基于刚体动能或用刚度矩阵 $\boldsymbol{K}=\boldsymbol{C}^{-1}$形式表示的弹性能来定义速度空间的范数。

矩阵 $\boldsymbol{S}_v$ 也可以用雅可比矩阵的形式来解释。实际上由于式(7－82)中存在 m 个独立的完整约束，与环境接触的机械臂位姿可用独立坐标的$((6-m)\times 1)$向是 $\boldsymbol{r}$ 的形式进行局部描述。根据隐函数定理，该向量可定义为：

$$\boldsymbol{r}=\boldsymbol{\psi}(\boldsymbol{q}) \tag{7-94}$$

其中 $\boldsymbol{\psi}(\boldsymbol{q})$是任一$((6-m)\times 1)$向量函数，至少在工作点的极小局部领域，$\boldsymbol{\varphi}(\boldsymbol{q})$的 m 个分量和 $\boldsymbol{\psi}(\boldsymbol{q})$的 $6-m$ 个分量是线性独立的。这意味着映射关系方程(7-94)与约束方程(7-82)是局部可逆的。定义逆变换为：

$$\boldsymbol{q}=\boldsymbol{\rho}(\boldsymbol{r}) \tag{7-95}$$

对在工作点领域任意选择的任何 $\boldsymbol{r}$，方程(7-95)明确地给出了所有满足约束方程(7-82)的关节向量 $\boldsymbol{q}$。而且满足式(7-83)的向量 $\dot{\boldsymbol{q}}$ 可按下式计算。

$$\dot{\boldsymbol{q}}=\boldsymbol{J}_{\rho}(\boldsymbol{r})\dot{\boldsymbol{r}} \tag{7-96}$$

其中，$\boldsymbol{J}_{\rho}(\boldsymbol{r})=\partial\boldsymbol{\rho}/\partial\boldsymbol{r}$ 为$(6\times(6-m))$的满秩雅可比矩阵。同样，如下等式成立：

$$\boldsymbol{J}_{\varphi}(\boldsymbol{q})\boldsymbol{J}_{\rho}(\boldsymbol{r})=0 \tag{7-97}$$

上式可解释为相应于末端执行器反作用力的关节转矩 $\boldsymbol{\tau}$ 的子空间 $\boldsymbol{R}(\boldsymbol{J}_{\varphi}^{T})$与满足约束的关节速度 $\dot{\boldsymbol{q}}$ 的子空间 $\boldsymbol{R}(\boldsymbol{J}_{\rho})$的互易性条件。

上式可以重新按如下方程列写：

$$\boldsymbol{J}_{\varphi}(\boldsymbol{q})\boldsymbol{J}^{-1}(\boldsymbol{q})\boldsymbol{J}(\boldsymbol{q})\boldsymbol{J}_{\rho}(\boldsymbol{r})=0 \tag{7-98}$$

假设 $\boldsymbol{J}$ 非奇异，且根据式(7-91)，矩阵 $\boldsymbol{S}_{\varphi}$ 可按下式计算：

$$\boldsymbol{S}_{v}=\boldsymbol{J}(\boldsymbol{q})\boldsymbol{J}_{\rho}(\boldsymbol{r}) \tag{7-99}$$

矩阵 $\boldsymbol{S}_{f}$、$\boldsymbol{S}_{v}$ 和相应的广义逆矩阵 $\boldsymbol{S}_{f}^{+}$、$\boldsymbol{S}_{v}^{+}$ 即所谓的选择矩阵(selection matrices)。因为这些矩阵可用于指定所期望的末端执行器运动和符合约束条件的相互作用力与力矩，所以它们对任务规划具有重要作用。同样这些矩阵对控制也非常重要。

为此要注意(6×6)维矩阵 $\boldsymbol{P}_{f}=\boldsymbol{S}_{f}\boldsymbol{S}_{f}^{+}$ 将广义力向量 $\boldsymbol{h}_{e}$ 投影到被控力子空间 $\boldsymbol{R}(\boldsymbol{S}_{f})$中。矩阵 $\boldsymbol{P}_{f}$ 是幂等的，即 $\boldsymbol{P}_{f}^{2}=\boldsymbol{P}_{f}\boldsymbol{P}_{f}=\boldsymbol{P}_{f}$，故该矩阵为投影矩阵(projection matrix)。而且，矩阵$(\boldsymbol{I}_{6}-\boldsymbol{P}_{f})$将力向量 $\boldsymbol{h}_{e}$ 投影到被控力子空间的正交补空间上。该矩阵同样为幂等的，是投影矩阵。

相似地可以证明(6×6)维矩阵 $\boldsymbol{P}_{v}=\boldsymbol{S}_{v}\boldsymbol{S}_{v}^{+}$ 和$(\boldsymbol{I}_{6}-\boldsymbol{P}_{v})$是投影矩阵，它们将广义线速度与角速度向量 $\boldsymbol{v}_{e}$ 投影到在被控速度子空间 $\boldsymbol{R}(\boldsymbol{S}_{v})$及其正交补空间上。

(2) 柔性环境下的约束运动。在许多应用中，末端执行器与柔性环境之间的相互作用力可用式(7-100)中的理想弹性模型近似。

$$\boldsymbol{h}_{e}=\boldsymbol{K}\mathrm{d}\boldsymbol{x}_{r,e} \tag{7-100}$$

其中，$\boldsymbol{h}_{e}$ 为 6 维力向量，$\boldsymbol{x}_{r,e}$为 6 维位移向量。若刚度矩阵 $\boldsymbol{K}$ 正定，则该模型对应于完全受约情况，而环境的形变与末端执行器的元位移相一致。但一般情况下，末端执行器运动只是部分地受环境约束，这种情况可以引入适当的半正定刚度矩阵进行建模。

在前面的例子中，这种情况仅在简单的情形下考虑了与弹性柔性平面的相互作用。在一般情况下，计算描述部分受约相互作用的刚度矩阵时，可通过六自由度弹簧连接的一对刚体 $\boldsymbol{S}$ 和 $\boldsymbol{R}$ 进行环境建模，且假设末端执行器可在刚体 $\boldsymbol{S}$ 的外表面滑行。

而且需要引入两个参考坐标系，一个与 $\boldsymbol{S}$ 固连，一个与 $\boldsymbol{R}$ 固连。在平衡点处，相应于弹簧无形变情形，可假定末端执行器坐标系与固连于 $\boldsymbol{S}$ 和 $\boldsymbol{R}$ 的坐标系一致。在末端执行器与环境接触的几何关系基础上，可以选择矩阵 $\boldsymbol{S}_f$、$\boldsymbol{S}_v$ 并确定相应的被控力与速度子空间。

假设接触无摩擦，末端执行器在刚体 $\boldsymbol{S}$ 上施加的相互作用力属于被控力子空间 $\boldsymbol{R}(\boldsymbol{S}_f)$，这样

$$\boldsymbol{h}_e = \boldsymbol{S}_f \boldsymbol{\lambda} \tag{7-101}$$

其中，$\boldsymbol{\lambda}$ 为$(m\times1)$维向量。由于广义弹簧的存在，上面的力引起的环境形变计算如下：

$$\mathrm{d}\boldsymbol{x}_{r,s} = \boldsymbol{C}\boldsymbol{h}_e \tag{7-102}$$

其中，$\boldsymbol{C}$ 是 $\boldsymbol{S}$ 和 $\boldsymbol{R}$ 之间弹簧的柔顺矩阵，假设其非奇异。另处，末端执行器相对于平衡位姿的元位移可分解为：

$$\mathrm{d}\boldsymbol{x}_{r,e} = \mathrm{d}\boldsymbol{x}_v + \mathrm{d}\boldsymbol{x}_f \tag{7-103}$$

其中

$$\mathrm{d}\boldsymbol{x}_v = \boldsymbol{P}_v \mathrm{d}\boldsymbol{x}_{r,e} \tag{7-104}$$

为属于被控速度子空间 $\boldsymbol{R}(\boldsymbol{S}_v)$的分量，其中末端执行器可在环境中滑动。而

$$\mathrm{d}\boldsymbol{x}_f = (\boldsymbol{I}_6 - \boldsymbol{P}_v)\mathrm{d}\boldsymbol{x}_{r,e} = (\boldsymbol{I}_6 - \boldsymbol{P}_v)\mathrm{d}\boldsymbol{x}_{r,s} \tag{7-105}$$

为相应于环境形变的分量。注意一般情况下 $\boldsymbol{P}_v \mathrm{d}\boldsymbol{x}_{r,e} \neq \boldsymbol{P}_v \mathrm{d}\boldsymbol{x}_{r,s}$。

在式(7-103)两侧均左乘 $\boldsymbol{S}_f^+$，并应用式(7-104)、式(7-105)、式(7-102)、式(7-101)，有：

$$\boldsymbol{S}_f^{\mathrm{T}} \mathrm{d}\boldsymbol{x}_{r,e} = \boldsymbol{S}_f^{\mathrm{T}} \mathrm{d}\boldsymbol{x}_{r,s} = \boldsymbol{S}_f^{\mathrm{T}} \boldsymbol{C} \boldsymbol{S}_f \boldsymbol{\lambda} \tag{7-106}$$

在上式中考虑了等式 $\boldsymbol{S}_f^{\mathrm{T}}\boldsymbol{P}_v = 0$。上式可用于计算向量 $\boldsymbol{\lambda}$，代入式(7-101)，有：

$$\boldsymbol{h}_e = \boldsymbol{K}' \mathrm{d}\boldsymbol{x}_{r,e} \tag{7-107}$$

其中

$$\boldsymbol{K}' = \boldsymbol{S}_f (\boldsymbol{S}_f^{\mathrm{T}} \boldsymbol{C} \boldsymbol{S}_f)^{-1} \boldsymbol{S}_f^{\mathrm{T}} \tag{7-108}$$

上式为相应于部分受约弹性作用情况的半正定刚性矩阵。

式(7-108)是不可逆的，但应用式(7-105)和式(7-102)，可得如下等式：

$$\mathrm{d}\boldsymbol{x}_f = \boldsymbol{C}' \boldsymbol{h}_e \tag{7-109}$$

其中矩阵

$$\boldsymbol{C}' = (\boldsymbol{I}_6 - \boldsymbol{P}_v)\boldsymbol{C} \tag{7-110}$$

其秩为 $6-m$，含义为柔顺矩阵。

注意机械臂与环境之间接触可能沿某些方向是柔性的，而沿另一些方向是刚性的。所以力控制子空间可分解为两个完全不同的子空间，一个对应弹性力，而另一个对应反作用力。矩阵 $\boldsymbol{K}'$ 和 $\boldsymbol{C}'$ 也应做相应的修正。

2. 自然约束与人工约束

上节中，我们得到：合适的开关矩阵能实现子空间的分解，而运动子空间和力子空间的维数以及相应的开关矩阵的选择要依据特定的工作任务。本小节我们研究开关矩阵的确定。

相互作用任务可按期望末端执行器的力 $\boldsymbol{h}_d$ 和速度 $\boldsymbol{v}_d$ 的形式指定。为了符合约束条件，这些向量必须分别位于被控力和被控速度子空间中。通过指定向量 $\boldsymbol{\lambda}_d$ 和 $\boldsymbol{\nu}_d$，可以保证这一点。$\boldsymbol{h}_d$ 和 $\boldsymbol{v}_d$ 计算如下：

$$\boldsymbol{h}_d = \boldsymbol{S}_f \boldsymbol{\lambda}_d, \boldsymbol{v}_d = \boldsymbol{S}_v \boldsymbol{\nu}_d \tag{7-111}$$

其中，$\boldsymbol{S}_f$ 和 $\boldsymbol{S}_v$ 要根据任务的几何关系来适当地定义。因此向量 $\boldsymbol{\lambda}_d$ 和 $\boldsymbol{\nu}_d$ 分别被称为“期望力”和“期望速度”。

对一些机器人任务而言，可能要定义正交参考坐标系，该坐标系最终是时变的，在其中可以容易地确定环境施加的约束，同时能够直观又直接地描述任务。该参考坐标系 $O_e - x_e y_e z_e$ 即所谓的约束的坐标系(constraint frame)。

约束坐标系的每个轴有两个自由度，一个自由度与线速度或沿轴方向的力关联，另一个自由度与角速度沿着轴向的转矩关联。

对给定的约束坐标系，在刚性环境及无摩擦情况下，可以看到：

- 沿任意一个自由度，环境施加在机械臂末端执行器上既有速度约束，又有力约束。速度约束的意思是不能沿轴的方向进行平移，或绕轴进行旋转；力约束的意思是不能沿轴的方向运用力，或绕轴运用力矩。这类约束称作自然约束(natural constraints)，因为它们由任务的几何构形直接决定。
- 机械臂只能控制不服从自然约束的变量；这些变量的参考值称作人工约束(artificial constraints)，因为它们是为了执行给定任务而根据控制策略施加的。

注意两组约束对每个自由度考虑不同的变量，因此它们是互补的。而且因为它们包含了所有变量，因此可以完成指定的任务。

在柔性环境情况下，对每个产生交互作用的自由度，只要约束保持互补，都可选择变量(即力或速度)来控制。在刚度较高的情况，建议选择力作为人工约束，选择速度作为自然约束，这与刚性环境情况一样。反之，在刚度较低的情况，可以方便地反过来选择。同样要注意，当存在摩擦时，在沿相应于力自然约束的自由度上，将产生力和力矩。

为了用自然约束与人工约束的形式说明相互作用任务，并着重说明对所描述任务应用约束坐标系的场合，下面分析一个典型的案例。

【例 7-1】 平面滑动。

如图 7-21 所示，末端执行器的操作任务是在平面上滑动一个柱状目标。任务的几何构形要求将约束坐标系选为与接触面固连，且一轴与平面垂直。另一种选择是，任务坐标系的方向相同，但与操作目标固连。

在假定刚性和无摩擦接触条件下，可先确定自然约束。速度约束说明了不可能产生沿 z_t 轴的线速度以及沿 x_t 轴和 y_t 轴的角速度；力约束说明不可能施加沿 x_t 轴和 y_t 轴的力以及 z_t 轴的力矩。

人工约束考虑不服从自然约束的变量。因此，相对沿 x_t 轴和 y_t 轴的力以及 z_t 轴的力矩的自然约束，可以为沿 x_t 轴和 y_t 轴的线速度及沿 z_t 轴的角速度指定人工

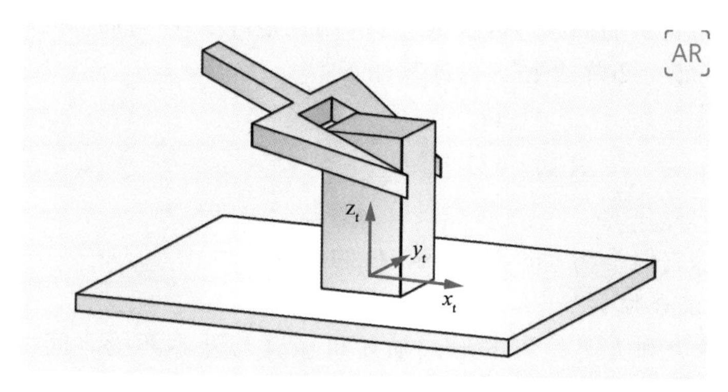

图 7-21　平坦表面上棱柱目标物体的移动

约束。相似地，相对沿 z_t 轴的线速度和沿 x_t 轴、y_t 轴的角速度的自然约束，可以为沿 z_t 轴的力以及绕 x_t 轴、y_t 轴的力矩指定人工约束。约束集如表 7-3 所示。

表 7-3　图 7-21 的自然与人工约束

自然约束	人为约束
$\dot{\boldsymbol{o}}_z^e$	$\boldsymbol{f}_z^e$
$\boldsymbol{\omega}_x^e$	$\boldsymbol{\mu}_x^e$
$\boldsymbol{\omega}_y^e$	$\boldsymbol{\mu}_y^e$
$\boldsymbol{f}_x^e$	$\dot{\boldsymbol{o}}_x^e$
$\boldsymbol{f}_y^e$	$\dot{\boldsymbol{o}}_y^e$
$\boldsymbol{\mu}_z^e$	$\boldsymbol{\omega}_z^e$

对于该任务，被控力子空间的维数为 $m=3$，而被控速度子空间的维数为 $6-m=3$。且矩阵 $\boldsymbol{S}_f$ 和 $\boldsymbol{S}_v$ 可选为：

$$\boldsymbol{S}_f=\begin{bmatrix}0&0&0\\0&0&0\\1&0&0\\0&1&0\\0&0&1\\0&0&0\end{bmatrix}\quad \boldsymbol{S}_v=\begin{bmatrix}1&0&0\\0&1&0\\0&0&0\\0&0&0\\0&0&0\\0&0&1\end{bmatrix}\tag{7-112}$$

注意，若约束坐标系选为与接触面固连，相对基坐标系，矩阵 $\boldsymbol{S}_f$ 和 $\boldsymbol{S}_v$ 保持为常值，相对末端执行器坐标系，矩阵 $\boldsymbol{S}_f$ 和 $\boldsymbol{S}_v$ 为时变。反之，若约束坐标系选为与目标固连，则这些矩阵相对末端执行器坐标系为常值，相对基坐标系为时变。

在存在摩擦力情况下，沿被控速度的自由度上会产生非零的力和力矩。

在柔性平面情况下，相应于末端执行器沿各自由度的位移，弹性力可能会沿着 z_t 轴施加，而弹性力矩则会绕 x_t 轴和 y_t 轴施加，在 $\boldsymbol{S}_f$ 和 $\boldsymbol{S}_v$ 导出的表达式基础上，除了

由 $\boldsymbol{K}'$ 中 3,4,5 行得到的(3×3)的块 $\boldsymbol{K}'_m$ 外，刚性矩阵 $\boldsymbol{K}'$ 中与局部受约束相互作用相对应的元素都为零。矩阵块 $\boldsymbol{K}'_m$ 的计算如下：

$$\boldsymbol{K}'_m=\begin{bmatrix}C_{3,3} & C_{3,4} & C_{3,5}\\ C_{4,3} & C_{4,4} & C_{4,5}\\ C_{5,3} & C_{5,4} & C_{5,5}\end{bmatrix}^{-1} \tag{7-113}$$

其中，$C_{5,3}=C_{5,4}$，它们是(6×6)柔顺矩阵 $\boldsymbol{C}$ 的元素。

3. **位置/力混合控制**

当以自然约束和人工约束的形式描述机械臂与外界环境之间的交互作用任务时，如果相对于约束坐标系进行表示，要求的控制结构是用人工约束指定控制系统的目标，使得期望值只能施加在这些不服从自然约束的变量上。实际上，控制作用应不影响那些受环境约束的变量，因此避免了控制与环境的相互作用之间的冲突，这种冲突有可能会导致不适当的系统响应。这种控制结构称为位置/力混合控制(hybrid force/motion control)，这是因为在人工约束的：

$$\dot{\boldsymbol{v}}_e=\boldsymbol{J}(\boldsymbol{q})\ddot{\boldsymbol{q}}+\dot{\boldsymbol{J}}(\boldsymbol{q})\dot{\boldsymbol{q}} \tag{7-114}$$

特别是应用式(7-62)替换上式的相应项时，有：

$$\boldsymbol{B}_e(\boldsymbol{q})\dot{\boldsymbol{v}}_e+\boldsymbol{n}_e(\boldsymbol{q},\dot{\boldsymbol{q}})=\boldsymbol{\gamma}_e-\boldsymbol{h}_e \tag{7-115}$$

其中

$$\boldsymbol{B}_e=\boldsymbol{J}^{-\mathrm{T}}\boldsymbol{B}\boldsymbol{J}^{-1} \tag{7-116}$$

$$\boldsymbol{n}_e=\boldsymbol{J}^{-\mathrm{T}}(\boldsymbol{C}\dot{\boldsymbol{q}}+\boldsymbol{g})-\boldsymbol{B}_e\dot{\boldsymbol{J}}\dot{\boldsymbol{q}} \tag{7-117}$$

下面首先介绍柔性环境情况下的位置/力混合控制，然后再介绍刚性环境情况。

(1) 柔性环境下的位置/力混合控制。在柔性环境中，在对式(7-103)进行分解以及式(7-104)、式(7-109)和式(7-101)的基础上，可得如下表达式：

$$\mathrm{d}\boldsymbol{x}_{r,e}=\boldsymbol{P}_v\mathrm{d}\boldsymbol{x}_{r,e}+\boldsymbol{C}'\boldsymbol{S}_f\boldsymbol{\lambda} \tag{7-118}$$

以速度量的形式计算元位移，参考式(7-92)并考虑坐标系 r 静止，末端执行器速度可分解为：

$$\boldsymbol{v}_e=\boldsymbol{S}_v\boldsymbol{v}+\boldsymbol{C}'\boldsymbol{S}_f\dot{\boldsymbol{\lambda}} \tag{7-119}$$

其中第一项属于速度控制子空间，第二项属于其正交补空间。假设所有物理量都参考于共同的参考坐标系，为了简化该坐标系并未指定。

下面选基坐标系为共同参考坐标系，并假设接触几何关系与柔顺矩阵为常数，即 $\dot{\boldsymbol{S}}_v=0$，$\dot{\boldsymbol{S}}_f=0$，及 $\dot{\boldsymbol{C}}'=0$。因此计算式(7-119)的时间导数，并对末端执行器加速度作以下分解：

$$\dot{\boldsymbol{v}}_e=\boldsymbol{S}_v\dot{\boldsymbol{v}}+\boldsymbol{C}'\boldsymbol{S}_f\ddot{\boldsymbol{\lambda}} \tag{7-120}$$

采用逆动力学控制律：

$$\boldsymbol{\gamma}_e=\boldsymbol{B}_e(\boldsymbol{q})\boldsymbol{\alpha}+\boldsymbol{n}_e(\boldsymbol{q},\dot{\boldsymbol{q}})+\boldsymbol{h}_e \tag{7-121}$$

其中，$\boldsymbol{\alpha}$ 为新的控制输入，参考式(7-115)，闭环方程为：

$$\dot{\boldsymbol{v}}_e=\boldsymbol{\alpha} \tag{7-122}$$

在式(7－120)分解的基础上，选择

$$\boldsymbol{\alpha}=\boldsymbol{S}_v\boldsymbol{\alpha}_v+\boldsymbol{C}'\boldsymbol{S}_f\boldsymbol{f}_\lambda \tag{7-123}$$

可实现对力与速度控制完全解耦。实际上，将式(7－120)和式(7－123)代入式(7－122)，并在所求方程的两边都乘以 $\boldsymbol{S}_v^{\dagger}$ 及 $\boldsymbol{S}_f^{\mathrm{T}}$，可得以下等式：

$$\dot{\boldsymbol{v}}=\boldsymbol{\alpha}_v \tag{7-124}$$

$$\dot{\boldsymbol{\lambda}}=\boldsymbol{f}_\lambda \tag{7-125}$$

因此任务可分配为以向量 $\boldsymbol{\lambda}_d(t)$ 的形式指定期望力，以向量 $\boldsymbol{v}_d(t)$ 的形式指定期望速度。控制方案称作混合力/速度控制。

期望速度 $\boldsymbol{v}_d$ 可用如下控制律实现：

$$\boldsymbol{\alpha}_v=\dot{\boldsymbol{v}}_d+\boldsymbol{K}_{P\cdot v}(\boldsymbol{v}_d-\boldsymbol{v})+\boldsymbol{K}_{Iv}\int_0^t(\boldsymbol{v}_d(\zeta)-\boldsymbol{v}(\zeta))\mathrm{d}\zeta \tag{7-126}$$

其中，$\boldsymbol{K}_{Pv}$ 和 $\boldsymbol{K}_{Iv}$ 为正定矩阵。矩阵 $\boldsymbol{v}$ 可用(7－93)计算，其中末端执行器的线速度和角速度 $\boldsymbol{v}_e$ 可根据关节位置和速度的测量值来计算。

期望力 $\boldsymbol{\lambda}_d$ 可用如下控制律实现：

$$\boldsymbol{f}_\lambda=\ddot{\boldsymbol{\lambda}}_d+\boldsymbol{K}_{D\lambda}(\dot{\boldsymbol{\lambda}}_d-\dot{\boldsymbol{\lambda}})+\boldsymbol{K}_{P\lambda}(\boldsymbol{\lambda}_d-\boldsymbol{\lambda}) \tag{7-127}$$

其中 $\boldsymbol{K}_{D\lambda}$ 和 $\boldsymbol{K}_{P\lambda}$ 为正定矩阵。如上控制律的实现需要通过式(7－87)计算向量 $\boldsymbol{\lambda}$，要用到末端执行器力与转矩 $\boldsymbol{h}_e$ 的测量值。在理想情况下 $\dot{\boldsymbol{h}}_e$ 可用时，$\dot{\boldsymbol{\lambda}}$ 可计算为：

$$\dot{\boldsymbol{\lambda}}=\boldsymbol{S}_f^{+}\dot{\boldsymbol{h}}_e \tag{7-128}$$

位置/力混合控制方框图如图 7－22 所示。假定输出变量为末端执行器力与力矩 $\boldsymbol{h}_e$ 和末端执行器线速度与角速度向量 $\boldsymbol{v}_e$。

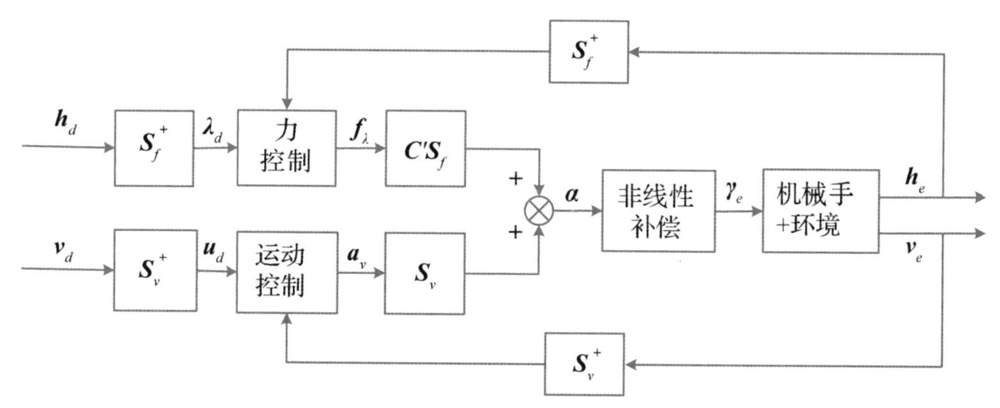

图 7－22　柔性环境中位置/力混合控制

因为力的测量值中经常会包含噪声，采用 $\dot{\boldsymbol{h}}_e$ 是不可行的。因此 $\dot{\boldsymbol{\lambda}}$ 的反馈通常由下式代替：

$$\dot{\boldsymbol{\lambda}}=\boldsymbol{S}_f^{+}\boldsymbol{K}'\boldsymbol{J}(\boldsymbol{q})\dot{\boldsymbol{q}} \tag{7-129}$$

其中，$\boldsymbol{K}'$为半正定刚度矩阵式(7－108)。

若接触的几何关系已知，但只有环境刚度/柔顺的估计值可用，式(7－123)的控制律可用如下形式改写：

$$\boldsymbol{\alpha}=\boldsymbol{S}_v\boldsymbol{\alpha}_v+\hat{\boldsymbol{C}}'\boldsymbol{S}_f\boldsymbol{f}_\lambda \tag{7-130}$$

其中，$\hat{\boldsymbol{C}}'=(\boldsymbol{I}_6-\boldsymbol{P}_v)\hat{\boldsymbol{C}}$ 与 $\hat{\boldsymbol{C}}$ 是 $\boldsymbol{C}$ 的估计值。

这种情况下，方程(7－124)仍成立，同时为取代式(7－125)，可推导出如下等式：

$$\ddot{\boldsymbol{\lambda}}=\boldsymbol{L}_f\boldsymbol{f}_\lambda \tag{7-131}$$

其中，$\boldsymbol{L}_f=(\boldsymbol{S}_f^T\boldsymbol{C}\boldsymbol{S}_f)^{-1}\boldsymbol{S}_f^T\hat{\boldsymbol{C}}\boldsymbol{S}_f$ 为非奇异矩阵。该式表明力与速度控制子空间保持解耦，且速度控制规律(7－126)无须修改。

由于矩阵 $\boldsymbol{L}_f$ 未知，不可能实现前述情形中相同的力控制。而且，若 $\dot{\lambda}$ 是根据式(7－129)由 $\boldsymbol{K}'$的估计值并从速度测量值计算得到，则参考式(7－129)、式(7－108)，只能得到估计值$\dot{\hat{\boldsymbol{\lambda}}}$，其表达式为：

$$\dot{\hat{\boldsymbol{\lambda}}}=(\boldsymbol{S}_f^T\hat{\boldsymbol{C}}\boldsymbol{C}_f)^{-1}\boldsymbol{S}_f^T\boldsymbol{J}(\boldsymbol{q})\dot{\boldsymbol{q}} \tag{7-132}$$

在以上等式中代入(7－119)，应用式(7－110)，有：

$$\dot{\hat{\boldsymbol{\lambda}}}=\boldsymbol{L}_f^{-1}\dot{\boldsymbol{\lambda}} \tag{7-133}$$

考虑以下控制律：

$$\boldsymbol{f}_\lambda=-\boldsymbol{k}_{D\lambda}\dot{\hat{\boldsymbol{\lambda}}}+\boldsymbol{K}_{P\lambda}(\boldsymbol{\lambda}_d-\boldsymbol{\lambda}) \tag{7-134}$$

其中，$\boldsymbol{\lambda}_d$ 为常数，闭环系统的动态方程为：

$$\ddot{\boldsymbol{\lambda}}+\boldsymbol{k}_{D\lambda}\dot{\boldsymbol{\lambda}}+\boldsymbol{L}_f\boldsymbol{K}_{P\lambda}\boldsymbol{\lambda}=\boldsymbol{L}_f\boldsymbol{K}_{P\lambda}\boldsymbol{\lambda}_d \tag{7-135}$$

其中，应用了表达式(7－133)。上式表明当不确定矩阵 $\boldsymbol{L}_f$ 存在时，选择适当的增益 $\boldsymbol{k}_{D\lambda}$ 和矩阵 $\boldsymbol{K}_{P\lambda}$，平衡解 $\boldsymbol{\lambda}=\boldsymbol{\lambda}_d$ 仍是渐进稳定的。

【例 7－2】 考虑两连杆平面臂与纯无摩擦弹性平面接触的情况，与上例不同，平面与轴 x_0 成 $x/4$ 角度(见图 7－23)。

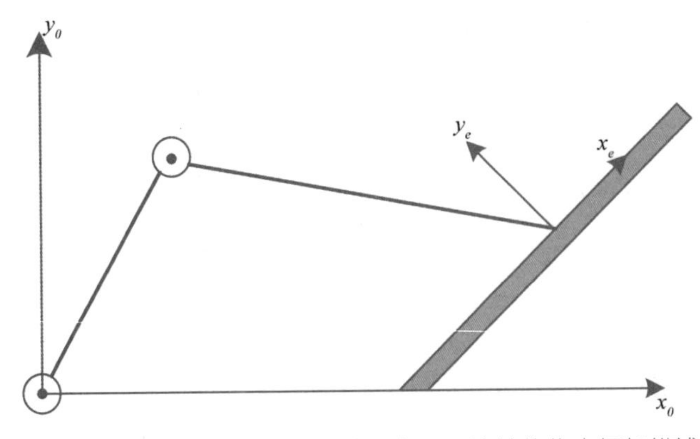

图 7－23 两连杆平面臂与弹性柔软平面接触的约束框架描述

自然会将约束坐标系选择为 x_e 轴沿平面上，y_e 轴垂直于平面；该任务明显由二自由度表征。要计算接触力的解析模型，可选择参考坐标系 S 和 r，使得在没有力作用的情况下，参考坐标系 S 和 r 与约束坐标系一致；而在具有相互作用的情况下，坐标系 r 与平面息止位置相固连，坐标系 S 在形变位置与接触平面相固连。假定约束坐标系固连于坐标系 S 上。相对于约束坐标系，矩阵 $\boldsymbol{S}_f^e$ 与 $\boldsymbol{S}_v^e$ 的形式为：

$$\boldsymbol{S}_f^e=\begin{bmatrix}0\\1\end{bmatrix}\quad \boldsymbol{S}_v^e=\begin{bmatrix}1\\0\end{bmatrix}\tag{7-136}$$

而相应的投影矩阵为：

$$\boldsymbol{P}_f^e=\begin{bmatrix}0&0\\0&1\end{bmatrix}\quad \boldsymbol{P}_v^e=\begin{bmatrix}1&0\\0&0\end{bmatrix}\tag{7-137}$$

根据式(7－108)和式(7－110)，相对约束坐标系，刚度和柔顺矩阵的表达式为：

$$\boldsymbol{K}'^e=\begin{bmatrix}0&0\\0&C_{22}^{-1}\end{bmatrix}\quad \boldsymbol{C}'^e=\begin{bmatrix}0&0\\0&C_{22}\end{bmatrix}\tag{7-138}$$

其中，C_{22}表征的是坐标系 S 相对坐标系 r 沿着垂直于平面方向、与约束坐标系的 y_e 轴重合的柔顺。

很明显，若假设平面只沿着垂直方向是柔性的且该方向是固定的，则约束坐标系相对基坐标系的方向保持为常值。相应的旋转矩阵由下式给出：

$$\boldsymbol{R}_e=\begin{bmatrix}1/\sqrt{2}&-1/\sqrt{2}\\1/\sqrt{2}&1/\sqrt{2}\end{bmatrix}\tag{7-139}$$

而且如果任务是机械臂指端沿平面滑动，根据式(7－119)，末端执行器速度可分解为以下形式：

$$\boldsymbol{v}_e^e=\boldsymbol{S}_v^e\nu+\boldsymbol{C}'^e\boldsymbol{S}_f^e\dot{\boldsymbol{\lambda}}\tag{7-140}$$

其中，所有物理量都参考于约束坐标系。容易证明，若 $\boldsymbol{f}_e^e=[\boldsymbol{f}_x^e\quad \boldsymbol{f}_y^e]^{\mathrm{T}}$ 且 $\boldsymbol{v}_e^c=[\dot{\boldsymbol{o}}_x^e\quad \dot{\boldsymbol{o}}_y^e]^{\mathrm{T}}$，有 $\boldsymbol{\nu}=\dot{\boldsymbol{o}}_x^e$，$\boldsymbol{\lambda}=f_y^e$。该方程也可相对基坐标系描述，其中矩阵：

$$\boldsymbol{S}_f=\boldsymbol{R}_e\boldsymbol{S}_f^e=\begin{bmatrix}-1/\sqrt{2}\\1/\sqrt{2}\end{bmatrix}\quad \boldsymbol{S}_e=\boldsymbol{R}_e\boldsymbol{S}_v^e=\begin{bmatrix}1/\sqrt{2}\\1/\sqrt{2}\end{bmatrix}\tag{7-141}$$

为常数，且柔顺矩阵为：

$$\boldsymbol{C}'=\boldsymbol{R}_e\boldsymbol{C}'^e\boldsymbol{R}_e^T=c_{2,2}\begin{bmatrix}1/2&-1/2\\-1/2&1/2\end{bmatrix}\tag{7-142}$$

当 $c_{2,2}$ 为常数时，在末端执行器在平面上运动的过程中，上式为常量。

由式(7－123)的选择，应用逆动力学控制律，有：

$$\dot{\boldsymbol{\nu}}=\ddot{\boldsymbol{o}}_x^e=\boldsymbol{\alpha}_v\tag{7-143}$$

$$\ddot{\boldsymbol{\lambda}}=\ddot{\boldsymbol{f}}_y^e=\boldsymbol{f}_\lambda\tag{7-144}$$

上式表明，只要根据式(7－126)、式(7－127)分别设定 $\boldsymbol{\alpha}_x$ 和 $\boldsymbol{f}_\lambda$，则混合控制可实现沿 x_e 轴的运动控制，以及沿 y_e 轴的力控制。

最后注意如果选择基坐标系平行于约束坐标系，控制律的公式还可以进一步简化。

(2) 刚性环境下的位置/力混合控制。在刚性环境情况下，相互作用力与力矩可写为 $\boldsymbol{h}_e=\boldsymbol{S}_f\boldsymbol{\lambda}$ 的形式。求解式(7－115)可得到 $\dot{\boldsymbol{v}}_e$，将其代入式(7－89)的时间导数中，最终可从式(7－115)中消去向量 $\boldsymbol{\lambda}$。有：

$$\boldsymbol{\lambda}=\boldsymbol{B}_f(q)(\boldsymbol{S}_f^{\mathrm{T}}\boldsymbol{B}_e^{-1}(\boldsymbol{q})(\boldsymbol{\gamma}_e-\boldsymbol{n}_e(\boldsymbol{q},\dot{\boldsymbol{q}}))+\dot{\boldsymbol{S}}_f^{\mathrm{T}}\boldsymbol{v}_e) \tag{7－145}$$

其中，$\boldsymbol{B}_f=(\boldsymbol{S}_f^{\mathrm{T}}\boldsymbol{B}_e^{-1}\boldsymbol{S}_f)^{-1}$。

因此机械臂受刚性环境约束的动力学模型(7－115)可以改写为下式：

$$\boldsymbol{B}_e(\boldsymbol{q})\dot{\boldsymbol{v}}_e+\boldsymbol{S}_f\boldsymbol{B}_f(\boldsymbol{q})\dot{\boldsymbol{S}}_f^{\mathrm{T}}\boldsymbol{v}_e=\boldsymbol{P}(\boldsymbol{q})(\boldsymbol{\gamma}_e-\boldsymbol{n}_e(\boldsymbol{q},\dot{\boldsymbol{q}})) \tag{7－146}$$

其中，$\boldsymbol{P}=\boldsymbol{I}_6-\boldsymbol{S}_f\boldsymbol{B}_f\boldsymbol{S}_f^{\mathrm{T}}\boldsymbol{B}_e^{-1}$。注意 $\boldsymbol{PS}_f=0$，而且该矩阵为幂等矩阵。因此矩阵 $\boldsymbol{P}$ 为(6×6)投影矩阵，它滤除了所有末端执行器力在子空间 $\boldsymbol{R}(\boldsymbol{S}_f)$ 中的分量。

方程(7－145)表明，向量 $\boldsymbol{\lambda}$ 即时取决于控制力 $\boldsymbol{\gamma}_e$。因此，适当选择 $\boldsymbol{\gamma}_e$，有可能直接控制末端执行器力可能违反约束的 m 个独立分量。这些分量可根据式(7－85)由 $\boldsymbol{\lambda}$ 计算得到。

另一方面，式(7－146)表示一组 6 个二阶微分方程，若根据约束条件初始化，这些方程的解在所有时刻都自动满足式(7－82)。

受约系统的降阶(reduced-order)动力学模型可描述为 $6-m$ 个独立方程，该方程由式(7－146)两侧同左乘 $\boldsymbol{S}_v^{\mathrm{T}}$，再代入如下的加速度 $\dot{\boldsymbol{v}}_e$ 得到。

$$\dot{\boldsymbol{v}}_e=\boldsymbol{S}_v\dot{\boldsymbol{v}}+\dot{\boldsymbol{S}}_v\boldsymbol{v} \tag{7－147}$$

根据恒等式(7－91)及 $\boldsymbol{S}_v^{\mathrm{T}}\boldsymbol{P}=\boldsymbol{S}_v^{\mathrm{T}}$ 得到：

$$\boldsymbol{B}_v(\boldsymbol{q})\dot{\boldsymbol{v}}=\boldsymbol{S}_v^{\mathrm{T}}(\boldsymbol{\gamma}_e-\boldsymbol{n}_e(\boldsymbol{q},\dot{\boldsymbol{q}})-\boldsymbol{B}_e(\boldsymbol{q})\dot{\boldsymbol{S}}_v\boldsymbol{v}) \tag{7－148}$$

其中，$\boldsymbol{B}_v=\boldsymbol{S}_e^{\mathrm{T}}\boldsymbol{B}_e\boldsymbol{S}_v$，而且表达式(7－145)可改写为：

$$\boldsymbol{\lambda}=\boldsymbol{B}_f(\boldsymbol{q})\boldsymbol{S}_f^{\mathrm{T}}\boldsymbol{B}_e^{-1}(\boldsymbol{q})(\boldsymbol{\gamma}_e-\boldsymbol{n}_e(\boldsymbol{q},\dot{\boldsymbol{q}})-\boldsymbol{B}_e(\boldsymbol{q})\dot{\boldsymbol{S}}_v\boldsymbol{v}) \tag{7－149}$$

其中应用了恒等式 $\dot{\boldsymbol{S}}_f^{\mathrm{T}}\boldsymbol{S}_v=-\boldsymbol{S}_f^{\mathrm{T}}\dot{\boldsymbol{S}}_v$。

对于式(7－148)，考虑选择

$$\boldsymbol{\gamma}_e=\boldsymbol{B}_e(\boldsymbol{q})\boldsymbol{S}_v\boldsymbol{\gamma}_v+\boldsymbol{S}_f\boldsymbol{f}_\lambda+\boldsymbol{n}_e(\boldsymbol{q},\dot{\boldsymbol{q}})+\boldsymbol{B}_e(\boldsymbol{q})\dot{\boldsymbol{S}}_v\boldsymbol{v} \tag{7－150}$$

其中，$\boldsymbol{\gamma}_v$ 和 $\boldsymbol{f}_\lambda$ 为新的控制输入。在式(7－148)、式(7－149)中代入式(7－150)，可得以下两个等式：

$$\dot{\boldsymbol{v}}=\boldsymbol{\gamma}_v \tag{7－151}$$

$$\boldsymbol{\lambda}=\boldsymbol{f}_\lambda \tag{7－152}$$

上式表明逆动力学控规律式(7－150)可实现被控力和被控速度子空间的完全解耦。

需要注意，要实现控规律式(7－150)，只要矩阵 $\boldsymbol{S}_f$ 和 $\boldsymbol{S}_v$ 已知，则不再需要约束方程(7－82)和(7－94)定义的受约束系统位形变量向量。矩阵 $\boldsymbol{S}_f$ 和 $\boldsymbol{S}_v$ 可基于环境几何构形进行计算得到，或应用力和速度的测量值在线估计得到。

在任务分配中，可以向量 $\boldsymbol{\lambda}_d(t)$ 的形式指定期望力，以向量 $\boldsymbol{v}_d(t)$ 的形式指定期望速度。在概念上，得到的混合力/速度控制方案与图 7－22 相类似。

期望速度 $\boldsymbol{v}_d$ 可根据(7－126)设置 $\boldsymbol{\alpha}_v$ 来得到，这与柔性环境的情况是一样的。

期望力 $\boldsymbol{\lambda}_d$ 则通过下式的设置得到：

$$\boldsymbol{f}_\lambda=\boldsymbol{\lambda}_d \tag{7-153}$$

但这种选择方式对干扰力非常敏感，因为没有力反馈。另外的选择方式是：

$$\boldsymbol{f}_\lambda=\boldsymbol{\lambda}_d+\boldsymbol{K}_{P\lambda}(\boldsymbol{\lambda}_d-\boldsymbol{\lambda}) \tag{7-154}$$

或

$$\boldsymbol{f}_\lambda=\boldsymbol{\lambda}_d+\boldsymbol{K}_{I\lambda}\int_0^t(\boldsymbol{\lambda}_d(\zeta)-\boldsymbol{\lambda}(\zeta))\mathrm{d}\zeta \tag{7-155}$$

其中，$\boldsymbol{K}_{P\lambda}$ 和 $\boldsymbol{K}_{I\lambda}$ 是适当的正定矩阵。比例反馈可以降低由干扰力引起的力误差，而积分作用可补偿常数偏差的干扰。

实现力反馈需要根据末端执行器力和力矩 $\boldsymbol{h}_e$ 计算向量 $\boldsymbol{\lambda}$，计算由式(7－87)完成。

当式(7－82)、式(7－94)可用时，可根据式(7－86)和式(7－99)分别计算矩阵 $\boldsymbol{S}_f$ 和 $\boldsymbol{S}_v$，而且可指定期望力 $\boldsymbol{\lambda}_d(t)$ 和期望位置 $\boldsymbol{r}_d(t)$ 来设计位置/力混合控制。

如上设计力控制规律，同时按如下选择，可以达到期望位置 $\boldsymbol{r}_d(t)$：

$$\boldsymbol{\alpha}_v=\ddot{\boldsymbol{r}}_d+\boldsymbol{K}_{Dr}(\dot{\boldsymbol{r}}_d-\boldsymbol{v})+\boldsymbol{K}_{Pr}(\boldsymbol{r}_d-\boldsymbol{r}) \tag{7-156}$$

其中，$\boldsymbol{K}_{Dr}$ 和 $\boldsymbol{K}_{Pr}$ 为合适的正定矩阵。向量 $\boldsymbol{r}$ 可由式(7－94)根据关节位置测量值计算得到。

思考题

1. 机器人控制系统有何特点？

2. 对机器人控制系统的基本要求有哪些？

3. 请简述机器人控制方法的分类。

4. 以直流伺服电机作关节驱动器时，机器人单关节位置控制的模型是什么？

5. 利用表7－1中的有关电机参数，对直流伺服电机作关节驱动器机器人单关节位置控制系统进行计算机动态仿真。(使用MATLAB工具)

6. 对于竖直平面内放置的串联两连杆机械臂，设各连杆长度为1m，质量为1kg，假设各连杆重心在其几何中心，初始状态时速度为0，以关节电机输出力矩作为控制输入，根据以下步骤设计控制器，实现对参考轨迹 $\boldsymbol{x}_d=[\cos(2t),\cos(2t)]^{\mathrm{T}}$ 的跟踪，仿真步长设置为1ms。

a. 推导此两连杆机械臂的动力学模型。

b. 在MATLAB中，建立此机械臂的数值模型。

c. 根据7.2节，设计独立关节控制器，记录仿真数据。

d. 根据7.3.1节，设计重力补偿PD控制器，记录仿真数据。

e. 根据7.3.2节，设计计算力矩控制器，记录仿真数据。

f. 对比评估如上三种控制器的控制效果。

7. 机器人力控制有哪些基本方法，分别说明其原理。

8. 说明式(7－89)和式(7－90)是 $\boldsymbol{h}_e=\boldsymbol{S}_f(\boldsymbol{q})\boldsymbol{\lambda}$ 在加权矩阵 $\boldsymbol{W}$ 时的最小范数解，即此解使得 $||\boldsymbol{S}_f(\boldsymbol{q})\boldsymbol{\lambda}-\boldsymbol{h}_e||$ 最小。

9. 说明刚度矩阵式(7－110)可以用 $\boldsymbol{K}'=\boldsymbol{P}_f\boldsymbol{K}$ 的形式表示，其中 $\boldsymbol{P}_f=\boldsymbol{S}_f\boldsymbol{S}_z^+$。

10. 说明控制规律(见式(7－158))可保证期望位置 $r_d(t)$ 的跟踪。

机器人智能控制

第 7 章中介绍的控制策略,没有考虑建模误差以及负载变化等引起的模型不确定性。实施 7.3.2 节中描述的计算力矩控制方法从物理模型上实现了关节的解耦控制,但其假设为物理模型精确可知。在实际应用中由于存在机械臂抓起一个未知负载或摩擦力建模不精确等模型参数与结构的不确定性问题,要实现更高的控制性能,控制器需要能够解决上述不确定性问题。

针对模型的不确定性,经典的控制方法主要有鲁棒控制和自适应控制两种,它们各有利弊。在区分鲁棒控制和自适应控制方面,我们采取下述被普遍接受的概念:鲁棒控制器是一个固定控制器,它被设计用来面对大范围不确定性时依然能满足性能要求;而自适应控制器则采用某种形式的在线参数估计。这种区别是很重要的。例如,在重复运动任务中,由固定的鲁棒控制器产生的跟踪误差也会趋于重复;随着受控对象或控制参数根据运行时的信息而更新,由自适应控制器产生的跟踪误差会随时间而减小。同时,面对模型参数不确定性表现良好的自适应控制器,在面对外部干扰或未建模动态特性等模型结构不确定性时可能表现并不好。

此外,近些年,随着智能控制技术的发展,各种智能算法也更多地被应用到机器人控制领域。它们最大的特点在于能够在重复操作中对机械臂模型的不确定性进行学习,提高重复精度。代表性的方法主要有神经网络控制、模糊控制与强化学习等。

8.1 机器人鲁棒控制

本节主要介绍鲁棒控制,鲁棒控制的目标是:尽管有参数不确定性、外部干扰、未建模动态特性或系统中存在的其他不确定性,系统仍然能够保持其在稳定性、跟踪误差或其他指标方面的性能表现。

计算力矩控制依赖于对机器人运动方程中非线性的精确抵消,在实际实施中需要考虑各种非确定性来源,包括建模误差、未知负载以及计算错误。让我们回到下列欧拉一拉格朗日运动方程。

$$\boldsymbol{M}(\boldsymbol{q})\ddot{\boldsymbol{q}}+\boldsymbol{C}(\boldsymbol{q},\dot{\boldsymbol{q}})\dot{\boldsymbol{q}}+\boldsymbol{G}(\boldsymbol{q})=\boldsymbol{u} \tag{8-1}$$

并将逆运动学控制输入 $\boldsymbol{u}$ 写为:

$$\boldsymbol{u}=\hat{\boldsymbol{M}}(\boldsymbol{q})\boldsymbol{a}_q+\hat{\boldsymbol{C}}(\boldsymbol{q},\dot{\boldsymbol{q}})\dot{\boldsymbol{q}}+\hat{\boldsymbol{g}}(\boldsymbol{q}) \tag{8-2}$$

其中,符号$(\hat{\boldsymbol{g}})$表示(g)的计算值或表征值。它又意味着:由于系统中的不确定性,理论上的精确逆动力学控制在实践中无法实现。误差或不匹配$(\tilde{g})=(\hat{g})-(g)$是对系统参数认识的一个度量。

如果我们将式(8－2)代入式(8－1)中，经过运算得到：

$$\ddot{\boldsymbol{q}} = \boldsymbol{a}_q + \boldsymbol{\eta}(\boldsymbol{q}, \dot{\boldsymbol{q}}, \boldsymbol{a}_q) \tag{8-3}$$

其中，

$$\boldsymbol{\eta} = \boldsymbol{M}^{-1}(\tilde{\boldsymbol{M}}\boldsymbol{a}_q + \tilde{\boldsymbol{C}}\dot{\boldsymbol{q}} + \tilde{\boldsymbol{g}}) \tag{8-4}$$

被称为不确定性。我们定义 $\boldsymbol{E}$ 如下：

$$\boldsymbol{E} := \boldsymbol{M}^{-1}\tilde{\boldsymbol{M}} = \boldsymbol{M}^{-1}\hat{\boldsymbol{M}} - \boldsymbol{I} \tag{8-5}$$

它允许我们将不确定性 $\boldsymbol{\eta}$ 表示为：

$$\boldsymbol{\eta} = \boldsymbol{E}\boldsymbol{a}_q + \boldsymbol{M}^{-1}(\tilde{\boldsymbol{C}}\dot{\boldsymbol{q}} + \tilde{\boldsymbol{g}}) \tag{8-6}$$

由于不确定性 $\boldsymbol{\eta}(\boldsymbol{q}, \dot{\boldsymbol{q}}, \boldsymbol{a}_q)$，由式(8－3)描述的系统仍然是非线性且耦合的；因此，我们不能保证由公式(7－52)给出的外环控制将能达到满足期望的跟踪性能。在本节中，我们将展示如何修改外环控制公式(7－52)，以保证由式(8－3)描述的系统中跟踪误差的全局收敛。

有几种方法可用于处理上述的鲁棒逆动力学问题。在本节中，我们将讨论不确定系统中的确保稳定性理论，它基于李雅普诺夫第二方法。在此方法中，我们设定外环控制 $\boldsymbol{a}_q$ 如下：

$$\boldsymbol{a}_q = \ddot{\boldsymbol{q}}^d(t) - \boldsymbol{K}_0\tilde{\boldsymbol{q}} - \boldsymbol{K}_1\dot{\tilde{\boldsymbol{q}}} + \boldsymbol{\delta}a \tag{8-7}$$

其中，$\boldsymbol{\delta}a$ 是需要设计的一个附加项。对于跟踪误差

$$\boldsymbol{e} = \begin{pmatrix} \tilde{\boldsymbol{q}} \\ \dot{\tilde{\boldsymbol{q}}} \end{pmatrix} = \begin{pmatrix} \boldsymbol{q} - \boldsymbol{q}^d \\ \dot{\boldsymbol{q}} - \dot{\boldsymbol{q}}^d \end{pmatrix} \tag{8-8}$$

我们可将式(8－3)和式(8－7)写为：

$$\dot{\boldsymbol{e}} = \boldsymbol{A}\boldsymbol{e} + \boldsymbol{B}\{\boldsymbol{\delta a} + \boldsymbol{\eta}\} \tag{8-9}$$

其中，

$$\boldsymbol{A} = \begin{pmatrix} 0 & \boldsymbol{I} \\ -\boldsymbol{K}_0 & -\boldsymbol{K}_1 \end{pmatrix}, \boldsymbol{B} = \begin{pmatrix} 0 \\ \boldsymbol{I} \end{pmatrix} \tag{8-10}$$

因此，首先可以由线性反馈项 $-\boldsymbol{K}_0\tilde{\boldsymbol{q}} - \boldsymbol{K}_q\ddot{\tilde{\boldsymbol{q}}}$ 使双积分环节变得稳定，然后附加控制项 $\boldsymbol{\delta a}$ 被设计用来克服不确定性 $\boldsymbol{\eta}$ 中潜在的不稳定影响。其基本思路是：假定我们能够计算关于不确定性 $\boldsymbol{\eta}$ 的一个界限 $\boldsymbol{\rho}(\boldsymbol{e}, \boldsymbol{t}) \geqslant 0$，如下：

$$\|\boldsymbol{\eta}\| \leqslant \boldsymbol{\rho}(\boldsymbol{e}, \boldsymbol{t}) \tag{8-11}$$

然后，设计额外输入项 $\boldsymbol{\delta a}$ 来确保公式(8－9)中的轨迹误差 $\boldsymbol{e}(\boldsymbol{t})$ 的最终有界性。注意到：一般情况下，界限 $\boldsymbol{\rho}$ 是跟踪误差 $\boldsymbol{e}$ 和时间的函数。

返回到关于不确定性 $\boldsymbol{\eta}$ 的表达式，并替代公式(8－7)中的 $\boldsymbol{a}_q$，我们有：

$$\boldsymbol{\eta} = \boldsymbol{E}\boldsymbol{a}_q + \boldsymbol{M}^{-1}(\tilde{\boldsymbol{C}}\dot{\boldsymbol{q}} + \tilde{\boldsymbol{g}}) = \boldsymbol{E}\boldsymbol{\delta a} + \boldsymbol{E}(\ddot{\boldsymbol{q}}^d - \boldsymbol{K}_0\tilde{\boldsymbol{q}} - \boldsymbol{K}_1\dot{\tilde{\boldsymbol{q}}}) + \boldsymbol{M}^{-1}(\tilde{\boldsymbol{C}}\dot{\boldsymbol{q}} + \boldsymbol{g}) \tag{8-12}$$

注意到 $a := \| E \| = \| M^{-1}\hat{M} - 1 \| < 1$ 这个条件决定着 $\hat{M}$ 的估计必须在多大程度上接近惯性矩阵。假设对 M^{-1} 有下列界限：

$$\underline{M} \leqslant \| M^{-1} \| \leqslant \bar{M} \tag{8-13}$$

如果选择如下所示的惯性矩阵估计 $\hat{M}$：

$$\hat{M} = \frac{2}{\bar{M} + \underline{M}} I \tag{8-14}$$

那么，可以证明

$$\| M^{-1}\hat{M} - I \| \leqslant \frac{\bar{M} - \underline{M}}{\bar{M} + \underline{M}} < 1 \tag{8-15}$$

这里的要点是：总有一个关于 $\hat{M}$ 的选择来满足条件 $\| E \| < 1$。

其次，就目前而言，假设必须对 $\| \delta a \| \leqslant \rho(e,t)$ 进行后验检查。由此得到：

$$\| \eta \| \leqslant a\rho(e,t) + \gamma_1 \| e \| + \gamma_2 \| e \|^2 + \gamma_3 =: \rho(e,t) \tag{8-16}$$

由于 $a < 1$，由上式可得下列关于 ρ 的表达式：

$$\rho(e,t) = \frac{1}{1-a}(\gamma_1 \| e \| + \gamma_2 \| e \|^2 + \gamma_3) \tag{8-17}$$

因为选择 K_0 和 K_1 使得公式(8-9)中的矩阵 A 为 Hurwitz 矩阵，我们可以选 $Q = 0$，并且令 $P > 0$ 为满足下列李雅普诺夫方程的唯一的对称正定矩阵：

$$A^{\mathrm{T}}P + PA = -Q \tag{8-18}$$

按照下述方式定义控制 δa：

$$\delta a = \begin{cases} -\rho(e,t)\dfrac{B^{\mathrm{T}}Pe}{\| B^{\mathrm{T}}Pe \|}; & 若 \ \| B^{\mathrm{T}}Pe \| \neq 0 \\ 0; & 若 \ \| B^{\mathrm{T}}Pe \| = 0 \end{cases} \tag{8-19}$$

由此可知，李雅普诺夫函数 $V = e^{\mathrm{T}}Pe$ 在沿公式(8-9)的根轨迹上满足 $\dot{V} < 0$。为了说明该结果，我们计算：

$$\dot{V} = -e^{\mathrm{T}}Qe + 2e^{\mathrm{T}}PB\{\delta a + \eta\} \tag{8-20}$$

为了简便起见，令 $\omega = B^{\mathrm{T}}Pe$，并考虑上述公式中的第二项 $\omega^{\mathrm{T}}\{\delta a + \eta\}$。如果 $\omega = 0$，这一项将消失；对于 $\omega \neq 0$，我们有：

$$\delta a = -\rho \frac{w}{\| w \|} \tag{8-21}$$

因此，使用柯西—施瓦茨不等式，我们有：

$$w^{\mathrm{T}}\left(-\rho \frac{w}{\| w \|} + \eta\right) \leqslant -\rho \| w \| + \| w \| \| \eta \| = \| w \| (-\rho + \| \eta \|) \leqslant 0 \tag{8-22}$$

这是由于 $\| \eta \| \leqslant \rho$。因此，

$$\dot{V} \leqslant -e^{\mathrm{T}}Qe < 0 \tag{8-23}$$

我们得到了想要的结果。最后，注意到 $\| \delta a \| \leqslant \rho$ 满足预期。关节空间鲁棒控制

的结构如图 8-1 所示。

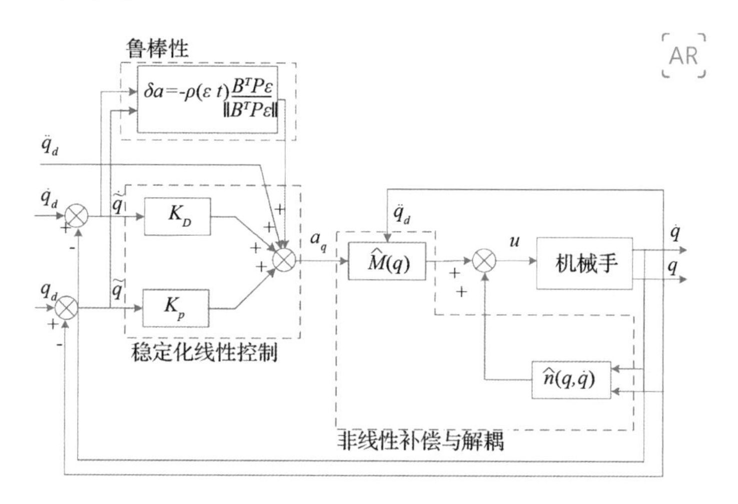

图 8-1　关节空间鲁棒控制方框图

由于上述控制项 $\boldsymbol{\delta a}$ 在由 $\boldsymbol{B}^{\mathrm{T}}\boldsymbol{Pe}=0$ 定义的子空间内不连续，在这个子空间内的根轨迹不能按通常意义得到很好的定义。我们可以从更一般的意义上来定义解，即所谓的 Filippov。对于非连续控制系统的详细处理超出了本书的范围。在实践中，控制中的不连续会导致颤振(chattering)，此时控制在式(8-19)给出的控制值之间做迅速切换。

对于非连续控制，我们可以连续近似它，如下：

$$\boldsymbol{\delta a}=\begin{cases}-\boldsymbol{\rho}(\boldsymbol{e},\boldsymbol{t})\dfrac{\boldsymbol{B}^{\mathrm{T}}\boldsymbol{Pe}}{\|\boldsymbol{B}^{\mathrm{T}}\boldsymbol{Pe}\|}; & 若\ \|\boldsymbol{B}^{\mathrm{T}}\boldsymbol{Pe}\|>\boldsymbol{\varepsilon}\\ -\dfrac{\boldsymbol{\rho}(\boldsymbol{e},\boldsymbol{t})}{\boldsymbol{\varepsilon}}\boldsymbol{B}^{\mathrm{T}}\boldsymbol{Pe}; & 若\ \|\boldsymbol{B}^{\mathrm{T}}\boldsymbol{Pe}\|\leqslant\boldsymbol{\varepsilon}\end{cases} \tag{8-24}$$

在这种情况下，由于式(8-24)给出的控制信号是连续的，因此对于任意初始条件，由式(8-9)描述的系统存在解，并且我们可以证明以下结果。

定理 1　在由式(8-9)描述的系统中，使用连续控制律式(8-24)得到的所有轨迹都是一致最终有界的。

证明同以往一样，选择 $\boldsymbol{V}(\boldsymbol{e})=\boldsymbol{e}^{\mathrm{T}}\boldsymbol{Pe}$，并计算：

$$\dot{\boldsymbol{V}}=-\boldsymbol{e}^{\mathrm{T}}\boldsymbol{Qe}+2\boldsymbol{w}^{\mathrm{T}}(\boldsymbol{\delta a}+\boldsymbol{\eta}) \tag{8-25}$$

$$\leqslant-\boldsymbol{e}^{\mathrm{T}}\boldsymbol{Qe}+2\boldsymbol{w}^{\mathrm{T}}\left(\boldsymbol{\delta a}+\boldsymbol{\rho}\frac{\boldsymbol{w}}{\|\boldsymbol{w}\|}\right) \tag{8-26}$$

其中，与上面相同，$\|\boldsymbol{\omega}\|=\|\boldsymbol{B}^{\mathrm{T}}\boldsymbol{Pe}\|$。对于 $\|\boldsymbol{\omega}\|\geqslant\boldsymbol{\varepsilon}$，证明过程按上面所示继续，且 $\dot{\boldsymbol{V}}<0$。上式中的第二项变为：

$$2\boldsymbol{w}^{\mathrm{T}}\left(-\frac{\boldsymbol{\rho}}{\boldsymbol{\varepsilon}}\boldsymbol{w}+\boldsymbol{p}\frac{\boldsymbol{w}}{\|\boldsymbol{w}\|}\right)=-2\frac{\boldsymbol{\rho}}{\boldsymbol{\varepsilon}}\|\boldsymbol{w}\|^{2}+2\boldsymbol{\rho}\|\boldsymbol{w}\| \tag{8-27}$$

当 $\|\boldsymbol{\omega}\|=\frac{\boldsymbol{\varepsilon}}{2}$时，这个表达式达到最大值 $\boldsymbol{\varepsilon}\frac{\boldsymbol{\rho}}{2}$。因此，我们有：

$$\dot{\boldsymbol{V}}\leqslant-\boldsymbol{e}^{\mathrm{T}}\boldsymbol{Q}\boldsymbol{e}+\boldsymbol{\varepsilon}\frac{\boldsymbol{\rho}}{2}<0 \tag{8-28}$$

其条件是：

$$\boldsymbol{e}^{\mathrm{T}}\boldsymbol{Q}\boldsymbol{e}>\boldsymbol{\varepsilon}\frac{\boldsymbol{\rho}}{2} \tag{8-29}$$

使用如下关系：

$$\boldsymbol{\lambda}_{\min}(\boldsymbol{Q})\ \|\boldsymbol{e}\|^{2}\leqslant\boldsymbol{e}^{\mathrm{T}}\boldsymbol{Q}\boldsymbol{e}\leqslant\boldsymbol{\lambda}_{\max}(\boldsymbol{Q})\ \|\boldsymbol{e}\|^{2} \tag{8-30}$$

其中，$\boldsymbol{\lambda}_{\min}(\boldsymbol{Q})\boldsymbol{\lambda}_{\max}(\boldsymbol{Q})$分别表示矩阵 $\boldsymbol{Q}$ 的最小特征值和最大特征值。如果下式得到满足，我们有 $\dot{\boldsymbol{V}}<0$

$$\boldsymbol{\lambda}_{\min}(\boldsymbol{Q})\ \|\boldsymbol{e}\|^{2}>\boldsymbol{\varepsilon}\frac{\boldsymbol{\rho}}{2} \tag{8-31}$$

或者等价地

$$\|\boldsymbol{e}\|>\left(\frac{\boldsymbol{\varepsilon}\boldsymbol{\rho}}{2\boldsymbol{\lambda}_{\min}(\boldsymbol{Q})}\right)^{\frac{1}{2}}=:\delta \tag{8-32}$$

令 $\boldsymbol{S}_{\delta}$ 表示包含半径为$\boldsymbol{\delta}$ 的球$\boldsymbol{B}(\boldsymbol{\delta})$的$\boldsymbol{V}$ 中的最小水平集，并令 $\boldsymbol{B}_{r}$ 表示包含$\boldsymbol{S}_{\delta}$ 的最小球。那么，相对于 $\boldsymbol{B}_{r}$，闭环系统的所有解都是一致最终有界的。图 8-2 中示出了这种情况。所有的轨迹都会到达 $\boldsymbol{S}_{\delta}$ 的边界，这是因为 $\dot{\boldsymbol{V}}$ 在 $\boldsymbol{S}_{\delta}$ 的外部是负定的。

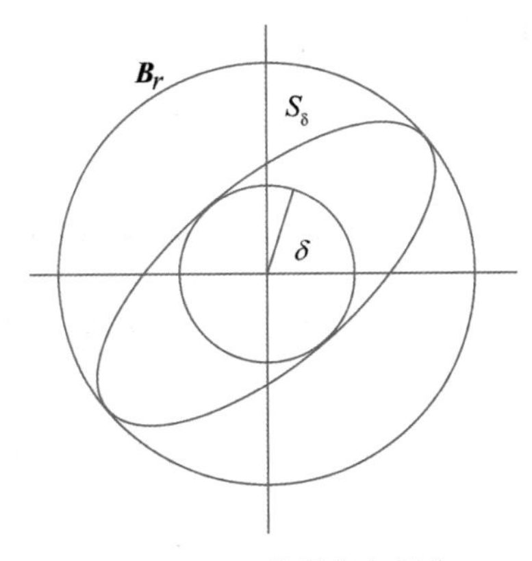

图 8-2　一致最终有界集

注意到最终有界集合的半径，因此稳态跟踪误差的幅值与不确定性界限 $\boldsymbol{P}$ 以及常数 $\boldsymbol{e}$ 成正比。常数 $\boldsymbol{e}$ 被用来减小或消除颤振，因此需要选择尽可能大的 $\boldsymbol{e}$ 来消除颤振。因为球 $\boldsymbol{B}_{\delta}$ 之外的 $\dot{\boldsymbol{V}}$ 为负值，所有轨迹最终都会进入水平集 $\boldsymbol{S}_{\delta}$ 中，它是 $\boldsymbol{V}$ 中包含 $\boldsymbol{B}_{\delta}$ 的最小水平集。因此，系统相对于 $\boldsymbol{B}_{r}$ 是一致最终有界的，其中 $\boldsymbol{B}_{r}$ 是包含 $\boldsymbol{S}_{\delta}$ 的最小球 $\boldsymbol{\Lambda}$。

8.2 机器人自适应控制

8.1 节中介绍的鲁棒控制依靠非线性反馈项处理不确定性，而自适应控制则依靠对参数的自适应在线修改参数的估计值，控制过程也是一个控制器学习的过程。在 20 世纪 80 年代中期，当机械臂的参数线性化性质变得广为人知时，第一批全局收敛的自适应控制结果开始出现。通常用于动力学逆解的计算模型与真实机械手动力学模型具有相同结构，但存在参数估计的不确定性。这种情况下，需要设计求解方法，使得动力学模型的计算模型具有在线适应性，从而实现逆动力学类型的控制方案。

机械手动力学模型参数的线性化使得找到自适应控制律成为可能。实际上，总是可以如式(8－25)那样采用一组合适的常数动态参数用线性形式表示非线性运动方程。我们来回顾式(7－1)的机械臂动力学参数线性化方程：

$$\boldsymbol{M}(\boldsymbol{q})\ddot{\boldsymbol{q}}_r+\boldsymbol{C}(\boldsymbol{q},\dot{\boldsymbol{q}})\dot{\boldsymbol{q}}_r+\boldsymbol{F}\dot{\boldsymbol{q}}+\boldsymbol{g}(\boldsymbol{q})=\boldsymbol{Y}(\boldsymbol{q},\dot{\boldsymbol{q}},\dot{\boldsymbol{q}}_r,\ddot{\boldsymbol{q}})\boldsymbol{\pi}=\boldsymbol{u} \tag{8-33}$$

其中 $\boldsymbol{\pi}$ 为$(p\times1)$的常参数向量，$\boldsymbol{Y}$ 为关节位置、速度与加速度函数构成的$(n\times p)$矩阵，动态参数的线性化是推导自己适应控制的基础，下面所演示的自适应技术是最简单的一种。

首先介绍可以通过合并计算转矩/动力学逆解推导出的控制方案。假设计算模型和动力学模型一致。

考虑控制律：

$$\boldsymbol{u}=\boldsymbol{M}(\boldsymbol{q})\ddot{\boldsymbol{q}}_r+\boldsymbol{C}(\boldsymbol{q},\dot{\boldsymbol{q}})\dot{\boldsymbol{q}}_r+\boldsymbol{F}\dot{\boldsymbol{q}}_r+\boldsymbol{g}(\boldsymbol{q})+\boldsymbol{K}_D\boldsymbol{\sigma} \tag{8-34}$$

其中，$\boldsymbol{K}_D$ 为正定矩阵。选择：

$$\dot{\boldsymbol{q}}_r=\dot{\boldsymbol{q}}_d+\boldsymbol{\Lambda}\tilde{q}\quad\ddot{\boldsymbol{q}}_r=\ddot{\boldsymbol{q}}_d+\boldsymbol{\Lambda}\dot{\tilde{\boldsymbol{q}}} \tag{8-35}$$

其中，$\boldsymbol{\Lambda}$ 为正定(通常是对角阵)矩阵。上式使非线性补偿和耦合项可表示为期望速度与加速度的函数，并由机械手的当前状态($\boldsymbol{q}$ 和 $\dot{\boldsymbol{q}}$)进行修正。实际上，$\dot{\boldsymbol{q}}_r=\dot{\boldsymbol{q}}_d+\boldsymbol{\Lambda}\tilde{\boldsymbol{q}}$ 项表示依赖于速度的分量的权重，其值建立在期望速度与位置跟踪误差两重基础之上。加速度分量也有相似的总论，该项除依赖于期望加速度量之外，还与速度跟踪误差有关。

若 $\boldsymbol{\sigma}$ 选取为下式，则 $\boldsymbol{K}_D\boldsymbol{\sigma}$ 项与误差的 PD 等价：

$$\boldsymbol{\sigma}=\boldsymbol{q}_r-\dot{\boldsymbol{q}}=\dot{\tilde{\boldsymbol{q}}}+\boldsymbol{\Lambda}\tilde{\boldsymbol{q}} \tag{8-36}$$

将式(8－34)代入式(8－33)，由式(8－36)得：

$$\boldsymbol{M}(\boldsymbol{q})\dot{\boldsymbol{\sigma}}+\boldsymbol{C}(\boldsymbol{q},\dot{\boldsymbol{q}})\boldsymbol{\sigma}+\boldsymbol{F}\boldsymbol{\sigma}+\boldsymbol{K}_D\boldsymbol{\sigma}=0 \tag{8-37}$$

李雅普诺夫待选函数：

$$\boldsymbol{V}(\boldsymbol{\sigma},\tilde{\boldsymbol{q}})=\frac{1}{2}\boldsymbol{\sigma}^T\boldsymbol{M}(\boldsymbol{q})\boldsymbol{\sigma}+\frac{1}{2}\tilde{\boldsymbol{q}}^T\boldsymbol{M}\tilde{\boldsymbol{q}}>0\ \forall\boldsymbol{\sigma},\tilde{\boldsymbol{q}}\neq0 \tag{8-38}$$

其中，$\boldsymbol{M}$ 为$(n\times n)$对称正定矩阵，要得到整个系统状态的李雅普诺夫函数必须引入式

(8－38)的第二项，当$\tilde{q}=0$，$\dot{\tilde{q}}=0$时该项为零。V沿系统式(8－37)轨迹的时间导数为：

$$\begin{aligned}\dot{V}&=\boldsymbol{\sigma}^{\mathrm{T}}\boldsymbol{M}(\boldsymbol{q})\dot{\boldsymbol{\sigma}}+\frac{1}{2}\boldsymbol{\sigma}^{\mathrm{T}}\dot{\boldsymbol{M}}(\boldsymbol{q})\boldsymbol{\sigma}+\tilde{\boldsymbol{q}}^{\mathrm{T}}\boldsymbol{M}\dot{\tilde{\boldsymbol{q}}}\\&=-\boldsymbol{\sigma}^{\mathrm{T}}(\boldsymbol{F}+\boldsymbol{K}_D)\boldsymbol{\sigma}+\tilde{\boldsymbol{q}}^{\mathrm{T}}\boldsymbol{M}\dot{\tilde{\boldsymbol{q}}}\end{aligned}\tag{8-39}$$

其中利用了矩阵$\boldsymbol{N}=\dot{\boldsymbol{M}}-2\boldsymbol{C}$的反对称性。由式(8－36)中$\boldsymbol{\sigma}$的表达式，以及对角阵$\boldsymbol{\Lambda}$和$\boldsymbol{K}_D$，可以方便地选择$\boldsymbol{M}=2\boldsymbol{\Lambda}\boldsymbol{K}_D$，从而：

$$\dot{V}=-\boldsymbol{\sigma}^{\mathrm{T}}\boldsymbol{F}\boldsymbol{\sigma}-\dot{\tilde{\boldsymbol{q}}}^{\mathrm{T}}\boldsymbol{K}_D\dot{\tilde{\boldsymbol{q}}}-\tilde{\boldsymbol{q}}^{\mathrm{T}}\boldsymbol{\Lambda}\boldsymbol{K}_D\boldsymbol{\Lambda}\tilde{\boldsymbol{q}}\tag{8-40}$$

该表达式表明时间导数为负定，因为只有$\tilde{q}=0$及$\dot{\tilde{q}}\equiv 0$时，该式为零。由此可得状态空间$[\tilde{\boldsymbol{q}}^{\mathrm{T}},\boldsymbol{\sigma}^{\mathrm{T}}]^{\mathrm{T}}=0$的原点是全局渐进稳定的。注意和鲁棒控制情况不同，误差轨迹不需要高频控制就会趋向子空间$\boldsymbol{\sigma}=0$。

以这种明显的结果为基础，可以根据参数向量$\boldsymbol{\pi}$自适应建立控制律。

假设计算模型与机械手动力学模型结构相同，但参数并不确切已知，式(8－34)的控制律可修正为：

$$\begin{aligned}\boldsymbol{u}&=\hat{\boldsymbol{M}}(\boldsymbol{q})\ddot{\boldsymbol{q}}_r+\hat{\boldsymbol{C}}(\boldsymbol{q},\dot{\boldsymbol{q}})\dot{\boldsymbol{q}}_r+\hat{\boldsymbol{F}}\dot{\boldsymbol{q}}_r+\hat{\boldsymbol{g}}+\boldsymbol{K}_D\boldsymbol{\sigma}\\&=\boldsymbol{Y}(\boldsymbol{q},\dot{\boldsymbol{q}},\dot{\boldsymbol{q}}_r,\ddot{\boldsymbol{q}}_r)\hat{\boldsymbol{\pi}}+\boldsymbol{K}_D\boldsymbol{\sigma}\end{aligned}\tag{8-41}$$

其中，$\hat{\boldsymbol{\pi}}$表示对参数的可用估计，相应地$\hat{\boldsymbol{M}}$，$\hat{\boldsymbol{C}}$，$\hat{\boldsymbol{F}}$，$\hat{\boldsymbol{g}}$表示了动力学模型中的被估计项。将控制律式(8－41)代入式(8－33)中得：

$$\begin{aligned}&\boldsymbol{M}(\boldsymbol{q})\dot{\boldsymbol{\sigma}}+\boldsymbol{C}(\boldsymbol{q},\dot{\boldsymbol{q}})\boldsymbol{\sigma}+\boldsymbol{F}\boldsymbol{\sigma}+\boldsymbol{K}_D\boldsymbol{\sigma}\\&\quad=-\tilde{\boldsymbol{M}}(\boldsymbol{q})\ddot{\boldsymbol{q}}_r-\tilde{\boldsymbol{C}}(\boldsymbol{q},\dot{\boldsymbol{q}})\ddot{\boldsymbol{q}}_r-\tilde{\boldsymbol{F}}\dot{\boldsymbol{q}}_r-\tilde{\boldsymbol{g}}(\boldsymbol{q})\\&\quad=-\boldsymbol{Y}(\boldsymbol{q},\dot{\boldsymbol{q}},\dot{\boldsymbol{q}}_r,\ddot{\boldsymbol{q}}_r)\tilde{\boldsymbol{\pi}}\end{aligned}\tag{8-42}$$

其中方便地利用了误差参数向量：

$$\tilde{\boldsymbol{\pi}}=\hat{\boldsymbol{\pi}}-\boldsymbol{\pi}\tag{8-43}$$

的线性化。根据式(8－19)，建模误差可表示为：

$$\tilde{\boldsymbol{M}}=\hat{\boldsymbol{M}}-\boldsymbol{M}\quad\tilde{\boldsymbol{C}}=\hat{\boldsymbol{C}}-\boldsymbol{C}\quad\tilde{\boldsymbol{F}}=\hat{\boldsymbol{F}}-\boldsymbol{F}\quad\tilde{\boldsymbol{g}}=\hat{\boldsymbol{g}}-\boldsymbol{g}\tag{8-44}$$

需要注意，根据位置式(8－35)，矩阵$\boldsymbol{Y}$并不依赖于关节加速度的实际值，而是依赖于关节加速度的期望值，因此避免了加速度直接测量带来的问题。

根据这一点，将式(8－38)的李雅普诺夫待选函数修改为以下形式：

$$\begin{aligned}&V(\boldsymbol{\sigma},\tilde{\boldsymbol{q}},\tilde{\boldsymbol{\pi}})=\frac{1}{2}\boldsymbol{\sigma}^{\mathrm{T}}\boldsymbol{M}(\boldsymbol{q})\boldsymbol{\sigma}+\tilde{\boldsymbol{q}}^{\mathrm{T}}\boldsymbol{\Lambda}\boldsymbol{K}_D\tilde{\boldsymbol{q}}+\frac{1}{2}\tilde{\boldsymbol{\pi}}^{\mathrm{T}}\boldsymbol{K}_\pi\tilde{\boldsymbol{\pi}}>0\\&\forall\boldsymbol{\sigma},\tilde{\boldsymbol{q}},\tilde{\boldsymbol{\pi}}\neq 0\end{aligned}\tag{8-45}$$

其中特点是表示式(8－43)参数误差组附加项，且$\boldsymbol{K}_\pi$对称正定。V沿式(8－42)系统轨迹的时间导数为：

$$\dot{V}=-\boldsymbol{\sigma}^{\mathrm{T}}\boldsymbol{F}\boldsymbol{\sigma}-\dot{\tilde{\boldsymbol{q}}}^{\mathrm{T}}\boldsymbol{K}_D\dot{\tilde{\boldsymbol{q}}}-\tilde{\boldsymbol{q}}^{\mathrm{T}}\boldsymbol{\Lambda}\boldsymbol{K}_D\boldsymbol{\Lambda}\tilde{\boldsymbol{q}}+\tilde{\boldsymbol{\pi}}^{\mathrm{T}}(\boldsymbol{K}_\pi\dot{\tilde{\boldsymbol{\pi}}}-\boldsymbol{Y}^{\mathrm{T}}(\boldsymbol{q},\dot{\boldsymbol{q}},\dot{\boldsymbol{q}}_r,\ddot{\boldsymbol{q}}_r)\boldsymbol{\sigma})\tag{8-46}$$

若根据如下自适应规则对参数向量估计进行更新：

$$\dot{\hat{\boldsymbol{\pi}}}=\boldsymbol{K}_{\pi}^{-1}\boldsymbol{Y}^{\mathrm{T}}(\boldsymbol{q},\dot{\boldsymbol{q}},\dot{\boldsymbol{q}}_r,\ddot{\boldsymbol{q}}_r)\boldsymbol{\sigma} \tag{8-47}$$

因为 $\dot{\boldsymbol{q}}=\ddot{\tilde{\boldsymbol{q}}}-\boldsymbol{\pi}$ 为常数，故式(8-46)变为：

$$\dot{V}=-\boldsymbol{\sigma}^{\mathrm{T}}\boldsymbol{F}\boldsymbol{\sigma}-\dot{\boldsymbol{q}}^{\mathrm{T}}\boldsymbol{K}_D\dot{\tilde{\boldsymbol{q}}}-\tilde{\boldsymbol{q}}^{\mathrm{T}}\boldsymbol{\Lambda}\boldsymbol{K}_D\boldsymbol{\Lambda}\tilde{\boldsymbol{q}} \tag{8-48}$$

也与以上讨论相似，不难得到由如下模型描述的机械手轨迹：

$$\boldsymbol{M}(\boldsymbol{q})\ddot{\boldsymbol{q}}+\boldsymbol{C}(\boldsymbol{q},\dot{\boldsymbol{q}})\dot{\boldsymbol{q}}+\boldsymbol{F}\dot{\boldsymbol{q}}+\boldsymbol{g}(\boldsymbol{q})=\boldsymbol{u} \tag{8-49}$$

若控制律为：

$$\boldsymbol{u}=\boldsymbol{Y}(\boldsymbol{q},\dot{\boldsymbol{q}},\dot{\boldsymbol{q}}_r,\ddot{\boldsymbol{q}}_r)\hat{\pi}+\boldsymbol{K}_D(\dot{\tilde{\boldsymbol{q}}}+\boldsymbol{\Lambda}\tilde{\boldsymbol{q}}) \tag{8-50}$$

则参数自适应律为：

$$\dot{\hat{\pi}}=\boldsymbol{K}_n^{-1}\boldsymbol{Y}^{\mathrm{T}}(\boldsymbol{q},\dot{\boldsymbol{q}},\dot{\boldsymbol{q}}_r,\ddot{\boldsymbol{q}}_r)(\dot{\tilde{\boldsymbol{q}}}+\boldsymbol{\Lambda}\tilde{\boldsymbol{q}}) \tag{8-51}$$

机械手轨迹将全局渐进收敛于 $\boldsymbol{\sigma}=0$ 且 $\tilde{\boldsymbol{q}}=0$，这意味着 $\tilde{\boldsymbol{q}},\dot{\tilde{\boldsymbol{q}}}$ 收敛于零，且 $\hat{\boldsymbol{\pi}}$ 有界。式(8-42)表示渐近性：

$$\boldsymbol{Y}(\boldsymbol{q},\dot{\boldsymbol{q}},\dot{\boldsymbol{q}}_r,\ddot{\boldsymbol{q}}_r)(\hat{\boldsymbol{\pi}}-\boldsymbol{\pi})=0 \tag{8-52}$$

该式并不表示 $\hat{\boldsymbol{\pi}}$ 将趋向 $\boldsymbol{\pi}$，实际上，参数能否收敛于其真值取决于矩阵 $\boldsymbol{Y}(\boldsymbol{q},\dot{\boldsymbol{q}},\dot{\boldsymbol{q}}_r,\ddot{\boldsymbol{q}}_r)$ 的结构以及期望轨迹与实际轨迹。虽然如此，但下面方法的目标是直接自适应问题的求解，即寻找保证有限跟踪误差的控制律，而不再确定系统的真实参数(与间接自适应问题相同)。得到的方框如图 8-3 所示。

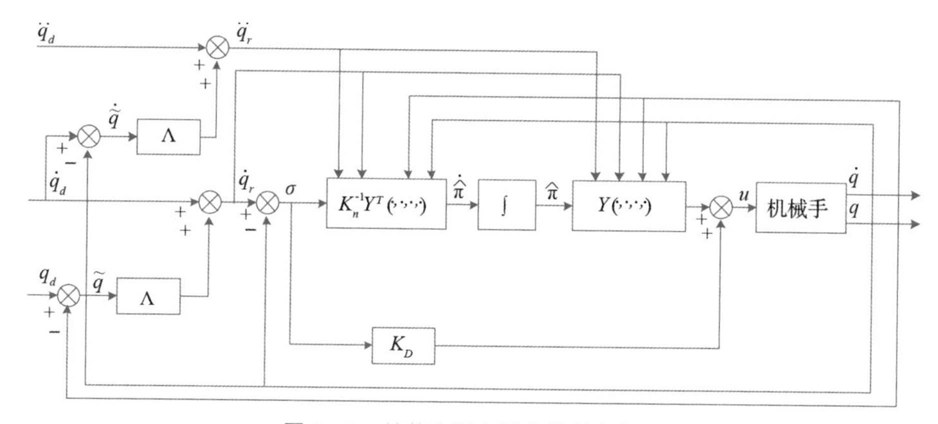

图 8-3 关节空间自适应控制方框图

以上控制律由三个不同部分构成总结如下：

(1) $\boldsymbol{Y}\hat{\pi}$ 项描述了逆动力学类型的控制作用，它保证了对非线性影响和关节耦合的近似补偿。

(2) $\boldsymbol{K}_D\boldsymbol{\sigma}$ 项引入了对跟踪误差的 PD 型稳定化线性控制作用。

(3) 参数估计向量 $\hat{\boldsymbol{\pi}}$ 由梯度类型自适应规则更新，以保证机械手动力学模型中各项的渐进补偿；矩阵 $\boldsymbol{K}_n$ 决定了参量收敛到其渐近值的速度。

注意由于 $\boldsymbol{\sigma}\approx0$，控制律式(8-41)等价于在期望速度与期望加速度基础上对计算转矩的纯逆动力学补偿，这一点以 $\boldsymbol{Y}\hat{\boldsymbol{\pi}} \approx \boldsymbol{Y}\boldsymbol{\pi}$ 为前提。

参数自适应控制律要求完全计算模型具有有效性，而且没有任何减小针对外部干扰影响的作用。因此只要存在未建模因素，例如使用简化计算模型或出现外部干扰，其性能就会下降。这两种情况下，输出变量的影响都是由于控制器与参数估计之间不匹配造成的。其结果是，控制律试图通过对那些原本不会引起变化的量产生作用，以抵消这些影响。

另外，尽管鲁棒控制技术对未建模动力学关系很敏感，但还是对外部干扰提供了固有的抑制作用，抑制作用由高频切换控制作用产生，这种控制作用将误差轨迹约束在滑动子空间内。对机械结构而言。这种输入可能是无法接受的。而采用自适应控制技术时，由于其作用固有的平滑时间特性，这种麻烦一般而言不会出现。

8.3 机器人神经网络控制

近些年，随着智能控制技术的发展，神经网络等智能算法更多地被应用到机械臂控制领域。上述的自适应控制可以有效地克服机械臂模型参数的不确定性，但对于模型的未建模的部分，自适应往往无能为力。因此，神经网络由其强大的非线性映射能力、自学习能力和自适应能力等优点，成为机械臂控制的有力工具。基于神经网络控制的机械臂控制方法主要分为：动力学逆控制、内模控制、神经网络自适应控制和智能神经网络控制等。

1. 神经网络动力学逆控制

机械臂神经网络动力学逆控制的控制框图如图 8－4 所示，其原理在于以神经网络(NN)为学习工具，对机械臂系统的输入输出数据进行学习从而得到系统的逆模型，作为控制系统中的前馈控制器，神经网络逼近对象逆模型时产生的偏差由反馈控制器来补偿，从而得到稳定的神经网络闭环控制系统。

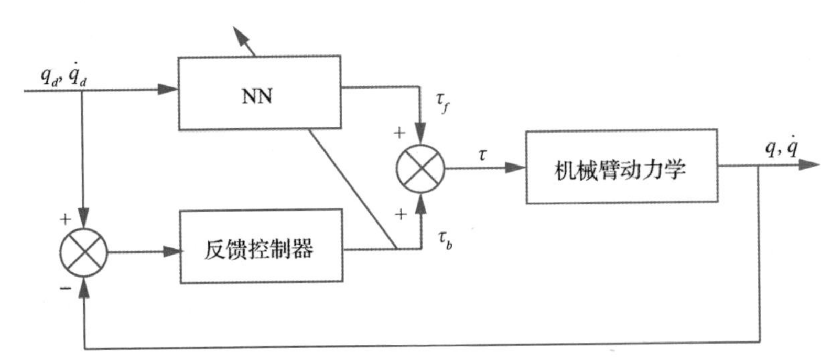

图 8－4　机械臂神经网络动力学逆控制

在图 8－4 所示的控制结构中，反馈控制器在神经网络学习的初始阶段镇定闭环控制系统，并能够产生学习信号，用来实现神经网络的训练。随着系统的不断运行，当学习的模型不断精确，由神经网络前馈控制器逐渐变为主导项。线性反馈控制的作用逐渐减小,最终由神经网络控制器代替。这种控制结构的不足是与整个神经网络控制系统的性能和线性反馈控制器的性能有关。如果线性反馈控制器设计得不好,神经网络控制器适应的较慢。同时,由于很难事先求得受控对象所需的期望响应,因此,训练信号难以获取,神经网络不能正确地学习,它的学习收敛性也就存在问题。

2. 机械臂神经网络内模控制

神经网络内模控制属于模型预测控制的一种形式,即调节具有明显物理意义的参数,使在线整定比较方便,且不影响闭环的稳定性,其结构如图 8-5 所示。

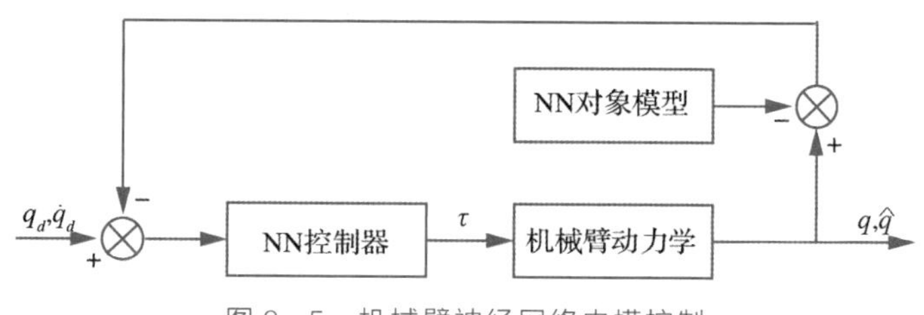

图 8-5　机械臂神经网络内模控制

图中的 NN 对象模型是使用神经网络来作为状态估计器,用于逼近机械臂的动态模型。NN 控制器不是直接学习机械臂的逆动态模型,而是以充当状态估计器的 NN 对象模型为训练对象,间接地学习机械臂的逆动态特性。NN 对象模型与机械臂实际对象的差值用于反馈作用,然后同期望的给定值之差送给神经网络控制器,经过多次训练,使系统误差逐渐趋于零。

3. 机械臂神经网络自适应控制

神经网络自适应控制有模型参考自适应控制和自校正控制两种重要形式,它们有相似的特点,也有不同之处。两者区别主要在于自校正控制没有参考模型,而依靠在线递推辨识(参数估计)来估计系统的未知参数,以此来在线控制设计算法进行实时反馈控制。

神经网络模型参考自适应(NMRAC)控制,分为直接法和间接法。直接法是直接利用能观测到的对象的输出/输出的数据来综合一个动态控制器。间接法如图 8-6

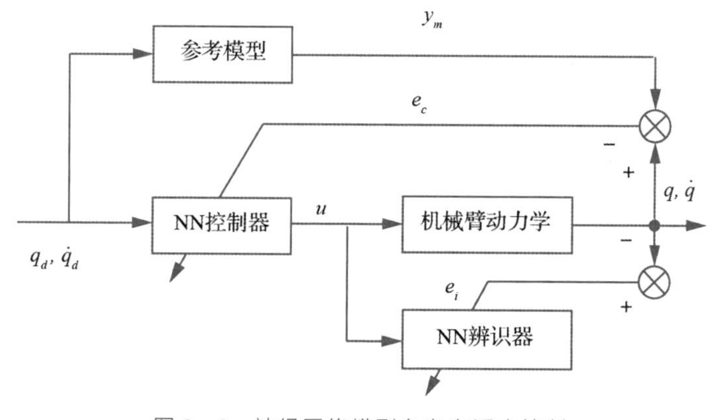

图 8-6　神经网络模型参考自适应控制

所示，比直接法多采用一个神经网络辨识器，其余部分完全相同。间接法设法将对象的参数和状态重构出来，然后利用这种估计在线地改变控制器的参数，以达到自适应控制的目的。首先由神经网络辨识器离线辨识被控过程的前馈模型，NN 辨识器能提供误差或其变化率的反向传播，然后进行在线学习和修正。通过调整 NN 控制器的权值参数，力图使被控过程的输出最后以零误差跟踪参考模型的输出。

神经网络自校正控制的结构如图 8－7 所示，是一种由神经网络辨识器将对象参数进行在线估计，用控制器实现参数自动整定相结合的自适应控制技术。由于神经网络的非线性函数的映射能力，它可以在自校正控制系统中充当未知函数逼近器。一般采用反向传播(BP)网络作为 NN 辨识器，因为 BP 网络可以逼近任意的非线性映射关系。

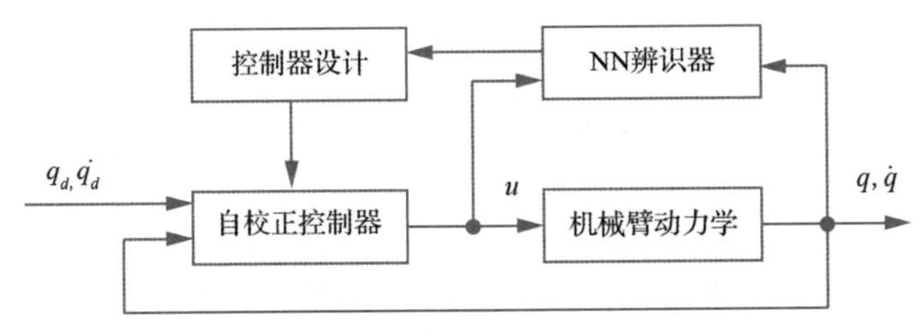

图 8－7　神经网络自校正控制

4. 机械臂的智能神经网络控制

智能神经网络控制是指将神经网络控制与其他智能控制方法相结合，如神经网络可以与专家系统、模糊控制、进化算法以及 $\boldsymbol{H}\infty$ 控制理论相结合。随着智能控制技术的发展，机器人动态控制中使用最多的就是模糊神经网络和 $\boldsymbol{H}\infty$ 鲁棒神经网络。$\boldsymbol{H}\infty$ 鲁棒神经网络是具有全局稳定性的神经网络，它是利用 $\boldsymbol{H}\infty$ 稳定性理论来设计神经网络，使得神经网络不仅能够从单一的学习样本中汲取知识，而且能够从整个系统的角度进行自身的调整，使得整个系统达到稳定和最优。

模糊神经网络是具有推理归纳能力的神经网络，它利用神经网络可以逼近任意非线性函数的特性来模拟模糊控制的推理方法而构造出来，同时神经网络具有自学习能力，使得模糊神经网络的推理方式在实际的控制过程中是可以不断修正的。同时，由于模糊神经网络的结构具有了明确的可用语言形式描述的物理意义，使得模糊神经网络的结构设计和权值初始化非常容易。近几年越来越多的学者将模糊神经网络应用到机器人动态控制中，模糊神经网络成为研究的重点和热点。

8.4　机器人的模糊控制

8.4.1　模糊控制简述

随着工业化的高速发展，工业生产规模的不断扩大，生产过程的日益复杂化，实际系统往往非常复杂。在实际的生产生活中，通常有经验的专家和技术人员能够依靠其积累下来的丰富实际经验面对实际复杂系统进行可行和有效的控制，这是因为人们可以将在工作中大量积累的经验记录和存储在大脑中，通过了解被控系统对象的特点，不同情况下相对应的控制方法以及性能指标要求，通过推理的方式对复杂实际系统进行可行和有效的控制。为了使控制算法也能够实现类似的控制性能，Zadeh于1965年首次提出模糊控制。

模糊逻辑系统通常由模糊控制规则库、模糊推理机、模糊产生器和模糊消除器4个基本部分组成，基本逻辑结构框图如图8-8所示，其中各个模块的作用为：

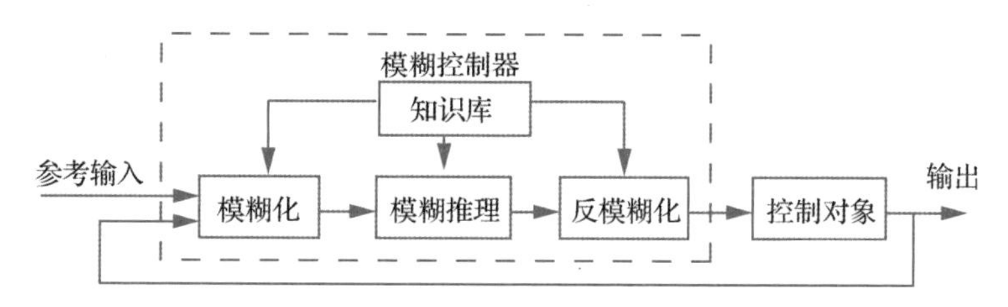

图8-8 模糊控制原理框图

（1）模糊化这部分的作用是将输入的精确量转化为模糊量。其中输入量包括外界的参考输入、系统的输出或状态等。

（2）知识库这部分包括具体应用领域中的知识和要求的控制目标。主要由数据库和规则库两部分组成。数据库包括各种语言变量的隶属度函数、尺度变换因子以及模糊空间的分割数；规则库包括用模糊语言变量表示的一系列控制规则，它们反映控制专家的经验和知识。

（3）模糊推理这部分是模糊控制的核心，它具有模拟人的基于模糊概念的推理能力，该推理是基于模糊逻辑中的蕴含关系及推理规则来进行的。

（4）反模糊化这部分的作用是将模糊推理得到的控制量（模糊量）变化为实际用于控制的清晰量。

此外，日本学者Takagi和Sugeo在模糊控制基础上，于1985年提出了著名的T-S模糊模型。它们的区别在于T-S模糊规则的前件与通常模糊逻辑系统的相同，后件是输入变量的线性组合，而不是简单的模糊语言值，这可以看作是分段线性化的拓展。该模糊模型可以描述和表示非常广泛的非线性不确定系统，适合于基于模型的控制系统和稳定性分析。T-S模糊模型系统具有逼近非线性连续函数的能力，所以国内外很多学者对它进行了深入的研究。针对一个多输入多输出动态的非线性系统，可以利用T-S模糊模型来描述，可以用式(8-53)的形式表示：

IF-THEN规则：

$$\boldsymbol{R}^i:\begin{array}{l}\text{IF } \boldsymbol{z}_1(t) \text{ is } \boldsymbol{M}_{i1} \text{ and } \boldsymbol{z}_2(t) \text{ is } \boldsymbol{M}_{i2},\cdots, \text{ and } \boldsymbol{z}_p(t) \text{ is } \boldsymbol{M}_{ip} \\ \text{THEN } sx(t)=\boldsymbol{A}_i\boldsymbol{x}(t)+\boldsymbol{B}_i\boldsymbol{u}(t),i=1,2,\cdots,r\end{array} \tag{8-53}$$

式中：$\boldsymbol{u}(t)\in\boldsymbol{R}^m$ 是控制输入向量，$\boldsymbol{x}(t)\in\boldsymbol{R}^m$ 是状态向量，$\boldsymbol{M}_{ij}$ 是模糊集合，$\boldsymbol{A}_i$ 是系统

状态矩阵，$\boldsymbol{B}_i$ 是系统输入矩阵，r 为模糊推理规则的数目。模糊化部分利用单点模糊化方法，乘积推理方法，反模糊化部分采用中心加权反模糊化推理方法，可得到全局的 T－S 模糊系统模型为：

$$\boldsymbol{sx}(\boldsymbol{t})=\sum_{i=1}^{r}\boldsymbol{\lambda}_i(\boldsymbol{z}(\boldsymbol{t}))[\boldsymbol{A}_i\boldsymbol{x}(\boldsymbol{t})+\boldsymbol{B}_i\boldsymbol{u}(\boldsymbol{t})] \tag{8-54}$$

式中：$z(t)=[z_1(t),z_2(t)\cdots,z_p(t)]^T$ 通常是前件变量，可以是状态变量，也可以是输入或输出。

$$\boldsymbol{\lambda}_i(\boldsymbol{z}(t))=\frac{\boldsymbol{\omega}_i(\boldsymbol{z}(t))}{\sum_{j=1}^{r}\boldsymbol{\omega}_j(\boldsymbol{z}(t))'},\sum_{i=1}^{r}\boldsymbol{\lambda}_i(\boldsymbol{z}(t))=1 \tag{8-55}$$

$$\boldsymbol{\omega}_i(\boldsymbol{z}(t))=\prod_{j=1}^{r}\boldsymbol{M}_{ij}(\boldsymbol{z}_j(t)) \tag{8-56}$$

为模糊隶属度函数，$\sum_{i=1}^{r}\boldsymbol{w}_j(\boldsymbol{z}(t))>0,\boldsymbol{w}_i(\boldsymbol{z}(t))\geqslant 0,i=1,2,\cdots,\boldsymbol{\gamma}$。

$$\boldsymbol{sx}(\boldsymbol{t})=\begin{cases}\dot{\boldsymbol{x}}(t),\text{连续系统}\\ \boldsymbol{x}(t+1),\text{离散系统}\end{cases} \tag{8-57}$$

通常情况下，非线性的动力学模型可以被看作由多个局部线性模型的模糊逼近。其控制器设计的惯常思路是：将整个状态空间分解成为多个模糊子空间，并针对每个局部的模糊子系统设计出相对应的线性控制器，再把局部线性控制器加权组合。将这样的一个模糊控制系统用分块线性系统来逼近非线性系统，由于模糊划分的光滑过度，所以该模糊系统具有连续逼近任意的非线性系统的能力。局部系统的反馈控制器设计方法有很多，极点配置方法、滑模控制方法和线性二次型最优控制的方法都是常用的局部系统控制器设计方法。通常使用平行分布补偿原则 PDC（parallel distributed compensations）设计全局控制器，即模糊规则具有与式（8－53）相同的模糊规则前件。

8.4.2 机器人模糊控制

下面以一个简单的计算力矩加模糊变结构补偿控制的例子简述模糊控制在机器人控制中的一种应用：计算力矩加模糊变结构补偿控制器的结构如图 8－9 所示。

此时总的控制律为：

$$\tau=u_0+u_1 \tag{8-58}$$

其中，u_1 为模糊变结构补偿控制，$u_0=\boldsymbol{M}_0(\boldsymbol{q})(\ddot{\boldsymbol{q}}\boldsymbol{a}-\boldsymbol{k}_v\dot{\boldsymbol{e}}-\boldsymbol{k}_p\boldsymbol{e})+\boldsymbol{H}_0(\boldsymbol{q},\dot{\boldsymbol{q}})$ 为计算力矩控制器。由控制律：$\tau=\boldsymbol{M}_0(\boldsymbol{q})(\ddot{\boldsymbol{q}}\boldsymbol{a}-\boldsymbol{k}_v\dot{\boldsymbol{e}}-\boldsymbol{k}_p\boldsymbol{e})+\boldsymbol{H}_0(\boldsymbol{q},\dot{\boldsymbol{q}})+\boldsymbol{u}$，可知，一般变结构补偿控制器 V_1，用于补偿模型误差和外部扰动的影响。由分析知，u_1 项幅值的大小主要由系统的不确定性所决定，并且对变结构控制品质有很大影响。为保证滑模变结构成立条件，必须保证较大幅值，但幅值越大，控制器产生的抖振就越强，这是一对矛盾。为得到适当大小的幅值，本节在结构补偿控制器的基础上引入模糊控制，根据扰动和不确定性参数的变化，实时调整幅值，达到消除抖振的目的。

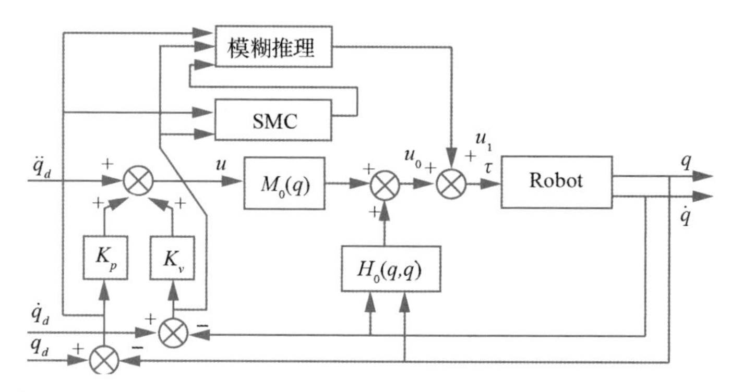

图 8-9 机器人计算力矩加模糊变结构原理框图

根据变结构控制原理，若控制器由式(8-58)所示两部分组成，此时设计控制规则为：

$$\text{IF } s(t) \text{ is ZO THEN } \tau \text{ is } u_0 \tag{8-59}$$

$$\text{IF } s(t) \text{ is NZ THEN } \tau \text{ is } u_0+u_1 \tag{8-60}$$

其中，$s=e+\lambda\dot{e}$，ZO 和 NZ 分别表示“零”和“非零”。

式(8-59)表示当切换函数 $s(t)$ 为零时，控制器为 u_0；式(8-60)表示当切换函数 $s(t)$ 为非零时，控制器为 u_0+u_1。

上述控制思想可由下式描述，控制器输出为：

$$\tau=\frac{u_{zo}(s)u_0+u_{NZ}(s)(u_0+u_1)}{u_{zo}(s)+\mu_{NZ}(s)} \tag{8-61}$$

若令 $\mu_{ZO}(s)+\mu_{NZ}(s)=1$，则：

$$\tau=u_0+\mu_{NZ}(s)u_1 \tag{8-62}$$

即当 $\mu_{NZ}(s)=1$ 时，$\tau=u_0+u_1$，此时控制律前述控制律。当 $\mu_{NZ}\neq 1$ 时，通过隶属度函数 $\mu_{NZ}(s)$ 的变化，由模糊控制和变结构控制共同产生一个新的模糊变结构控制器，实现不确定性的补偿，模糊规则设计如下：

$$\text{IF(s is N) THEN (u is B)} \tag{8-63}$$

$$\text{IF(s is Z) THEN (u is Z)} \tag{8-64}$$

$$\text{IF(s is B) THEN (u is B)} \tag{8-65}$$

模糊系统输入、输出隶属度函数如图 8-10 所示。在给定输入情况下，根据规则可推出相应输出。

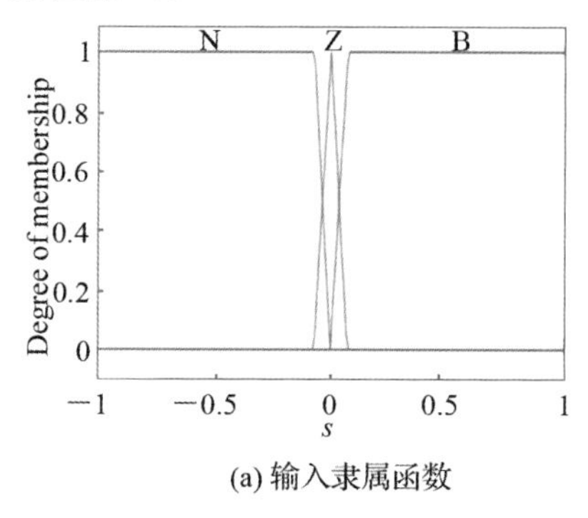

(a) 输入隶属函数

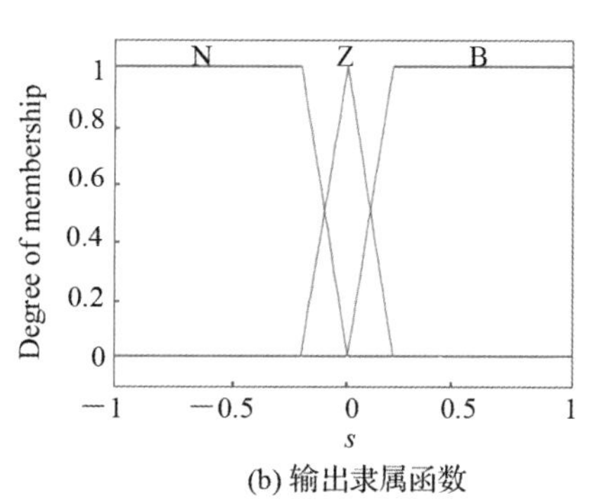

(b) 输出隶属函数

图 8-10 模糊系统隶属度函数

思考题

1. 对于思考题7.6中的系统，如果在计算力矩控制器中去掉科氏力和离心力项以便加快计算速度，系统的响应将会发生什么变化？如果连杆质量参数取值不正确，将会发生什么？通过MATLAB模拟仿真进行研究。

2. 展开详细推导，从而得出不确定性系统式(8-3)和式(8-4)。

3. 证明不等式(8-15)。

4. 使用机器人动力学参数线性化性质，推导V沿式(8-42)系统轨迹的时间导数为式(8-46)。

5. 根据思考题7.6中的两连杆平面机械臂，考虑末端负载为未知负载，已知负载的变化范围为0～1kg，且实际负载为0.5kg：

a. 推导此带负载的两连杆机械臂的动力学模型。

b. 在MATLAB中，建立此带负载的机械臂的数值模型。

c. 根据7.3.2节，设计计算力矩控制器（控制器中负载未知，假设为0），记录仿真数据。

d. 根据8.1节，设计鲁棒控制器，记录仿真数据。

e. 根据8.2节，设计自适应控制器，记录仿真数据。

f. 对比评估如上三种控制器的控制效果。

6. 简述机器人鲁棒控制和自适应控制的区别与联系。

7. 神经网络的机械臂控制方法主要有哪几种，说明其各自的特点。

8. T-S模糊模型系统主要由哪些部分组成。

9. 根据思考题7.6中的两连杆平面机械臂，设计并仿真式(8-58)的模糊控制。

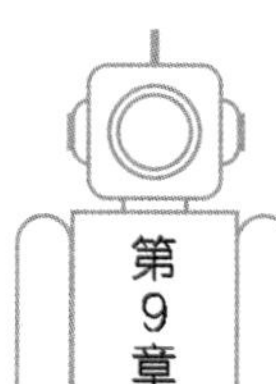

第9章 机器人示教与机器人编程语言

9.1 机器人示教方法

要求机器人产生某些动作或完成某些作业时，必须赋予机器人种种信息，这些信息大致可分为三类：① 机器人位置和姿态方面的信息，描述机器人动作轨迹和定位点的信息等。② 机器人动作顺序的信息，关于机器人动作的执行顺序信息，与机器人外部设备同步的信息等。③ 机器人动作的状况和机器人进行作业时的附加条件等信息，机器人动作的速度和加速度信息，机器人的作业内容信息等。下面就这三种示教方法分别加以介绍。

9.1.1 位置和姿态信息示教法

对机器人进行位置和姿态等有关运动轨迹方面的示教方法可归纳为如图 9-1 所示。这些方法又可大致分为两大类：用机器人进行实际动作的示教方法和不需要机器人进行实际动作的示教方法。其中前一类方法是使机器人实际运动，在其运动轨迹上定位的示教方法。根据机器人运动方式的不同，可把位置和姿态信息示教法再细分为以下四种不同的类型。

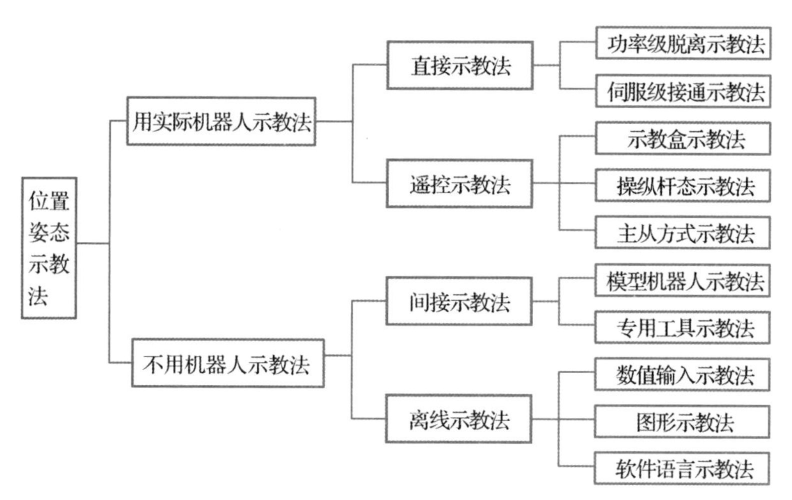

图 9-1 机器人示教方法分类

(1) 直接示教法(direct teach)。直接示教法就是由人直接搬动机器人的手臂，使机器人沿着人预先设计的空间轨迹运动的一种示教方法。搬动机器人手臂有两种方式：一是让机器人手臂处于自由状态，靠人力搬动机器人手臂的直接方式；二是在机器人手爪部安装某种装置，通过操纵这种装置去搬动机器人手臂的间接方式。

让机器人手臂处于自由状态，靠人力直接搬动机器人手臂的方式主要用于对液压方式驱动的喷漆机器人进行示教。采用这种示教方法时，应通过离合器把机器人手臂与各驱动器脱离。由于机器人是用液压方式进行驱动的，所以在示教过程中应把主油路切换到回油管路上去。此外，采用这种示教方法时，还需考虑用人力去搬动机器人手臂时的可操作性，例如精心设计一种对机器人手臂重力所产生的力矩进行补偿的平衡弹簧机构或配重机构等。在通过安装在机器人手爪部的操作装置去间接搬动机器人手臂的方式中，机器人手臂与各驱动器是不用脱离的，虽然机器人的伺服系统正在运转，但整个机器人是处于自由状态之中。操作装置上安装有力传感器，可以通过力的控制来实现直接搬动机器人手臂进行示教。

为了将机器人的实际运动轨迹控制成为期望轨迹，有两种示教方法。一种方法是仅仅对运动轨迹上的代表点进行示教，代表点之间的轨迹可通过插补运算加以限定；另一种方法是对运动轨迹上分布间隔很小的点逐一进行示教，示教的内容被存储起来，利用这些存储的内容通过动作再现操作就能达到预期的运动轨迹。这两种直接示教法都是通过直接搬动机器人手臂进行示教的，由于都是对运动轨迹上的点逐一进行示教，机器人将会自动再现示教人员搬动手臂时所移动的轨迹。

(2) 遥控示教法(remote teach)。采用遥控示教法不用直接接触机器人手臂就能对机器人进行示教。遥控示教法使用示教盒等示教装置，上面安装有各种按钮之类的操作开关，这些按钮开关分别与机器人的动作及其运动方向相对应。目前的工业机器人几乎都配备有类似的示教装置，这种示教装置不仅能对机器人的位置和姿态进行示教，而且对机器人的动作顺序和作业条件等内容也能进行示教。在设计这种示教装置时，需要充分考虑操作的灵活性。示教装置上的手动操作开关分别对应着机器人的各种动作和功能，通过这些按钮开关的切换，使机器人各自由度的运动关节能单独地动作，使机器人手爪能在直角坐标系内沿着各坐标轴进行直线方向的运动；通过高速、低速、点动等速度档次的选择，能对机器人进行大致的定位或精确的位置微调定位。总而言之，使用示教装置的这些按钮开关可以远距离地引导机器人完成预定的动作，在期望运动轨迹上的代表点处逐一定位，可以存储从示教装置按钮发出的机器人位置和姿态的信息。某些机器人采用操纵杆(joystick)来代替示教按钮，目的是便于进行操作。操纵杆方式是用电位计来检测操纵杆的位移，这对于三维的位移指令就不一定适用。如果采用直接示教法中的力传感器来检测位移，那么操纵杆方式还是很有前途的。利用示教装置或操纵杆方法，操纵机器人连续精确地沿着复杂的运动轨迹进行运动是困难的，这些方法只能对运动轨迹上的代表点进行示教，然后通过插补计算对代表点之间的轨迹进行完善。

应用主从操作器技术来代替示教装置中按钮之类的开关或代替操纵杆方式也是可取的，主从操作器技术也是遥控示教法的一种。在主从机械手示教方法中，真正被示教和进行作业的机器人是作为从动机械手进行定位的，主动机械手是用于示教的。示教人员操纵主动机械手，让相当于从动机械手的机器人跟着一起运动。此时，如果被示教的机器人手爪的动作与主动机械手的手部动作一致的话，就认为示教是成功的，因此不一定要求主动机械手与被示教机器人有相同的构造。与逐点示教方式，或与仅对代表点进行示教的方式相比较，主从机械手示教方式更为有效。但是，如果仅仅为了对机器人进行示教这一目的而多增加一个主动机械手，这从经济角度来看是不合适的，因此除了某些特殊情况，一般不宜采用这种示教方式。

(3) 间接示教法(indirect teach)。机器人虽然处在实际的作业环境中，但是不要求机器人实际产生动作的示教方法叫作间接示教法。预先准备一个专门用来进行示教的手臂，操纵这个手臂的手爪部位，使其沿着预先设定的轨迹运动，实时存储手臂位置和姿态信息，根据存储信息再对真正的机器人进行示教。这种示教方法的实质是采用了模型机器人，与直接示教法一样，示教人员直接搬动模型机器人的手臂进行示教。模型机器人与实际作业的机器人不同，模型机器人不需要安装驱动器，所以容易解决手臂本身的轻量化和重力平衡等问题。与直接对实际机器人进行示教的方法相比，在实际操作上是有突出优点的。但是，在采用这种方法之前，必须搞清楚实际作业机器人和模型机器人各自与作业对象物体的相对位置关系，必须正确掌握实际作业机器人和模型机器人各自的形状、尺寸等几何参数，然后对示教数据进行修正。这些应注意的事项是间接示教法所存在的共同问题。对这种示教方法加以改进，不用模型机器人而用类似于光笔的示教，或者利用操纵杆、示教盒等，根据从监视作业环境的电视摄像机或超声波传感器等方面得到的位置和姿态信息对机器人进行示教。但是，这种方法存在示教数据的精度是否合乎要求及其他需要解决的问题，目前仍处在研究阶段。

(4) 离线示教法(off-line teach)。不对实际作业的机器人直接进行示教，而是脱离实际作业环境，生成示教数据间接地对机器人进行示教，这种方法叫作离线示教法或离线编程示教法。早期的离线示教法是一种数值输入法，把位置和姿态信息作为示教内容以数值数据的形式直接输入到机器人控制装置中去。但是，把机器人运动轨迹上所有点的位置和姿态的坐标值都以数值形式进行输入是很困难的。这种方法多用于机器人执行码垛作业，在执行这种作业时，机器人的位置和姿态都要定时、有规律地进行挪动，采用数值输入法能对这种挪动偏移量进行有效的辅助示教。

不把机器人运动轨迹上的所有点按顺序换算成示教数据直接输入到机器人控制系统中去，而在计算机上建立机器人的作业环境模型，再在这个模型的基础上生成示教数据，这是一种应用人工智能的示教方法。在计算机上形成的作业环境模型，应由作业对象的形状模型和设置作业对象的作业台等与机器人的位置有关的几何模型构成。对机器人进行运动轨迹示教时，可以使用计算机图示方法使示教人员容易看懂这些画面，从而能方便地运用光笔或鼠标定位器在图示画面上修改机器人与作业模型的位置关系，也可以通过机器人语言以指令方式指定机器人的运动位置。

高级的机器人语言必须具备能把作业环境模型输入到机器人系统中去的功能。从广义角度看，这种功能也是对机器人进行示教的内容之一。近年来，普遍使用计算机来设计作业对象，可以直接利用CAD数据来生成机器人的作业环境。在很多情况下离线示教法要设计和生成机器人的作业环境模型，同时也包含顺序信息的示教内容。由于在描述机器人运动时使用了机器人程序语言，所以使用“编程”这个词比使用“示教”更为确切，因此，离线示教法又叫作离线编程(off-line programming)示教法。在离线示教法中，通过使用计算机内存储的模型，不要求机器人实际产生运动便能在示教结果的基础上对机器人的运动进行仿真，从而确认示教内容是否恰当，这一特点是其他示教法所不具备的。但是在使用这种示教方法时，计算机内存储的模型与实际的作业环境之间是有差异的，例如每个作业对象个体之间存在所谓个体差，而且这种差异是不可避免的。因此，这种示教方法必须同时使用传感器等设备对这种差异进行补偿，从而构成一个完整的示教系统。

以零件装配图的形式向机器人输入作业目标是智能机器人的研究项目之一，机器人根据目标自动进行判断、规划各零件装配顺序、生成完成该作业目标的动作内容，这种智能机器人系统目前尚处研究阶段。这时的作业目标是用装配图的形式来表达的，通过装配图来描述各零件之间位置的相互关系，因此向机器人系统输入这种装配图就相当于一种示教行为。从这个意义上说，这种示教行为也是离线示教法之一。图9－2分别归纳了直接示教法、遥控示教法、间接示教法和离线示教法的形象示意图。

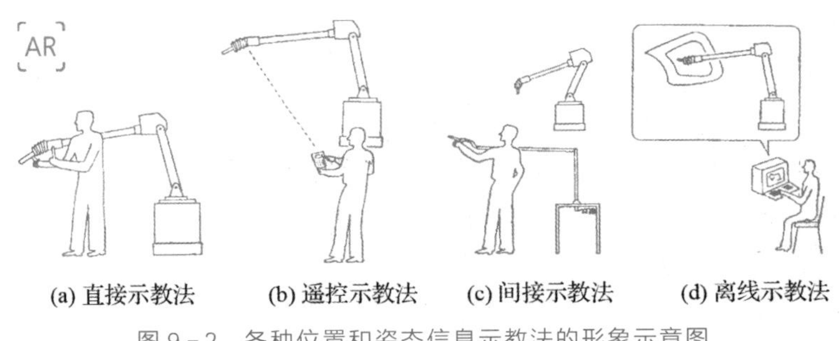

(a) 直接示教法　(b) 遥控示教法　(c) 间接示教法　(d) 离线示教法

图9－2　各种位置和姿态信息示教法的形象示意图

9.1.2　顺序信息示教法

通过作业内容和作业环境的示教后，机器人获得了有关位置和姿态方面的信息，但是以什么样的顺序让机器人进行运动，又以什么样的顺序让机器人与周边装置同步呢？为了解决这方面的问题，还需要对机器人进行有关动作和同步顺序信息的示教。关于顺序信息的示教方式主要有以下两种。

(1) 固定方式。如果机器人采用固定的控制方式，即机器人动作的先后与位置和姿态的示教顺序相同，那么就不能单独地对机器人进行顺序信息的示教。这时，顺序信息按照位置和姿态信息的示教和存储顺序间接地给出，这种方式存在不足之处。

例如，当机器人在动作过程中需要多次经过或定位在同一点上时，那么每经过这一点时都要进行位置和姿态信息的示教，这对示教人员来说是一件乏味的事；此外，有关传送带的起停指令、限位开关信号、机器人与周边装置的交互信号和同步控制信号等方面信息的示教，必须与位置和姿态信息示教同时穿插进行，通常必须仔细区分对机器人示教信息的属性。对位置和姿态信息而言，顺序信息是作为一种附加信息进行存储和处理的。

(2) 可变方式。不同于固定方式，可变方式与位置和姿态的示教顺序无关，能单独对机器人动作的顺序进行示教。在图9-3的例子中，机器人手爪末端位于P_1点，现让机器人把位于P_2点的物体拿起来移放到P_3点。图中P_{20}点、P_{30}点分别为P_2点和P_3点对应的接近点，或称之为障碍回避点。机器人产生的动作所通过的点依次为P_1—P_2—P_{20}—P_{30}—P_3—P_{30}—P_1，如果用固定示教方式对机器人进行顺序信息示教的话，则必须对这八个点按先后顺序分别进行示教。但如果用可变示教方式的话，就可以预先对P_1，P_2，P_3，P_{20}，P_{30}等五个点进行示教，然后进行动作顺序的示教，这样一来动作顺序的示教与示教点的位置示教无关，从而简化了对机器人位置和姿态的示教过程。在进行动作顺序示教时，一般使用机器人语言。

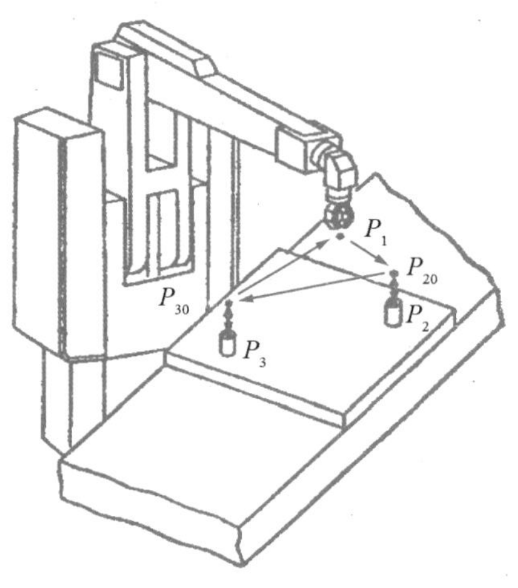

图9-3 机器人运动顺序信息

如上所述，可变示教方式把对机器人进行位置和姿态的示教与动作顺序示教完全分开，互相独立，这种方式最适合于那些多次重复通过同一点的动作示教，例如对搬运机器人或装配机器人的示教。但是，如果在机器人的运动中没有多次重复通过同一点的动作时，还采用这种方法详细地对动作顺序进行示教就显得很烦琐了。于是又出现了一种折中的方式，即在进行位置和姿态示教的同时，能自动地生成MOVE指令，在必要时可以用这些指令对重复运动点进行顺序示教。

在焊接机器人的运动中，往往会出现多个示教点同在一个作业路径上的情况。这时可以采用固定顺序示教方式，把示教点群当作一个点单位，那么对每一个点单位的动作顺序可以用简单的语言指令形式进行示教，这种示教装置已经商品化了。使用可变示教方式对机器人与周边装置进行同步控制示教时，也可用MOVE指令来描述两者交互时的输入和输出信号。

9.1.3 运动条件与作业条件示教法

让机器人沿着示教点(该点由位置和姿态来确定)并按照示教顺序运动时需要一些运动条件，使用作业工具的机器人在进行作业时也需要一些作业条件，下面将介绍机器人运动条件与作业条件的示教方法。

机器人的主要运动条件有运动速度、加速和减速时的正负加速度以及时间等数值条件，此外还有指定速度控制曲线的加减速方式、机器人在示教点定位以后指定有无等待处理信号的定位方式等。如果是进行插补控制型的机器人，还要指定插补方式，例如选用直线插补还是圆弧插补，这些也是运动条件之一。作业条件的内容很多，随着机器人需要完成作业内容的不同而不同。以弧焊作业为例，除了焊接电流和焊接电压等作业条件外，还需指定焊枪的横向摇动动作，这种动作叫作横摆运动。在研磨作业中，砂轮转速和砂轮对工件的压力等就是作业条件。这些作业条件虽然与机器人本身的动作没有直接关系，但如果让机器人完成这些作业内容的话，那么必须对这些作业条件进行示教。运动条件和作业条件的示教方法主要有以下两种。

(1) 附属于示教点的示教方式。对机器人的每一个示教点进行位置和姿态示教的同时，也进行运动条件和作业条件的示教，这叫作附属于示教点的示教方式。这种方式与顺序信息固定示教法中的同步控制信息示教方式相同，所以，这时的运动条件信息和作业条件信息是附属于示教点或有关示教区的。在运动条件和作业条件中，有时要给出速度等数值参数，但对每一个示教点都要把这些数值参数进行示教或输入，那也是很烦琐的。为了方便起见，有一种示教方式是把运动条件和作业条件编成组，对组内的各条件加上序号之后存储起来，在示教时仅调用条件序号就可以了。

(2) 独立于示教点的示教方式。这种方式与可变顺序信息示教法相同，大都使用机器人语言，以指令的形式进行示教。例如，在进行机器人速度示教时，可用 SPEED 100(假设速度单位为 mm/s)，在下一条速度指令来到之前，这条指令一直有效。也可根据作业内容的不同，对运动条件和作业条件进行编组、加上序号，然后仅调用序号即可实现示教。

此外还有一种示教方式，对应不同的作业内容，离线地自动生成作业条件，而非通过示教生成作业条件，这种示教方式目前还处在研究阶段。这方面有代表性的研究成果是基于专家系统概念的焊接条件自动设定系统，只要向这个系统输入焊缝形状和待焊接的工件板厚度数据，该系统就可以通过自动推算给出焊接电流、焊接电压和焊接速度等作业条件。由于有了这种类型的系统，那些对作业内容不熟悉的用户也能得心应手地操纵机器人，提高自动化水平，因此受到欢迎。

9.2　机器人示教信息的使用

上面已经介绍了对机器人进行示教的各种方法，通过这些示教方法，机器人获得了许多信息，接下来将介绍如何利用这些示教信息对机器人进行控制。首先介绍基于示教信息的机器人运动控制方式的种类，然后介绍对示教信息进行校正和编辑等数据加工方法，数据加工的目的在于进一步提高机器人的性能。严格来说，示教信息的编辑加工方法应与示教方法相对应，有位置和姿态信息、顺序信息、条件信息的各种编辑加工方法，这里只重点介绍最一般的位置和姿态信息的编辑加工方法。示教信息编辑加工的主要功能和内容如表 9－1 所示。

表 9－1　示教信息编辑加工的主要功能和内容

编辑对象	功能名称	编辑内容
位置和姿态信息	移位功能	让示教点在指定方向上移动指定距离
	坐标变换功能	进行示教点的平行和旋转移动，运动轨迹坐标三维变换
	扩大与缩小功能	对由示教点群形成的轨迹进行扩大与缩小
	镜像变换功能	对示教点进行线对称移动，形成轨迹的镜像图像
顺序信息	更改、增加和删除功能	进行示教点的更改和删除，以及增加新示教点
	示教点群的复制功能	对示教点群进行复制，从而生成重复运动图形轨迹
	示教点群编辑功能	将示教点群进行任意组合，从而生成一系列的动作序列
	轨迹选择功能	运动轨迹具有多个分支时选择分支的方法
位置、姿态与顺序信息	码垛功能	生成把物体整齐码垛堆积的动作
位置、姿态、顺序与条件信息	多层焊接功能	计算多轨迹分支偏移量和运动条件，用于控制相应的轨迹分支运动
轨迹形态信息	横摆运动功能	沿主轨迹把规定的辅助运动图形叠加进去，形成连续的重复运动
	与传送带同步功能	作业对象处于静止状态时进行示教，然后对传送带的移动量进行补偿，从而与传送带同步再现示教运动

对位置和姿态信息进行编辑加工时有如下功能：让示教点移动给定距离从而对其位置进行补偿的移位功能；对示教点群数据进行三维平移或旋转的坐标变换功能；求线对称镜像变换功能；对由示教点群给出的图形进行放大与缩小的功能等。机器人可使用传感器进行位置和姿态信息的编辑加工，例如，通过非接触式或接触式传感器检测每个示教点的偏移量，然后一一进行移位补偿；或者采用电视摄像机等视觉传感器来检测位置的偏移量再通过坐标变换功能进行补偿。

通过对机器人动作顺序信息进行编辑加工，可以对示教点信息进行更改、增加或删除，如图 9－4 所示，这种编辑功能在顺序固定的示教方式中是不可缺少的。另外，可以把排成一串的示教点群编成一组，这样就可以把若干这样的组任意进行组合，或者对这样的组进行复制，从而形成重复型的运动轨迹，这种方法也被认为是一种狭义

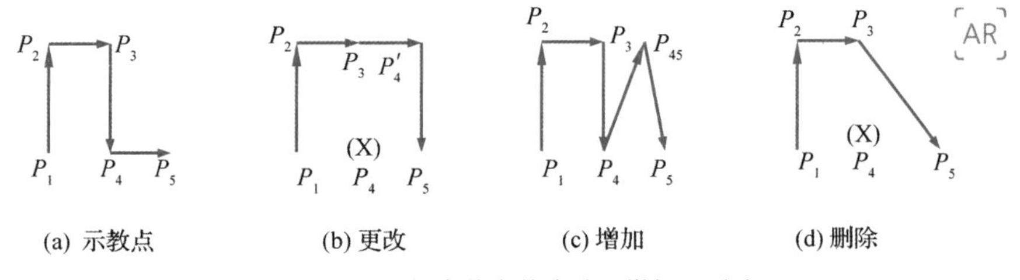

(a) 示教点　(b) 更改　(c) 增加　(d) 删除

图 9－4　示教点信息的变改、增加、删除

的编辑加工方法。利用传感器的检测信号来选择多个运动轨迹，这种轨迹选择功能也可以说是一种编辑加工方法。

把位置和姿态信息、顺序信息同时作为编辑加工的对象时，有物体码垛的堆积功能。这种功能可以生成把物体整齐地码成一垛的机器人动作，这种动作实质上是生成重复动作顺序和向定位点的二维或三维方向移动动作的复合。如果使用有关机器人动作级控制模块的语言，对位置和姿态信息、顺序信息同时进行编辑会更为有效。

需要对位置和姿态信息、顺序信息和条件信息等全部信息同时进行编辑加工时，由于这三种信息的性质不同，所以在编辑加工时，大多设计一种专用的编辑功能，设计怎样的专用编辑功能取决于机器人的用途。多层焊接功能就是一个例子，首先从焊接处的剖面形状推算运动轨迹的偏移量，其次给出相当于机器人运动条件和作业条件的运动速度，在此基础上控制机器人，使其重复再现在各轨迹上的运动。

以上提到的例子都是将示教点本身作为对象进行位置和姿态信息、顺序信息的编辑加工的。但是在采用点到点示教和连续轨迹插补控制的机器人中，还要求把各示教点连接成一条轨迹作为运动条件之一，因此还有一个能决定轨迹形态的编辑功能，其典型例子是机器人手部横摆运动(weaving)功能。横摆运动功能是常用于弧焊的一种运动形态，它把呈三角波形或正弦波形的辅助运动不断地叠加在主轨迹上。使用这种编辑加工功能时，先是对主轨迹上的代表点进行示教，然后再对该叠加的辅助运动轨迹图形进行示教(用遥控示教法或数值输入法)，就能得到连续的横摆运动，这种方法能大幅度减少示教点的数目。还有一种编辑功能与这个例子稍有不同，例如对固定状态下的作业对象进行示教，然后把作业对象放在传送带上运转，这时就有一个与传送带同步的问题，与传送带同步功能也是以运动轨迹作为对象的一种编辑功能。

9.3 机器人编程语言类型

自从廉价且功能强大的计算机出现以来，这种通过计算机编写程序的机器人示教方式日益成为主流，这些程序称为机器人编程语言。伴随着机器人问世，美国、日本等机器人的原创国也同时开始着手进行机器人语言的研究。美国斯坦福大学于1973 年研制出世界上第一种机器人语言——WAVE 语言。WAVE 是一种机器人动作语言，即语言功能以描述机器人动作为主，兼顾力和接触的控制，还能配合视觉传感器进行机器人的手、眼协调控制。

在 WAVE 语言的基础上，1974 年斯坦福大学人工智能实验室又开发出一种新的机器人语言，称为 AL 语言。这种语言与高级计算机语言 ALGOL 结构相似，是一种编译形式的语言，带有指令编译器，能进行实时控制，用户编写好的机器人语言源程序经编译器编译后能对机器人进行任务分配和作业命令控制。AL 语言不仅能描述手爪的动作,而且可以记忆作业环境和该环境内物体和物体之间的相对位置,实现多台机器人的协调控制。

美国IBM公司也一直致力于机器人语言的研究,取得了不少成果。1975年,IBM公司研制出ML语言,主要用于机器人的装配作业。随后该公司又研制出另一种语言——AUTOPASS语言,这是一种用于装配的更高级语言,它可以对几何模型类任务进行半自动编程。

美国的Unimation公司于1979年推出了VAL语言。它是在BASIC语言基础上扩展的一种机器人语言,因此具有BASIC的内核与结构,编程简单,语句简练。VAL语言已成功地用于PUMA和UNIMATE型机器人。1984年,Unimation公司在VAL语言基础上推出了改进版本——VAL Ⅱ语言,除含有VAL语言的全部功能外,还增加了对传感器信息的读取,可以利用传感器信息进行运动控制。

20世纪80年代初,美国Automatix公司开发了RAIL语言,这种语言可以利用传感器的信息进行零件作业的检测。同时,麦道公司研制了MCL语言,这是一种在数控自动编程语言——APT语言的基础上发展起来的一种机器人语言。MCL特别适用于由数控机床、机器人等组成的柔性加工单元的编程。

机器人语言品种繁多,而且新的语言层出不穷。这是因为机器人的功能在不断拓展,需要新的语言来配合其工作。另外,机器人语言多是针对某种类型的具体机器人而开发的,所以机器人语言的通用性很差,几乎一种新的机器人问世,就有一种新的机器人语言与之配套。

机器人语言可以按照其作业描述水平的程度分为动作级编程语言、对象级编程语言和任务级编程语言三类。

9.3.1 动作级编程语言

动作级编程语言是最低一级的机器人语言。它以机器人的运动描述为主,通常一条指令对应机器人的一个动作,表示从机器人的一个位姿运动到另一个位姿。动作级编程语言的优点是比较简单,编程容易。缺点是功能有限,无法进行烦琐、复杂的数学运算,不接受浮点数和字符串,子程序不含有自变量;不能接受复杂的传感器信息,只能接受传感器开关信息;与计算机的通信能力很差。典型的动作级机器人编程语言为VAL语言,例如VAL指令"MOVE TO"即表示机器人从当前位姿运动到目标位姿。动作级编程语言编程时分为关节级编程和末端执行器级编程。

(1) 关节级编程。关节级编程是以机器人的关节为对象,编程时给出机器人的一系列关节位姿时间序列,在关节坐标系中进行的一种编程方法。关节级编程可以用汇编语言或简单的编程指令实现。对于直角坐标型机器人和圆柱坐标型机器人,由于直角关节和圆柱关节的表示较为简单,这种编程方法较为适用;而对于具有回转关节的关节型机器人,由于关节位置的时间序列表示困难,即使一个简单的动作也要经过大量复杂的运算,因此这一方法并不适用。

（2）末端执行器级编程。末端执行器级编程在机器人作业空间的直角坐标系中进行。在此直角坐标系中给出机器人末端执行器一系列位姿组成的时间序列，连同其他的一些辅助功能，如力觉、触觉、视觉等的时间序列，同时确定作业量、作业工具等，协调地进行机器人动作的控制。这种编程方法允许有简单的条件分支，有感知功能，可以选择和设定工具，有时还有并行功能，数据实时处理能力强。

9.3.2 对象级编程语言

所谓对象即作业及作业物体本身。对象级编程语言是比动作级编程语言高一级的编程语言，它不需要描述机器人手爪的运动，只要由编程人员用程序的形式给出作业本身顺序过程的描述和环境模型的描述，即描述操作物与操作物之间的关系。通过编译程序机器人即能知道如何动作。

这类语言典型的例子有 AML 及 AUTOPASS 等语言，其特点为：

（1）具有动作级编程语言的全部动作功能。

（2）具有较强的感知能力，能处理复杂的传感器信息，可以利用传感器信息来修改、更新对环境的描述和模型，也可以利用传感器信息进行控制、测试和监督。

（3）具有良好的开放性，语言系统提供了开发平台，用户可以根据需要增加指令，扩展语言功能。

（4）数字计算和数据处理能力强，可以处理浮点数，能与计算机进行即时通信。

对象级编程语言用接近自然语言的方法描述对象的变化。对象级编程语言的运算功能、作业对象的位姿时序、作业量、作业对象承受的力和力矩等都可以表达式的形式出现。系统中机器人尺寸参数、作业对象及工具等参数一般以知识库和数据库的形式存储，系统编译程序时获取这些信息后对机器人动作过程进行仿真，再进行实现作业对象合适的位姿，获取传感器信息并处理，回避障碍以及与其他设备通信等工作。

9.3.3 任务级编程语言

任务级编程语言是比前两类更高级的一种语言，也是最理想的机器人高级语言。这类语言不需要用机器人的动作来描述作业任务，也不需要描述机器人对象的中间状态过程，只需要按照某种规则描述机器人作业对象的初始状态和最终目标状态，机器人语言系统即可利用已有的环境信息和知识库、数据库自动进行推理、计算，从而自动生成机器人详细的动作、顺序和数据。例如，装配机器人欲完成某一螺钉的装配，螺钉的初始位置和装配后的目标位置已知，当发出抓取螺钉的命令时，语言系统从初始位置到目标位置之间寻找路径，在复杂的作业环境中找出一条不会与周围障碍物产生碰撞的合适路径，在初始位置处选择恰当的姿态抓取螺钉，沿此路径运动到目标位置。在此过程中，作业中间状态作业方案的设计、工序的选择、动作的前后安排等一系列问题都由计算机自动完成。

任务级编程语言的结构十分复杂，需要人工智能的理论基础和大型知识库、数据库的支持，目前还没有真正的机器人任务级编程语言，是一种理想状态下的语言，有待于进一步的研究和开发。但可以相信，随着人工智能技术及数据库技术的不断发展，任务级编程语言必将取代其他级别语言而成为机器人语言的主流，使得机器人的编程应用变得十分简单。

9.4 机器人编程系统结构与功能

9.4.1 编程语言系统的结构

一般的计算机语言仅仅指语言本身，而机器人编程语言像一个计算机系统，包括硬件、软件和被控设备，即机器人语言包括语言本身、运行语言的控制机、机器人、作业对象、周围环境和外围设备接口等。机器人编程语言系统的结构组成如图9-5所示，图中的箭头表示信息的流向。机器人语言的所有指令均通过控制机经过程序的编译、解释后发出控制信号。控制机一方面向机器人发出运动控制信号，另一方面向外围设备发出控制信号，外围设备如机器人焊接系统中的电焊机、机器人搬运系统中的空压机等。周围环境通过感知系统把环境信息通过控制机反馈给语言，而这里的环境是指机器人作业空间内的作业对象位置、姿态以及作业对象之间的相互关系。

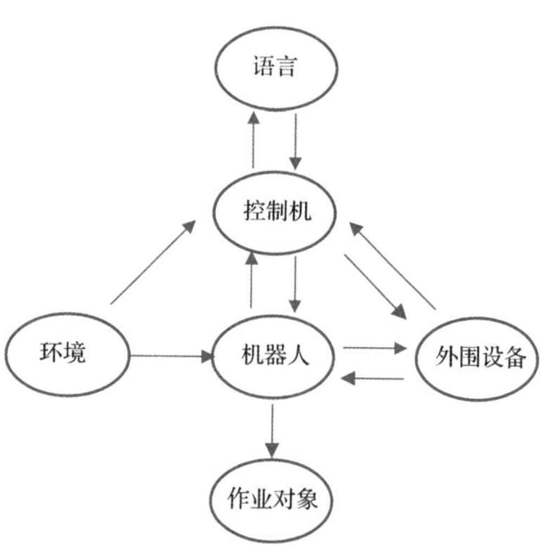

图9-5 机器人编程语言系统的结构组成

9.4.2 编程语言系统的基本功能

(1) 运算功能。运算功能是机器人最重要的功能之一。装有传感器的机器人进行的主要是解析几何运算，包括机器人的正解、逆解、坐标变换及矢量运算等。根据运算的结果，机器人能自行决定工具或手爪下一步应到达何处。

(2) 运动功能。运动功能是机器人最基本的功能。设计机器人的目的是用它来代替人类的繁复劳动，因此机器人发展到今天，不管其功能多么复杂，动作控制仍然是其基本功能，也是机器人语言系统的基本功能。机器人的运动功能就是通过机器人语言向各关节伺服装置提供一系列关节位置及姿态信息，然后由伺服系统实现运动。对于具有路径轨迹要求的运动，这一系列位姿必须是路径上点的机器人位姿，并要求从起始点到终止点机器人的各关节必须同时开始和同时结束运动，即多关节协调运动，如图 9－6 所示为六关节机器人的多轴协调运动。由于机器人各关节运动的位移不一样，因此机器人的各关节必须以不同的速度移动。

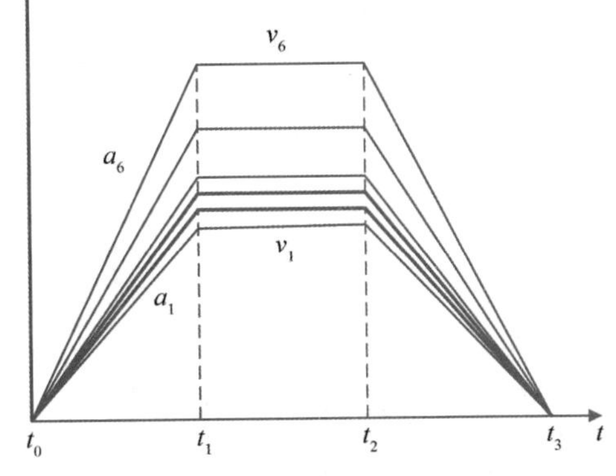

图 9－6　多轴同时启动停止的协调运动

运动描述的坐标系可以根据需要来定义，如笛卡尔坐标系、关节坐标系、工具坐标系及工件坐标系等，最佳的情况是所定义的坐标系与机器人的形状无关。运动描述又可以分为绝对运动和相对运动。绝对运动每一次把工具带到工作空间的绝对位置，该位置与本次运动的初始位置没有关系；相对运动到达的位置与初始位置有关，是对初始位置的一个相对值。一个相对运动的运动子程序能够从最后一个相对运动出发，把工具带回到它的初始位置。

(3) 决策功能。所谓决策功能即机器人根据作业空间范围内的传感信息不做任何运算而做出的判断决策。这种决策功能一般用于条件转移指令，由分支程序来实现。条件满足则执行一个分支，不满足则执行另一个分支。决策功能需使用这样一些条件：符号校验（正、负或 0）、关系检验（大于、小于、不等于）、布尔校验（开或关、真或假）、逻辑校验（逻辑位值的检验）以及集合校验（一个集合的数、空集等）等。

(4) 通信功能。通信功能即机器人与操作人员之间、机器人集群内部的相互通信，比如机器人向操作人员要求信息和操作人员获取机器人的状态等，其中许多通信功能由外部设备来协助提供。机器人向操作人员提供信息的外部设备信号灯、绘图仪或图形显示屏、声音或语言合成器等。操作人员对机器人“说话”的外部设备有按钮、旋钮和指压开关、数字或字母键盘、光笔、光标指示器或数字转换板以及光电阅读机等。

(5) 工具功能。工具功能包括工具种类及工具号的选择、工具参数的选择及工具的动作（工具的开关、分合）。工具的动作一般由某个开关或触发器的动作来实现，如搬运机器人手爪的开合由气缸上行程开关的触发与否决定；行程开关的两种形状分别发出相应信号使气缸运动，从而完成手爪的开合。

(6) 传感器数据处理功能。机器人只有连接传感器才能具有感知能力和智能。如前所述，机器人中的传感器是多种多样的，按照功能来划分，有以下几种：① 力和力矩传感器；② 触觉传感器；③ 接近觉传感器；④ 视觉传感器。这些传感器输入和输出信号的形式、性质及强弱不同，往往需要进行大量的复杂运算和处理。如视觉信息的获取由视觉传感器获得，但一个视觉图像需要大量的像素信息。

9.5 常见的机器人编程语言

9.5.1 VAL 语言

1. VAL 语言及特点

VAL 语言是美国 Unimation 公司于 1979 年推出的一种机器人编程语言，主要配置在 PUMA 和 UNIMATION 等类型机器人上，是一种专用的动作类型描述语言。VAL 语言是在 BASIC 语言的基础上发展起来的，所以与 BASIC 语言的结构很相似。在 VAL 语言的基础上，Unimation 公司又推出了 VALⅡ语言。

VAL 语言可应用于上、下两级计算机控制的机器人系统。上位机为 LSI－11/23，编程在上位机中进行，上位机进行系统的管理；下位机为 6503 微处理器，主要控制各关节实时运动。编程时可以进行 VAL 语言和 6503 汇编语言混合编程。

VAL 语言命令简单，清晰易懂，描述机器人作业动作及与上位机的通信时均较为方便，实时功能强；可以在在线和离线两种状态下进行编程，适用于多种计算机控制的机器人；能够迅速地计算出不同坐标系下复杂运动的连续轨迹，能连续生成机器人的控制信号，可以与操作人员交互地在线修改程序和生成程序；VAL 语言包含有一些子程序库，通过调用各种不同的子程序可很快组合成复杂操作控制；能与外部存储器进行快速数据传输，以保存程序和数据。

VAL 语言系统包括文本编辑、系统命令和编程语言三个部分。在文本编辑状态下可以通过键盘输入文本程序，也可以通过示教编程器在示教方式下输入程序。在输入过程中可修改、编辑、生成程序，最后保存到储存器中。在文本编辑状态下也可以调用已存在的程序。系统命令包括位置定义、程序和数据列表、程序和数据存储、系统状态设置和控制、系统开关控制、系统诊断和修改。编程语言把一条条程序指令转换执行。

2. VAL 语言的指令

VAL 语言包括监控指令和程序指令两种。其中监控指令有六类，分别为位置及姿态定义指令、程序编辑指令、列表指令、存储指令、控制程序执行指令和系统状态控制指令。各类指令的具体形式及功能如下：

(1) 监控指令

① 位置及姿态定义指令：

POINT 指令：执行终端位置、姿态的齐次变换或以关节位置表示的精确点位赋值。其格式包括以下两种：

POINT＜变量＞[＝＜变量 2＞…＜变量 n＞]

或

POINT＜精确点＞[＝＜精确点 2＞]

DPOINT 指令：删除包括精确点或变量在内的任意数量的位置变量。

HERE 指令：使变量或精确点的值等于当前机器人的位置。

例如：

HERE PLACK

指令是定义变量 PLACK 等于当前机器人的位置。

WHERE 指令：用来显示机器人在直角坐标系中的当前位置和关节变量值。

BASE 指令：用来设置参考坐标系，系统规定参考坐标系原点在关节 1 和 2 轴线的交点处，方向沿固定轴的方向。

格式：

BASE[＜dX＞],[＜dY＞],[＜dZ＞],[＜Z 向旋转方向＞]

例如：

BASE 300,－50,30

指令是重新定义基准坐标系的位置，它从初始位置向 X 方向移 300，再沿 Z 的负方向移 50，然后绕 Z 轴旋转了 30°。

TOOLI 指令：对工具终端相对工具支承面的位置和姿态赋值。

② 程序编辑指令：

EDIT 指令：允许用户建立或修改一个指定名字的程序，可以指定被编辑程序的起始行号。其格式如下：

EDIT[＜程序名＞],[＜行号＞]

如果没有指定行号，则从程序的第一行开始编辑；如果没有指定程序名，则上次最后编辑的程序被响应。

用 EDIT 指令进入编辑状态后，可以用 C、D、E、I、L、P、R、S、T 等命令来进一步编辑。例如 C 命令：改变编辑的程序，用一个新的程序代替。

监控指令还包括列表指令、存储指令、控制程序执行指令、系统状态控制指令等。

（2）程序指令

① 运动指令。主要包括 GO、MOVE、MOVEI、MOVES、DRAW、APPRO、APPROS、DEPART、DRIVE、READY、OPEN、OPENI、CLOSE、CLOSEI、RELAX、GRASP 及 DELAY 等。这些指令大部分具有使机器人按照特定的方式从一个位姿运动到另一个位姿的功能，部分指令表示机器人手爪的开合。例如：

MOVE＃PICK!

指令表示机器人由关节插值运动到精确 PCK 所定义的位置。“!”表示位置变量已有自己的值。

② 机器人位姿控制指令。主要包括 RIGHTY、LEFTY、ABOVE、BELOW、FLP 及 NOFLIP 等。

程序指令还包括赋值指令、控制指令、开关量赋值指令以及其他指令。

9.5.2 AL语言

1. AL语言概述

AL语言是20世纪70年代中期美国斯坦福大学人工智能研究所开发的一种机器人编程语言，它是在WAVE的基础上开发出来的，也是一种动作级编程语言，但兼有对象级编程语言的某些特征，主要使用于装配作业。它的结构及特点类似于Pascal语言，可以编译成机器语言在实时控制机上运行，具有实时编译语言的结构和特征，如可以同步操作、条件操作等。AL语言设计的初始目的是用于具有传感器信息反馈的多台机器人或机械手的并行或协调控制编程。

运行AL语言的系统硬件环境包括主、从两级计算机控制，主机内的管理器负责管理协调各部分的工作，编译器负责对AL语言的指令进行编译并检查程序，实时接口负责主、从机之间的接口连接，装载器负责分配程序。主机的功能是对AL语言进行编译，对机器人的动作进行规划；从机接受主机发出的动作规划命令，进行轨迹及关节参数的实时计算，最后对机器人发出具体的动作指令。

2. AL语言中数据的类型

(1) 标量(Scalar)。可以是时间、距离、角度及力等，可以进行加、减、乘、除和指数运算，也可以进行三角函数、自然对数和指数换算。

(2) 矢量(Vector)。矢量与数学中的矢量类似，可以由若干个量纲相同的标量来构造一个矢量。

(3) 旋转(Rot)。旋转用来描述一个轴的旋转或绕某个轴的旋转以表示姿态。用ROT变量表示旋转变量时带有两个参数，一个表示旋转轴的简单矢量，另一个表示旋转角度。

(4) 坐标系(Frame)。坐标系用来建立坐标系，变量的值表示物体固连坐标系与空间作业的参考坐标系之间的相对位置与姿态。

(5) 变换(Trans)。变换用来进行坐标变换，具有旋转和矢量两个参数，执行时先旋转再平移。

3. AL语言的指令介绍

(1) MOVE指令。用来描述机器人手爪的运动，如手爪从一个位置运动到另一个位置。MOVE指令的格式为

MOVE＜HAND＞TO＜目的地＞

(2) 手爪控制指令：

OPEN：手爪打开指令。

CLOSE：手爪闭合指令。

指令的格式为

OPEN＜HAND＞TO＜SVAL＞

CLOSE＜HAND＞TO＜SVAL＞

其中，SVAL 为开度距离值，在程序中已预先指定。

（3）控制指令。与 Pascal 语言类似，控制指令有下面几种：

```
IF＜条件＞THEN＜程序＞ELSE＜程序＞
WHILE＜条件＞DO＜程序＞
CASE＜程序＞
DO＜程序＞UNTIL＜条件＞
FOR…STEP…UNTIL…
```

（4）AFFIX 和 UNFIX 指令。在装配过程中经常出现将一个物体粘到另一个物体上，或者将一个物体从另一个物体上分离的操作。指令 AFFIX 为两物体结合的操作，指令 AFFX 为两物体分离的操作。

例如 BEAM_BORE 和 BEAM 分别为两个坐标系，执行指令：

```
AFFIX BEAM_BORE TO BEAM
```

后两个坐标系就附着在一起了，即一个坐标系的运动也将引起另一个坐标系的相同运动。然后执行下面的指令：

```
UNFIX BEAM_BORE FROM BEAM
```

两坐标系的附着关系被解除。

（5）力觉的处理。在 MOVE 指令中使用条件监控子程序可实现使用传感器信息来完成一定的动作。监控子程序形式如下：

```
ON＜条件＞DO＜动作＞
```

例如：

```
MOVE BARM TO⊕－0.1 * INCHES ON FORCE (Z) 10 * OUNCES DO STOP
```

表示在当前位置沿 Z 轴向下移动 0.1 英寸，如果感觉 Z 轴方向的力超过 10 盎司，则立即命令机械手停止运动。

9.5.3 SIGLA 语言

SIGLA 是一种仅用于直角坐标式 SIGMA 装配型机器人运动控制时的编程语言，是 20 世纪 70 年代后期由意大利 Olivetti 公司研制的一种简单的非文本语言。

这种语言主要用于装配任务的控制，它可以把装配任务划分为一些装配子任务，如取旋具，在螺钉上料器上取螺钉、搬运螺钉、定位螺钉、装入螺钉、紧固螺钉等。编程时预先编制子程序，然后用子程序调用的方式来完成。

9.5.4 IML 语言

IML 语言也是一种着眼于末端执行器的动作级语言，由日本九州大学开发而成。IML 语言的特点是编程简单，能人机对话，适合于现场操作，许多复杂动作可通过简单的指令来实现，易被操作者掌握。

IML 语言用直角坐标系描述机器人和目标物的位置和姿态。坐标系分两种：一种是机座坐标系；一种是固连在机器人作业空间上的工作坐标系。IML 语言以指令形式编程，可以表示机器人的工作点、运动轨迹、目标物的位置及姿态等信息，从而可以实现直接编程。往返作业可不用循环语句描述，示教的轨迹能定义成指令插入到程序中，此外还能完成某些力的施加。

IML 语言的主要指令有运动指令 MOVE、速度指令 SPEED、停止指令 STOP、手指开合指令 OPEN 及 CLOSE、坐标系定义指令 COORD、轨迹定义命令 TRAJ、位置定义指令 HERE、程序控制指令 IF/THEN、FOR/EACH、CASE 及 DEFINE 等。

9.6 机器人离线编程系统

9.6.1 离线编程的主要内容

机器人编程技术已成为机器人技术向智能化发展的关键技术之一，尤其令人瞩目的是机器人离线编程技术。9.1 节已对离线编程做了初步的介绍，这一节加以详细阐述。早期的机器人主要应用于大批量生产，如自动线上的点焊、喷涂等，因而编程所花费的时间相对比较少，示教编程可以满足这些机器人作业的要求。随着机器人应用范围的扩大和所完成任务复杂程度的提高，在中小批生产中，用示教方式编程就很难满足要求。在 CAD/CAM/机器人一体化系统中，由于机器人工作环境的复杂性，对机器人及其工作环境乃至生产过程的计算机仿真是必不可少的。机器人仿真系统的任务就是在不接触实际机器人及其工作环境的情况下，通过图形技术，提供一个和机器人进行交互作用的虚拟环境。

机器人离线编程系统是机器人编程语言的拓展，它利用计算机图形学的成果，建立起机器人及其工作环境的模型，再利用一些规划算法，通过对图形的控制和操作，在离线的情况下进行轨迹规划。机器人离线编程系统已被证明是一个有力的工具，用以增加安全性，减小机器人非工作时间和降低成本等。

与在线示教编程相比，离线编程系统具有如下优点：

(1) 可减少机器人非工作时间，当对下一个任务进行编程时，机器人仍可在生产线上工作。

(2) 使编程者远离危险的工作环境。

(3) 使用范围广，可以对各种机器人进行编程。

(4) 便于和 CAD/CAM 系统结合，做到 CAD、CAM、机器人一体化。

(5) 可使用高级计算机编程语言对复杂任务进行编程。

(6) 便于修改机器人程序。

机器人语言系统在数据结构的支持下，可以用符号描述机器人的动作，一些机器人语言也具有简单的环境构型功能。但由于目前的机器人语言都是动作级和对象级语言，因而编程工作是相当冗长繁重的。作为高水平的任务级语言系统，目前还在研制之中。任务级语言系统除了要求更加复杂的机器人环境模型支持外，还需要利用人工智能技术，以自动生成控制决策和产生运动轨迹。因此可把离线编程系统看作动作级和对象级语言图形方式的延伸，是把动作级和对象级语言发展到任务级语言所必须经过的阶段。从这点来看，离线编程系统是研制任务级编程系统一个很重要的基础。

离线编程系统不仅是机器人实际应用的一个必要手段，也是开发和研究任务规划的有力工具。通过离线编程可建立起机器人与CAD/CAM之间的联系。设计离线编程系统应考虑以下几方面的内容：

(1) 机器人工作过程的知识。

(2) 机器人和工作环境三维实体模型。

(3) 机器人几何学、运动学和动力学知识。

(4) 基于图形显示和运动仿真的软件系统。

(5) 轨迹规划和检测算法，如检查机器人关节超限、检测碰撞、规划机器人在工作空间的运动轨迹等。

(6) 传感器的接口和仿真，以利用传感器的信息进行决策和规划。

(7) 通信功能，进行从离线编程系统所生成的运动代码到各种机器人控制柜的通信。

(8) 用户接口，提供有效的人机界面，便于人工干预和进行系统的操作。

此外，由于离线编程系统的编程是采用机器人系统的图形模型来模拟机器人在实际环境中的工作环境，因此，为了使编程结果能很好地符合实际情况，系统应能计算仿真模型和实际模型间的误差，并尽量减少这一差别。

9.6.2 离线编程系统的结构

机器人的离线编程系统主要由用户接口、机器人系统构型、运动学计算、轨迹规划、动力学仿真、并行操作、传感器仿真、通信接口和误差矫正等九部分组成。

1. 用户接口

离线编程系统的一个关键问题是能否方便地产生出机器人编程系统的环境，便于人机交互，因此用户接口是很重要的。工业机器人一般提供两个用户接口：一个用于示教编程，另一个用于语言编程。示教编程可以用示教盒直接编制机器人程序。语言编程则是用机器人语言编制程序，使机器人完成给定的任务。目前这两种方式已广泛地用于工业机器人。

2. 机器人系统的三维构型

目前用于机器人系统的构型主要有以下三种方式：结构立体几何表示、扫描变换表示和边界表示。其中，最便于形体在计算机内表示、运算、修改和显示的构型方法

是边界表示；而结构立体几何表示所覆盖的形体种类较多；扫描变换表示则便于生成轴对称的形体。机器人系统的几何构型大多采用这三种形式的组合。

3. 运动学计算

运动学计算分运动学正解和运动学反解两部分。正解是给出机器人运动参数和关节变量，计算机器人末端位姿；反解则是由给定的末端位姿计算相应的关节变量值。在离线编程系统中，应具有自动生成运动学正解和反解的功能。

4. 轨迹规划

离线编程系统除了对机器人静态位置进行运动学计算外，还应该对机器人在工作空间的运动轨迹进行仿真。由于不同的机器人厂家所采用的轨迹规划算法差别很大，离线编程系统应对机器人控制柜中所采用的算法进行仿真。

5. 动力学仿真

当机器人跟踪期望的运动轨迹时，如果所产生的误差在允许的范围内，则离线编程系统可以只从运动学的角度进行轨迹规划，而不考虑机器人的动力学特性。但是，如果机器人工作在高速和重负载的情况下，则必须考虑动力学特性，以防止产生比较大的误差。快速有效地建立动力学模型是机器人实时控制及仿真的主要任务之一，从计算机软件设计的观点看，动力学模型的建立可分为数字法、符号法和解析(数字—符号)法三类。

6. 并行操作

一些工业应用场合常涉及两台或多台机器人在同一工作环境中协调作业。即使是一台机器人工作时，也常需要和传送带、视觉系统相配合。因此离线编程系统应能对多个装置进行仿真。并行操作是可在同一时刻对多个装置工作进行仿真的技术。进行并行操作可以提供对不同装置工作过程进行仿真的环境。在执行过程中，首先对每一装置分配并联和串联存储器。如果可以对几个不同处理器分配同一个并联存储器，则可采用并行处理，否则应该在各存储器中交换执行情况，并控制各工作装置的运动程序的执行时间。

7. 传感器的仿真

在离线编程系统中，对传感器进行构型以及能对装有传感器的机器人的误差校正进行仿真是很重要的。传感器主要分局部的和全局的两类，局部传感器有力觉、触觉和接近觉等传感器；全局传感器有视觉等传感器。传感器功能可以通过几何图形仿真获取信息。如触觉，为了获取有关接触的信息，可以将触觉阵列的几何模型分解成一些小的几何块阵列，然后通过对每一几何块和物体间的干涉的检查，并将所有和物体发生干涉的几何块用颜色编码，通过图形显示可以得到接触的信息。力觉传感器的仿真比触觉和接触觉要复杂，它除了要检验力传感器的几何模型和物体间的相交外，还需计算出两者相交的体积，根据相交体积的大小可以定量地表征出实际力传感器所测力和数值。

8. 通信接口

在离线编程系统中通信接口起着连接软件系统和机器人控制柜的桥梁作用。利用通信接口，可以把仿真系统所生成的机器人运动程序转换成机器人控制柜可以接受的代码。由于工业机器人所配置的机器人语言差异很大，这样就给离线编程系统的通用性带来了很大限制。离线编程系统实用化的一个主要问题是缺乏标准的通信接口。标准通信接口的功能是可以将机器人仿真程序转化成各种机器人控制柜可接受的格式。为了解决这个问题，一种方法还是选择一种较为通用的机器人语言，然后通过对该语言加工（后置处理），使其转换成机器人控制柜可接受的语言。

9. 误差的校正

离线编程系统中的仿真模型（理想模型）和实际机器人模型存在偏差，导致离线编程系统实际工作时产生较大的误差。目前误差校正的方法主要有两种：一是采用基准点方法，即在工作空间内选择一些基准点（一般不少于三点），这些基准点具有比较高的位置精度，由离线编程系统规划使机器人运动到这些基准点，通过两者之间的误差形成误差补偿函数。二是利用传感器（力觉或视觉等）形成反馈，在离线编程系统所提供机器人位置的基础上，局部精确定位靠传感器来完成。第一种方法主要用于精度要求不太高的场合（如喷涂），第二种方法用于较高精度的场合（如装配）。

9.6.3 离线编程系统的自动子任务

在这一小节中我们将简要介绍一些先进技术，这些技术能够集成到已经讨论过的离线编程系统的“基本”概念中。在工业应用的某些场合，大部分先进技术已应用于自动规划系统中。

1. 自动确定机器人位移

应用机器人离线编程系统能够完成许多基本操作任务，其中之一是确定工作单元的布局，以使操作臂能够到达所有给定的工作点。在仿真环境中，由编程路径和编程误差来确定正确的机器人或工件的位移要比在实际工作单元中确定上述位移快得多。自动搜索可行的机器人或工件的位置是一项先进技术，它可以进一步减少用户的负担。自动确定位移可以通过直接搜索法或导航搜索法来计算。大多数机器人被水平安装在地面或是天花板上，并使得第一个旋转关节与地面垂直，所以通常情况下，不必在三维空间中用划分网格的方法来寻找机器人底座的位置。这种搜索方法可以对某个判据进行优化，或者停留在最可行的机器人或工件的位置上。这种可行性可以由到达所有工作点的避碰能力来定义（也许可以给出一个更严格的定义）。一个合理的最优判据可能是可操作度的某种形式。自动确定位移的结果是使工序中的机器人能以完备的位形到达所有工作点。

2. 避障与路径优化

在离线编程系统中自然会包括对避障路径规划和时间优化路径规划的研究。对于那些与狭小范围和狭小搜索空间有关的问题也是值得研究的。例如,在用6自由度机器人进行弧焊作业时,由几何条件可知机器人仅有5个自由度就足够了。冗余自由度的自主规划可用于机器人的避障和避奇异点。

3. 坐标运动的自主规划

在许多弧焊作业中,具体作业过程要求在焊接过程中工件始终保持与重力矢量之间的确定关系。为此可以安装一个2或3自由度的定位系统,这个定位系统随机器人以坐标运动方式同时操作。这样一个系统可能有9个或是更多的自由度。现在一般是采用示教方法对这个系统进行编程。自主规划系统可以对上述系统自动地进行坐标运动的综合,因此这种系统可能是相当有价值的。

4. 力控制仿真

在仿真环境下,物体可用它们的表面形状来描述,因此有必要研究操作臂的力控制仿真问题。这项工作的难点在于,需要对某些表面特征进行建模,需要对动力学仿真系统进行扩展以处理各种接触条件下产生的约束问题。在这种情况下,只能够对各种力控制装配操作的可行性进行估计。

5. 自主规划

与机器人编程中发现的几何问题相同,经常遇到的困难是规划问题和通信问题。特别是把单一工作单元仿真推广到一组工作单元仿真时的情况。某些离散时间仿真系统可以提供这种系统的简要仿真环境,但几乎没有提出规划算法。对交互操作的规划是一个困难的问题,而且这是一个研究领域。对于这个方面的研究,离线编程系统可以作为一个理想的实验平台,而且在这个研究领域内可以通过任何一种有用的算法立即推广。

6. 误差和公差的自动估计

在近期的研究工作中对一个离线编程系统应具有某些能力进行了讨论,例如可以对定位误差的产生原因以及缺陷传感器对数据的影响进行建模。世界模型中包括了各种误差约束和公差信息,这个系统应可以对各种定位或装配任务的成功概率进行估计。这个系统还可以提出传感器的使用和布置的建议,以便及时修正可能出现的问题。离线编程系统还被广泛应用在当今的工业生产中,它始终可以作为机器人研究和发展过程中的基础。开发离线编程系统的主要目的是填补现行的显示编程系统与将来的任务级编程系统之间的空白。

9.7 典型机器人示教编程方法

示教编程是工业机器人普遍采用的编程方式,典型的示教过程是依靠操作员观察机器人及其夹持工具相对于作业对象的位姿,通过对示教盒的操作,反复调整示教点处机器人的作业位姿、运动参数和工艺参数,然后将满足作业要求的这些数据记录下来,再转入下一点的示教,整个示教过程结束后,机器人实际运行时使用这些被记录的数据，经过插补运算，就可以再现在示教点上记录的机器人位姿。

这个功能的用户接口是示教器键盘，操作员通过操作示教器，向主控计算机发送控制命令，操纵主控计算机上的软件，完成对机器人的控制；示教器将接收到的当前机器人运动和状态等信息通过液晶屏完成显示。

9.7.1 KUKA 机器人

图 9－7 所示为 KUKA 公司所生产的一种典型工业机器人，下面将结合机器人与示教器来介绍一下示教编程方法。

1. 示教器

图 9－8 所示为 KUKA 示教器，在示教盒的背面有三个白色和一个绿色的按钮。三个白色按钮是使能开关，用在 T1 和 T2 模式下。不按或者按死此开关，伺服下电，机器人不能动作；在中间挡时，伺服上电，机器人可以运动。绿色按钮是启动按钮。Space Mouse 为空间鼠标又称作 6D 鼠标。

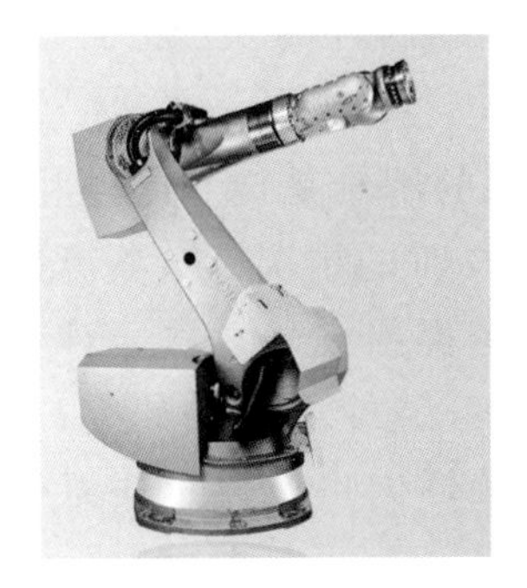

图 9－7　KUKA 典型机器人

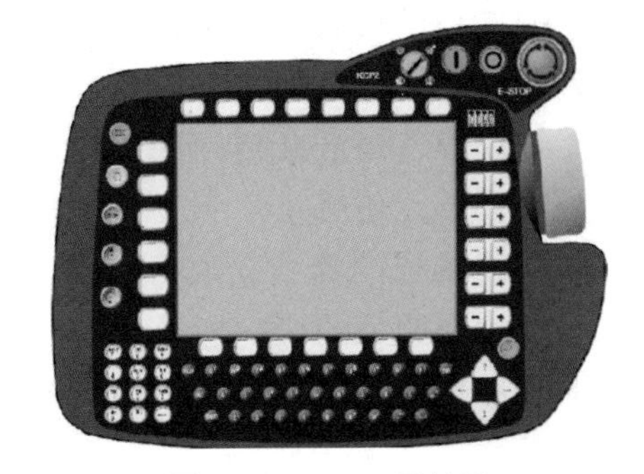

图 9－8　KUKA 示教器

2. 编辑程序

（1）创建新程序。当程序窗口显示的是文件目录时，可以创建新文件。当不是目录时，按下方的“资源浏览器”键，将资源浏览器打开。把光标移到资源浏览器的左半窗口，选择目录 R1\Program 后，把光标移到资源浏览器的右半窗口，按下方的“新建”键，资源浏览器的左半窗口显示新建程序可以选择的模版，选择“Module”模版，用字母键输入程序的名字，按回车，系统会创建两个文件，即一个 *.src 文件和一个 *.dat 文件。*.src 文件为程序文件，*.dat 文件保存了程序的数据。需要注意的是，创建的新程序名不能与系统内任何文件的名字相同。

（2）加载现有程序。加载程序有两种方法：一是通过“选择”键；二是通过“打开”键。它们的区别是：通过“选择”键打开的程序处于准备运行状态，光标是黄色的箭头和 I 型编辑光标，这时候不能在程序中输入字符，即使输入了，系统也不识别，可以修改命令语句的参数，也可以新建语句；通过“打开”键打开的程序处于编辑状态，光标是红色的 I 型光标，此时可以对程序进行任何编辑，不能通过“向前运行”键运行程序。

(3) 保存程序。在打开的程序中按"关闭"键,信息窗口会询问是否保存修改,按"是"保存程序。在关闭程序的同时,系统也对程序进行编译,查找出来的语法错误会显示在状态窗口。状态窗口显示发生错误的行、错误原因,修改完错误,关闭程序后,系统重新更新错误信息。

(4) 插入程序行。如果插入空白行,需要将编辑光标移到插入行的上一行开头并按下回车。如果插入指令,将编辑光标移到插入行的上一行开头,开始输入指令,指令输入完成后自动被插入下一行。

(5) 删除程序行。将编辑光标移到要删除行的开头,执行菜单:"编辑"→"删除"命令,信息窗口会询问是否删除,按"是"键删除。

(6) 查找字符。执行菜单:"编辑"→"查找"命令,输入查找的字符,按回车开始查找,查找到的字符变为白色背景,按回车查找下一个符合的字符,按"退出"键退出查找模式。

(7) 打开折叠。许多系统文件的内容都被折叠起来,刚打开文件时,这些内容是不可见的,需要打开折叠。将光标移到折叠的部分,执行菜单:"编辑"→"折合"→"打开当前折合"命令。光标所在的折叠部分被打开,文件关闭后这些折叠部分也被关闭。

3. 程序指令

(1) 运动指令。KUKA机器人有三种运动指令,即点到点运动、直线运动、圆弧运动。

(2) 逻辑指令。KUKA机器人有三种逻辑指令,即等待时间、等待信号、输出端。

4. 修改程序指令

需要修改程序指令时,将光标移到要修改的指令行开头,按"改变"键,用箭头键将光标移到想要修改的参数上进行修改。对于运动指令需要注意,如果需要修改点的位置,应先将机器人移动到位,按"改变"→"指令参数",在信息窗口按"是"键即可。

5. 执行程序

按"选择"键打开程序,用状态键设定好程序速度和程序运行的方式。

9.7.2 ABB机器人

图9-9所示为ABB公司生产的一种典型工业机器人,下面来介绍一下ABB机器人相关的示教编程方法。

1. 示教器

如图9-10所示为ABB工业机器人示教器,由连接电缆、触摸屏用笔、示教器复位按钮、急停开关、使能器按钮、触摸屏、快捷键单元、手动操作摇杆和备份数据用USB接口等组成。ABB机器人示教器FlexPendant由硬件和软件组成,其本身就是一套完整的计算机。FlexPendant设备(有时也称为TPU或教导器单元)用于处理与机器人系统操作相关的许多功能：运行程序；微动控制操纵器；修改机器人程序等。某些特定功能，如管理 User Authorization System（UAS），无法通过 Flex Pendant 执行，只能通过 Robot Studio Online 实现。作为 IRC5 机器人控制器的主要部件，FlexPendant 通过集成电缆和连接器与控制器连接。而 hotplug 按钮选项可使得在自动模式下无须连接 FlexPendant 仍可继续运行成为可能。FlexPendant 可在恶劣的工业环境下持续运作，其触摸屏易于清洁，且防水、防油、防溅锡。

图 9－9　ABB 典型机器人

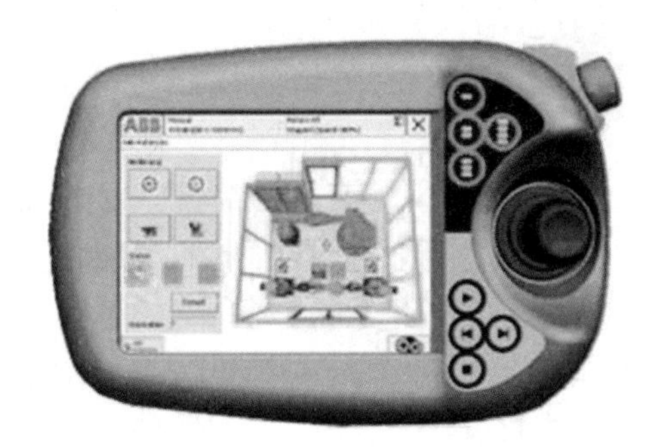

图 9－10　ABB 示教器

2. **编辑程序**

（1）创建新程序。在 ABB 菜单中点击程序编辑器，进入任务与程序界面，在文件菜单中选择新程序即可创建一个新的程序。

（2）加载现有程序。在 ABB 菜单中点击程序编辑器，进入任务与程序界面，在文件菜单中选择加载程序，然后使用文件搜索工具定位要加载的程序文件即可。

（3）保存程序。在 ABB 菜单中点击程序编辑器，进入任务与程序界面，在文件菜单中选择程序另存为，然后使用建议的程序名或输入新名称即可。

3. **执行程序**

在 ABB 菜单中点击程序编辑器，进入任务与程序界面，选择要执行的程序并点击调试，按下 FlexPendant 上的启动按钮，程序开始执行。

9.7.3　新松机器人

图 9－11 所示为新松公司所生产的一种典型工业机器人，下面来介绍一下新松机器人相关的示教编程方法。

1. **示教器**

图 9－12 所示为新松公司所生产的工业机器人示教器，由显示屏、54 个按键和急停按钮组成，用单片机进行管理。显示屏采用 320×240 点阵的 LCD 图形显示器，可显示 13 行×20 个汉字。按键按功能分成以下几组：功能键，轴操作键，程序编辑键，光标、数字键。

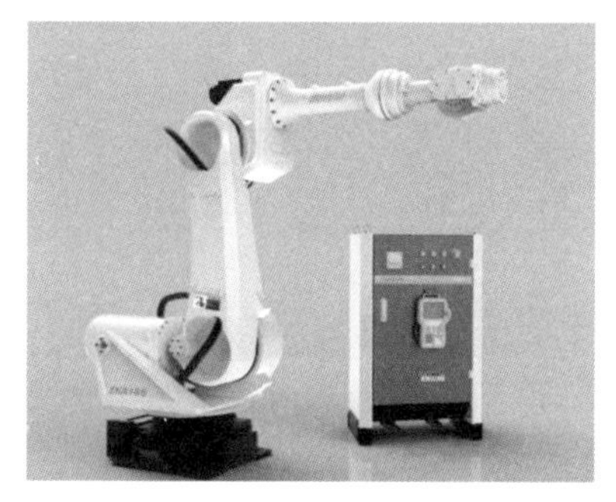

图 9-11　新松典型机器人

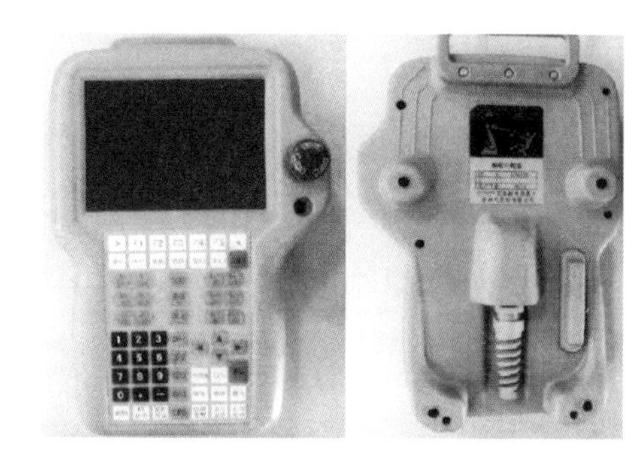

图 9-12　新松示教器

2. 编辑程序

(1) 创建新程序。按下"主菜单"键进入示教程序操作界面,选择作业名选项中的"新作业"选项,输入要创建的程序名称并按下"确认"键即可创建新程序。

(2) 加载现有程序。按下"主菜单"键进入示教程序操作界面,选择作业名选项中的"选作业"选项,用方向键找到想要打开的程序名称并按下"确认"键即可加载程序。

(3) 指令插入。指令插入与记录指令的过程一样,只是在记录指令时按确认,在插入指令时按插入、确认。

(4) 指令修改。指令修改只能修改光标所在行的指令中的参数,不能将该行指令修改成其他指令;如果需要修改成其他指令,需要先删除该行指令,再插入新指令。

3. 程序指令

(1) 运动指令。通常运动指令记录了位置数据、运动类型和运动速度。如果在示教期间,不设定当前运动类型和运动速度,则自动使用上一次的设定值。运动类型指定了在执行时示教点之间的运动轨迹,机器人一般支持 3 种运动类型指令:即关节运动(MOVJ)、直线运动(MOVL)、圆弧运动(MOVC)。

(2) 控制指令。常用的控制指令包括延时指令(DELAY)、无条件跳转(GOTO)、标签(LABEL)、子程序调用(CALL)等。

4. 执行程序

程序运行方式分为三种:单步、单循环和自动。单步执行表示一次执行一条指令;单循环表示一次执行一遍作业;自动表示作业无限循环执行。

按下"主菜单"键进入示教程序操作界面,点击"执行方式"进入选择界面,选择要使用的执行方式并按下启动键,程序按照选定方式开始执行。

9.7.4　示教编程实例

(1) 以 ABB 工业机器人为例,利用示教编程的方法使机器人沿如图 9-13 所示的长为 100mm、宽为 50mm 的长方形轨迹运动。

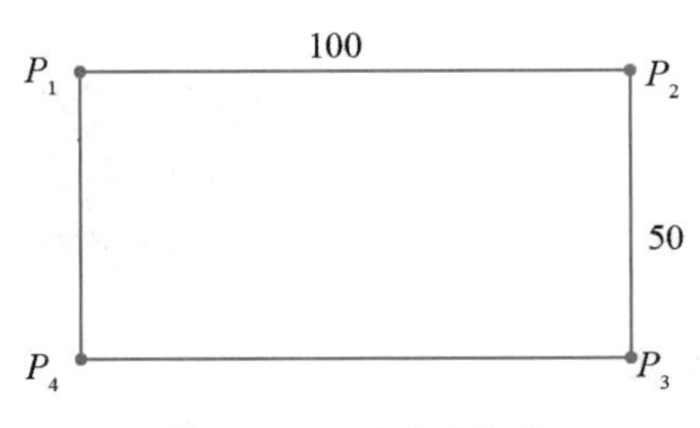

图 9－13　长方形路径

完整的示教程序如下：

```
MoveL offs P1, v100, fine, tool1;
MoveL offs (P1, 100, 0, 0), v100, fine, tool1;
MoveL offs (P1, 100, 50, 0), v100, fine, tool1;
MoveL offs (P1, 0, 50, 0), v100, fine, tool1;
MoveL offs P1, v100, fine, tool1;
```

(2)以 ABB 工业机器人为例,利用示教编程的方法使机器人沿圆心为 P 点、半径为 80mm 的圆形轨迹运动。

完整的示教程序如下：

```
MoveJ p, v500, z1, tool1;
Movel offs (p, 80, 0, 0), v500, z1, tool1;
MoveC offs (p, 0, 80, 0), offs (p, −80, 0, 0), v500, z1, tool1;
MoveC offs (p, 0, −80, 0), offs (p, 80, 0, 0), v500, z1, tool1;
MoveJ p, v500, z1, tool1
```

(3)以 Panasonic 弧焊机器人为例,利用示教编程的方法对图 9－14 所示的两块 300mm×100mm×10mm 尺寸的钢板进行单面焊双面成形焊接操作。

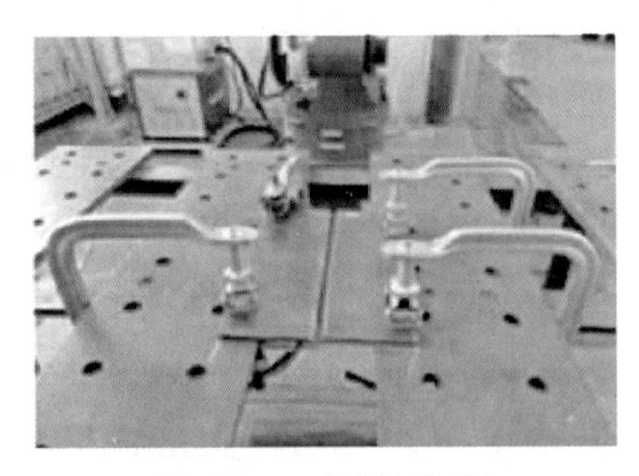

图 9－14　待焊接钢板

完整的示教程序如下：

```
Begin of Program   //程序开始,绿色圆标记
TOOL= 1: TOOL01   //选择工具组 1,默认
MOVEP P1, 3.00m/min   //P1、P2 空走点,空间定位点,蓝色圆标记
MOVELW P3, 1.00m/min, Ptn = 2, F = 2.5,T = 0.0
```

```
//P3 直线摆动打底焊起始点,红色圆标记
ARC—SET AMP= 170 VOLT= 22.3 S= 0.20
ARC—ON ArxStart1.prg RETRY = 0
WEAVEP P4, 1.00m/min, T = 0.0
WEAVEP P5, 1.00m/min, T = 0.0  //P4、P5 直线摆动振幅点,黄色圆标记
MOVELW P6, 1.00n/min, Ptn = 2, F = 2.5, T = 0.0
//P6 直线摆动打底焊结束点,蓝色圆标记
CRATER AMP= 165 VOLT= 20.8 T= 0.00
ARC-OFF ArcEnd1.prg RELEASE = 0
MOVEP P7, 3.00m/min  //焊枪抬起
DELAY 10.00s  //延时 10s
MOVELW P8, 1.00m/min, Ptn= 2, F = 2.5, T = 0.0
//P8 直线摆动盖面焊起始点,红色圆标记
ARC—SET AMP= 235 VOLT= 24.7 S= 0.20
ARC—ON ARCStart1.prg RETRY = 0
WEAVEP P9, 1.00m/min, T = 0.1
WEAVEP P10, 1.00m/min, T = 0.1
//P9、P10 摆动振幅点,再振幅点停留 0.1s,黄色圆标记
MOVELW P11, 1.00m/min, Ptn = 2, F = 2.5, T = 0.0
//P11 直线摆动盖面焊,蓝色圆标记
CRATER AMP= 230 VOLT= 24.4 T= 0.00
ARC—OFFArcEND1.prgRELEASE= 0
MOVEP P12, 3.00m/min  //焊枪抬起
MOVEP P13, 3.00m/min  //回到原点
End of Program  //程序结束
```

思考题

1. 机器人示教控制可以分为哪几类?
2. 试述机器人直接示教法的过程及特点。
3. 对位置和姿态信息进行编辑加工的常见功能有哪些?
4. 机器人语言根据作业描述水平划分有哪几类? 各有什么特点?
5. 试述机器人编程语言系统的组成。
6. 机器人编程语言系统的功能主要包括哪些?
7. 试用任何一种语言,执行在位置 A 抓起质量块,然后将其放到位置 B。
8. 试述机器人离线编程的特点和主要内容。

第10章 机器人关键部件

机器人关键部件是指构成机器人传动系统、控制系统和人机交互系统，对机器人性能起关键作用，并具有通用性和模块化的部件单元。机器人关键部件主要分为：高精度减速机、高性能伺服电机、伺服驱动器和高性能控制器。在工业机器人成本中，成本占比最高的为减速机，占33%～38%，驱动及伺服电机占20%～25%，控制器占10%～15%，机器人本体在总成本中占比只有20%左右。

10.1 高精度减速机

高精度减速机是机器人领域重要的机械传动部件，具有体积小、重量轻、传动效率高等特点。机器人领域常用的减速机主要有：RV减速机、谐波齿轮减速机、行星齿轮减速机。其中，又以RV减速机和谐波齿轮减速机的应用最广泛。

上述三种典型减速机关键参数的对比如表10-1所示。

表10-1 三种典型减速机关键参数对比

名称	减速比 i	额定力矩(N·m)	额定寿命(h)	精度(arc/min)	齿隙(arc/min)
RV减速机	11～240	58～11760	6000	≤1	≤1
谐波齿轮减速机	30～320	0.5～9200	7000～10000	1.0～1.5	0
行星齿轮减速机	3～50	2.5～1130	—	3～5	1～7

10.1.1 RV减速机

RV减速机一般用于低转速大扭矩的传动设备，把动力通过减速机输入轴上的小齿轮传递到输出轴上的大齿轮，达到减速的作用。RV减速机作为一种新型的二级封闭传动机构，不仅在精密机械传动、精密仪器、纺织机械、航天等领域得到广泛应用，还在工业机器机械手转臂、旋转轴上占有主导地位。

RV减速机的典型结构如图10-1所示，主要结构包括输入轴、行星轮(正齿轮)、曲轴、RV齿轮、主轴承、滚针轴承、滚针、外壳、法兰与输出轴等。主要零件的功能简单介绍如下。

输入轴：用于传递输入功率，且与行星轮互相啮合。

行星轮：与曲轴固联，两个或三个行星轮均匀分布在一个圆周上，起功率分流作用，即将输入功率分成几路传递给摆线针轮机构。

RV 齿轮：为了实现径向力的平衡，一般采用两个完全相同的摆线针轮。

滚针：针齿与机架固联在一起成为针轮壳体。

法兰与输出轴：输出轴是 RV 减速机与外界从动机相连接的构件，输出轴和法兰相连接成为一个整体，输出运动或动力。

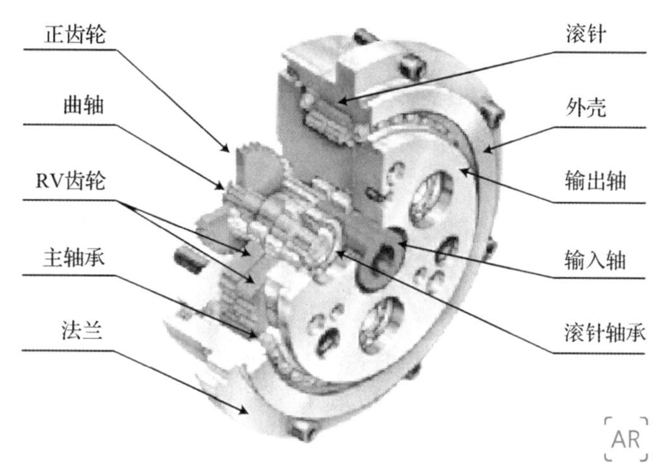

图 10－1 RV 减速机典型结构图

RV 减速机的工作原理如图 10－2 所示，它是由两级传动结构构成的封闭差动轮系，第一级为渐开线齿轮行星传动机构，第二级为摆线针轮行星传动机构。第一级传动包括相互啮合的输入齿轮和行星齿轮，行星齿轮固定安装在相互平行的曲轴上；第二级摆线传动中曲轴与行星齿轮固连在一起，摆线针轮安装在与曲轴有固定相位差偏心轴的凸轮上，运转时行星轮通过曲轴带动摆线针轮做偏心平面运动，与针齿形成少齿差啮合。

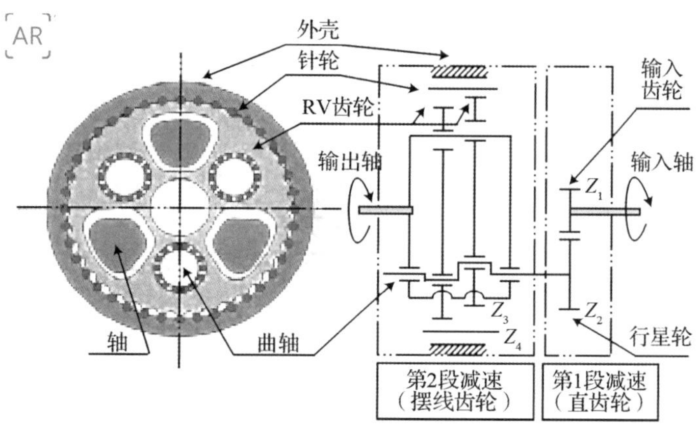

图 10－2 RV 减速机工作原理图

行星轮与曲轴连成一体，作为摆线针轮传动部分的输入。如果中心轮顺时针方向旋转，那么行星轮在公转的同时逆时针自转，并通过曲轴带动摆线针轮做偏心运动，此时摆线针轮在其轴线公转的同时，还将在针齿的作用下反向自转，即顺时针转动。同时通过曲轴将摆线针轮的转动等速传给输出机构。

RV减速机有两种动力输出方式，一种是通过输出轴输出，另一种是通过外壳输出。当以输出轴作为输出方式时，RV减速机的减速比为：

$$i=1+\frac{Z_2 \cdot Z_4}{Z_1} \tag{10-1}$$

式中，Z_1是输入齿轮的齿数，Z_2是行星轮的齿数，Z_4是摆线针轮的齿数。

当以外壳作为输出方式时，RV减速机的减速比为：

$$i=-\frac{Z_2 \cdot Z_4}{Z_1} \tag{10-2}$$

RV减速机主要有以下几个特点：

(1) 结构紧凑，与一般的齿轮减速机相比在体积和重量上有较大优势。

(2) RV减速机上有三个均匀分布的双偏心轴，运动平稳、位置精度高。

(3) 传递效率高，输入轴与输出轴的速比范围大。

(4) 噪声小，RV减速机的两端采用行星架和刚性盘支撑，比普通的悬臂梁输出机构扭转刚度大，抗冲击能力强。

(5) 摆线轮与“滚针”两轮同时处于啮合的数量多，承受过载能力较强。

(6) 精度高。

10.1.2 谐波齿轮减速机

谐波齿轮减速机适用于作为大传动比的齿轮减速机和机械分度机构、伺服装置、雷达装置及自动控制等高精度的传动系统中。

谐波齿轮减速机的典型结构如图10－3所示，主要由波发生器、柔轮和刚轮三个基本构件组成。其中，波发生器是主动件，刚轮或柔轮为从动件。因为波发生器的作用使柔轮所产生的变形波是一个基本对称的简谐波，故称此种传动形式为谐波传动。刚轮是一个刚性的内齿轮，柔轮是一个容易变形的薄壁圆筒外齿轮，它们均具有周节相等的三角形或渐开线的齿形，但刚轮比柔轮多几个齿(通常为两齿)。波发生器由一个椭圆盘和一个柔性球轴承组成，或由一个两端均带有滚子的转臂组成。

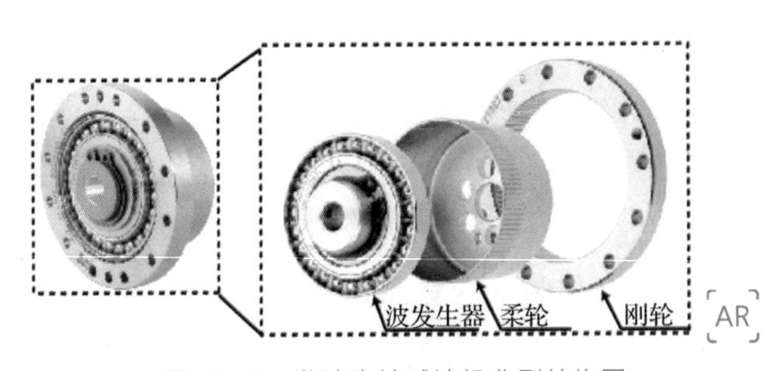

图10－3 谐波齿轮减速机典型结构图

谐波齿轮减速机的传动原理与普通齿轮传动不同，它通过控制柔轮的弹性变形传递运动和动力。谐波齿轮减速机的工作过程如图 10－4 所示，在装配前，柔轮的原始剖面为圆形。柔轮和刚轮的齿矩（周节）相等，但刚轮的齿数比柔轮的齿数多。波发生器的椭圆长轴比未变形柔轮的内圆直径略大，当波发生器装入柔轮的内圆时，迫使柔轮产生弹性变形，使其变为椭圆形。当波发生器在原动机的驱动下在柔轮内旋转时，柔轮不断地产生变形，柔轮的轮齿就在变形的过程中逐渐进入或退出刚轮的齿间。在波发生器的椭圆长轴方向，柔轮与刚轮成为完全啮合状态（简称啮合）；在波发生器的椭圆短轴方向，则处于完全脱开状态（简称脱开）；处于波发生器长轴与短轴之间的轮齿，沿柔轮轴长的不同区段内，有的轮齿逐渐进入刚轮的齿间，而处于半啮合状态，称为啮入；有的齿轮则逐渐退出刚轮的齿间，而处于半脱开状态，称为啮出。由于波发生器在柔轮内连续转动，使得两轮轮齿的啮入、啮合、啮出、脱开四种状态不断地改变各自原来的工作情况，而产生所谓的错齿运动。相互的错齿运动将输入运动变为输出运动。

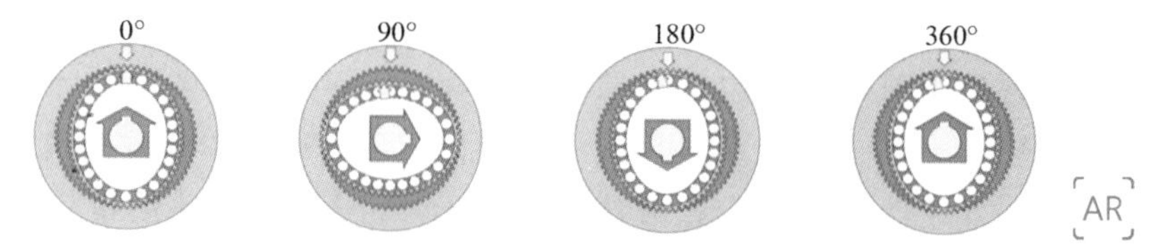

图 10－4　谐波齿轮减速机的工作过程

谐波齿轮减速机的传动原理如图 10－5 所示，假设在啮合传动中，柔轮固定，波发生器为输入，刚轮为输出，则传动比为：

$$i=-\frac{Z_g}{Z_b-Z_g} \tag{10-3}$$

式中，Z_b为波发生器产生的波数，Z_g为刚轮的齿数。

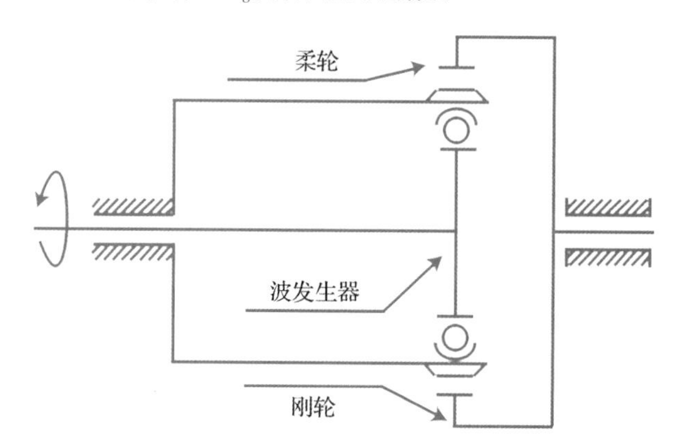

图 10－5　谐波齿轮减速机传动原理图

谐波齿轮减速机可以按照变形波数、波发生器相对于柔轮的配置、轮齿的啮合类型和传动级数等进行分类。

1. 按变形波数分类

按变形波数可分为单波传动、双波传动和三波传动。

(1) 单波传动。齿数差为1。在单波谐波传动中，柔轮变形的不对称性和啮合作用力的不平衡使得单波传动的应用较少。

(2) 双波传动。齿数差为2。双波谐波传动的特点是柔轮产生弹性变形时，其表面应力较小，易获得大的传动比，结构较简单、传动效率较高。因而双波传动应较广泛。

(3) 三波传动。齿数差为3。三波谐波传动的特点是径向力较小、内力较平衡、对中性能好、偏心误差较小。但柔轮的应力较大，在具有相同的转速下，该传动中的柔轮经受反复弯曲的次数较多，因而对其疲劳寿命有影响。三波谐波传动结构较为复杂。一般情况下，较少采用三波谐波传动。

2. 按波发生器相对于柔轮的配置分类

按波发生器相对于柔轮的配置可分为具有内波发生器和具有外波发生器的谐波齿轮减速机。

(1) 具有内波发生器的谐波齿轮减速机。能充分利用空间，径向尺寸小，结构紧凑，制造安装方便。因此，一般大多采用具有内波发生器的谐波齿轮减速机。

(2) 具有外波发生器的谐波齿轮减速机。外形尺寸较大，转动惯量较大，不适用于高速的传动。目前只在少数情况下，才采用具有外波发生器的谐波齿轮减速机，或将其应用于谐波螺旋传动。

3. 按轮齿的啮合类型分类

按轮齿的啮合类型可分为径向啮合式和端面啮合式谐波齿轮减速机。

(1) 径向啮合式谐波齿轮减速机。啮合齿轮副的轮齿是沿着圆柱形柔轮和刚轮的母线方向分布的，即其轮齿方向与传动的回转轴线相平行，因此该谐波传动属于平面啮合的齿轮机构。

(2) 端面啮合式谐波齿轮减速机。柔轮为圆周带有端面齿的柔性薄板圆盘，刚轮为带有端面齿的圆盘，而波发生器一般为带有滚动体的波状圆盘，在波发生器的作用下，迫使柔轮的轮齿与刚轮相啮合。因此该谐波传动属于空间啮合的齿轮机构。

4. 按传动级数分类

按传动级数可分为单级、双级和封闭谐波齿轮减速机。

(1) 单级谐波齿轮减速机。在谐波齿轮传动中，仅由一个柔轮和一个刚轮所组成的啮合齿轮副的传动，称为单级谐波齿轮减速机。其结构简单、传动范围广。

(2) 双级谐波齿轮减速机。在谐波齿轮传动中，由两个简单谐波齿轮传动串联而成的组合式谐波齿轮机构，称为双级谐波齿轮减速机。通常，有径向串联式双级谐波机构和轴向串联式双级谐波机构两种形式。

(3) 封闭谐波齿轮减速机。在谐波齿轮传动中，若采用一个差动谐波齿轮机构（自由度 $w=2$），再用一个简单谐波齿轮机构作为封闭机构，且将差动机构中的任何两个基本构件与其连接起来，同时也就消除了差动谐波机构的一个自由度。由此便成了一个自由度 $w=1$ 的组合式谐波齿轮机构，称为封闭谐波齿轮机构。它的特点是：结构简单、紧凑、传动精度高、传动比大。

与具有刚性构件的行星齿轮传动相比，谐波齿轮减速机主要具有以下优点：

(1) 结构简单，重量轻，体积小。

(2) 单级传动比大、传动比范围宽。

(3) 传动平稳、承载能力大。

(4) 传动精度高。

(5) 齿面磨损小且均匀。

(6) 传动效率高。

(7) 空回量小、可实现无侧隙传动。

(8) 运动平稳、无冲击。

(9) 传动的同轴性好。

(10) 可向密封空间传递运动或动力。

谐波齿轮减速机的主要缺点为：

(1) 谐波齿轮减速机的传动比下限值较大，当采用刚制柔轮时，其单级传动比不小于 60。目前，虽然也可见到传动比为 35～60 的谐波齿轮减速机，但需要采用昂贵的特种钢。因为其传动比的下限值受到柔轮工作时的最大应力的限制。一般情况下，传动比越大，谐波齿轮减速机的传动效果越好。但是，其单级传动比的上限值又受到啮合轮齿的最小模数值和轮齿啮入深度的限制，故其传动比的上限值为350～400。

(2) 柔轮和波发生器的制造较复杂、成本较高。谐波齿轮减速机需要专门的设备，给单件生产和修理工作带来了困难。但是，进行大批量生产时，通过采用专门的工装夹具和新的工艺，可使谐波齿轮减速机的制造成本比行星齿轮减速机的制造成本低。

(3) 谐波齿轮机构一般做成相交轴的传动结构。

10.1.3 行星齿轮减速机

行星齿轮减速机(planetary gear reduction)具有刚性大、精度高、传动效率高、扭矩/体积比大和终身免维护等特点，多数安装在步进电机和伺服电机上，用来降低转速、提升扭矩和匹配惯量。

行星齿轮减速机的典型结构如图 10-6 所示，主要由太阳轮、行星轮和外齿圈构成。其中行星齿轮由行星架的固定轴支承，允许行星轮在支承轴上转动。行星齿轮和相邻的太阳轮、外齿圈总是处于常啮合状态，通常采用斜齿轮以提高工作的平稳性。单排行星齿轮机构是变速机构的基础，自动变速器的变速机构通常由两排或三排以上行星齿轮机构组成。

单排行星齿轮机构的特性方程可以根据能量守恒定律得到，即三个元件的输入

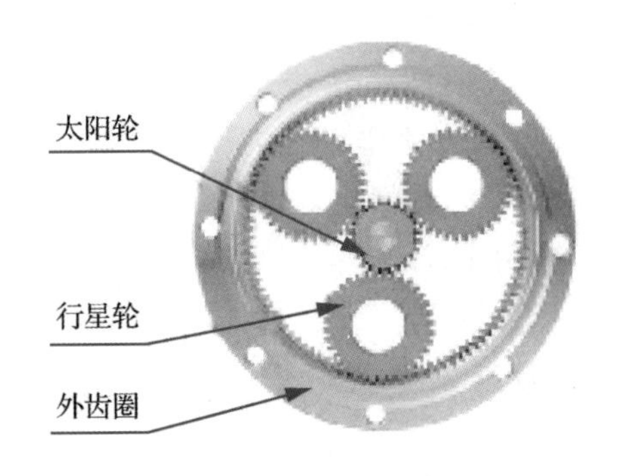

图 10-6　行星齿轮减速机典型结构图

和输出功率之和为零：

$$n_1 + an_2 - (1-a)n_3 = 0 \tag{10-4}$$

式中，n_1为太阳轮转速，n_2为齿圈转速，n_3为行星架转速，a 为齿圈与太阳轮齿数之比。

由特性方程可以看出，由于单排行星齿轮机构具有两个自由度，在太阳轮、环形内齿圈和行星架三个机构中，任选两个分别作为主动件和从动件，而使另一个元件固定不动，或使其运动受一定的约束（即该元件的转速为某定值），则机构只有一个自由度，整个轮系以一定的传动比传递动力。

如图 10-7 所示，行星齿轮减速机大致可分为三类：① S-C-P；② 3S(3K)；③ 2S-C(2k-H)。

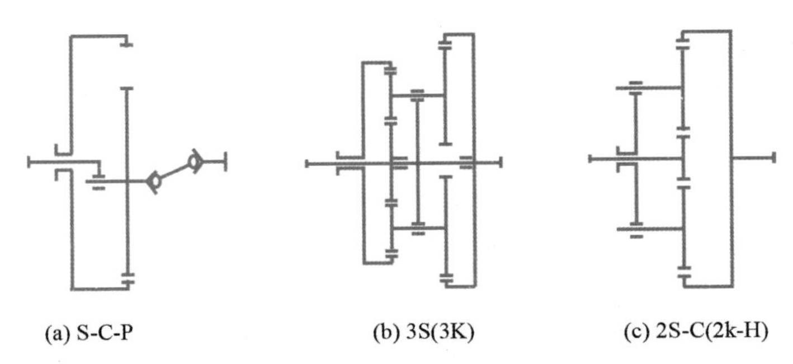

图 10-7　行星齿轮减速机型式

1. S-C-P (K-H-V)式行星齿轮减速机

S-C-P 式行星齿轮减速机由齿轮、行星齿轮和行星齿轮支架组成。行星齿轮的中心和内齿轮中心之间有一定偏距，仅部分齿参加啮合。曲柄轴与输入轴相连，行星齿轮绕内齿轮边公转边自转。行星齿轮公转一周时，行星齿轮反向自转的转数取决于行星齿轮和内齿轮之间的齿数差。

行星齿轮为输出轴时传动比为：

$$i = \frac{Z_s - Z_p}{Z_p} \tag{10-5}$$

式中，Z_s为内齿轮（太阳齿轮）的齿数，Z_p为行星齿轮的齿数。

2. 3S式行星齿轮减速机

3S式行星齿轮减速机的行星齿轮与两个内齿轮同时啮合，还绕太阳齿轮(外齿轮)公转。两个内齿轮中，固定一个时另一个齿轮可以转动，并可与输出轴相联结。这种减速机的传动比取决于两个内齿轮的齿数差。

3. 2S-C式行星齿轮减速机

2S-C行星齿轮减速机式由两个太阳齿轮(外齿轮和内齿轮)、行星齿轮和支架组成。内齿轮和外齿轮之间夹着2～4个相同的行星齿轮，行星齿轮同时与外齿轮和内齿轮啮合。支架与各行星齿轮的中心相连接，行星齿轮公转时迫使支架绕中心轮轴回转。

上述行星齿轮机构中，若内齿轮和行星齿轮的齿数差 $Z_s - Z_p = 1$，可得到大减速比 $i = 1/Z_p$，但容易产生齿顶的相互干涉，这个问题可由下述方法解决：

(1) 利用圆弧齿形或钢球；

(2) 齿数差设计成2；

(3) 行星齿轮采用可以弹性变形的薄椭圆状(谐波传动)。

10.1.4 减速机的选型

减速机选型需要考虑以下关键参数。

(1) 速比：也称传动比，为电机输出转数除以减速机输出转数。

(2) 减速比：输入转速比上输出转速。

(3) 级数：行星齿轮的套数。由于一套行星齿轮无法满足较大的传动比，有时需要两套或三套来满足用户对较大传动比的要求。由于增加了行星齿轮的数量，所以二级或三机减速级的长度会有所增加，效率会有所下降。

(3) 满载效率：指在最大负载情况下(故障停止输出扭矩)，减速机的传输效率。

(4) 平均寿命：指减速机在额定负载下，最高输入转速时的连续工作时间。

(5) 额定扭矩：减速机的一个标准。在此数值下，当输出转速为100r/min时，减速机的寿命为平均寿命。超过此值，减速机平均寿命会减少。当输出扭矩超过两倍该值时，减速机故障。

(6) 润滑方式：无须润滑。减速机为全密封方式，故在整个使用期内无须添加润滑脂。

(7) 噪声：单位是分贝(dB)。此数值是在输入转速为3000r/min时，不带负载，距离减速机一米距离时测量的。

(8) 回程间隙：将输出端固定，输入端顺时针和逆时针方向旋转，使输出端产生额定扭矩±2%扭矩时，减速机输入端有一个微小的角位移，此角位移即为回程间隙。单位是“分”，即一度的六十分之一。通常的回程间隙值均指减速机的输出端。

10.2 伺服电机

伺服电动机又称执行电动机，在自动控制系统中，用作执行元件，把所受到的电信号转换成电动机轴上的角位移或角速度输出。伺服电动机分为直流和交流伺服电动机两大类，其主要特点是，当信号电压为零时无自转现象，转速随着转矩的增加而匀速下降。伺服电机包括直流伺服电机和交流伺服电机，直流伺服电机又分为有刷直流电机和无刷直流电机，交流伺服电机又分为同步伺服电机和异步伺服电机。

10.2.1 直流伺服电机

有刷直流伺服电机成本低，结构简单，启动转矩大，调速范围宽，控制容易，需要维护，但维护不方便，产生电磁干扰，对环境有要求，主要用于对成本敏感的普通工业和民用场合。无刷直流电机体积小，重量轻，出力大，响应快，速度高，惯量小，转动平滑，力矩稳定，控制复杂，容易实现智能化，电子换相方式灵活，可以方波换相或正弦波换相。电机免维护，效率很高，运行温度低，电磁辐射很小，寿命长，可用于各种环境。

有刷直流电机和无刷直流电机在结构上的主要区别在于无刷电机的转子和定子之间没有电刷和换向器，其电机线圈电流方向的改变通过控制器提供不同电流方向的直流电来实现，而有刷电机线圈电流方向的交替变化通过随电机转动的换向器和电刷来完成。下面以有刷直流电机来阐述直流伺服电机的结构特点。有刷伺服电机的典型结构如图 10－8 所示，主要由定子、转子、电刷和换向片等组成。

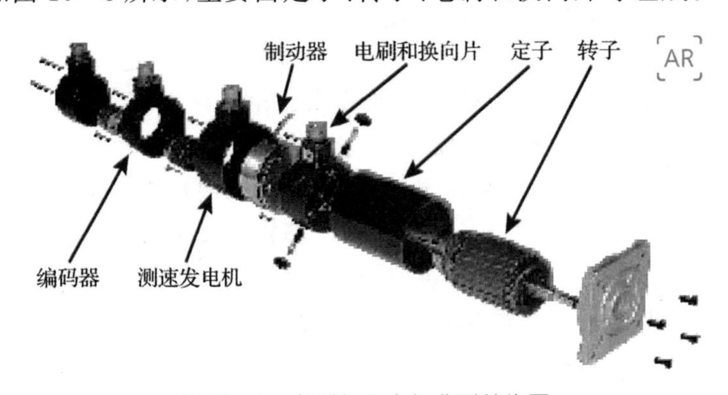

图 10－8　有刷伺服电机典型结构图

(1) 定子：定子磁极磁场由定子的磁极产生。根据产生磁场的方式，直流伺服电机可分为永磁式和电磁式。永磁式磁极由永磁材料制成，电磁式磁极由冲压硅钢片叠压而成，外绕线圈通以直流电流便产生恒定磁场。

(2) 转子：又称为电枢，由硅钢片叠压而成，表面嵌有线圈，通以直流电时，在定子磁场作用下产生带动负载旋转的电磁转矩。

(3) 电刷和换向片：为使所产生的电磁转矩保持恒定方向，转子能沿固定方向均匀的连续旋转，电刷与外加直流电源相接，换向片与电枢导体相接。

直流伺服电机的基本特性包括：静态特性、机械特性、调节特性和动态特性等。

1. 静态特性

电磁转矩 T_m 可表示为：

$$T_M = K_T \Phi I_a \tag{10-6}$$

式中，K_T 为转矩常数，Φ 为磁场磁“通量”，I_a 为电枢电流。

电枢回路的电压平衡方程式为：

$$U_a = I_a R_a + E_a \tag{10-7}$$

式中，U_a 为电枢上的外加电压，R_a 为电枢电阻，E_a 为电枢反电势。

电枢反电势与电机角速度之间的关系为：

$$E_a = K_e \Phi \omega \tag{10-8}$$

式中，K_e 为电势常数，ω 为电机的角速度。

根据以上各式可以求得：

$$\omega = \frac{U_a}{K_e \Phi} - \frac{R_a}{K_e K_T \Phi^2} T_M \tag{10-9}$$

假设负载转矩为零，可得到理想空载转速为：

$$\omega_0 = \frac{U_a}{K_e \Phi} \tag{10-10}$$

假设转速为零，可得到启动转矩为：

$$T_s = \frac{U_a}{R_g} K_T \Phi \tag{10-11}$$

当电机驱动负载为 T_L 时，电机角速度与理想空载角速度的差为：

$$\Delta\omega = \frac{R_a}{K_e K_T \Phi^2} T_L \tag{10-12}$$

2. 机械特性

在输入的电枢电压 U_a 保持不变时，电机的转速 n 随电磁转矩 T_M 变化而变化的规律，称为直流电机的机械特性，其表达式为：

$$n = n_0 - K T_M \tag{10-13}$$

K 值大表示电磁转矩的变化引起电机转速的变化大，这种情况称为直流电机的机械特性软；反之，斜率 K 值小，电机的机械特性硬。在直流伺服系统中，总是希望电机的机械特性硬一些，这样，当带动的负载变化时，引起的电机转速变化小，有利于提高直流电机的速度稳定性和工件的加工精度。但是，功耗会增大。

3. 调节特性

直流电机在一定的电磁转矩（或负载转矩）T_M 下电机的稳态转速 n 随电枢的控制电压 U_a 变化而变化的规律，称为直流电机的调节特性，其表达式为：

$$n = K(U_a - U_0) \tag{10-14}$$

直流电机的调节特性曲线中，斜率 K 反映了电机转速 n 随控制电压 U_a 的变化而变化快慢的关系，其值大小与负载大小无关，仅取决于电机本身的结构和技术参数，U_0 是空载时的电压。

4. **动态特性**

从原来的稳定状态到新的稳定状态，存在一个过渡过程，这就是直流电机的动态特性，其表达式为：

$$\omega(t)=KU_a(1-e^{t/t_m}) \tag{10-15}$$

式中，t_m为时间常数，它是电机转子的总转动惯量 J、电枢回路电阻 R_a、机械特性硬度等的函数，可表示为：

$$t_m=\frac{2\pi}{60}\cdot\frac{R_aJ}{C_aC_m\Phi^2} \tag{10-16}$$

直流电机的动态力矩平衡方程式为：

$$J\frac{d\omega}{dt}=T_M-T_L \tag{10-17}$$

直流电机在启动、制动和加减速时，电流调节器需要保证电机启动、制动时的大转矩、加减速的良好动态性能。可以通过改变电枢电压和改变励磁电流两种方法控制直流伺服电机的电磁转矩和速度。

调速：当给定的指令信号增大时，则有较大的偏差信号加到调节器的输入端，产生前移的触发脉冲，可控硅整流器输出直流电压提高，电机转速上升。此时测速反馈信号也增大，与大的速度给定相匹配达到新的平衡，电机以较高的转速运行。

干扰：假如系统受到外界干扰，如负载增加，电机转速下降，速度反馈电压降低，则速度调节器的输入偏差信号增大，其输出信号也增大，经电流调节器使触发脉冲前移，晶闸管整流器输出电压升高，使电机转速恢复到干扰前的数值。

电网波动：电流调节器通过电流反馈信号还起到快速地维持和调节电流作用，如电网电压突然短时下降，整流输出电压也随之降低，在电机转速由于惯性还未变化之前，首先引起主回路电流的减小，立即使电流调节器的输出增加，触发脉冲前移，使整流器输出电压恢复到原来值，从而抑制了主回路电流的变化。

速度控制技术指标有调速范围 D、静差度 S 和调速的平滑性 Q 等参数，分别表示为：

$$D=\frac{n_{\max}}{n_{\min}} \tag{10-18}$$

$$S=\frac{n_0-n_e}{n_0} \tag{10-19}$$

$$Q=\frac{n_i}{n_{i-1}} \tag{10-20}$$

直流伺服电机的选型需要根据被驱动机械的负载转矩、运动规律和控制要求来确定。其选型流程归纳如下：

(1) 转速和编码器分辨率的确认。

(2) 电机轴上负载力矩的折算和加减速力矩的计算。

(3) 计算负载惯量，惯量的匹配，以安川伺服电机为例，部分产品惯量匹配可达50

倍,但实际越小越好,这样对精度和响应速度好。

(4) 再生电阻的计算和选择,对于伺服电机,一般取 2kW 以上,要外配置。

(5) 电缆选择,编码器电缆双绞屏蔽的,对于安川伺服等日系产品绝对值编码器是 6 芯,增量式是 4 芯。

直流伺服电机的主要技术参数有:

(1) 额定功率 P_e:指轴上输出的机械功率,等于额定电压、额定电流及额定效率的乘积,即 $P_e = U_e I_e h_e$。

(2) 额定电压 U_e:电机长期安全运行时所能承受的电压(V)。

(3) 额定电流 I_e:指电机按规定的工作方式运行时,电枢绕组允许通过的电流(A)。

(4) 额定转速 n_e:指电机在额定电压、额定电流和额定功率情况下运行的电机转速(r/min)。

直流伺服电机具有以下几个特点:

(1) 精度:实现了位置、速度和力矩的闭环控制,克服了步进电机失步的问题。

(2) 转速:高速性能好,一般额定转速能达到 2000~3000r/min。

(3) 适应性:抗过载能力强,能承受三倍于额定转矩的负载,对有瞬间负载波动和要求快速起动的场合特别适用。

(4) 稳定:低速运行平稳,低速运行时不会产生类似于步进电机的步进运行现象。适用于有高速响应要求的场合。

(5) 及时性:电机加减速的动态响应时间短,一般在几十毫秒之内。

(6) 舒适性:发热和噪声明显降低。

10.2.2 交流伺服电机

交流伺服电机可分为同步和异步电机,目前运动控制中一般都用同步电机,具有功率范围大、惯量大、最高转动速度低的特点,适合在低速平稳工况的应用。交流伺服电机内部的转子是永磁铁,驱动器控制的 U/V/W 三相电形成电磁场,转子在此磁场的作用下转动,同时电机自带的编码器反馈信号给驱动器,驱动器根据反馈值与目标值进行比较,调整转子转动的角度。伺服电机的精度决定于编码器的精度(线数)。

交流伺服电机的典型结构如图 10-9 所示,定子上装有空间互差 90°的两个绕组:励磁绕组和控制绕组。

异步型交流伺服电机有三相和单相之分,也有鼠笼式和线绕式,以鼠笼式三相感应电动机为主。其结构简单,与同容量的直流电动机相比,重量轻 50%左右,价格仅为直流电动机的 33%左右。缺点是不能经济地实现宽范围的平滑调速,必须从电网吸收滞后的励磁电流。

同步型交流伺服电机虽较感应电机复杂,但比直流电机简单。它的定子与感应电机相同,定子上均装有对称的三相绕组。而转子却不同,按不同的转子结构分为电

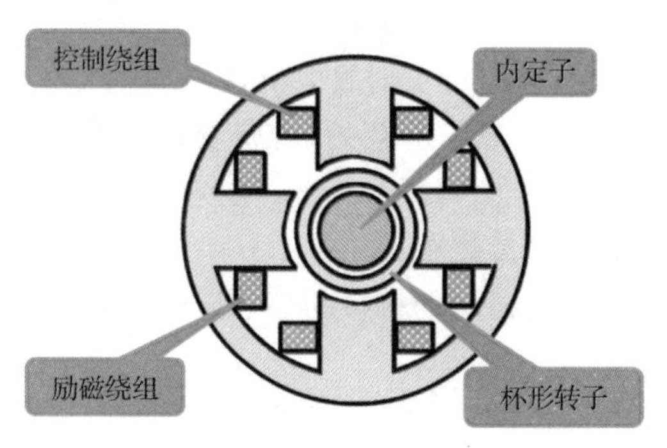

图 10-9　交流伺服电机典型结构示意图

磁式和非电磁式两类。非电磁式又分为磁滞式、永磁式和反应式等多种类型。其中磁滞式和反应式同步电动机存在效率低、功率因数较差、制造容量不大等缺点。数控机床中多用永磁式同步电动机。与电磁式相比，永磁式的优点是结构简单、运行可靠、效率较高；缺点是体积大、启动特性欠佳。但永磁式同步电动机采用高剩磁感应，高矫顽力的稀土类磁铁后，可比直流电动外形尺寸约小 50%，质量减轻 60%，转子惯量减到直流电动机的 20%左右。它与异步电机相比，由于采用了永磁铁励磁，消除了励磁损耗及有关的杂散损耗，所以效率高。又因为没有电磁式同步电机所需的集电环和电刷等，其机械可靠性与感应（异步）电机相同，而功率因数却远大于异步电机，从而使永磁同步电机的体积比异步电机小。

交流伺服电机的转子通常做成鼠笼式，但为了使伺服电机具有较宽的调速范围、线性的机械特性，无"自转"现象和快速响应的性能，它与普通电机相比，应具有转子电阻大和转动惯量小这两个特点。目前应用较多的转子结构有两种形式：一种是采用高电阻率的导电材料做成的高电阻率导条的鼠笼转子，为了减小转子的转动惯量，转子做得细长；另一种是采用铝合金制成的空心杯形转子，杯壁很薄，仅 0.2～0.3mm，为了减小磁路的磁阻，要在空心杯形转子内放置固定的内定子。空心杯形转子的转动惯量很小，反应迅速，而且运转平稳，因此被广泛采用。

交流伺服电机在没有控制电压时，定子内只有励磁绕组产生的脉动磁场，转子静止不动。当有控制电压时，定子内便产生一个旋转磁场，转子沿旋转磁场的方向旋转，在负载恒定的情况下，电动机的转速随控制电压的大小而变化，当控制电压的相位相反时，伺服电动机将反转。

交流伺服电机的主要特点如下：

（1）起动快、灵敏度高。交流伺服电机转子电阻大、机械特性线性化程度高、起动转矩大，当有控制电压作用时，转子立即转动。

（2）运行范围较宽。交流伺服电机在较差率下也能稳定运转。

（3）无自转现象。正常运转的伺服电动机，只要失去控制电压，电机立即停止运转。当伺服电动机失去控制电压后，处于单相运行状态，由于转子电阻大，定子中两个相反方向旋转的旋转磁场与转子作用所产生的两个转矩特性与普通的单相异步电动机的转矩特性不同。其合成转矩为制动转矩,可使电机迅速停止运转。

10.2.3 伺服电机的选型

在设计伺服系统时,当选定了伺服系统的类型以后.需要选定执行元件。对于电气式伺服系统来说,就是要根据伺服系统的负载情况,确定伺服电机的型号,即伺服电机与机械负载的匹配问题。伺服电机与机械负载的匹配主要需要考虑惯量、容量和速度的匹配。

1. 惯量匹配

(1) 等效负载惯量的计算。等效负载惯量是指伺服系统中运动物体的惯量折算到驱动轴上的等效转动惯量。旋转机械与直线运动的机械惯量,按照能量守恒定律,通过等效换算,均可用转动惯量来表示。

(2) 联动回转体的转动惯量。在机电系统中,经常使用齿轮副、皮带轮及其他回转运动的零件来传动,传动时要进行加速、减速、停止等控制,在一般情况下,选用电机轴为控制轴,因此,整个装置的转动惯量要换算到电机轴上。当选用其他轴作为控制轴时,此时应对特定的轴求等效转动惯量。

对于多轴传动系统,设各轴的转速分别为 $n_1, n_2, n_3, \cdots, n_k$,各轴的转动惯量分别为 $J_1, J_2, J_3, \cdots, J_k$,所有轴对轴 1 的等效转动惯量为:

$$[J]_1 = \sum_{j=1}^{k} J_j \left(\frac{n_j}{n_1}\right)^2 \tag{10-21}$$

(3) 直线运动物体的等效转动惯量。在机电系统中,机械装置不仅有作回转运动的部分,还有做直线运动的部分。转动惯量虽然是对回转运动提出的概念,但从本质上说它是表示惯性的一个量,直线运动也是有惯性的,所以通过适当的变换也可以借用转动惯量来表示它的惯性。

在伺服电机通过丝杠驱动进给工作台等直线运动物体时,需要求出该工作台对特定的控制轴(如电机轴)的等效转动惯量。设 m 为工作台的质量,v 为工作台的移动速度,$[J]_m$ 为 m 对电机轴的等效转动惯量,n 为电机轴的转速。直线运动工作台的动能为:

$$E = \frac{1}{2}[J]_m \left(\frac{2\pi n}{60}\right)^2 \tag{10-22}$$

一般情况下,设有 k 个直线运动的物体,由一个轴驱动,各物体的质量分别为 m_1, $m_2, m_3, \cdots, m_k$,各物体的速度分别为 $v_1, v_2, v_3, \cdots, v_k$,控制的转速为 n_1,则对控制轴的等效转动惯量为:

$$[J]_1 = \frac{900}{\pi^2}\sum_{j=1}^{k} \left(\frac{v_j}{n_1}\right)^2 \tag{10-23}$$

在某些机电系统中,既有作回转运动的部件,也有做直线运动的部件。综合以上两种情况就可以得到回转一直线运动装置的等效转动惯量。对特定的控制轴 i(例如电机轴）的整个装置的等效转动惯量，可以按下式计算：

$$[J]_1=\sum_{i=1}^{k}J_i\left(\frac{n_i}{n_1}\right)^2+\frac{900}{\pi^2}\sum_{j=1}^{k'}\left(\frac{v_j}{n_1}\right)^2 \tag{10-24}$$

式中：k 为构成装置的回转轴的个数，k'为构成装置的直线运动部件的个数，n_i为特定控制轴 i 的转速，n_j为任意回转轴 j 的转速，v_j为任意直线运动部件 j 的移动速度，J_j为对任意回转轴 j 回转体的转动惯量，m_j为任意直线运动部件的质量。

（4）惯量匹配原则。负载惯量的大小对电机的灵敏度、系统精度和动态性能有明显的影响，在一个伺服系统中，负载惯量和电机的惯量必须合理匹配。根据不同的电机类型，匹配条件有所不同。

由于步进电机的起动矩频特性曲线是在空载下做出的，检查其起动能力时应考虑惯性负载对起动频率的影响，即根据起动惯频特性曲线找出带惯性负载的起动频率，然后，再查其起动转矩和计算起动时间。当在起动惯矩特性曲线上查不到带惯性负载时的最大起动频率时，可以按下式计算：

$$f_L=\frac{f_m}{\sqrt{1+J_L/J_m}} \tag{10-25}$$

式中：f_L为带惯性负载的最大自起动频率，f_m为电机本身的最大空载起动频率，J_L为折算到电机轴上的转动惯量，J_m为电机轴转子的转动惯量。

为了使步进电机具有良好的起动能力及较快的响应速度，通常推荐：

$$J_L/J_m\leqslant 4 \tag{10-26}$$

2. 容量匹配

在选择伺服电机时，要根据电机的负载大小确定伺服电机的容量，即使电机的额定转矩与被驱动的机械系统负载相匹配。若选择容量偏小的电机则可能在工作中出现带不动的现象，或电机发热严重，导致电机寿命减小。反之，电机容量过大，则浪费了电机的“能力”，且相应提高了成本，这也是不能容忍的。在进行容量匹配时，对于不同种类的伺服电机匹配方法也不同。

（1）等效转矩的计算。在伺服系统的设计中，转矩的匹配都是对特定轴（一般都是电机轴）的，对特定轴的转矩称为等效转矩。如果力矩直接作用在控制轴上，就没有必要将其换算成等效力矩，否则，必须换算成等效力矩。

在机械运动与控制中，根据转矩的性质将其分为：驱动转矩 T_m、负载转矩 T_L、摩擦力矩 T_f和动态转矩 T_a（惯性转矩），它们之间的关系是：

$$T_m=T_L+T_a+T_f \tag{10-27}$$

当机械装置中有负载作用的轴不止一个时，等效负载力矩可表示为：

$$[T_L]_i=\sum_{j=1}^{k}T_{Lj}\left(\frac{n_j}{n_i}\right) \tag{10-28}$$

式中：T_{Lj}为任意轴 j 上的负载力矩，$[T_L]_i$为对控制轴 i 上的等效力矩，n_j和 n_i分别为任意轴 j 和控制轴 i 上的转速，k 为负载轴的个数。

理论上等效摩擦力矩可以做比较精确的计算，但由于摩擦力矩的计算比较复杂（摩擦力矩与摩擦系数有关，而且在不同的条件下，摩擦系数不为常值，表现出一定的非线性，往往是估算出来的），所以在实践中等效摩擦力矩常根据机械效率做近似的估算，其基本理论依据是机械装置大部分所损失的功率都是因为克服摩擦力做功，估算的方法是：

$$\eta=\frac{[T_L]_i}{T_i} \tag{10-29}$$

控制精度要求不高，或者调整部分有裕度时，可根据类似机构的数据估算机械效率 η，由此机械效率推算等效摩擦力矩：

$$[T_f]_i=[T_L]_i\left(\frac{1}{\eta}-1\right) \tag{10-30}$$

电机在变速时，需要一定的加速力矩，加速力矩的计算与电机的加速形式有关：

$$[T_a]=J_L\frac{\mathrm{d}\omega}{\mathrm{d}t} \tag{10-31}$$

（2）容量匹配原则。直流伺服电机的转矩—速度特性曲线分成连续工作区、断续工作区和加减速工作区。在规定的连续工作区内，速度和转矩的任何组合都可长时间连续工作。而在断续工作区内，电机只允许短时间工作或周期性间歇工作，即工作一段时间，停歇一段时间，间歇循环允许工作时间的长短因载荷大小而异。加减速工作区的意思是指电机在该区域中供加减速期间工作。

由于这三个工作区的用途不同，电机转矩的选择方法也应不同。但工程上常根据电机发热条件的等效原则，将重复短时工作制等效于连续工作制的电机来选择。

其基本方法是：计算在一个负载工作周期内，所需电机转矩的均方根值及等效转矩，并使此值小于连续额定转矩，就可确定电机的型号和规格。

根据电机发热条件的等效原则，三角形转矩波在加减速时的均方根转矩由下式近似计算：

$$T_{\mathrm{rms}}=\sqrt{\frac{1}{t_p}\int_0^{t_p}T^2\,\mathrm{d}t}\approx\sqrt{\frac{T_1^2t_1+T_2^2t_2+T_3^2t_3}{3t_p}} \tag{10-32}$$

式中：t_p 为一个负载工作周期的时间，即 $t_p=t_1+t_2+t_3+t_4$。

对于工程中常见的矩形波负载转矩、加减速计算模型，其均方根转矩由下式计算：

$$T_{\mathrm{rms}}=\sqrt{\frac{T_1^2t_1+T_2^2t_2+T_3^2t_3}{t_1+t_2+t_3}} \tag{10-33}$$

以上两式只有在 t_p 远小于温度上升热时间常数 t_{th}（$t_p\leqslant t_{th}/4$）且 $t_p=t_g$ 时才能成立，其中 t_g 为冷却时的热时间常数，通常这些条件均能满足。

所以选择伺服电机的额定转矩 T_{R} 时，应使 $T_{\mathrm{R}}>T_{\mathrm{rms}}$。交流伺服电机的容量匹配原则与方法与直流电机相同。

3. 速度匹配

同样功率的电机，额定转速高则电机尺寸小，重量轻。电机转速越高，传动比就会越大，这对于减小伺服电机的等效转动惯量，提高电机的负载能力有利。因此，在实际应用中，电机常工作在高转速、低扭矩状态。但是，一般机电系统的机械装置工作在低转速、高扭矩状态，所以在伺服电机与机械装置之间需要减速机匹配。在一定程度上，伺服电机与机械负载的速度匹配就是减速机的设计问题。减速机的减速比不可过大也不可过小。减速比太小，对于减小伺服电机的等效转动惯量，有效提高电机的负载能力不利；减速比过大，则减速机的齿隙、弹性变形、传动误差等势必影响系统的性能，精密减速机的制造成本也较高。

因此应根据系统的实际情况，在对负载分析的基础上合理地选择减速机的减速比。

10.3 伺服驱动器

伺服驱动技术是数控机床、机器人及其他机械控制的关键技术之一。伺服驱动器主要用于控制伺服电机，一般通过位置、速度和力矩三种控制方式对伺服电机进行控制，以实现高精度的传动系统定位。目前主流的伺服驱动器均采用数字信号处理器作为控制核心，可以实现比较复杂的控制算法，实现数字化、网络化和智能化。功率器件普遍采用以智能功率模块为核心设计的驱动电路，智能功率模块内部集成了驱动电路，同时具有过电压、过电流、过热、欠压等故障检测保护电路，在主回路中还加入软启动电路，以减小启动过程对驱动器的冲击。

机器人常用伺服驱动器主要有直流伺服驱动器和交流伺服驱动器。伺服系统对伺服驱动器的要求包括：① 调速范围宽；② 定位精度高；③ 传动刚性大、速度稳定性高；④ 响应快速，无超调；⑤ 可靠性高。

10.3.1 伺服驱动器的结构

伺服驱动器的典型结构如图 10－10 所示，主要由伺服控制单元、功率驱动单元、通信接口单元、伺服电机及相应的反馈检测器件等组成。其中伺服控制单元包括位置控制器、速度控制器、转矩和电流控制器等。一般，伺服驱动器也可以划分为功能比较独立的功率板和控制板两个模块。功率板是强电部分，包括功率驱动单元和开关电源单元。功率驱动单元用于驱动电机，开关电源单元为整个系统提供数字和模拟电源。控制板是弱电部分，是电机的控制核心和伺服驱动器控制算法的运行载体。控制板通过相应的算法输出脉宽调制信号，作为驱动电路的驱动信号，来调节逆变器的输出功率，以达到控制伺服电机的目的。

功率驱动单元首先通过三相全桥整流电路对输入的三相电或者市电进行整流，得到相应的直流电。经过整流后的三相电或市电，再通过三相正弦脉宽调制电压型

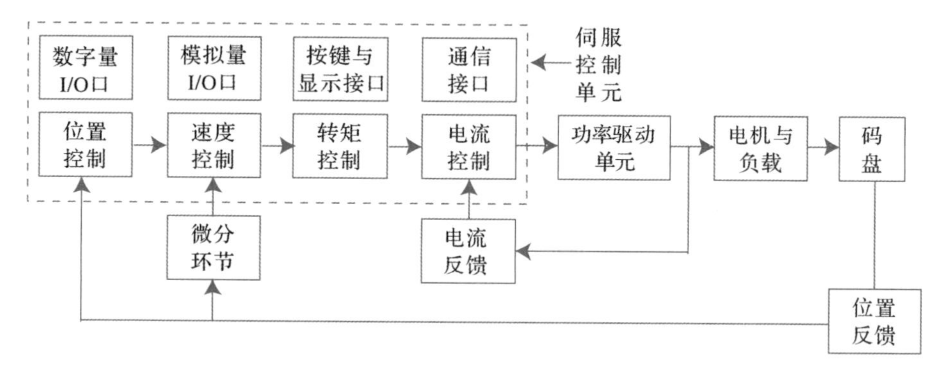

图 10－10　伺服驱动器典型结构图

逆变器变频来驱动三相永磁式同步交流伺服电机。功率驱动单元的整个过程是 AC－DC－AC 的过程。整流单元主要的拓扑电路是三相全桥不控整流电路。

逆变部分采用的功率器件是集驱动电路、保护电路和功率开关于一体的智能功率模块，主要拓扑结构采用了三相桥式电路原理，利用了脉宽调制技术，通过改变功率晶体管交替导通的时间来改变逆变器输出波形的频率，改变每半周期内晶体管的通断时间比，以达到调节功率的目的。

控制单元是整个伺服系统的核心，依靠控制单元实现伺服系统的位置控制、速度控制、转矩和电流控制。所采用的数字信号处理器除具有快速的数据处理能力外，还集成了丰富的用于电机控制的专用集成电路，如数/模转换器、脉宽调制发生器、定时计数器电路、异步通信电路、CAN 总线收发器以及高速的可编程静态随机存储器和大容量的程序存储器等。伺服驱动器通过采用磁场定向的控制原理和坐标变换，实现矢量控制，同时结合正弦波脉宽调制控制模式对电机进行控制。矢量控制一般通过检测或估计电机转子磁通的位置及幅值来控制定子电流或电压。对于永磁同步电机，转子磁通位置与转子机械位置相同，通过检测转子的实际位置就可以得知电机转子的磁通位置，从而使永磁同步电机的矢量控制比异步电机的矢量控制有所简化。

伺服驱动器的典型驱动电路如图 10－11 所示，由于此电路的形状酷似字母 H，因此叫 H 桥驱动电路，4 个三极管组成 H 的 4 条垂直腿，而电机是 H 中的横杠。H 桥式电机驱动电路包括 4 个三极管和一个电机。要使电机运转，必须导通对角线上的一对三极管。根据不同三极管对的导通情况，电流可能会从左至右或从右至左流过电机，从而控制电机的转向。

要使电机运转，必须使对角线上的一对三极管导通。如图 10－11(a)所示为三极管 M_1 和 M_4 导通的情况，此时，电流就从电源正极经 M_1 从左至右穿过电机，然后再经 M_4 回到电源负极。按图中电流箭头所示，该流向的电流将驱动电机顺时针转动。图 10－11(b)所示为另一对三极管 M_2 和 M_3 导通的情况，电流将从右至左流过电机，从而驱动电机沿另一方向转动。

驱动电机时，保证 H 桥上两个同侧的三极管不会同时导通非常重要。如果三极管 M_1 和 M_2 同时导通，那么电流就会从正极穿过两个三极管直接回到负极。此时，电

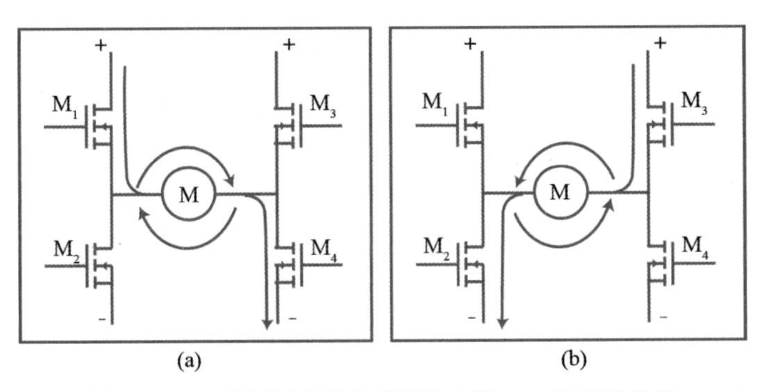

图 10－11　伺服驱动器典型驱动电路：H 桥驱动电路

路中除了三极管外没有其他任何负载，因此电路上的电流就可能达到最大值（该电流仅受电源性能限制），甚至烧坏三极管。基于上述原因，在实际驱动电路中通常要用硬件电路方便地控制三极管的开关。

10.3.2　伺服驱动器的伺服参数

伺服参数可以分成控制类参数、控制运动功能相关的参数和逻辑接口相关的参数。在调节参数时，一般主要调节与控制功能相关的参数，其他参数只与设计和硬件相关。一般，伺服系统的参数在伺服系统确定以后，也就确定了，不需要调试人员去修改。主要的控制参数包括：位置比例增益、位置前馈增益、位置超差检测范围、速度比例增益、速度积分时间常数、速度反馈滤波因子等。下面对各参数进行简单介绍。

1. 位置比例增益

设定位置环调节器的比例增益。设定值越大，增益越高，刚度越大，相同频率指令脉冲条件下，位置滞后量越小，但数值太大可能会引起振荡或超调；参数数值由具体的伺服系统型号和负载情况确定。

2. 位置前馈增益

设定位置环的前馈增益。设定值越大，表示在任何频率的指令脉冲下，位置滞后量越小；位置环的前馈增益大，控制系统的高速响应特性提高，但会使系统的位置不稳定，容易产生振荡；不需要很高的响应特性时，本参数通常设为 0，表示范围：0～100％。

3. 位置超差检测范围

设定位置超差报警检测范围。在位置控制方式下，当位置偏差计数器的计数值超过本参数值时，伺服驱动器给出位置超差报警。

4. 速度比例增益

设定速度调节器的比例增益。设定值越大，增益越高，刚度越大，参数数值根据具体的伺服驱动系统型号和负载值情况确定。一般情况下，负载惯量越大，设定值越大；在系统不产生振荡的条件下，尽量设定较大的值。

5. 速度积分时间常数

设定速度调节器的积分时间常数。设定值越小，积分速度越快，参数数值根据具体的伺服驱动系统型号和负载情况确定。一般情况下，负载惯量越大，设定值越大；在系统不产生振荡的条件下，尽量设定较小的值。

6. 速度反馈滤波因子

设定速度反馈低通滤波器特性。设定数值越大，截止频率越低，电机产生的噪音越小，如果负载惯量很大，可以适当减小设定值，数值太大，造成响应变慢，可能会引起振荡；数值越小，截止频率越高，速度反馈响应越快，如果需要较高的速度响应，可以适当减小设定值。

10.3.3 伺服驱动器的控制方式

伺服驱动器的控制方式主要有三种：速度控制、转矩控制和位置控制。速度控制和转矩控制是模拟量控制，位置控制是脉冲控制，具体控制方式需要根据具体功能要求来选择。

1. 速度控制模式

通过模拟量的输入或脉冲的频率都可以进行转动速度的控制，在有上位控制装置的外环 PID 控制时，速度模式也可以进行定位，但必须把电机的位置信号或直接负载的位置信号给上位反馈以做运算用。位置模式也支持直接负载外环检测位置信号，此时的电机轴端的编码器只检测电机转速，位置信号就由直接的最终负载端的检测装置来提供了，这样的优点在于可以减少中间传动过程中的误差，增加了整个系统的定位精度。

2. 转矩控制模式

转矩控制模式是通过外部模拟量的输入或直接的地址的赋值来设定电机轴对外的输出转矩的大小，具体表现为例如 10V 对应 5N・m 的话，当外部模拟量设定为 5V 时电机轴输出为 2.5N・m，如果电机轴负载低于 2.5N・m 时电机正转，外部负载等于 2.5N・m时电机不转，大于 2.5N・m 时电机反转（通常在有重力负载情况下产生）。可以通过即时的改变模拟量的设定来改变设定的力矩大小，也可通过通信方式改变对应的地址的数值来实现。其主要应用在对材质的受力有严格要求的缠绕和放卷的装置中，例如饶线装置或拉光纤设备，转矩的设定要根据缠绕的半径的变化随时更改以确保材质的受力不会随着缠绕半径的变化而改变。

3. 位置控制模式

位置控制模式一般是通过外部输入的脉冲的频率来确定转动速度的大小，通过脉冲的个数来确定转动的角度，也有些伺服可以通过通信方式直接对速度和位移进行赋值。由于位置模式可以对速度和位置都有很严格的控制，所以一般应用于定位装置。应用领域如数控机床、印刷机械等。

10.4 控制器

机器人控制器作为工业机器人最为核心的零部件之一，对机器人的性能起着决定性的影响，在一定程度上影响着机器人的发展。

控制系统是支配着工业机械手按规定的要求运动的系统。目前工业机械手的控制系统一般由程序控制系统和电气定位系统组成。控制系统有电气控制和射流控制两种，它支配着机械手按规定的程序运动，并记忆人们给予机械手的指令信息，同时按其控制系统的信息对执行机构发出指令，必要时可对机械手的动作进行监视，当动作有错误或发生故障时即发出报警信号。

在机器人控制器方面，目前国外主流机器人厂商的控制器均为在通用的多轴运动控制器平台基础上进行自主研发。目前通用的多轴控制器平台主要分为以嵌入式处理器为核心的运动控制卡和以工控机加实时系统为核心的软 PLC 系统，其代表分别是 Delta Tau 的 PMAC 卡和 Beckhoff 的 TwinCAT 系统。在运动控制卡方面，国内的固高科技公司已经开发出相应成熟的产品，但是在机器人上的应用还相对较少。

10.4.1 运动控制器简介

运动控制通常是指在复杂条件下将预定的控制方案、规划指令转变成期望的机械运动，实现机械运动精确的位置控制、速度控制、加速度控制、转矩或力的控制。

按照使用动力源的不同，运动控制主要可分为以电动机作为动力源的电气运动控制、以气体和流体作为动力源的气液控制和以燃料（煤、油等）作为动力源的热机运动控制等。据资料统计，在所有动力源中，90％以上来自电动机。电动机在现代化生产和生活中起着十分重要的作用，所以在这几种运动控制中，电气运动控制应用最为广泛。

电气运动控制是由电机拖动发展而来的，电力拖动或电气传动是以电动机为对象的控制系统的通称。运动控制系统多种多样，但从基本结构上看，一个典型的现代运动控制系统的硬件主要由上位机、运动控制器、功率驱动装置、电动机、执行机构和传感器反馈检测装置等部分组成。其中的运动控制器是指以中央逻辑控制单元为核心、以传感器为信号敏感元件、以电机或动力装置和执行单元为控制对象的一种控制装置。

运动控制在机器人和数控机床的领域内的应用要比在专用机器中的应用更复杂，因为后者运动形式更简单，通常被称为通用运动控制（GMC）。运动控制器是决定自动控制系统性能的主要器件。对三菱系列来说，运动 CPU 就是运动控制器。对于简单的运动控制系统，采用单片机设计的运动控制器即可满足要求，且性价比较高。

一个运动控制器用以生成轨迹点（期望输出）和闭合位置的反馈环。许多控制器也可以在内部闭合一个速度环。一个驱动器或放大器用来将运动控制器的控制信号（通常是速度或扭矩信号）转换为更高功率的电流或电压信号。更为先进的智能化驱动可以自身闭合位置环和速度环，以获得更精确的控制。一个执行器如液压泵、气缸、线性执行机构或电机用以输出运动。一个反馈传感器如光电编码器、旋转变压器或霍尔效应设备等用以反馈执行器的位置到位置控制器，以实现和位置控制环的闭合。

当用运动控制器控制交流伺服电机时，为了获得较高的加工精度、稳定性及可靠性，运动控制器及电机之间应构成闭环伺服系统，如图 10－12 所示。其工作原理为：轨迹规划部分在编码器每个采样周期前计算出下一个期望位置信息，当采用周期到来时，将期望位置信息与从传感器获得的实际位置信息进行比较并经过位置调节器环节得到期望速度；速度滤波环节根据期望速度与实际速度之差，确定输出力矩值；在经过逆变器环节、电流调节器等环节后完成对交流电机的控制。在这种闭环伺服控制系统中可以实现三个闭环控制环节：位置环、速度环及电流环。电流环的作用是改造内环控制对象的传递函数，提高系统的快速性，及时抑制电流环内部的干扰，限制最大电流，使系统有足够大的加速扭矩，并保障系统安全运行。速度环的作用是增强系统抗负载扰动的能力，抑制速度波动。位置环的作用是保证系统静态精度和动态跟踪性能，使整个伺服系统能稳定、高性能运行。为了提高系统的性能，各环节均有调节器。

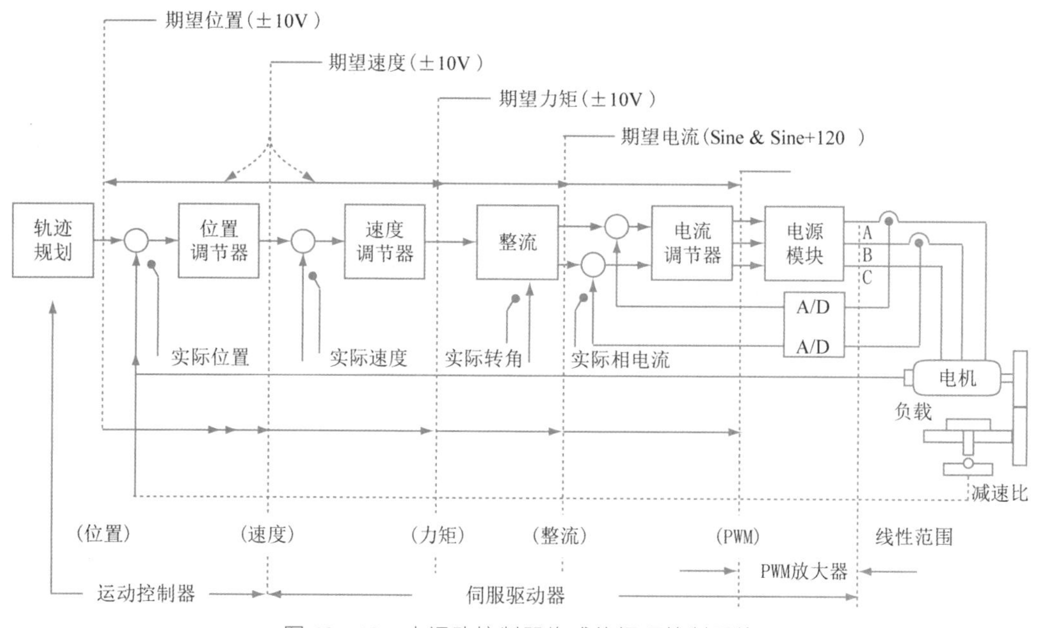

图 10－12　由运动控制器构成的闭环控制系统

众多机械部件用以将执行器的运动形式转换为期望的运动形式，它包括齿轮箱、轴、滚珠丝杠、齿形带、联轴器以及线性和旋转轴承。通常，一个运动控制系统的功能包括：速度控制和点位控制(点到点)。有很多方法可以计算出一个运动轨迹，它们通常基于一个运动的速度曲线如三角速度曲线、梯形速度曲线或者 S 形速度曲线。如：电子齿轮或电子凸轮。也就是从动轴的位置在机械上跟随一个主动轴的位置变化。一个简单的例子是，一个系统包含两个转盘，它们按照一个给定的相对角度关系转动。电子凸轮较之电子齿轮更复杂一些，它使得主动轴和从动轴之间的随动关系曲线是一个函数。这个曲线可以是非线性的，但必须是一个函数关系。

10.4.2 运动控制器的功能

运动控制器的主要功能包括：运动规划功能，多轴插补、连续插补功能，电子齿轮与电子凸轮功能，比较输出功能和探针信号锁存功能等。

1. 运动规划功能

实际上是形成运动的速度和位置的基准量。合适的基准量不但可以改善轨迹的精度，而且其影响作用还可以降低对转动系统以及机械传递元件的要求。通用运动控制器通常都提供基于对冲击、加速度和速度等这些可影响动态轨迹精度的量值加以限制的运动规划方法，用户可以直接调用相应的函数。

对于加速度进行限制的运动规划产生梯形速度曲线；对于冲击进行限制的运动规划产生S形速度曲线。一般来说，对于数控机床而言，采用加速度和速度基准量限制的运动规划方法，就已获得一种优良的动态特性。对于高加速度、小行程运动的快速定位系统，其定位时间和超调量都有严格的要求，往往需要高阶导数连续的运动规划方法。

2. 多轴插补、连续插补功能

通用运动控制器提供的多轴插补功能在数控机械行业获得广泛的应用。近年来，由于雕刻市场，特别是模具雕刻机市场的快速发展，推动了运动控制器的连续插补功能的发展。在模具雕刻中存在大量的短小线段加工，要求段间加工速度波动尽可能小，速度变化的拐点要平滑过渡，这就要求运动控制器有速度前瞻和连续插补的功能。固高科技公司推出的专门用于小线段加工工艺的连续插补型运动控制器，在模具雕刻、激光雕刻、平面切割等领域获得了良好的应用。

3. 电子齿轮与电子凸轮功能

电子齿轮和电子凸轮可以大大地简化机械设计，而且可以实现许多机械齿轮与凸轮难以实现的功能。电子齿轮可以实现多个运动轴按设定的齿轮比同步运动，这使得运动控制器在定长剪切和无轴转动的套色印刷方面有很好的应用。

另外，电子齿轮功能还可以实现一个运动轴以设定的齿轮比跟随一个函数，而这个函数由其他的几个运动轴的运动决定；一个轴也可以以设定的比例跟随其他两个轴的合成速度。电子凸轮功能可以通过编程改变凸轮形状，无须修磨机械凸轮，极大简化了加工工艺。这个功能使运动控制器在机械凸轮的淬火加工、异型玻璃切割和全电机驱动弹簧等领域有良好的应用。

4. 比较输出功能

指在运动过程中，位置到达设定的坐标点时，运动控制器输出一个或多个开关量，而运动过程不受影响。如在AOI的飞行检测中，运动控制器的比较输出功能使系统运行到设定的位置即启动CCD快速摄像，而运动并不受影响，这极大地提高了效率，改善了图像质量。

5. 探针信号锁存功能

可以锁存探针信号产生的时刻、各运动轴的位置，其精度只与硬件电路相关，不受软件和系统运行惯性的影响，在 CCM 测量行业有良好的应用。另外，越来越多的 OEM 厂商希望他们自己丰富的行业应用经验集成到运动控制系统中去，针对不同应用场合和控制对象，个性化设计运动控制器的功能。固高科技公司已经开发可通用运动控制器应用开发平台，使通用运动控制器具有真正面向对象的开放式控制结构和系统重构能力，用户可以将自己设计的控制算法加载到运动控制器的内存中，而无须改变控制系统的结构设计就可以重新构造出一个具有特殊用途的专用运动控制器。

10.4.3 运动控制器的架构

运动控制器以中央逻辑控制单元为核心、以传感器为信号敏感元件、以电机或动力装置和执行单元为控制对象。运动控制器的典型原理框图如图 10－13 所示。增量编码器的 A、B、Z 相信号作为位置反馈输入信号。运动控制器通过四倍频、加减计数得到实际位置。并与运动控制器的目标位置进行比较，得到位置误差值，控制器内部进行算法处理，实现控制输出。这样在运动控制器及执行机构之间就构成了一个闭环控制系统。当使用"脉冲＋方向"方式控制执行机构时，改变输出脉冲信号个数及频率控制电机。当选择模拟量输出如速度环控制时，控制器通过改变占空比实现速度调节，占空比信号通过数模转换硬件处理电路后输出控制伺服电机的电压信号。

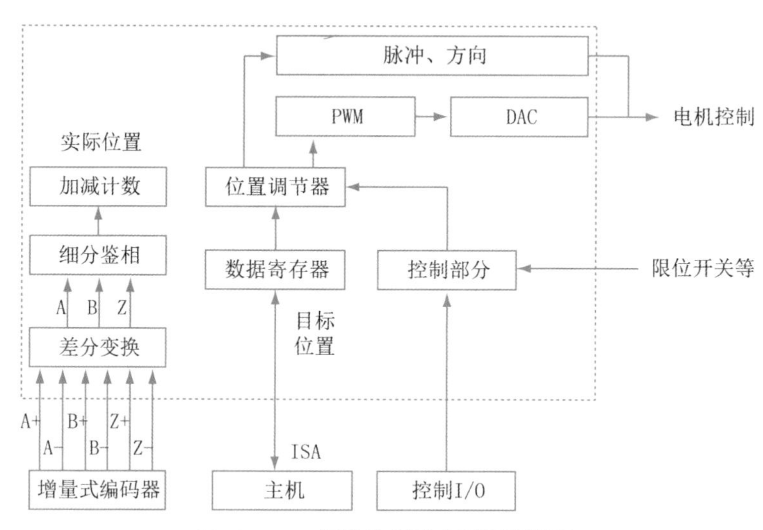

图 10－13　运动控制器典型原理框图

多轴运动控制器的控制信号有交流伺服电机速度环所需要的电压信号、从电机编码器反馈的编码器信号、通用 I/O(如限位信号)、人机交互接口(液晶显示及键盘输入)等。

机器人运动控制器最重要的功能是进行机器人位置控制。从程序设计的角度讲，需要依次实现轨迹插补、机器人运动学逆运算及底层关节电机伺服控制三方面的内容。

首先，将机器人末端执行机构规划运行的连续轨迹离散化，变为孤立的坐标数据点，用相邻数据点间的折线逼近该连续曲线，这个过程被称为插补。然后，利用末端离散轨迹数据，通过机器人运动学逆运算，计算出机器人各关节运动指令。以上两方面为机器人运动规划程序部分。最后，各关节运动指令作为目标输入，在运动控制器和数字式交流伺服电机驱动器所构成的闭环控制下，各关节伺服电机按指令运动，最终保证末端执行机构按照设定轨迹运动。这方面被称为机器人关节伺服控制程序。

1. **硬件架构**

这里以一种典型的嵌入式运动控制器为例，简要介绍典型运动控制器的硬件架构，如图 10－14 所示。该运动控制器的直接控制对象为松下 A4 数字式交流伺服电机驱动器，通过写入相应配置信号，该驱动器可工作在位置、速度及转矩三种控制模式下。针对该驱动器控制电机的特点，以“ARM 主处理器＋多 FPGA 协处理器”为核心，嵌入式运动控制器具备以下功能：人机交互、位置控制模式脉冲输出、编码器信号处理、速度模式模拟量输出、驱动器控制模式配置 IO（基本 IO）功能、扩展 IO 功能。ARM 核心板为上位主处理器电路板，通过 SPI 高速串行接口总线与下位协处理器 FPGA1 和 FPGA2 进行数据交换。FPGA1 负责各个关节电机伺服控制，输出数字量控制 DAC，输出位置脉冲，接收编码器信号；FPGA2 负责电机驱动器控制模式配置 IO 信号的处理以及扩展 IO 信号的处理。

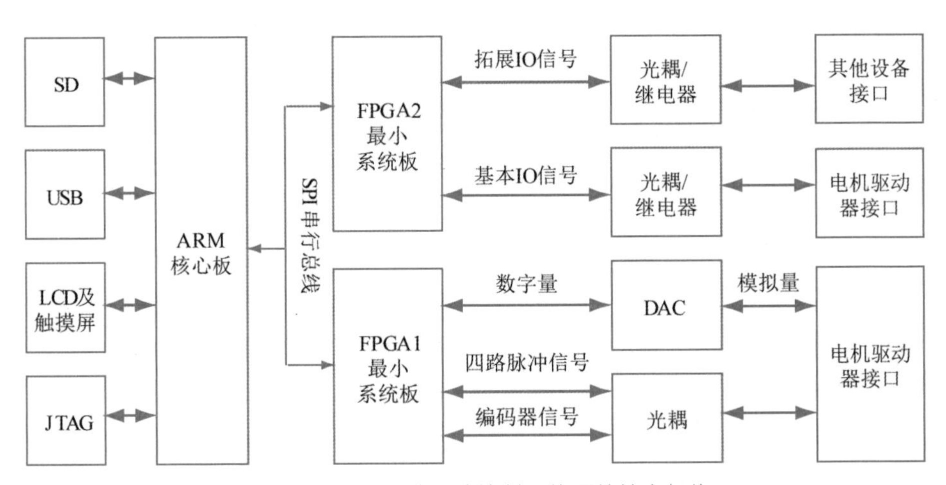

图 10－14　嵌入式运动控制器的硬件核心架构

2. **运动控制器的插补算法**

插补算法是运动控制器用来计算电机运动轨迹参数的方法，在机器运行的过程中，需要根据设定的理论轨迹，计算执行运动命令的各电机轴的运动参数，从而协调各自由度方向的运动，来完成对工件的加工过程。其实质就是利用了数学上的极限近似方法。从微积分学的角度讲，在将不规则的运动曲线进行无数次分割时，曲线会不断趋向于直线。这种不断近似的方法，使得系统需要进行多次的迭代计算，从而得到具体的运动参数。可以发现，插补算法其实是一个实时的数据处理过程，需要在电机的运动响应时间内计算出下一次的运动参数，否则将导致加工过程的中断，从而影响工件的加工精度，这就要求所采用的软件算法不能太复杂，需要在算法层面上优化计算过程，使其能快速响应参数的计算工作。基于这种快速响应的计算要求，在实际的算法实现时，我们将复杂的插补过程分为粗插补和精插补两步来完成。粗插补的过程就是将给定的运动轨迹不断进行分割，使得两点之间的线段能不断趋向于直线。精插补需要在粗插补的基础上，更加细分，做更深层次的逼近密化工作。理论上来讲，精插补的精度越高，机床的加工精度也将越高。这两种插补方式的结合可实现高性能、高精度的轨迹插补，共同完成轨迹参数的计算工作。在常用的插补算法中，比较典型的是逐点比较法和数字积分法。

（1）直线插补的实现。在加工过程中，方向轴在直线上的运动是所有运动中最频繁的，直线插补的高效稳定直接影响系统的运行效率。对于直线插补，会有二维平面插补和三维平面插补两种情况。就二维直线而言，如图 10－15 所示，可以将原点作为起点进行建模分析，在 xOy 平面内（第Ⅰ象限）的一条直线 OP，起点为原点（0，0），终点为 $P(x_e, y_e)$，加工的动点为 $M(x_i, y_i)$。当采用逐点比较法时，直线 OP 的实际插补轨迹表现为如图 10－15（b 所示）的折线轨迹。

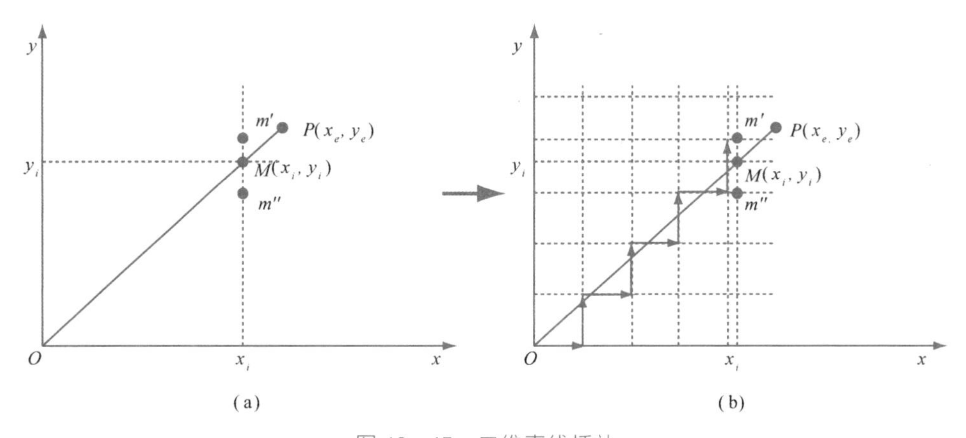

图 10－15 二维直线插补

由于斜率 k 是一定的，其关系式为 $y_e/x_e = y_i/x_i$，可得偏差函数 $F_i = y_i x_e - x_i y_e$，即为直线插补的判别式，用于确定进给的情况，则 F_i 的递推公式可以表示如下：

当 $F_i \geqslant 0$ 时，表示动点 M 在偏向直线 OP 上方的位置，有：

$$\begin{cases} x_{i+1} = x_i + 1 \\ y_{i+1} = y_i \\ F_{i+1} = F_i - y_e \end{cases} \tag{10-34}$$

当 $F_i < 0$ 时，表示动点 M 在偏向直线 OP 下方的位置，有：

$$\begin{cases} x_{i+1} = x_i \\ y_{i+1} = y_i + 1 \\ F_{i+1} = F_i - x_e \end{cases} \tag{10-35}$$

由上式可知，从坐标原点 O 开始，当$F_i \geqslant 0$ 时，沿 x 轴正方向走一步，会有$x_{i+1}=x_i+1$，$y_{i+1}=y_i$，新的位置偏差为$F_{i+1}=F_i-y_e$；当$F_i<0$ 时，沿 y 轴正方向走一步，有$x_{i+1}=x_i$，$y_{i+1}=y_i+1$，此时新的位置偏差为$F_{i+1}=F_i-x_e$；当两个方向所在的位置与目的坐标值(x_e，y_e)相同时，此时的位置偏差为零，不进行插补。

第Ⅱ、Ⅲ、Ⅳ象限的原理推导可以采用相同的方法获得。这种数学关系在插补算法上具体表现为，在判断刀头的轨迹是否到达终点时，可在算法中设置一个减计数器CNT，其中存入 x 方向和 y 方向的进给量之和，即$\sum=|x_e|+|y_e|$。当 x 或 y 的坐标方向有进给量时，计数器减 1，当 $\sum=0$ 时，立即停止插补；也可以设置两个减计数器 CNT1 和 CNT2，分别存入$|x_e|$和$|y_e|$，x 或 y 方向需要进给时，对应的计数器减1，直到两个计数器都为 0 时，插补过程结束。二维直线的插补算法的算法流程如图10－16 所示。

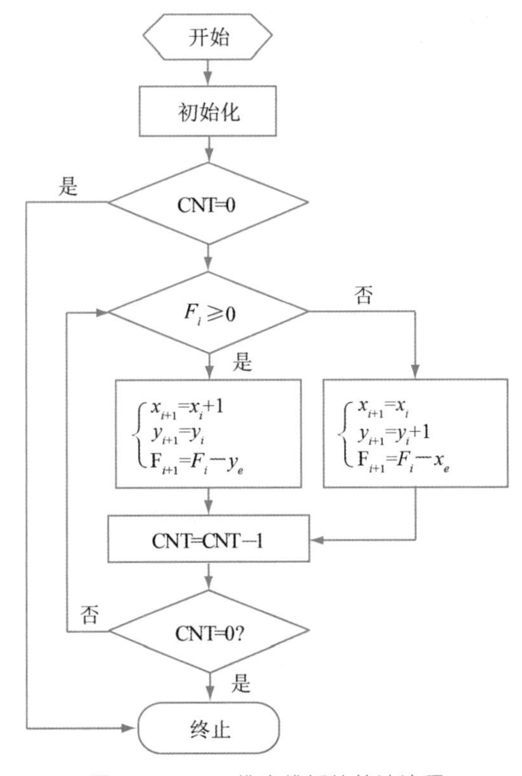

图 10－16　二维直线插补算法流程

对于二维直线的插补，进入算法流程时先初始化计数器 CNT 的值，然后判断CNT 是否为零，不为零则进入到偏差公式的判断，得到此时的脉冲进给方向和新的位置偏差，计数器 CNT 减 1，并再次判断 CNT 的值，依次进行循环执行。总体看来，该算法的实现比较简单。而三维直线的插补则是在二维的基础上，需要对 z 轴方向进行更进一步的讨论分析。

（2）圆弧插补的实现。圆弧插补和直线插补一样，都是根据偏差函数来决定下一步的运动方向。在直线插补的基础上，圆弧插补就比较容易实现，只是偏差函数的获取是以圆的标准方程为基础。以第Ⅰ象限为例，如图 10－17 所示，圆弧的圆心为（0，0），半径为 R，从 $A(x_s,y_s)$ 到 $B(x_e,y_e)$。运动的瞬时点为 $M(x_i,y_i)$，与圆心的距离为 R_m。

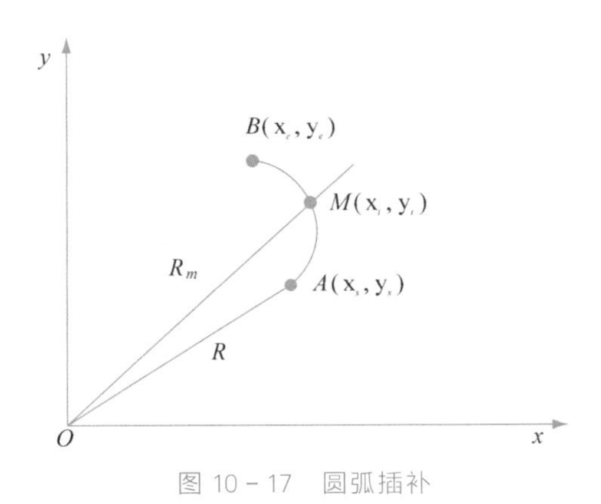

图 10－17　圆弧插补

将 R_m 和 R 的平方差作为偏差值，可以得到偏差的判别式为：

$$F_m = x_m^2 + y_m^2 - R^2 \tag{2-36}$$

当 $F_i \geqslant 0$ 时，为了逼近圆弧，应沿 $-x$ 轴的方向进给一步，此时 $x_{i+1}=x_i+1$，$y_{i+1}=y_i$，新的偏差值为：

$$F_{i+1} = F_i - 2x_e + 1 \tag{2-37}$$

当 $F_i < 0$ 时，为了逼近圆弧，应沿 $+y$ 轴的方向进给一步，此时 $x_{i+1}=x_i$，$y_{i+1}=y_i+1$，新的偏差值为：

$$F_{i+1} = F_i + 2y_e + 1 \tag{2-38}$$

其他情况下的圆弧插补方式可以按照相同的原理推导出。在算法实现的流程上也与直线插补的过程相同，这里也不再给出。至此，采用逐点比较法的直线插补和圆弧插补的算法就基本实现，PC 上位机上对直线和圆弧分别采用对应的插补算法计算出轨迹的详细插补参数，这对于机床的直线运动和曲线运动有了高效可靠的实现保障，可以在系统的顶层设计上解决机床加工轨迹的运动问题，为接下来的运动控制板各部分模块的设计实现奠定了基础。

10.4.4 运动控制器的分类

按照其所用的核心处理器，运动控制器可分为以下三种类型：

（1）以单片机或微机作为核心处理器。此类运动控制器速度较慢，精度不高，成本相对较低。应用于一些只需要低速点位运动控制和轨迹要求不高的轮廓运动控制场合。

（2）以专用芯片作为核心处理器。此类运动控制器结构比较简单，但只能输出脉冲信号，工作于开环控制方式。这类控制器对单轴的点位控制场合是基本满足要求的，但不能满足对于要求多轴协调运动和高速轨迹插补控制的设备。由于这类控制器不能提供连续插补功能，也没有前瞻功能，因此对于大量的小线段连续运动的场合，不能使用这类控制器。另外，由于硬件资源的限制，这类控制器的圆弧插补算法通常都采用逐点比较法，这样一来其圆弧插补的精度不高。

（3）基于 PC 总线的以 DSP 和 FPGA 作为核心处理器。此类运动控制器以 DSP 芯片作为运动控制器的核心处理器，以 PC 机作为信息处理平台，运动控制器以插卡形式嵌入 PC 机，即“PC＋运动控制器”的模式。这样将 PC 机的信息处理能力和开放式的特点与运动控制器的运动轨迹控制能力有机结合在一起，具有信息处理能力强、开放程度高、运动轨迹控制准确、通用性好的特点。这类控制器充分利用了 DSP 的高速数据处理能力和 FPGA 的超强逻辑处理能力，便于设计出功能完善、性能优越的运动控制器。通常都能提供板上的多轴协调运动控制和复杂的运动轨迹规划、实时地插补运算、误差补偿、伺服滤波算法，能够实现闭环控制。由于采用 FPGA 技术来进行硬件设计，方便运动控制器供应商根据客户的特殊工艺要求和技术要求进行个性化的定制，形成独特的产品。

由于第一类运动控制器性能有限，在市场上所占份额较少，主要用于一些简单的单轴运动场合。第二类运动控制器结构简单，成本较低，占有一定的市场份额。第三类控制器是目前国内外主流的运动控制器产品，已有大量的国外产品进入国内市场，这种控制器也被叫作运动控制卡。

运动控制卡是基于 PC 总线，利用高性能微处理器（如 DSP）及大规模可编程器件实现多个伺服电机的多轴协调控制的一种高性能的步进/伺服电机运动控制卡，包括脉冲输出、脉冲计数、数字输入、数字输出、D/A 输出等功能，它可以发出连续的、高频率的脉冲串，通过改变发出脉冲的频率来控制电机的速度，改变发出脉冲的数量来控制电机的位置，它的脉冲输出模式包括脉冲/方向、脉冲/脉冲方式。脉冲计数可用于编码器的位置反馈，提供机器准确的位置，纠正传动过程中产生的误差。数字输入/输出点可用于限位、原点开关等。库函数包括 S 形、T 形加速，直线插补和圆弧插补，多轴联动函数等。产品广泛应用于工业自动化控制领域中需要精确定位、定长的位置控制系统和基于 PC 的 NC 控制系统。具体就是将实现运动控制的底层软件和硬件集成在一起，使其具有伺服电机控制所需的各种速度、位置控制功能，这些功能能通过计算机方便地调用。

运动控制卡的出现主要是由于以下几点原因：

（1）为了满足新型数控系统的标准化、柔性、开放性等要求。

（2）在各种工业设备（如包装机械、印刷机械等）、国防装备（如跟踪定位系统等）、智能医疗装置等设备的自动化控制系统研制和改造中，急需一个运动控制模块的硬件平台。

（3）PC 机在各种工业现场的广泛应用，也促使配备相应的控制卡以充分发挥 PC 机的强大功能。

运动控制卡通常采用专业运动控制芯片或高速 DSP 作为运动控制核心，大多用于控制步进电机或伺服电机。一般地，运动控制卡与 PC 机构成主从式控制结构：PC 机负责人机交互界面的管理和控制系统的实时监控等方面的工作（例如键盘和鼠标的管理、系统状态的显示、运动轨迹的规划、控制指令的发送、外部信号的监控等）；控制卡完成运动控制的所有细节（包括脉冲和方向信号的输出、自动升降速的处理、原点和限位等信号的检测等）。

运动控制卡都配有开放的函数库供用户在 DOS 或 Windows 系统平台下自行开发、构造所需的控制系统。因而这种结构开放的运动控制卡能够广泛地应用于制造业中设备自动化的各个领域。

10.4.5 常用运动控制器简介

目前，运动控制器作为一个独立的工业自动化控制类标准部件，有助于缩短新产品的研发周期，已经被越来越多的产业领域接受，并且已经达到一个令人瞩目的市场规模。下面就几种常见的运动控制器做简单的介绍。

1. 单轴运动控制器 DMC110A

DMC110A 单轴运动控制器功能参数：

（1）适用于单轴步进电机的各种场合控制；

（2）中文点阵液晶显示（128×64 点阵）和 21 键薄膜开关，开放显示指令及数字键键值读取；

（3）坐标参数支持相对坐标和绝对坐标；

（4）独有立即数和寄存器两种寻址方式；

（5）提供运算指令，可进行复杂控制；

（6）12 个通用输入点、8 个输出点，实现各种复杂的逻辑、点位控制；

（7）2 个硬件限位点（正反向限位）；

（8）简单方便的键盘编程及上位机编程两种方式；

（9）50 多条指令组成完备的指令空间，帮用户完成任意功能。

2. 三轴运动控制器 DMC300A

该款控制器是科瑞特 DMC 系列运动控制器的高端产品，采用高性能的 DSP+FPGA 控制，配合中文液晶显示屏幕，系统功能强大、外观大方，是开发高性能数控设备的首选。

DMC300A 三轴运动控制器功能参数：

（1）适用于步进电机的各种场合控制应用；

（2）控制轴数：三轴（x 轴，y 轴，z 轴），每轴两个硬件限位点；

（3）中文点阵液晶显示（128×64 点阵）和 27 键薄膜开关，开放显示指令及数字键键值读取；

（4）包含直线插补、圆弧插补指令，自动完成任意两轴直线、圆弧插补，实现空间曲线的加工；

(5) 坐标参数支持相对坐标和绝对坐标；

(6) 独有立即数和寄存器两种寻址方式；

(7) 提供运算指令，可进行复杂控制；

(8) 16个通用输入点、8个输出点，实现各种复杂的逻辑、点位控制；

(9) 6个硬件限位点（每轴两个限位）；

(10) 简单方便的键盘编程及上位机编程两种方式；

(11) 60多条指令组成完备的指令空间，帮助用户完成任意功能。

相比国内外同等高档控制器，上述两款控制器具有以下特点：

(1) DMC系列控制器指令设置合理且简单，符合人们的思维习惯；

(2) 开放显示指令，方便工作时信息显示；

(3) 独有的可视参数设置，方便用户对系统参数进行多级保护；

(4) 自主研发，可根据用户的需求增加功能；

(5) 高速、高稳定性，性价比极高。

3. 常用运动控制卡

目前，国内外常用的运动控制卡（即采用“PC＋运动控制器”为体系的产品）以美国Delta Tau公司的PMAC卡系列和中国固高科技公司的开放式运动控制器系列为主。

PMAC以Motorola公司的DSP56001为微处理器，主频20～30MHz，40～60μs/轴的伺服更新率，36位位置范围，16位DAC输出分辨率，可以完成直线或圆弧插补，S曲线加速和减速，三次轨迹计算、样条计算，利用DSP强大的运算功能实现1～8轴多轴实时伺服控制。提供运动控制、离散控制、内务处理、同主机相互交互等基本功能。基于开放式平台的产品，它能完成插补运算、伺服控制、PLC实时控制等功能。

固高科技公司的通用运动控制器产品采用以DSP为核心，结合FPGA逻辑可编程器件的灵活性完成运动控制的硬件架构。运动控制过程中，由DSP实现运动规划，多轴插补、伺服控制滤波等数据运算和实时控制管理。FPGA逻辑可编程器件和其他相关器件组成伺服控制和位置反馈硬件接口。为了满足市场需求，使运动控制器具有真正面向对象的开放式控制结构和系统重构能力，固高科技公司的GT系列产品考虑了用户可以将自己设计的控制算法加载到运动控制器的内存中，而无须改变控制系统的结构设计就可以重新构造一个具有特殊用途的运动控制器。

4. 常用的多轴运动控制器

多轴联动可以加工出各种复杂轨迹，但是由于各运动轴负载、受力均不一致以及可能存在的扰动，会使运动轴偏离理想轨迹，影响加工精度。负载惯量减慢了系统的响应速度，而外界干扰则降低了系统的定位精度。多轴同步控制目的是降低多轴联动时误差，保证加工精度。

多轴同步控制可以通过软件和硬件两种策略实现。软件算法可以通过在位置环中增加前馈控制技术，控制算法智能化使前后两条运动指令之间速度能平滑过渡，减小振动。这里提到的运动控制器位置环算法在控制内以及中枢系统模块优良的性能确保软件控制策略能够实施。高精度的检测元件可以获得较高的定位精度。硬件策略上多轴同步使用主从式控制方法,来确保加工精度。主从控制是指在各传动轴中,用精度相对较高的轴作为主轴,用精度相对较低的轴作为从轴,从轴跟踪主轴做同步运动。将运动控制器的一个全局信号作为同步信号,主轴控制同步信号、从轴将同步信号作为触发条件,根据同步信号进行控制操作。常见的多轴运动控制器性能参数详见表 10-2。

表 10-2 主流多轴运动控制器性能比较

类型	美国 Delta Tau 公司	美国 Gail 公司	英国 TRIO 公司	中国香港固高科技公司	中国成都步进公司	KEBA 公司
	PMAC2	DMC-21X2/3	MC206	GH-800	MPC07	KeControl CP 251/Z
插补功能	三次样条 直线 圆弧	直线 圆弧	直线 圆弧 螺旋线	直线 圆弧	直线 圆弧	全局坐标系和工具坐标系下的直线圆弧插补
伺服控制功能	PID 带阻滤波 速度、加速度前馈	PID 速度、加速度前馈	PID 带阻滤波 速度、加速度前馈	PID 带阻滤波 速度、加速度前馈	PID 带阻滤波 速度、加速度前馈	力矩前馈
CPU 个数	单 CPU	单 CPU	单 CPU	单 CPU	单 CPU	Intel Celeron 700
最大控制轴数	8	8	8	8	8	6
联动轴数	8	8	8	8	8	6
采样周期	1ms(含插补与伺服轴刷新,三轴联动)	1ms(含插补与伺服轴刷新,三轴联动)	1ms(含插补与伺服轴刷新,三轴联动)	最快 1ms	/	/
结构	PCI 总线,开放式结构,允许 PMAC2 解释语言编程	PCI 总线,开放式结构,ASCII 编程	独立式结构类 BASIC 语言编程	PCI 总线,开放式结构,C 语言编程	PCI 总线,开放式结构,C 语言编程	独立式结构,sercos、EtherCAT 总线,IEC61131-2 编程
安全性能	越程极限 速度极限 加速度极限 跟踪误差极限 伺服输出极限 计时器极限 异常终止	越程极限 速度极限 加速度极限 伺服输出极限 计时器极限 异常终止	越程极限 速度极限 加速度极限 伺服输出极限 计时器极限 异常终止	越程极限 速度极限 加速度极限 伺服输出极限 计时器极限 异常终止	计时器极限 异常终止	越程极限 速度极限 加速度极限 伺服输出极限 路径点监控,轴跟踪、笛卡尔跟踪

续表

类型	美国 Delta Tau 公司	美国 Gail 公司	英国 TRIO 公司	中国香港固高公司	中国成都步进公司	KEBA 公司
	PMAC2	DMC-21X2/3	MC206	GH-800	MPC07	KeControl CP 251/Z
优点	提供用户可编程接口，开发性强；工作稳定；多种通信接口；丰富的外围附件；适应多种电机及编码器	稳定可靠；使用编程极其简单方便；种类齐全，支持ISA、PCI、PC/104等总线	提供用户可编程接口，开发性强；工作稳定；多种通信接口；丰富的外围附件	使用简单；价格较低；在点位运动时控制精度较好	使用简单；价格较低；在点位运动时控制精度较好	高性能运算能力；硬件结构可灵活扩展；支持主流现场总线；基于流行标准的用户可编程接口
缺点	对流行的现场总线支持较少；上手困难；对于需要很多IO信号的场合，性价比没有优势	多轴运动规划库函数，误差补偿不如PMAC丰富；对于工业现场总线支持比较欠缺	缺乏自定义伺服算法模块；对于机器人的特殊应用要求支持不足	多轴运动规划库函数，误差补偿功能较弱；缺乏自定义伺服算法模块；对于机器人的特殊应用要求支持不足	多轴运动规划库函数，误差补偿功能较弱；缺乏自定义伺服算法模块；对于机器人的特殊应用要求支持不足	机器人相关的控制部分过于封闭，用户无法更改

10.4.6 运动控制器的优缺点

运动控制器的优点主要包括以下几点：

(1) 硬件组成简单，把运动控制器插入 PC 总线，连接信号线就可组成系统。

(2) 可以使用 PC 已有的丰富软件进行开发。

(3) 运动控制软件的代码通用性和可移植性较好。

(4) 可以进行开发工作的工程人员较多，不需要太多培训工作，就可以进行开发。

运动控制器的缺点主要包括以下几点：

(1) 采用板卡结构的运动控制器采用金手指连接，单边固定，在多数环境较差的工业现场(振动、粉尘、油污严重)，不适宜长期工作。

(2) PC 资源浪费。由于 PC 的捆绑方式销售，用户实际上仅使用少部分 PC 资源，未使用的 PC 资源不但造成闲置和浪费，还带来维护上的麻烦。

(3) 整体可靠性难以保证。由于 PC 选择可以是工控机，也可以是商用机，系统集成后，可靠性差异很大，并不是由运动控制器能保证的。

10.4.7 新型机器人控制器

新型机器人控制器应有以下特色：

(1) 开放式系统结构。采用开放式软件、硬件结构，可以根据需要方便地扩充功能，使其适用不同类型机器人或机器人化自动生产线。

(2) 合理的模块化设计。对硬件来说,根据系统要求和电气特性,按模块化设计,这不仅方便安装和维护,而且提高了系统的可靠性,使系统结构更为紧凑。

(3) 有效的任务划分。不同的子任务由不同的功能模块实现,以利于修改、添加、配置功能。

(4) 实时性。机器人控制器必须能在确定的时间内完成对外部中断的处理,并且可以使多个任务同时进行。

(5) 网络通信功能。利用网络通信的功能,以便于实现资源共享或多台机器人协同工作。

(6) 形象直观的人机接口。人机接口的形象化和直观化有助于实现人与机器人的交互。

随着机器人控制技术的发展,针对结构封闭的机器人控制器的缺陷,开发"具有开放式结构的模块化、标准化机器人控制器"是当前机器人控制器的一个发展方向。近几年,日本、美国和欧洲一些国家都在开发具有开放式结构的机器人控制器,如日本安川公司基于 PC 开发的具有开放式结构、网络功能的机器人控制器,我国 863 计划智能机器人主题也已对这方面的研究立项。

开放式结构机器人控制器是指控制器设计的各个层次对用户开放,用户可以方便地扩展和改进其性能,其主要思想是:

(1) 利用基于非封闭式计算机平台的开发系统,有效利用标准计算机平台的软、硬件资源为控制器扩展创造条件。

(2) 利用标准的操作系统,采用标准操作系统和控制语言,从而可以改变各种专用机器人语言并存且互不兼容的局面。

(3) 采用标准总线结构,使得为扩展控制器性能而必需的硬件,如各种传感器、I/O板、运动控制板可以很容易地集成到原系统。

(4) 利用网络通信,实现资源共享或远程通信。目前,几乎所有的控制器都没有网络功能,利用网络通信功能可以提高系统变化的柔性,我们可以根据上述思想设计具有开放式结构的机器人控制器,而且设计过程中要尽可能做到模块化。模块化是系统设计和建立的一种现代方法,按模块化方法设计,系统由多种功能模块组成,各模块完整而单一,这样建立起来的系统,不仅性能好、开发周期短而且成本较低。模块化还使系统开放,易于修改、重构和添加配置功能。

思考题

1. 简述机器人驱动器和机器人运动控制器的区别。
2. 伺服驱动器的控制模式有哪些? 对机器人的性能有什么样的影响?
3. 简述机器人伺服电机的分类及主要特点。
4. 简述机器人驱动器的分类及主要特点。
5. 简述机器人控制器的分类及主要特点。

机器人传感器

11.1 传感器基本分类

传感器是机器人完成“感觉”的必要手段，通过传感器的感觉作用，将机器人自身的相关特性或相关物体的特性转化为机器人执行某项功能时所需要的信息。传感器既用于内部反馈控制，也用于与外部环境的交互。根据被测对象的不同，机器人传感器可以分为两大类：用于检测机器人自身状态的内传感器和用于检测与机器人相关的环境参数的外传感器。此外，激光雷达、惯导系统等新型传感器现在也常用于机器人。

表 11－1、表 11－2 列出了机器人内传感器和外传感器的基本形式。

表 11－1　机器人内传感器的基本形式

传感器	种类
直线型位置、位移传感器	容栅式、霍尔式、光电式
旋转型位置、位移传感器	编码器、电位器、旋转变压器、倾斜角传感器、方位角传感器
线速度传感器	空间滤波式、电动式、电磁式、激光式
角速度传感器	应变片式、伺服式、压电式、电动式
加速度传感器	压阻式、压电式、伺服式

表 11－2　机器人外传感器的基本形式

传感器	种类
力觉传感器	电阻应变式、压电式、电容式、压阻式、六维力式
触觉传感器	集中式、分布式(阵列式)
视觉传感器	光电转换式、CCD、二维、三维

在选择合适的传感器以适应特定需要时，必须考虑传感器多方面的不同特性。这些特性决定了传感器的性能、是否经济、应用是否简便及适用范围等。在某些情况下，为实现同样的目标，可以选择不同类型的传感器。此时，在选择传感器前应该考虑以下因素。

11.1.1 静态特性

传感器在稳态信号作用下，其输出—输入关系称为静态特性。衡量传感器静态特性的重要指标是线性度、灵敏度、迟滞和重复性。

(1) 线性度。传感器的线性度是指传感器输出与输入之间的线性程度。传感器的理想输出—输入特性是线性的，它具有以下优点：

①可大大简化传感器的理论分析和设计计算。

②为标定和数据处理带来方便，只要知道线性输出—输入特性上的两点(一般为零点和满度值)就可以确定其余各点。

③可使仪表刻度盘均匀刻度，因而制作、安装、调试容易，提高测量精度。

④避免了非线性补偿环节。

(2) 灵敏度。灵敏度是指传感器在稳态下输出变化对输入变化的比值，用 Sn 来表示，即 Sn=输出量的变化/输入量的变化=$\mathrm{d}y/\mathrm{d}x$。

对于线性传感器，它的灵敏度就是它的静态特性的斜率。非线性传感器的灵敏度为一变量。一般希望传感器的灵敏度在满量程范围内是恒定的，即传感器的输出—输入特性为直线。

(3) 迟滞(迟环)。迟滞特性表明传感器在正反行程期间输出—输入特性曲线不重合的程度，也就是说，对应于同一大小的输入信号，传感器正反行程的输出信号大小不相等，这就是迟滞现象。产生这种现象的主要原因是传感器机械部分存在不可避免的缺陷，如轴承摩擦、间隙、紧固件松动、材料的内摩擦、积尘等。

(4) 重复性。重复性表示传感器在输入量按同一方向作全量程多次测试时所得特性曲线的不一致性程度。多次重复测试的曲线重复性好，误差也小。

(5) 分辨力。传感器能检测到的最小增量。

(6) 稳定性。传感器长时间工作情况下输出量发生的变化。

11.1.2 动态特性

传感器的动态特性是指传感器对激励(输入)的响应(输出)特性。一个动态特性好的传感器，其输出随时间变化的规律，将能同时再现输入随时间变化的规律(变化曲线)，即具有相同的时间函数。但实际上除了具有理想的比例特性的环节外，输出信号将不会与输入信号具有完全相同的时间函数，这种输出与输入的差异就是所谓的动态误差。

研究动态特性可以从时域和频域两个方面采用瞬态响应法和频率响应法来分析。由于输入信号的时间函数形式是多种多样的，在时域内研究传感器的响应特性时，只能研究几种特定的输入时间函数，如阶跃函数、脉冲函数和斜坡函数等的响应特性。在频域内研究动态特性一般是采用正弦函数得到频率响应特性。动态特性好的传感器暂态响应时间很短或者频率响应范围很宽。

11.2 内传感器

11.2.1 位置、位移传感器

1. 编码器

首先说明脉冲发生器(pulse genertor)和编码器(encoder)的区别。脉冲发生器只能检测单方向的位移或角速度，输出与位移增量相对应的串行脉冲序列。而编码器输出表示位移增量的编码脉冲信号，并带有符号。

编码器根据刻度的形状分为测量直线位移的直线编码器和测量旋转位移的旋转编码器。另外，根据信号的输出形式分为增量式(incremental)编码器和绝对式(absolute)编码器。增量式编码器对应每个单位直线位移或单位角位移输出一个脉冲；绝对式编码器根据读出的码盘上的编码检测绝对位置。图 11－1 是光学式旋转码盘的编码图。

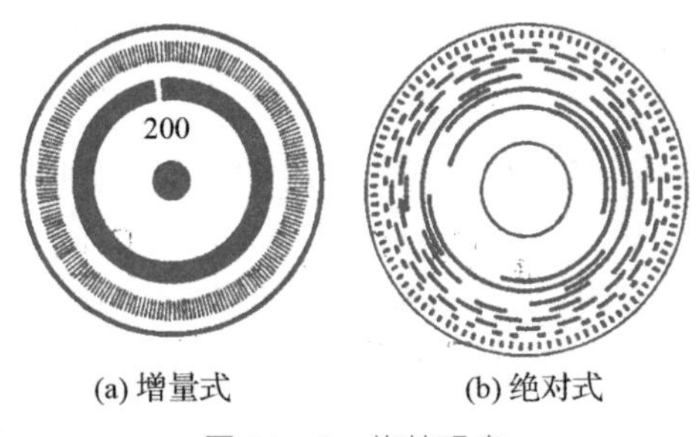

图 11－1　旋转码盘

根据检测原理，编码器可分为光学式、磁式、感应式和电容式。下面介绍机器人中应用最多的光学编码器和磁式编码器的原理。

首先以旋转编码器为例说明光学编码器(optical encoder)的检测机构。图 11－2 画出这种编码器的结构。在带有明暗方格的码盘两侧，安放发光元件和光敏元件。随着码盘的旋转，光敏元件接收的光通量与方格的间隔同步变化。光敏元件输出的波形经过整形后变成脉冲。根据脉冲计数，可以知道固定在码盘上的转轴的角位移。码盘上有 Z 相标志信号，每转一圈输出一个脉冲。此外，为了判断旋转方向，并得到提高系统分辨率所需的插补信号，码盘还可提供相位差为 90°的 A 相和 B 相两路输出，如图 11－3 所示，A、B 两相信号中，当 A 相信号上升时，观测 B 相信号的电平，就可以根据哪个信号的相位超前来判断码盘的旋转方向。另外，将 A、B 两相信号进行异或运算就得到频率为原信号频率 2 倍的脉冲信号 C。进而将 C 和 $\overline{C}$ 上升时的触发信号 C_r 和 $\overline{C_r}$ 进行异或运算，又可得到频率扩大 2 倍的脉冲序列 D。这样，可以用电学的手段进一步提高物理角度的分辨率。

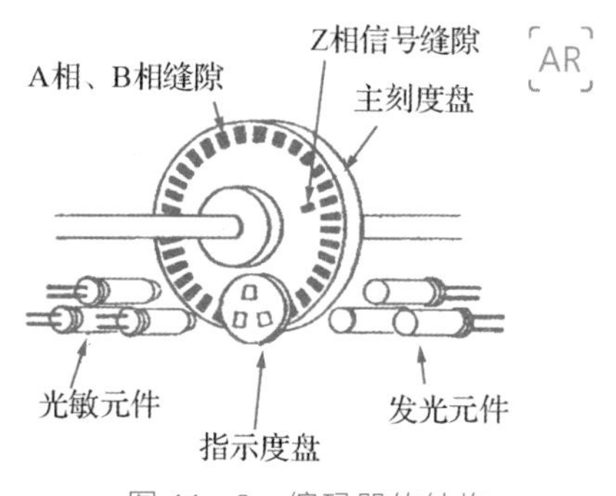

图 11-2 编码器的结构

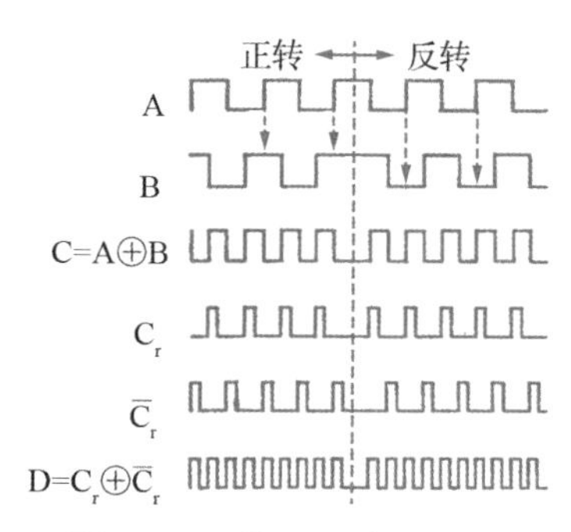

图 11-3 编码器输出波形

磁式脉冲发生器和磁式编码器的分类方法，与上述光学式的分类方法相同。磁式脉冲发生器的结构如图 11-4 所示。半导体材料制成的霍尔元件，能产生与磁通密度成正比的输出电压。如图 11-4(a)所示，多个磁铁两极交互配置组成旋转磁铁标尺，在其旁边放置的霍尔元件可以检测标尺转动时磁通密度的变化。如图 11-4(b)所示，由半导体或坡莫合金等强磁性薄膜制成的磁阻效应元件作为磁传感器，当旋转齿轮的齿靠近时，磁通增加；反之，当轮齿远离时，空隙增大，磁通减少，此时传感器的电阻值将发生变化。

磁式编码器(magnetic encoder)在强磁性材料表面上记录等间隔的磁化刻度标尺，标尺旁边相对放置磁阻效应元件或霍尔元件，即能检测出磁通的变化。图 11-5 是采用磁阻效应元件的编码器结构图。两个磁传感器的距离恰好是磁化标尺刻度间隔的 1/4，因此可以根据输出信号的相位关系检测旋转方向。与光电编码器相比，磁式编码器的刻度间隔大，但它具有耐油污、抗冲击等特点。

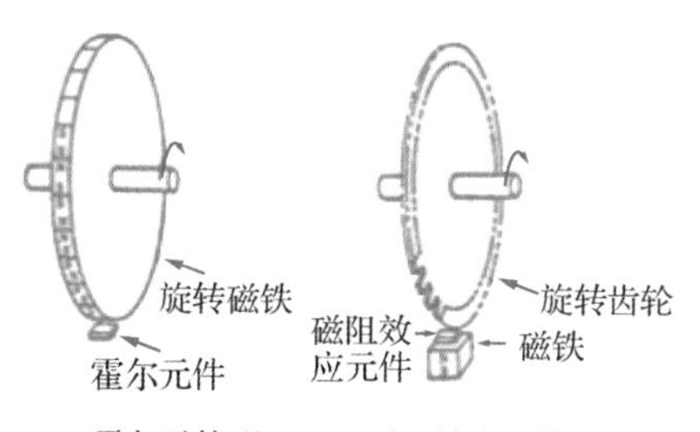

图 11-4 磁式脉冲发生器结构

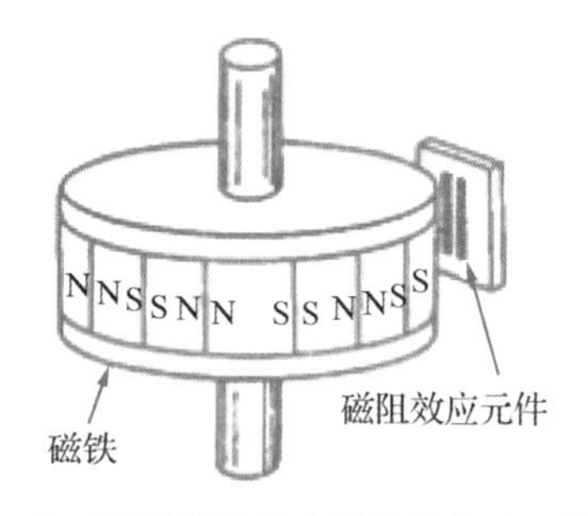

图 11-5 采用磁阻效应元件的编码器结构

2. 电位器

电位器(potentionmeter)由环状或棒状电阻丝和滑动片(或称为电刷)组成，滑动片接触或靠近电阻丝取出电信号。电刷与驱动器连成一体将其线位移或角位移转换成电阻的变化，在电路中以电压或电流的变化形式输出。图 11-6 是旋转式电位器的等效电路图。电阻值 R_1、R_2 由电刷的位置决定，输出电压为：

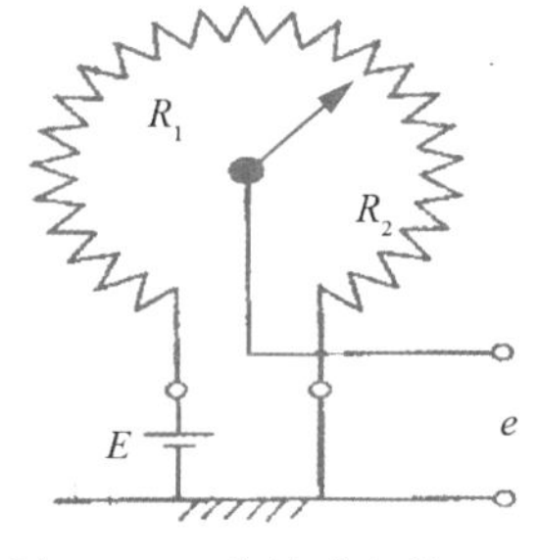

图 11-6 旋转式电位器

$$e=\frac{R_2}{R_1+R_2}E \tag{11-1}$$

触点滑动电位器以导电塑料电位器(conductlve potentionmeter)为主流。这种电位器将炭黑粉末和热硬化树脂涂在塑料的表面上，并和接线端子做成一体。滑动部分加工后和镜面一样光滑，因此几乎没有磨损，寿命很长。由于炭黑颗粒大小为0.01mm数量级，可以达到极高的分辨率。导电塑料的电阻温度系数是负值，但由于整个电阻都是同一种材料，输出电压由电阻的分压比决定，因此不必担心温度的影响。此外，线绕电位器(wirewound potentiometer)的线性度和稳定性最好，但输出电压是离散值。

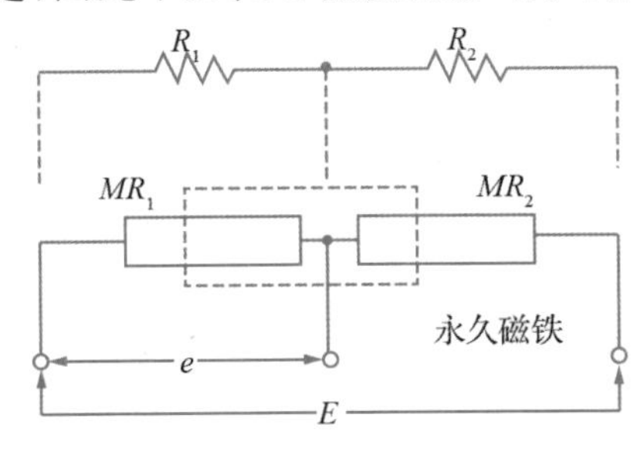

图 11-7　磁阻式电位器

非接触式电位器中，利用磁电阻效应的磁阻式电位器(magnetoresistive potentiometer)已经实用化。所谓磁阻效应，就是在元件电流的垂直方向上加以外磁场，元件在电流方向上的电阻值发生变化，如图 11-7 所示，两个 InSb 之类的磁阻元件 MR_1、MR_2 相串联，两端加上电压，滑动作为电刷的永久磁铁，使磁场方向和磁阻元件的电流方向保持垂直，这时，磁阻元件的电阻值变化等价于磁铁相对于元件位置的变化。输出电压按式(11-1)的分压值给出。非接触式电位器具有寿命长、分辨率高、转矩小、响应速度快等优点。但磁阻元件的电阻温度系数比其他电阻大两个数量级，若直接用在线路中，输出电压的温度漂移很大。为此，一般在磁阻元件上串并联固定电阻，通过组合电阻的平衡，实现温度补偿。

3. 容栅位移传感器

容栅位移传感器有可动电极和固定驱动电极两个电极。可动电极与固定驱动电极的电容量耦合，耦合容量随可动电极的位置变化而改变。相邻两固定电极上施加幅度相同相位差为 90°的正弦波电压，这时可动电极的感应电压的相位是固定电极排列方向上位移 x 的函数，因此可以检测位移。图 11-8 所示的栅电极为 4 个电极一组，有 9 组，全长只有 8.2mm。图 11-9 所示为传感器截面图。

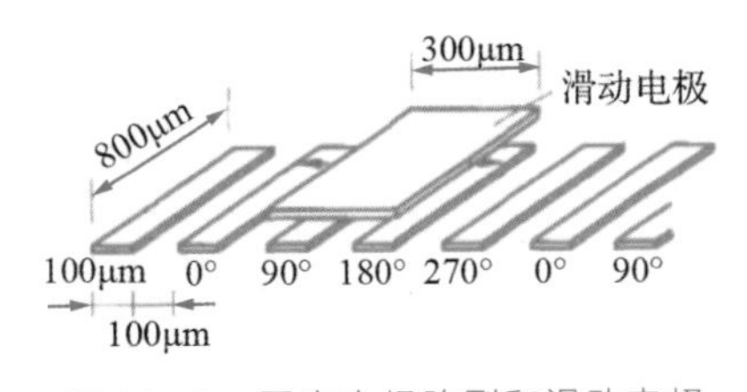

图 11-8　固定电极阵列和滑动电极

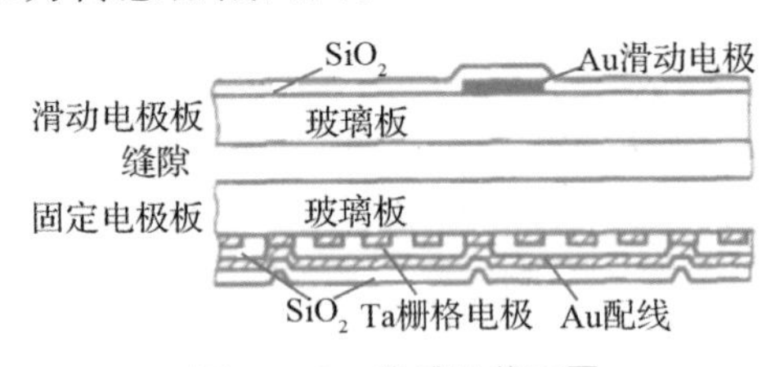

图 11-9　传感器截面图

4. 霍尔位置、位移传感器

霍尔传感器是使用霍尔元件(图 11-10)基于霍尔效应原理将被测量转换成电动势输出的一种传感器。如图 11-11 所示，长边 a 短板 b 厚度为 d 的 N 型半导体薄片置于磁感应强度为 B 的磁场中，磁场方向垂直于薄片。当有电流 I 流过时，在垂直于电流和磁场的方向上将产生电动势 U_H，这种现象就称为霍尔效应。

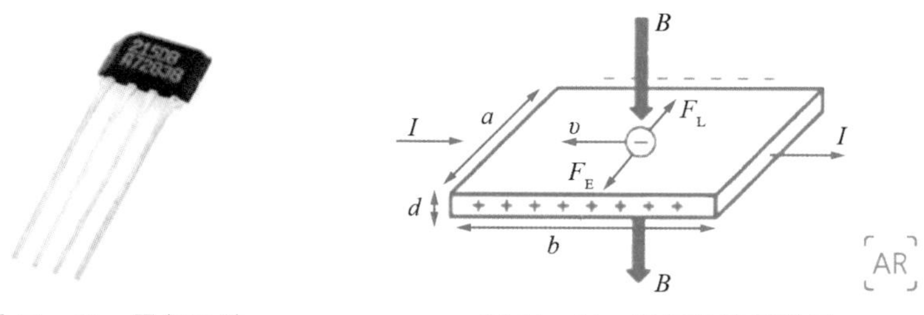

图 11-10　霍尔元件　　　　图 11-11　霍尔效应原理图

通电流 I 时，载流电子将沿着与 I 相反的方向运动，电子在外磁场 B 中受洛伦兹力 F_L 作用偏转靠近后端面，使后端面带负电，而前端面缺少电子带正电，在前后端面间形成电场，该电场作用于电子的电场力 F_E 阻碍电子继续偏转，当电场力 F_E 与洛伦兹力 F_L 相等时，电子积累达到平衡，这时半导体前后端面间建立的电场称为霍尔电场，相应的电动势称为霍尔电动势 U_H，即霍尔电压。

$$F_L = evB \tag{11-2}$$

$$F_E = e\frac{U_H}{a} \tag{11-3}$$

$$I = -nevad \tag{11-4}$$

$$F_E = F_L \tag{11-5}$$

式中：e 为电子电荷量，$e=1.602\times10^{-19}\mathrm{C}$，$v$ 为电子运动速度，n 为半导体单位体积中的电子密度，将式(11-4)带入式 11-5，得：

$$U_H = R_H IB/d = K_H IB \tag{11-6}$$

式中：R_H 为霍尔电阻；K_H 为霍尔系数，也称为霍尔元件的灵敏度系数，表示在单位磁感应强度和单位控制电流下的霍尔电动势的大小，由载流材料的物理性质决定。金属的电子密度很高，霍尔系数较小；P 型半导体的载流子是空穴，空穴的迁移率小于电子迁移率，因此 N 型半导体的霍尔元件的主要材料。

霍尔器件常常被用于控制机械手或者机器人所需要的电机中，在当中起位置传感器的作用，检测转子磁极的位置，它的输出使定子绕组供电电路通断；又起开关作用，当转子磁极离去时，令上一个霍尔器件停止工作，下一个器件开始工作，使转子磁极总是面对推斥磁场，霍尔器件又起定子电流的换向作用。

5. **光电位置检测传感器**

高灵敏度光电位置传感器 PSD(position sensitive detector)是一种新型的光电器件，或称为坐标光电池。它是一种非分割型器件，可将光敏面上的光点位置转化为电信号。当一束光射到 PSD 的光敏面上时，在同一面上的不同电极之间将会有电流流过，这种电压或电流随着光点位置变化而变化的现象就是半导体的横向光电效应。因此利用 PSD 的 PN 结上的横向光电效应可以来检测入射光点的照射位置。它不像传统的硅光电探测器只能作为光电转换、光电耦合、光接收和光强测量等方面的应用，而能直接用来测量位置、距离、高度、角度和运动轨迹等。它与阵列式图像传感器也不一样，不像固态图像传感器的测量表面由于敏感单元有一定大小而存在死区。PSD器件能连线检测光点的位置，没有死区，具有分辨力高，适配电路简单等特点。

（1）二维PSD的结构和工作原理。PSD的工作原理基于横向光电效应，图11－12显示了其结构。PSD由三层构成，最上一层是P层，下层是N层，中间是较厚的高阻I层，形成P－I－N结构，此结构的特点是I层耗尽区宽，结电容小，光生载流子几乎全部都在I层耗尽区中产生，没有扩散分量的光电流，因此响应速度比普通PN结光电二极管要快得多。当PSD表面受到光照射时，在光斑位置处产生比例于光能量的电子—空穴对流过P层电阻，分别从设置在P层相对的两个电极上输出光电流I_1和I_2，由于P层电阻是均匀的，电极输出的光电流反比于入射光斑位置到各自电极之间的距离，光电流I_1和I_2可以用下面两种方式表示：

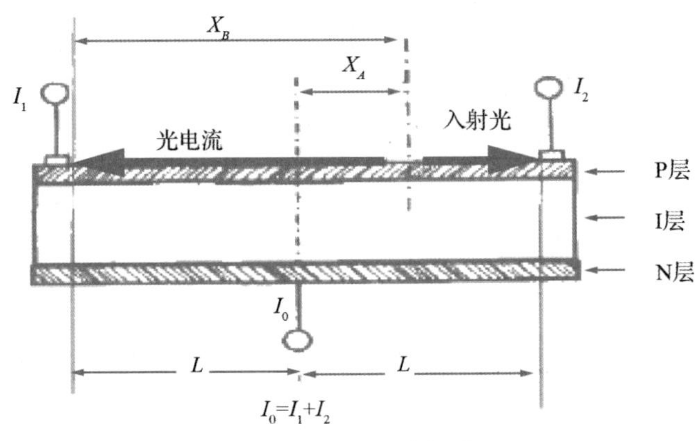

图11－12　PSD剖面图

① 当坐标原点选在PSD中心时：

$$I_1=I_0(L-X_A)/2L \tag{11-7}$$

$$I_2=I_0(L+X_A)/2L \tag{11-8}$$

② 当坐标原点选在PSD一端时：

$$I_1=I_0(2L-X_B)/2L \tag{11-9}$$

$$I_2=I_0X_B/2L \tag{11-10}$$

由上式可知I_1、I_2是光能量（I_0）与位置的函数。在实际应用中，由于光源光功率的波动及光源与PSD间距离的变化，I_0并不是一个恒定值，为了消除I_0的影响，通常把输出电流的差与和相除作为位置检测信号，即：

当坐标原点选在PSD中心时：

$$X_A=L(I_2-I_1)/(I_2+I_1) \tag{11-11}$$

当坐标原点选在PSD一端时：

$$X_B=2LI_2/(I_2+I_1) \tag{11-12}$$

只要检测出I_1和I_2的大小，即可算出光点所在的位置。

（2）PSD在机器人上的应用。机械手校正分为机械手基座校正、关节零点偏移量校正、机械手手端校正等。常用的校正方法是采用坐标机进行校正，机械手末端要运动到指定位置并与测头接触，因此这种方法又叫接触式校正方法。由于三维坐标机设备昂贵、移动不便，使得这种校正方法受到很多限制。目前出现了采用激光测量的无接触式机械手校正方法。这种方法通过在机械手末端安装一个激光发射器，在三维空间的某一位置放置PSD，用以感知激光光斑。控制机械手末端运动到不同位置，但要求激光光斑都要落到PSD传感器的感知区域的中心，这种校正方法提高了校正的灵活性，降低了校正成本，适合不同的应用场合。图11－13是一套基于视觉和PSD的伺服控制系统。

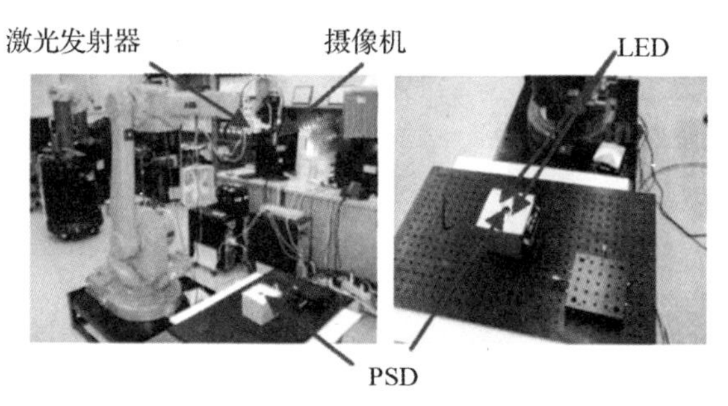

图11－13　基于视觉和PSD的伺服控制系统

6. **光电开关**

光电开关（photo—interrupter）是由LED光源和光电二极管或光电三极管等光敏元件，相隔一定距离而构成的透光式开关（图11－14）。它可以用来检测预先规定的位置或角度，可以有ON/OFF两个状态值。这种方法用于检测机器人的起始原点、越限位置或者确定位置。当充当基准位置的遮光片通过光源和光敏元件间的缝隙时，光射不到光敏元件上，而起到开关的作用。光接收部分的放大输出等电路，已集成为一个芯片，可以直接得到TTL输出电平。光电开关的特点是非接触检测，精度可达0.5mm。

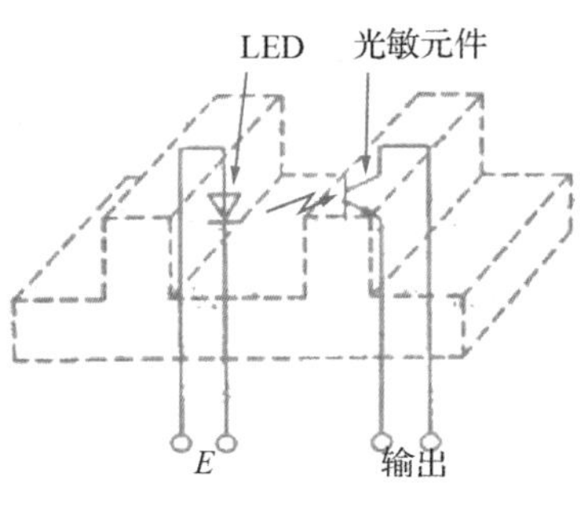

图11－14　光电开关

7. **旋转变压器**

旋转变压器（resolver）由铁心、两个定子线圈和两个转子线圈组成，是测量旋转角度的传感器。定子和转子由硅钢片或坡莫合金叠层制成，在槽里绕上线圈。定子和转子分别由互相垂直的两相绕组构成。

为了说明检测原理，图11－15给出内部接线电路图。在各定子线圈加上交流电压，转子线圈中由于交链磁通的变化产生感应电压。感应电压和励磁电压之间相关联的耦合系数随转子的转角而改变。因此，根据测得的输出电压，就可以知道转角的大小。可以认为，旋转变压器是由随转角θ改变且耦合系数为$k\sin\theta$或$k\cos\theta$的两个变压器构成的。

在两个定子线圈上分别加上90°相位差的两个励磁电压 E_{s1} 和 E_{s2}：

$$E_{s1}=E\cos\omega t,\ E_{s2}=E\sin\omega t \tag{11-13}$$

如图11-16所示的向量图，各励磁电压乘以耦合系数得到感应电压，经过向量合成后，转子线圈中的感应电压可用式(11-14)、式(11-15)表示为：

$$E_{r1}=K(E_{s1}\cos\theta-E_{s2}\sin\theta)=KE\cos(\omega t+\theta) \tag{11-14}$$

$$E_{r2}=K(E_{s2}\cos\theta+E_{s1}\sin\theta)=KE\sin(\omega t+\theta) \tag{11-15}$$

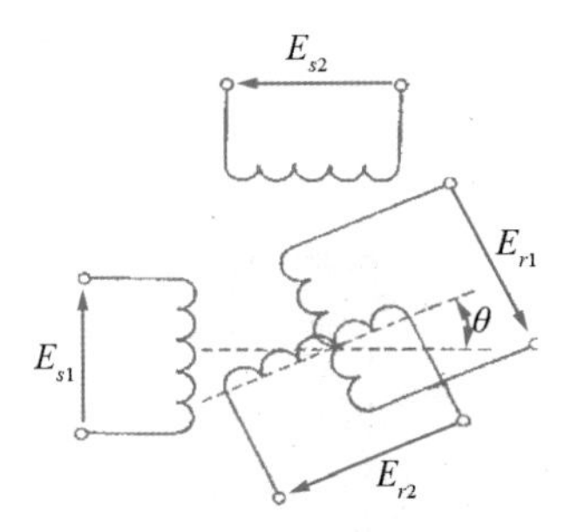

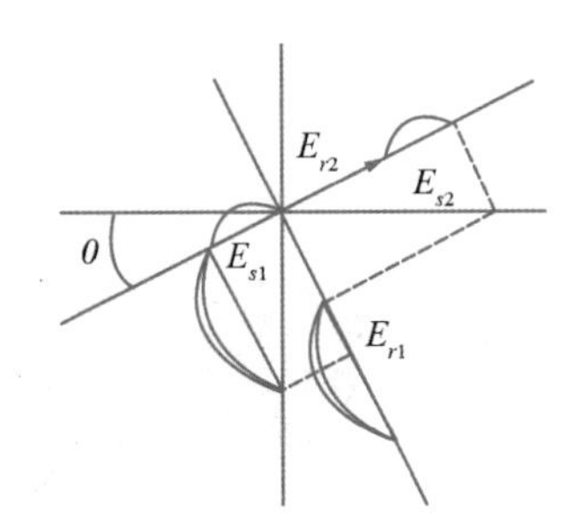

图11-15　旋转变压器内部接线　　图11-16　旋转变压器磁场矢量

可见，旋转变压器的副端输出的是转子线圈相对于定子线圈空间转角 θ 的相位调制信号。K 是两个线圈间的最大耦合系数。

过去采用电刷或汇流环接触通电的方法来取出转子线圈中的感应电压，现在大多采用无电刷旋转变压器(brushless resolver)，即用铁心中带槽的旋转变压器或水银等液体接触方式取出转子线圈中的感应电压。图11-17是无刷旋转变压器的结构图。现有研究报告指出，用两极旋转变压器和多极旋转变压器相组合，可以得到检测分辨率为129600p/r的旋转变压器。此外，具有同样的电机结构的角度传感器称为同步器(synchro differential traansmitter)，它有三相定子和三相转子。

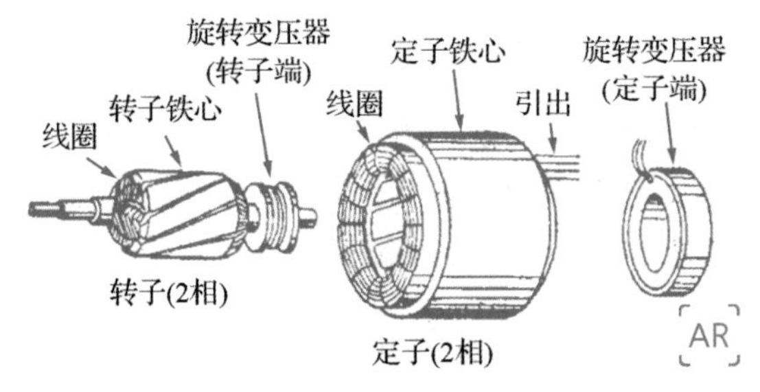

图11-17　无刷旋转变压器结构

8. 倾斜角传感器

(1) 倾斜角传感器介绍和分类。倾斜角传感器(inclination sensor)应用于机械手末端执行器或移动机器人的姿态控制中。根据测量原理，倾斜角传感器分为液体式、垂直振子式和陀螺式。

① 液体式。液体式倾斜角传感器(liquid type inclination sensor)分为气泡位移式、电解液式、电容式和磁流体式等。下面仅介绍其中的气泡位移式和电解液式倾斜角传感器。图 11-18 表示气泡位移式倾斜角传感器(photoelectric inclination sensor)的结构及测量原理。半球状容器内封入含有气泡的液体,对准上面的 LED 发出的光,容器下面分成四部分,分别安装四个光电二极管,用以接收透射光。液体和气泡的透光率不同。液体在光电二极管上投影的位置,随传感器倾斜角度而改变。因此,通过计算对角的光电二极管感光量的差分,可测量出二维倾斜角。该传感器测量范围为 20°左右,分辨率可达 0.001°。

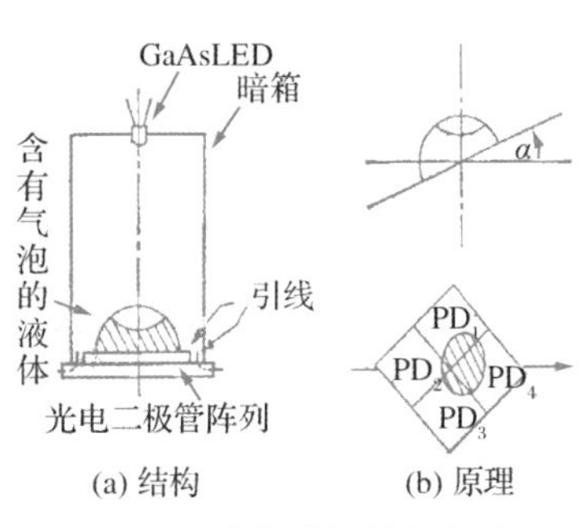

图 11-18 液体式倾斜角传感器

电解液式(electrolytic liquid type)倾斜角传感器的结构如图 11-19 所示,在管状容器内封入 KCl 之类的电解液和气体,并在其中插入三个电极。容器倾斜时,溶液移动,中央电极和两端电极间的电阻及电容量改变,使容器相当于一个阻抗可变的元件,可用交流电桥电路进行测量。

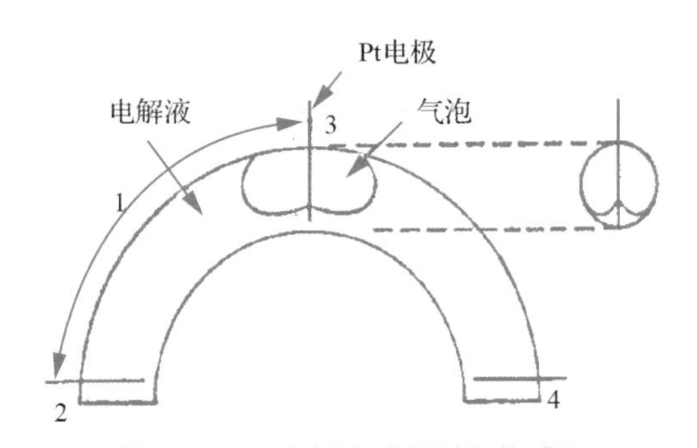

图 11-19 电解液式倾斜角传感器

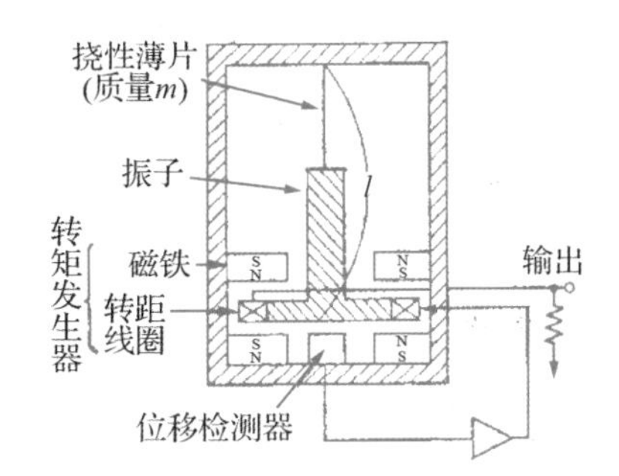

图 11-20 垂直振子式倾斜角传感器

② 垂直振子式。图 11-20 是垂直振子式倾斜角传感器(pendulum type inclination sensor)的原理图。振子由挠性薄片悬起,传感器倾斜时,振子为了保持铅直方向而离开平衡位置。根据振子是否偏离平衡位置及偏移角函数(通常是正弦函数)检测出倾斜角度。但是,由于容器限制,测量范围只能在振子自由摆动的允许范围内,不能检测过大的倾斜角度。按图 11-20 所示结构,把代表位移函数的输出电流反馈到可动线圈中,使振子返回到平衡位置。这时,振子产生的力矩 M 为:

$$M = mg \times L \times \sin\theta \tag{11-16}$$

转矩 T 为:

$$T = K \times i \tag{11-17}$$

在平衡状态下应有 $M=T$,于是得到下式:

$$\theta = \sin^{-1}(K \cdot i / mg \cdot l) \tag{11-18}$$

根据测出的线圈电流,可求出倾斜角。

(2) 倾斜角传感器在机器人上的应用。倾斜角传感器作为机器人的位姿检测传感器，常常被用于城市管道机器人上(图11-21)。管道机器人的主要任务是完成城市管道穿缆作业，作为运载机构的管道机器人，首先应该具有行走能力。同时，由于作业环境的特殊性，在管道机器人的管道内进行行走或者其他操作时经常会出现本体倾斜甚至倾翻的情况，为了避免机器人发生侧翻现象，管道机器人应具有跨越障碍及良好的姿态调整能力。倾斜角传感器可以测量机器人倾斜角度(横滚角和俯仰角)。系统根据倾斜角传感器测得的倾斜角度来调整机器人的姿态，以便机器人能继续顺利前进。

图 11-21　装有倾斜角传感器的城市管道机器人

9. **方位角传感器**

在非规划路径上移动的自主导引车(AGV)，为了实现姿态控制，除了测量倾斜角之外，还要时刻了解自身的位置。虽然可通过安装在各驱动器上测量(角)位移的内传感器累计路径，但由于存在累计误差等问题，因此还需要辅之以其他传感器。方位角传感器(azimuth meter)能测量运动物体的方位变化(偏转角)，今后将在大范围活动的机器人中广泛使用。方位角传感器包括陀螺仪和地磁传感器。

(1) 陀螺仪(gyroscope)按构造可分为内部带旋转体的传统(conventional)陀螺和内部不带旋转体的新型(unconventional)陀螺，检测单轴偏转角可用传统的速率陀螺、速率积分陀螺，或新型气体速率陀螺、光陀螺等。陀螺转速达 24000rpm 后，通常便能自行保持其转轴方向固定，以这个方向不变的转轴为基准，万向支架的相对转角可用同步器测出。图 11-22 中的速率陀螺的运动方程式为：

$$J\frac{d^2\theta}{dt^2}+B\frac{d\theta}{dt}+K\theta=H\omega \tag{11-19}$$

式中：J 为输出转轴的惯性转矩，B 为输出转轴的阻尼系数，K 为弹簧常数，H 为旋转体角动量，ω 为输入角速度，θ 为输出角度。

在恒定状态下

$$\theta=\frac{H}{K}\omega \tag{11-20}$$

可见，输出角和输入角速度成比例。速率陀螺可在 ±180°范围内，以 0.1°的精度测量偏角。如果把速率陀螺中的弹簧去掉($K=0$)，就成了速率积分陀螺(rate integration gyroscoppe)。

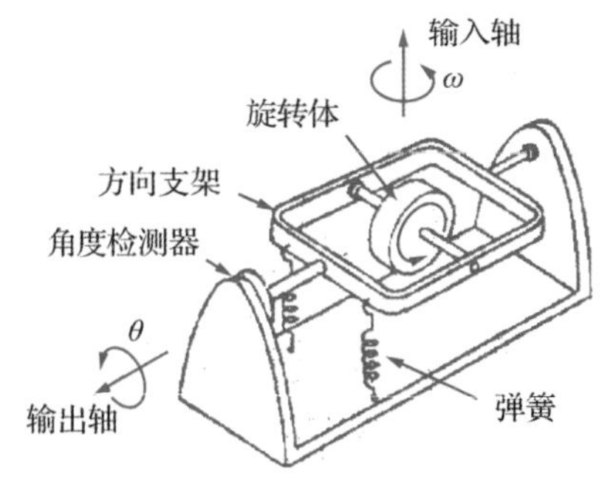

图 11-22　速率陀螺

气体速率陀螺(gas rate gyroscope)是根据密封腔内的气流随腔体的姿态变化发生偏转的原理而研制出来的。图 11-23 是气体速率陀螺的结构图。氯气在压电振子泵的作用下在腔体内循环，由喷嘴均匀地喷向传感器(两根热阻丝)。腔体偏转所产生的复合向心力使气流偏移，这样喷在两个传感器的气体不均匀，从而使热阻丝间产生温度差。这种温差可以被检测出来，在±1000°/s 的测量范围内，测量精度可达1%之内。

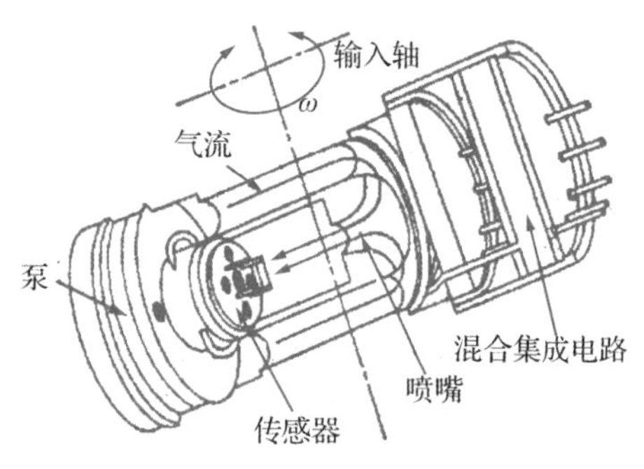

图 11-23　气体速率陀螺

光陀螺(optical gyroscope)的检测原理是根据 Sagnac 效应。当光沿着环形光路传输时，如果整个光学系统相对于惯性空间旋转，顺时针和逆时针传输的两路光传输一圈后，在时间上将产生不同的效果。图 11-24 是已实用化的环形激光陀螺(ring laser gyroscope)的结构图，在等腰三角形玻璃块内，谐振频率为 Δf 的两个方向的激光，经过反射镜传输。玻璃块以角速度 ω 绕与光路垂直的轴旋转，使顺时针和逆时针方向传输的两路光产生光路差，频率出现差异，两方向光的干涉，由于频率不同而产生干涉条纹，于是有：

$$\Delta f = 4S\omega/\lambda L \tag{11-21}$$

式中：S 为光路围成的面积；λ 为激光波长；L 为光路长度。

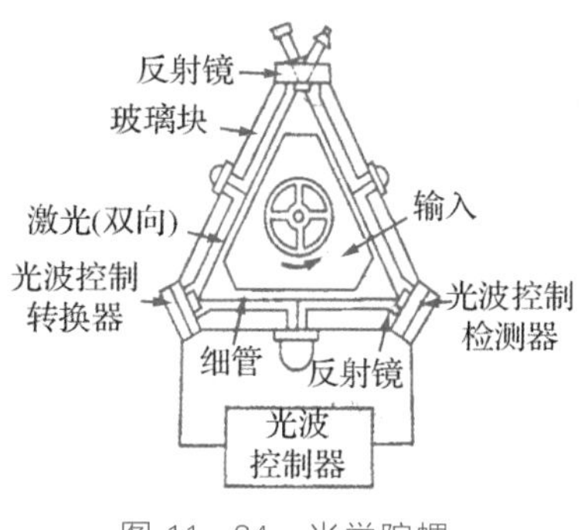

图 11-24　光学陀螺

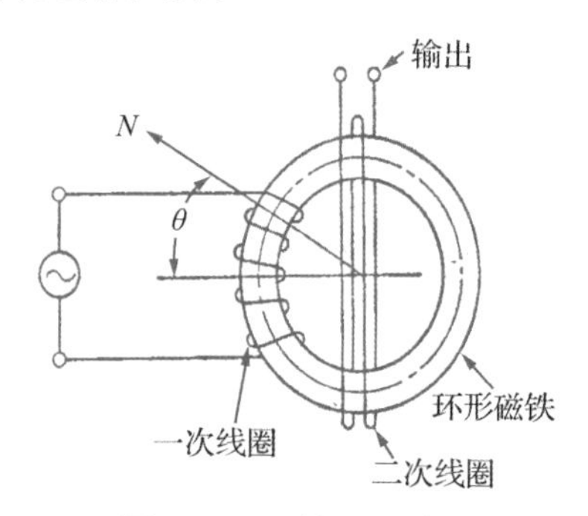

图 11-25　地磁传感器

(2) 地磁传感器(geomabnetic sensor)。图 11-25 是磁通门式地磁传感器的原理图。在坡莫合金制成的高导磁率的环形铁心上，像图示那样缠绕一次线圈和二次线圈。往一次线圈通入交流大电流，使铁心在一段时间里呈现饱和状态。当铁心饱和时，有效磁导率 $\mu=1$，而非饱和时，$\mu \leqq 10^5$，因此，只有在铁心非饱和时，地磁场的磁通才能集中到铁心。二次线圈接成差动形式，仅能检测出 ϕ_e，输出电压由下式确定：

$$V = -N\frac{\mathrm{d}\phi_e}{\mathrm{d}t} \tag{11-22}$$

当二次差动线圈与地磁场方向垂直时，得到最大输出电压 V_0，如果和 N 方位成 θ 角，输出电压为：

$$V = V_0 \cos\theta \tag{11-23}$$

根据这个原理制成的地磁传感器，测量方位的精度可达±1°左右。

11.2.2 速度传感器

本节讨论机器人学中较为常用的速度传感器，它是能够测量速度并将其转换成可用输出信号的传感器。按速度的种类分，速度传感器分为线速度传感器和角速度传感器。下面就以此分类对各种速度传感器展开介绍。

1. 线速度传感器

(1) 空间滤波式速度传感器。空间滤波式速度传感器是一种利用可选择一定空间频率段的空间滤波器件与被测物体同步运动，然后在单位空间内测量相应的时间频率，从而求得运动物体速度的传感器，其结构形式如图 11－26 所示。

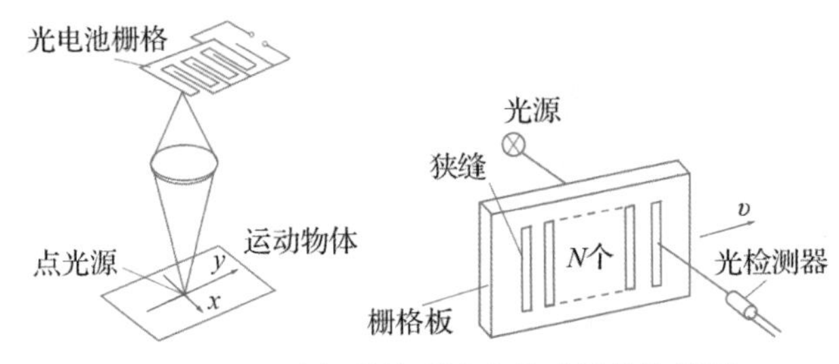

图 11－26　空间滤波式速度传感器结构简图

在测速度时，速度 v 可用空间频率来描述。如图 11－26 所示，当点光源沿着图中 y 的方向以一定速度运动时，点光源的光通过光学透镜成像在叉指式光电池栅格上，光电池便会输出频率为 f 的脉冲串。选择光电池栅格尺寸和形状能使栅格对一定空间频率有选择性，那么物体运动的速度就可以换为时间频率信号。空间滤波器输出信号的中心频率跟速度成正比，因此，通过测频即可测量速度。

然而，在实际应用时使用的光源往往不是点光源，而是具有任意辉度分布的光源。利用这种方法可以用来检测传送带、钢板、车辆等的运动速度，也可以用于转动物体为背景的角速度测量，它的检测范围为 1.5～250km/h，测量精度可达 0.5％。

(2) 电动式速度传感器。电动式速度传感器的结构原理如图 11－27 所示，它由轭铁、永久磁铁、线圈及支承弹簧等组成。永久磁铁和轭铁之间产生一个均匀磁场，线圈安装在这个磁场中。根据电磁感应定律，穿过线圈的磁通量随时间发生变化时，在线圈两端将产生与磁通量 ϕ 的减少速率成正比的电压 V，即 $V=\frac{\mathrm{d}\phi}{\mathrm{d}t}$，当接入负载电阻 R_{L} 时，线圈位移产生的电流会产生与磁场作用的反作用力，这种反作用力可用在测量中起阻尼作用。该型传感器的测量范围为 10^{-4}～10^{-2} m/s。

如果传感器中的线圈沿与磁场垂直方向运动，在线圈中便可产生与线圈速度成正比的感应电压，然后根据输出电压的大小测得速度。这种传感器的灵敏度与磁通密度、线圈的匝数及其展开面积的乘积成正比。然而，当线圈的面积过大，传感器的体积也会相应增大，从而使传感器的动态特性恶化。

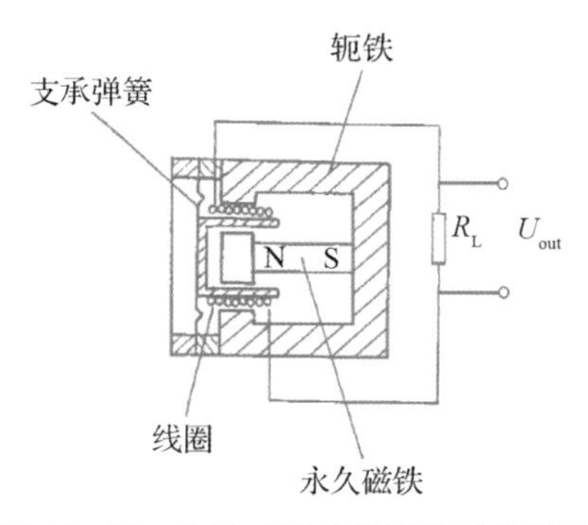

图 11-27　电动式速度传感器结构简图

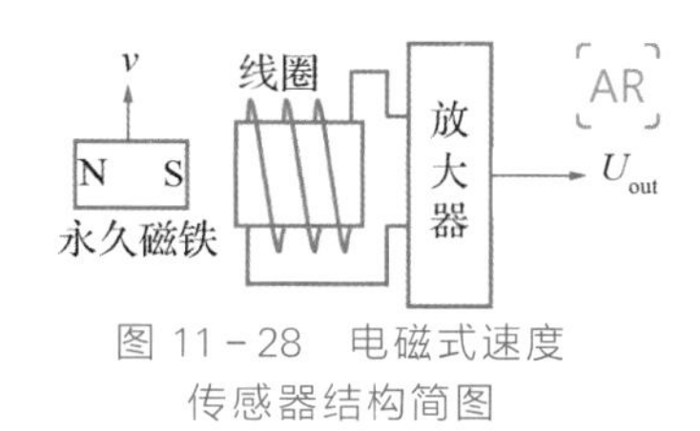

图 11-28　电磁式速度传感器结构简图

(3) 电磁式速度传感器。电磁式速度传感器的结构原理如图 11-28 所示，它由永久磁铁和线圈等构成。永久磁铁和运动物体相连，线圈处于固定状态。根据电磁感应定律，当永久磁铁从线圈旁边经过时，线圈便会产生一个感应电势，如果磁铁经过的路径不变，那么这个感应脉冲的电压峰值与磁铁运动的速度成正比。因此，可以通过这个脉冲电压的峰值来确定永久磁铁的运动速度。将永久磁铁固定在被测物体上，即可测得物体的运动速度。

(4) 激光测速仪。激光测速仪是采用激光测距的原理。激光测距(即电磁波，其速度为 3×10^8 m/s)是通过对被测物体发射激光光束，并接收该激光光束的反射波，记录该时间差，来确定被测物体与测试点的距离。激光测速是对被测物体进行两次有特定时间间隔的激光测距，取得在该时段内被测物体的移动距离，从而得到被测物体的移动速度。

2. 角速度传感器

(1) 数字式转速传感器。数字式转速传感器是一种通过把转速转变成电脉冲信号，再利用电子计数器在采样时间内对转速传感器输出的电脉冲信号进行计数，从而测得转速的传感器。

该传感器利用标准时间来控制计数器闸门。当计数器的显示值为 N 时，被测量的转速为 n，则有：

$$n = 60xN/zt \tag{11-24}$$

式中：z 为旋转体每转一转传感器发出的电脉冲信号数，t 为采样时间(s)

(2) 编码器。如果用编码器测量位移，那么实际上就没有必要使用速度传感器，对任意给定的角位移，编码器将产生确定数量的脉冲信号。通过统计指定时间(dt)内脉冲信号的数量，就能计算相应的角速度。此外，dt 时间越短，得到的速度值就越准确，越接近实际的瞬时速度。但是，如果编码器转动缓慢，则测得的速度可能会很不精准。通过对控制器编程，将指定时间内脉冲信号的个数转化为速度信息就可以计算出角速度。

(3) 霍尔式转速传感器。霍尔转速传感器(图 11-29)的主要工作原理是霍尔效应，也就是当转动的金属部件通过霍尔传感器的磁场时会引起电势的变化，通过对电势的测量就可以得到被测量对象的转速值。霍尔转速传感器的主要组成部分是传感头和齿圈，而传感头又是由霍尔元件、永磁体和电子电路组成的。

图 11－29　霍尔转速传感器示意图

霍尔转速传感器在测量机械设备的转速时，机械设备的金属齿轮、齿条等运动部件会经过传感器的前端，引起磁场的相应变化，当运动部件穿过霍尔元件产生磁力线较为分散的区域时，磁场相对较弱，而穿过产生磁力线较为集中的区域时，磁场就相对较强。

霍尔转速传感器就是通过磁力线密度的变化，在磁力线穿过传感器上的感应元件时，产生霍尔电势。霍尔转速传感器的霍尔元件在产生霍尔电势后，会将其转换为交变电信号，最后传感器的内置电路会将信号调整和放大，输出矩形脉冲信号。

霍尔转速传感器的测量必须配合磁场的变化，因此在霍尔转速传感器测量非铁磁材质的设备时，需要事先在旋转物体上安装专门的磁铁物质，用以改变传感器周围的磁场，这样霍尔转速传感器才能准确地捕捉到物体的运动状态。

(4) 测速发电机。测速发电机(tachometer generator，或称为转速表传感器 tachogenerator，比率发电机 rate generator)是利用发电机原理的速度传感器或角速度传感器。

恒定磁场中的线圈发生位移，线圈两端的感应电压 E 与线圈内磁通 ϕ 的变化速率成正比，输出电压为：

$$E=-\frac{\mathrm{d}\phi}{\mathrm{d}t} \tag{11-25}$$

根据这个原理测量角速度的测速发电机，可按其构造分为直流测速发电机、交流测速发电机。

直流测速发电机(DC tachogenerator)是一种微型直流发电机，按励磁方式分为它激式和永磁式两大类。在理想情况下，输出特性为一条直线，而实际上输出特性与直线有误差。引起误差的主要原因是：电枢反应的去磁作用，电刷与换向器的接触压降，电刷偏离几何中性线，温度的影响等。因此，在使用时必须注意电机的转速不得超过规定的最高转速，负载电阻不小于给定值。在精度要求严格的场合，还需要对测速机进行温度补偿。纹波电压造成了输出电压不稳定，降低了测速发电机的精度。该测速发电机的定子是永久磁铁，转子是线圈绕组。图 11－30 是直流测速发电机的结构图。它的原理和永久磁铁的直流发电机相同，转子产生的电压通过换向器和电刷以直流电压的形式输出。可以测量 0～10000rpm 量级的旋转速度，线性度为0.1％。此外，停机时不易产生残留电压，因此，它最适宜作速度传感器。但是电刷部分是机械接触，需要注意维修。另外，换向器在切换时产生脉动电压，使测量精度降低。因此，现在亦有无刷直流测速发电机。

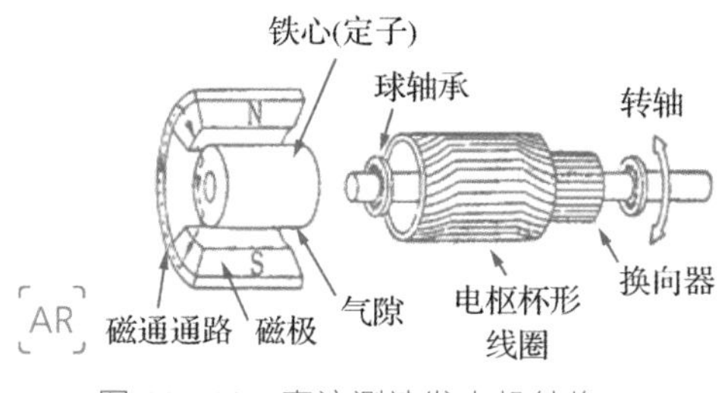

图 11－30　直流测速发电机结构

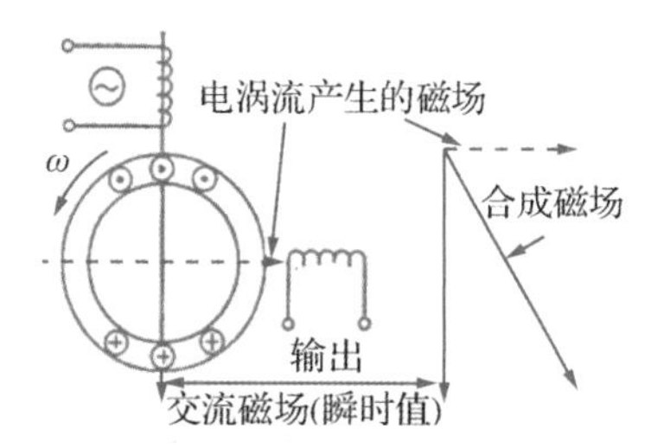

图 11－31　交流测速发电机原理

永久磁铁式交流测速发电机（AC induction tachogenerator）的构造和直流测速发电机恰好相反，它的转子上安装多磁极永久磁铁，定子线圈输出与旋转速度成正比的交流电压。二相交流测速发电机是交流感应测速发电机中的一种，其原理如图 11－31 所示。它的转子由铜、铝等导体构成，定子由相互分离的、空间位置成 90°的励磁线圈和输出线圈组成。在励磁线圈上施一定频率的交流电压产生磁场，使转子在磁场中旋转产生涡流，而涡流产生的磁通又使交流磁场发生偏转，于是合成的磁通在输出线圈中感应出与转子旋转速度成正比的电压。

异步测速发电机的结构与空心杯转子交流伺服电动机完全相同。当异步测速发电机的励磁绕组产生的磁通 $d\phi$ 保持不变，转子不转时输出电压为零，转子旋转时切割励磁磁通产生感应电动势和电流，建立横轴方向的磁通，在输出绕组中产生感应电动势，从而产生输出电压。输出电压的大小与转速成正比，但其频率与转速无关，等于电源的频率。理想的输出特性也是一条直线，但实际上并非如此。引起误差的主要原因是：$d\phi$ 的大小和相位都随着转速而变化，负载阻抗的大小和性质，励磁电源的性能，温度以及剩余电压，其中剩余电压是误差的主要部分。

表征异步测速发电机性能的主要技术指标有线性误差、相位误差和剩余电压。引起剩余电压的原因很多，如磁路不对称、气隙不均匀、输出绕组和励磁绕组在空间不是严格相差 90°电角度、绕组匝间短路、铁心片间短路、转子材料和厚度不均匀以及寄生电容的存在等。在控制系统中，剩余电压的同相分量引起系统误差，正交和高次谐波分量将使放大器饱和。消除剩余电压的方法很多，除了改进电机的制造材料和工艺外，还可采用外接补偿装置。

在实际中为了提高异步测速发电机的性能通常采用四极电机。为了减小误差，应增大转子电阻和负载阻抗，减小励磁绕组和输出绕组的漏阻抗，提高励磁电源的频率（采用 400Hz 的中频励磁电源）。使用时电机的工作转速不应超过规定的转速范围。

3. 速度传感器在机器人上的应用

在智能家居中，扫地机器人（图 11－32）将是必不可少的成员，为了保证扫地机器人的智能性，除了满足高效率的要求外，还希望机器人具备自动导航的能力。角速度传感器（也称陀螺仪）在扫地机器人的自动导航中发挥了重要作用。它是用高速回转体的动量矩敏感壳体相对惯性空间绕正交于自转轴的一个或两个轴的角运动检测装置(图 11－33)。

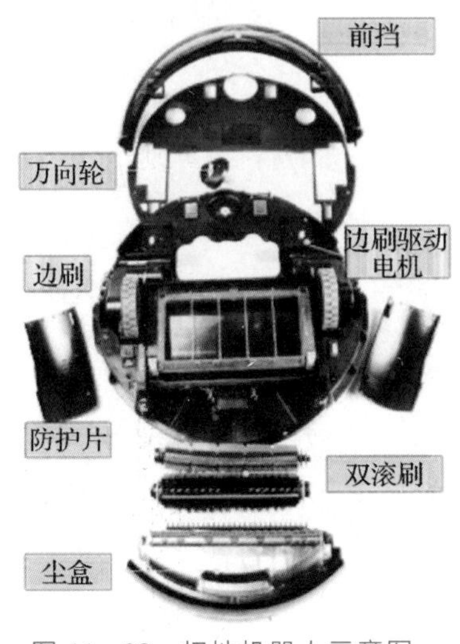

图 11－32　扫地机器人示意图

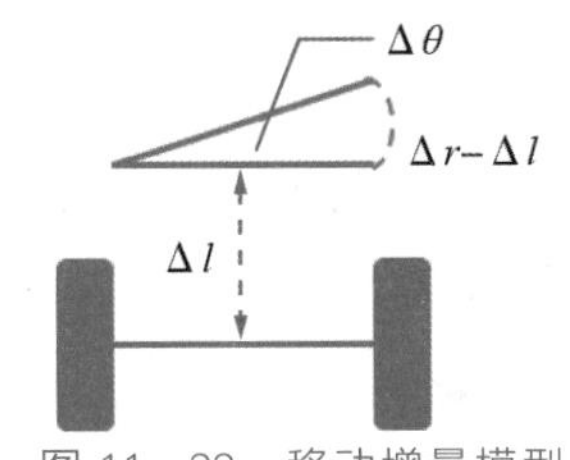

图 11－33　移动增量模型

陀螺仪主要是判断出机器人的行走方向,配合室内定位系统,行走电机的运行状况,可以准确定位出 xOy 坐标。通过陀螺仪方向和电机行走路线,可以计算出移动变量。移动增量模型如图 11－33 所示。

在当前时间内,左轮轮子行走的距离为 Δr,右轮行走的距离为 Δl,两轮的轴间距为 d,则机器人当前时间内行走的距离 $\Delta s=(\Delta r+\Delta l)/2$,转过的角度(设定初始角度为 0)为 $\Delta\theta=(\Delta r-\Delta l)/d$,则当前坐标计算为 $\Delta x=\Delta s\cdot\cos(\Delta\theta)$,$\Delta y=\Delta s\cdot\sin(\Delta\theta)$。

11.2.3　加速度传感器

随着机器人的高速化、高精度化,由机械运动部分刚性不足所引起的振动问题将不能被忽视。作为抑制振动问题的对策,有时在机器人的各杆件上安装加速度传感器,测量振动加速度,并把它反馈到杆件底部的驱动器上,有时把加速度传感器安装在机器人手爪上,将测得的加速度进行数值积分,加到反馈环节中,以改善机器人的性能。从测量振动的目的出发,加速度传感器日趋受到重视。

机器人的运动是三维的,而且活动范围很广,因此可在连杆等部位直接安装接触式振动传感器。虽然机器人的振动频率仅数十赫兹,但由于共振特性容易改变,所以要求传感器具有低频高灵敏度的特性,本节将讨论机器人学中较为常用的几种加速度传感器。

1. 应变片加速度传感器

Ni－Cu 或 Ni－Cr 等金属电阻应变片加速度传感器(strain guage acceleration)是一个由板簧支承重锤所构成的振动系统,板簧上下两面分别贴两个应变片(图 11－34)。应变片受震动产生应变,其电阻值的变化通过电桥电路的输出电压被检测出来。除了金属电阻外，Si 或 Ge 半导体压阻元件也可用于加速度传感器。半导体应变片的应变系数比金属电阻应变片高 50～100 倍，灵敏度很高，但温度特性差，需要加补偿电路。

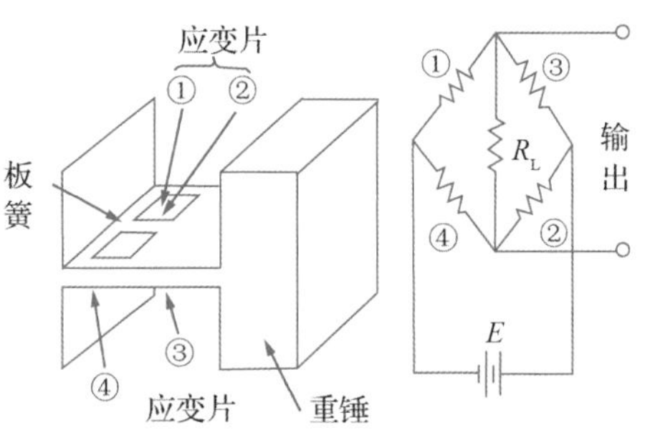

图 11－34　应变片加速度传感器

2. **压电加速度传感器**

压电加速度传感器(piezoelectric acceleration sensor)利用具有压电效应的物质，将产生加速度的力转换为电压，这种具有压电效应的物质受到外力发生机械形变时，能产生电压(反之，外加电压时，也能产生机械形变)。压电元件大多由具有高介电系数的铬钛酸铅材料制成。设压电常数为 d，则加在元件上的应力 F 和产生电荷 Q 的关系用下式表示：

$$Q = dF \tag{11-26}$$

设压电元件的电容为 C，输出电压为 U，则：

$$U = Q/C = dF/C \tag{11-27}$$

U 和 F 在很大动态范围内保持线性关系。

压电元件的形变有三种基本模式：压缩形变、剪切形变和弯曲形变。图 11－35 表示形变方向。图 11－36 是利用剪切方式的加速度传感器结构图。传感器中一对平板形或圆筒形压电元件在轴对称位置上垂直固定着，压电元件的剪切压电常数大于压缩压电常数，而且不受横向加速度的影响，在一定的高温下仍能保持稳定的输出。压电加速度传感器的电荷灵敏范围很宽，可达 $10^{-2} \sim 10^{3}$ pC/(m/s^2)。

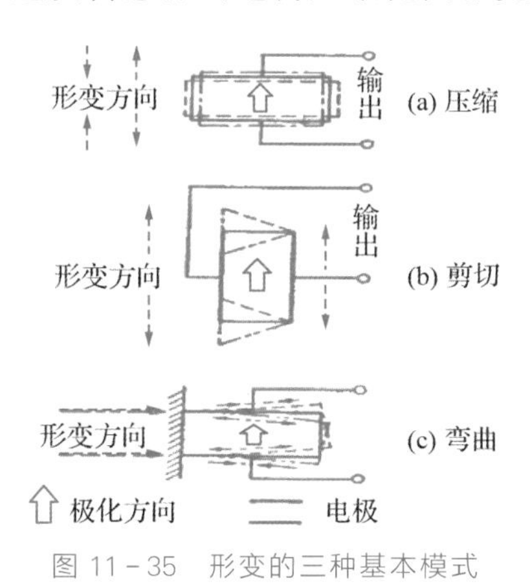

图 11－35　形变的三种基本模式

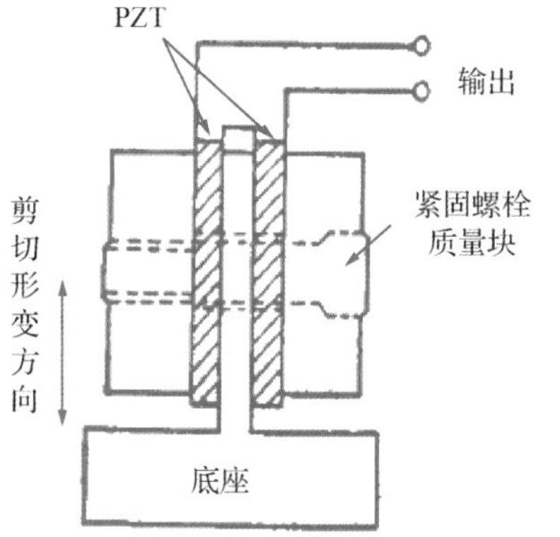

图 11－36　剪切方式的加速度传感器

3. **伺服加速度传感器**

伺服加速度传感器(servo acceleration sensor)检测出与上述振动系统重锤位移成比例的电流，把电流反馈到恒定磁场中的线圈，使重锤返回到原来的零位移状态。由于重锤没有几何位移，因此这种传感器与前一种相比，更适用振动(加速度)大的系统。

首先产生与加速度成比例的惯性力，它和电流 I 产生的复原力保持平衡。根据弗莱明左手定则，F 和 I 成正比（比例系数为 K），关系式为：

$$F = ma = KI \tag{11-28}$$

这样，根据检测到的电流 I 可以求出加速度。

4. **加速度传感器在机器人上的应用**

随着可穿戴智能设备的发展，特别是医疗可穿戴智能设备，主要依靠的是微型化的各种MEMS陀螺仪、加速度传感器等的运用，来检测穿戴者的姿态或其他身体各项信息。在外骨骼机器人上，装上加速度传感器，可以对人体的运动进行检测，获取人体下肢运动轨迹（图 11－37）。此外，在外骨骼上加装加速度传感器以及背部安装多维传感器，还能进行穿戴者的运动意图识别。

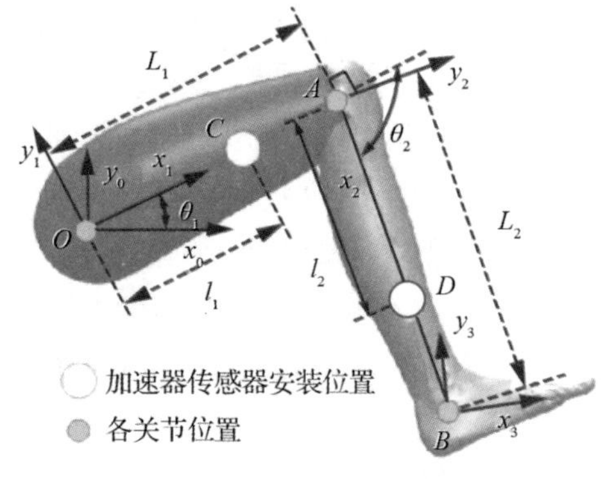

图 11－37　肢简化的二连杆模型

除了在可穿戴设备上，加速度传感器也经常被用于机器人的姿态检测和动作识别。小型的加速度传感器能放于机器人的各个位置，对加速度传感器采集的数据进行计算，就能得出机器人的实时姿态或识别出机器人所进行的动作。

此外，加速度传感器在导航系统中也扮演着重要角色。利用三轴加速度传感器配合陀螺仪，在已知的初始条件下，便可通过测得的数据用计算机推算出载体的速度、位置和姿态等导航参数。

11.3　外传感器

11.3.1　力觉传感器

力觉传感器根据力的检测方式不同，大致可分为如下几类：

（1）检测应变或应力（应变片式）。

（2）利用压电效应（压电元件式）。

（3）用位移计测量负载产生的位移（差动变压器、电容位移计式）。

下面对力觉传感器做一些比较详细的介绍。

1. **电阻应变式**

电阻应变式多维力/力矩传感器一般选用金属丝或应变片作为压敏元件。在外力的作用下，通过改变金属丝的形状实现其阻值的变化，从而将力/力矩转换为电量输出。该类传感器是目前国内外应用最多、技术最成熟的一种多维力/力矩传感器。按其输出类型又可分为耦合型（间接输出型）和无耦合型（直接输出型）两大类。

（1）电阻应变式力传感器的分类。

① 耦合型。耦合型传感器的应变桥的输出信号几乎和每个力/力矩分量有关，为此，必须对各路输出信号进行解耦才能得到所需测量的力信号。该类传感器的典型结构有竖梁、横梁、Stewart 平台式等类型。由美国 Draper 实验室研制的三竖梁六维力传感器——Waston 腕力传感器是竖梁结构的典型代表，如图 11－38(a)所示。该传感器横向效应好、结构简单、承载能力强，但竖向效应差、维间干扰大、灵敏度较低。因此，学者们对此结构的传感器进行改进，研制了一种四垂直筋结构的六维力传感器。该传感器不仅具有上述优点，而且维间耦合很小，但垂直方向的灵敏度仍较低。由于竖梁结构型的竖向缺陷，使得在之后的传感器设计中较少采用竖梁结构。

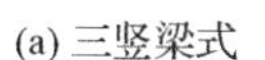
(a) 三竖梁式

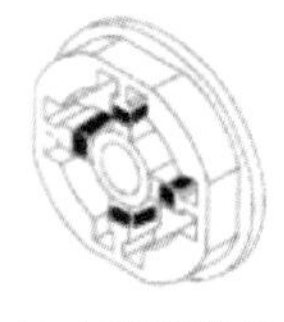
(b) 十字横梁式

(c) Stewart 结构

图 11－38　常见耦合型传感器结构类型

十字横梁结构是目前耦合型传感器中应用最多的横梁结构类型，该结构最初由美国斯坦福大学人工智能研究所设计，其机械结构如图 11－38(b)所示。作用在传感器上的力由水平横梁的弯曲应变反映。该类传感器具有灵敏度高、无径向效应、易于标定等优点，但其竖直方向抗过载能力较差，动态特性难以提高。后来许多学者采用有限元法改善弹性体结构和改进电阻应变片的分布位置，一定程度上改善了其性能。但十字横梁结构多维力/力矩传感器常存在结构复杂、尺寸大、刚度低、灵敏度低、解耦难等问题。

并联结构也是目前使用较多的一种结构，具有对称性好、结构紧凑等优点。自 Gaillet A 等人首次提出基于并联结构 Stewart 平台的传感器(图 11－38(c))以来，已经在很多地方被用到。弹性体采用复合式结构，该类传感器具有结构紧凑、承载能力强、误差不累积等优点。

② 无耦合型。无耦合型传感器的弹性体无耦合作用，被测量力由传感器的输出和结构常数直接获取。这类传感器的最早代表是美国 SIR 公司于 1973 年设计的积木式结构，如图 11－39(a)所示。该结构由多块不同弹性体组成，不同弹性体检测不同方向的受力。但积木式弹性体的加工精度和装配精度对传感器测量结果的影响很大，这使得它的实用性几乎为零。而无耦合型传感器因具有成本低，标定、维护简单等优点，因此后来国内外许多学者从改进结构方面对该类传感器的交叉耦合缺陷展开研究，其研究包括十字横梁的几何结构优化、八竖梁结构的贴片和组桥方式优化(图 11－39(b))、解析法优化传感器几何结构等。但第一类优化方法不能保证其整体误差达到最小，而最后一类方法不具有普适性。另外，鉴于无耦合型传感器存在结构复杂、实用性差等缺点，目前并未得到广泛应用。

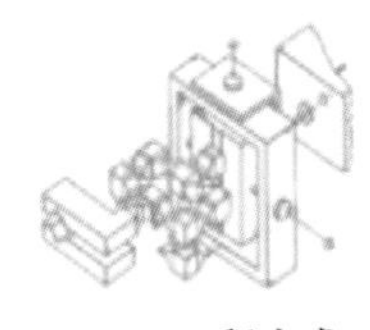
(a) 积木式

(b) 八竖梁式

图 11-39　常见无耦合型传感器结构类型

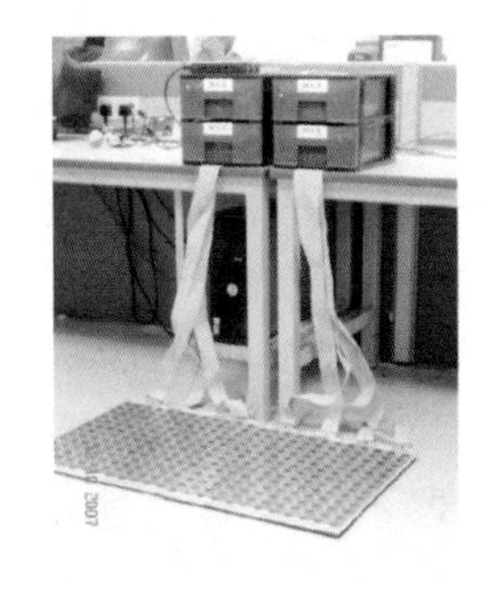

图 11-40　压敏传感器测力实验台

(2) 电阻应变式力传感器的应用。在外骨骼机器人中，为了实现对脚部的运动信息多点、全方位的监控，也常常利用压敏电阻传感器来获取力的信息，图 11-40 为来自莫纳什大学的 Darwin 等人利用压敏电阻(FSR)传感器搭建的一种测力实验台。

2. 压电式传感器

(1) 压电效应和压电方程。压电效应是当某些电介质在沿一定方向上受到外力的作用而变形时，其内部会产生极化现象，同时在它的两个相对表面上出现正负相反的电荷。当外力去掉后，它又会恢复到不带电的状态，这种现象称为正压电效应。当作用力的方向改变时，电荷的极性也随之改变。相反，当在电介质的极化方向上施加电场，这些电介质也会发生变形，电场去掉后，电介质的变形随之消失，这种现象称为逆压电效应。具有压电效应的材料称为压电材料，能实现压电能量的相互转换(图11-41)。

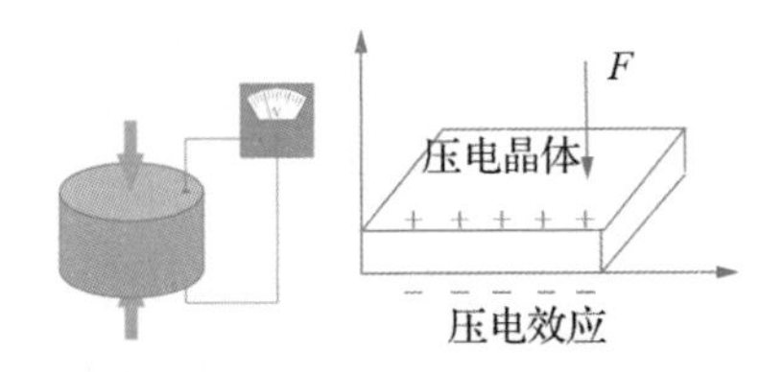

图 11-41　压电效应原理

压电现象与具有自发或感生电偶极矩的铁电性不一样，所有铁电材料都是压电材料，但反过来压电材料却不总是铁电材料，压电性与晶体中的离子结构有关，而铁磁性与电子自旋有关。

压电方程描述的是压电材料中电气参量与机械参量之间的关系。一方面，在两个金属极板构成的电容器中，对于绝缘的非压电介质材料，外加力形成应力 T，使弹性体在弹性范围内变形，有胡克定律 $S=sT$，其中 s 称为柔量，$1/s$ 称为杨氏模量。另一方面，作用在极板上的电位差形成电场 E，则有 $D=\varepsilon E=\varepsilon_0 E+P$，其中 D 是位移矢量(或电通量密度)，ε 是介电常数，P 是极化矢量。

如果极板之间是在同一方向上具有场、应力、应变和极化的一维压电材料，根据能力守恒定律，在低频上有：

$$D=dT+\varepsilon^T E \tag{11-29}$$

$$S=s^E T+d'E \tag{11-30}$$

式中：ε^T 是在恒定应力下的介电常数，s^E 是在恒定电场下的柔量，d 是压电系数，量纲为 C/N，d' 为 d 的转置。当外加应力下表面积不变时，$d=d'$，与非压电材料相比，还存在由电场引起的应变和由机械应变引起的电荷。

(2) 压电材料。19 世纪 80 年代以来,压电材料在广泛应用、更好地为社会服务的同时,其种类也在不断增加,新的压电材料不断涌现。根据组成不同,压电材料大体上可以分为五类,如图 11-42 所示。

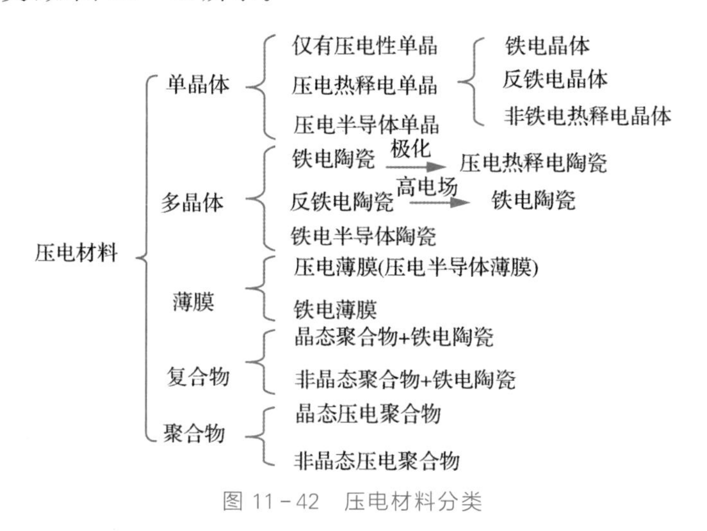

图 11-42 压电材料分类

压电晶体一般指石英等单晶体,而压电陶瓷则泛指压电多晶体(PZT、PLZT、$BaTiO_3$、$(KNa)NbO_3$、$PbNb_2O_2$等)。目前,聚偏氟乙烯(PVDF)是应用比较广泛的压电聚合物。$Pb(Zr_{1-x}Ti_x)O_3$(PZT)以及掺镧锆钛酸铅(PLZT)因具有高的机电耦合系数等优点,被广泛应用于各个领域。

(3) 压电传感器的分类。根据压电效应与响应原理,压电传感器可以分为如下几种。

① 压电换能型传感器。这种传感器是一个机电自发型的有源传感器,其工作基础是正压电效应。传感器的压电敏感元件在外界机械应力作用下,敏感元件的表面产生束缚电荷,根据产生的净电荷量或敏感元件两相对面的电压值来确定机械应力的大小。此类传感器具有灵敏度高、信噪比大、频带宽、体积小、动态性能好、工作可靠等诸多优点。

② 应变敏感型压电传感器。这种压电传感器的工作基础是逆压电效应,压电晶体在交变电场的激励下产生机械振动。这种机械振动最重要的特性参数是谐振频率和复值阻抗。被测量对象直接或间接地引起压电晶体(或其他压电材料)机械形变,然后通过压电谐振电路的谐振频率的测量,建立谐振频率与应变的函数关系,从而达到检测被测量对象参数的同的。这种压电传感器主要用于检测力、压力、速度及加速度方面。

③ 热敏型压电传感器。这种压电传感器的工作基础与上一种一致,也是逆压电效应。这种压电体的温度能受外界环境参数直接或间接影响,外界参数改变引起压电体温度改变,并同时改变谐振频率,基于这一应变而设计成的压电传感器叫作热敏

型压电传感器。属于这一种传感器的主要有：真空计、气体分析仪、流速传感、热电功率计等。

④ 质量敏感型压电传感器。压电振子的谐振频率受压电元件的质量影响，因此可以通过构成传感器的压电元件的质量变化来达到检测对象的目的，从而设计出质量敏感型压电谐振传感器，简称质量型压电传感器。这种传感器又可细分为选择性型质量压电传感器和非选择性型质量压电传感器。选择性型质量压电传感器可以用于检测湿度或气体成分，也可以用于智能机器人的嗅觉、味觉传感。非选择性型质量压电传感器可以用于检测镀膜厚度等方面。

⑤ 声敏型压电传感器。这种传感器也叫阻抗敏感型传感器。它是利用被测量参数去调制压电谐振器的超声辐射条件，从压电谐振器的频率与品质因子等参数的改变达到改变压电谐振器周围介质的声复阻抗，进而测定被测量参数。给传感器的压电元件施加波声负载的介质既可以是气体介质、液体介质也可以是固体介质。声负载介质的密度、分子量、压力、黏度以及压电元件与介质之间的接触面积都将影响压电元件谐振器的超声辐射条件，利用这一响应可以做成基于压电效应的密度、力（压力）、黏度、湿度、小位移等声敏型压电传感器。

⑥ 回转敏感型压电谐振传感器。压电传感器的振子以谐振频率振动的同时又旋转且角速度矢量与质点振动位移矢量垂直时，振子中就会出现符号交替变化的科里奥利（corioli）力，该力与振子的角速度矢量和质点振动位移矢量都垂直，该力作用于振子并通过压电效应转换为交变电压，而交变电压的幅值和相位值就反映了旋转角速度的大小和方向。这类传感器最重要的代表是压电振动陀螺仪，主要用于检测飞行器的角加速度与飞行器的角速度以及飞行器的角位移等飞行姿态信息，也是空间技术中非常重要的惯性制导器件。

⑦ 压电声表面波传感器。压电声表面波的能量主要集中在压电基片的表面，因此很容易在表面波的传播路径上提取和存入外界信息（包括温度、压力、电磁场等）并对声表面波的传播特性（包括波长、波速）造成影响，声表面波传感器就是利用这些影响和外界信息的函数关系来测量各种化学、物理的被测参数。压电声表面波传感器具有许多独特优点：1）精度高、灵敏度高与分辨率高；2）信号以频率输出，易于微处理器处理数据；3）半导体平面工艺制作，能实现集成化、一体化、多功能化、智能化，传感器结构牢固，质量稳定，便于大规模生产；4）体积小、重量轻、功耗低；5）检测对象是压电基片表面上的弹性波，而不涉及电子迁移过程，因此传感器抗辐射能力强、动态范围大；6）属于无线无源型传感器，能在特殊环境进行检测，如高温、强辐射等。

⑧ 压电超声波传感器。利用逆压电效应来激发超声波，再接收超声回波并引起正压电效应。然后将带有被测量信息的超声回波转换为电信号，从而根据超声波的特性实现各种检测。与压电声表面波传感器相比，压电声表面波传感器传播的表面波只局限于在压电基片表面上，并且它的敏感机理是被测量的参数只能作用于压电基片而影响声表面波的传播，而对于压电超声波传感器激发的超声波则会传播进入

被测量介质，被测量介质不与压电元件作用而直接与超声波作用，所以两者有着很大的不同。目前压电超声传感器广泛用于厚度、温度、流速、物位、密度、黏度、弹性模量以及液体中悬浮颗粒大小和多少等参数的测量，此外在无损探伤、医疗诊断等方面也有非常不错的表现。

(4) 压电力传感器在机器人上的应用。压电力传感器常作为柔性机械臂上检测力的信号的传感器种类之一。

3. **电容式压力传感器**

电容式结构在微传感器中具有重要的应用，许多微传感器都采用电容式结构。由于电容反比于极板间距，所以电容器件具有固有的非线性。然而电容式器件具有较低的温度系数，使得此类传感器具有较大的吸引力，另外电容器件不具有静态功耗，因此在降低功耗方面也具有一定的优势。除了低温度系数和低功耗外，电容式压力传感器还具有高灵敏度、结构坚固、对外部作用力的灵敏度高等特点。

电容式压力传感器的基本结构由两个极板组成：一个为固定极板，一般加工在衬底材料上；另一个为可动电极，它是能在压力作用情况下发生挠度形变的弹性膜。压力作用于弹性膜，膜发生形变，使得两个电极间距发生变化，产生相应的电容值变化，电容值随着压力变化单调变化，电容值与压力值相互对应，形成由压力到电容的传感转换功能。一般可动极板膜可以设计成方形膜或者圆形膜，因为圆形膜的应力集中问题不如方形膜严重，因此能提供更高的灵敏度，但圆形膜在掩膜加工上比较困难。

一般情况下，膜的形变遵循一定的挠度曲面方程，因此电容值的变化可以在整个膜的区域进行积分：

$$\Delta C = C_0 - \iint \frac{\varepsilon_0 \varepsilon_r}{g_0 - w(x, y)} \mathrm{d}x \mathrm{d}y \qquad (11-31)$$

式中：C_0为零压力情况下传感器的电容值，ε_0和ε_r分别为空气的介电常数和极板间介质的相对介电常数，g_0为极板初始间距，$w(x,y)$为挠度曲面方程。

可以用平板电容的公式简单估算电容值变化量，

$$\Delta C = \frac{\varepsilon_0 \varepsilon_r A}{g_0^2} \Delta g \qquad (11-32)$$

式中：A 为两板之间的相对面积。

膜的挠度曲面方程可以通过能量法求解，然后进行积分求得电容变化量，膜的挠度还可以用有限元或其他数值方法求得，同样可以求得电容变化量。

电容式压力传感器有两种工作模式，一种为非接触式方式，另一种为接触式方式。接触式压力传感器由 Ko 等人首次提出，用来提高电容式压力传感器的线性度，并提供过载保护。非接触式压力传感器在测量范围内其两极板不相互接触，依靠极板间距的变化来获得电容值的变化量。电容的变化量与极板间距成反比，因此非接触式压力传感器线性度较差；接触式压力传感器采用了不同的传感器原理，两极板在测量范围内相互接触，之间由介质层隔离，通过接触面积的变化获得不同的电容变化量，当极板接触后，电容值随着压力变化成线性变化，通过优化设计，使得传感器的线性度和灵敏度都得到相应提高（见图 11－43）。

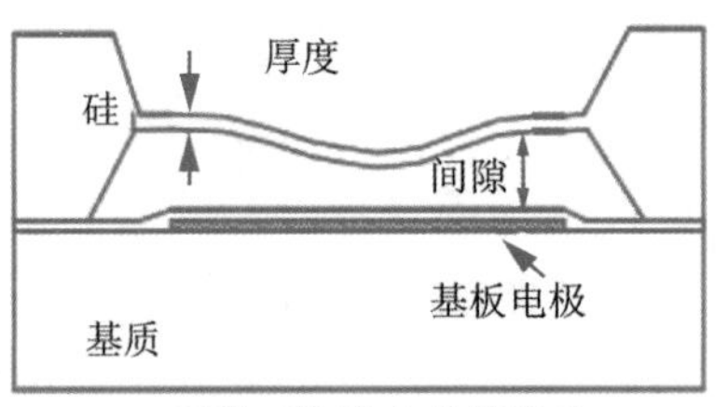

(a) 正常工作模式(非接触式)

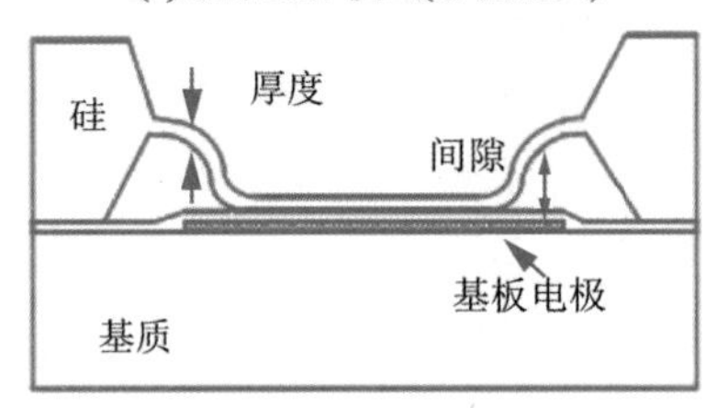

(b) 解除工作模式(接触式)

图 11－43　电容式压力传感器的两种工作模式。

4. 压阻式压力传感器

（1）压阻式压力传感器的工作原理及特点。固体受到力作用时，电阻率会发生显著的变化，这被称为压阻效应。压阻效应由 C.S.Smith 在 1954 年首次发现。硅压阻式压力传感器就是根据这一机理设计加工而成的微传感器。典型的压阻式压力传感器结构采用电化学或者选择性掺杂、各向异性腐蚀等加工技术制作成平面薄膜。早期的薄膜为金属薄膜，在其上布置硅应变电阻条。后来金属薄膜被单晶硅材料代替，应变电阻条也被改为硅扩散电阻条。单晶硅材料与金属相比，具有优秀的机械性能。这样就可以采用硅加工技术来设计、加工薄膜，例如硼离子注入，各向异性腐蚀，重掺杂自停止化学腐蚀，PN 结自停止腐蚀，硅－玻璃键合以及硅－硅键合等。采用硅加工技术，传感器的尺寸得到了降低，可以批量加工，并且降低了成本。图 11－44 给出了一个微加工技术加工而成的压阻式压力传感器的结构简图。压力差使得硅薄膜产生形变和面内应力，压敏电阻条分布在薄膜的周边应力最大的区域，电阻条电阻的大小随着压力的变化而变化。通常采用 4 个压敏电阻组成惠斯登电桥来测量压力大小。图 11－45 给出了一个典型的电阻条分布情况以及惠斯登电桥的电路配置。

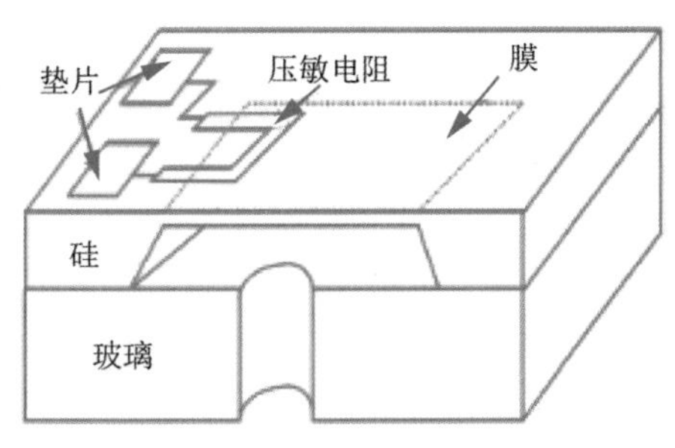

图 11－44　压阻式压力传感器结构简图

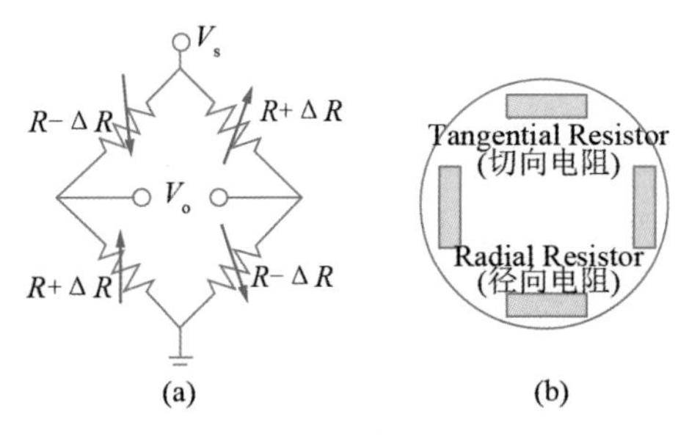

图 11－45　(a)压阻式压力传感器的典型惠斯登电桥简图(b)压敏电阻的分布

压力作用在敏感膜上时，膜内出现径向和切向的应力，从而导致径向电阻和切向电阻的阻值发生变化，电阻的差值可以用惠斯登电路读出。若 R 为零压力时候电阻条的阻值，ΔR 为电阻阻值的变化量，当电源电压为 V_s 时候，惠斯登电桥的输出信号为：

$$\Delta V_0 = V_s \frac{\Delta R}{R} \tag{11-33}$$

基于压阻效应进行推导，上式中的 $\Delta R/R$ 为：

$$\frac{\Delta R}{R}=\pi_L\sigma_L+\pi_T\sigma_T \tag{11-34}$$

式中，π_L 和 π_T 分别为径向和切向的压阻系数，σ_L 和 σ_T 分别为作用在电阻条上的径向和切向的应力大小。

压阻式压力传感器的特点在于加工简单，信号易于测量，但是由于压敏电阻条本身的温度特性，使得传感器产生很大的温度漂移，在较大温度变化范围内工作的传感器必须进行温度补偿。要使得传感器的灵敏度增加或者传感器在进行低压测量时，必须减小薄膜厚度以保证有足够的挠度。

(2) 压阻式压力传感器的应用。在外骨骼机器人中，日本的 Yoshiyuki Sankai 等人针对部分患者无法提取肌电信号的状况，开发了基于柔性压阻式传感器的可穿戴鞋底，根据脚底不同的压力状况，实现对下肢化骨骼穿戴者步态的检测。

5. **六维力传感器**

六轴力觉传感器一般安装在机器人手腕上，测量作用在机器人手爪上的负载，因此也称之为腕力传感器。如上所述，机器人主要应用的是六轴力觉传感器。下面将详细介绍六轴力觉传感器。

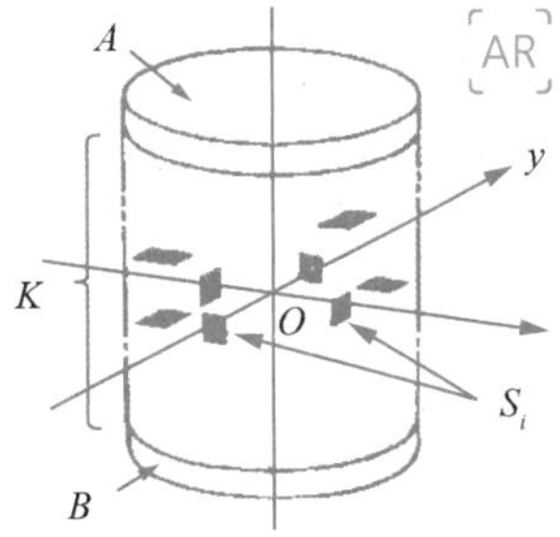

(1) 结构。六轴力觉传感器虽然具有各种不同结构，但它们的基本部分大致相同，可用图 11－46 表示。图中的两个法兰 A 和 B 传递负载，承受负载的结构体 K（传感器部件）具有足够强度将 A，B 连接起来。结构体 K 上贴着多个应变检测元件 S_i，根据应变片检测元件 S_i 输出的信号，计算出作用于传感器基准点 O 的各个负载分量 F_i，结构体 K 应具有如下特性：

图 11－46　六轴力觉传感器

① 没有能产生摩擦的滑动部分，没有松动，不造成迟滞现象。

② 形变应力不超过材料的完全弹性范围。

③ 对负载保持结构稳定。

按照负载检测元件的结构，对传感器分类如下：

① 并联结构型传感器。

② 二级重叠并联结构型传感器。

③ 串联结构型力觉传感器。

所谓并联结构型力传感器，就是用贴有应变片的几个梁，并列地将上下或左右放置的两个环形法兰连接起来。这种结构的代表就是美国 Dyapr 研究所开发的六轴力觉传感器，如图 11－47(a)所示，上下两个环由三个片状梁连接起来。三个梁的内侧贴着测拉伸、压缩的应变片，外侧贴着测剪切的应变片。图 11－47(b)是美国 V. Scheinman的设计方案，其外围和中心体用组成十字形的四个棱柱梁连接起来，各梁的各个面上贴有应变片，共构成八个应变电桥。求出这种结构的 8 行 6 列负载应变变换矩阵，再用广义逆矩阵求出实际的负载。图 11－47(c)是并联结构型的另一种结构形式。在中空的圆筒中段开若干孔，形成几个梁，在梁上贴剪切应变片，构成了测量大负载的力觉传感器。

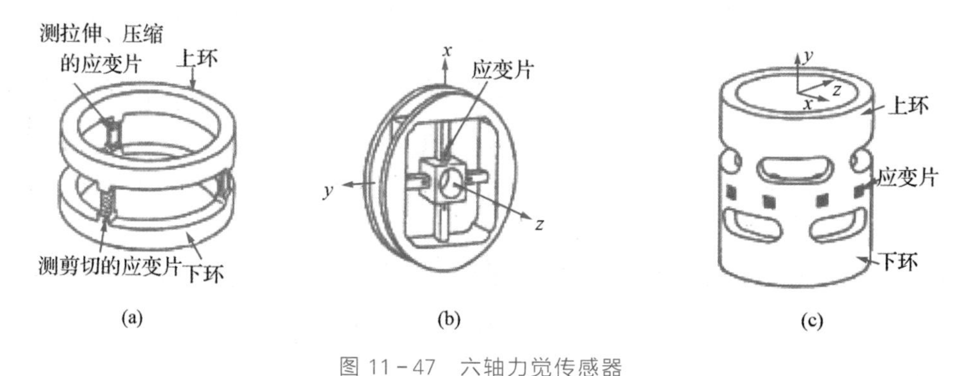

图 11－47　六轴力觉传感器

图 11－48 所示的两种结构的共同特点是，并联配置的几个梁同时受到负载分量的作用，产生应变输出，因此必须进行解耦之后，才能测出各负载分量。串联结构型的原理不同，组成这种传感器的各个串联配置的结构体，只感受到单一负载分量的作用(图 11－49 中的平行平板结构、辐射平板结构)。因此，不经解耦运算，就可在一定误差范围内测出负载分量。把每三组平板结构巧妙地组合之后，构成了六轴力觉传感器。图 11－50 是根据这个思想，将结构简化后的二级重叠平行板式传感器结构图。

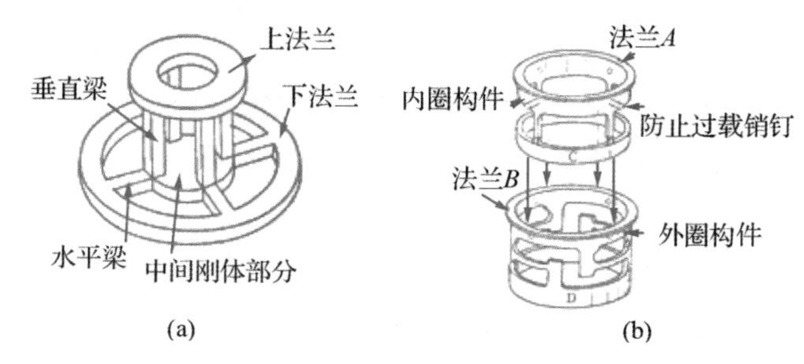

图 11－48　力传感器

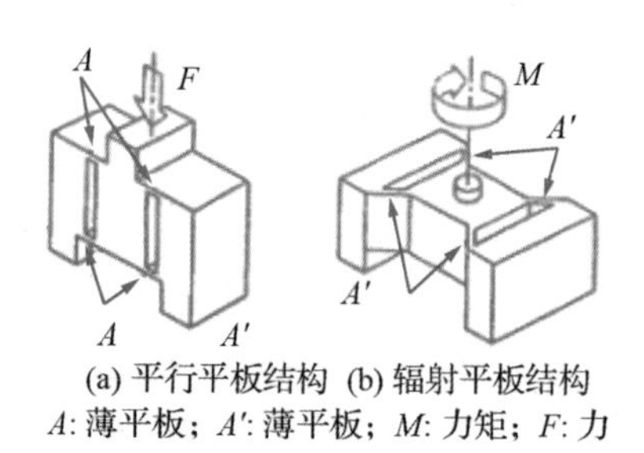

图 11－49　平行板结构的力传感器

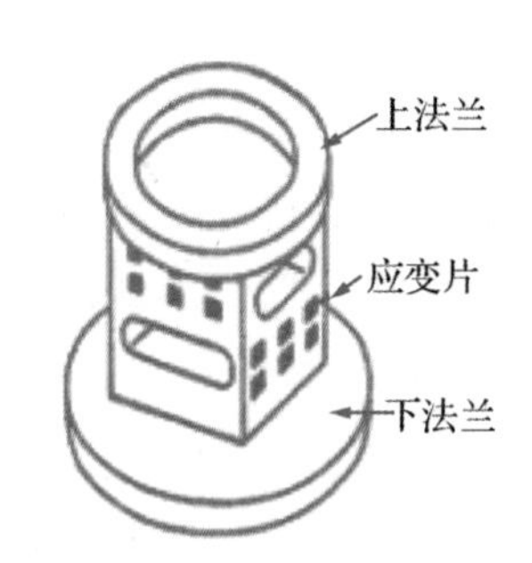

图 11－50　二级重叠平行板式传感器

采用应变片的力觉传感器中，应变片的性能与传感器结构同样重要，甚至比结构更为重要。多轴力觉传感器的应变片检测部分应该具有如下特性：

① 至少能获取六个以上独立的应变测量数据。

② 由黏合剂或涂料引起的滞后现象或输出的非线性尽量小。

③ 不易受温度和湿度的影响。

(2) 使用注意事项。选用力传感器时,首先要特别注意额定值。人们往往只注意作用力的大小,而容易忽视作用力到传感器基准点的距离,即忽视作用力矩的大小。一般的传感器力矩额定值的裕量比力额定值的裕量小。因此,虽然控制对象是力,但是在关注力的额定值的同时,千万不要忘记检查力矩的额定值。其次,在机器人通常的力控制中,力的精度意义不大,重要的是分辨率。就现在技术而言,若让六轴力觉传感器赶上市场上出售的测力计,达到 0.01%的精度,几乎是不可能的。显然,这是因为复合负载对六轴力觉传感器的干扰,以及受商品试验中校准设备精度的限制。实测结果表明,商品化的 0.01%或0.005%级的测力计在额定负载下,即使只有 3°倾斜,也会产生 0.1%量级的误差。由此可见多分力的高精度测量的难度有多大。为了实现平滑控制,力觉信号的分辨率非常重要。高分辨率和高精度并非是统一的。在机器人负载测量中,一定要分清分辨率和测量精度究竟哪一个重要。

此外,在选择测力点时,由重载操作机械手夹持工件的具体工况和机械手及手臂的结构可知,机械手同手臂的连接处受力相对集中,且距离机械手较近,能够真实准确的反应机械手及手臂的受力情况,因此将测力点选取在机械手与手臂的连接处,如图 11-51 所示。

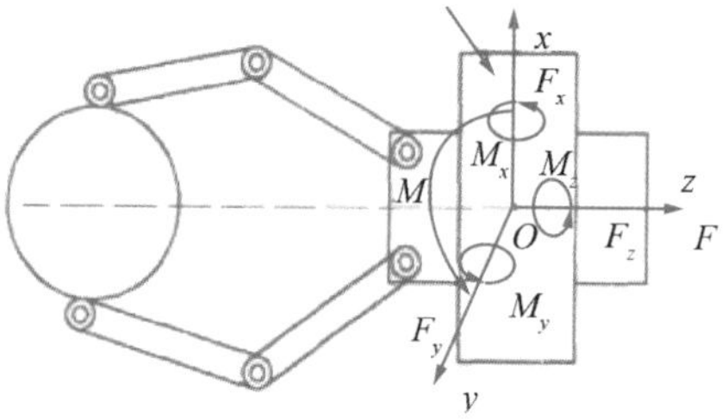

图 11-51 六维力传感器安装位置

6. 力传感器在机器人上的应用

在机器人领域中,智能传感器使机器人具有类似人类的五官和大脑功能,可感知各种现象,完成各种动作,因此智能机器人系统应该是传感器的集成,而不是机构的集成。1985 年,德国宇航院提出了一项多传感器智能机器人研究计划 ROTEX(robot technology experiment),对空间机器人进行探索性实验。一个工作范围为 $1m^3$ 的六自由度机器人被安装在空间舱中,该机器人末端装有多传感器集成的灵巧手爪。ROTEX 计划的智能机器人主要组成如图 11-52 所示。图中的多传感器灵巧手配置的传感器属于新一代的 DLR 机器人传感器,这些传感器是基于所有模拟处理和数字运算操作,各个传感器是在机器人手腕完成后研制的,传感器的预处理、预放大、数字补偿等都集成在手爪本体内,是一个高度智能化、集成化的传感器系统。该多传感器手爪上安装有 15 个传感器,分别为 9 个激光测距传感器;2 个触觉传感器阵列;1 个微型 CCD 摄像机;1 个手指驱动器;1 个基于应变片测量的刚性六维力/力矩传感器;1 个基于光电原理的柔性六维力传感器。由 ROTEX 计划中多传感器智能机器人的主要组成可看出,多维力传感器在机器人智能化中发挥着重要的作用,已成为智能机器人灵巧手的重要组成部分。

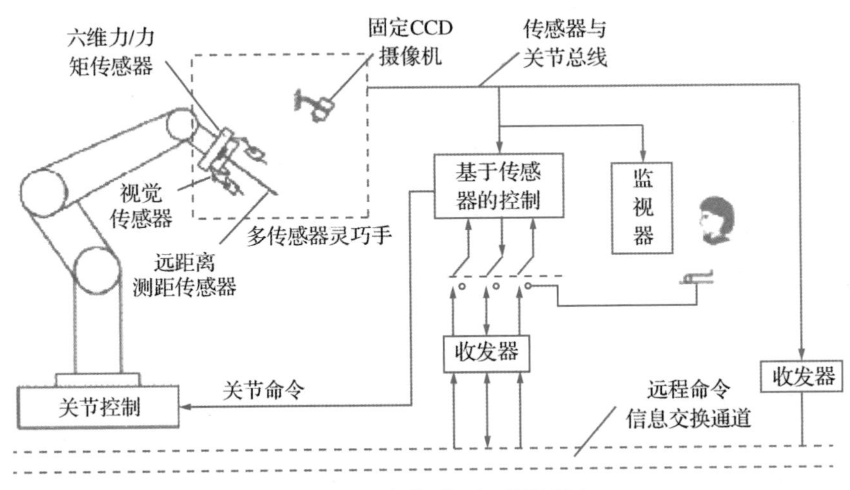

图 11－52　多传感器智能机器人

综上所述，在众多形式的传感器中，力传感器可实现机器人对环境的力觉感知，是一类非常重要的传感器。由于机器人在三维空间运动时，作用在机器人上任一点的负载实际上都包含三个方向的力分量和三个方向的力矩分量。因此，在机器人末端与环境接触的手腕部往往需要能够同时检测六个力分量的六维力传感器，才能够使机器人感知外部环境对其产生的全部信息。

六维力传感器是一种能够同时检测空间内三维力信息和三维力矩信息的力传感器。可用于监测方向和大小不断变化的力，使机器人能够完成力/位置控制、轮廓跟踪、轴孔配合、双臂协调等复杂的操作任务。随着技术的发展，六维力传感器已广泛用于国防科技和工业生产等各个领域。在航空航天领域，六维力传感器用于飞行模拟器风洞试验以及直升机旋翼空气动力学测量，可实现空气动力载荷对飞行器的空间六维作用力的精确测量；也可用于飞机起落架力学性能测试的六维力测力平台。"神舟八号"与"天宫一号"的对接，重中之重在于对接的平稳与准确。中航工业计量所研制出国内第一台用于空间测量的六维力传感器校准装置，为空间对接机构地面模拟实验系统提供了可靠的技术保障，最终成功完成了航天器的空间对接。在机器人领域，将六维力传感器放置在机器人的腕、指和肢等运动关节中，用于对运动中所受六维力进行感知，是实现机器人自动化、智能化的基础。在汽车领域，六维力传感器可用于汽车行驶过程中的轮力测量，如图 11－53 所示，利用六维轮力测量技术进行行驶、加速、制动等性能试验时，可以测量运动过程中汽车车轮所受到的地面接触力的大小，

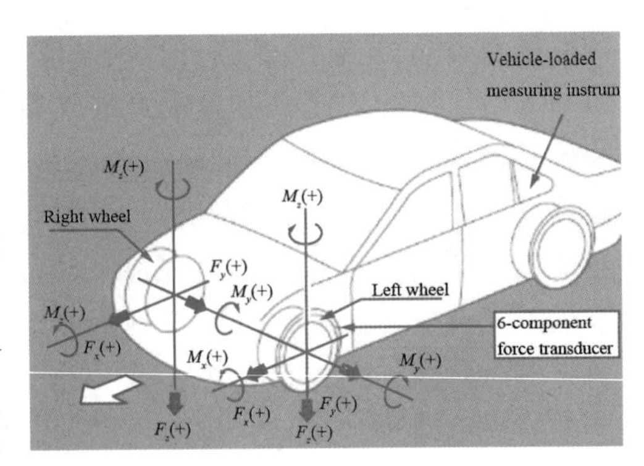

图 11－53　车轮力测量

从而为研究汽车的稳定性、方向操纵性以及制动过程中前后轴间制动力的分配等提供了技术手段，为改进汽车悬挂、制动系统设计提供了实验依据。六维力传感器还广泛应用于精密装配、生物力学和医疗等领域，成为实现操作系统智能化的重要力觉感知装置。

比利时的 Peirs 等开发了一个直径为 5mm 的三轴向力传感器用于微创机器人手术中，如图 11－54 所示。该传感器采用柔性的钛结构，并依靠三个光纤反射实现应变的测量。Kim 等将所研制的六维力传感器应用于机器人手腕和脚腕中，如图 11－55 所示，用于实现对机器人的控制。德国的 Seibold 等研制了一种用于微创手术的弹性关节 Stewart 六维力传感器，如图 11－56 所示。在分析德国航空航天中心的微创机器人手术方案的基础上，开发出适应于手术机械手末端的微型六维力传感器，应用力觉反馈可实现远程手术操作。Jacqa 等研制了一种六维力传感器，并将其应用于手腕康复中，如图 11－57 所示，所设计的六维力传感器具有结构简单、敏感元件位于同一平面内等优点，使用钢基板和商业的高发射厚膜系统，具有很高的测量精度。2008 年，Lopes 和 Almeida 提出了一种采用自动阻抗控制装置（RCID）和工业机器人联合控制的策略，其中 RCID 是一种小型的六自由度高频阻抗控制并联操作器，与纯位置控制的机器人同时使用，如图 11－58 所示，主要用于与不确定环境接触的各种典型任务中，如轮廓跟踪、轴孔装配等。

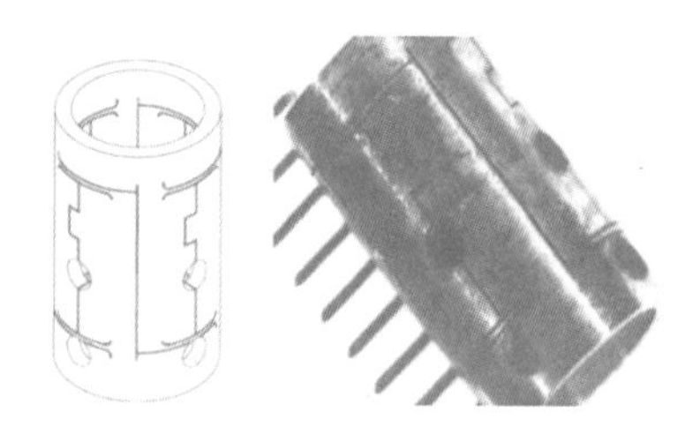

图 11－54　微创手术力传感器

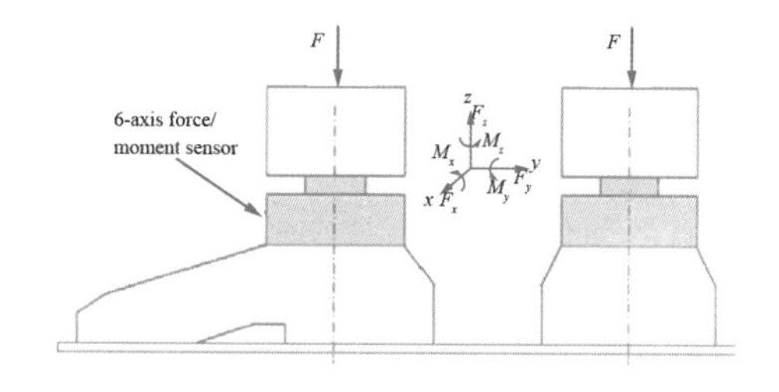

图 11－55　机器人脚腕六维力传感器

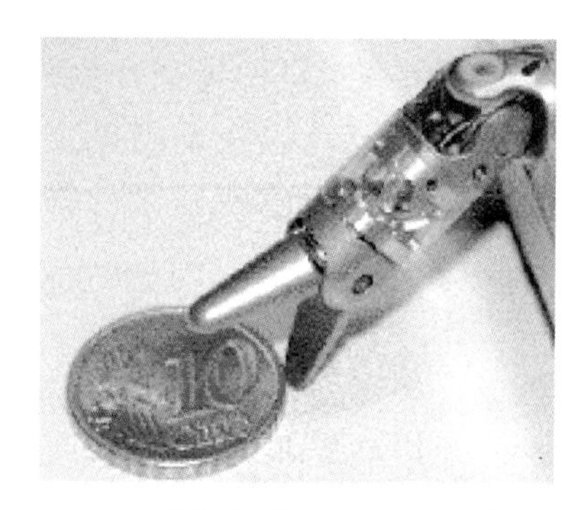

图 11－56　微创外科手术 Stewart 力传感器

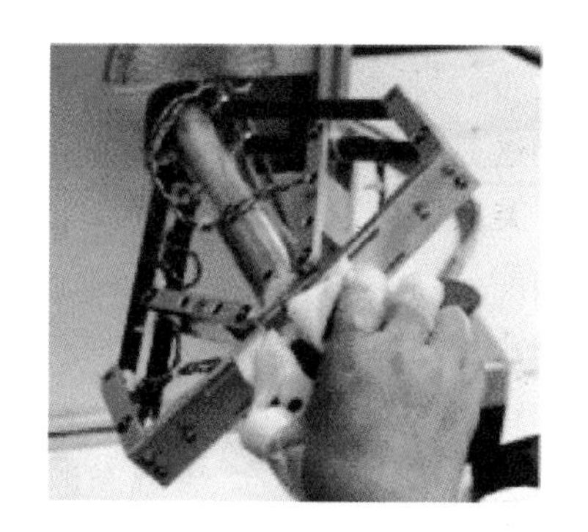

图 11－57　手腕康复六维力传感器

(a) 轮廓跟踪

(b) 轴孔装配

图 11－58　工业机器人阻抗控制典型任务

11.3.2　触觉传感器

1. 触觉传感器的原理及分类

触觉是机器人感知外部信息的重要手段，是生物体获取外界信息的最直接最重要的媒介之一，对于未来智能机器人的发展至关重要。随着机器人的应用领域以及作业范围越来越广，它们的活动在很多情况下都需要依靠触觉感知来完成。没有触觉感知的机器人在实际应用中常常会对物体造成损伤，它们的应用范围也会因此受到很大程度的限制。因此，让机器人具备触觉感知能力，能够对外界环境的变化做出迅速而准确地反应，对于确保其与外部环境之间交互的安全性和有效性至关重要，甚至是必不可少的。

触觉传感器可分为集中式和分布式（或阵列式）。集中式触觉传感器是用单个传感器检测各种信息；分布式（或阵列式）触觉传感器则检测分布在表面上的力或位移，并通过对多个输出信号模式的解释得到各种信息。

触觉信息是通过传感器与目标物体的接触得到的，触觉传感器的输出信号是接触力及位置偏移的函数。最后输出信号被解释成接触面的性质、目标物体的特征以及接触状态。这些信息主要包括：目标物存在与否；接触界面上的力的大小、方向及压力分布；目标物形状、质地、黏弹性等。简单的触觉传感器，如接触开关、限位开关等仅传送目标物存在与否一种信息，而复杂的触觉传感器可以在不同负载的情况下提供各类接触信息，并与处理器相连构成触觉传感系统，从而实现信号的获取及解释处理功能。

触觉传感器的组成如图 11－59 所示，接触界面由一个或多个敏感单元按一定方式排列而成，与目标物直接接触。转换媒介是敏感材料或敏感机构，用于把接触界面传送来的力或位置偏移等非电量信息转换成电量信号输出。检测和控制部分按预定方式、次序采集触觉信号，并把它们输出到处理装置，最后通过控制程序对信号进行解释。

接触界面
转换媒介
检测控制
↓
输出信号

图 11－59　触觉传感器的组成

目前机器人触觉传感器按换能方式分类主要有电容式、压阻式、磁敏导式、光纤式和压电式。压阻式触觉传感器是利用弹性体材料的电阻率随压力大小的变化而变化的性质制成，并把接触面上的压力信号变为电信号。电容式触觉传感器的原理是：在外力作用下使两极板间的相对位置发生变化，从而导致电容变化，通过检测电容变化量来获取受力信息。磁敏导式触觉传感器在外力作用下磁场发生变化，并把磁场的变化通过磁路系统转换为电信号，从而感受接触面上的压力信息。通过把磁场强度参数转换为位移参数，再转换为力的参数，从而达到测力的目的。磁敏导式触觉传感器具有灵敏度高、体积小的优点，但与其他类型的机器人触觉传感器相比实用性较差。光纤式触觉传感器利用光纤外调制机理，将光纤传感器与触觉传感器相结合。当触头发生微小振动时，带动反射镜面一起运动，引起镜面对光纤的端面角度的变化，从而导致接收光纤接收的光强发生变化，因此来检测触觉。压电转换元件是典型的力敏元件，具有自发电和可逆两种重要特性，而且具有体积小、质量轻、结构简单、工作可靠、固有频率高、灵敏度和信噪比高、性能稳定、几乎不存在滞后等优点。因此，压电元件在声学、力学、医学、宇航等领域得到广泛应用。生物压电学研究表明，生物都具有压电特性，人体的各种触觉传感器官实质上都是压电传感器，压电元件已成为智能结构、机器人技术中最具吸引力和发展前途的材料。表 11－3 是这五类传感器优缺点的比较。

表 11－3　不同原理的触觉传感器的对比分析

原理	优点	缺点
电容式	动态范围大，良好的线性响应，动态响应快，结构简单，适应性强	电容值随物理尺寸的增加而增加，限制了空间分辨率，容易受到噪声干扰
压阻式	动态范围宽，过载承受能力较强	体积大，不易集成，信号采集电路复杂
磁敏导式	机械位移量大，结构简单	各触觉传感点较难做到一致性，磁铁的磁场分布不均匀，分辨率很难提高
光纤式	空间分辨率高，不受电磁干扰，处理电路空间上与传感器分开	两种力以上共同作用时，很难保持线性关系，标定困难，精度难以提高
压电式	动态范围宽，机械性能耐久性好	压电响应与热电响应同时存在

2. **触觉传感器在机器人的应用**

柔性触觉传感器技术可以作为机器人的皮肤使用，实现机器人与外界环境之间的交互功能。借助柔性触觉传感器，机器人可以精确地感知外部信息并做出正确的反应与决策。在现实生活中，柔性触觉传感器的可适用范围非常广，比如人造假肢、汽车安全驾驶等。没有触觉感知的人造假肢可以借助柔性触觉传感器技术，获得灵敏的触觉反应。人们可以在汽车方向盘上安装柔性触觉传感器，实时感知司机的驾驶状态并发出警报，从而避免灾难的发生；还可以通过感知人体对汽车座椅的触觉压力分布的变化来提高座椅的记忆力和舒适性。除此之外，触觉传感器也可以应用于人体生物力学。如图 11－60 所示，将触觉传感器用于人体足底的压力测量，可以实时监测运动员运动时足底所受压力的变化情况。装配了高灵敏度柔性触觉传感器的医用机器人可以用来帮助医生完成外科手术。它们可以探测人体器官的温度、湿度等，为外科医生提供实时精确的触觉信息。

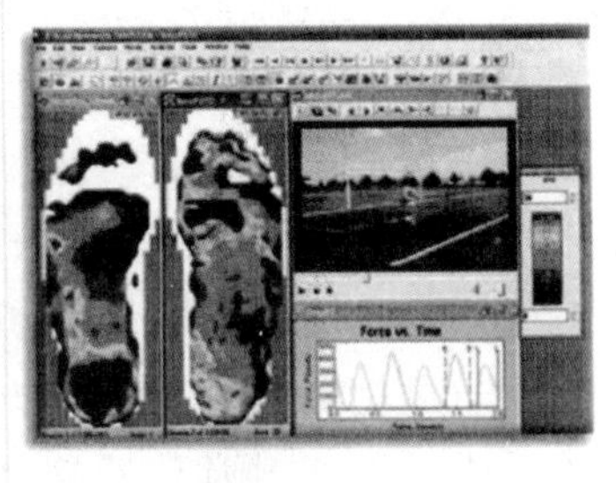

图 11－60　用于足底压力检测的触觉传感器

智能机器人触觉感知技术发展的总体目标是利用新材料、新工艺实现微型化、集成化，利用新原理、新方法实现更多种类的信息获取，并辅以先进的信息处理技术提高传感器的各项技术指标，以适应更广泛的应用需求。触觉传感器在体育训练、康复医疗和人体生物力学等诸多领域也有广泛应用，在制造业、军事、航空航天和娱乐等各种新的领域的应用也开始大量涌现。随着科技的发展和各国研究人员的不断努力，触觉传感技术在机器人上的应用虽然有了一定发展，但由于材料科学、制造加工技术、工艺等限制，相对于其他传感器而言还有一定差距，触觉传感器的发展现状离满足当前机器人实际应用需求尚有较大的距离。随着智能传感技术的迅猛发展，触觉传感器在当今世界的方方面面都得到了广泛应用。智能化、微型化和多动能化是当今“高精尖”领域的触觉传感器所必备的功能。根据对触觉特殊性和机器人触觉传感技术的分析，触觉传感技术向着阵列化触觉传感器、三维力触觉传感器和柔顺触觉传感器的方向发展。目前机器人触觉传感器的应用方向主要有主动式接触传感技术和医用机器人领域。主动式触觉传感器是通过模仿人，主动触摸对象物体，从而获取目标物体的相关信息，并由运动机构带动执行器以特定方式与对象物体相互作用。主动式触觉系统的识别是触觉传感器、位置传感器和控制系统及其算法相互协调的过程。触觉传感技术在医用机器人领域中的应用非常广泛。在外科手术上，通过触觉传感器和力控制程序，使机器人可以像医生一样触摸人体柔软且复杂的组织器官，并对它们加以区分。

11.3.3　视觉传感器

1. 概述

对于高级机器人而言其中一个最大的制约可能就是视觉系统。在各种各样的生产系统中对视觉传感器具有显著需求的时候就会面临这种挑战，而自动化应用需求的增加大大促进了对更强功能的机器人和视觉系统的需求。

实际上，机器人系统为专用的视觉系统呈现出一些非常有趣和多样化的示例。四种不同类型的应用呈现出了这个市场的多样化：仿人型机器人、飞行机器人、医疗机器人和管道机器人。仿人型机器人最常见，无论是在技术杂志还是大众媒体都能看到对其的报道。一些仿人型机器人甚至具有名字识别功能，例如 Honda（本田）公司推出的 ASIMO 仿人型机器人,索尼公司开发的机器人具有像人类一样重复某种活动和执行任务的能力,三星公司和其他厂商同样吸引了很多观众,他们推出的机器人具有人类的身高大小,而且能够屈膝伸腿和踢足球,甚至还能够唱歌和跳舞。这些机器人必须能够采集三维传感器的数据才能保证移动时不会摔倒,同时做出某些决策。并且,这些机器人有足够的空间来放置视觉系统的所有组件。

与仿人型机器人有些不同的是,飞行机器人或者无人机需要采用小而轻的外观设计,这样才能满足性能要求。视频监控系统是大部分无人机上都使用的主要传感器系统,各种各样的智能摄像头都集成了视觉传感器、光敏器件甚至数据处理功能。

机器视觉同样被应用到医疗领域。无线胶囊内窥(WCE)是一种诊断技术,它能够让医生不用外科手术的方式就能查看患者的胃肠道情况,有效地避免了一些复杂或者有风险的步骤。然而,我们也需要花费数个小时反复观看视频录像来寻找与癌症或者其他疾病相关的病变和异常情况,因此出现了基于机器视觉的视频分析技术,机器人系统采用这种技术能够将采集的图像数据进行解析,2001 年 Given Imaging 公司开发了胶囊内镜摄像头,到目前为止全世界已经有超过 120 万的病人使用过。内镜技术作为一种颠覆性的技术将来不仅仅局限在一个小的胶囊摄像头上,以后将能够让医生来控制摄像头的移动,这样一些特殊的病理区域也能够被观察到,当然这种类型的内窥镜是否可以归为一种机器人系统还有待时间的检验。

虽然如此,这些应用都有一些功能的元素,例如图像传感器、软件、计算能力来处理与分析不断采集和积累的数据。

2. **光电转换器件**

人工视觉系统中,相当于眼睛视觉细胞的光电转换器件有光电二极管、光电三极管和 CCD 图像传感器等。过去使用的管球形光电转换器件,工作电压高、耗电量多、体积大,随着半导体技术的发展,它们逐渐被固态器件所取代。

(1) 光电二极管(photodiode)。如图 11-61所示,半导体 PN 结受光照射时,若光子能量大于半导体材料的禁带宽度,则吸收光子,形成电子空穴对,产生电位差,输出与入射光量相应的电流或电压。光电二极管是利用光生伏特效应的光传感器。光电二极管使用时,一般加反向偏置电压,不加偏压也能使用。零偏置时,PN 结电容变大,频率响应下降,但线性度好。如果加反向偏压,没有载流子的耗尽层增大,响应特性提高,根据电路结构,光检出的响应时间可在 1ns 以下。为了用激光雷达提高测量距离的分辨率,需要响应特性好的光电转换元件。雪崩光电二极

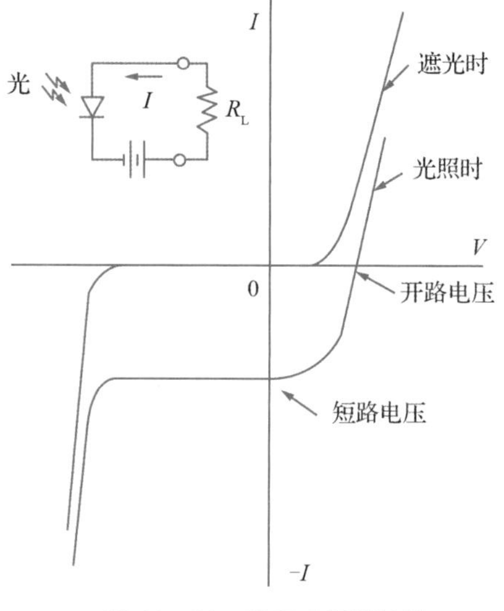

图 11-61 光电二极管特性

管(APD)是利用在强电场的作用下载流子运动加速，与原子相撞产生电子雪崩的放大原理而研制的。它是检测微弱光的光传感器，其响应特性好。光电二极管作为位置检测元件(PSD)，可以连续检测光束的入射位置，也可用于二维平面上的光点位置检测。它的电极不是导体，而是均匀的电阻膜。

(2) 光电三极管(photo transistor)。PNP或NPN型光电三极管的集电极C和基极B之间构成光电二极管。受光照射时，反向偏置的基极和集电极之间产生电流，放大的电流流过集电极和发射极。因为光电三极管具有放大功能，所以产生的光电流是光电二极管的100～1000倍，响应时间为μs数量级。

3. **图像传感**

在所有这些应用中，有两种传感器能够提供数字图像采集的视觉传感能力：CCD(电荷耦合元件)传感器和CMOS图像采集传感器。

CCD是电荷耦合器件(charge coupled device)的简称，是通过势阱进行存储、传输电荷的元件。CCD图像传感器采用MOS结构，内部无PN结。如图11-62所示，P型硅衬底上有一层SiO_2绝缘层，其上排列着多个金属电极。在电极上加正电压，电极下面产生势阱，势阱的深度随电压而变化。如果依次改变加在电极上的电压，势阱则随着电压的变化而发生移动，于是注入在势阱中的电荷发生转移。根据电极的配置和驱动电压相位的变化，有二相时钟驱动和三相时钟驱动的传输方式。

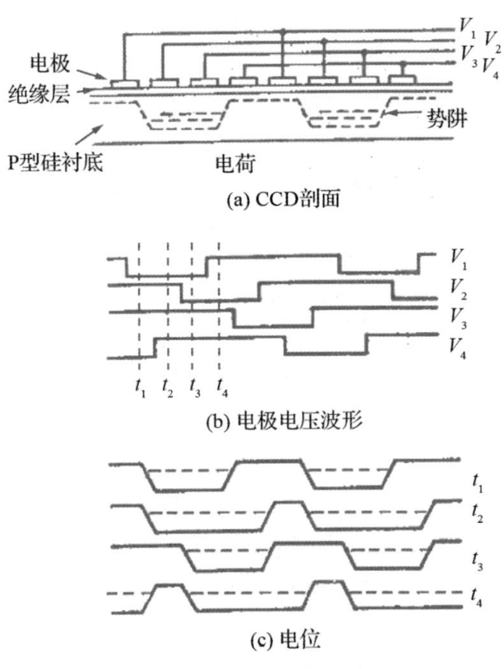

图11-62　CCD图像传感器

CCD图像传感器在硅衬底上配置光敏元和电荷转移器件。通过电荷的依次转移，将多个像素的信息分时、顺序地取出来。这种传感器有一维的线型图像传感器和二维的面型图像传感器。二维面型图像传感器需要进行水平、垂直方向扫描，其扫描方式有帧转移式和行间转移式，图11-63是其原理简图。

CMOS是complementary metal oxide semiconductor(互补金属氧化物半导体)的缩写。它是指制造大规模集成电路芯片用的一种技术或用这种技术制造出来的芯片，是电脑主板上的一块可读写的RAM芯片。因为可读写的特性，所以在电脑主板上用来保存BIOS设置完电脑硬件参数后的数据，这个芯片仅仅是用来存放数据的。

在数字影像领域，CMOS作为一种低成本的感光元件技术被发展出来，市面上常见的数码产品，其感光元件主要就是CCD或者CMOS，尤其是低端摄像头产品，而通常高端摄像头都是CCD感光元件。

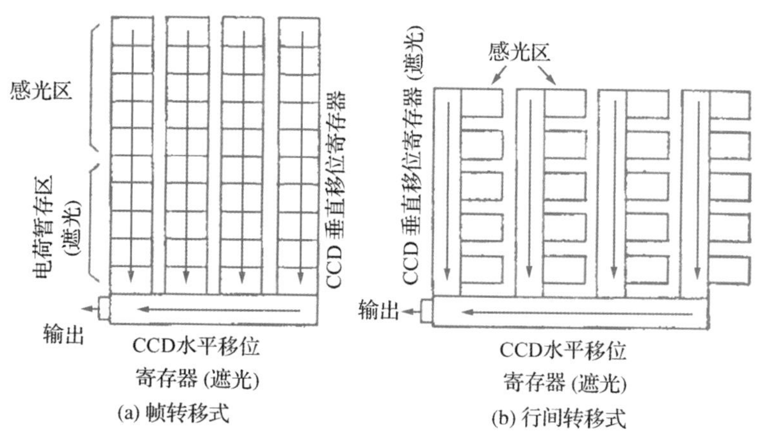

图 11-63 CCD图像传感器的信号扫描原理

目前,市场销售的数码摄像头中以CMOS感光器件的为主。在采用CMOS为感光元器件的产品中,通过采用影像光源自动增益补强技术,自动亮度、白平衡控制技术,色饱和度、对比度、边缘增强以及伽马矫正等先进的影像控制技术,完全可以达到与CCD摄像头相媲美的效果。受市场情况及市场发展等情况的限制,摄像头采用CCD图像传感器的厂商为数不多,主要是受到CCD图像传感器成本高的影响。

4. 二维视觉传感器

视觉传感器分为二维视觉和三维视觉传感器两大类。二维视觉传感器是获取景物图形信息的传感器。处理方法有二值图像处理、灰度图像处理和彩色图像处理。它们都是以输入的二维图像为识别对象的。图像由摄像机获取,如果物体在传送带上以一定速度通过固定位置,也可用一维线型传感器获取二维图像的输入信号。对于操作对象限定工作环境可调的生产线,一般使用廉价的、处理时间短的二值图像视觉系统。

图像处理中,首先要区分作为物体像的图和作为背景像的底两大部分。图和底的区分还是容易处理的。图形识别中,需使用图的面积、周长、中心位置等数据。为了减小图像处理的工作量,必须注意以下几点:

(1) 照明方向。环境中不仅有照明光源,还有其他光,因此要使物体的亮度、光照方向的变化尽量小,就要注意物体表面的反射光、物体的阴影等。

(2) 背景的反差。黑色物体放在白色背景中,图和底的反差大,容易区分。有时把光源放在物体背后,让光线穿过漫射面照射物体,获取轮廓图像。

(3) 视觉传感器的位置。改变视觉传感器和物体间的距离,成像大小也相应地发生变化。获取立体图像时若改变观察方向,则改变了图像的形状。垂直方向观察物体,可得到稳定的图像。

(4) 物体的放置。物体若重叠放置,进行图像处理较为困难。将各个物体分开放置,可缩短图像处理的时间。

5. 三维视觉传感器

三维视觉传感器可以获取景物的立体信息或空间信息。立体图像可以根据物体表面的倾斜向、凹凸高度分布的数据获取，也可根据从观察点到物体的距离分布情况，即距离图像（range image）得到。空间信息则依靠距离图像获得。它可分以下几种：

（1）单眼观测法。人看一张照片就可以了解景物的景深、物体的凹凸状态。可见，物体表面的状态（纹理分析）、反光强度分布、轮廓形状、影子等都是一张图像中存在的立体信息的线索。因此，目前研究的课题之一是如何根据一系列假设，利用知识库进行图像处理，以便用一个电视摄像机充当立体视觉传感器。

（2）莫尔条纹法。莫尔条纹法利用条纹状的光照到物体表面，然后在另一个位置上透过同样形状的遮光条纹进行摄像。物体上的条纹像和遮光像产生偏移，形成等高线图形，即莫尔条纹。根据莫尔条纹的形状得到物体表面凹凸的信息。根据条纹数可测得距离，但有时很难确定条纹数。

（3）主动立体视觉法。光束照在目标物体表面上，在与基线相隔一定距离的位置上摄取物体的图像，从中检测出光点的位置，然后根据三角测量原理求出光点的距离，这种获得立体信息的方法就是主动立体视觉法。

（4）被动立体视觉法。被动立体视觉法就像人的两只眼睛一样，从不同视线获取的两幅图像中，找到同一个物点的像的位置，利用三角测量原理得到距离图像。这种方法虽然原理简单，但是在两幅图像中检出同一物点的对应点是非常困难的课题。

6. 视觉传感器的应用

图像传感器是实现一个视觉系统的关键。下一阶段需要实现复杂的软件算法和高速的数据处理能力。机器人、无人机甚至包括自动驾驶汽车在内都需要具备感知周围三维环境的能力。对于3D视觉来讲，有几个算法已经比较成熟了，包括即时定位和映射（SLAM）、运动中恢复结构方法（SFM）、立体视觉测距算法等。我们的目标是高分辨率和快速的数据处理能力。已经有很多公司和组织都在不断地努力研究，在现有基础上进行不断提升。为了验证一个算法是否满足它的功能设计的要求，需要通过高速数字信号处理器（DSP）来执行这个算法，目前处理大量数据的一个方法就是通过云/服务器处理的方式。日益强大的DSP为我们提供了更多的选择。

在制造业，机器人被广泛地应用于零件的装配和检验，机器视觉应用于机器人使其柔性大大增加，使大批量使用装配、检验机器人成为可能。工业机器人系统是一种基于视觉测量并进行制导和控制的系统，例如机械手在一定范围内抓取和移动工件，摄像机利用动态图像识别与跟踪算法，跟踪被移动工件，始终保持其处于视野的正中位置。

一种典型的应用是将视觉传感和操作集成在一个开环系统中，系统的精度直接依赖于视觉传感和执行机构的精度，其控制采用开环视觉方法，即从图像中抽取检测物体的特征信息后驱动相应的执行机构运动，视觉信息仅作为指令依据。图11－64

所示为典型视觉伺服系统。

图 11－65 显示了国外已经研制成功的带有机器视觉系统的精加工机器人及研磨抛光工具。图像是通过颜色渐进型 CCD 摄像机(图 11－66)进行采集的，采集图像后对图像进行边缘提取。图像边缘的提取是机器视觉技术的核心算法，它包含了图像特征中的大部分信息，为后续的拟合、特征划分等提供了大量有价值的信息。边缘提取直接关系到机器视觉中的特征划分，它是后续各种图像处理算法的基础，人们对其投入了大量的研究，也已经涌现出了许多先进的技术。

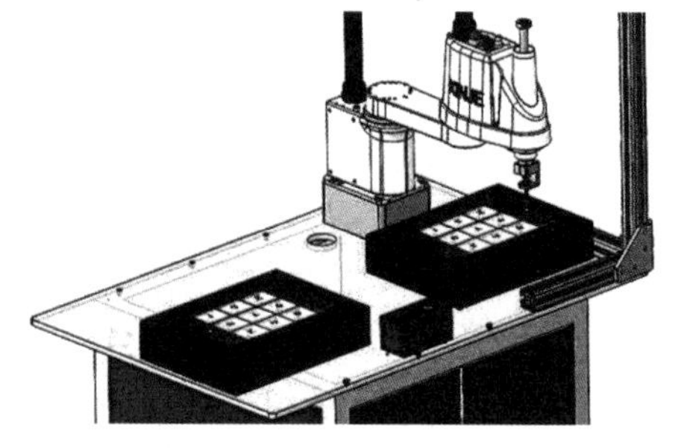

图 11－64　视觉伺服系统

图 11－65　精加工机器人及研磨抛光工具

图 11－66　颜色渐进型摄像机

目前较为经典的边缘提取算法有 Canny 算法、Sobel 算法、LOG 算法、Kirsch 算法、Robert 算法、Robinson 算法等。进一步研究、改进这些算法对于提高图像处理能力，进而提高机器视觉系统在加工检测领域中的应用具有重要意义。

在卫星遥感系统中，机器视觉技术被用于分析各种遥感图像，进行环境监测、地理测量，根据地形、地貌的图像和图形特征，对地面目标进行自动识别、理解和分类等工作。

在交通管理系统中，机器视觉技术被用于车辆识别、调度，向交通管理与指挥系统提供相关信息；在闭路电视监控系统中，机器视觉技术被用于增强图像质量，捕捉突发事件，监控复杂场景，鉴别身份，跟踪可疑目标等。

11.4　其他功能传感器

11.4.1　激光雷达

1. 概念

激光雷达是一种高精度的测距仪器。它的工作原理是先从激光头发出激光射线，再等待接收激光射线打到物体上以后的反射激光信号，最后利用发送和接收之间的激光飞行时间来计算测量距离。由于其独特的测量原理，激光雷达具有了快速、准确的特点。而这正好满足了移动机器人对于环境感知传感器在实时性和准确性方面的要求，因此激光雷达被广泛地应用在移动机器人的避障、自主定位、地图生成和环境建模等领域中。然而作为一种传感器，激光雷达也不可避免地会存在一定的误差。如果能够深入细致地研究激光雷达的测量特性，针对不同误差的产生原因得出具体的误差表现特征，就可以采用数学方法构造好的数学模型对测量值进行过滤、修正等处理，从而得到更加接近真实距离的测量结果，进而为移动机器人提供更为准确的环境信息。于是，对激光雷达测量特性的研究就成为一个十分重要的课题。

2. 激光雷达机理

目前移动机器人上常用的激光雷达一般都是二维的，即激光雷达的扫描区域是一个平面扇形区域。三维的激光雷达实际上就是可以实现在多个平面内完成扇形扫描区域的激光雷达，也就是由基本的二维激光雷达改进而得到的。因此讨论二维激光扫描仪的机理具有一定的普适性。二维激光雷达的数据表达如图 11－67 所示，每个激光扫描点的数据都是以极坐标形式给出的。完成一次扫描的过程是这样的：由发光点发出的激光射线打到一面快速旋转的镜子上，镜子每转过一定的角度，控制镜子旋转的编码器就读出一个角度值，同时激光雷达完成一次测距。于是距离值和角度值就以极坐标的形式成对出现了。

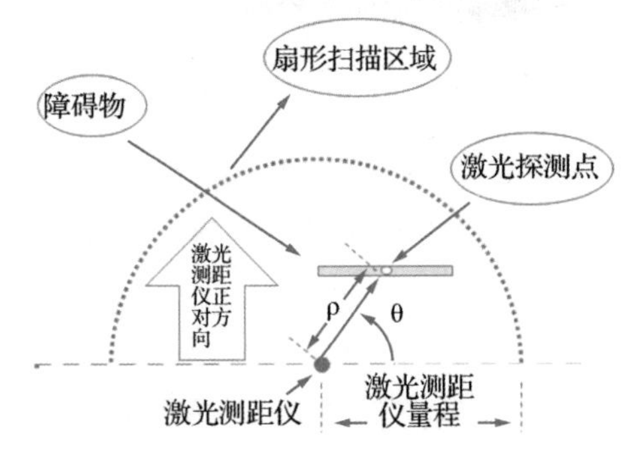

图 11－67　扫描区域和数据表达

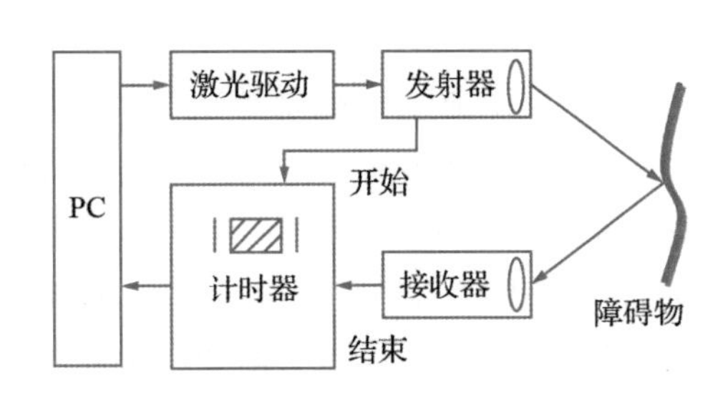

图 11－68　脉冲飞时测距法原理图

激光雷达的测距机理大体分为三种：干涉测距法、三角测距法和飞时测距法(fly of time)。大多数激光雷达都采用飞时测距法。而飞时测距法又分为脉冲式和连续波相位位移式两种，本文中所涉及的激光雷达大多采用脉冲式。脉冲飞时测距法的测量原理如图 11－68 所示，从激光射线发出开始，计数器就开始计数，反射光由接收透镜收集并聚焦于光敏元件上，由光敏元件控制停止计数的时机。接收器中的光敏元件对反射光的感应是类似于阀门性质的，即当反射光强度达到一定程度的时候，接收器就认定有反射光到了，可以停止计数了。有了脉冲计数，就可以计算出测量距离。

11.4.2　惯性导航系统

惯性导航是利用惯性敏感元件陀螺仪和加速度计测量载体相对惯性空间的线运

动和旋转运动，并在已知的初始条件下，用计算机推算出载体的速度、位置和姿态等导航参数，为进一步引导载体完成预定的航行任务提供测量数据。

惯性导航系统按 IMU 在载体上的安装方式不同可分为平台式惯性导航系统和捷联式惯性导航系统两种。平台式惯性导航系统将 IMU 安装于一个稳定平台上，该稳定平台可建立一个不受载体运动影响的参考坐标系，用来测量载体的姿态角和加速度，平台式惯性导航系统的精度较高。平台式惯性导航系统不必对加速度计的量测值进行坐标转换，直接对其进行积分运算，即可求得载体的速度和位置，具体原理如图 11-69 所示。

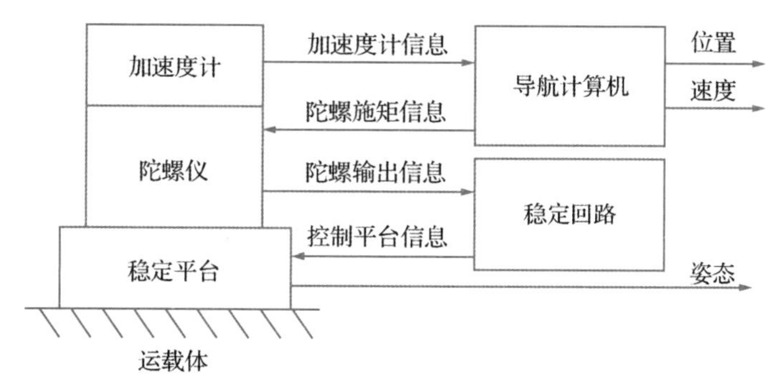

图 11-69　平台式惯导导航系统基本原理

区别于平台式惯性导航系统，捷联式惯性导航系统就是将惯性测量元件直接安装在载体上，省去了惯性平台的台体，取而代之的是存在计算机中的“数学平台”。该系统的 IMU 不再与载体固连，与载体固连的是转位机构，IMU 置于转位机构之上，转位机构以一定的转位方案带动 IMU 转动，实现 IMU 漂移的自动补偿，具体原理如图 11-70 所示。与传统平台系统不同的是，它没有稳定平台，而是在捷联式惯性导航系统的外面加上转位机构和测角装置。该系统依然采用捷联惯性导航算法解算得到的

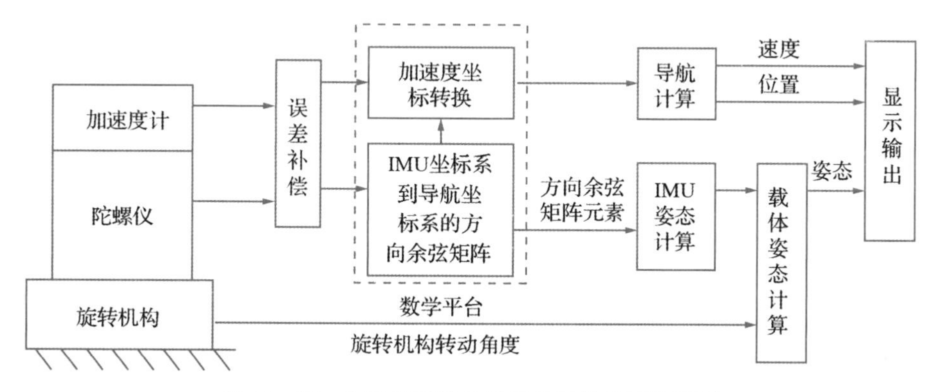

图 11-70　旋转调制型捷联惯性导航系统原理图

姿态信息是 IMU 的姿态信息，利用转位机构测得的角位置信息，进行 IMU 姿态矩阵到载体姿态矩阵的变换，从而得到载体的姿态信息。由于捷联式惯性导航系统省去了物理平台，所以其结构简单、体积小、维护方便，但是惯性测量元件直接安装在载体

上，工作条件不佳，会降低仪表的精度。而且陀螺和加速度计直接安装在载体上，所以其输出是沿着载体坐标系的，需要经过计算机转换将其转换到导航坐标系，故计算量很大。

思考题

1. 比较常见的机器人传感器有哪些？在选择传感器时应该考虑传感器的哪些特性？
2. 常用的非接触式位置传感器有哪些？
3. 分别说明增量式和绝对量式光电码盘的工作原理。
4. 在不更换码盘的前提下，如何提高光电码盘的分辨率？
5. 说明测速发电机的原理和使用注意事项。
6. 常用的倾斜传感器有哪些，各自的工作原理是什么？
7. 常用的力传感器有哪几种，各自的工作原理是什么？
8. 触觉传感器的类型有哪几种，各自的工作原理是什么？
9. 说明 CCD 视觉传感器的工作原理。
10. 试说明激光雷达和惯性导航系统的工作原理。

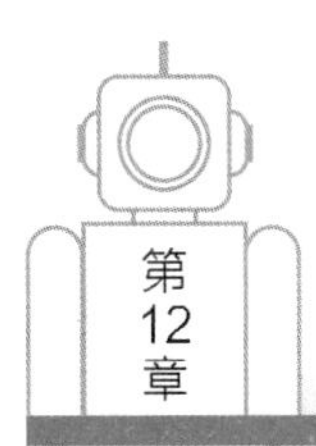

机器人视觉技术

人是通过视觉、触觉、听觉、嗅觉等感觉器官从外界环境获取信息，其中80%的信息是由人的眼睛，即视觉来获取的。人用视觉从自己周围收集大量的信息，并且进行处理，然后根据处理结果来采取行动。对于机器人来说，视觉也是非常重要的，尤其对智能机器人，为了具有人的一部分智能，必须了解周围的环境，获取机器人周围世界的信息，因此视觉是不可缺少的。机器人视觉则是研究怎样用人工的方法，实现对外部世界的描述和理解。它的输入是外部景物，输出是对所观察到的景物的高度概括性的描述和理解。

12.1 机器人视觉系统的基本原理

人的视觉通常可识别环境对象的位置坐标、物体之间的相对位置、物体的形状颜色等。由于人们生活在一个三维的空间里，所以机器人的视觉也必须能够理解三维空间的信息，但是这个三维世界在人的眼球网膜上成的像是一个二维的图像，人的脑子必须从这个二维图像出发，在脑子里形成一个三维世界的模型。人眼的视觉系统由光电变换(视网膜的一部分)、光学系统(焦点与光圈的调节)、眼球运动系统(水平、垂直、旋转运动)和信息处理系统(从视网膜到大脑的神经系统)等四部分组成。

类似人的视觉系统，机器人视觉系统通过图像和距离等传感器，获取环境对象的图像、颜色和距离等信息，然后传递给图像处理器，利用计算机从二维的图像中理解和构造出三维世界的真实模型。图12-1是机器人视觉系统的原理框图。

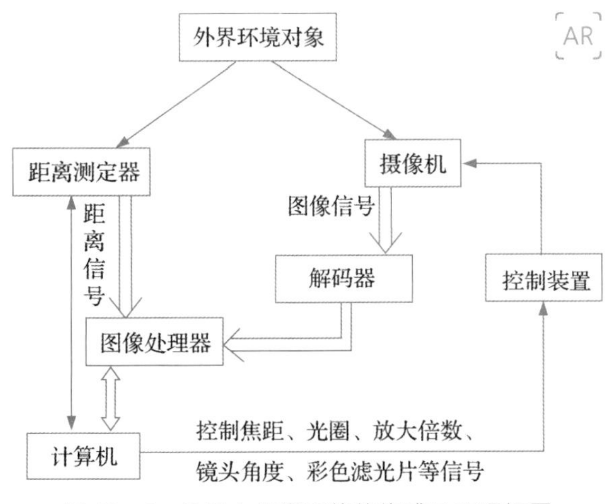

图12-1 机器人视觉系统的构成及原理框图

摄像机获取环境对象的图像，或经编码器转换成数字量，从而变成数字化图形，通常一幅图像划分为672×378、720×480、720×576、1280×720、1920×1080、3840×2160、7680×4320像素。图像输入以后进行各种各样的处理、识别以及理解，另外通过距离测定器得到距离信息，经过计算机处理得到物体的空间位置和方位，通过彩色滤光片得到颜色信息。上述信息经图像处理器进行处理，提取特征，处理的结果再输出到机器人，以控制它进行动作。

另外，作为机器人的眼睛不但要对所得到的图像进行静止地处理，而且要积极地扩大视野，根据所观察的对象改变眼睛的焦距和光圈。因此机器人视觉系统还应具有调节焦距、光圈、放大倍数和摄像机角度的装置。

12.2 摄像机的图像生成模型

12.2.1 摄像机的几何模型

摄像机作为机器人的眼睛，实现从景物到图像的转换，实现从三维景物空间到二维图像空间的转换。人们首先感兴趣的是转换的几何关系，也就是三维空间中的点与它在二维空间中的像间的对应关系。显然，这种关系是我们从图像（二维）推断景物的空间信息（三维）的基本出发点。任何摄像机，无论它配备什么样的镜头，都可以抽象为如图12-2所示的几何模型。图中$o_e x_e y_e z_e$坐标系称为视觉坐标系，它固结在摄像机上。o_e为摄像机的镜头中心，z_e轴和摄像机的光轴重合且指向摄像机，f是镜头的焦距。图中$x-y$平面称为图像平面。设在三维空间中有一点V，它的坐标为(x_e, y_e, z_e)，$-z_e$称为V点的深度，连接V点和镜头中心点o_e的线段Vo_e称为投影线，投影线Vo_e和图像平面的交点(x, y)就是V点的投影，或者称为V点的像。这样的投影关系称为中心投影或透射投影(perspective projection)，当焦距f无限大时，以上投影转变成正投影(orthographic projection)。

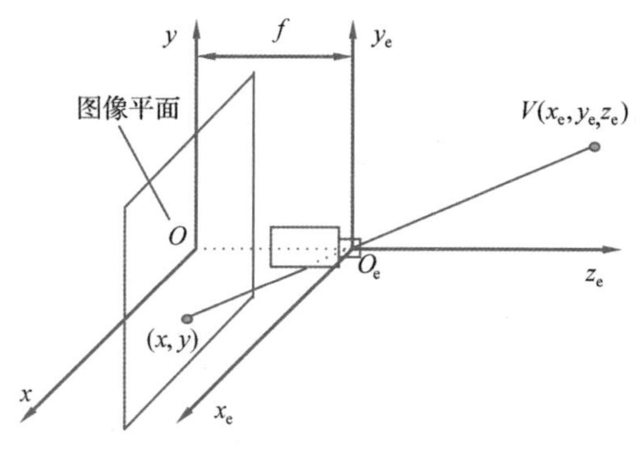

图12-2 摄像机的几何模型

由相似三角形得出三维空间的V点和它的像之间的关系：

$$\begin{cases} x = \dfrac{f}{-z_e} x_e \\ y = \dfrac{f}{-z_e} y_e \end{cases} \tag{12-1}$$

式中，$-z_e$称为深度，$-f/z_e$称为缩小比(minification ratio)。上式可写成：

$$\begin{cases} x_e = \dfrac{-z_e}{f}x \\ y_e = \dfrac{-z_e}{f}y \\ z_e = z_e \end{cases} \tag{12-2}$$

式中，$-z_e/f$ 称为放大比(magnification ratio)，如果把式(12-2)中的 z_e 看成是参变量，式(12-2)实际上就是投影线的参数方程。因此图像平面上的每一个点和一条空间投影线对应，这条投影线的方向余弦为：

$$\boldsymbol{n} = \begin{bmatrix} n_x \\ n_y \\ n_z \end{bmatrix} = \frac{1}{\sqrt{f^2 + x^2 + y^2}} \begin{bmatrix} x \\ y \\ -f \end{bmatrix} \tag{12-3}$$

从上式可知，透射投影只能保证图像点与投影线间的一一对应，一条投影线上的所有点对应同一个图像点，这表明在投影过程中丢失了空间点的深度信息。如何从摄取的二维图像中恢复三维信息是实现机器人视觉的主要难点之一，可用一些辅助方法测得深度信息，参见 9.6 节。

由式(12-1)可知，投影变换是非线性的。为了分析问题和计算方便，可利用第 3 章的齐次坐标变换，把以上变换线性化。这里取投影变换矩阵：

$$\boldsymbol{P} = \begin{bmatrix} 1 & 0 & 0 & 0 \\ 0 & 1 & 0 & 0 \\ 0 & 0 & 1 & 0 \\ 0 & 0 & -\dfrac{1}{f} & 1 \end{bmatrix} \tag{12-4}$$

因此，V 点的齐次坐标为：

$$\boldsymbol{V}_p = \begin{bmatrix} \omega x \\ \omega y \\ \omega z \\ \omega \end{bmatrix} = \boldsymbol{P}\boldsymbol{V}_e = \begin{bmatrix} 1 & 0 & 0 & 0 \\ 0 & 1 & 0 & 0 \\ 0 & 0 & 1 & 0 \\ 0 & 0 & -\dfrac{1}{f} & 1 \end{bmatrix} \begin{bmatrix} x_e \\ y_e \\ z_e \\ 1 \end{bmatrix} = \begin{bmatrix} x_e \\ y_e \\ z_e \\ -\dfrac{z_e}{f} + 1 \end{bmatrix} \tag{12-5}$$

从式(12-5)可知 $\omega = -\dfrac{z_e}{f}$，因此 $\boldsymbol{V}_p$ 对应的笛卡尔坐标为：

$$\boldsymbol{V}_p = \begin{bmatrix} x \\ y \\ z \end{bmatrix} = \begin{bmatrix} \dfrac{f}{-z_e}x_e \\ \dfrac{f}{-z_e}y_e \\ -f \end{bmatrix} \tag{12-6}$$

式中的第一、二个分量正好是 V 点的像。

由齐次坐标表示的逆投影变换为：

$$\boldsymbol{V}_{e}=\boldsymbol{P}^{-1}\boldsymbol{V}_{p} \tag{12-7}$$

即：

$$\boldsymbol{V}_{e}=\begin{bmatrix}x_{e}\\y_{e}\\z_{e}\\1\end{bmatrix}=\begin{bmatrix}1&0&0&0\\0&1&0&0\\0&0&1&0\\0&0&\dfrac{1}{f}&1\end{bmatrix}\begin{bmatrix}\omega x\\\omega y\\\omega z\\\omega\end{bmatrix} \tag{12-8}$$

将 $\omega=-\dfrac{z_{e}}{f}$ 代入上式，有式(12－2)所示的投影线方程，因此逆变换实现从图像点到投影线的变换。

以上在论述摄像机的几何模型时，选择了视觉坐标系 $o_{e}x_{e}y_{e}z_{e}$ 作为三维空间的参考坐标系。实际上，机器人和它的眼睛(摄像机)具有各自的固有坐标系，如图 12－3 所示。摄像机作为机器人的眼睛，它提供给机器人的关于景物的信息必须以机器人坐标系 $o_{R}x_{R}y_{R}z_{R}$ 为参考坐标系，只有这样，手眼才能协调地配合工作。

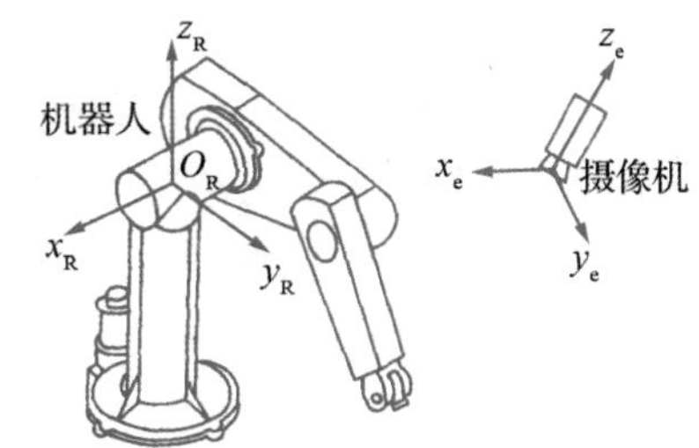

图 12－3　视觉坐标系和机器人坐标系

设由机器人坐标系到视觉坐标系间的齐次变换为：

$$\boldsymbol{V}_{e}={}_{R}^{e}\boldsymbol{T}\boldsymbol{V}_{R} \tag{12-9a}$$

即：

$$\begin{bmatrix}x_{e}\\y_{e}\\z_{e}\\1\end{bmatrix}=\begin{bmatrix}a_{11}&a_{12}&a_{13}&-x_{0}\\a_{21}&a_{22}&a_{23}&-y_{0}\\a_{31}&a_{32}&a_{33}&-z_{0}\\0&0&0&1\end{bmatrix}\begin{bmatrix}x_{R}\\y_{R}\\z_{R}\\1\end{bmatrix} \tag{12-9b}$$

式中，$a_{ij}(i=1,2,3;j=1,2,3)$为机器人坐标系坐标轴相对于视觉坐标系的方向余弦，$(-x_{0},-y_{0},-z_{0})$为机器人坐标系原点在视觉坐标系中的坐标，(x_{R},y_{R},z_{R})是空间点 V 在机器人坐标系中的坐标。

将式(12－9)代入式(12－5)得：

$$\boldsymbol{V}_{p}=\boldsymbol{P}{}_{R}^{e}\boldsymbol{T}\boldsymbol{V}_{R} \tag{12-10}$$

将式(12－4)、(12－9)代入上式得：

$$\begin{cases}x=-f\dfrac{a_{11}x_{R}+a_{12}y_{R}+a_{13}z_{R}-x_{0}}{a_{31}x_{R}+a_{32}y_{R}+a_{33}z_{R}-z_{0}}\\[2ex]y=-f\dfrac{a_{21}x_{R}+a_{22}y_{R}+a_{23}z_{R}-y_{0}}{a_{31}x_{R}+a_{32}y_{R}+a_{33}z_{R}-z_{0}}\end{cases} \tag{12-11}$$

当摄像机镜头的中心点不在机器人坐标系的 $o_{R}x_{R}y_{R}$ 平面内时，有 $z_{0}\neq0$。考虑到焦距 f 是常数，因此，投影变换关系式(12－11)可改写成：

$$\begin{cases} x = \dfrac{A_{11}x_R + A_{12}y_R + A_{13}z_R + A_{14}}{A_{31}x_R + A_{32}y_R + A_{33}z_R + 1} \\ y = \dfrac{A_{21}x_R + A_{22}y_R + A_{23}z_R + A_{24}}{A_{31}x_R + A_{32}y_R + A_{33}z_R + 1} \end{cases} \tag{12-12}$$

式中，(x, y)是 V 点在摄像机图像平面中的投影，$A_{11}, A_{12}, \cdots, A_{33}$ 是 11 个投影参数，它们取决于摄像机本身的光学系统，以及摄像机相对于机器人的安装情况。确定这 11 个参数的过程称为系统校准。

12.2.2 摄像机的光学模型

上面论述了摄像机的图像和景物间的几何关系，现在讨论图像的灰度和景物间的关系。首先介绍几个基本的光学概念和术语。

（1）光能量通量 ϕ。它是单位时间内照射在某面积上的光能量。

（2）光源的发光强度 I。它指的是光源发出的通过单位立体角内的光能量通量：

$$I = \frac{\mathrm{d}\phi}{\mathrm{d}\omega} \tag{12-13}$$

式中：$\mathrm{d}\omega$ 是立体角的微分，整个球面所张的立体角为 4π 立体弧度。

（3）表面照度 E。它是照射在单位面积上的光能量通量：

$$E = \frac{\mathrm{d}\phi}{\mathrm{d}A} \tag{12-14}$$

（4）表面发光强度 L。它是在规定方向上的单位面积在单位立体角内的光能量通量：

$$L = \frac{\mathrm{d}^2\phi}{\cos\theta \, \mathrm{d}A \, \mathrm{d}\omega} \tag{12-15}$$

如图 12-4 所示，图中 $\boldsymbol{n}$ 是 $\mathrm{d}A$ 的法线向量，$\boldsymbol{v}$ 是观察方向。

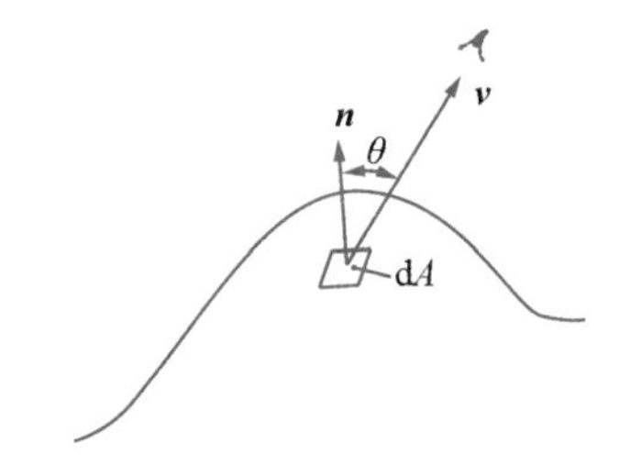

图 12-4 表面在 v 方向上的发光强度

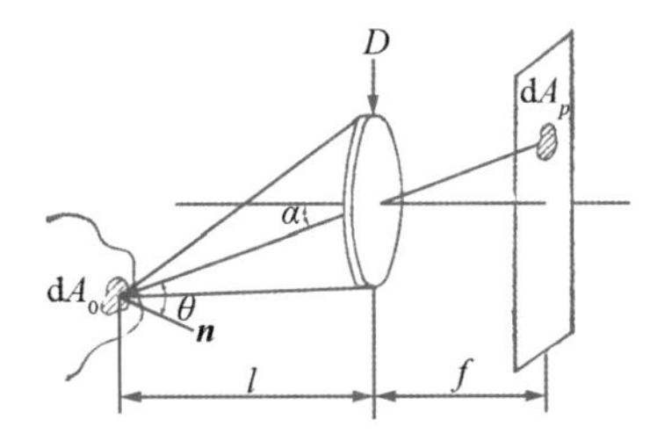

图 12-5 图像生成示意图

为了说明摄像机的图像灰度与景物的关系，首先分析图 12-5 所示的成像系统。假设镜头的焦距已经调好，在图像平面上形成了清晰的图像。

设在物体的表面上有一块微小的面积 $\mathrm{d}A_0$，它的发光强度是 L，它在图像平面上的像是 $\mathrm{d}A_p$，参看图 12-5。由式(12-15)得 $\mathrm{d}A_0$ 在物镜所张的立体角内的光能量通量为：

$$d\phi = dA_0 \int L\cos\theta d\omega \tag{12-16}$$

由于 dA_p 是 dA_0 的像，所以式(12－16)所示的光能量通量 $d\phi$ 全部投射到了 dA_p 上，因此 dA_p 的照度为：

$$E_p = \frac{d\phi}{dA_p} = \frac{dA_0}{dA_p}\int L\cos\theta d\omega \tag{12-17}$$

参见图 12－5，由简单的几何分析可知，dA_0 和 dA_p 间的关系为：

$$dA_0 \frac{\cos\theta}{l^2} = dA_p \frac{\cos\alpha}{f^2} \tag{12-18}$$

将式(12－18)代入式(12－17)得：

$$E_p = \left(\frac{l}{f}\right)^2 \cos\alpha \int L d\omega \tag{12-19}$$

积分 $\int d\omega$ 是以 dA_0 为中心镜头所张的立体角，立体角的大小为：

$$\int d\omega = \frac{\pi D^2}{4l^2}\cos^3\alpha \tag{12-20}$$

式中，D 是镜头的直径，l 是 dA_0 和镜头间的垂直距离，α 是偏转角。

当 L 是常数时，把式(12－20)代入式(12－19)得：

$$E_p = \frac{\pi L}{4}\left(\frac{D}{f}\right)^2 \cos^4\alpha \tag{12-21}$$

由上式可得到一些很有趣的结果。

(1) 图像平面的照射强度(图像的灰度)和偏角的余弦的四次方成正比。为补偿由此而造成的图像灰度的非线性失真，因此，应对图像生成装置进行校准，使得其灵敏度和偏转角度 α 无关。

(2) 图像平面的照度 E_p 和景物的表面发光强度 L 成正比，物体的表面发光强度取决于照明的性质、物体表面的反射特性以及观察的方位。照明越强，摄像机输出的信号也越强。

(3) 图像平面的照度 E_p 和景物的远近 l 无关。只要物体的表面足够大，使得它在图像平面上的像足以覆盖一个像素，那么，这个图像的灰度值与它离开镜头的远近无关。这是由于一方面物体的表面发光强度和距离的平方成反比，另一方面，一个像素对应的物体的表面积却与距离的平方成正比，两种作用相互抵消产生了这样的结果。正是由于这个原因，才使得我们能看到十分遥远的物体，使得我们看到的月亮仍然是那样明亮。

(4) 图像平面的照度 E_p 和镜头的直径焦比(D/f)的平方成正比。因此，当把摄像机的镜头从较短焦距的镜头换成较长焦距的镜头时(若镜头的直径 D 不变)，摄像机的灵敏度将下降。

总之，图像的灰度是摄像机的光学特性、物体表面的反射特性、照明情况、景物中各物体的分布情况(产生重复反射照明)的综合结果,仅仅从摄得的图像分解出以上各种因素在此过程中所起的作用是很难的,这是实现机器人视觉的难点之一。

12.3 图像的初级处理

图像的初级处理主要通过图像灰度的变化实现对图像的棱线表示和图像分割,另外也包括图像重心位置求取,以及图像的两个垂直的主惯性轴提取。

12.3.1 图像的预处理

对图像进行处理时,首先要对输入的图像信号进行预处理,以获得能正确反映外部景物的高质量的图像,为以后的视觉处理创造条件。

1. 几何失真的校正

上一节中的摄像机的几何模型,只是一种理想的情况。当用实际的摄像机摄取景物的图像时,由于镜头系统的精密度有限、电子扫描存在非线性、光敏元件阵列分布不可能绝对一致,因此不可避免地使图像存在几何畸变。

设 $g(x',y')$ 是实际摄得的图像,$f(x,y)$ 是理想情况下的图像。对图像的几何失真进行校正就是要寻求如下变换:

$$\begin{cases} x = T_1(x',y') \\ y = T_2(x',y') \end{cases} \tag{12-22}$$

对畸变图像 $g(x',y')$ 逐点进行校正,并把 $g(x',y')$ 值(灰度)赋到正确的位置 (x,y) 上,得到经过几何校正的图像 $f(x,y)$,以上赋值的过程称为再采样。

为了求得校正函数 T_1 和 T_2,必须提供一定数量的控制点,这些点在畸变图像中的坐标 (x',y') 和在理想图像中的坐标 (x,y) 是已知的,而且,假设校正函数的形式是已知的。最常见的情况是假设校正函数是线性的:

$$\begin{cases} x = a_{11}x' + a_{12}y' + a_{13} \\ y = a_{21}x' + a_{22}y' + a_{23} \end{cases} \tag{12-23}$$

下面的双线性畸变函数也是常用的校正函数形式:

$$\begin{cases} x = a_{11}x' + a_{12}y' + a_{13}x'y' + a_{14} \\ y = a_{21}x' + a_{22}y' + a_{23}x'y' + a_{24} \end{cases} \tag{12-24}$$

对于小范围内的局部畸变,以上校正函数足以进行准确的校正。对于大范围的复杂的畸变,或者选用高阶多项式函数进行校正,或者把图像划分成若干小的区域,在每一小区域里用以上线性校正函数或双线性校正函数进行校正。

无论选用哪种校正函数形式,校正函数的系数都采用平方误差最小方法确定。以双线性校正函数为例,把控制点代入校正函数(12-24),得如下方程组:

$$\begin{cases} x_i = a_{11}x'_i + a_{12}y'_i + a_{13}x'_iy'_i + a_{14} \\ y_i = a_{21}x'_i + a_{22}y'_i + a_{23}x'_iy'_i + a_{24} \end{cases} \quad (i=1,2,\cdots,n) \tag{12-25}$$

将方程组(12－25)写成矩阵形式：

$$\boldsymbol{QA}=\boldsymbol{C} \tag{12-26a}$$

式中：

$$\boldsymbol{A}=[a_{11}\quad a_{12}\quad a_{13}\quad a_{14}\quad a_{21}\quad a_{22}\quad a_{23}\quad a_{24}]^{\mathrm{T}} \tag{12-26b}$$

$$\boldsymbol{C}=[x_1\quad y_1\quad x_2\quad y_2\quad \cdots\quad x_n\quad y_n]^{\mathrm{T}} \tag{12-26c}$$

矩阵 $\boldsymbol{Q}$ 的第 $2i-1$ 行和第 $2i$ 行分别是：

$$q_{2i-1}=[x'_i\quad y'_i\quad x'_iy'_i\quad 1\quad 0\quad 0\quad 0\quad 0] \tag{12-26d}$$

$$q_{2i}=[0\quad 0\quad 0\quad 0\quad x'_i\quad y'_i\quad x'_iy'_i\quad 1] \tag{12-26e}$$

平方误差最小意义下 $\boldsymbol{A}$ 的最优解为：

$$\boldsymbol{A}=(\boldsymbol{Q}^T\boldsymbol{Q})^{-1}\boldsymbol{Q}^T\boldsymbol{C} \tag{12-27}$$

应当注意，经过校正后的 x 和 y 一般不是整数，进行再采样时，对此有两种处理方法：一种是把 x、y 取成最邻近的整数；另一种方法是进行内插，求出当 x、y 为整数时的灰度值。

2. 灰度修正

灰度修正有两种方法：一种称为灰度校正，另一种称为灰度变换。灰度校正是对光敏元件阵列中敏感元件灵敏度的不一致性进行补偿。首先，用亮度均匀的发光源对所有位置上的光敏元件的灵敏度进行标定。在对灰度进行校正时，根据每一个像素对应的光敏元件的灵敏度，对图像的灰度逐点进行校正。

灰度变换是对每一个像素的灰度进行某种转换。最常见的情况是增强图像的对比度，即加大最亮点和最暗点间的动态范围。一般选择某个我们感兴趣的灰度区间实现对比度增强，其灰度转换曲线如图 12－6 所示，其中 p_i 是输入灰度，p_o 是输出灰度，$[a,b]$是感兴趣的灰度区间。另外一种常见的情况称为直方图变换，即通过对图像的灰度进行变换使得图像的灰度直方图具有某种性质。图像的灰度直方图是灰度的函数 $h(p)$，它表示在图像中灰度级 p 的像素的数目(或相对值)。因此直方图$h(p)$反映了图像中某种灰度的出现频率。

直方图均衡(histogram equalization)是最常用的一种直方图变换，它通过对图像的灰度进行某种转换，将直方图值较大处的灰度伸长，把直方图值较小处的灰度压缩，使得图像的直方图为常数。

设 p 是输入灰度，q 是输出灰度，灰度转换关系为：

$$q=f(p) \tag{12-28}$$

设 $h(p)$是原始图像的直方图，$g(q)$是经过灰度变换后图像的直方图，转换关系 $f(p)$的选择必须使得：

$$g(q)=\frac{N}{M} \tag{12-29}$$

式中：M 是图像的灰度级数，N 是图像的像素的数目。

由式(12－29)得：

$$dq = f'(p)dp \tag{12-30}$$

在对图像的灰度进行变换前和变换后，灰度区间 dp 和 dq 中的像素数目应当相等，图 12-7 是直方图均衡变换原理示意图，参见图内容，有：

$$h(p)dp = g(q)dq \tag{12-31}$$

将式(12-29)和式(12-30)代入上式，得：

$$f'(p) = \frac{M}{N}h(p) \tag{12-32}$$

所以灰度变换关系为：

$$f(p) = \frac{M}{N}\int_0^p h(p)dp \tag{12-33}$$

直方图均衡化变换使得对于多数像素对比度得到了增强，因此，改善了图像特征的可检测性。对于实现两幅相似景物的图像比较，直方图均衡化变换是一种很好的预处理，可以克服摄像时由照明条件不同造成的影响。

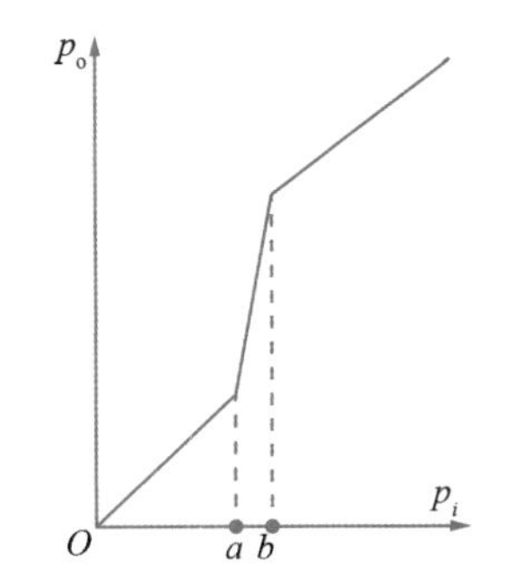

图 12-6　对比度增强的灰度转换曲线

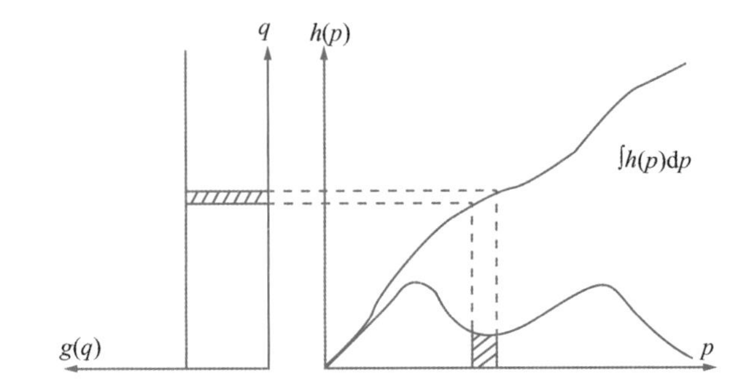

图 12-7　直方图均衡变换原理示意图

3. **图像平滑处理**

摄得的图像中不可避免地存在着噪声干扰，多数情况下干扰是加性的。平滑处理的目的是要减少图像中的加性噪声干扰。平滑本质上是对图像进行低通滤波处理，程度不同地总是要使图像模糊，因此，平滑处理的主要问题是怎样才能较好地去除噪声而又不至于使图像过分模糊，使得图像中的一些变化迅速(频率较高)的重要细节(如棱线)能保留下来。

如果干扰只发生在一些孤立的点上，或发生在一些很细的窄条上，我们可以识别出受干扰的像素，用邻近点的灰度的内插值来取代受干扰的像素的灰度。即只对图像的局部实行平滑处理，这种平滑处理给图像的质量造成的不良影响很小。

一种能减少随机噪声干扰而又对图像的质量不产生任何不良影响的方法是，对同一景物摄取多幅图像，然后把它们的对应像素灰度值求平均值。这种方法称为集平均(ensemble average)法，它的作用相当于加长曝光时间。集平均法只适合于静止的景物。

一般的平滑方法是局部平均(local average)法。其做法是以某像素为中心，在图像上开一个窗口，把这窗口内的所有像素的灰度值加权求和，并以这个值来取代这个中心像素的灰度值，加权系数的大小随离开中心像素的距离而变。一般，离中心像素越远，加权系数越小，以上平滑原理可以表示成线性算子形式，图 12－8 是一个 3×3 近似高斯（Gauss）分布平滑算子。它表示了在图像上开的窗口，算子中的系数是对应像素的灰度加权系数。用平滑算子作用于图像的每一个像素，即实现了对整幅图像的平滑处理。

0.0625	0.125	0.0625
0.125	0.250	0.125
0.0625	0.125	0.0625

图 12－8　3×3 近似高斯分布平滑算子

12.3.2　图像的分离方法

机器人往往只关心某种特定的物体，也就是说只关心整个画面中的一部分图像，这时必须把所关心的图像与其他部分区别开来，这个区别与提取的过程称为分离。图像分离的方法很多，此处仅介绍阈值处理和微分边缘检测法两种方法。

1. 阈值处理法

为了从图像中取出所需要的部分，常常根据适当的阈值进行分离。可以给定一个阈值 t，以 t 为界，将图像 $f(x,y)$ 的灰度值分成 0 和 1，并记为 $f_t(x,y)$，即：

$$f_t(x,y)=\begin{cases}1 & (f(x,y)\geqslant t)\\ 0 & (f(x,y)<t)\end{cases} \tag{12-34}$$

式中：$f_t(x,y)$ 称为二值图像函数，它所描述的图像称为二值图像。

一般的二值化处理，可以给出一个灰度的集合 Z，再定义二值图像函数，即：

$$f_t(x,y)=\begin{cases}1 & (f(x,y)\in Z)\\ 0 & (f(x,y)\notin Z)\end{cases} \tag{12-35}$$

如果规定 n 个灰度的集合，则可以定义多值图像函数为：

$$f_z(x,y)=\begin{cases}n & (f(x,y)\in Z_n)\\ n-1 & (f(x,y)\in Z_{n-1})\\ \vdots & \\ 1 & (f(x,y)\in Z_1)\\ 0 & (f(x,y)\notin Z)\end{cases} \tag{12-36}$$

式中：$Z=Z_1\cup Z_2\cup\cdots\cup Z_n\neq 0$。

实际上，确定阈值 t 需要有一定的先验知识，若图像的灰度分布有明显的双峰值特性（参见图 12－9），则可以将阈值取在波谷处。如果图像的灰度分布不具有十分明显的分界，那么就需要知道灰度分布的概率参数，才能准确地求出阈值。而这些概率参数又必须进行参数估计，即使是正态分布，用最小二乘法估计它的参数也是很麻烦的。实用中可以采用实验法来确定阈值。

下面介绍一种计算阈值的办法(参见图12-9)。假定图像函数 $f(x,y)$ 的灰度分布有两个峰值,并且都服从正态分布,其概率密度函数分别为 $p_1(x)$,$p_2(x)$。注意这里的自变量 x 代表灰度,而 $f(x,y)$ 中的 x,y 代表图像坐标。那么整个灰度分布可以用一个联合概率密度函数描述,即:

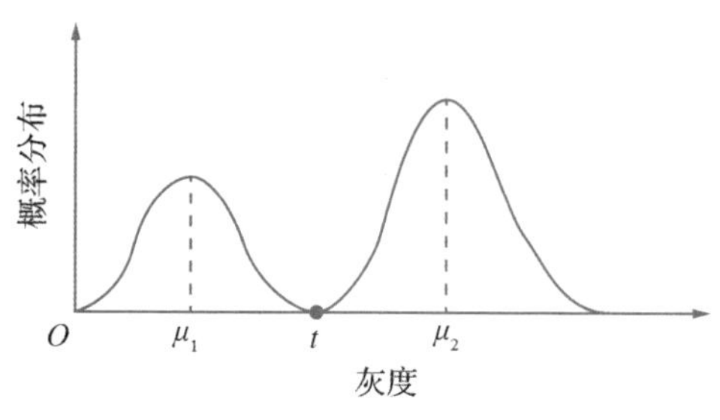

图 12-9 灰度分布图

$$p(x)=P_1p_1(x)+P_2p_2(x) \tag{12-37}$$

将 $p_1(x)$ 和 $p_2(x)$ 用正态分布的公式代入式(12-37),得:

$$p(x)=\frac{P_1}{\sqrt{2\pi}\sigma_1}\exp\left[\frac{-(x-\mu_1)^2}{2\sigma_1^2}\right]+\frac{P_2}{\sqrt{2\pi}\sigma_2}\exp\left[\frac{-(x-\mu_2)^2}{2\sigma_2^2}\right] \tag{12-38}$$

式中:μ_1、μ_2 为两部分灰度的数学期望值;σ_1^2、σ_2^2 为方差;P_1、P_2 为两个峰下面的面积。

根据概率的性质可知:

$$P_1+P_2=1 \tag{12-39}$$

因此 $p(x)$ 中含有5个参数,如果参数都已知,那么很容易就能求出最佳阈值。

现在假设亮的部分是背景,暗的部分是物体,且 $\mu_1<\mu_2$。在进行图像分离时,把背景当作物体和把物体当作背景的错误概率分别由下面公式给出:

$$E_1(t)=\int_{-\infty}^{t}p_2(x)\mathrm{d}x \tag{12-40}$$

$$E_2(t)=\int_{t}^{\infty}p_1(x)\mathrm{d}x \tag{12-41}$$

总误差概率为:

$$E(t)=P_2E_1(t)+P_1E_2(t) \tag{12-42}$$

寻找 $E(t)$ 的最小值,则可以求出阈值 t。为此,将 $E(t)$ 对 t 微分,并令其等于0,则有:

$$P_1p_1(t)=P_2p_2(t) \tag{12-43}$$

将 $p_1(t)$ 和 $p_2(t)$ 代入上式,整理可得到:

$$At^2+Bt+C=0 \tag{12-44}$$

式中:$A=\sigma_1^2+\sigma_2^2$;$B=2(\mu_1\sigma_2^2-\mu_2\sigma_1^2)$;$C=2[\mu_2^2\sigma_1^2-\mu_1^2\sigma_2^2+2\sigma_1^2\sigma_2^2\ln(\sigma_2P_1/\sigma_1P_2)]$。

如果 $\sigma_1^2=\sigma_2^2=\sigma^2$,则:

$$t=\frac{\mu_1+\mu_2}{2}+\frac{2\sigma^2}{\mu_1-\mu_2}\ln(P_2/P_1) \tag{12-45}$$

如果 $P_1=P_2$,则:

$$t=\frac{\mu_1+\mu_2}{2} \tag{12-46}$$

有了阈值之后，就很容易分离图像了。有两种分离图像的方法。一种方法是将图像分成很多基本区域，然后从某一个区域开始，判别邻域的像素灰度如何，如果基本区域的灰度与本区域灰度不同，这时一个独立的区域便找到了。如果一个画面有几块物体图像，则要找出多个起点，重复以上工作。另一种方法是将一个大的画面逐渐分割成不同灰度的几个区域，基本方法与前述方法相同，只是方向不同。

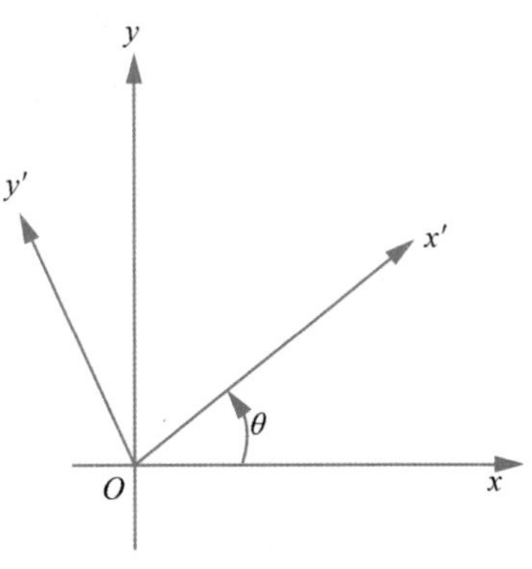

图 12－10　坐标交换图

2. 微分边缘检测法

假设图像函数为 $f(x,y)$，那么图像沿 x 和 y 方向的灰度变化率分别可以用偏微分$\frac{\partial f}{\partial x}$和$\frac{\partial f}{\partial y}$表示。如果坐标$(x,y)$绕原点旋转一个角度 θ，设得到的新坐标系为(x',y')，那么(x,y)和(x',y')之间存在着如下关系（见图 12－10）：

$$\begin{aligned} x &= x'\cos\theta - y'\sin\theta \\ y &= x'\sin\theta + y'\cos\theta \end{aligned} \tag{12－47}$$

对上式求偏导得：

$$\frac{\partial f}{\partial x'} = \frac{\partial f}{\partial x}\cos\theta + \frac{\partial f}{\partial y}\sin\theta \tag{12－48a}$$

$$\frac{\partial f}{\partial y'} = -\frac{\partial f}{\partial x}\sin\theta + \frac{\partial f}{\partial y}\cos\theta \tag{12－48b}$$

将$\partial f/\partial x'$对 θ 微分，并令其为 0 得：

$$\frac{\partial f}{\partial x}\cos\theta + \frac{\partial f}{\partial g}\sin\theta = 0 \tag{12－49}$$

解方程(12－49)，得：

$$\theta = \arctan\left(\frac{\partial f/\partial y}{\partial f/\partial x}\right) \tag{12－50}$$

这个角度给出了 $f(x,y)$的偏微分的最大方向，也就是图像上的灰度变化最激烈的方向。实际上，它也是函数 $f(x,y)$的梯度方向，而梯度的大小为：

$$\nabla = \sqrt{\left(\frac{\partial f}{\partial x}\right)^2 + \left(\frac{\partial f}{\partial y}\right)^2} \tag{12－51}$$

在数字图像中，往往用差分代替微分，即：

$$\nabla_x f(i,j) = f(i-1,j) - f(i,j) \tag{12－52a}$$

$$\nabla_y f(i,j) = f(i,j-1) - f(i,j) \tag{12－52b}$$

$$\nabla_\theta f(i,j) = \nabla_x f(i,j)\cos\theta + \nabla_y f(i,j)\sin\theta \tag{12－52c}$$

数字梯度矢量的大小为：

$$|\nabla f(i,j)| = \sqrt{\nabla_x f(i,j)^2 + \nabla_y f(i,j)^2} \tag{12－53}$$

其方向为：

$$\theta = \nabla_y f(i,j) / \nabla_x f(i,j) \tag{12-54}$$

给定数字梯度矢量大小的阈值，便可以判别该点是否为图像边界。

12.3.3 图像的重心位置及惯性矩计算

摄像机获得平面物体图像，其位姿往往是任意的，如图 12-11 所示。为了进行比较、识别，首先要计算出任意位姿图像的重心 s 点的坐标，以及图像的两个垂直的主惯性轴。图像重心坐标(x_s, y_s)可按下式计算：

$$x_s = \frac{1}{M}\sum_{i=1}^{m}\sum_{j=1}^{n} i f(i,j) \tag{12-55a}$$

$$y_s = \frac{1}{M}\sum_{i=1}^{m}\sum_{j=1}^{n} j f(i,j) \tag{12-55b}$$

$$M = \sum_{i=1}^{m}\sum_{j=1}^{n} f(i,j) \tag{12-55c}$$

式中，M 为图像各点灰度值总和；m 为像素最大列数；n 为像素最大行数。

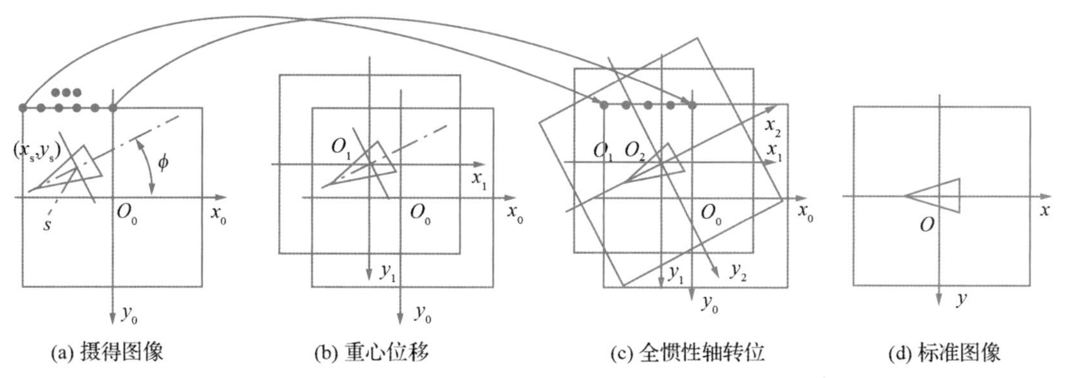

图 12-11 与标准图像比较时对图像的位移和旋转处理

图像主惯性轴 x'，y' 必定通过重心 s 点，x' 轴与水平 x 轴间的偏角 ϕ 用下法计算。先按下列各式求图像对 x、y 轴的惯性矩 I_x，I_y，I_{xy}：

$$I_x = \frac{1}{M}\sum_{i=1}^{m}\sum_{j=1}^{n} (i - x_s)^2 f(i,j) \tag{12-56a}$$

$$I_y = \frac{1}{M}\sum_{i=1}^{m}\sum_{j=1}^{n} (j - y_s)^2 f(i,j) \tag{12-56b}$$

$$I_{xy} = \frac{1}{M}\sum_{i=1}^{m}\sum_{j=1}^{n} (i - x_s)(j - y_s) f(i,j) \tag{12-56c}$$

再按下列各式计算主惯性矩 I'_x，I'_y，I'_{xy}：

$$I'_x = \frac{1}{2}(I_x + I_y) + \frac{1}{2}(I_x - I_y)\cos 2\phi - I_{xy}\sin 2\phi \tag{12-57}$$

$$I'_y = \frac{1}{2}(I_x + I_y) - \frac{1}{2}(I_x - I_y)\cos 2\phi + I_{xy}\sin 2\phi \tag{12-58}$$

$$I'_{xy}=(I_x-I_y)\sin2\phi+I_{xy}\sin2\phi$$

偏角 ϕ 可以按下式求出：

$$\phi=\frac{1}{2}\arctan\frac{I_{xy}}{I_y-I_x} \tag{12-59}$$

为了使图 12－11(a)中的图像能与存储器中的标准图像进行比较，可将基准坐标系 $O_0x_0y_0$ 调整到与摄取图像的主惯性轴一致。具体过程是先将 $O_0x_0y_0$ 坐标原点 O_0 平移到重心点(x_s,y_s)上，如图 12－11(b)所示，再将 $O_1x_1y_1$ 从坐标系旋转 ϕ 角，得到 $O_2x_2y_2$ 坐标系。摄取图像在 $O_0x_0y_0$ 坐标系中及在 $O_2x_2y_2$ 坐标系中的关系为：

$$x_2=[(x_o-x_s)\cos\phi-(y_o-y_s)\sin\phi]+x_s \tag{12-60a}$$

$$y_2=[(x_o-x_s)\sin\phi-(y_o-y_s)\cos\phi]+y_s \tag{12-60b}$$

在不同零件的识别应用时，上述算法可以提供每种零件的特征，根据其特征不同，可加以区别。

12.4　单目立体成像模型

通过对人眼视觉成像特性和光学系统成像原理的分析和研究，我们发现利用单个、固定摄像机(成像面)在不同像距的两次拍摄图片、空间几何和图像匹配算法，同样可实现立体视觉信息获取的功能。

如图 12－12(a)所示，其中平面 ϕ 是成像面，表示相机中的图像传感器所在平面，以此平面为基础建立直角坐标系$\{x,y,z\}$，ϕ 为直角坐标系中 $z=0$ 的平面；T 为相机外可拍摄到的目标，其坐标为 $T(T_x,T_y,T_z)$；z 轴为相机的光轴，在光轴上有两个可放置光学透镜 F 的位置 F_1 和 F_2。当透镜放在 F_1 处时，根据 12.2 节介绍的小孔成像原理，目标 T 将成像于像平面 Φ 的 $P_1(P_{1x},P_{1y},P_{1z})$点；当透镜放在 F_2 处时，同样根据光学原理，目标 T 将投影于平面 P 的 $P_2(P_{2x},P_{2y},P_{2z})$点。

实现立体成像需要计算目标 T 点在空间坐标系中的位置，在光学成像系统中，投影在图像传感器上的点均可获得其在平面中相应坐标系的坐标，因此，平面 Φ 中的 P_1 和 P_2 点在$\{x,y,z\}$坐标下的坐标值为已知；透镜放置的位置可人为设定或通过传感器检测获得，因此图 12－12 中所示的 f_1 和 f_2 同样为已知量；下面将通过几何关系计算出 T 点在$\{x,y,z\}$坐标系下的坐标。

如图 12－12(b)所示，通过几何光学可知，T 点为线段 $\overline{P_1F_1}$ 和 $\overline{P_2F_2}$ 延长线的交点，交点的几何关系计算如下：

$$\begin{cases}\dfrac{T_z-f_1}{f_1}=\dfrac{T_y}{P_{1y}}\\[2ex]\dfrac{T_z-f_2}{f_2}=\dfrac{T_y}{P_{2y}}\end{cases} \tag{12-61}$$

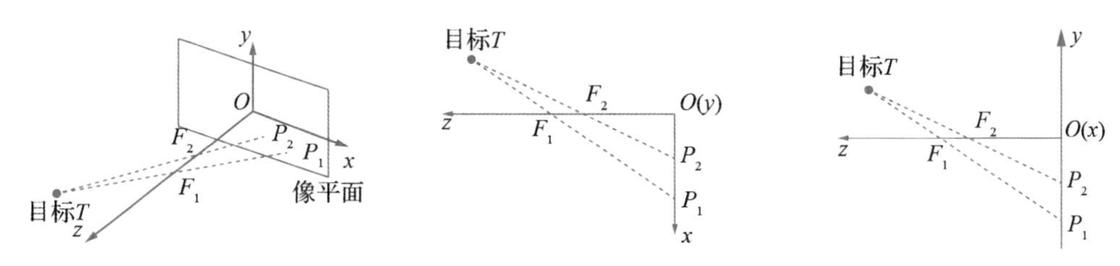

(a)为目标两次投影示意图；(b)为 y 轴正方向的俯视图；(c)为 x 轴正方向的侧视图

图 12-12 摄像机两次成像光学原理示意图

由于实际为三维空间，因此所计算的得到的“交点”为一直线。

同理，如图 12-12(c)所示，T 点位于 P_1F_1 和 P_2F_2 延长线的相交位置，计算公式如下：

$$\begin{cases}\dfrac{T_z-f_1}{f_1}=\dfrac{T_x}{P_{1x}}\\[2ex]\dfrac{T_z-f_2}{f_2}=\dfrac{T_x}{P_{2x}}\end{cases}\tag{12-62}$$

在以上几何关系中，如 O，P_1 和 P_2 共线，则 P_{1x} 和 P_{2x}、P_{1y} 和 P_{2y} 将成比例关系，可简化公式的推导，可通过推导证明该命题为真：存在两条相交直线 TO 和 F_2O，同时在平面 TOP_1 和平面 TOP_2 上，因此上述两平面共面，即为同一平面。因此，O，P_1 和 P_2 共线。故假设：

$$\frac{P_{1x}}{P_{2x}}=\frac{P_{1y}}{P_{2y}}=k\tag{12-63}$$

通过公式(12-61)，(12-62)，(12-63)计算可得 T 点在$\{x,y,z\}$坐标系下的坐标为：

$$\begin{cases}T_x=\dfrac{(f_2-f_1)k}{f_1-f_2k}P_{2x}\\[2ex]T_y=\dfrac{(f_2-f_1)k}{f_1-f_2k}P_{2y}\\[2ex]T_z=\dfrac{f_1f_2(1-k)}{f_1-f_2k}\end{cases}\tag{12-64}$$

12.5 机器人双目视觉技术

12.5.1 双目立体视觉的基本概念

在立体视觉系统中，空间关系依赖于系统的某些内部参数，如摄像机的焦距、摄像机间的相对位置等，在这里考虑最一般的情况，如图 12-13 所示。

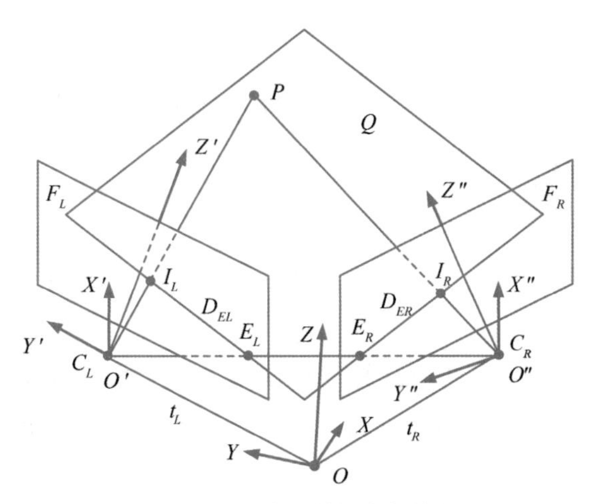

图 12－13　外极点、外极线与外极平面

将双目视觉所涉及的两个视平面分别称为视平面 L 和视平面 R，分别记为 F_L 和 F_R，记 C_L 为 F_L 的光心坐标，C_R 为 F_R 的光心坐标，将过光心 C_L 和 C_R 的连线称为光心线。

光心线与视平面 F_L 的交点 E_L 称为视平面 F_L 的外极点（epipole），光心线与视平面 F_R 的交点 E_R 称为视平面 F_R 的外极点。

设空间有一点 P，在 F_L 上的投影为 I_L，则将由点 I_L 和光心线所确定的平面称为外极平面（epipole plane），外极平面与视平面 F_L 的交线称为点 I_L 的外极线（epipolar），记为 D_{EL}。对称地，令点 P 在 F_R 上的投影为点 I_R，则由点 I_R 和光心线所确定的平面与视平面 F_R 的交线称为点 I_R 的外极线，记为 D_{ER}。

由上述定义显然可知，视平面 F_L 上的任意外极线 D_{EL} 必然通过外极点 E_L，视平面 F_R 上任意外极线 D_{ER} 必然通过外极点 E_R。外极线 D_{ER} 的解释是，给定 I_L，它在 F_R 上可能的对应点一定在外极线 D_{ER} 上；反之，给定 I_R，它在 F_L 上可能的对应点一定在外极线 D_{EL} 上。从另一个角度看，外极线 D_{ER} 相当于点 P 沿着直线 I_LC_L 滑动时在 F_R 上所形成的投影轨迹；类似地，D_{EL} 相当于点 P 沿着直线 I_RC_R 滑动时在 F_L 上所形成的投影轨迹。

摄像机 C_L 的坐标系 $O'X'Y'Z'$ 是从世界坐标系 $OXYZ$ 原点经旋转 R_L 和平移 t_L 形成的，摄像机 C_R 的坐标系 $O''X''Y''Z''$ 是从世界坐标系 $OXYZ$ 原点经旋转 R_R 和平移 t_R 形成的，如图 12－13 所示。

设

$$R_L=\begin{bmatrix} r_{11}^L & r_{12}^L & r_{13}^L \\ r_{21}^L & r_{22}^L & r_{23}^L \\ r_{31}^L & r_{32}^L & r_{33}^L \end{bmatrix}, t_L=\begin{bmatrix} X_{C_L} \\ Y_{C_L} \\ Z_{C_L} \end{bmatrix} \tag{12-65}$$

$$R_R=\begin{bmatrix} r_{11}^R & r_{12}^R & r_{13}^R \\ r_{21}^R & r_{22}^R & r_{23}^R \\ r_{31}^R & r_{32}^R & r_{33}^R \end{bmatrix}, t_R=\begin{bmatrix} X_{C_R} \\ Y_{C_R} \\ Z_{C_R} \end{bmatrix} \tag{12-66}$$

有 $T=t_R-t_L$，则 C_LE_L 在 $OXYZ$ 坐标下的 $\boldsymbol{n}$ 矢量为：

$$m_{E_L}=\boldsymbol{n}(T) \tag{12-67}$$

C_RE_R 在 $OXYZ$ 坐标下的 $\boldsymbol{n}$ 矢量为：

$$m_{E_R}=-m_{E_L} \tag{12-68}$$

于是在视平面 F_L 上，外极点 E_L 的 $\boldsymbol{n}$ 矢量为：

$$m'_{E_L}=R_L^{\mathrm{T}}m_{E_L} \tag{12-69}$$

类似地，在视平面 F_R 上，外极点 E_R 的 N 矢量为：

$$m'_{E_R}=R_R^{\mathrm{T}}m_{E_R} \tag{12-70}$$

设点 P 在视平面 F_L 上的像点的 $\boldsymbol{n}$ 矢量为 m'_{I_L}，在 $OXYZ$ 坐标下的 $\boldsymbol{n}$ 矢量为：

$$m_{I_L}=R_Lm'_{I_L} \tag{12-71}$$

外极平面在 $OXYZ$ 坐标下的 $\boldsymbol{n}$ 矢量为：

$$\boldsymbol{n}_Q=N[m_{I_L}\times m_{E_R}]=k_L(m_{I_L}\times m_{E_R}) \tag{12-72}$$

视平面 F_R 在 $OXYZ$ 坐标下的 $\boldsymbol{n}$ 矢量为：

$$\boldsymbol{n}_{F_R}=\begin{bmatrix} r_{13}^R \\ r_{23}^R \\ r_{33}^R \end{bmatrix} \tag{12-73}$$

外极线 D_{E_R} 在 $OXYZ$ 坐标下的方向矢量为：

$$\begin{aligned} m_{D_{ER}} &= \boldsymbol{n}[n\times n_{F_R}]=k_R(n\times n_{F_R}) \\ &= k(m_{I_L}\times m_{E_R}\times n_{F_R})=k(R_Lm'_{I_L}\times m_{E_R}\times n_{F_R}) \end{aligned} \tag{12-74}$$

其中，k_L，k_R，k 为归一化常数。

外极线 D_{E_R} 在 $O''X''Y''Z''$ 坐标下的方向矢量为：

$$m''_{D_{ER}}=kR_R^{\mathrm{T}}(R_Lm'_{I_L}\times m_{E_R}\times n_{F_R}) \tag{12-75}$$

由此可知，当立体视觉系统的内部参数已知时，可根据式(12-69)和式(12-70)确定其在世界坐标系下的外极点的方向矢量；对任意给定的视平面 F_L 上的一点 I_L，可根据其在 F_L 上的 N 矢量 m'_{I_L}，利用式(12-75)求得其在视平面 F_R 上对应点 I_R 所在外极线 D_{E_R} 的方向矢量 $m''_{D_{ER}}$。

12.5.2 双目立体视觉测距原理

为了方便讨论，通常取 F_L 的坐标系为世界坐标系，如图 12-14 所示。

左摄像机坐标为 $OXYZ$，右摄像机坐标为 $O''X''Y''Z''$，即有：

$$t_L=[0\quad 0\quad 0]^{\mathrm{T}},t_R=T=[t_1\quad t_2\quad t_3]^{\mathrm{T}} \tag{12-76}$$

$$R_L=I=\begin{bmatrix} 1 & 0 & 0 \\ 0 & 1 & 0 \\ 0 & 0 & 1 \end{bmatrix},R_R=R=\begin{bmatrix} r_{11} & r_{12} & r_{13} \\ r_{21} & r_{22} & r_{23} \\ r_{31} & r_{32} & r_{33} \end{bmatrix} \tag{12-77}$$

事实上，T，R 是双目立体视觉系统的外参数，表明左、右两摄像机的相互位置关

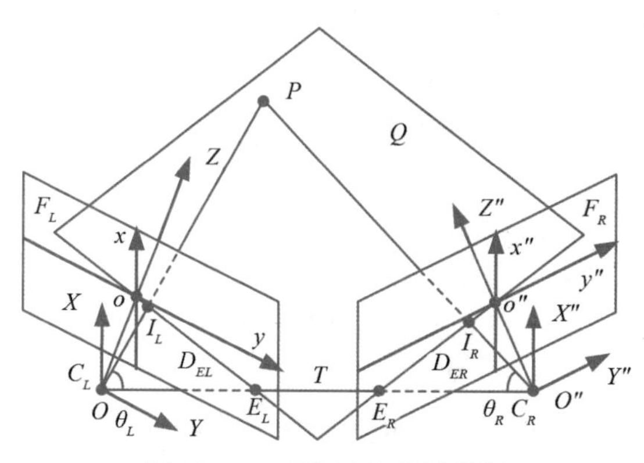

图 12-14　双目立体视觉测距

系，T 是右摄像机坐标原点相对左摄像机坐标原点的位置，R 是右摄像机坐标系相对左摄像机坐标系的方位。

则在视平面 F_L 上，外极点 E_L 在 $OXYZ$ 坐标系中的 N 矢量为：

$$m_{E_L}=N[(T)] \tag{12-78}$$

在视平面 F_R 上，外极点 E_R 在 $O''X''Y''Z''$ 坐标系中的 N 矢量为：

$$m''_{E_R}=N[R^{\mathrm{T}}(-T)] \tag{12-79}$$

因此，过空间点 P 在视平面 F_L 上的投影 I_L 的外极线的 N 矢量由下式给定：

$$n(m_{I_L})=N[m_{I_L}\times m_{E_L}]=N[m_{I_L}\times T] \tag{12-80}$$

同样，过空间点 P 在视平面 F_R 上的投影 I_R 的外极线的 N 矢量由下式给定：

$$n''(m_{I_L})=N[m''_{I_R}\times m''_{E_R}]=N[m''_{I_R}\times R^{\mathrm{T}}(-T)] \tag{12-81}$$

外极平面 Q 的 N 矢量为：

$$n_Q=N[m_{E_L}\times m_{I_L}]=N[T\times m_{I_L}] \tag{12-82}$$

在立体视觉中通过立体匹配通常得到的是视差或共轭对，而视觉测量要求得到的是距离值，因此研究两者之间的关系是视觉测量的重要内容之一。

假设空间点 P 在两个视平面上的投影点 I_L 和 I_R 的 N 矢量分别为 m_{I_L} 和 m''_{I_R}，则投影线 C_LP 与光心线 C_LE_L 的夹角为 θ_L，则投影线 C_RP 与光心线 C_RE_R 的夹角为 θ_R，分别有：

$$\theta_L=\cos^{-1}(m_{E_L},m_{I_L}) \tag{12-83}$$

$$\theta_R=\cos^{-1}(m''_{E_R},m''_{I_R}) \tag{12-84}$$

则 P 点距离 C_L 为：

$$r_L=\|T\|/(\sin\theta_L\cos\theta_R/\sin\theta_R+\cos\theta_L) \tag{12-85}$$

同样地，则 P 点距离 C_R 为：

$$r_R=\|T\|/(\sin\theta_R\cos\theta_L/\sin\theta_L+\cos\theta_R) \tag{12-86}$$

称 r 所形成的二维图为距离图。

由上述可知，距离图 r 由两夹角 θ_L 和 θ_R 及基矢量 T 唯一地确定。

12.6 机器人视觉系统实例

12.6.1 激光辅助机器人视觉系统

激光(laser)有着方向性好、亮度高、具有单一稳定波长等优点，成为机器人视觉系统中主要辅助手段。从摄像机的几何模型可知，摄像机获得的图像，失去了深度上的信息，因而单独的摄像机不能满足一些机器人作业的需要。但以激光为辅助设备构成的机器人视觉系统，可以完成许多复杂的机器人作业，如物体形状识别、工作轨迹跟踪等。

半导体激光器耗电少、寿命长、体积小(有的仅有手指大小)，价格也越来越便宜。激光器有点投式和线投式两种，前者投射到物体上是一个点，而后者投射到物体上为一线条。

1. 点投式激光辅助机器人视觉系统

利用激光线为辅助线，用它来确定激光与摄像机投影线在物体上的交点，这样就可以确定该点的空间位置，如果连续改变激光线的投射角度，就可以获得物体形状信息。图 12-15 表示了该系统的组成，图 12-16 说明了系统工作原理。

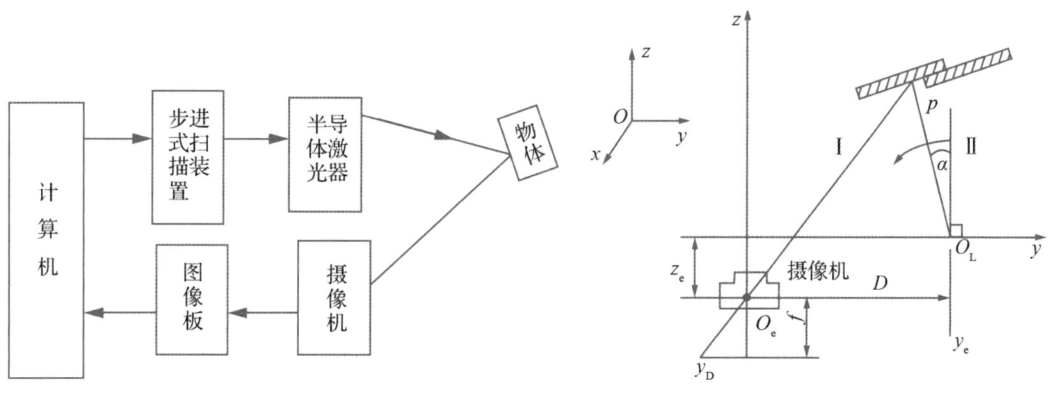

图 12-15 物体位置和形状检测框图　　图 12-16 激光辅助测距原理

图中 $o_e x_e y_e z_e$ 坐标系称为视觉坐标系，它固结在摄像机，o_e 为摄像机的镜头中心，z 轴和摄像机的光轴重合且指向摄像机，f 是镜头的焦距。

o_L 为激光器中心，y 轴与 y_e 轴平行过 o_L，但与 y_e 有 z_c 量截矩，z_e 轴与 z 轴重合，x 轴平行轴 x_e，α 角可由扫描机构改变。f 为摄像机焦距，D 为激光器到坐标原点 o_e 的距离。

从摄像机几何模型可知，z_e 轴为摄像机光轴，当仅用摄像机时，方向信息将要丢失。po_e 为摄像机的投影线，线上所有点都有相同的像，但直线(激光线)$o_L p$ 起辅助线作用，它与投影线 po_e 在物体表面 p 点相交，于是 p 点坐标可按下述方法求出。

令 y_D、x_D 分别表示 p 点的像点在像平面 y_c 方向和 x_c 方向的坐标值(图像板输出)。直线Ⅰ方程为：

$$z = y\frac{\mathrm{F}}{y_D} - Z_c \tag{12-87}$$

直线Ⅱ的方程为：

$$z = \frac{D-y}{\tan\alpha} \tag{12-88}$$

联立式(12-87)和式(12-88)可求得 p 点在 $oxyz$ 坐标系的坐标为：

$$p_x = \frac{x_D(D+Z_c\tan\alpha)}{y_D+f\tan\alpha} \tag{12-89a}$$

$$p_y = \frac{y_D(D+Z_c\tan\alpha)}{y_D+f\tan\alpha} \tag{12-89b}$$

$$p_z = \frac{Df-Z_c y_D\alpha}{y_D+f\tan\alpha} \tag{12-89c}$$

通过步进式扫描(改变 α)就可获得物体另一点坐标值。这样就可以获得目标物的大小、形状、距离等信息，如果 $oxyz$ 坐标系与机器人基础坐标系的转换矩阵是已知的(通过系统校准获得的)，机器人就可以直接操作目标物。

哈尔滨工业大学机器人研究所根据上述原理开发出了焊缝自动对中系统，可以在弧焊机器人上应用，以解决工件定位不准或热变形引起的焊缝位置变化。

2. 线投式点投式激光辅助机器人视觉系统

线投式激光器投射的激光线条与不在同一平面的物体相交时，产生折线，如图12-17所示。

A、B 为两相交平面，交线为 OC，激光线条分别为 L_1 和 L_2，交点为 D。一个摄像机将摄取折线 L_1 和 L_2。在机器人的许多应用中，我们仅关心的是不同平面交线的位置，如弧焊过程的焊缝位置。采用这种方法，可以很容易提取出交线位置，因为在摄像机获得的图像上，通过边沿提取算法很容易得到折线 L_1 和 L_2，如图12-18所示。如果在机器人终端效应器(工具)上，附加一标志，如图中线条 L_3，则平面交线上的点 D 至 L_3 的距离 b 可以由图像初级处理算法得到，然后把这距离尺寸作为机器人的运动增量，调整终端效应器的位置(如希望距离 b 为零)，这样就实现了机器人工具对平面交线的跟踪。

基于上述原理，瑞典ASEA公司研制出弧焊机器人视觉装置，它安放在工件上方175mm高度，视野宽度为32mm、分辨率为0.06mm，弧焊机器人对中精度达±0.4mm。系统组成和原理见图12-19。

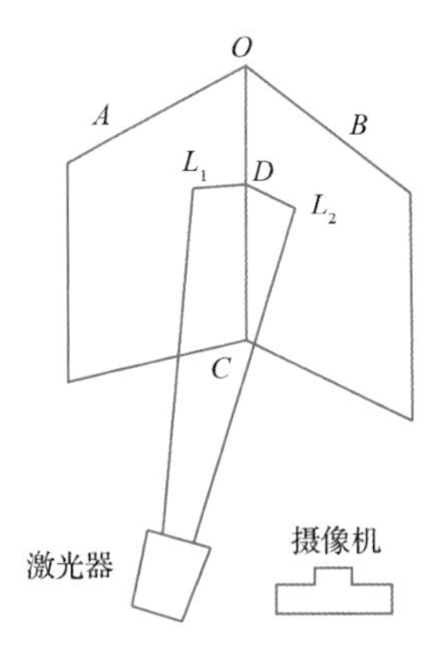

图 12－17 线投式激光辅助机器人视觉系统原理

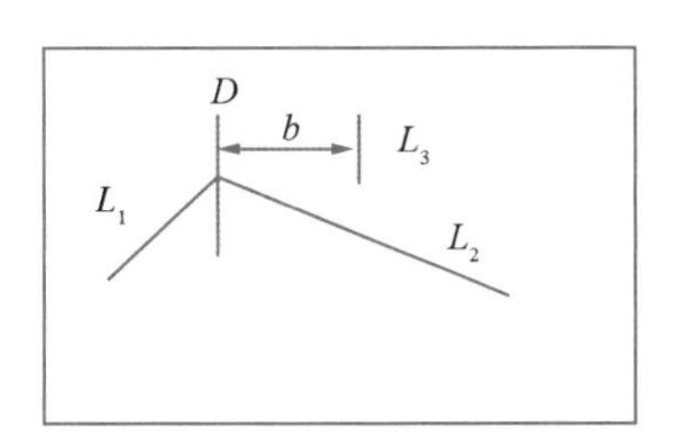

图 12－18 激光折线图像

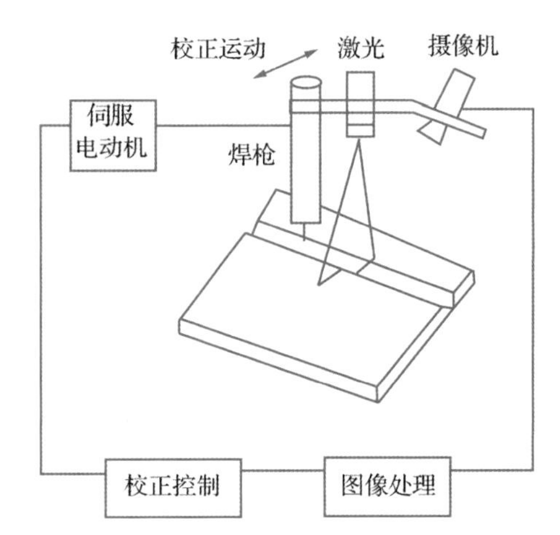

图 12－19 利用激光投射的焊缝自动跟踪系统

12.6.2 利用视觉识别抓取工件的机器人系统

如图 12－20 是美国通用汽车公司研究的一种在制造装置中安装的能在噪声环境下操作的机器人视觉系统，称 Consight-Ⅰ 型系统。

该系统为了从零件的外形获得准确、稳定的识别信息，巧妙地设置照明光，从倾斜方向向传送带发送两条窄条缝隙光，用安装在传送带上方的固体线性传感器摄取其图像，而且预先把两条缝隙光调整到刚好在传送带上重合的位置。这样，当传送带上没有零件时，缝隙光合成了一条直线，可是当零件随传送带通过时，缝隙光变成两条线，其分开的距离同零件的厚度成正比。由于光线的分离之处正好就是零件的边界，所以利用零件在传感器下通过结束的时刻就可以取出准确的边界信息。主计算机可处理装在机器人工作位置上方的固态线性阵列摄像机所检测的工件，有关传送带速度的数据也送到计算机中处理。当工件从视觉系统位置移动到机器人的位置时，计算机利用视觉和速度数据确定工件的位置、取向和形状，并把这种信息经接口送到机器人控制器。根据这种信息，工件仍在皮带上移动时，机器人便能成功地接近和拾取工件。

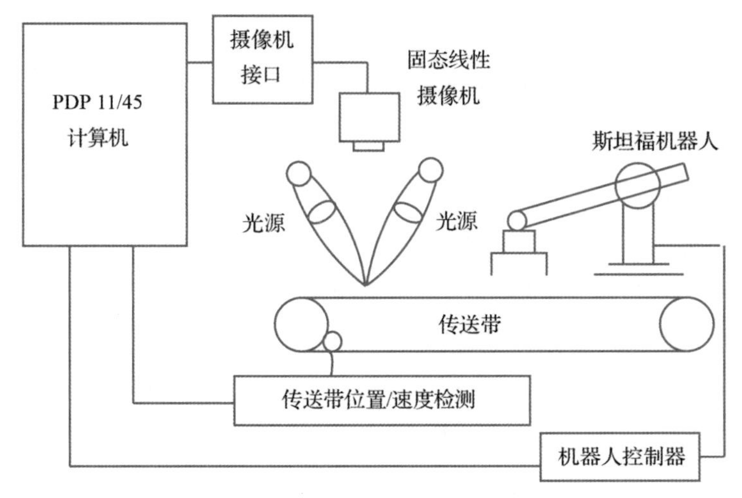

图 12－20　Consight-I 型系统

12.6.3　其他机器人视觉系统实例

1. **发动机自动装配系统**

在自动加工和装配生产线中，系统要有识别、定位、检查等功能，这需要给机器人配备视觉功能来协助和指导机器人作业。美国斯坦福研究所（SRI）研制了一个小型发动机自动装配系统，发动机本体上有 8 个要拧入螺栓的螺孔，在机器人的手指上装有固体摄像机（100×100 像素），可俯视发动机本体，在获得二值化图像后，通过计算在图像中寻找孔的边缘，并可根据孔的大小或圆度等性质来同其他特征相区别。但是 100×100 像素的分辨率即使能观察到发动机体的全部，而孔的位置也不能确定得十分精确，所以在粗略地测定了孔的位置以后，重新摄取图像，测定孔的精确位置，再让机器人的手爪把螺栓旋进螺孔并拧紧。所有螺栓都紧固完毕，最后再一次从上面摄取图像，检查螺栓是否安装无误。如果前边所检测的孔的图像都消失了，就确认螺栓已全部插入了。

2. **吸尘器装配系统**

日本武安等研制的吸尘器装配系统，配有 2 只机器人手臂、8 个电视摄像机。开始装配时，先由一只机械手从堆放着的过滤器中拣取一个，把它嵌进另一只机械手拿着的积尘箱内，再把本体嵌进箱内，最后用夹板把本体与积尘箱固定紧。整个装配过程中需要使用多个摄像机的视觉反馈对机械手进行控制。当把本体装入积尘箱时，使用了 3 个摄像机（水平方向有 2 个，垂直方向有 1 个），它们分别观测本体同积尘箱的距离，把其信息送给机器人，修正手爪的位置。其间首先用水平方向的摄像机测量水平方向的误差，修正手腕位置，然后用垂直方向的摄像机测定本体和积尘箱的转角误差，把该信息送到手腕，使之准确地进行夹板的固定连接。

机器人视觉系统的应用实例很多，以上仅介绍了几种典型的应用实例。在进行机器人视觉系统设计时，要综合考虑作业对象、动作要求、周围设备与环境以及性能参数等因素。

思考题

1. 机器人图像信息处理主要包括哪些方面？
2. 简述激光辅助机器人识别、定位视觉系统的工作原理。
3. 设计采用两个摄像机的机器人识别、定位系统，分析该系统的识别、定位原理。
4. 设计一个机器人手眼协调作业系统，简述工作原理并画出框图。

机器人的应用

如今，快速发展的传感器技术可以让机器人感知周边环境；云计算技术可以让机器人面对人类生活环境的多样性，实现自我学习，协同工作；大数据技术能够让机器人进行智能决策，而人工智能的发展，终于让机器人真正地智能起来了。随着机器人越来越智能，它也将在各个领域发挥重大作用。机器人的应用已经涉及工业、农业、林业、医疗、海洋探测、太空、娱乐等很多领域，随着机器人技术的不断发展和完善，以及机器人成本的进一步降低，可以预料，今后将开拓更多的机器人应用领域。在生产制造业以外的领域中，机器人将会有很好的应用前景。

13.1 工业机器人

根据国际机器人联合会(IFR)的统计，过去十多年，全球工业机器人景气度较高，中国、韩国、日本、美国和德国的总销量占全球销量的3/4。中国、美国、韩国、日本、德国、以色列等国是近年工业机器人技术、标准及市场发展较活跃的地区。

工业机器人的主要产销国集中在日本、韩国和德国，这三国的机器人保有量和年度新增量位居全球前列。日本、韩国和德国的机器人密度与保有量处于全球领先水平。

日本机器人市场成熟，其制造商国际竞争力强，发那科、那智不二越、川崎等品牌在微电子技术、功率电子技术领域持续领先。韩国的半导体、传感器、自动化生产等高端技术为机器人快速发展奠定了基础。德国工业机器人在人机交互、机器视觉、机器互联等领域处于领先水平。

13.1.1 焊接机器人

焊接作为工业裁缝，是现在工业制造最主要的加工工艺，也是衡量一个国家制造业水平的重要标杆。焊接机器人作为工业机器人最重要应用板块发展非常迅速，已广泛应用于工业制造各领域，占整个工业机器人应用40%左右。在实际应用中，焊接机器人本体很少单独使用，绝大多数还需要系统集成商结合行业和用户情况，将除焊接机器人本体以外的各功能单元等通过系统集成为成套自动化、信息化、智能化系统(单元)，形成满足用户需求的总体解决方案。焊接机器人在行业应用中还是以系统集成为主，这是机器人能够普及应用的关键，而且在高端制造领域，系统集成的份额更高。

和一般的工业机器人不同，焊接机器人不仅需要满足焊接工艺的基本动作要求，还要求具有焊接专用软件和其他应用软件；弧焊机器人还要求具有整个焊缝轨迹的精度和重复精度、跟踪功能、适应较为恶劣的工作环境和抗干扰能力。焊接机器人主要包括机器人和焊接设备两部分。机器人由机器人本体和控制柜(硬件及软件)组成。而焊接装备,以弧焊及点焊为例,则由焊接电源(包括其控制系统)、送丝机(弧焊)、焊枪(钳)等部分组成。对于智能机器人还应有传感系统,如激光或摄像传感器及其控制装置等。图 13-1 为焊接机器人的主要结构形式,图 13-2 为弧焊机器人和点焊机器人的基本组成。

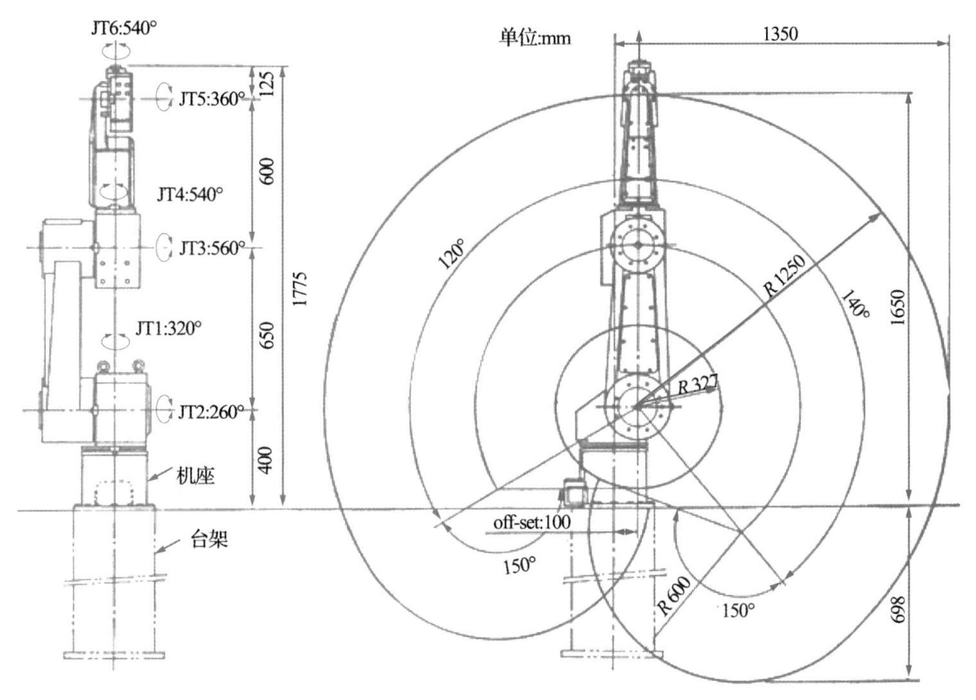

图 13-1　焊接机器人基本结构组成

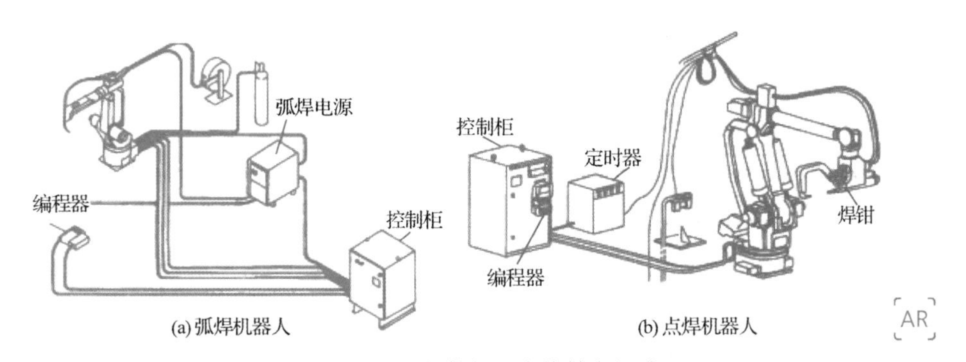

图 13-2　焊接机器人的基本组成

1. 点焊机器人

点焊对所用的机器人的要求是不高的。因为点焊只需点位控制,至于焊钳在点与点之间的移动轨迹没有严格要求。这也是机器人最早只能用于点焊的原因。点焊机器人不仅要有足够的负载能力,而且在点与点之间移位时速度要快捷,动作要平稳，定位要准确，以减少移位的时间，提高工作效率。点焊机器人需要有多大的负载能力，取决于所用的焊钳形式。对于用于变压器分离的焊钳，30～45kg 负载的机器人就足够了。但是，这种焊钳一方面由于二次电缆线长，电能损耗大，也不利于机器人将焊钳伸入工件内部焊接；另一方面电缆线随机器人运动而不停摆动，电缆的损坏较快。因此，目前逐渐增多采用一体式焊钳。这种焊钳连同变压器质量在 70kg 左右。考虑到机器人要有足够的负载能力，能以较大的加速度将焊钳送到空间位置进行焊接，一般都选用 100～150kg 负载的重型机器人。为了适应连续点焊时焊钳短距离快速移位的要求。新的重型机器人增加了可在 0.3s 内完成 50mm 位移的功能。这对电机的性能，微机的运算速度和算法都提出更高的要求。

由于采用了一体式焊钳，焊接变压器装在焊钳后面，所以变压器必须尽量小型化。对于容量较小的变压器可以用 50Hz 工频交流，而对于容量较大的变压器，已经开始采用逆变技术把 50Hz 工频交流变为 600～700Hz 交流，使变压器的体积减小、减轻。变压后可以直接用 600～700Hz 交流电焊接，也可以再进行二次整流，用直流电焊接。焊接参数由定时器调节，参见图 13-2(b)。新型定时器已经微机化，因此机器人控制柜可以直接控制定时器，无须另配接口。点焊机器人的焊钳，通常用气动的焊钳，气动焊钳两个电极之间的开口度一般只有两级冲程。而且电极压力一旦调定后是不能随意变化的。近年来出现一种新的电伺服点焊钳。焊钳的张开和闭合由伺服电机驱动，码盘反馈，使这种焊钳的张开度可以根据实际需要任意选定并预置。而且电极间的压紧力也可以无级调节。

2. 弧焊机器人

弧焊过程比点焊过程要复杂得多，工具中心点（TCP），也就是焊丝端头的运动轨迹、焊枪姿态、焊接参数都要求精确控制。所以，弧焊用机器人除了前面所述的一般功能外，还必须具备一些适合弧焊要求的功能。虽然从理论上讲，有 5 个轴的机器人就可以用于电弧焊，但是对复杂形状的焊缝，用 5 个轴的机器人会有困难。因此，除非焊缝比较简单，否则应尽量选用 6 轴机器人。

弧焊机器人多采用气体保护焊方法（MAG、MIG、TIG），通常的晶闸管式、逆变式、波形控制式、脉冲或非脉冲式等的焊接电源都可以装到机器人上作电弧焊。由于机器人控制柜采用数字控制，而焊接电源多为模拟控制，所以需要在焊接电源与控制柜之间加一个接口。近年来，国外机器人生产厂都有自己特定的配套焊接设备，这些焊接设备内已经插入相应的接口板，所以在图 13-2(a)中的弧焊机器人系统中并没有附加接口箱。应该指出，在弧焊机器人工作周期中电弧时间所占的比例较大，因此在选择焊接电源时，一般应按持续率 100%来确定电源的容量。送丝机构可以装在机器人的上臂上，也可以放在机器人之外，前者焊枪到送丝机之间的软管较短，有利于保持送丝的稳定性，而后者软管较长，当机器人把焊枪送到某些位置，使软管处于多弯曲状态，会严重影响送丝的质量。所以送丝机的安装方式一定要考虑保证送丝稳定性的问题。

3. 焊接机器人的应用

(1) 焊接机器人工作站(单元)。如果工件在整个焊接过程中无须变位,就可以用夹具把工件定位在工作台面上,这种系统即是最简单不过的了。但在实际生产中,更多的工件在焊接时需要变位,使焊缝处在较好的位置(姿态)下焊接。对于这种情况,变位机与机器人可以是分别运动,即变位机变位后机器人再焊接;也可以是同时运动,即变位机一边变位,机器人一边焊接,也就是常说的变位机与机器人协调运动。这时变位机的运动和机器人的运动复合,使焊枪相对于工件的运动既能满足焊缝轨迹又能满足焊接速度及焊枪姿态的要求。实际上这时变位机的轴已成为机器人的组成部分,这种焊接机器人系统可以多达7～20个轴,或更多。最新的机器人控制柜可以是两台机器人的组合作12个轴协调运动。其中一台是焊接机器人、另一台是搬运机器人作变位机用。焊接机器人工作站由图13-3所示的各单元构成。

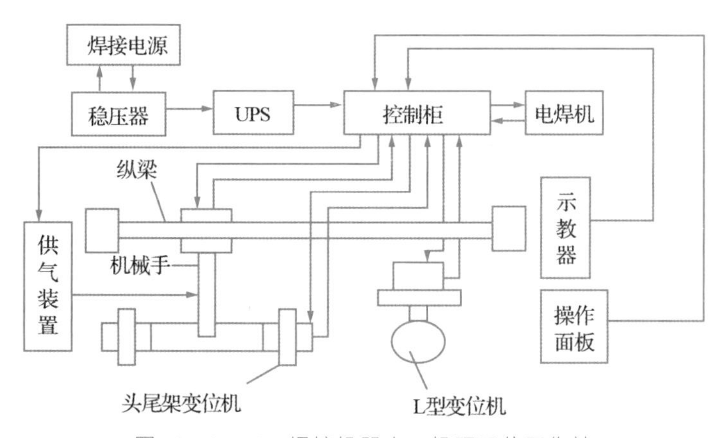

图13-3 IGM焊接机器人一机双工位工作站

(2)焊接机器人生产线。比较简单的一种焊接机器人生产线(如图13-4所示)是把多台工作站(单元)用工件输送线连接起来组成一条生产线。这种生产线仍然保持单站的特点,即每个站只能用选定的工件夹具及焊接机器人的程序来焊接预定的工件,在更改夹具及程序之前的一段时间内,这条线是不能焊其他工件的。另一种是焊接柔性生产线(FMS-W)。柔性线也是由多个站组成,不同的是被焊工件都装配在统一形式的托盘上,而托盘可以与线上任何一个站的变位机相配合,并被自动卡紧。焊接机器人系统首先对托盘的编号或工件进行识别,自动调出焊接这种工件的程序进行焊接。这样每一个站无需作任何调整就可以焊接不同的工件。焊接柔性线一般有一个轨道子母车,子母车可以自

图13-4 焊接机器人生产线

动将点固好的工件从存放工位取出，再送到有空位的焊接机器人工作站的变位机上。也可以从工作站上把焊好的工件取下，送到成品件流出位置。整个柔性焊接生产线由一台调度计算机控制。因此，只要白天装配好足够多的工件，并放到存放工位上，夜间就可以实现无人或少人生产了。工厂选用哪种自动化焊接生产形式，必须根据工厂的实际情况及工艺而定。焊接专机适合批量大，改型慢的产品，而且工件的焊缝数量较少、较长，形状规矩（直线、圆形）的情况；焊接机器人系统一般适合中、小批量生产，被焊工件的焊缝可以短而多，形状较复杂。柔性焊接线特别适合产品品种多，每批数量又很少的情况，目前国外企业正在大力推广无（少）库存，按订单生产（JIT）的管理方式，在这种情况下采用柔性焊接线是比较合适的。

13.1.2　喷涂机器人

典型的涂装机器人工作站主要由涂装机器人、机器人控制系统、供漆系统、自动喷枪/旋杯、喷房、防爆吹扫系统等组成，如图 13－5 所示。

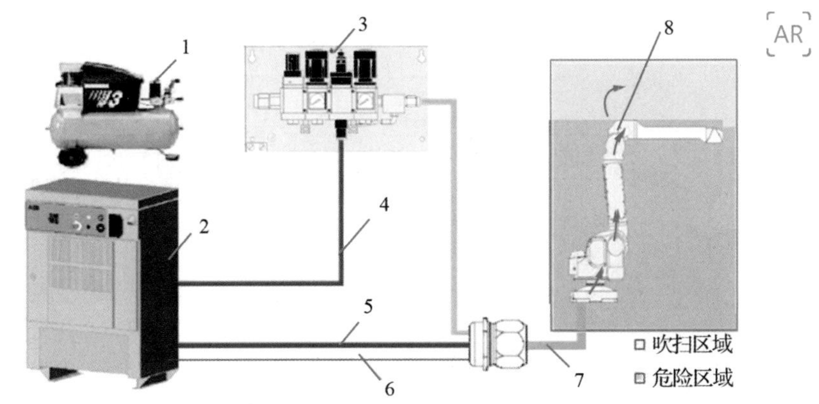

1－空气接口；2－控制柜；3－吹扫单元；4－吹扫单元控制电缆；5－操作机控制电缆；
6－吹扫传感器控制电缆；7－软管；8－吹扫传感器

图 13－5　涂装机器人系统组成

涂装是一种较为常用的表面防腐、装饰、防污的表面处理方法，需要喷枪在工件表面做往复运动。在作业开始前需要首先对机器人进行示教，然后控制机器人复现示教动作，完成喷涂工作。作业流程图如图 13－6 所示。

常见的涂装机器人辅助装置有机器人走行单元、工件传送（旋转）单元、空气过滤系统、输调漆系统、喷枪清理装置、喷漆生产线控制盘等。机器人走行单元与工件传送（旋转）单元主要包括完成工件的传送及旋转动作的伺服转台、伺服穿梭机及输送系统，以及完成机器人上下左右滑移的走行单元，如图 13－7 所示，涂装机器人所配备的走行单元与工件传送和旋转单元的防爆性能有着较高的要求。一般来讲，配备走行单元和工件传送与旋转单元的涂装机器人生产线及柔性涂装单元的工作方式有三种：动 / 静模式、流动模式及跟踪模式。

（1）动/静模式。在动/静模式下，工件先由伺服穿梭机或输送系统传送到涂装室

程序点	说明	程序点	说明	程序点	说明
程序点1	机器人原点	程序点4	涂装作业中间点	程序点7	作业规避点
程序点2	作业临近点	程序点5	涂装作业中间点	程序点8	机器人原点
程序点3	涂装作业开始点	程序点6	涂装作业结束点		

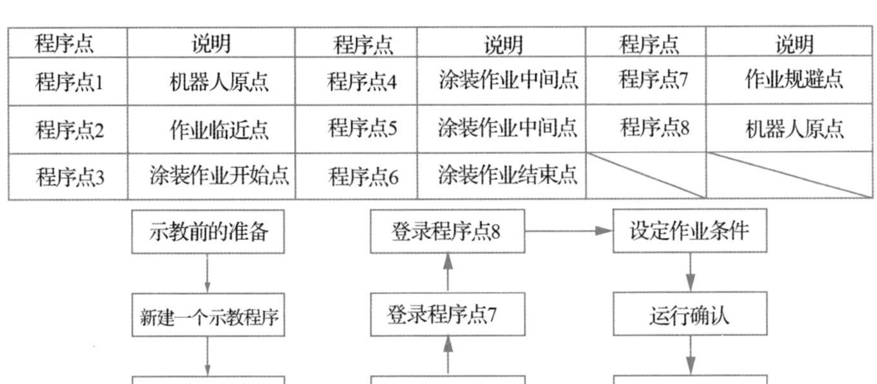

图 13－6　喷涂机器人作业流程

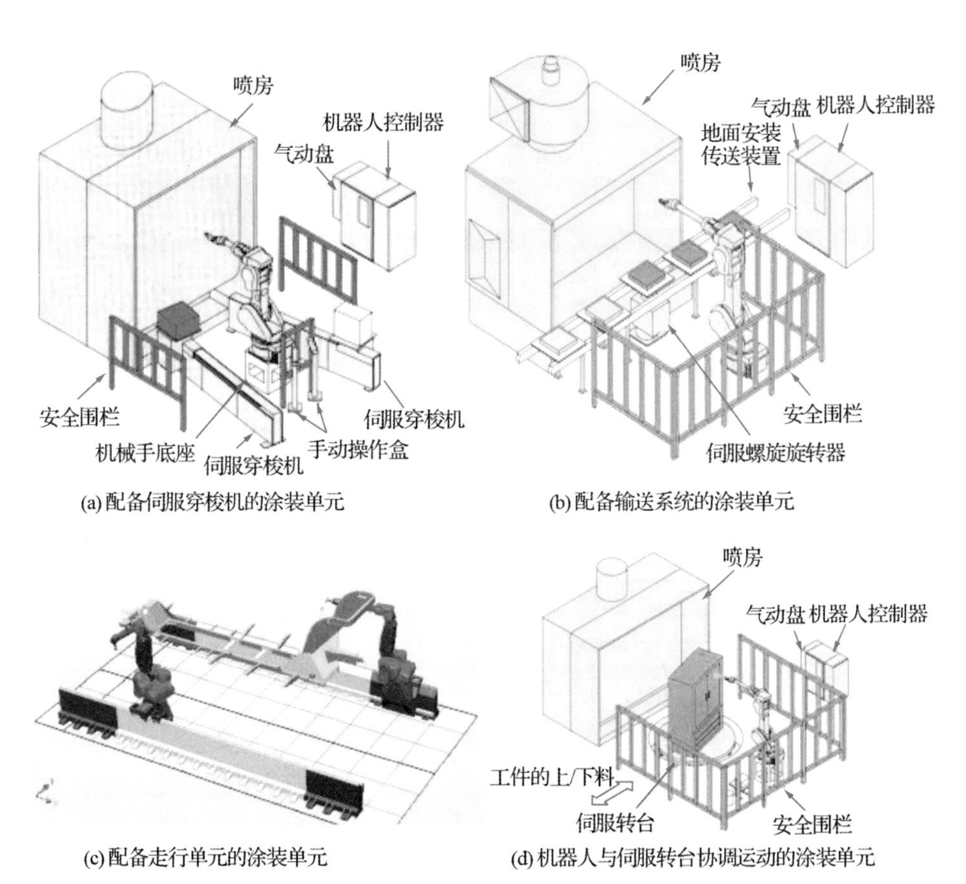

(a) 配备伺服穿梭机的涂装单元

(b) 配备输送系统的涂装单元

(c) 配备走行单元的涂装单元

(d) 机器人与伺服转台协调运动的涂装单元

图 13－7　涂装单元

中，由伺服转台完成工件旋转，之后由涂装机器人单体或者配备走行单元的机器人对其完成涂装作业。在涂装过程中工件可以是静止地做独立运动，也可与机器人做协调运动。

（2）流动模式。在流动模式下，工件由输送链承载匀速通过涂装室，由固定不动的涂装机器人对工件完成涂装作业。

（3）跟踪模式。在跟踪模式下，工件由输送链承载匀速通过涂装室，机器人不仅要跟踪随输送链运动的涂装物，而且要根据涂装面而改变喷枪的方向和返回角度。

13.1.3 装配机器人

1. 装配机器人的组成

装配机器人是柔性自动化装配系统的核心设备，由机器人操作机、控制器、末端执行器和传感系统组成（如图 13－8 所示）。其中操作机的结构类型有水平关节型、直角坐标型、多关节型和圆柱坐标型等；控制器一般采用多 CPU 或多级计算机系统，实现运动控制和运动编程；末端执行器为适应不同的装配对象而设计成各种手爪和手腕等；传感系统用来获取装配机器人与环境和装配对象之间相互作用的信息。其具体组成结构如下：

（1）手臂。机器人的主机部分，由若干驱动机构和支持部分组成，有不同组成方式和尺寸。

（2）手爪。安装在手部前端，抓握对象物。需要根据不同的对象物更换手爪。

（3）控制器。用于记忆机器人的动作，对手臂进行控制。控制器的核心是微型计算机，能完成动作程序、手臂位置的记忆、程序的执行、工作状态的诊断、与传感器的信息交流、状态显示等功能。

（4）示教盒。由显示部分和输入键组成，用来输入程序，显示机器人状态。

（5）传感器。借助传感器的感知，机器人可以更好地顺应对象物，进行柔软的操作，视觉传感器常常用来修正对象物的位置偏移。

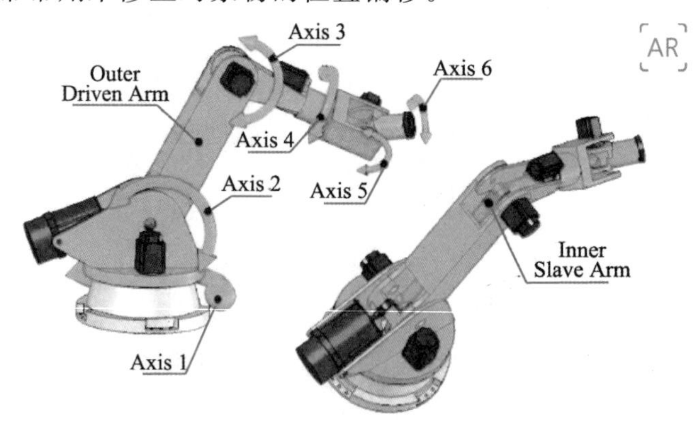

图 13－8　装配机器人

2. 装配机器人的应用——自动化装配流水线

20 世纪初，美国人亨利·福特首先采用了流水线生产方法，在他的工厂内，专业化地将分工分得非常细，仅仅一个生产单元的工序竟然达到了 7882 种，为了提高工人的劳动效率，福特反复试验，确定了一条装配线上所需要的工人，以及每道工序之间的距离。这样一来，每个汽车底盘的装配时间就从 12 小时 28 分缩短到 1 小时 33 分。大量生产的主要生产组织方式为流水生产，其基础是由设备、工作地和传送装置构成的设施系统，即流水生产线。最典型的流水生产线是汽车转配生产线。流水生产线是为特定的产品和预定的生产大纲所设计的。

图 13－9 举了一个动力锂电池组装配流水线的例子。该装配流水线具有如下特点：

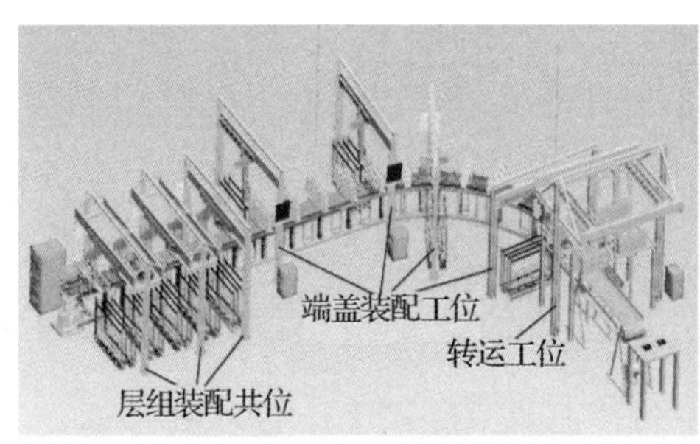

(a) 整体布局图

(b) 实物图

图 13－9　动力锂电池组装配流水线

(1) 总共有 20 个工位，整条生产线成“L”字形展开，以 10 个自动化作业机器人工位为主体，在中间布置人工工位配合作业机器人工作。

(2) 锂电池组的装配工作是由各个工位相互配合完成，在 10 个作业机器人工位中，前 5 个层组装配工位中的层组装配机器人完成 15 层电池模组的安装，然后 4 个端盖装配工位中的端盖装配机器人依次完成后端盖、水箱盖、PCB 板、前端盖的安装。

(3) 转运工位中的转运机器人将生产线上装配完成的成品锂电池组转运至充放电平台进行测试。

(4) 设置在作业机器人工位之间的 10 个人工工位负责一些小型零部件安装及辅助工装的拆装。

动力锂电池组装配流水线是机电一体化特色的生产装备，该系统以动力锂电池组自动化生产为目标，集成机械电子、传感技术、计算机控制技术和机器人技术，采用分布并行的控制方式。装配生产线控制系统分为两个层次，即生产线管理控制和工位现场控制。生产线管理控制由 IPC 完成，工位现场控制由 ARM 为控制 CPU 的嵌入式控制器完成，IPC 和 ARM 控制器之间通过 CAN 总线实现通信。装配流水线系统控制框图和作业机器人工位现场控制流程图分别如图 13－10 和图 13－11 所示。

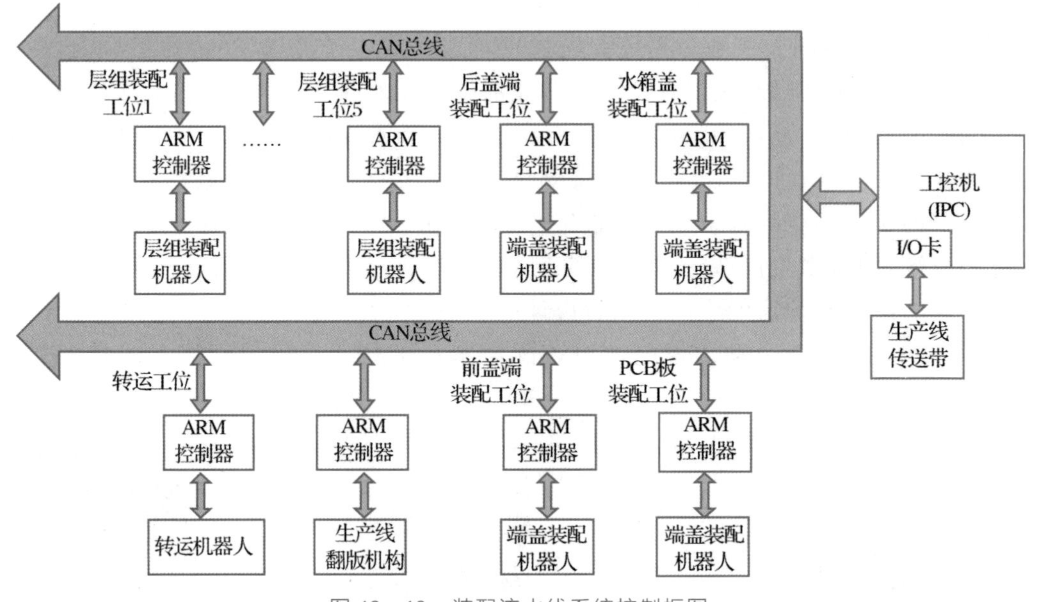

图 13－10　装配流水线系统控制框图

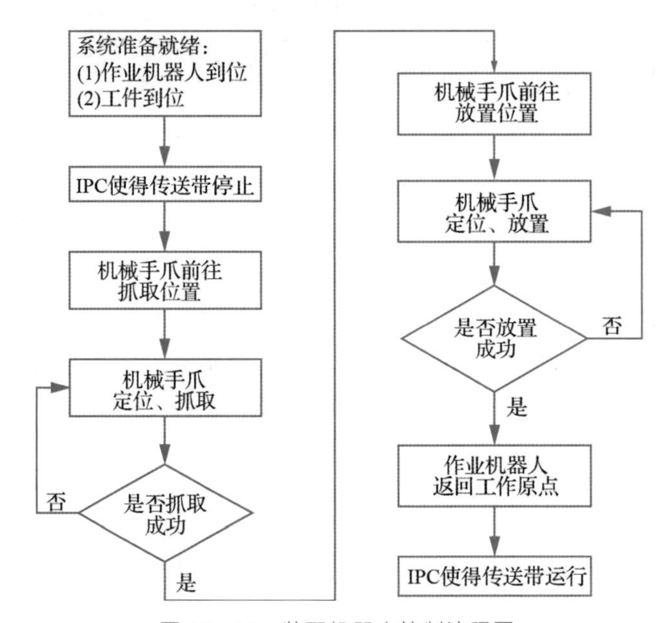

图 13－11　装配机器人控制流程图

13.1.4　移动搬运机器人（AGV）

AGV 是 automated guided vehicle 的缩写，意即“自动导引运输车”，也称为“无人搬运车”，是指装备有电磁或光学等自动导引装置，它能够沿规定的导引路径行驶，具有安全保护以及各种移载功能的运输车。AGV 以轮式移动为特征，较之步行、爬行或其他非轮式的移动机器人具有行动快捷、工作效率高、结构简单、可控性强、安全性好等优势，如图 13－12 所示。与物料输送中常用的其他设备相比，AGV 的活动区域无须铺设轨道、支座架等固定装置，不受场地、道路和空间的限制。因此，在自动化物流系统中，最能充分地体现其自动性和柔性，实现高效、经济、灵活的无人化生产。

图 13－12 AGV 示意图

1. AGV 的特点

相比传统的有人驾驶运输车辆，具有以下优点：

(1) 安全性高。为确保 AGV 在运行过程中自身安全、现场人员及各类设备的安全，AGV 采取多级硬件、软件的安全措施。

防撞装置：在 AGV 的外围设有红外光非接触式防碰传感器和接触式防碰传感器，AGV 一旦在一定距离范围内感应到障碍物即减速行驶，如障碍物位于更近的范围内则停驶，直到障碍解除，AGV 再自动恢复正常行驶。

信号灯：AGV 安装有醒目的信号灯和电子音乐播放器，以提醒周围的操作人员避让。

声光报警：一旦发生故障，AGV 将自动进行声光报警，同时无线通信通知 AGV 监控系统。

(2) 作业效率高。传统的叉车和拖车作业，需要有人驾驶。而叉车或拖车司机在工作期间需要吃饭喝水、休息，还可能发生怠工等影响作业效率的事件，另外叉车和拖车工作到一定时间还需要开到充电间进行充电，导致实际工作负荷不足 70%，而 AGV 作为自动化物料搬运设备，可在线充电，24 小时满负荷作业，具有人工作业无法比拟的优势。

(3) 投入成本较低。通过最近几年的飞速发展，AGV 的购置费已降低到与叉车比较接近的水平，而人工成本每年却不断上涨。两相比较，少人化的收益日益明显。

(4) 管理难度小。叉车或拖车司机作为一线操作人员，通常劳动强度大、收入不高，员工的情绪波动较大，离职率也比较高，给企业管理带来较大的难度。而 AGV 可有效规避管理上的风险，特别是近年来频现的用工荒现象。

(5) 可靠性高。相对于叉车及拖车行驶路径和速度的未知性，AGV 的导引路径和速度却是非常明确的，因此大大提高了物料搬运的准确性；同时，AGV 还可做到对物料的跟踪监控，可靠性得到极大提高。

(6) 降低产品损伤。AGV 可大大减少叉车工野蛮操作对产品本身及包装造成损伤的风险。

(7)较好的柔性和可拓展性。AGV 系统可允许最大限度地更改路径规划，具有较好的灵活性。同时，AGV 系统已成为工艺流程中的一部分，可作为众多工艺连接的纽带，因此，具有较高的可扩展性。

2. AGV 控制系统的组成

AGV 控制系统需解决三个主要问题：Where am I?（我在哪里?）Where am I going?（我要去哪里?）How can I get there?（我怎么去?）这三个问题归纳起来分别就是 AGV 控制系统中的三个主要技术：AGV 的导航(navigation)，AGV 的路径规划(layout designing)，AGV 的导引控制(guidance)。整体硬件框图如图 13－13 所示。

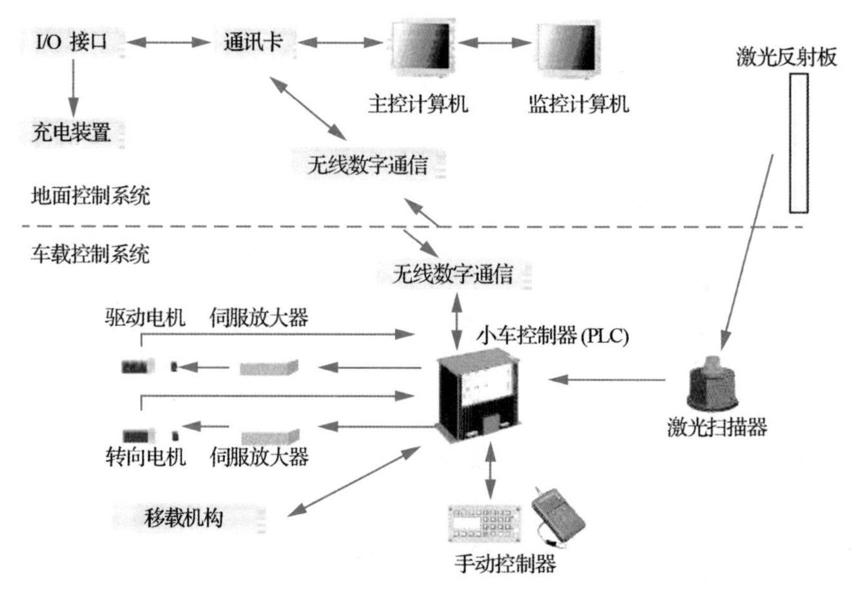

图 13－13　AGV 硬件系统结构图

AGV 控制系统分为地面(上位)控制系统、车载(单机)控制系统及导航/导引系统，其中，地面控制系统指 AGV 系统的固定设备，主要负责任务分配、车辆调度、路径(线)管理、交通管理、自动充电等功能；车载控制系统在收到上位系统的指令后，负责 AGV 的导航计算，导引实现，车辆行走，装卸操作等功能；导航/导引系统为 AGV 单机提供系统绝对或相对位置及航向。

AGV 控制系统是一套复杂的控制系统，加之不同项目对系统的要求不同，更增加了系统的复杂性，因此，系统在软件配置上设计了一套支持 AGV 项目从路径规划、流程设计、系统仿真(simulation)到项目实施全过程的解决方案。上位系统提供了可灵活定义 AGV 系统流程的工具，可根据用户的实际需求来规划或修改路径或系统流程；而下位系统也提供了可供用户定义不同 AGV 功能的编程语言。

定位导航技术是 AGV 的核心技术之一。它主要是通过获取环境信息以及自身状态来推算当前位置，然后朝着给定目标移动。目前主流的导航方式有：磁导航、惯性导航、GPS 导航、激光导航、视觉导航等。

(1) 磁导航，是机器人导航技术中比较成熟的技术，它是 20 世纪 50 年代在美国开发的。目前已广泛应用于制造工业领域。磁导航主要原理是在路径上埋设电缆，当电流通过电缆时会产生磁场，通过电磁传感器，对磁场的检测来感知路径信息，从而实现机器人的导航。该方法优点是抗干扰能力强，技术简单，实用；缺点是成本高，可变性、可维护性较差。

（2）惯性导航，是使用陀螺仪和加速度计分别测量移动机器人的方位角和加速率，从而确定当前的位置，根据已知地图路线，来控制移动机器人的运动方向以实现自主导航。惯性导航的优点是不需要外部参考，缺点是它具有误差累加，不适合长时间精确定位。

（3）GPS导航，主要是依靠GPS卫星定位系统进行定位，但是只能在空旷的室外环境下进行，在建筑物密集以及室内无法使用。而且民用GPS的精度一般在几米，无法满足应用需求。

（4）激光导航，主要是指通过检测布置在环境中的反光板，然后根据三点定位原理确定机器人当前位置，还有部分研究者提出采用无反光板激光导航技术，即环境中无须布置反光板，根据环境中的信息进行定位导航。

（5）视觉导航，主要是通过摄像头对障碍物和路标信息拍摄，获取图像信息，然后对图像信息进行探测和识别实现导航。它具有信号探测范围广，获取信息完整等优点，是移动机器人导航的一个主要发展方向。但是一般情况下视觉图像处理方法计算量大，实时性不高。通常情况下解决该问题的关键是优化定位算法或者采用并行计算加速的方法进行处理。

3. AGV的应用

随着AGV技术的迅速发展，AGV的应用范围也在不断扩展，目前能够广泛运用于仓储业、制造业、烟草、医药、港口码头以及特种行业等领域，具有良好的环境适应能力。

（1）物流仓储业。物流仓储业是AGV最早应用的场所。1954年世界上首台AGV在美国的South Carolina州的Mercury Motor Freight公司的仓库内投入运营，用于实现出入库货物的自动搬运。图13-14是一个在物流仓储领域常用的搬运AGV，是由云南昆船生产的磁导引式AGV——AWD106。AWD106型顶升式AGV主要用于重载物料的搬运。差速驱动可实现原地360°自旋，能较好地适应在狭窄巷道中的搬运作业。在AGV上配备电动顶升执行机构，可靠的连接设计能确保机械同步升降，使物料升降安全平稳。其规格参数如表13-1所示。

图13-14 搬运AGV

表 13－1　AWD106 型 AGV 规格参数

导引方式	磁导引
驱动及转向	差速驱动
额定载荷	3500kg
最大举升行程	200mm
前进速度	60m/min
导引精度	10mm
停位精度	5mm
通信方式	无线局域网

近年来随着电动叉车的广泛应用，无人叉车也随之兴起。目前物料的运输主要靠人工操作的叉车。人工叉车需要具有一定熟练程度的工人，在工作时间上，工人不可能持续操作，需要更多的工人轮流操作，这会增加生产成本；另一方面，相对于人工操作的叉车，无人叉车可以 24 小时不间断地运行，且精度高、安全可靠。短期内即可收回投资成本，回报率较高。因此，大量采用无人叉车，可以降低企业的运营成本，提高市场竞争力。目前无人叉车主要分为激光导航和视觉导航两种。

激光导航无人叉车：图 13－15 是沈阳新松公司根据不同行业的实际需求而研发的系列激光导航 AGV 产品，主要由 AGV 车体、升降装置等组成。该设备承担空托盘、带载托盘、货物等升降搬运工作。激光导航可使用反光板、无反光板等各种形式。保留原厂交流驱动和转向电机。保留原厂油路阀组和电机的液压系统，采用新松自主研发大功率驱动模块进行举升驱动控制，以取得连续调速的平稳性和位置的精确控制。

图 13－15　激光导航无人叉车

视觉导航无人叉车：激光雷达定位精度高，是目前室内移动机器人定位的主流技术，技术成熟，但是由于激光雷达本身的二维特性，导致能获取的环境信息较少，所以不适用于动态变化的非结构化室内环境，而且激光雷达价格高昂，也是制约该技术发展的重要因素。而视觉导航技术成本低、定位精度高，同时通过多传感器融合技术，大幅提高定位频率。视觉可获取的丰富的信息量可以作为障碍探测、物体识别使用。图 13－16 是视觉导航叉车组成结构图。图 13－17 是视觉导航叉车示意图。

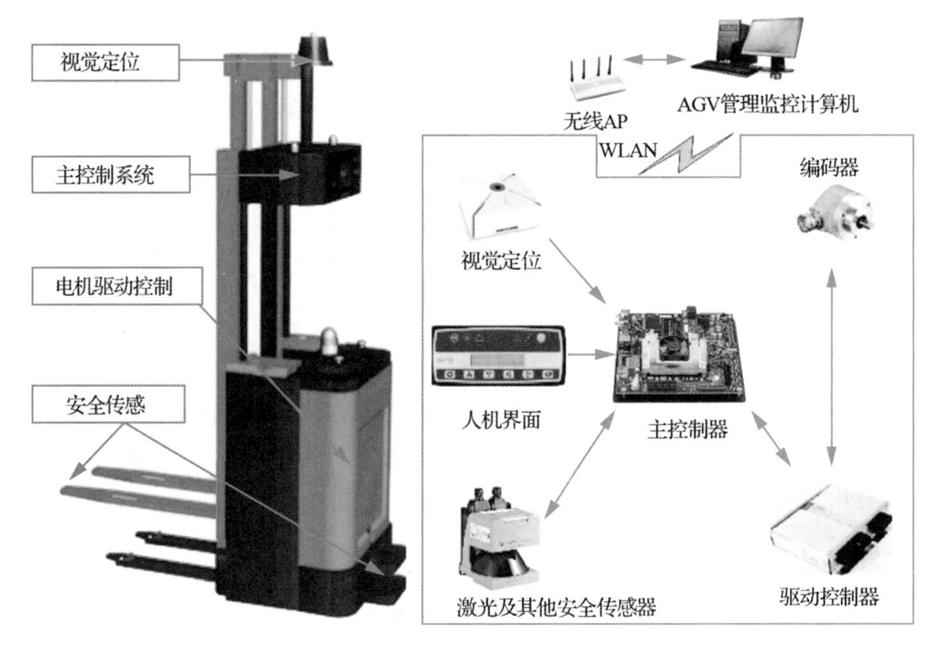

图 13-16 视觉导航无人叉车结构图

（2）制造业。AGV 在制造业的生产线中大显身手，高效、准确、灵活地完成物料的搬运任务。并且可由多台 AGV 组成柔性的物流搬运系统，搬运路线可以随着生产工艺流程的调整而及时调整，使一条生产线上能够制造出十几种产品，大大提高了生产的柔性和企业的竞争力。近年来，作为 CIMS 的基础搬运工具，AGV 的应用深入到机械加工、家电生产、微电子制造、卷烟等多个行业，生产加工领域成为 AGV 应用最广泛的领域。

（3）邮局、图书馆、港口码头和机场。在邮局、图书馆、港口码头和机场等场合，物品的运送存在着作业量变化大，动态性强，作业流程经常调整，以及搬运作业过程单一等特点，AGV 的并行作业、自动化、智能化和柔性化的特性能够很好地满足上述场合的搬运要求。瑞典于 1983 年在大斯德哥尔摩邮局、日本于 1988 年在东京多摩邮局、中国于 1990 年在上海邮政枢纽开始使用 AGV，完成邮品的搬运工作。在荷兰鹿特丹港口，50 辆称为“yard tractors”的 AGV 完成集装箱从船边运送到几百码以外的仓库这一重复性工作。

图 13-17 视觉导航无人叉车

（4）烟草、医药、食品、化工。对于搬运作业有清洁、安全、无排放污染等特殊要求的烟草、医药、食品、化工等行业中，AGV 的应用也受到重视。在国内的许多卷烟企业，如青岛颐中集团、玉溪红塔集团、红河卷烟厂、淮阴卷烟厂都应用了激光引导式AGV完成托盘货物的搬运工作。

（5）危险场所和特种行业。在军事上，以AGV的自动驾驶为基础集成其他探测和拆卸设备，可用于战场排雷和阵地侦察，英国军方正在研制的MINDER Recce，是一辆具有地雷探测、销毁及航路验证能力的自动型侦察车。在钢铁厂，AGV用于炉料运送，减轻了工人的劳动强度。在核电站和利用核辐射进行保鲜储存的场所，AGV用于物品的运送，避免了危险的辐射。在胶卷和胶片仓库，AGV可以在黑暗的环境中，准确可靠地运送物料和半成品。

（6）行车。AGV对行驶区域的环境进行图像识别，实现智能行驶，这是一种具有巨大潜力的导引技术，此项技术已被少数国家的军方采用，将其应用到AGV上还只停留在研究中，还未出现采用此类技术的实用型AGV。可以想象，图像识别技术与激光导引技术相结合将会AGV更加完善，如导引的精确性和可靠性，行驶的安全性，智能化的记忆识别等都将更加精确。

13.1.5 巡检机器人

变电站设备巡检是有效保证变电站设备安全运行、提高供电可靠的一项基础工作，主要分为例行巡检和特殊巡检。例行巡检每天至少两次；特殊巡检一般在高温天气、大负荷运行、新投入设备运行前以及大风、雾天、冰雪、冰雹、雷雨后进行。此外，检修人员还通过手持红外热像仪，一般每半个月一次对变电站设备进行红外测温。

随着机器人的快速发展，将机器人应用到电力行业成为可能。智能巡检机器人用于替代人工完成变电站巡检中遇到的急、难、险、重和重复性工作。可以加载红外热成像仪、气体检测仪、高清摄像机等有关的电站设备检测装置，以自主和遥控的方式，代替人对室外高压设备进行巡测，以便及时发现电力设备的内部热缺陷、外部机械或电气问题如异物、损伤、发热、漏油等等，给运行人员提供诊断电力设备运行中的事故隐患和故障先兆的有关数据。智能巡检机器人的推广应用将进一步提高电力生产运行的自动化水平，为电力安全生产提供更多保障。

巡检机器人及用户自主定位导航、自动充电的室外移动平台，集成摄像头、红外、超声等传感器，自主规划路线，实现室外无人自主运动，并且将传感器检测的视频以及红外图像通过无线网络传送到后台监控室，如图13-18所示。后外系统通过对比分析当前图像，实现对设别缺陷以及异常的检测。

图13-18　电力巡检机器人

巡检机器人系统主要分为3层：基站层、通信层、终端层，如图13-19所示。

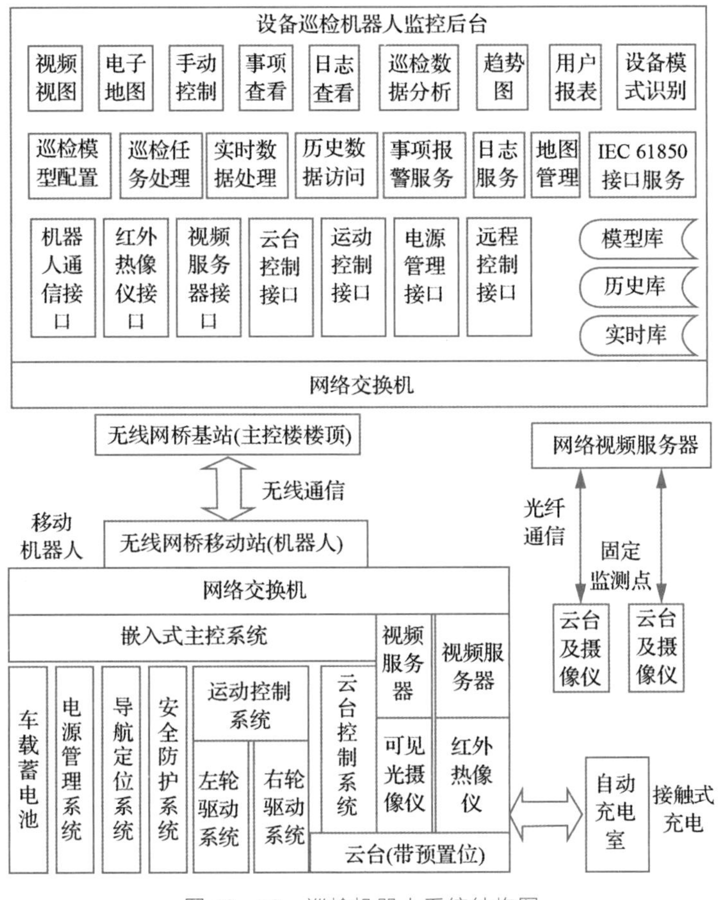

图 13－19 巡检机器人系统结构图

(1) 基站层。由监控后台组成，是整个巡检系统的数据接收、处理与展示中心，由数据库(模型库、历史库、实时库)、模型配置、设备接口(机器人通信接口、红外热像仪接口、远程控制接口等)、数据处理(实时数据处理、事项报警服务、日志服务等)、视图展示(视频视图、电子地图、事项查看等)等模块组成。

(2) 通信层。由网络交换机、无线网桥基站(固定在主控楼楼顶)及无线网桥移动站(安装在移动机器人上)等设备组成，采用 Wi-Fi 802.11n 无线网络传输协议，为站控层与终端层间的网络通信提供透明的传输通道。

(3) 终端层。包括移动机器人、充电室和固定视频监测点。移动机器人与监控后台之间为无线通信，固定视频监测点与监控后台之间可采用光纤通信。充电室中安装充电机构，机器人完成一次巡视任务后或电量不足时，自动返回充电室进行充电。

13.2　服务机器人

服务机器人行业的产业链可以分为上游、中游和下游，如图 13－20 所示。

上游企业是指生产各种服务机器人所需零部件的零部件供应商或材料供应商。其中，主要零部件包括自动焊机、电子器件、微处理器、机器人用伺服电机、高精度减速器、机加件、气动元器件、传感器、电池、单板机、舵机等，归属于标准零部件、电子设备以及电子元器件等。

中游制造环节包括总装厂、操作系统提供商、云系统提供商等。

下游则主要是医疗、家用、农用、军事等行业和领域的消费与流通环节。

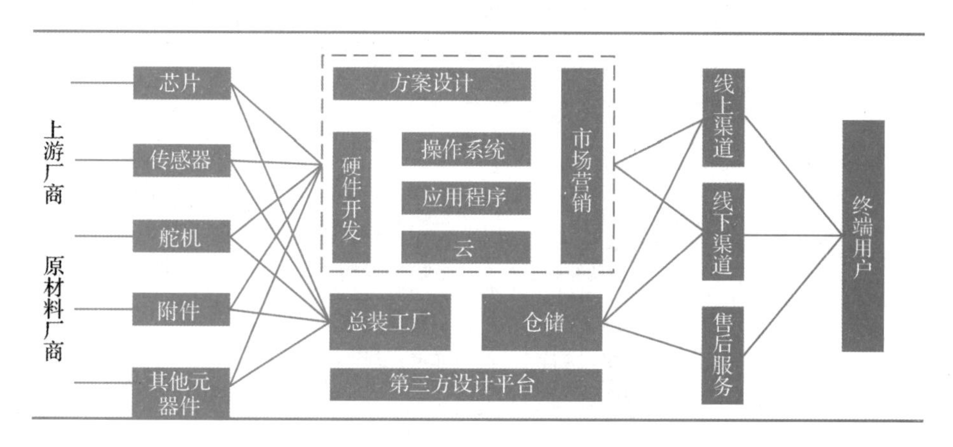

图 13－20　服务机器人产业链

13.2.1　家庭服务机器人

家庭服务机器人是为人类服务的特种机器人，是能够代替人完成家庭服务工作的机器人，它包括行进装置、感知装置、接收装置、发送装置、控制装置、执行装置、存储装置、交互装置等。所述感知装置将在家庭居住环境内感知到的信息传送给控制装置，控制装置指令执行装置做出响应，并进行防盗监测、安全检查、清洁卫生、物品搬运、家电控制，以及家庭娱乐、病况监视、儿童教育、报时催醒、家用统计等工作。

1. 扫地机器人

扫地机器人，又称自动打扫机、智能吸尘、机器人吸尘器等，是智能家用电器的一种，能凭借一定的人工智能，自动在房间内完成地板清理工作。一般采用刷扫和真空方式，将地面杂物先吸纳进入自身的垃圾收纳盒，从而完成地面清理的功能。一般来说，将完成清扫、吸尘、擦地工作的机器人，也统一归为扫地机器人。

扫地机器的机身为无线机器，以圆盘形为主。使用充电电池运作，操作方式以遥控器，或是机器上的操作面板为主。一般能设定时间预约打扫，自行充电。前方有设置感应器，可侦测障碍物，如碰到墙壁或其他障碍物，会自行转弯，并依不同厂商设定，而走不同的路线,有规划清扫地区(部分较早期机型可能缺少部分功能)。因为其简单操作的功能及便利性,现今已慢慢普及,成为上班族或是现代家庭的常用家电用品。

科沃斯地宝 710 是科沃斯机器人推出的一款真正的吸扫抛为一体的智能扫地机器人,如图 13－21 所示。地宝 710 采用双边刷＋滚刷的结构模式,吸尘的同时,滚刷可以对地面进行抛光干拖,能有效清洁地面的颗粒垃圾及黏合地面的细小灰尘。另外,地宝 710 的电池容量达到 2500mAh,一次性清扫时间增加至 100～120min,最大可清理 200m² 的面积。拥有多种清扫模式,可根据家庭地面情况进行选择。其规格参数如表 13－2 所示。

图 13－21 科沃斯扫地机器人

表 13－2 地宝 710 规格参数

产品型号	TBD710
产品尺寸	335mm×335mm×98mm
净重	3.6kg
集尘盒	透明尘盒(抗菌)0.7L
工作环境	瓷砖、木板地面、大理石、短毛地毯
噪音	≤52dB
适用电压	220VAC100～240V,50/60Hz
电池	2500mAh
运行速度	0.2m/s
运作时间	100～120min
充电	4～5h

随着技术的不断进步,特别是定位导航技术的不断发展,目前扫地机器人上面也搭载了视觉模块以及同时定位与建图(SLAM)算法,进行全局建图与定位。SLAM 试图解决这样的问题:一个机器人在未知的环境中运动,如何通过对环境的观测确定自身的运动轨迹,同时构建出环境的地图。从而实现任意位置清扫,同时还能自动规划清扫路径。如图 13－22 所示。

图 13－22 视觉导航扫地机器人

视觉 SLAM 主要分为几个模块:数据采集、视觉里程计(visual odometry)、后端优化、建图(mapping)、闭环检测(loop closure detection)。

(1) 视觉里程计。视觉里程计就是利用一个图像序列或者一个视频流,计算摄像机的方向和位置的过程。一般包括图像获取后、畸变校正、特征检测匹配或者直接匹配对应像素、通过对极几何原理估计相机的旋转矩阵和平移向量。

（2）后端优化。理论上来说，如果视觉里程计模块估计的相机的旋转矩阵 $\boldsymbol{R}$ 和平移向量 t 都正确的话，就能得到的定位和建图。但是在实际试验中，我们得到的数据往往有很多噪声，且由于传感器的精度、错误的匹配等，都对造成结果有误差。并且由于我们只是把新的一帧与前一个关键帧进行比较，当某一帧的结果有误差时，就会对后面的结果产生累计误差，这样最后的结果肯定误差越来越大。为了解决这个问题，引入后端优化。后端优化一般采用捆集调整（BA）、卡尔曼滤波（EKF）、图优化等方式来解决。其中基于图优化的后端优化，效果最好。Graph-based SLAM 一般使用 g2o 求解器，进行图优化计算。

（3）闭环检测。后端优化可能得到一个比较优的解，但当运动回到某一个之前去过的地方，如果我们能认出这个地方，并找到那个时候的关键帧进行比较，我们就可以得到比单用后端优化更准确更高效的结果。闭环检测就是要解决这个问题。

闭环检测有两种方式：一种是根据估计出来的相机的位置，看是否与之前已经到达的否个位置邻近；另外一种是根据图像，去自动识别出这个场景之前到过，并找到那时候的关键帧。现在比较常用的是后一种方法，其实是一个非监督的模式识别问题。

2. 教育娱乐机器人

教育娱乐机器人就是通过对一般的机器人进行一些拟人化的外形改造及硬件设计，同时运用相关的娱乐形式进行其软件开发而得到的一种用途广泛、老少皆宜的服务型机器人。通过硬件的设计，使得教育娱乐机器人具有人性化的外形以及与人和谐的高层次交互方式，包括语音、视觉等，而通过各种娱乐软件的开发使得该机器人能够与人进行智能化的互动娱乐。

就国内来说，教育机器人在中小学的应用现状，一方面是建立青少年科学工作室，用以设置机器人科技创新项目，以成熟、成套为主，学生多使用图形化编程方法，控制器多为单片机，以单片机、计算机接口、传感器技术等课程实验为目标；再者是参加各类机器人竞赛，包括：RCJ、全国青少年机器人大赛、全国青少年电脑制作活动、各类机器人足球比赛等。另一方面，是用于机器人教学，国内目前已有不少学校将机器人作为一种课外活动。大部分高校已建成机器人创新实验室（工程训练中心），并开设专门的机器人课程，主要侧重智能控制、机器人控制、传感器融合技术等。

（1）NAO 机器人：NAO 是一个 58cm 高的仿人机器人，旨在成为人类理想的家居伙伴，是在学术领域世界范围内运用最广泛的娱乐教育机器人。它可以行走，识别人脸，语音信息，甚至还可以与人交谈。它是各种软、硬件巧妙结合的独特产物，由大量传感器、电机和软件构成。所有软件由专门设计的操作系统 NAOqi 来控制。具有以下功能特点：

① NAO 机器人拥有讨人喜欢的外形。并具备有一定程度的人工智能和一定程度的情感智商，并能够和人亲切的互动。该机器人还如同真正的人类婴儿一般拥有学习能力。

② NAO 机器人还可以通过学习身体语言和表情来推断出人的情感变化，并且随着时间的推移"认识"更多的人，并能够分辨这些人不同的行为及面孔。

③NAO 机器人能够表现出愤怒、恐惧、悲伤、幸福，兴奋和自豪的情感，当它们在面对一个不可能应付的紧张状况时，如果没有人与其交流，NAO 机器人甚至还会为此生气，如图 13－23 所示。它的"脑子"可以让它记住以往好或坏的体验经验。

图 13－23　Aldebaran SAS 公司的 NAO 系列机器人

（2）Pepper 机器人。2014 年 6 月，日本软银集团和 Aldebaran 联合推出了世界上第一款可以识别情绪的个人机器人——Pepper。目前，Pepper 已经在日本店中迎接顾客，并为顾客提供信息。Pepper 是一款服务于家庭的消费级社交机器人，代表着机器人技术难度的顶峰，如图 13－24 所示。Pepper 是全球第一个会判读情感的个人化机器人，可以识别表情，并用表情、动作、语音与人类交流、反馈，目前已经会使用 4500 个日语词汇，同时 Pepper 会判断情感，在交流时可变换语调，具有冲击性的社交体验。Pepper 对情感的判断可通过"自主学习"获取，对外界反应的敏感度会通过接收来自云端人工智能的知识不断增长。能极大满足消费者的社交体验。

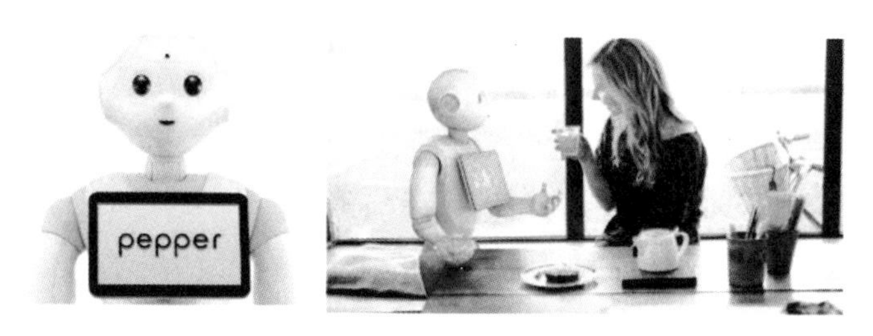

图 13－24　Pepper 机器人

13.2.2　专用服务机器人

专用服务机器人如引导服务机器人，具有室内定位导航、语音交互、图像识别、触屏交互、脸部表情和手臂动作交互等功能，为新一代智能服务机器人，适用于室内引导服务等场合，如图 13－25 所示。其主要功能有：

（1）室内自由行走：机器人可以在室内指定区域内自由行走，遇到前方障碍物，可以自动避开。

（2）语音交互：机器人具有语音交互功能，用户应在机器人正前方约 1 米处与机器人进行对话。机器人语音为青年女声，语速可调。

（3）触屏交互：可用于后台信息推送播报，搜索查找位置信息，实时路线显示等。

（4）表情交互：头部面部表情可动态显示，可定制。

（5）人脸识别：能够识别、检测位于机器人前方的参观者，并主动打招呼，招揽顾客。

（6）自动充电：电量低于设定值时，自动返回充电装置充电。

图 13－25　引导服务机器人

13.3　农业机器人

农业机器人是为了农业目的而研发的机器人，是一种新型多功能农业机械。农业机器人的应用可以大大降低人工劳动强度以及生产成本，解决农业生产劳动力资源不足、生产率低下的困境，以满足人类社会日益增长的食品和生物能源的需求，如图 13－26 所示。目前农业机器人的主要应用范围有：① 可完成各种繁重体力劳动的农田机器人，如插秧、除草、施肥及施药机器人等；② 可实现蔬菜水果自动收获、分选、分级等工作的果蔬机器人，如采摘苹果、蔬菜嫁接机器人等；③ 可替代人饲养牲畜、挤牛奶等的机器人；④ 可替代人实现伐木、整枝、造林等工作的机器人，如林木球果采集、伐根清理机器人等。

图 13－26　农田施肥、杂草清除机器人

农业机器人与工业机器人有很多共同之处，但又有自己的明显特点：① 工作的对象十分复杂。农作物一般都有比较容易受到损伤和破坏的性质，并且种类不是只有一样，形状也各具形态，有的甚至两者之间有着本质上的差别，因此农业智能机器人必须有很强的识别能力，能做出不同的动作，并且能够力度适中。② 工作的环境也较为复杂。除了受到土地的倾斜度等地形条件的束缚之外，智能农业机器人的工作环境还受到自然条件的影响，如季节和大气，还有阳光的照射等，并且随着时间和空间的变化，农作物也不断地发生生长的变化，所以这就要求机器人在这变化多样的环境里进行多样化的开放性作业。③ 其操作的要求比较特殊。需要考虑农村使用者的知识水平，农业机器人不仅需要操作简单，而且需要具有非常高的可靠性、耐用性，以便提高农民对智能农业机器人的适应性。

13.4 医用机器人

医用机器人是指用于医院、诊所的医疗或辅助医疗的机器人，按照其用途不同，有临床医疗用机器人、护理机器人等类型。

(1) 临床医疗用机器人。临床医疗用机器人，包括外科手术机器人和诊断与治疗机器人，可以进行精确的外科手术或诊断，其中以美国达·芬奇(Da Vinci)手术机器人为代表，如图 13-27 所示。达·芬奇手术机器人得到了美国食品药物管理局(FDA)的认证，它拥有 4 只灵巧的机械手，可以通过微创的方法，实施包括头颈外科以及心脏手术在内的复杂外科手术。医生在手术中使用达·芬奇手术机器人，可以增加视野角度，减少手部颤动，机器人灵活的手腕能以不同角度在靶器官周围操作，手术操作更精确；同时可以使医生在轻松的环境中实施手术，更集中精力；减少参加手术人员。对于患者来说，创伤更小，失血量少，术后疼痛轻，愈合好，恢复快，缩短住院时间。

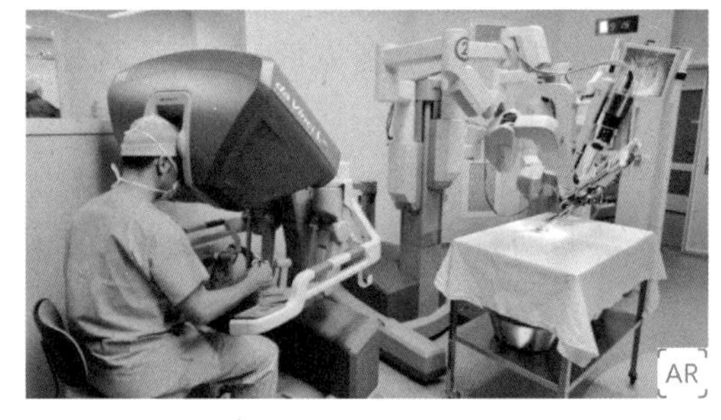

图 13-27 达·芬奇手术机器人

(2) 护理机器人。护理机器人用来分担护理人员繁重琐碎的护理工作，例如帮助医护人员确认病人的身份，并准确无误地分发所需药品，帮助护士移动、运送瘫痪或行动不便的病人。将来，护理机器人还可以检查病人体温、清理病房，甚至通过视频传输帮助医生及时了解病人病情。

13.5 军事机器人

军事机器人是指为了军事目的而研制的自动机器人或遥控移动机器人，以提升作战效能，减少战争中的人员伤亡。目前，应用于军事的机器人已大量涌现，很多技术发达国家已经研制出智能程度高、动作灵活、应用广泛的军用机器人，如图 13-28 和图 13-29 所示。地面军用机器人包括排雷(弹)机器人、侦查机器人、保安机器人及地面微型军用机器人等。空中机器人包括侦察无人机、电子对抗无人机、攻击型无人机及多用途无人机等。新型无人机还配备了空射导弹、激光制导、电子干扰器等先进武器装备，可配合有人机进行空中打击。水下机器人可以长时间在水下侦察敌方潜艇、舰船的活动情况，也可以在水下对船只进行检修。某些国家已经研制出可以载弹进行水下攻击的“攻击型水下机器人”，它们能够悄无声息地接近敌方的舰艇，对敌人进行出其不意的打击。另外还有空间机器人和生物机器人等。

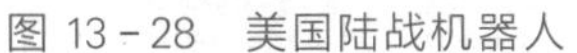

图 13-28　美国陆战机器人

图 13-29　美国“捕食者”无人机

当前影响军事机器人应用的瓶颈主要在两个方面，一方面是智能控制，另一方面是动力。在智能控制方面，由于战场情况瞬息万变，现有机器人智能对于突发事件处理的反应无法和人一样迅速和随机应变，如要真正能在战场上担任主角，则需要机器人的人工智能达到极高的水平。在动力方面，为维持军事机器人的持续工作，需要携带大量的油料或动力电池，限制了军事机器人的行动灵活性和工作时间。

思考题

1. 说明工业机器人的基本组成及各部分之间的关系。
2. 工业机器人与数控机床有什么区别？
3. 机器人的执行机构有哪些种类，各有什么特点？
4. 机器人的驱动方式有哪些，各有什么优缺点？
5. 开放性话题：试用文中提到的机器人设计一条工业机器人生产线，并且阐述完整的工作流程。

参考文献

[1] 熊有伦.机器人技术基础[M].武汉：华中理工大学出版社，1996.
[2] 徐缤昌，阙志宏.机器人控制工程[M].西安：西北工业大学出版社，1991.
[3] 日本机器人学会.机器人技术手册[M]. 宗光华，译.北京：科学出版社，1996.
[4] 周元清，张再兴，等.智能机器人系统[M].北京：清华大学出版社，1989.
[5] 吴振彪.工业机器人[M].武汉：华中理工大学出版社，1997.
[6] 迁三郎.机器人工程学及其应用[M].王琪民，译.北京：国防工业出版社，1989.
[7] 张建民.工业机器人[M].北京：北京理工大学出版社，1988.
[8] 刘文剑.工业机器人设计与应用[M].哈尔滨：黑龙江科学技术出版社，1990.
[9] 吴广玉.机器人工程导论[M].哈尔滨：哈尔滨工业大学出版社，1988.
[10] (日)加滕一郎.机器人技术手册[M].宗光华，译.北京：科学技术出版社，1996.
[11] 孙增圻.机器人智能控制[M].太原：山西教育出版社，1995.
[12] 孙迪生.机器人控制技术[M].北京：机械工业出版社，1997.
[13] 蔡自兴.机器人原理及其应用[M].长沙：中南工业大学出版社，1988.
[14] Kheddar A，et al. Multi-robot Teleoperation Using Direct Human Hand Actions Advanced Robotics [R]. VSP and Society of Japan，1998，11(8).
[15] 上海大学精密机械工程系.微机器人技术发展现状[J].机器人技术与应用，1997(06)：4 - 7.
[16] Fraichard Th，Mermond R. Path Planning with Uncertainty for Car-like Robots[R]. Proceedings of the 1998 IEEE International Conference on Robotics & Automation Leuven，Belgium，May 1998.
[17] Tetsuo kotoku. A Virtual Environment Display with Constraubt Feeling Based on Position/Force Control Switching [R]. Proceeding of IEEE Internatioonal Workshop on Robot and Human Communication，Nagoya，Japan，July 1994.
[18] Pual R P. Robot Manipulators：Mathematics，Programming and Control[M]. Camberidge：The MIT Press，1981.
[19] Wedel D L，Saridis G N. An Experiment in Hybrid Position/Force Control of Six DOF Revolute Manipulator[J]. IEEE Int.Con. on Robotics and Automation，1988，3：1638 - 1642.
[20] 傅京逊.机器人学[M].北京：科学技术出版社，1989.
[21] 张福学.机器人学——智能机器人传感器技术[M].北京：电子工业出版社，1996.
[22] 潘锋.仿人眼颈视觉系统的理论与应用研究[D]. 杭州：浙江大学，2005.
[23] 张阳.仿人眼的结构机理与关键视觉技术研究[D]. 杭州：浙江大学，2010.
[24] 刘松国.六自由度串联机器人运动优化与轨迹跟踪控制研究[D].杭州：浙江大学，2009.
[25] 丁渊明.6R 型串联弧焊机器人结构优化及其控制研究[D]. 杭州：浙江大学，2009.
[26] 曲道奎.中国机器人产业发展前景展望[R/OL].[2015 - 6 - 30]. https：//www.wenku1.com/news/537847DADE8222A7.html.
[27] 李颋，马良，周岷峰，等.2017 中国机器人产业发展报告[R/OL][2018 - 7 - 4]. https：//www.sohu.

com/a/168687410_99899237.
[28] 苏尚任. 机器人的发展现状及前景展望[N]. 科技创新导报，2016－9－1(a).
[29] 曲道奎. 中国机器人产业发展现状与展望[J]. 中国科学院院刊，2015(3)：342－346.
[30] 中国新闻网. 2017 年中国机器人产业规模将达 62.8 亿美元[EB/OL].[2017－8－23][2019－3－1]. http：//finance.chinanews.com/cj/2017/08－23/8312256.shtml .
[31] 谷雨明. 物料搬运机械手的系统分析与仿真[D].沈阳：东北大学，2006.
[32] 机器人技术及其应用课件 第 0 章[EB/OL].[2019－3－1] .http：//www.docin.com/p－263755420.html.
[33] 邓思豪.机器人实时监控与通讯系统的研究与实现[D].武汉：武汉理工大学，2003.
[34] 10 机器人[EB/OL].[2019－3－1].http：//jz.docin.com/p－1106892015.html.
[35] 机器人控制第一章—2011[EB/OL].[2019－3－1].http：//www.docin.com/p－281384146.html.
[36] 冯辛安. 机械制造装备设计[M].北京：机械工业出版社，2006.
[37] 郭耸.水平四自由度装配机器人的设计及其运动学和动力学仿真分析[D].上海：上海交通大学，2007.
[38] 三自由度教学实验机器人设计[EB/OL].[2019－3－1]. https：//wenku. baidu. com/view/e07cae42e45c3b3567ec8b1e.html.
[39] 杨亮.空间机器人捕获手爪的研究[D].北京：北京邮电大学，2008.
[40] 陶俊.大型排爆机械手机械系统设计与操作算法研究[D].上海：上海交通大学，2008.
[41] 机器人技术课件 4—1[EB/OL].[2019－3－1].http：//wenku.baidu.com/view/be9f6c6e1eb91a37f1115cda.html.
[42] 张学文.四自由度教学型机器人运动轨迹控制技术研究[D].重庆：重庆大学，2009.
[43] 第四章机器人本体基本结构[EB/OL].[2019－3－1].http：//www.docin.com/p－185425154.html.
[44]【机器人技术课件】机身及行走机构设计[EB/OL].[2019－3－1].https：//max.book118.com/html/2012/0417/1628417.shtm.
[45] 陈玉峰.基于 Real Time Extension 技术的自主视觉机器人导航控制[D].南京：南京理工大学，2006.
[46] 李满天，蒋振宇，郭伟，等.四足仿生机器人单腿系统[J].机器人，2014，36(01)：21－28.
[47] 杨秀清，骆敏舟，梅涛.核环境下的机器人研究现状与发展趋势[J].机器人技术与应用，2008(01)：31－39.
[48] 葛兆斌，侯宪伦，孙洁，等.履带式机器人行走系统的结构分析[J].机械制造，2009，47(08)：37－38.
[49] 郑怀兵.打磨机器人手臂的三维设计与静动态分析[D].沈阳：东北大学，2008.
[50] 机器人本体要点分析[EB/OL] .[2019－3－1]. https：//max. book118. com/html/2016/0412/40206787.shtm
[51] 沈嵘枫.林木联合采育机执行机构与液压系统研究[D].北京：北京林业大学，2010.
[52] 朱光胜.基于水下机器人典型操作任务的实验手爪的研制[D].合肥：合肥工业大学，2006.
[53] 机器人技术及其应用课件 第 4 章[EB/OL] .[2019－3－1]. http：//www. docin. com/p－263755646.html
[54] 骆敏舟，杨秀清，梅涛.机器人手爪的研究现状与进展[J].机器人技术与应用，2008(02)：24－35.
[55] 王国彪，陈殿生，陈科位，等.仿生机器人研究现状与发展趋势[J].机械工程学报，2015，51(13)：27－44.
[56] 任福君，张岚，王殿君，等.水下机器人的发展现状[J].佳木斯大学学报(自然科学版)，2000(4)：317－320.
[57] 布鲁诺・西西里安诺. 机器人学：建模、规划与控制[M]. 西安：西安交通大学出版社，2015.
[58] Siciliano B，Khatib O. Springer Handbook of Robotics[M]. Springer Handbook of Robotics，2008.
[59] 马克・W.斯庞. 机器人建模和控制[M]. 北京：机械工业出版社，2016.
[60] 韩晓霞. 基于神经网络的刚性机械臂控制研究[D].太原：太原理工大学，2005.
[61] Zadeh L A. Fuzzy sets[J]. Information & Control，1965，8(3)：338－353.
[62] Takagi T，Sugeno M. Fuzzy Identification of Systems and Its Applications to Modeling and Control

[C]// 1985：116－132.
[63] 王峰. 柔性关节机器人的参数辨识及模糊控制研究[D].北京：北京邮电大学，2012.
[64] 林雷. 机器人模糊控制策略研究[D].秦皇岛：燕山大学，2009.
[65] 蔡自兴.机器人学基础 [M]. 2 版.北京：机械工业出版社，2013.
[66] 刘极峰，丁继斌.机器人技术基础[M]. 2 版.北京：高等教育出版社，2012.
[67] 樊创佳.工业机器人技术与产业发展的春天[J].电器工业，2013(7)：54－57
[68] 安圣慧，宋延阿.我国工业机器人行业特征及发展战略[J].中外企业家，2015(21)：21－22.
[69] 朱才朝，黎利华，张磊，等.双曲柄外齿环板减速传动的研究[J].农业机械学报，2008(8)：149－152，207.
[70] 谐波齿轮机构的设计[EB/OL].[2012－11－12].[2019－3－1].https：//wenku.baidu.com/view/5ba1b6fe7c1cfad6195fa754.html.
[71] 孙建伟. 动态平衡滚子链谐波传动理论研究与样机试验[D].杭州：浙江大学，2008.
[72] 行星齿轮机构和工作原理[EB/OL].[2011－10－23].[2019－3－1].https：//wenku.baidu.com/view/f442bf313968011ca3009172.html.
[73] 精密伺服行星减速机选型精密直角行星减同伺服减速机选型手册[EB/OL].[2010－10－4].[2019－3－1].https：//wenku.baidu.com/view/b653d150ad02de80d4d8401c? fr=hittag&album=doc&tag_type=1.
[74] 池行强.基于 WinCC 的运动定位平台监控系统设计[D].天津：天津科技大学，2012.
[75] 数控机床的驱动与控制系统[EB/OL].[2019－3－1].http：//jz.docin.com/p－471645123.html.
[76] 数控伺服系统[EB/OL].[2019－3－1].https：//wenku.baidu.com/view/849c480b76c66137ee061976.html.
[77] 陈晓鹏.直流伺服电机原理[EB/OL].[2018－7－1].[2019－3－1].https：//wenku.baidu.com/view/4c8b82795acfa1c7aa00ccc9.html.
[78] 刘冰.步进电动机与伺服电动机的性能比较[J].职业，2012(18)：110.
[79] 控制电机基础[EB/OL] [2013－1－8].[2019－3－1].https：//wenku.baidu.com/view/ef02802dccbff121dd3683ab.html.
[80] 扭转试验机[EB/OL] .[2019－3－1].http：//www.docin.com/p－50184391.html.
[81] 数控机床交流伺服控制系统设计[EB/OL].[2019－3－1].https：//wenku.baidu.com/view/8887db1752d380eb62946df7.html.
[82] 伺服电机选型[EB/OL].[2019－3－1].http：//max.book118.com/html/2015/1223/31883228.shtm.
[83] 宗钢，减定径机组齿轮箱离合器电气控制系统[J].酒钢科技，2012(3)：325－345.
[84] 芦峰，宋晓明，沈韩，等.某光电装备电机驱动电路失效分析[J].电子设计工程，2013，21(8)：20－21，26.
[85] 白松，魏晓冬.油管清洗机夹持式机械手结构设计[J].机械设计与制造工程，2017，46(2)：77－79.
[86] 万文献.基于 TMS320F2812 的运动控制器的研究[D].天津：河北工业大学，2007.
[87] 李方园.西门子 S7－1200 的设计与应用 第 7 讲 通过 S7-1200 与触摸屏控制工作台滑动座[J].自动化博览，2011，28(11)：32－34.
[88] 罗伟涛.基于 DSP+FPGA 的工业机器人运动控制器的研究[D].广州：华南理工大学，2011.
[89] 吴君，殷跃红.可重构控制器的硬件架构[J].机械与电子，2011(3)：57－61.
[90] 金属雕刻机运动控制技术有哪些[EB/OL].[2019－3－1].http：//www.docin.com/p－753353685.html.
[91] 吴君.多轴运动控制系统的设计与应用[D].上海：上海交通大学，2011.
[92] 刘志伟.四轴工业机器人嵌入式运动控制器的设计[D].哈尔滨：哈尔滨工业大学，2012.
[93] 史俊波.基于 FPGA 的可编程运动器的设计与实现[D].武汉：华中科技大学，2016.
[94] 蒋仕龙，吴宏，吕恕，等.通用运动控制技术现状、发展及其应用[J].电工文摘，2009(1)：7－11.

[95] 周文聘.激光切割机控制系统软件的研究与开发[D].武汉：华中科技大学，2007.
[96] CRT-DMC110A（单轴运动控制器）[EB/OL].[2019 - 3 - 1].https：//wenku.baidu.com/view/6b1c2a64b84ae45c3b358c12.htmlCRT-DMC110A().
[97] 吴孜越，胡东方，杨丙乾.运动控制器在国内的应用及发展[J].机床与液压，2007(7)：234 - 236.
[98] 雷晓强.冗余度机器人的轨迹规划与障碍物回避的实时控制[D].西安：西安理工大学，2000.
[99] 王俊杰.传感器与检测技术[M].北京：清华大学出版社，2011.
[100] 郑贵斌.浅谈传感器的一般特性[J].装备制造技术，2010(9)：75 - 76.
[101] 曾超，李锋.光电位置传感器 PSD 特性及其应用[J].光学仪器，2002，24(4)：30 - 33.
[102] 王志林，王晓东，王立权，等.一种用于拱泥机器人位姿检测的倾角传感器[J].传感器与微系统，2000，19(5)：10 - 12.
[103] 汪洋，张小栋，赵建平.一种外骨骼机器人的光纤转角传感器设计[J].计算机测量与控制，2012，20(9)：2587 - 2589.
[104] 周志广，雷彬，李治源.对射式激光测速系统设计与实现[J].计算机测量与控制，2011，19(1)：36 - 38.
[105] 黎廷云.数字式转速传感器的分类及评述[J].传感器与微系统，1990(4)：1 - 7.
[106] 汪云.基于霍尔传感器的转速检测装置[J].传感器与微系统，2003(10)：45 - 47.
[107] 何鑫，周健，聂晓明，等.基于线阵图像传感器的新型空间滤波测速仪[J].红外与激光工程，2014，43(12)：4117 - 4122.
[108] 冯荣彪，张弘，杜锡勇.精密激光测速仪的设计[J].自动化仪表，2010，31(5)：62 - 64.
[109] 李敏，孟臣.数字式转矩转速传感器及其在旋转动力装置测试中的应用[J].传感器世界，2003(10)：29 - 32.
[110] 曹乐，樊尚春，邢维巍.MEMS 压力传感器原理及其应用[J].计测技术，2012(s1)：108 - 110.
[111] 冯勇建.MEMS 高温接触式电容压力传感器[J].仪器仪表学报，2006，27(7)：804 - 807.
[112] 陈雄标，姚英学.六维力/力矩传感器干扰及其标定方法[J].传感器与微系统，1995(2)：37 - 40.
[113] 张军，李寒光，李映君，等.压电式轴上六维力传感器的研制[J].仪器仪表学报，2010，31(1)：73 - 77.
[114] 王鹏，付宜利，刘洪山，等.创伤手指康复外骨骼手关节力传感器研究[J].传感技术学报，2009，22(8)：1109 - 1113.
[115] 高晓辉，刘宏，蔡鹤皋，等.机器人手指尖六维力/力矩传感器的研制[J].高技术通讯，2002，12(3)：67 - 69.
[116] 艾逢，王永强，于德敏，等.二维视觉测量中边缘数据的快速拼接方法[J].计量与测试技术，2007(3)：44 - 46.
[117] 刘兆祥，刘刚，乔军.苹果采摘机器人三维视觉传感器设计[J].农业机械学报，2010，41(2)：171 - 175.
[118] 宋国庆，吴育民，冯云鹏，等.机器视觉在光学加工检测中的应用[J].影像科学与光化学，2016，34(1)：30 - 35.
[119] 韩冰，林明星，丁凤华.机器视觉技术及其应用分析[J].农业装备与车辆工程，2008(10)：24 - 27.
[120] 王巍.惯性技术研究现状及发展趋势[J].自动化学报，2013，39(6)：723 - 729.
[121] 贾铭新.光纤式触觉传感器及其性能研究[J].哈尔滨工程大学学报，2002，23(2)：78 - 81.
[122] 董艳茹.机器人触觉传感器的分析与研究[D].秦皇岛：燕山大学，2010.
[123] 金伟. 动力锂电池组装配生产线作业机器人的设计与实现[D]. 成都：电子科技大学，2014.
[124] Keennon M，Klingebiel K，Won H. Development of the Nano Hummingbird：A Tailless Flapping Wing Micro Air Vehicle[C]// Aiaa Aerospace Sciences Meeting Including the New Horizons Forum and Aerospace Exposition，2013.